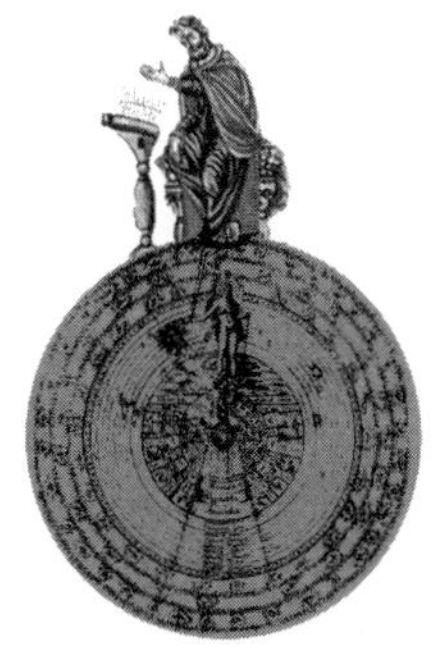

The Rise of Early Modern Science

사회·법 체계로 본 근대 과학사 강의

토비 E. 하프 지음 | 김병순 옮김

모티브
BOOK

개정판 서문

이 책이 1990년대 초에 처음 출간되었을 때까지도 일부에서는 여전히 근대 과학이 서양 세계에서만 고유하게 발생했으며, 세계 과학사에서 아랍과 이슬람, 중국은 그들 나름의 초자연적인 가치만을 중요하게 생각해서 근대 과학의 발전에는 전혀 관심이 없었다고 의심하고 있었다. 도대체 누가 근대 과학을 필요로 하는가?

오늘날 이런 생각은 없어졌다. 이제 근대 과학과 기술은 경제를 발전시키고 인간의 생활 조건을 향상시키는 것과 밀접하게 연결되어 있다는 사실이 명백해졌다. 더욱이 오늘날 "식민지 시대의 과학"이라고 부르는 근대 과학을 연구하는 역사가들은 근대 과학으로 나아가는 초기 시험적 단계는 이미 서양이 식민지 침략을 시작하기 오래 전부터 전세계에서 자연 세계를 탐구하고 있었던 사람들이 이룩해 놓았다고 주장한다. 비록 일부 연구는 민족차별을 바탕으로 하는 인식체계를 보완하고 완성시킬 목적으로 엉뚱한 방향으로 너무 멀리 나아가기도 했지만 그 밖의 대다수 연구들은 더욱 자유로운 상상력으로 "보편" 과학을 지향하며 많은 성과를 올렸다.[1]

오늘날 이란, 사우디아라비아, 파키스탄, 튀니지 같은 여러 이슬람 국가의 의사들은 인체 수술을 할 줄 알며 한동안 심장, 간, 각막 같은 장기이식 수술도 했다. 튀니지는 1970년대 초부터 이런 능력을 갖추었으며, 현재에는 장기기증 제도를 시행하고 있다. 심지어 아랍인의 친족 결혼 관습 때문에 발생하는 유전형질의 악영향을 막기 위한 상담 프로그램까지도 운영하고 있다. 게다가 중국의 일부 과학자들은 현재 줄기세포 연구의 최첨단에 서 있다.

오늘날 개발도상국이 직면한 문제는 자연과학의 결과물을 수용할 것인가 말 것인가를 결정하는 것이 아니다. 그보다 중요한 문제는 사회과학과 자연과학 분야의 연구에 몰두하고 있는 과학자들에게 자율과 자치를 허용할 것인가 말 것인가이다. 비록 과학자들의 연구 결과가 정치 권력에는 바람직하지 못한 영향을 끼친다고 하더라도, 이들 과학자들의 사회와 자연현상에 대한 연구를 객관적으로 설명하고 그 결과를 일반에게 공개할 수 있게 할 것인가의 문제인 것이다. 이것이 이들 국가가 21세기를 맞아 풀어야 할 과제이다.

20세기 말 들어 과학과 기술, 그리고 민주주의와 경제 발전을 위해서는 반드시 갖춰야 할 필수 전제조건이 있다는 것이 명백해졌다. 정보가 자유롭게 흘러 다니고 교환할 수 있으며 정치나 종교 권력의 감시에서 벗어나 자유롭게 토론할 수 있는 "중립 공간"으로서 공개 토론장의 허용이 그것이다. 인터넷의 발전과 더불어 적어도 그러한 중립의 "가상 공간"을 만들 수 있는 보편적 기술 수단은 마련된 듯하다. 또한 개발도상국이 국가 차원에서 감시받지 않는 인터넷 기반의 소통 공간을 갖출 수 있느냐 없느냐에 상관없이 가장 최근의 과

---

1. Zaheer Baber, *The Science of Empire : Scientific Knowledge, Civilization, and Colonial Rule in India*(Albany : State University of New York Press, 1996) ; Roy MacLeod, ed., *Colonial Science*(*Osiris* 특별판, 15권, 2001) 참조.

학과 기술 지식을 습득하는 것이 이러한 발전을 이룩하기 위한 필수 요소라는 것도 분명한 사실이다. 요약하면 근대 과학은 전세계 모든 사람의 소유이며 근대 사회 질서를 형성하기 위해 반드시 필요한 필수 구성 요소이다. 한편으로는 근대 과학의 발전 때문에 사회가 혼란에 빠지고 환경이 파괴되거나 화학전이 발생할 수도 있다는 점을 도외시하지 않는다.

근대 과학으로 가는 길에 만난 여러 사회와 문명은 무엇보다도 국민들이 더 높은 생활 수준과 민주적 정부 형태를 누릴 수 있게 하기 위해 당대의 과학과 기술의 기초를 습득하는 데 온갖 노력을 기울였다는 것을 보여 준다. 여러 주요 사회와 "문명"이 "총, 병원균, 강철"의 출현 이후로 지금까지 발전하면서 함께 해 온 역사는 독특한 관심을 불러일으킨다. 나는 이 역사가 정부의 민주적 형태와 함께 근대 과학을 탄생시키기 위해 넘어야만 했던 중요한 종교적·법적·제도적 도전을 드러내 주기를 바란다. 예컨대 민주 정부는 정보의 자유로운 유통을 허용함으로써 인간의 유전자와 자연 세계의 구성을 파악하는 놀랄 만한 새로운 통찰력을 완성하는 데 기여한다.

이슬람과 중국, 서양의 문명에서 근대 과학이 어떤 발전의 길을 걸어왔는지 서로 비교, 연구하는 것이 이 책의 중심 줄거리이다. 후기에서는 오늘날 중국과 이슬람 세계에서 과학 발전의 문제가 무엇인지 돌아볼 것이다. 16~17세기에 근대 과학의 발생과 더불어 많은 변화가 시작되었다는 것은 분명하다. 그리고 20세기 초에 이슬람 세계가 근대 과학을 수용하기 위해 특히 19세기에 이슬람 세계에서 일어났던 격렬한 몸부림을 이해하는 것이 매우 중요하다. 또한 20세기에 중국이 근대 과학의 탐구 형식을 배우고 발전시키기 위해 분투한 것도 놓쳐서는 안 될 부분이다.

1993년 내가 이 책을 썼을 때처럼 지금 이 순간도 평등과 포용의 세력이 이 세계를 지배할지 아니면 민족 차별과 종교적 배타 세력이 세계 공동체를 더 분열시킬지 기대와 우려의 마음이 교차한다.

이 책은 세 가지 사례를 서로 비교하며 연구한 것이다. 이 책의 중심 주제는 근대 과학이 왜 "서양"에서만 발생하고 이슬람과 중국 문명에서는 그렇지 못했느냐이다. 어떤 독자들은 아라비아 – 이슬람 과학에 대한 내용만 흥미가 있을 수 있고 또 다른 독자들은 중국과 관련된 내용에만 관심을 가질 수 있다. 이 때문에 나는 각 장에서 서유럽과 아라비아 – 이슬람 세계를 비교하고 또한 중국과 서양을 서로 비교하는 것이 필요하다고 생각했다. 따라서 서양의 지식과 제도 발전을 논의하면서 약간의 중복되는 내용이 불가피하게 들어갔다. 나는 2판에서 되도록 그런 비교를 줄이려고 애썼지만 그 판단 기준이 서양에서 일어난 변환의 연속성을 잃지 않는 데 있었으므로 두 가지의 다른 사례에서 중복된 내용을 거론할 수밖에 없었으며 그 부분에 대해서 독자들의 넓은 아량을 구한다.

이 책은 근대 과학의 발생 과정과 역사를 밝힌 것이며, 어떻게 세계가 현재의 모습을 갖추게 되었는지를 연구한 것이다. 우리는 20세기 들어 여러 사회와 문화, 문명이 심하게 충돌하는 모습을 목격했다. 이 세기의 마지막 사반세기는 새롭게 강력해진 세계 경제의 부산물로서 전례 없이 서로 다른 문화의 융합을 경험했다. 그러나 12~13세기에 서양에서 만들어진 문화와 법의 형태가 현재의 세계 질서를 형성하는 데 어느 정도까지 그 토대를 마련했는지에 대해서는 충분한 검토가 없었다. 초기의 근대 문화 형태 가운데 특징적인 것은 사상과 국가, 상업의 세계에 누구나 참여해서 보편적 형태의 자유롭고 열린 토론을 할 수 있는 공개 토론장을 창조했다는 사실이다.

근대 과학은 사회적 담론과 참여를 보편화한 두드러진 본보기이다. 근대 과학이 끊임없이 세계화하고 있다는 사실은 토론과 참여의 보편적 형태들이 있으며, 서로 기원이 다른 문화를 가진 사람들에게도 호소력이 있다는 좋은 증거이다. 더 나아가 근대 과학의 중심이 서양에서 동양으로 이동할 수 있는 것은 토론 형태가 지닌 보편성을 극적으로 표현한다.

그렇지만 토론과 참여의 보편화된 형태를 주장하는 사람들과 달리 민족과 지역적 특성의 우선순위를 주장하는 세력도 만만치 않게 강력하다. 또한 과학 지식의 결과물이 나쁜 곳에 이용될 수 있다고 우려하는 사람들도 있다. 어쨌든 다양한 형태의 이성과 합리성의 우위를 둘러싼 싸움은 끊임없이 이어질 것이다. 지금 이 순간 평등과 포용의 세력이 이 세계를 지배할지 아니면 민족 차별과 종교적 배타 세력이 세계 공동체를 더 분열시킬지 기대와 우려가 교차한다.

감사의 말

이 책을 끝내기까지 오랜 시간이 걸렸다. 따라서 이 책을 완성하는 데 많은 도움을 준 개인과 단체에 감사의 말씀을 드린다. 미국 국립 인문재단은 내게 캘리포니아 대학에서 1976~1977년 사이에 연구할 수 있도록 기회를 주었는데(Grant F76-240), 나는 거기서 로버트 벨라Robert Bellah가 주도한 "전통과 해석"이라는 세미나에 참여했다. 그때의 공동 작업이 내게 처음으로 아랍의 과학에 대한 문제점을 정리할 기회를 마련해 주었다.

1978~1979년에 프린스턴의 고등연구소는 1년 동안 내 학문 연구를 지원하고 그 동안 이 책을 쓰기로 했다. 그러나 그 해는 벤저민 넬슨의 갑작스런 죽음으로 그의 책 《근대성으로 가는 길On the Roads to Modernity》을 완성하는 데 전념할 수밖에 없었다. 그래도 프린스턴에서의 작업은 이 책을 완성하는 데 여러모로 큰 도움을 주었다.

1980년 가을에 재직하고 있던 대학에서 안식년 휴가를 받아 그 기간 동안 하버드 대학에서 과학사학과의 객원 연구원으로 있었다. 그 해 가을 학기 동안 과학사 세미나에 이 책의 주제를 요약한 개요를 처음으로 제출했다. 내 연구 계획에 대해 많은 지원과 조언을 아끼지 않았던 하버드 대학의 사브라 교수에게 매우 감사의 뜻을 전한다. 그러나 사브라 교수와 나는 서로 견해가 달랐음을 이해해 주기 바란다.

1987년 가을에 다시 한 번 안식년 휴가를 받아 법의 비교역사에 대한 다양한 문제들을 연구할 기회를 얻었다. 그 기회가 없었다면 이 책의 주제는 더 설득력이 약했을 것이고 지금과는 다르게 서술되었을 것이다. 나는 이때 받은 안식년 휴가를 가장 고맙게 생각한다.

이 연구는 메인 주에서 캘리포니아 주에 걸친 많은 도서관에 있는 엄청난 자료의 도움이 없이는 이루어질 수 없었다는 점을 분명히 밝힌다. 매사추세츠 대학 도서관을 통해서 이용한 오하이오 대학도서관협회의 컴퓨터 시스템 덕분에 많은 자료들을 검색할 수 있었다. 이 협회에 특별히 감사의 말과 인사를 올린다. 또한 보스턴 대학에 새로 지은 토머스 오닐 2세 도서관Thomas P. O'Neill, Jr., Library에 특별히 고맙다는 말을 전한다. 그곳에서 이 책의 4~8장을 완성했다. 오닐 도서관의 쾌적한 환경과 고효율의 정보검색 시스템 그리고 잘 정렬된 개가식 운영체계를 이용할 수 있어 다른 어느 곳에서 하는 것보다 더 쉽고 빠르게 이 책을 진전시킬 수 있었다. 진심으로 감사의 말을 드린다. 그리고 이 책에서 언급한 역사 인물에 대한 연대는 대부분 웹스터의 《신 인명사전New Biographical Dictionary》과 《과학 인명사전Dictionary of Scientific Biograhiy》을 따랐다.

끝으로 이 연구는 내 새로운 학파의 훌륭한 조언자였던 벤저민 넬슨 박사의 지도와 격려가 없었다면 전혀 이루어질 수 없었을 것이라는 점을 밝히며 감사의 말씀을 드린다. 그는 내가 1977년 버클리에서 썼던 이 연구의 개요만을 읽은 다음에 얼마 안 있어 고인이 되었지만, 1970년대 초에 이미 내가 이 연구를 수행하면서 도움을 받은

여러 편의 논문을 발표했다. 나는 이 책에서 그의 다방면에 걸친 광
범위한 지식과 인간에 대한 관용 그리고 통찰력을 드러낼 수 있기를
바랄 뿐이다.

차례

개정판 서문 005

초판 서문 009

감사의 말 011

머리말 019

1장 과학의 비교 연구

과학의 근대성 29 | 문명 사회의 제도로서의 과학 34 | 사회학적 관점의 요소들 38 |
과학자의 역할 42 | 과학 정신 52 | 패러다임과 과학자 사회 56 | 비교 문명의 과학사
회학 : 조지프 니덤 67 | 벤저민 넬슨 : 보편화와 담론의 확대 78 | 결론 : 드러난 쟁점
들 85

2장 아라비아 과학과 이슬람 세계

아라비아 과학의 문제점 89 | 아라비아 천문학의 성과 102 | 역할군, 제도, 과학 114 |
사회적 역할과 문화 엘리트 119 | 고등 교육과 학술 연구 제도 128 | 제도 형성과 자연
과학의 금지 145

3장 이슬람과 서양이 생각하는 이성과 합리성

이슬람법의 배경 156 | 유럽의 이성과 인간, 자연 165 | 이성과 양심 179 | 결론 194

4장 유럽의 법 혁명

근대 서양의 법 발전 201 | 교황 혁명 207 | 법 체계 논리의 발전 212 | 자치 집단과 사법권 221 | 혁명과 갈림길 232

5장 마드라사, 대학, 근대 과학

마드라사 : 이슬람의 전문학교 246 | 이슬람의 초기 과학 시설 262 | 이슬람 병원 263 | 천문대 281 | 서양의 대학과 학문 연구 시설 292 | 유럽의 새로운 의학 지식의 수용 309 | 인체 해부와 유럽의 대학 314 | 부록 : 중국의 해부학과 인체 해부 328

6장 문화 사조와 과학 정신

아라비아 과학의 성장 중단 336 | 내부 요인 343 | 외부 요인 : 문화와 제도의 장애 350 | 보편성 확립의 실패 350 | 자치 집단의 부재 357 | 고등 교육기관과 특수성의 존속 362 | 엘리트주의와 공동체주의 364 | 공평성과 철저한 회의론 370 | 결론 380

7장 중국의 과학과 문명

중국 과학의 문제점 381 | 중국 비교 연구의 배경 398 | 중국 제국의 등장 401 | 중국의 법 414 | 교육과 과거제도 435 | 요약 451

8장 중국의 과학과 사회 조직

중국어 문장이 지닌 몇 가지 문제점 458 | 중국인의 사고방식 467 | 제도적 장애물과 기회의 유형 478 | 결론 494

9장 초기 근대 과학의 발생

코페르니쿠스 혁명 507 | 제도화의 문제 516 | 과학, 연구, 중세 혁명 526 | 권위의 해체와 천문학 혁명 535

후기

18세기 이후 이슬람과 중국의 교육 개혁과 과학에 대한 태도 561 | 오스만 제국 565 | 이집트 564 | 인도 대륙 570 | 20세기 과학을 바라보는 태도 573 | 카이로 스펙트럼 575 | 21세기의 이슬람 : 인터넷 578 | 중국의 근대 과학 585

참고문헌 595
찾아보기 623

그림목록

그림 1_   사회 발전 과정에 나타나는 영역들 사이의 관계 · 23

그림 2_   투시 연성 · 101

그림 3_   투시 연성의 이동 · 102

그림 4_   코페르리쿠스의 《천구의 회전에 대하여》에 나온 투시 연성 · 107

그림 5_   이븐 알샤티르가 나타낸 수성 궤도 · 108

그림 6_   이슬람교 전통의 우주론 · 289

그림 7_   1480년 의학을 가르쳤던 유럽 대학의 분포도 · 316

그림 8_   만수르가 전통 기법으로 그린 인간 해골 · 320

그림 9_   만수르가 그린 근육 그림 · 322

그림 10_   만수르가 그린 정맥 혈관도 · 323

그림 11_   베살리우스가 그린 인간 해골의 뒷모습 · 324

그림 12_   베살리우스의 "정맥 인간" · 325

그림 13_   베살리우스의 "근육 인간" · 326

그림 14_   검사할 때 사용한 공문서 양식 · 329

그림 15_   인체 순환계와 침과 뜸을 놓는 자리 · 330

그림 16_   명나라 정부 체계 · 408

그림 17_   송나라 때의 책방 · 448

그림 18_   투코 브르헤의 지구 태양 중심론 우주 · 512

그림 19_   수성, 금성, 1577년 혜성의 궤도를 보여주는 브르헤의 우주론 · 514

그림 20_   아스트롤라베 · 536

그림 21_   아리스텔레스가 생각한 우주 묘사 · 542

머리말

지난 500년 동안 서양은 자유롭게 과학을 탐구해 왔다. 여기에 12세기와 13세기에 대학이 누렸던 사상과 연구의 자유 그리고 최근 학자들의 평가를 바탕으로 밝혀진 그 이전의 300년 역사를 덧붙이면 서양에서 과학의 탐구는 거의 900년 동안 왕성하게 발전해 왔다고 할 수 있다. 이렇게 인간의 상상력이 자유롭게 비약할 수 있었던 것은 우리가 살고 있는 자연 세계가 합리적이며 질서정연한 우주이고, 인간은 그 우주를 정확하게 이해하고 설명할 수 있다는 사상이 뒷받침하고 자극했기 때문이다. 인류가 모든 존재의 비밀을 풀어헤칠 수 있든 없든 우리는 세상을 이성과 합리성으로 분석하여 인간에 대한 이해를 더욱 발전시킬 수 있다.

과학 연구의 자유를 인정함으로써 크게 발전한 과학은 인류 역사에서 일어난 가장 강력한 지적 · 사회적 혁명이다. 과학은 자유로운 연구의 전형으로서 모든 사상의 영역을 자유롭게 넘나들 수 있는 자유여행권을 들고 그 영역들을 샅샅이 조사하여 제자리에 바로세우려고 했다. 그러다 보니 과학은 사회, 정치, 종교 전반에 걸친 기득권 세력과 과학 자체의 기존 권력에게 타고난 적일 수밖에 없다. 과학적 사고방식은 모든 사물을 현재 있는 그대로 놔 두지 않는다. 이 때문에 기득권 세력의 "과학 정신ethos of science"에 대한 강한 회의는 지금까지도 존재한다. 새로 발견된 과학 지식은 언제나 의심의 대상이 되고 기득권 세력은 학자들이 오랫동안 연구한 끝에 이른 합의조차도 인정하려고 하지 않는다.

이렇듯 과학은 모든 존재 양식과 방법을 조사할 수 있는 권한을 가지고 있으므로 무엇보다도 권위주의 체제에는 천적일 수밖에 없다. 실제로 권위주의 체제는 지배적인 사회 구조—경제, 정치, 의학 체계—의 본질을 파헤치는 과학적 연구 형태를 억누르거나 타락시키지 않고는 살아남을 수 없다. 우리는 여기서 저널리즘과 언론을 과학과 혼동하지 말아야 한다. 언론의 자유는 의심할 나위 없이 민주주의를 유지하는 데 꼭 필요한 제도이다. 그러나 우리는 신문 보도 또는 새로운 사실을 밝혀 내는 기사를 과학과 혼동해서는 안 된다. 더욱이 언론인들은 그들이 찾고자 하는 사실을 안내하는 길잡이로서 과학과 과학자를 이해하고 있다는 것이 분명해 보인다. 새로운 사실을 밝혀 내는 훌륭한 보도는 최종 분석 단계에서 과학적 연구의 시험 결과를 찾아 내야 한다. 이 결과는 사회과학의 영역에서 공인된 사회과학의 기준을 맞추기 위해 표본의 적정성과 적절한 데이터 수집 도구, 유효한 추론과 분석 기법 등을 사용해서 얻어진 것이어야 한다. 마찬가지로 자연과학의 영역에서도 이른바 과학의 기본 규범을 지켜야 한다. 대개 언론의 기능은 새로운 과학의 발견을 과학 지식이 별로 없는 일반인들에게 설명하는 것이지 그 자체로 과학적 연구가 옳다고 보증하는 것은 아니다. 아주 드물기는 하지만 언론인들이 특정한 연구 결과가 공인된 과학 기준에 따라 생산된 것인지 아닌지 확인하는 일도 있다. 그러나 이 경우도 언론은 그 연구가 공인된 과학 기준을 위배했을 수 있다는 점을 지적하고 확인하는 정도라는 사실을 주목해야 한다.

우리는 과연 현재 문명 세계에 사는 사람들이 모두 과학이 세상의 모든 연구 과제에 대해 과학적 견해를 자유롭게 말하거나 말해야 한다는 주장에 동의했다고 말할 수 있을까? 서로 다른 문명 세계들이 모두 합리주의자들이 주장하는 대로 이 우주가 질서정연하다고 믿을까? 그리고 그 다른 문명 세계들도 가장 일관되고 강력한 논리 체계를 발전시키기 위해 인간의 이성을 완전히 쏟아부을 수 있는 수단으로 과학을 제도화했다고 하는 점에서, 서양 문명과 같은 수준으로 인간의 합리성을 높이 평가한다고 말할 수 있는가? 하지만 근대 과학이 서양에서만 성장했다는 사실—비록 12세기와 13세기까지는 아라비아-이슬람 과학이 서양보다 더 앞섰지만—은 이런 의문들에 대해 아니라고 답한다.

세상은 합리적이며 평범한 인간들도 이해할 수 있고 설명할 수 있는 것이라고 생각해야만 할까? 만일 그렇다면 우리는 자유롭게 연구할 수 있는 중립 지대를 끊임없이 지지하고 지금보다도 훨씬 더 멀리까지 탐구의 영역을 넓혀야 하지 않을까? 따라서 과학적 무지와 함께 과학적 사고를 남용해 윤리적 문제를 일으키고 사회에 약간의 해악을 가져올 수 있지만, 결국 인간에게 엄청난 이익을 안겨 줄 과학적 사고체계를 전 영역에서 발전시킬 수 있도록 연구자들에게 힘을 실어 주어야 하는 것은 아닌가? 그리고 더 나아가 우리는 미래를 위해 그런 제도를 어떻게 설계할 것인가? 자유로운 연구가 우리를 어디로 이끌지는 모르지만 우리를 그 모험의 배로 데려다 줄 수 있는 사회학적 토대—철학, 형이상학, 이미 제도화된 가설들—는 또 무엇인가? 이 토대는 모든 문명 세계에서 그 사회와 문명의 평형을 심각하게 깨뜨리지 않고, 그 사회의 기득권 세력과 마찰을 일으키지 않고 제대로 자리를 잡을 수 있을까? 아니면 근대 과학은 서양에서 전해진 "질병"일 뿐일까?

우리가 과거와는 다른 하나로 연결된 지구를 연구할 때 이 질문들은 매우 중요한 근본 문제이다. 참다운 세계 질서를 창조하기 위해 법, 철학, 인도주의에 대해 우리가 함께 공유해야 할 근본 원칙이 있는데, 이 원칙을 바탕으로 우리는 서로 자유롭게 소통하고 평화롭게 갈등을 해결할 수 있다. 아마도 근대 과학이 발전하는 데 기여한 여러 조건은 우리에게 사람들이 사회 질서를 건설하고 설계하는 데 온 힘을 기울여 참여할 수 있도록 여러 사회와 문명이 각자 어떻게 질서를 이루고 그렇게 했는지 중요한 정보를 말해 줄 수 있을 것이다. 우리는 이런 질문들에서 많은 것을 배워야 한다. 또 근대 과학을 이룩한 사회학적 토대를 연구하면서 우리는 "열린 사회"와 표현의 자유, 평화로운 갈등 해결을 성취하는 데 필요한 구성 요소들이 무엇인지 많은 것을 알게 될 것이다.

우리는 근대 과학의 진화 과정을 이해하기 위해 여러 가지 다른 차원의 사회와 문화 발전 과정을 검토해야 한다. 이 과정은 다음 페이지의 〈그림 1〉처럼 개념화할 수 있다. 이 그림에서 보여 주는 서로 다른 영역 사이의 관계는 실제로는 표시된 것보다 훨씬 더 복잡하게 상호 작용을 하는데, 바로 영역들 사이에 다양한 상호 교류와 순환 과정이 이어진다.

나는 이 그림에서 법을 가장 앞자리에 두었다. 법(신성한 법)은 정통 아라비아-이슬람 문명의 지배 구조에서 신 다음으로 중요한 영역이었다. 서양에서도 법은 똑같이 중요했다. 그러나 서양에서 법 영역의 의미는 매우 다르고 현대적이어서 아라비아-이슬람 문명에서 차지하는 중요도보다는 낮았다. 앞으로 우리가 검토하겠지만 궁극적으로 서양 법 체계에서 여러 차례 일어난 혁명적 변화는 서양의

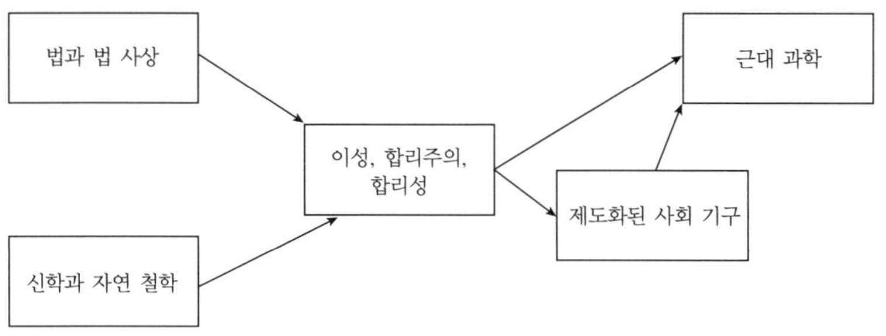

그림 1_ 사회 발전 과정에 나타나는 영역 사이의 관계

사회, 정치, 지식 세계의 경험을 다듬는 데 가장 큰 구실을 했다. 이와 비교해서 중국의 경우를 보면 법 개념과 법전은 큰 구실을 하지 못했다. 그러나 중국에서도 서양과 마찬가지로 법이 맡은 구실을 이해하는 것은 반드시 필요한 일이다.

나는 특별히 법 사상이 인간의 행위와 함께 이성적 사고를 개념으로 구조화한 방식에 큰 감명을 받았다. 이슬람 문명이든 서양 문명이든 법 사상은 이성적 연구의 원칙을 세웠고 합법적 연구라는 형태로 제한을 두었다. 더 나아가 법 체계는 자신의 영역 안에서 일어나는 분쟁을 해결하기 위해 합리성을 어떻게 운영할 것인지 그 규범을 창조한다. 또 다른 측면에서 법 체계는 여러 가지 인간 관계의 형태와 분쟁 해결을 위한 수단을 규정하고 명령하여 전체 사회와 문화 양식을 구조화한다. 따라서 법 체계를 연구하는 일은 사회와 문명을 구성하는 중요한 구조적 특성을 잡아 낼 수 있는 유용한 통로이다. 법 체계가 만들어 낸 합리성의 형태와 제도 장치는 둘 다 중요한 요소이다.

과학자들은 자연의 기본 구조와 과정을 탐구·규정하는 것을 자신들의 임무라고 생각하기 때문에 종교와 신학 사상 체계 속에서 나타나는 질서와 혼돈, 변화 과정의 관념을 진지하게 검토하는 일도 똑같이 중요하다. 오늘날 사람들은 종교 사상 속에 편안하게 숨어 있던 인간, 자연, 우주에 대한 전통 관념이 근대 과학의 발생으로 심하게 충격을 받아 흔들렸다는 사실을 잘 알고 있다. 그러나 반면에 어떤 종교와 신학 체계는 그 안에 과학의 발전을 도와 주는 질서와 규칙성, 체제 변화의 관념을 이미 포함하고 있었다는 사실은 지금까지 널리 평가받지 못했다. 여러 신학 체계는 이성과 합리성의 개념을 인간과 자연의 속성으로서 다듬어 왔다. 이런 형이상학적 전제조건은 특별히 과학 사상을 발전시키는 밑거름이 되었다. 엄밀하게 말해서 중국에서 신학이 없었다는 사실은 중국 사상의 역사와 그 당시의 중국 문명을 이해할 때 대단히 중요한 문제이다.

앞으로 살펴보겠지만 법 사상의 고유 체계는 종교나 신학 체계와 마찬가지로 자연의 합리성에 대한 이미지와 함께 인간 이성 능력의 이미지를 만들어 내는 기능을 한다. 근대 과학과 지식 세계의 진화라는 관점에서 볼 때 초기의 지식 체계는 매우 중요한 의미를 지니고 있었다. 물론 서양에서 그리스 전통이 끼쳤던 것처럼 근대 과학의 발전에 지대한 공헌을 한 철학 사상 체계의 고유한 영향력도 간과해서는 안 된다. 간단히 말해 근대 과학의 사회학적 토대를 연구하는 일은 과학을 뒷받침하는 형이상학적 · 철학적 기반을 바탕으로 해야 하며, 이것은 더 나아가 인류학과 자연 철학을 탐구하는 일로 이어질 수밖에 없다.

끝으로 이런 발전 전망에서 앞으로 면밀하게 검토해야 할 중요한 요소는 이성과 합리성의 개념이 실제로 현실 속에서 구체적으로 적용되는 지식의 저장소와 연구실 같은 그 당시 사회의 제도화된 사회 기구의 본질이 무엇인가 하는 문제이다. 사회학자들은 사회 제도가 당대 법 개념의 산물이라는 점과, 제도 안의 깊숙한 내부 구조와 작동 방식을 충분하게 주목하지 못했다. 이 사회 제도가 사회 규범으로 체계를 갖추고 특히 그 시대의 법률적 형식으로 보호받게 되면 새로운 차원의 사회 문화적 변화가 효력을 나타내기 시작한다. 이 제도는 기존의 사회와 문화 구조를 영원히 지속시킬 것처럼 보수적인 형태로 기능할 수 있다. 반대로 진보적이고 혁명적인 모습을 띠면서 시간이 흐름에 따라 사회, 정치, 경제 질서를 완전히 새롭게 다듬고 변환시키는 기능을 할 수도 있다. 서양에서 발생한 모습이 바로 이런 형태이며, 우리는 이미 제도의 재배치가 얼마나 역동적으로 일어났는지 그 본질을 잘 이해하고 있다. 이런 관점으로 근대 과학의 성장을 연구하는 것은 바로 그 시대의 제도가 어떤 구조를 가지고 있는지 "제도의 구조institution building"를 연구하는 일이다. 최근의 현대적 관점에서 볼 때 이것은 근대의 사회 제도가 어떻게 만들어졌는지 실제로 예증하는 연구라고 볼 수 있다.

1장에서는 오늘날 과학에 대한 비교역사사회학의 연구가 어느 정도 수준인지 알아본다. 조지프 니덤Joseph Needham의 기념비적인 연구와 벤저민 넬슨Benjamin Nelson이 최근 발표한 독창적인 연구를 빼면 지금까지 동서양의 과학을 효과적으로 비교 연구할 수 있는 기본 얼개를 만드는 작업은 거의 없었다. 조지프 벤-데이비드Joseph Ben-David가 발표한 과학자의 역할에 집중한 연구는 이런 비교 연구에서 유용한 출발점을 제시했지만, 그는 여기서 아랍이나 중국을 다루지 않음으로써 인류 역사에서 언제나 과학의 배경이 되었던 종교, 법, 철학의 속뜻을 이해하지 못하는 협소한 시각을 드러내고 말았다. 2장에서는 아라비아 과학의 문제점을 설명한다. 3장에서는 아라비아–이슬람 문명과 서양 문명에서 인간과 자연을 바라보는 철학이 어떻게 다르게 나타나는지 분석한다. 4장과 5장에서는 특히 유럽의 대학과 이슬람의 고등 교육기관인 마드라사가 함축하고 있는 내용을 서로 대비하면서 두 문명 안에서 제도를 구성하는 철학적·법적 토대를 밝히려고 한다. 5장은 우리가 연구 대상으로 삼고 있는 기간 동안에 이슬람 세계와 서양 세계에서 의학이 어떻게 발전했는지 연구 자료도 추가한다.

6장에서는 12세기와 13세기에 서양에서 일어난 거대한 사회적·지적 변환의 주요 요소들을 요약한다. 이것은 과학이란 무엇인가 하는 과학 정신을 묻는 질문과 긴밀한 관계가 있다. 여기서는 아라비아-이슬람 세계에서 근대 과학과 그 정신이 성장하지 못하게 작용한 문화적·제도적 장애물을 내 나름의 관점으로 자세히 설명했다. 7장과 8장에서는 그 분석의 틀을 중국의 사례까지 확장한다. 후기에서는 18세기 이후 특히 이슬람 세계에서 일어난 교육 개혁과 과학을 접하는 태도의 변화를 간략하게 개관하려고 했다.

9장에서는 16세기와 17세기 유럽에서 일어난 과학 혁명에 대한 논의로 확장한다. 여기서는 우주론과 과학적 방법론 그리고 종교 권력에서 일어난 세 가지 혁명을 조명한다. 근대 과학을 이루기 위한 제도적 토대를 형성해 가는 과정에서 일어난 거대한 지식 세계의 투쟁은 근대성의 구조를 더 널리 일반화하는 계기가 되었다. 따라서 막스 베버Max Weber의 저작에 익숙한 독자들은 근대 과학이 성장하면서 발생한 문제점이 서양에서 자본주의가 성장하면서 발생한 문제점과 정확하게 평행을 이루고 있다는 사실을 알 것이다. 이 연구를 통해서 병행론을 알게 되었고 또한 막스 베버가 이 문제를 연구하는 것은 "다음 번 단계"라고 주장했다는 사실도 알았다.[1] 나는 이 주장에 동의하며, 사회학 연구에서는 근대 과학이 독자적으로 발전하면서 생긴 이런 문제점이 자본주의 성장보다도 더 근본적으로 중요하

---

1. Max Weber, *The Protestant Ethic and the Spirit of Capitalism*(New York : Scribner, 1958), 182쪽.

    사회·법 체계로 본 근대 과학사 강의

다는 벤저민 넬슨과 조지프 니덤의 판단에도 동의한다. 다만 이 책에서는 내가 이 문제를 언제나 가장 우선으로 생각하고 있었다고 알리는 정도로 끝낼 것이며, 이 문제를 파악한 베버의 광범위한 생각을 모두 끌어내어 여러분에게 부담을 주지 않으려고 한다. 이 문제만 가지고 또 한 권의 책을 써야 할 정도로 그 범위가 방대하다.[2]

마지막으로 한 마디 덧붙이면 나는 이 책이 이성과 합리성을 지나치게 근대 과학과 동일하게 해석한 것으로 오해받지 않기를 바란다. 이 책에서 명확하게 밝혔듯이 중세 유럽인들은 이성에 대한 믿음이 컸으며 이것은 다양하고 새로운 합리적 담론을 탄생시켰다. 근대 과학이 발전하기 전에도 신앙을 연구하는 학문(신학)과 법을 연구하는 학문(법리학)이 있었다. 《프로테스탄티즘 윤리와 자본주의 정신*The Protestant Ethic and the Spirit of Capitalism*》의 영문 번역판에서 저자의 머리말로 삽입되었고, 막스 베버가 쓴 《종교사회학 소론小論 모음집*Collected Essays on the Sociology of Religion*》의 머리말을 읽은 독자들은 알겠지만 서양은 근대 과학을 탄생시키는 데 성공했을 뿐만 아니라 사상과 행동, 예술과 음악을 포함해서 모든 것을 합리적으로 추구한다는 점에서 중동이나 아시아와는 크게 구분된다. 실제로 베버가 1911년에 쓴 《음악의 합리적·사회적 토대*The Rational and Social Foundations of Music*》는 서양 음악도 서양 정신 속에 내재된 합리성의 영향을 크게 받았으며, 그 결과 여러 음이 합성하여 완벽한 조화를 이루는 음악으로 발전했고 교향악단은 서양 고유의 창조물이라는 사실을 일깨워 주는 뛰어난 글이다. 따라서 이 글은 우리가 합리성 사상과 합리화 과정의 의미를 체계화하려고 할 때 꼭 참고해야 하는 베버의 저작이다.

---

2. 독자들은 이슬람을 연구하는 학자들이 막스 베버가 이슬람에 대해 쓴 글을 최근에 평가한 Toby E. Huff and Wolfgang Schluchter, eds., *Max Weber and Islam*(New Brunswick, N.J. : Transaction Books, 1999)를 참조할 수 있다.

그러나 우리는 또한 근대 과학은 합리성이 현실로 나타난 실체 가운데 일부일 뿐이라는 사실도 잊지 말아야 한다. 따라서 조지프 니덤이 근대 과학의 성장은 일종의 일괄 거래와 같다고 주장할 때 그는 근대 과학과 자본주의 사이의 연관관계를 주장할 것이 아니라, 이성에 대한 믿음의 성장과 이 이성을 실제로 또는 상상 속에서 자연 세계의 연구와 모든 문화 영역에 적용하는 것 사이의 연관관계를 주장했어야 한다.

우리가 미래 세계를 마음에 그리면서 그때가 "평화로운 문예부흥기"일지 아닐지 자문할 때 나오는 중심 논점은 이렇다. 현재의 개발도상국들은 과학, 정치, 문학과 같은 정신의 영역에서 국민들이 모두 자유롭게 참여할 수 있도록 허용할 것인가? 아니면 오랜 옛날부터 지켜 온 종교와 윤리의 주체성을 고수하면서 사상과 표현, 행동의 자유를 계속해서 막을 것인가? 우리는 특히 동남아시아의 꽤 많은 지역이 앞으로 나아갈 준비가 되어 있는 것 같다고 말할 수 있다. 그러나 동시에 그곳에는 개방을 가로막는 힘이 아직도 많이 남아 있다. 현재 온 세계에 깨어나기 위한 투쟁이 일어나고 있다. 그러나 근대 이후의 세기에 대해 말하기는 아직 때가 이르다. 아직도 세계의 많은 부분에서 근대성을 위한 조건들은 이루어지지 않았기 때문이다.

과학의 비교 연구

과학의 근대성

오늘날 과학과 그 연관된 것들은 근대성을 축소해 놓은 듯하다. 우리가 알 수 있는 모든 자연과 인간 그리고 사회의 병폐를 치료하는 과학적 방법론은 어느 곳에든 분명히 있다. 우리가 문제를 해결하기 위해 바로 과학적 접근 방법을 적용하지 않는다면 사람들은 그 처리 결과와 분석을 불완전하게 생각하거나 의심을 할 것이다. 과학은 그 자체로 많은 힘을 가지고 있으며, 특히 의학처럼 완전히 과학적인 견해는 우리에게 많은 것을 요구하고 지나치게 자신만만해서 심지어 그릇된 진단을 내릴 수도 있다. 이러한 우려는 과학의 윤리성을 비판하는 사람들만 생각하는 문제가 아니다. 서구 세계에서도 과학 자체를 "사회적 문제"라고 생각하는 사람들이 있다.[1]

그들은 방사능의 과도한 대기 누출과 농약의 무절제한 사용, 유독성 물질 쓰레기로 발생하는 자연 환경의 파괴와 지구 온난화 같은 과학 기술의 산물이 근대 과학과 기술 때문에 만들어졌다고 생각한다. 그리고 바로 그것이 근대 과학과 기술을 나타내는 전부라고 생각한다. 종교와 신비주의, 점성술 같은 신비 과학에서 나온 또 다른 형태의 지식이 근대 과학의 대안이라고 생각한다면 이미 널리 우세한 과학 지식에 대항할 수 있는 자기 변론을 제시해야 한다. 사람들에게 지식을 인정받으려면 우선 그 지식이 만들어 낸 결과를 보여 주어야 하고, 그다음으로 그 지식이 보여 주는 효과가 일관되게 과학을 무시("우리는 이것에 대해 아는 바가 없다.")하거나 과학적 지혜("이것은 현재 우리가 아는 과학 지식의 변수를 확장시켜야 비로소 그 결과를 완벽하게 이해할 수 있다.")와 일치하는 방식으로 나타나야 한다.[2]

실제로 현대 세계에서는 과학 지식을 우선으로 생각하는 것이 일반적이다. 이 말에는 여러 가지 뜻이 있다. 첫째, 과학자들이 주장하는 지식은 공공 토론, 특히 무엇보다도 공중위생, 민간 의료 같은 보건 문제를 다루면서 가장 우선의 권위를 부여받는다. 둘째로 과학자로 명성이 높은 전문가들은 일반인이 이해하기 힘든 아주 어렵고 난해한 주제에 대해서 법정에서 참고인으로 증언할 수 있다. 법정에서 이 전문가들은 사건의 발생 원인과 사실 관계에 대한 가능성을 입증하면서 과학 지식을 사용할 수 있다. 추리소설의 독자들은 범죄과학수사 전문가가 실험실에서 옷에 붙은 섬유질 조각이나 머리카락을 조사하고 용의자를 찾아서 범죄가 일어났을 때와 연관시키는

---

1. Sal Restivo, "Modern Science as a Social Problem," *Social Problems* 35권(1988), 206~225쪽.
2. 점점 성장하고 있는 과학적 세계관에 대한 논의는 *The Knowledge Society : Its Growing Impact on Scientific Knowledge,* ed. Gernot Böhme 외.(Dordrecht : Reidel, 1986)에 나온 논문을 참조.

 사회·법 체계로 본 근대 과학사 강의

모습을 보았을 것이다. 그런 과학 지식은 직접 사건을 목격해서 나온 것이 아니라 과학적 분석과 추론 같은 과학 기술을 이용해서 만들어진 사후 지식이다. 간단히 말해 오늘날 법정에서 과학 지식은 합법적인 증거와 증언으로 채택된다.[3]

셋째, 우리는 법으로 보장된 과학 권력이 연구자들에게 외부로 공개되지 않는 사생활의 영역과 윤리와 종교적 양심으로 보호받아야 할 삶의 영역까지 조사하고 심지어 일반에게 공개할 수 있도록 권한을 준다는 점에서 과학 연구는 이 사회에서 특별한 대우를 받는다고 말할 수 있다. 예를 들면 의사는 옷을 벗은 사람의 몸을 아주 자세하게 검사할 수 있다. 이것은 과학이라는 이름으로 행해진다. 이와 마찬가지로 신문 기자나 사회과학자들도 어떤 사람의 공공생활과 함께 사사로운 삶까지도 낱낱이 조사해서 그 내밀한 정보를 얻을 수 있다. 사회학자와 정치학자, 사회인류학자들의 이런 무제한의 조사 권한을 부여한 정당성은 우리가 사는 사회와 정치 세계가 어떻게 작동하는지 알기 위해 사회과학 지식을 축적하고 발전시키고자 하는 열망에서 비롯한다. 따라서 어느 지역 사회의 경찰을 연구하는 사회학자는 경찰관들의 하루 일과를 빠짐없이 관찰하려고 할 것이다. 그 연구자는 범죄 용의자의 체포 장면을 관찰할 뿐만 아니라 정보 제공자가 경찰서의 풍기단속반에 걸어 온 전화 통화 내용도 엿들을 수 있다. 이것도 "과학이라는 이름으로" 행해진다.[4]

그러나 우리가 주목해야 하는 또 다른 특권이 있다. 과학자들은 정치 권력의 방해를 받지 않고 필요한 증거와 정보를 모을 수 있으

---

3. 예를 들면 Hans Zeisel, "Statistics as Legal Evidence," *International Encyclopedia of Statistics*, 2권(New York : Macmillan, 1978), 1118~1122쪽 참조.
4. 이 모든 실제 사례에 대한 변론은 Jerome Skolnick, *Justice Without Trial*, 2d ed. (New York : Wiley, 1976), 2장을 참조.

며 자유롭게 이 정보를 소유할 특권을 부여받는다. 이것은 사회과학 자와 언론인들이 정치 권력에 정보원을 밝히거나 외부에 공개할 의 무 없이 필요한 정보를 자유롭게 모으고 버릴 수 있도록 부여받은 한정된 보호조치이다. 또한 이들은 연구 대상이 되는 기존의 사회 질서 전체 또는 일부 영역을 자유롭게 비판할 수 있다. 그러나 내가 여기서 강조하고자 하는 특권은 법정이 과학자에게 부여한 권한, 세 밀한 공개 조사로 밝혀진 사실도 정치 권력에 제공하지 않을 수 있 는 과학자의 신성불가침한 권한이다.5 이것은 서양 세계에서 과학 지식과 연구가 얼마나 특별한 지위를 차지하고 있는지 잘 말해 준 다. 따라서 과학 제도가 근대 사회를 구성하는 가장 중요한 요소라 는 견해에 확실한 힘을 실어 준다.6

오늘날 서양에서는 모든 것을 판단할 때 과학적 견해를 기준으로

5. 나는 여기서 1980년대 초 뉴욕 주립대학의 사회학과 대학원생이었던 마리오 브라주 하Mario Brajuha의 사례를 예로 들겠다. 그는 불이 난 롱아일랜드에 있는 한 레스토랑 의 현지 조사에 참여했다. 그는 불이 난 주변 상황을 조사한 결과 방화 가능성이 크 다고 경찰에 알렸다. 이 사건을 맡은 검사는 한 대학원생이 이 시설을 조사해서 광범 위한 조사 기록을 가지고 있다는 사실을 알고는 화재 사건에 대한 실마리를 포함하 고 있을지 모를 그 사회학자의 기록을 얻고자 소환장을 발부했다. 많은 사회과학자들 은 이런 연구를 정부가 부당하게 간섭하는 것에서 보호해야 한다고 법정에서 증언했 고, 법원은 기나긴 법정 다툼 끝에 마침내 그 사회학자의 기록은 정부가 부당하게 빼 앗을 수 없다고 명령을 내렸다. 그리고 연구 결과를 강제로 공개하도록 하는 행위는 앞으로의 과학 연구에 나쁜 영향을 끼칠 수 있기 때문에 크게 봐서 사회적 이익에 부 합하지 않는다고 판결했다. 법원은 이런 연구가 사회체계의 작동 원리를 파악하는 지 식을 확장시킬 수 있다고 판단했던 것이다. American Sociology Association, *Footnotes*, Aug.(1984), 11쪽, *New York Times*, Apr. 5~6쪽, 1984 참조.
6. 과학이 가장 중요한 근대 제도라는 견해는 비록 불가지론자의 긍정이지만 Harriet Zuckerman, "The Sociology of Science," in *The Handbook of Sociology*, ed. Neil J. Smelser(Beverly Hills, Calif. : Sage, 1988), 511~574쪽에 나온다. 또한 주커만 은 511쪽에서 이런 주장을 더욱 분명하게 말한 데릭 드 솔라 프라이스Derek J. de Solla Price의 말을 다음과 같이 인용한다. "그것(과학)은 그 어떤 …… 종교나 정치 적 사건보다도 세상 사람들의 삶과 운명을 변화시켰다." 이것은 과학이 무엇보다도 전세계 사람들의 삶의 질과 함께 경제와 군사력을 조정할 힘을 가지고 있었기 때문 이다.

     사회·법 체계로 본 근대 과학사 강의

삼고 있지만, 우리는 대개 이 과학적 견해(나는 당분간 이 말을 정의하지 않고 조심스레 남겨 둘 것이다)가 오랫동안 많은 전투에서 싸워 이긴 결과물이라는 사실은 별로 주목하지 않는다. 한편 우리가 이미 아는 것처럼 근대 과학은 비서구 문명(인도, 중국, 이슬람 세계)에서 실현되지 못했다. 실제로 13세기와 14세기까지 비서구 문명 세계의 일부는 서양보다 더 훌륭한 문화와 과학을 보유하고 있었다. 이러한 사실로 판단해 볼 때 근대 과학이 서양에 정착하게 된 것이 사실은 본래 비과학적인 문화와 제도적 요소가 독특하게 결합되어 만들어진 결과가 아닐까 하는 생각을 하게 된다. 달리 말하면 근대 과학이 서양에서는 성공하고 비서구 문명에서는 실패한 수수께끼가 법, 종교, 철학, 신학 같은 비과학적인 문화의 영역을 연구함으로써 풀릴 수 있다는 것이다.

이런 견해로 볼 때 근대 과학의 성장은 매우 독특한 인본주의 문명을 바탕으로 하는 문화가 발전해서 만들어진 결과물이다. 실제로 이 문화는 기존의 종교와 신학의 가르침에 맞서는 혁신적 사상을 허용하고 보호하며 널리 알리는 인간 중심의 문화였다. 이것을 거꾸로 말하면 과학적 세계관의 핵심 요소들이 기존의 서구 유럽을 구성하고 있던 종교와 법적 전제조건 속으로 은밀하게 스며들어갔다고도 말할 수 있다.

근대 과학이 서구 문화의 독특한 인본주의적 특성 때문에 성장했다는 주장은 자기모순인 듯 보인다. 왜냐하면 우리는 지금까지 종교, 철학, 법의 겉모습만을 고려했지 "이것이 없다면 감히 아무도 과학자라고 자부하지 못할 것이라는 그런 내적 관계"7를 신중하게 고민하지 않았기 때문이다. 달리 말하면 근대 과학의 바탕을 이루는

---

7. Thomas Kuhn, *The Structure of Scientific Revolutions*, 증보판, ed.(Chicago : University of Chicago Press, 1970), 42쪽.

문화적 · 제도적 토대는 둘 다 과학의 바깥 영역에서 발견된다. 그 곳에서 인류는 심오하고 신비로운 우주의 근원에 대해 깊이 사색한다. 그리고 인간의 상상력은 개인들이 기존의 정치, 종교의 감시와 통제에서 벗어나 끊임없이 자유로운 사색을 즐길 수 있는 중립 공간 neutral space을 허용하는 제도를 다듬고 만들어 낸다. 바로 이 중립 지대의 철학적, 법적, 제도적 근원을 밝히는 것이 이 책의 과제이다.

문명 사회의 제도로서의 과학

많은 사회과학자들은 문명 사회의 기준을 정하는 데 어려움을 겪는다. 이 추상적 개념이 과학적 분석을 하기에는 너무 광범위하다고 믿기 때문이다. 그러나 잠깐만 다시 생각해 보면 근대 과학은 끊임없이 스스로 수정하며 연구 발전해 왔으며, 무엇보다도 전세계에 흩어져 있는 모든 집단과 개인의 관심과 참여를 동시에 끌어내는 대단한 시도였다는 결론에 이른다. 과거 500년 동안 다양한 사회(주로 유럽과 유럽의 해외 식민지, 나중의 북미 지역)에서 살며 특정한 분야에서 활동한 개인들은 여러 과학 분야가 진보하는 데 중요한 공헌을 했다. 이들 나라의 국민들—이탈리아인, 영국인, 프랑스인, 독일인, 아메리카인, 그 밖의 나라 사람들—은 근대 과학이 과학적 독창성을 보여 주는 사람들에게 수여하는 명예와 상을 받기 위해 끊임없이 경쟁을 해 왔다.[8]

---

8. 이에 대해서는 노벨상 수상에 대한 많은 논문을 참조할 수 있다. Harriet Zuckerman, *Scientific Elite:Nobel Laureates in the United States*(New York : Free Press, 1974) ; Robert K. Merton, "Singletons and Multiples in Science," in *The Sociology of Science : Theoretical and Empirical Investigation*, ed. Norman Storer(Chicago : University of Chicago Press, 1973), 343~370쪽 ; 같은 저자, "Priorities in Scientific Discovery," 같은 책, 16장 ; 같은 저자, "Institutional

이런 관점에서 볼 때 과학은 여러 나라에서 서로 언어가 다르고 경쟁 관계가 지속되었지만, 끊임없이 발전을 거듭해 온 다국적 활동의 산물이었고 지금도 그렇다. 따라서 과학은 뛰어난 문명 사회의 행위이며 사회학적 의미로 볼 때 오직 문명 사회를 배경으로 해서만 이해될 수 있다. 과학은 시간과 공간을 가로질러 2+n의 서로 다른 사회9—전통 예법, 상호 관계의 규칙과 함께 형이상학적 근본 가정, 증거와 증명의 기준을 공유하는 사회—속에서 살고 있는 개인과 집단이 수행하는 문화적 행위이다. 단순히 과학 정신(이 개념은 나중에 더 자세히 다루겠다)만 있는 것이 아니라 토머스 쿤Thomas Kuhn이 이미 말했듯이 "이것이 없다면 감히 아무도 과학자라고 자부하지 못할" 훨씬 더 고차원의 형이상학적 전제들이 있다. 바로 이 중요한 문명 사회의 제도적 장치가 근대 과학을 완벽하게 성공으로 이끈 요인이다.

더 나아가 우리는 근대 과학이 정치적 통합—전세계가 관료주의로 통합된 정부라는 의미에서—이나 통일된 단일 언어를 요구하지 않았다는 점을 주목할 필요가 있다. 오히려 거꾸로 16세기와 17세기에 걸쳐 최초로 근대 과학이 시작되고 이어서 전체 유럽으로 확산되면서 실제로는 자기 나라 고유의 언어와 문학적 상징을 바탕으로 한 국가주의가 성장했다. 이와 더불어 언어의 단일성(그 동안 중세 유럽에서 공식 소통 수단으로 사용한 라틴어)도 동시에 무너졌다. 영국과 이탈리아의 과학자들은 주요 저작을 제 나라말로 출판했고, 다른

Patterns of Evaluation in Science," 같은 책, 21장 참조. 과학사회학에 대한 전체 개요를 보려면 Zuckerman, "The Sociology of Science," in *Handbook of Sociology*, 511~574쪽 참조.

9. 이런 문명 사회의 현상에 대한 정의는 벤저민 넬슨이 내린 것이다. *On the Roads to Modernity : Conscience, Science, and Civilizations. Selected Writings by Benjamin Nelson*, ed. Toby E. Huff(Totowa, N.J. : Rowman and Littlefield, 1981), 5장과 13장 참조.

나라의 고전도 제 나라말로 정성스레 번역해서 일반인들이나 과학에 관심이 없는 사람들도 과학을 토론하는 자리에 참여할 수 있게 했다.[10] 이렇듯 한편으로는 과학이 국가 중심으로 발전해 갔지만 다른 한편으로는 과학적 논쟁의 보편화를 지향하는 움직임이 활발히 일어나면서 엘리트 전문가(과학자)들과 그 밖의 모든 사람(일반인, 과학을 잘 모르는 사람, 대중 가운데 한 사람) 사이의 장벽을 허무는 쪽으로 차근차근 방향을 전환하기 시작했다. 이것은 아직도 신의 법과 비밀이 정성스럽게 지켜지고 있던 이슬람과 유대 문화에서 일어났던 상황과는 아주 다른 움직임이었다.[11]

문명 사회에서 과학의 특징을 끊임없는 사회적 활동이라고 볼 때 중세 이슬람 문명과 중국, 서유럽에서 지식인들의 길잡이 노릇을 한 윤리, 종교, 법 체제 같은 당시 사회의 지배 구조와 제도에 대해 말하는 것은 다른 민족을 차별하거나 동양의 문명을 폄하하려는 것이 아니다. 나는 당시에 상대적으로 사회 제도로 안정되어 있었고, 문명 세계에 널리 흩어져 살고 있는 지식인들이 광범위하게(절대로 완전하거나 단일하지는 않지만) 공유하고 있었던 상징적이고 지적인 논쟁의 수준이 어떠했는지를 말하고 있는 것이다. 이렇게 볼 때 근대 과학은 한 문명이 만들어 낸 결과물일 뿐만 아니라 여러 문명이 서로 작용하여 만든 것이다.

우선 아라비아-이슬람 문명은 13세기와 14세기 이후에 소멸하기

---

10. 영국의 사례를 보려면 Christopher Hill, *The Intellectual Origins of the English Revolution*(Oxford : At the Clarendon Press, 1965), 2장과 여러 곳을 참조. 이탈리아의 사례는 *Galileo : Man of Science*, ed. Ernan McMullin(New York : Basic Books, 1967) ; Stillman Drake, ed. and trans., *Discoveries and Opinions of Galileo*(New York : Doubleday, 1957) ; 그리고 *The Crime of Galileo*(Chicago : University of Chicago Press, 1955)에 나오는 Giorgio de Santillana의 논문을 참조.
11. 이것은 아베로에스와 메모니데스의 저작에서 보는 것처럼 중세 이슬람과 유대의 사상 속에서 언제나 반복되는 주제이다. 이 책의 2장과 6장을 참조.

에 앞서 논리학, 수학, 방법론 같은 훌륭한 지식을 축적하여 근대 과학을 발전시키는 데 크게 공헌했다. 앞으로 알게 되겠지만 아라비아—이슬람 문명 속에 축적되어 있던 엄청난 과학과 철학 지식은 중세 유럽인들의 끈질긴 번역 작업으로 마침내 서양 문명으로 이전되었고, 이는 서양의 지식 체계가 발전하여 결실을 맺는 과정에서 강력하게 영향을 미쳤다. 따라서 근대 과학은 아랍과 이슬람, 기독교 문명이 상호 작용하는 데서 그치지 않고 고대 그리스와 아랍, 북유럽의 문명을 포함해서 "과거와 현재"가 만나 대화하면서 서로 다른 문명이 함께 어우러져 만들어진 결과이다. 실제로 일부 학자들은 무엇보다도 논리와 토론으로 합리적인 대화와 의사결정을 내리는 지금의 서양 지식 체계로 발전할 수 있게 그 방향을 잡은 것은 다름 아닌 고대 그리스에서 물려받은 지식과 사상이라고 말하기도 한다.[12] 서양 과학에서 고대 그리스의 전통이 얼마나 큰 중요성을 띠는지 알고자 이런 견해를 자세히 설명할 것까지는 없다. 그러나 근대 과학이 여러 세기에 걸쳐 지속된 여러 문명이 서로 만나 생성된 최종 산물이라는 사실은 기억해야 한다.[13]

---

12. A. C. Crombie, "Designed in the Mind : Western Visions of Science, Nature, and Humankind," *History of Science* 26(1988), 1~12쪽. 최근에 나는 근대 과학을 여는 데 고대 그리스의 여러 요소들이 어떻게 기여했는지 검토했다. Huff, "Science and Metaphysics in the Three Religions of the Book," *Intellectual Discourse* 8, no. 2(2000), 173~198쪽 참조.

13. 나는 당분간 중국 과학이 근대 과학에 끼친 공헌에 대한 논의는 옆으로 제쳐두려고 한다. 《중국의 과학과 문명》에서 조지프 니덤은 이것에 대해 많은 검토를 했다. 중국의 과학이 근대 과학에 기여한 것에 대한 평가와 관련된 문제들이 많이 있다. 그 가운데 가장 큰 문제는 니덤이 반대했던 과학과 기술을 구별하느냐 마느냐에 달려 있다. 나중에 검토하겠지만 (니덤의 설명에 따르면) 2세기부터 16세기까지 중국 과학 기술이 서양 기술보다 우월했을 거라는 추정은 중국에서 근대 과학이 발생하지 못했기 때문에 그 둘 사이의 연관관계는 확실하지 않은 문제로 남겨 둔다. 내가 중국 과학이 근대 과학에 기여한 공헌에 대해 검토하지 않는 까닭은 이 책의 2장과 7장, 8장에서 분명하게 밝힐 것이다.

둘째로 서양 문명에서 성장한 근대 과학은 점점 시간이 흐르면서 전세계인이 이용할 수 있는 보편 과학으로 자리잡아 갔다. 조지프 니덤의 표현을 빌리면 근대 과학은 "세계 과학ecumenical science"이 되었고, 그 이름처럼 전세계 곳곳의 고유한 문화 조건과 지식 체계에 적용되었다. 비록 아라비아–이슬람 문명이 서양에서 근대 과학이 발전한 후에도 오랫동안 근대 과학을 자신들의 문명 안에서 고유하게 발전시키려고 저항했지만, 오늘날 이슬람 땅에 살고 있는 많은 사람들도 (다른 지역의 사람들처럼) 근대 과학이 제공하는 지식과 혜택에 다가가기를 갈구한다는 사실은 의심할 나위 없다. 간단히 말해서 근대 과학이 지닌 결점이 무엇이든지 간에 근대 과학이 현대 생활에서 주는 이득은 특히 보건 의료(정신과 육체 모두) 같은 분야에서는 모든 사람에게 환영받는다. 또한 자기 종족이나 나라 또는 사회가 근대 과학이라는 세계 지식을 풍부하게 축적하는 데 기여를 했든 안 했든 근대 과학이 주는 혜택은 모든 사람이 반드시 누려야 할 타고난 권리라고 주장한다.

사회학적 관점의 요소들

1904년 막스 베버는 "과학적 진실이 가치 있다고 하는 믿음은 자연에서 저절로 파생된 것이 아니라 분명하게 존재하는 여러 문화들이 상호 작용한 산물이다."[14]고 썼다. 그로부터 약 34년이 지난 후 로버트 머튼Robert K. Merton은 이 말을 다음과 같이 수정했다.

---

14. Max Weber, *The Methodology of the Social Sciences*(New York : Free Press, 1949), 110쪽.

 사회·법 체계로 본 근대 과학사 강의

'과학적 진실에 대한' 이 믿음은 금방 의심과 불신으로 바뀌었다. 과학이 끊임없이 발전하려면 그 사회의 고유한 암묵적 전제조건과 제도적 속박이 복합적으로 작용하여 만들어 낸 특정한 질서를 지닌 사회여야 한다. 우리가 볼 때 설명이 없어도 되고 문화적 가치가 자명해 보이는 어떤 현상은 다른 시대에도 있었다. 그러나 그것은 지금도 과거와 마찬가지로 이곳이 아닌 다른 많은 지역에서는 여전히 비정상이고 보기 드문 현상이다. 과학이 끊이지 않고 연속해서 발전해 나가려면 열심히 과학을 탐구하고 자질이 뛰어난 사람들이 활발하게 참여할 수 있어야 한다. 그러나 이렇게 과학을 지원하기 위해서는 그 사회의 적절한 문화 조건(의 존재)이 보장되어야만 한다.[15]

이 말은 과학의 탐구는 그것을 계속해서 진보시키기 위해서 특정한 문화와 제도의 지원을 받아야 한다는 주장이다. 철학자 칼 포퍼 Karl Popper가 주장한 대로 만일 이론적인 지식 생산 행위가 마땅히 과학이라는 이름을 받을 만하다면 그것은 언제나 혁신을 추구하고 오류를 없애는 진보적 행위여야 한다.

우리가 이런 생각을 가지고 볼 때 서양에서 근대 과학의 발전—그러나 중국과 이슬람 문명 같은 다른 지역에서는 발전하지 못한 사실—은 근대 자본주의가 발전하면서 생긴 문제점(동양에서는 근대 자본주의가 발전하지 못했다는 사실)과 서로 어깨를 맞대고 나란히 진행되었다고 말할 수 있다. 1920년 베버가 《종교사회학 소론 모음집》의 머리말을 썼을 때 그는 연구 주제의 중심을 역사에 두고 합리성과 합리주의가 어떻게 발전했는지 알아내는 것이라고 생각했다. 그는 "서양의 합리주의가 지닌 고유한 특성과 그 안에서 근대 서양의 모

---

15. Merton, "The Normative Structure of Science", in *The Sociology of Science*, 254쪽.

습이 지닌 독특한 특질을 찾아 내어 설명하는 것이 우리의 첫 번째 과제……이다."16고 썼다. 이미 언급한 문명 사회의 기준을 받아들인다면 베버가 우리 앞에 던진 과제를 풀어 나가기 위해 비교역사사회학과 함께 과학사회학을 연구해야 하는데, 과학사회학에는 우리가 앞으로 검토해야 할 네 가지 중요 요소가 있다. 이 가운데 첫 번째 요소는 조지프 벤-데이비드가 《과학자의 사회적 역할The Scientist's Role in Society》에서 논의한 과학자의 역할에 대한 이해이다.17 두 번째 요소는 과학을 구성하는 사회 규범이다. 이것은 젊은 로버트 머튼이 과학 정신이라는 개념으로 자세히 설명했다. 세 번째 요소는 과학자 사회에 초점을 맞춘다. 그리고 이 과학자 사회를 움직이는 공통된 요인이 무엇인지 묻는다. 이 질문에 가장 먼저 대답하려고 시도한 저작이 토머스 쿤의 《과학 혁명의 구조The Structure of Scientific Revolutions》였고 그는 이 책에서 과학적 패러다임paradigm이라는 개념을 제시했다.

과학사회학에서 네 번째 요소는 과학을 비교와 역사, 문명화의 관점에서 연구하는 것이다. 과학사회학에서 비교역사의 관점은 아주 오래 전부터 적용되었지만—이것은 로버트 머튼이 쓴 권위 있는 논문 《과학, 기술 그리고 17세기 영국의 사회Science, Technology, and Society in Seventeenth-Century England》18에서 유래했다—이 요소는 사회학에서 거

---

16. Max Weber, "Author's Introduction," *The Protestant Ethic and the Spirit of Capitalism*(New York : Scribners, 1958), 26쪽.

17. Joseph Ben-David, *The Scientist's Role in Society*(Engelwood Cliffs, N.J. : Prentice-Hall, 1971).

18. Robert Merton, *Science, Technology, and Society in Seventeenth-Century England*(New York : Harper and Row, 1970), 1938년 *Osiris*에서 초판 발간. 이것에 대해 논쟁한 유용한 논문 모음이 있다. I. B. Cohen, ed.(with the assistance of K. E. Duffin and Stuart Strickland), *Puritanism and the Rise of Modern Science*(New Brunswick, N.J. : Rutgers University Press, 1990) 참조,

 사회·법 체계로 본 근대 과학사 강의

의 발전하지 못했다. 그 까닭은 머튼의 제자들 대다수가 머튼의 전통 연구 방식을 따르기보다는 과학의 보상 체계reward system를 연구하는 일에 더 몰두했기 때문이다.[19] 따라서 1970년대와 1980년대에 들어 과학 연구는 상호 작용을 중시하는 연구 방식이 중심이 되어 성장하게 되었다. 그 결과 연구자들은 과학 연구에서 역사를 더욱 등한시하고 과학의 비교 연구와 과학의 성장을 뒷받침하는 문화와 제도의 조건을 더욱 배제하였다.[20]

그러나 조지프 니덤이 《중국의 과학과 문명Science and Civilisation in China》이라는 위대한 책을 써내고, 중국 과학이 근대 과학으로 성장하지 못한 이유를 니덤 자신의 사회학적 사고로 발표하면서[21] 이 요소에 대한 새로운 논의가 전개되었다. 벤저민 넬슨은 이 새로운 논의의 발전을 "니덤의 도전Needham's Challenge"[22]이라고 말했다. 그런데 서양의 고유한 특성이 근대 과학을 탄생시킨 배양소라고 보았던 니

---

19. 이 주제를 다룬 논문들이 많이 있다. Stephen Cole and Jonathan Cole, *Social Stratification in Science*(Chicago : University of Chicago Press, 1973) ; Norman Storer, *The Social System of Science*(New York : Holt, Rinehart and Winston, 1966) ; Jerry Gaston, *The Reward System in British and American Science*(New York : Wiley, 1978) ; H. Zuckerman and R. K. Merton, "Age, Aging, and Age Structure in Science," in *The Sociology of Science*, 497~559쪽 ; 그리고 *The Sociology of Science*, 재판, 439~459쪽에 실린 머튼의 논문 "The Matthew Effect in Science"을 참조.

20. 이 흐름에 대한 논의는 *Science Observed*, ed. Karen Knorr-Cetina and Michael Mulkay(Beverly Hills, Calif. : Sage, 1983)에 실린 논문을 참조하는데 특히 Karen Knorr-Cetina, *The Manufacture of Knowledge:Toward a Constructivist and Contextual Theory of Science*(Oxford : Pergamon, 1981)와 Bruno Latour and Steve Woolgar, *Laboratory Life:The Social Construction of Scientific Facts*(Beverly Hills, Calif. : Sage, 1979)를 눈여겨보라. 이 논문과 연구 흐름의 전체 개요는 Jan Golinski, "The Theory of Practice and the Practice of Theory : Sociological Approaches in the History of Science," *Isis* 81(1990), 492~505쪽과 Zuckerman, "The Sociology of Science," 546~558쪽 참조.

21. Joseph Needham, *The Grand Titration*(London : Allen and Unwin, 1969) 참조 ; 이후로 *GT*라고 표시함.

22. Nelson, *On the Roads to Modernity*, 6장과 10장 참조.

덤이 던진 문제를 다루기 위해서는 비교사회학 분야에서 막스 베버와 다른 주창자들이 사회 문화적 변화와 제도에 대해 주장한 내용을 넘어서야 하는 과제가 남아 있었다. 니덤은 이 책에서 과학의 발전을 가속하거나 지체할 수 있는 사회와 문화 조건을 분명하게 밝혀냈다.

과학사회학의 이 네 가지 요소는 지금까지 서로 영향을 미치지 않고 독자적으로 발전해 왔다. 다음에서는 이 관점들의 강점과 약점을 집중 분석할 것이다. 이 시도는 과학을 비교역사사회학 관점에서 다시 살펴보면서 근대 세계에서 과학의 발전과 운명을 새롭게 조명할 수 있도록 영감을 줄 것이다. 그리고 "문명의 충돌"을 암시하는 불행한 9·11 사건 이후 아마도 더 많은 학자들이 이 중요한 연구 분야로 관심을 돌릴 것이다.[23]

과학자의 역할

과학자의 역할이 어떻게 진화, 발전했는지에 초점을 맞춰 근대 과학의 성장을 연구해야 한다고 주장하는 사람이 있다. 이 주장은 조지프 벤-데이비드가 그의 유명한 연구에서 채택하여 사용한 관점이

---

23. 나는 여기서 열린 사회에서 이성의 근원과 사용에 대한 칼 포퍼의 생각을 거론하지는 않는다. 하지만 이런 주제에 대한 포퍼의 생각이 지금 이 연구에 대한 사회학적 비판에서 철학적 반대편에 서 있다는 점은 분명하다. 포퍼는 서양이 이성과 합리성에 대해 너무 과도하게 믿고 있으며 심지어 비합리적으로 몰입한다고 생각했다. Karl Popper, *The Open Society and Its Enemies*(New York : Harper and Row, 1945), 2권, 231쪽, 226~227쪽 참조. "열린 사회"라는 개념은 자유롭게 서로 생각을 교환할 수 있게 하는 사회적 합의의 중요성을 주장한다. 그러나 포퍼는 "비판"의 가치를 과학의 변화를 만들어 내기 위한 방법 이상으로 권고하지 않는다. 나는 다른 글에서 형이상학의 중요성, 특히 플라톤의 견해를 강조했는데 그것은 근대 과학이 발전하기 위한 조건을 만드는 핵심 요소이기 때문이었다. Huff, "Scienc and Metaphysics" 참조.

다.[24] 이 관점에서 가장 중요하게 생각하는 내용은 다음과 같다.

오랜 역사의 흐름에서 주인공이 바뀌는 상황에 상관없이 사회적 활동이 끊이지 않고 이어지려면 활동을 수행하는 역할을 맡은 사람들이 나타나고, 그들이 속한 사회집단이 이 역할을 이해하고 긍정적으로 평가('합법화')해야 한다. …… 이렇게 이 역할이 사회에서 공식적으로 인정받지 못한다면 특정한 사회적 활동과 관련된 지식, 기술 그리고 동기의 이전과 확산이 이루어질 수 없으며 이 모든 것이 명백한 관례로 구체화될 수 없다.[25]

바로 여기서 지적하는 것처럼 과학자의 역할이 중요하다고 생각하는 명확한 표현은 우리에게 시사하는 바가 매우 많지만, 자세히 따져 보면 몇 가지 약점이 있다. 첫 번째, 벤-데이비드는 로버트 머튼이 이미 여러 해 전에 강력하게 주장했던 사회학적 역할 이론의 특징을 주목하지 못했다. 머튼이 주장한 이론에 따르면 개인들은 사회 속에서 특정 지위를 갖게 되면 거기에 따르는 하나의 역할을 부여받는 것이 아니라 하나의 역할군役割群, role-set에 참여하게 된다. 따라서 "우리는 특정한 지위는 그와 관련된 역할이 하나가 아니라 여러 개 있다는 사실을 주목해야 한다."[26] 한 사람이 사회에서 특정 역할을 맡는다는 것은 "사람들이 특정한 지위를 차지하면서 갖게 되는 여러 역할이 서로 관계를"[27] 맺고 있는 역할군으로 들어간다는 말이다. 그 역할을 맡은 사람은 자기가 맡은 하나의 지위에서 또 다

---

24. Ben-David, *The Scientist's Role*.

25. 같은 책, 17쪽.

26. Robert Merton, *Social Theory and Social Structure*, enl. ed.(New York : Free Press, 1968), 423쪽, 442쪽.

27. 같은 책, 423쪽.

른 역할군의 일부인 여러 사람들과 상호 작용을 한다. 예를 들면 공립학교 교사는 학생들을 가르치고 동료 교사들과도 함께 일한다. 그리고 학생들의 부모와 만나고 교장의 지시를 받는다. 또 지역 학교 이사회나 위원회와 관련된 일을 하기도 한다. 이렇게 서로 보완적인 역할이 상호 작용을 하기 위해서는 서로 다른 여러 종류의 행동이 어떻게 반응을 나타내는지 보여 주어야 하고 그 행동을 유발시키는 동기들을 표현하는 형식이 필요하다. 그래야 비로소 그 지위를 여러 개의 영역과 기술, 태도 가운데 일부로 만들 수 있다.

따라서 우리는 매우 신중하게 역할군이라는 개념을 "여러 개의 역할"이라는 모호한 개념과 분리해서 생각해야 한다. 머튼이 말한 대로 "역할군은 많은 사회학자들이 오랫동안 '여러 개의 역할'이라고 정의 내렸던 유형과 다르다."[28]는 것은 분명하다. 머튼이 든 고전적 예에 따르면 의대생의 역할군은 다른 의대생과 의사, 간호사, 응급 구조대원, 사회사업가들과 정기적으로 상호 작용을 한다. 이 모든 역할 기대는 의대생이라는 단 하나의 사회적 지위에서 비롯된다. 또 한편으로 의대생들은 남편(또는 아내), 아버지(또는 어머니), 형제(또는 자매) 그리고 특정한 정당의 당원이거나 종교를 가지고 있을 수도 있다. 그러나 이들 관계는 또 다른 차원의 사회 구조를 가리킨다.

과학자의 역할군은 대개 대학 교수, 학교 교사, 학회의 회원, 연구자, 작가와 저술가 따위로 구성되어 있고, 많은 경우 다른 과학자들이 주장하는 연구 성과를 심사하는 학문 심사원의 구실도 한다. 무엇보다도 우리는 일반에게 학술 연구의 성과가 공개될 때 과학자들이 대중에게 그 주장을 권위 있게 설명해 주는 해설자로서 역할을 맡고 있다는 사실을 놓치지 말아야 한다. 바로 이런 형식으로 과학

---

28. 같은 책.

사회·법 체계로 본 근대 과학사 강의

자들은 과학자 사회에서 자기가 주장한 연구 성과의 승인을 받도록 하는 구실을 하는 것이다.

요컨대 모든 사회적 지위는 서로 관련 있는 여러 개의 역할이 서로 복합적으로 관계를 맺고 있다는 사실을 간과하지 말아야 한다. 어떤 사람이 한 역할군에 참여하고 있다면 그는 언제나 다른 사람에 대해 적절한 자신의 역할을 가지고 있는 여러 명의 사람들과 상호 작용을 하고 있는 것이다. 이것은 시대를 넘어서 과학자들이 실험실에 틀어박힌 채 홀로 실험만 하는 사람들이 아니라, ①학생을 가르치고 연구할 기회를 제도적으로 뒷받침하는 데 반드시 필요한 지원을 아끼지 않고 ②과학 연구 성과를 일반 대중에게 발표할 도구를 제공하고 ③과학자의 역할과 과학적 모험심의 가치와 세계관에 지지를 보내는 많은 사람들 속에서 자신의 존재를 드러내는 문화적 행위자라는 사실을 함축하고 있다. 이런 문화적·제도적 구성이 없다면 어떠한 과학의 역할도 있을 수 없다. 따라서 과학자의 역할은 과학자의 지위를 수행하는 데 꼭 필요한 역할이 서로 보완하며 배열되어 있는 하나의 구성체이다.

과학자의 역할을 하나의 역할군으로서 좀더 넓게 인식하면 과학자가 지닌 여러 가지 고유한 요소들이 역사의 흐름에서 변화하는 제도 안에 내재하며 또한 이 요소들은 시간이 흐르면서 서로 다른 속도로 진화한다는 사실을 알게 된다. 우리는 아울러 천문학자, 점성가, 수학자, 물리학자, 화학자, 광학 연구자, 생물학자, 의학자들처럼 과학자라 불리우는 전문가들이 매우 많다는 사실을 주목해야 한다. 더 나아가 이들 과학 전문가들은 서로 다른 시대에 과학자로 인정을 받으며 그 지위를 얻었다. 역학과 천문학은 이미 중세 시대 이전부터 그 정확도와 이론적 발전이 높은 수준에 이르렀다. 쿤이 우리에게 다시 일깨워 주듯이 오늘날까지도 고대 아르키메데스

Archimedes와 프톨레마이오스Ptolemaeos의 저작 《뜨는 물체에 관하여》와 《알마게스트Almagest》는 "전문 지식이 매우 깊은 전문가들만이 읽을 수 있다."29

우리는 이런 문제를 공식화함으로써 과학적 방법론이나 이론, 패러다임, 과학 도구 같은 순수한 과학 연구의 내부 모습에서, 한 사회와 문명의 지식 세계가 과학 연구의 완벽한 수행을 보장해 주는 외부의 문화와 제도적 구조로 우리의 관심사를 쉽게 옮길 수 있다. 또한 우리는 천천히 진화해 온 역사의 관점으로 과학자가 지닌 역할군의 개별 요소가 발생하게 된 단계를 바라보고, 과학적 세계관이 사회 제도로 완전하게 정착되는 과정에서 극복해야 했던 (넓은 의미에서 철학적이고 이념적인) 충돌 지점도 검토할 수 있다. 더 나아가 과학자의 역할과 특징이 사실은 과학자들이 전문 분야에서 (매우 합법적으로) 기울인 노력과 잘 어울린 그 시대의 사상과 연구, 지식 생산의 고유한 형태라는 사실도 밝힐 것이다.

이렇게 우리의 관심사를 이동시킴으로써 과학이 지닌 순수한 내부 역사의 한계를 볼 수 있으며, 따라서 과학의 역할이 17세기 영국에서 처음 발생했다는 견해의 한계를 드러낼 수 있다.30 그러나 이렇게 말한다고 해서 근대 과학이 17세기 유럽 대륙에서 일어난 기계역학의 발전과 영국의 경험주의와 실험 정신의 융합으로 발생했다는 역사 기술의 진실에 의문을 제기하는 것은 아니다. 이 사실에 대해서는 쿤이 문제를 제기했다.31 벤-데이비드는 이 융합이 17세기

---

29. Thomas Kuhn, "Mathematical vs. Experimental Traditions in the Development of Physical Science," *Journal of Interdisciplinary History* 7, no. 1(1976), 5쪽.

30. Ben-David, *The Scientist's Role*, 17쪽 ; 같은 저자, "The Scientific Role : The Conditions of Its Establishment in Europe," *Minerva* 4, no. 1(1965), 15~54쪽 중에서 15쪽.

31. Thomas Kuhn, "Scientific Growth : Reflections on Ben-David's 'Scientist's Role,'" *Minerva* 10, no. 1(1972), 166~178쪽.

        사회·법 체계로 본 근대 과학사 강의

에 일어났다고 분명하게 확신하지만 토머스 쿤은 이것이 19세기 중반에 가서야 발생했다고 본다. 쿤은 영국을 중심으로 일어난 반수학적이지만 매우 경험적이고 실험적인 과학 운동이 18세기 중반까지는 "과학 이론이나 인식체계에 큰 영향을 끼치지 못했다."고 주장한다.[32] 그런 다음 그는 그 융합 시점을 19세기 후반으로 미룬다.[33] 쿤은 더 나아가 뉴턴Newton은 사실 좀 별난 영국인이며 그가 사용한 과학적 방법론과 "연구 자료, 동료 학자, 경쟁자들은 …… 모두 유럽 대륙에 있었다."고 주장한다.[34]

다른 한편 근대 의학의 경우 12세기까지 거슬러 올라가면 매우 강력한 경험주의와 '실험적' 차원의 해부학 연구가 있었다는 사실을 발견할 수 있다. 이 내용은 5장에서 거론되겠지만 인체 해부를 바탕으로 한 연구였다. 이 계통의 연구에서 경험과 이론을 융합하면서 정점을 이룬 연구로는 1543년에 안드레아스 베살리우스Andreas Vesalius가 발표한 걸작 《인체의 구조에 관하여On the Fabric of the Human Body》와 같은 해 출간한 코페르니쿠스의 《천구의 회전에 관하여On the Revolution of the Heavenly Spheres》가 있다. 베살리우스의 연구는 인체를 좀 더 경험적으로 연구할 수 있는 바탕을 마련했으며 향후 연구에서 꼭 필요한 중요한 구실을 했다. 심장에서 흘러나온 피가 몸을 한 바퀴 돌아 다시 심장으로 돌아가는 과정을 규명한 하비Harvey의 연구는 바로 베살리우스의 연구를 바탕으로 한 것이었다.

이렇듯 지식의 전승과 융합은 근대 과학이 출현하는 데 반드시 필요한 사건들이었다. 하지만 내가 말하고자 하는 것은 근대 과학이 성립할 수 있는 근간이 되는 제도적 기반과, 여기에 심오한 철학적

---

32. 같은 책, 174쪽.

33. Kuhn, "Mathematical vs. Experimental Traditions," 19~27쪽.

34. Kuhn, "Scientific Growth," 173쪽.

토대를 제공하는 일과 같은 과학 외부의 또는 사회적인 바탕이 이 사건들보다도 훨씬 이전에 마련되었다는 것이다. 12세기와 13세기에 유럽의 지식 세계와 사회에서 혁명적 변화가 일어났다는 관점에서 볼 때(4장에서 이 문제를 다룰 것이다) 근대 과학이 성립할 수 있었던 법적·사회적 기반을 마련한 돌파구는 알려진 것보다 훨씬 더 일찍 발생했다.

만일 과학자의 사회적 역할이 비교역사의 관점으로 집중 연구되고 그것을 되풀이하는 것이라면 겉으로는 단일해 보이는 과학자의 사회적 역할이 실제로는 다양한 역할이 하나로 합쳐진 것이라는 사실을 명심해야 한다. 또 과학자의 역할군에 나타나는 이런 다양한 양상은 서로 다른 시점에서 부각되고 제도화된다는 사실도 잊지 말아야 한다. 이에 덧붙여 과학의 문화적 가치가 사회에서 정당화되는 것은 과학적 가치라는 단일 영역에서 나오는 것이 아니라 서로 매우 다른 문화 영역에서 발생한다. 달리 말하면 과학적 가치와 과학 정신은 시간이 흐르면서 서서히 드러나고 과학이 아닌 다른 영역에서 진화를 거듭해서 만들어진 구성체이다. 더 나아가 보통 과학적 연구를 위해 필요한 학술 연구의 많은 요소가 사실은 19세기에 사이언티스트scientist(과학자)라는 용어가 사용되기 이전부터 이미 정비되어 있었고 널리 퍼져 있었다.

사이언티스트라는 말은 케임브리지 대학의 자연철학자 윌리엄 휴얼William Whewell이 처음으로 만들어 내기 전인 19세기 상반기까지는 쓰이지 않았다. 휴얼은 영어에 화학자, 수학자, 물리학자, 전기화학자와 같이 자연 세계를 연구하는 사람들을 통칭하는 용어가 없다는 사실을 알았다. 그는 사이언티스트라는 말을 만들었는데 처음에 사람들은 그가 새로 고안해 낸 말을 거부하면서 교양 없는 말이라고 따돌렸다.[35] 휴얼은 1834년에 쓴 글에서 영어에 "물질 세계를 연구

하는 사람을 모두 일러" 지칭할 수 있는 용어가 없다는 사실을 한탄
했다. 휴얼은 이렇게 썼다.

지난 3년 동안 요크와 옥스퍼드, 케임브리지 대학에서 열린 영국 과
학진흥협회 여름철 회의에 참석한 회원들은 이 사실에 대해 모두 답답
한 심정이었다. 이 신사들은 자신들이 하고 있는 일과 관련해서 스스로
를 무엇이라고 말해야 하는지 일반명사를 찾지 못했다. 철학자philosopher
는 너무 뜻이 넓고 고상하고 …… 석학savans은 주제넘어 보였다.[36]

이때 그는 "어떤 영리한 신사(휴얼 자신을 말함)가[37] 아티스트artist
라는 말을 유추해서 사이언티스트scientist라는 말을 만들 수 있지 않
겠느냐고 제안했다. 그러나 이 제안은 대다수 사람들의 비위에 맞지
않았다."고 말한다.[38] 이것은 과학자의 역할이 19세기 말까지 하나

---

35. 이 용어의 고안에 대한 여러 이야기들이 두 명의 작가가 쓴 책에 알기 쉽게 나와 있
다. Sydney Ross, "Scientist : The Story of a Word," *Annals of Science* 18, no.
2(1962), 65~85쪽(1964년 발간) ; Robert Merton, "Le molteplici origini e il
carattere epiceno del termine inglese *Scientist*. Une episodio dell'interazione tra
scienza, linguaggio e soceità"(The multiple origins and epicene character of
the word *scientist* : An episode in the interaction of science, language, and
society), in *Scientia : L'immagine e il mondo*(Milano, 1989), 279~293쪽 참조.
머튼의 설명은 이 용어가 의도한 또는 의도하지 않았던 사회학적 영향을 강조하면
서 이 용어에 대한 다양하고 독립적인 창안을 더 많이 강조한다.
36. Whewell in *The Quarterly Review* 51(1834), 58~61쪽, Ross, "Scientist," 72쪽에
서 인용함. 언어학적 이유로 이 용어를 도입하는 것에 반대하는 내용은 로스의 같은
책 75쪽ff와 머튼의 "Le molteplici origini," 281쪽ff에 나온다. 이런 반대는 19세기
가 끝날 때까지 계속되었다고 전해진다.
37. 휴얼이 이 "영리한 신사"와 동일 인물이라는 증거는 Ross, "Scientist," 71쪽 n9와
Merton, "Le molteplici origini," 291쪽 n6, 279~283쪽에 나온다. 그렇지만 19세
기 동안에 사이언티스트라는 용어를 창안한 사람이 휴얼 말고도 적어도 세 사람 더
있었다. 휴얼이 사이언티스트라는 말을 사용한 것은 자신이 쓴 《귀납적 과학의 철학
Philosophy of the Inductive Sciences》의 1840년판에서였다. 그러나 로스와 머튼은 휴얼
이 이 용어를 실제로 창안한 것은 1834년 메리 서머빌Mary Somerville의 《과학의 관
계*The Connexion of the Sciences*》에 대한 평론에서가 처음이었다고 분명하게 말한다.

의 실체로 여전히 인정받지 못했으며, 완벽하게 자기 이미지를 가지고 자기 시대를 앞서가는 개인들을 기대하기에는 이른 시기였다는 것을 보여 준다.

이미 앞에서 "과학의 문화적 가치가 사회에서 정당화되는 것은 (과학이 아닌) 서로 매우 다른 문화 영역에서 발생한다."고 한 말은 로버트 머튼이 《과학, 기술 그리고 17세기 영국의 사회》라는 책에서 새로 서문을 쓰면서 아주 분명하게 표현했다. 이 말은 또한 앞서 언급했듯이 개인들은 언제나 사회에서 여러 가지 역할을 하도록 강요받는다는 사실을 논리에 맞게 확장한 것이다. 머튼은 비교역사사회학이 가지고 있는 고유한 특징을 다음과 같이 지적했다.

하나의 제도적 틀 위에서 사회적으로 유형화된 이해관계와 동기, 행동 규범—말하자면 종교, 경제의 영역에 있는 것—은 다른 제도적 틀 위에서 사회적으로 유형화된 이해관계와 동기, 행동 규범—예를 들면 과학의 영역에 있는 것—과 상호 의존 관계를 갖는다. 여기에는 매우 다양한 종류의 상호 의존성이 존재하지만 우리는 이 가운데 오직 하나만(예를 들면 종교와 과학 사이의 상호 의존성) 간단히 언급하고자 한다. …… 사람들은 누구나 똑같이 사회적 지위와 역할을 여럿 가진다. 과학과 종교, 경제와 정치 분야에서 다양한 지위와 역할이 주어진다. 사회 구조 안에 있는 이 같은 기본적 연계는 우리가 보기에 그 자체로 각자 자율적인 삶의 영역으로 분리되어 있는 듯한 서로 다른 제도적 틀 사이에서 상호 작용을 일으키게 한다. 더욱이 하나의 제도적 영역에서 얻어진 사회와 지식, 가치의 결과물은 다른 제도 영역으로 가지를 치며 나간다. …… 서로 분리된 제도적 틀은 아주 일부만 자율적으로 움직일 뿐

---

38. Ross, "Scientist," 72쪽과 *The Oxford English Dictionary*, 2d ed.(1989), 14권, 652쪽에서 인용함.

　　　　　　　　　　　　　　사회·법 체계로 본 근대 과학사 강의

이지 서로 완전히 독립되어 있지 않다.[39]

　벤-데이비드가 주장한 과학자의 역할이라는 개념이 왜 근대 과학이 우리 역사에서 더 일찍 꽃피지 못했고 또 유럽이 아닌 다른 문명에서 성장하지 못했는지를 설명할 수 없는 이유는 그 개념이 가지고 있는 순환논법 때문이다. 근대 과학은 근대 과학자들이 나타나지 않았기 때문에 발생하지 못했다는 것이다. 그의 주장에 따르면 근대 과학은 17세기에 영국에서만 발생했다. 벤-데이비드의 말대로라면 고대 과학은 "고대에 과학 연구를 담당했던 사람들이 스스로를 과학자로 생각하지 못했기 때문에"[40] 근대 과학을 탄생시킬 수 없었다. 따라서 벤-데이비드는 "17세기 영국에서만 어떻게 특정 사람들이 스스로를 과학자라고 생각할 수 있었는가?"[41] 하는 의문을 던졌다. 그러나 우리가 이미 앞에서 안 것처럼 사이언티스트라는 용어는 윌리엄 휴얼이 19세기에 처음 고안해 내기 전까지는 영어에 있지도 않았다. 요약하면 벤-데이비드의 주장은 과학자의 역할과 실체에 대해 명확한 설명이 없다면 단순한 동어 반복과 시대착오로 끝나고 마는 것이다.

　지금까지 과학 혁명을 설명하는 전통적 견해처럼 과학 혁명이 16세기와 17세기에 발생했다고 가정한다면 우리는 이제 (17세기 이전에) 지식인들이 명예를 걸고 절박하게 과학 지식을 생산하고 탐구하게 했던 그 본질과 원천을 좀더 폭넓게 따져볼 필요가 있다.

---

39. Merton, *Science, Technology, and Society in Seventeenth-Century England*, ix～x쪽.
40. Ben-David, "The Scientific Role," 15쪽.
41. 같은 쪽.

과학 정신

우리는 벤-데이비드가 주장한 과학자의 역할이라는 개념이 지닌 과도한 협소성과 모호함을 극복하기 위해 로버트 머튼이 그의 책에서 설명한 과학 정신이라는 또 다른 요소를 빌려야 한다. 머튼에 따르면

> 과학 정신은 과학자들이 지니고 있는 가치와 규범의 감성복합체感性複合體이다. 이 규범은 오래된 관습, 금지, 특혜, 허가와 같은 형태로 표현된다. 이것은 그 사회의 제도적 가치에 따라 합법화된다. 이처럼 중요한 필수 규범은 계율과 전례로 전승되고 사회적 제재로 강화되어 과학자들마다 다양한 수준으로 내재화한다. 이렇게 하여 그것은 과학자 자신의 과학적 양심 또는 '초자아超自我, superego'가 된다.[42]

과학이 지켜야 할 사회 규범이라는 머튼의 표현에도 약점과 미해결된 불안함이 있지만 이 표현은 우리가 비교 관점에서 과학 정신을 분석할 때 가장 영향력 있고 전망 있는 출발점을 제공한다. 원래 머튼이 표현한 것에 따르면 이 규범에는 과학적 활동과 관련하여 네 가지 "제도적 원칙"[43]이 있다. 보편성, 공동체주의,[44] 공평성, 철저한 회의론이 그것이다. 머튼은 나중에 독창성이라는 원칙을 더했다. 다른 학자들은 이 과학 정신을 논평하면서 개인주의와 함께 합리성

---

42. Merton, "The Normative Structure of Science," in *The Sociology of Science*, 267~280쪽 가운데 268쪽f.
43. 같은 책, 270쪽.
44. 머튼은 원래 이 용어를 코뮤니즘communism의 규범이라고 불렀는데 이 용어가 정치경제론의 뜻을 내포하고 있기 때문에 코뮤날리즘communalism으로 바꾸는 것이 합당해 보인다. Bernard Barber가 *Science and the Social Order*(New York : Free Press, 1952), 130쪽에서 코뮤날리즘이라는 용어를 제안함.

사회·법 체계로 본 근대 과학사 강의

을 강조했는데 이것은 과학자가 연구 과제를 선정할 때 그 개인의 자유와 자율성이 중요하다는 것을 강조하기 위한 것이었다. 이 규범은 모두 과학이 지켜야 할 사회 규범을 정의하지만 머튼은 또한 "기술적 수단과 도덕적 강제력을 둘 다"45 가진 방법론적 기준이 있다고 생각했다. 이 기준도 마찬가지로 과학적 행위를 통제하는 강력한 지침이 될 수 있다. 나중에 이 방법론적 기준과 기술적 규칙이 과학적 행위를 통제하는 지침으로서 순수한 사회 규범보다 더 중요한지 아닌지 하는 문제가 학자들 사이에서 거론되기도 했다.

그렇지만 머튼은 (1940년대 초에) 이 방법론적 기준이 "제도로 정착된 과학의 구조를 비교 연구할 때처럼 거대한 연구 과제의 처음 실마리를 풀어나가는 경우에"46 "(당대의 과학이 쓸 수 있는 방법을) 제한하고 있는 사회적 관습"47을 집중해서 조명하는 것은 적절하고 효과적이라고 생각했다. "당대의 과학을 제한하는 사회적 관습은 나름대로의 방법론적 원리를 가지고 있지만 이 관습은 사회 질서를 유지하는 데 효과가 있을 뿐만 아니라 사람들이 그것이 옳고 바람직하다고 믿기 때문에 과학을 속박할 수 있는 것이다. 이 사회적 관습은 기술적이며 동시에 도덕적 관습이다."48 요약하면 벤-데이비드는 과학자의 역할을 구성하는 요소를 설명하면서 당대의 과학적 행위를 속박하는 규범과 관습을 거의 무시했지만 사실은 없어서는 안 될 필수 요소이다. 우리는 이 과학 정신의 구성 요소를 검토하면서 비교와 역사, 문명에 대한 관점을 잃지 말아야 하는데, 그렇지 않을 경우 머튼이 주장한 규범을 사람들은 선뜻 인정하지 않을 수도 있다.

---

45. Merton, "The Normative Structure of Science," in *The Sociology of Science*, 268쪽.
46. 같은 책, 269쪽
47. 같은 책, 268쪽.

1. 보편성 : 이것은 두 가지 원칙을 암시한다. 하나는 모든 연구 결과
는 정해진 기준에 따라 그리고 연구자 개인의 특성과 상관없이 객관적
으로 판단해야 한다. 또 다른 원칙은 모든 사람은 인종, 혈연 관계, 종교
에 구애받지 않고 과학적 담론의 세계를 자유롭게 왕래할 수 있어야 한
다.[49]

2. 공동체주의 : 이 원칙에 따르면 과학 연구의 실제 결과물은 크게 보
아 그 연구자가 속한 공동체 전체의 것이며 연구자는 결과물을 감추거
나 독점해서는 안 된다. 그 결과에 대한 정상적인 검증이 끝나면 곧바로
일반에게 공개되어 모든 사람이 그 결과를 이용할 수 있어야 한다.

3. 공평성 : 이 규범에 따르면 과학자는 사회에서 공식적으로 인정된
수단을 이용해서 공평하게 진리를 탐구해야 하며 개인의 욕심과 이익을
모두 버려야 한다.[50]

4. 철저한 회의론 : 이 제도적 원칙은 "경험주의와 논리에 맞게 만들
어진 기준에 따라 연구 결과를 판단하는 일을 잠시 유보하고 공평하고
정밀한 조사를 다시 할 수"[51] 있게 한다. 그리고 특정한 연구 결과가 사
회에서 인정받는 특정 기관에서 발표된 것이라고 하더라도 모든 연구
결과는 이 원칙의 적용을 받는다.[52] 사람들은 이 규범이 너무 경박하다
고 말할 수도 있고 특히 전통 사회나 발전이 늦은 사회에서는 그 사회의
중심이 되는 신성한 가치에 대한 비판과 의문 제기에 매우 민감하게 반
응할 수 있다. 이런 태도는 오늘날에도 이슬람교인들 사이에 널리 퍼져
있다. 이슬람교인들은 선지자 무함마드와 그의 설교에 대해서는 소설이
든 과학적 논의든 어떤 형태의 공개적인 회의론도 허용하려고 하지 않

---

48. 같은 책, 270쪽.
49. 같은 쪽.
50. 같은 책, 276쪽.
51. 같은 책, 271쪽.
52. 같은 책, 277쪽.

   사회·법 체계로 본 근대 과학사 강의

는다(이 문제는 4장에서 더 자세하게 검토한다).

로버트 머튼은 〈과학적 발견의 우선권Priorities in Scientific Discovery〉53
이라는 독창적인 논문을 발표하면서 앞에서 제기한 연구 결과의 독
창성을 과학 연구의 다섯 번째 규범 요소로 인정할 것을 주장했다.
이 규범 원칙은 연구자가 과학 연구에 대한 모든 보상을 받기 위해
서는 그 결과의 독창성을 반드시 입증해야 하는 필수 요소이며, 이
에 따라 그 연구자는 최초로 새로운 과학적 발견을 한 사람으로 이
름을 남기고 이는 과학자로서 최고의 보상을 받는 것이다.

여기서 설명한 과학 정신의 개요가 과학의 고유한 가치체계를 완
벽하게 또는 적절히 표현했는지 아닌지 확인하는 일은 다음 논의로
미룰 것이다. 여기서 말한 철저한 회의론을 비롯해서 모든 규범이
"대부분 서양 학문 풍토의 특징을 반영한 것"54이라고 비판하는 사
람들도 많다. 내 생각에도 그 비판은 적절하다. 이 문제는 나중에
다시 검토할 것이다. 그러나 1942년 머튼이 처음으로 과학 정신에
대한 논문을 발표했을 때 그는 "검증된 지식의 확장"을 요구하는 과
학의 "제도적 원칙"이 과학의 "목적과 방법"을 탐구하는 가운데서
파생된 것이라고 강하게 주장했다.55 그러나 이것은 똑같은 말을 되
풀이한 것뿐이다. 우리가 특정한 과학 제도에 대해 말할 때 그것을
구성하는 필수 규범은 훨씬 더 보편적인 문화 풍토 속에서 나온 것
이며 이것들은 무엇보다도 17세기 근대 과학이 발생하기 오래 전에

---

53. Merton, in *The Sociology of Science*, 286~324쪽, 원래 1957년에 처음 발간.
54. Michael Mulkay, "Some Aspects of Cultural Growth in the Natural Sciences,"
    Social Research 36(1969), 22~52쪽 가운데 27쪽. S. B. Barnes와 R. G. A.
    Dolby는 "The Scientific Ethos : A Deviant Viewpoint," *European Journal of
    Sociology* 11(1970), 3~25쪽 가운데 14쪽에서 이 규범이 "과학에만 특이한 것이
    아니다."고 말한다.
55. Merton, in *The Sociology of Science*, 270쪽.

종교와 법적 전제조건들이 마련되었기 때문에 가능했다.

패러다임과 과학자 사회

우리가 과학사회학을 비교역사의 관점에서 연구할 때 반드시 고려해야 할 세 번째 이론 연구의 요소는 토머스 쿤이 쓴 《과학 혁명의 구조》에 처음 등장했다. 이 책은 아마도 20세기 후반에 나온 과학사회학과 관련한 책 가운데 가장 영향력이 큰 책일 것이다.

이 책이 나오자 머튼의 과학 정신을 비판하던 많은 사람들은 과학자와 그들의 공동체가 서로 응집하고 연대하며 헌신하도록 이끄는 것은 사회 규범이 아니라 "기성 지식 체계",[56] "패러다임이라는 기술적 규범"이라고 주장하고 나섰다.[57] 따라서 많은 사회학자들이 과학 혁명을 이해하는 열쇠를 제공하는 것은 과학 내부의 (기술과 지식의) 역사라고 강력하게 주장한 쿤의 견해를 그렇게 열심히 옹호한 것은 기이한 판세의 전환이다.[58] 이것은 크게 쿤이 "과학자 사회의 사회학" 내부에서 자신의 본질적인 논의를 찾으려고 했기 때문이었다.[59]

그러나 우리는 쿤의 책이 실제로 다음의 질문에 대답한 것임을 되새겨 봐야 한다. 만일 우리가 과학적 실천을 하는 사람들의 공동체를 인정한다면 그들은 자신들이 매우 열심히 그리고 상대적으로 서로 완벽하게 의사소통을 하면서 연구할 수 있도록 하는 공통의 무엇

---

56. Mulkay, "Some Aspects of Cultural Growth," 22쪽.

57. Barnes and Dolby, "The Scientific Ethos," 23쪽.

58. 내재적 · 외재적 논쟁에 대한 개요는 Barry Barnes, *Scientific Knowledge and Sociology Theory*(London : Routledge and Kegan Paul, 1974), 5장을 참조. 이 문제를 다루는 논문은 George Basalla, ed., *The Rise of Modern Science : Internal or External Factors?*(Lexington, Mass. : D. C. Heath, 1968)에서 찾아볼 수 있다.

59. Kuhn, *The Structure of Scientific Revolutions*, vii쪽.

 사회 · 법 체계로 본 근대 과학사 강의

을 가지고 있는가? 이 질문에 대해 쿤은 패러다임이라고 대답했다. 패러다임은 "과학자 사회에서 어느 일정 기간 동안 문제와 해결의 본보기를 제공하는 보편적으로 인정된 과학적 성취"를 뜻한다. 얼핏 보기에 이것은 진정으로 과학의 내재적 역사를 기술하기 위한 기초를 세우는 데 매우 강력한 명제인 듯 보인다. 만일 우리가 정상 과학normal science(토머스 쿤이 과학의 혁명을 가져오는 패러다임의 변화가 오기 전까지의 과학의 모습을 가리키는 말로 씀-옮긴이)이 정말로 패러다임의 도입과 발전에서 시작한다는 쿤의 명제를 인정한다면 과학사를 공부하는 학생들은 특정한 과학사를 연구할 때 패러다임이 발전과 쇠퇴를 거듭한다는 관점을 가지고 봐야 할 것이다. 이 관점은 과학사가 주로 특정한 패러다임을 기술과 이론 그리고 실제 기기에서 어떻게 적용되는가에 초점을 맞추는 과학의 내재적 서술이라는 것을 분명하게 보여 준다. 이러한 특징은 그 동안 오랫동안 풀지 못했던 과학적 문제에 대해 보편적으로 인정된 해결책을 제공하고 따라서 그 분야의 과학 탐구에 새로운 관심을 불러일으키게 한다.

그러나 우리는 쿤 자신이 과학에 영향을 끼치는 외부 요소의 중요성은 부인하지 않았다는 사실을 명심해야 한다. 쿤은 《과학 혁명의 구조》에서 자신이 "과학이 발전하는 데 기술의 발전이 한 역할에 대해 또는 과학 외부의 사회적·경제적·지적 조건이 끼친 영향에 대해"60 어떤 주장도 하지 않았다는 사실을 독자들에게 알리면서 자신은 이런 요소들을 인정할 준비가 이미 되어 있었다. "우리는 외부 조건 때문에 단순한 이상 현상anomaly이 근본적인 위기의 원인으로 바뀔 수 있다는 사실을 코페르니쿠스와 달력의 문제에서 쉽게 알 수 있기" 때문이다. 이런 외부 요소에 대한 분석은 "과학의 진보를 이

60. 같은 책, x쪽.

해하기 위한 가장 중요한 분석 영역으로 추가해야 한다."[61]

쿤은 이 책에서 패러다임이라는 용어를 과학자 사회가 "인정한 규칙" 모두를 포함하는 뜻으로 확장해서 사용했다.[62] 예를 들어 그는 "어느 시기에 특정 전문 분야를 역사적으로 자세하게 조사해 보면 다양한 이론의 개념과 관찰, 실제 기기에 응용한 비슷한 사례가 되풀이해서 나타나는 것을 알 수 있다. 이것이 바로 교과서나 강의, 실험실 실습의 형태로 나타난 과학자 사회의 패러다임이다."[63] 동시에 쿤은 과학자 사회가 공유하고 있는 패러다임을 인정한다고 해서 우리 사회가 공유하고 있는 모든 규칙을 다 인정하는 것은 아니라고 생각했다. 쿤은 실제로 규칙rule이라는 개념을 패러다임을 넘어서 다른 많은 것에도 조심스레 확장해서 적용했다. 예를 들면 규칙은 대개 "과학 법칙과 개념 그리고 여러 가지 이론에 대한 명시된 표현" 형태를 띠고 있다.[64] 또한 "이 규칙은 과학 법칙과 이론의 수준보다 더 낮거나 더 구체적 차원에서 여러 가지 모습으로 나타난다. 예를 들면 현실에 더 알맞은 기계설비 형태에 대해서 다양한 의견이 있고 또한 이렇게 사회에서 인정된 기기를 어떻게 합리적으로 사용할 것인가 하는 방법에 대해서도 여러 가지 사회적 약속의 형태로 나타난다."[65]

더 나아가 이 규칙들에는 과학자들이 "더 높은 수준의 유사 형이상으로 해야 할 일"이 있으며 이것들은 "형이상이면서 또한 현실 속

---

61. 같은 쪽.

62. 쿤이 패러다임을 여러 가지 다른 뜻으로 사용한 것에 대해 알아보려면 Margaret Masterman, "The Nature of a Paradigm," in *Criticism and the Growth of Knowledge*, ed. Imre Lakatos and Alan Musgrave(Cambridge : Cambridge University Press, 1970), 59~89쪽 참조.

63. Kuhn, *The Structure of Scientific Revolutions*, 43쪽, 54쪽.

64. 같은 책, 40쪽.

65. 같은 쪽.

에서 방법론을 제시해야 한다."66 예컨대 17세기에 "대부분의 물리학자들은 우주는 미세한 입자로 구성되어 있으며 모든 자연현상을 미립자의 형태와 크기, 운동 그리고 그들 사이의 상호 작용으로 설명할 수 있다고 생각했다." 이런 가정은 형이상의 측면에서 "과학자들에게 우주가 어떤 종류의 실체를 포함하고 있는지, 어떤 것을 포함하지 않는지 알려 주었다." 또 한편으로 방법론의 측면에서는 "궁극의 법칙과 근본 원리에 대한 설명은 어떠해야 하는지 알려 주었다. 과학자들은 미립자의 운동과 상호 작용을 규명하는 법칙을 발견해야 하며 동시에 이 법칙에 따른 미립자 운동으로 특정한 자연현상을 설명해 내야 한다."67

끝으로 쿤은 "이것들이 없다면 감히 아무도 과학자라고 자부하지 못할"68 것이라고 말하면서 과학자들이 해야 할 훨씬 더 높은 차원의 일이 있음을 확인했다. 쿤은 이 방법을 이용해서 "과학적 개념과 이론, 현실에 적용된 기술 그리고 방법론이 서로 긴밀하게 연결된 망 속에서" 하나로 통합된 과학자 사회가 끊임없이 진화하고, 서로 이동하고 다시 구성되는 상황을 잘 그려 냈다. 그러나 이 연결망은 거대한 형이상의 전제들을 포함하고 있다. 실제로 과학자들 사이의 약속을 나타내는 이 장황한 설명은 기술과 기기의 영역에 한정되지 않고 이를 훨씬 뛰어넘어 '과학적'이라는 용어가 광범위하게 내포하고 있는 뜻으로 과장되어 쓰인다. 쿤이 과학과 이것의 적용에 대해 설명한 것이 매우 많고 방대한 까닭에 패러다임과 규칙 그리고 과학자들 사이의 여러 가지 약속을 서로 구별하기 어렵다. 이것들 가운데 어떤 것은 과학 외부의 것이거나 철학적 추론의 성질을 띤 비과

---

66. 같은 책, 41쪽.
67. 같은 쪽.
68. 같은 책, 42쪽.

학적 요소들이 있다. 그러나 쿤은 "이것이 없다면 감히 아무도 과학자라고 자부하지 못할" 과학자들 사이의 약속에 속한 영역을 언급하면서 이 문제에 대해서는 그의 연구 어디에서도 한 마디도 남기지 않았다. 이 약속들을 일일이 열거하는 것이 매우 힘들다는 것은 역사의 과정 속에서 과학사에 끊임없이 공헌했던 사람들이 종교와 철학, 형이상학과 정치의 영역에서 수많은 종류의 약속을 계속해서 지켜왔다는 사실을 보면 알 수 있다. 그렇지만 근대 과학이 성장하는 동안 영향을 미쳤던 형이상의 전제를 검토하는 것은 매우 중요한 일이다. 다시 한 번 강조하지만 이 문제를 인식하는 관점은 오직 비교 문명의 기준틀을 가지고 분석해야 한다. 다음 2장에서 아라비아의 과학을 검토할 때 이 부분을 분명히 할 것이다.

한편 우리는 쿤이 《과학 혁명의 구조》 2판의 후기에서 초기 논문 가운데 일부에서 나왔던 개념의 혼란을 분명하게 하기 위해 애썼다는 점을 주목해야 한다. 쿤은 패러다임이라는 용어가 적어도 두 가지 중요한 뜻으로 사용되고 있다는 사실을 인정하고 이 작업을 했다. 그 가운데 하나는 패러다임이라는 개념이 "특정의 (과학자) 사회 구성원들이 함께 공유하고 있는 신념과 가치, 기술 같은 것을 하나로 모아 놓은 집합체를 뜻한다."[69] 쿤은 이 표현을 사회학적 의미라고 불렀다. 또 다른 한편으로 패러다임은 "이런 (사회학적) 집합체 속에 들어 있는 요소 가운데 일부를 나타내는데 우리는 이것을 모형 또는 예제의 형태로 사용하여 정상 과학에서 이미 알려진 규칙으로는 풀 수 없는 수수께끼들을 풀 수 있도록 그 기초를 제공하는 명확한 수수께끼 풀이를 뜻한다."[70]

비록 쿤은 이 두 번째 패러다임의 의미가 철학적으로 더 뜻이 깊

---

69. 같은 책, 175쪽.

          사회·법 체계로 본 근대 과학사 강의

다고 생각했지만 나는 적어도 비교사회학의 연구 목적을 위해서는 그 반대가 옳다고 주장한다. 왜냐하면 모든 과학자들의 약속을 모아 놓은 커다란 집합체로서 패러다임은 언제나 모호한 상태로 남아 있으면서 또한 무한순열과 변환의 가능성이 있는 철학적·형이상학적 약속을 당연히 함께 수반하지만, 반면에 모형이나 예제로서 패러다임은 현실에서 그 실용성이 크지만 바로 쓸모가 없어질 수도 있고 마침내는 과학사에서 "한때 존중받았으나 지금은 잊혀진 오류"와 같은 범주로 전락하기 때문이다. 또한 사회학적 의미의 패러다임이 구성하는 이 집합체의 요소 가운데는 앞서 말한 과학 정신과 같은 원칙이 있다고 말할 수 있다. 그러나 쿤은 사회학적 의미의 패러다임을 다시 표현하면서 "전문 분야의 행렬行列, disciplinary matrix"이라는 새로운 용어를 소개하고 이것이 바로 과학자 사회가 공통으로 가지고 있는 약속을 판단할 때 기준으로 삼아야 하는 광범위한 전례 법규라고 주장했다.

우선 이 행렬은 f = ma(힘은 질량과 가속도에 비례한다는 뉴턴 운동의 제2법칙 — 옮긴이)와 같은 공식처럼 기호로 일반화할 수 있다.[71] 이 행렬의 두 번째 구성 요소는 형이상학적 패러다임 또는 패러다임의 형이상학적 요소들이다. 쿤의 설명에 따르면 이것은 "과학자 사회가 더 좋아하거나 승인할 수 있는 유추와 은유"를 제공하는 구실을 한다. 또한 우리는 이런 요소들이 모형으로 인정을 받으면 다시 한 번 과학자 사회 내부에서 자신들의 약속을 나타내는 이 기호들의 배열이 현실의 구체적인 기술 규칙에서 철학과 형이상학적 약속을 바탕으로 하는 아주 추상적이고 주먹구구식 접근까지 두루 망라하고 있다는 것을 알 수 있다. 그렇지만 쿤은 이 전문 분야의 행렬에서 가

---

70. 같은 쪽.
71. 같은 책, 184쪽.

치관을 구분해 내려고 했다.[72] 쿤은 이 수정된 표현에서 가치관이라는 용어를 새로운 예측(그것이 양적이든 질적이든)의 특성을 판단할 때 사용하고 또한 다양한 조건에 있는 여러 가지 이론의 가치를 판단하는 기준으로 사용한다.[73] 이 기준은 일관되고 단순하며 그럴듯해야 한다. 새로운 설명과 실험 결과가 나올 때 그것이 내적인 일관성을 유지하고 있으며 기존의 사실과 이론에 비추어 그럴듯한지 판단해야 한다. 그리고 그 이론이 명확하고 철저할수록 더 호응을 받을 수 있다. 쿤은 이와 같은 가치 기준을 해석하고 적용하는 데 어려움이 있을 수 있지만 과학이 위기에 빠졌을 때, 말하자면 기존의 패러다임이 이상 현상 때문에 그 기반이 흔들리면 과학자들은 "자신들이 공유하고 있는 규칙보다 공유하고 있는 가치관에 기대며" 이 가치관은 연구 결과의 옳고 그름을 결정할 때 안정된 기반을 제공한다.

쿤은 가치관과 규범, 규칙, 패러다임이 정상 과학에 영향을 주는 이런 방식에서 원래부터 과학적이었던 가치관의 영역을 따로 떼어 내어, 정식 과학 지식으로 인정받기 위해 대기하고 있는 이론적·경험적·과학적 주장을 언제 탈락시키고 언제 승인하며 언제 중립으로 남겨 둘지 말하려고 했다. 일관성, 단순성, 개연성 같은 개념은 어느 정도 논리학과 수학의 규칙에서 나왔지만 여기서는 매우 확장된 뜻으로 쓰인다. 거꾸로 말하면 이 기준은 사회과학, 언어학, 심지어 문학 평론과 법학에도 쓰인다. 그러나 이 가치관은 로버트 머튼이 과학 정신에서 정의하려고 했던 과학 규범처럼 똑같은 등급을 가지고 있지는 않다. 쿤의 가치관은 훨씬 더 기술적이며 한편으로 사회적 규범과 다른 한편으로 방법론적 규칙 사이의 중간 자리

---

72. 같은 쪽.
73. 같은 책, 185쪽.

에 있다.

끝으로 쿤은 패러다임의 개념을 "학생들이 실험실이나 시험에서" 또는 교과서에서 "과학 교육을 처음 받을 때 만나는 구체적인 문제 풀이"인 예제라는 개념으로 좁히려고 했다.[74] 쿤은 이 예제들이 "과학의 아주 구체적인 부분까지 보여 주는 미세구조를 제공한다."고 주장한다. 과학자들은 큰 뜻을 가슴에 품고 이 예제들을 공부하거나 더 나아가 이 예제를 모범답안으로 이용해서 비슷한 문제를 더 자세하게 연구함으로써 "다양한 상황을 서로 유사한 것처럼 보는 방법"을 배운다.[75] 요컨대 이것은 "말로 나타내지 않은 지식"을 배우는 방법이다. 쿤은 이 학습법은 학습 규칙과 같은 것이 아니라고 주장한다.[76] 이것을 가장 잘 암시하는 사례는 쿤이 원래 《과학 혁명의 구조》 초판에서 사용했던 것이다. 이미 학습된 패러다임은 앞으로 나타날 사례의 모형으로 구실을 하여 학생들에게 새 것이 옛 것과 비슷하다고 생각하도록 가르친다. 따라서 사람들은 "관례법에 나온 판결처럼"[77] 패러다임의 사례를 연구하면서 앞으로 나타날 문제를 해결하는 방법을 배운다. 이처럼 법에서 볼 수 있는 예제의 역할은 뒤에 나오는 논의에서도 마찬가지로 유용할 것이다.

이제 이것으로 토머스 쿤이 과학사회학에 끼친 공헌에 대한 분석을 마무리하자. 쿤은 과학자를 (사회학적 원칙이 적용되고 있는) 사회에서 실제로 활동하는 사람들로 다루어야 한다고 고집했기 때문에 그의 연구는 사회학자들 사이에서 큰 주목을 받았다. 쿤의 분석은 과학자의 가치관과 형이상학적 약속의 문제도 언급했지만, 여전히

---

74. 같은 책, 187쪽.
75. 같은 책, 189쪽.
76. 같은 책, 191ff쪽.
77. 같은 책, 23쪽.

과학적 연구 결과의 미세구조를 제공하고 과학자 사회의 약속을 단단히 하는 과학 고유의 요소에 집중했다. 그러나 과학사회학을 연구하는 학자들 사이에서는 아직도 쿤의 연구를 그저 과학의 내재적 설명이라고 비판하는 데 머물러 있었다. 만일 과학사를 연구하는 학자들이 전문 분야의 행렬에 있는 특정 항목 또는 패러다임의 구체적인 부분이 과학의 범위 밖에 있는 종교, 법, 경제, 정치, 철학의 영역에서 나온 것이라는 사실을 보여 줄 수 없다면, 쿤의 방법은 같은 과학 분야에 속한 학파들이 서로 다른 연구 결과를 가지고 경쟁을 한다고 할지라도 당연히 과학 내부의 대화와 과학의 위기에 관심을 집중한다.78 비록 쿤의 연구가 이른바 과학의 내부 문제를 강조했다고 비판하지만 과학사에서 쿤이 제시한 패러다임의 본질과 역할은 우리 학문 전체의 이해를 넓히는 데 분명히 엄청난 기여를 했다. 쿤은 과학자의 형이상학적 약속의 개념을 역설하고 과학의 이론과 실천(예를 들면 17세기 미립자 이론)에서 그 형이상학적 약속의 역할을 잡아 냄으로써 과학사에서 자연 철학이 맡았던 중심 역할과 그 중요성을 돋보이게 했다. 이 점에서 조지프 니덤이 중국 과학에서 자연 철학의 본질과 역할을 분석한 생각과 쿤의 생각 사이에 유사성이 있다.

요약하면 따라서 우리는 과학의 다양한 발전 지점에서 과학의 설명 모형을 제공할 수 있는 자연 철학의 연구와 더불어 "이것이 없다면 감히 아무도 과학자라고 자부할 수 없을" 과학자의 가치관과 형이상학적 약속의 본질과 역할을 규명해야 한다. 그러나 이렇게 하기

---

78. 뉴턴의 이론이 나온 것을 경제적 요소로 설명하려고 했던 쿤 이전의 권위 있는 학자들은 Bernard Hessen, "The Social and Economic Roots of Newton's Principia," in *Science at the Cross-Roads*, ed. J. D. Bernal(London : Kinga, 1931)에서 볼 수 있다.

 사회·법 체계로 본 근대 과학사 강의

위한 가장 중요한 전제는 과학을 비교역사와 문명의 관점에서 분석해야 한다는 것이다. 우리가 근대 과학을 꽃피울 수 있게 한 과학자의 가치관과 약속, 제도적 장치를 알기 위해서는 근대 과학이 출현하지 못했던 사례를 하나 이상 검토해야 한다. 만일 쿤의 연구 성과가 이런 노력에 도움을 줄 예제 모형을 제공하지 못한다고 하더라도 그의 연구는 적어도 우리가 초기 단계의 과학자 사회에서 만날 수 있을 그런 종류의 요소들을 알 수 있게는 해 준다. 이런 상황에서 우리는 패러다임의 출현과 쇠퇴 같은 사회의 역동성이 비서구 사회에서는 나타날 수 있는지 또는 없는지에 대한 의문을 제기하게 된다. 이것은 우리가 과학자의 역할을 명쾌하게 확인할 수 있는가 없는가에 대한 문제와 같은 것이다.

이 밖에 쿤이 과학사 연구에 기여한 또 하나의 공헌이 있는데 그것은 우리가 조지프 니덤의 보편적인 과학사에 대한 요점으로 관심을 돌리기 전에 검토해야 한다. 쿤이 과학사에 끼친 공헌은 앞에서 이미 말한 서양의 과학 혁명에서 경험적 과학 전통과 수리 과학의 전통을 대비하여 자세하게 연구한 쿤의 저작에서 찾을 수 있다. 쿤은 이 두 가지 형태의 과학―하나는 실제적이고 실험적이며 다른 하나는 수학적이고 추상적인―이 19세기에 그리고 어떤 경우는 20세기 초에 별개의 체계로 나뉘었다는 사실을 일깨웠다. 따라서 만일 우리가 베이컨 학파와 고전주의를 구분하고 이 두 전통이 어떻게 상호 작용을 했는지 묻는다면 쿤은 "별로 상호 작용이 없었고 대개 서로 교류하는 것이 꽤 어려웠다. …… 19세기까지 베이컨 학파와 고전주의 두 집단은 그냥 나뉜 채로 남아 있었다."[79]고 말한다. 그는 "17세기 말에 다양한 제도적 기반을 찾은 화학 분야를 제외하고는

---

79. Kuhn, "Mathematical vs. Experimental Traditions," 16쪽.

베이컨 학파와 고전주의 과학은 적어도 1700년부터 서로 다른 국가 기반에서 따로 발전했다."80고 쓴다.

양쪽 진영의 과학자들은 하나는 유럽 대륙에서 다른 하나는 영국에서 활동했는데, 영국은 베이컨 학파의 고향이었고 수학 중심의 고전주의 과학은 유럽 대륙 가운데 특별히 프랑스가 활동의 중심지였다. 더 나아가 쿤은 프랑스 과학 학술원French Academy of Science은 1785년까지 실험 과학physique experimentale 분야가 없었다고 지적한다. "그리고 이 분야는 (기하학, 천문학, 역학과 함께) 수학 영역에 포함되어 있었다."81 실제로 이 학술원의 회원 가운데 경험주의자는 거의 없었다. "18세기 전반에 걸쳐" 생각해 볼 때 "학술원 회원들이 베이컨 학파의 경험주의 자연과학에 기여한 공헌은 의사, 약사, 기업가, 기기 제작자, 순회 강사, 자영업자가 기여한 정도에 비하면 보잘것이 없었다."

그러나 영국에서는 이와 정반대의 상황이었다. 영국 학술원Royal Society의 회원은 주로 "그들의 경력이 과학 분야에서 첫째가는 최고의"82 순수한 학자들로 구성되어 있었다. 뉴턴처럼 이 두 체계에 적극 참여한(고전주의 영역에서는 《프린키피아Principia》 그리고 경험주의 영역에서는 《광학Optiks》을 저술) 것은 아주 독특한 경우였다. 쿤은 《광학》을 읽은 독자들이 "베이컨 학파에 속하지 않은 사람이 실험을 했다."는 사실을 발견했는데 "그것은 뉴턴이 고전주의 학문 전통을 깊이 연구하고 몰입한 결과"83였다고 주장한다. 이를테면 뉴턴의 연구와 판단 기준은 대개가 유럽 대륙에 있었지만 그의 연구 결과는 영국에 훨씬 더 많이 있다.84 이런 분리는 고전 과학이 "중세 대학

---

80. 같은 책, 25쪽.
81. 같은 책, 20쪽.
82. 같은 책, 21쪽.
83. 같은 책, 18쪽.

의 표준 과목"이었던 반면에 실험 과학은 "19세기 하반기까지 대학에서 자리를 잡지 못함으로써"85 더욱 굳어졌다. 따라서 1840년대까지 사이언티스트라는 일반명사가 자연 세계를 연구하는 사람들을 일컫는 말로 받아들여지지 않은 것은 그리 놀랄 만한 일이 아니다.

요약하면 쿤은 실험 과학과 고전 수리 과학이 16세기와 17세기 근대 과학이 발생하던 시기보다 훨씬 더 지나서 서로 융합하기 시작했다고 주장한다. 이 융합은 19세기 중엽에 가서야 완성되었는데 어떤 과학 분야는 20세기까지도 합쳐지지 못했다. 쿤은 더 나아가 20세기 초에 독일 대학만이 근대 물리학의 발전을 이룰 수 있게 하는 제도적 기반을 마련했다고 주장한다.86 이 주장은 경험주의 아닌 다른 것이 근대 과학의 새로운 추진력이었으며 그것은 갈릴레오Galileo보다 더 앞서 발생했다고 말한다. 따라서 코페르니쿠스와 케플러Kepler, 갈릴레오, 뉴턴에서 최고조에 달했던 고전 과학의 원류는 17세기보다 훨씬 더 이른 시기에 더 깊은 근원을 가지고 있었다고 말한다.87

비교 문명의 과학사회학 : 조지프 니덤

20세기에 나온 연구서 가운데 조지프 니덤이 쓴 《중국의 과학과 문명Science and Civilisation in China》88보다 근대 과학의 발생에 대한 연구

---

84. Kuhn, "Scientific Growth," 173f쪽.

85. 같은 책, 19쪽.

86. 같은 책, 31쪽.

87. 쿤은 "Scientific Growth," 174쪽에서 과학 혁명에서 초창기 고전학파가 거둔 성공을 말하면서 "대륙을 중심으로 이 운동은 실제로 근대 초기에 분석기하학과 미적분학, 태양 중심의 천문학 그리고 새로운 광학과 역학을 포함해서 수학과 물리학에서 이룬 성과와 관련 있다. 뉴턴은 아마도 이 분야에서 최고의 유일한 영국인 학자였지만 그의 연구 자료와 동료 학자 그리고 경쟁자들(특이한 학자였던 보일Boyle은 빼고)은 모두 대륙에 있었다."고 썼다.

에서 비교역사사회학의 필요성을 부각시킨 책은 없었다. 비교역사
사회학의 필요성은 1920년 베버가 《종교사회학 소론 모음집》의 머
리말에서 처음 언급했다.[89] 이 머리말은 나중에 탤컷 파슨스Talcott
Parsons가 영어로 번역해서 《프로테스탄티즘의 윤리와 자본주의 정
신》의 《저자 머리말》로 발간했다.[90] 그러나 베버는 중국 종교에 대
한 연구(1916년 발간)에서 자신이 가진 중국 자료가 불충분하고 그
당시에 대해서도 잘 알지 못한 것은 분명하지만[91] 그래도 중국에 대
해 "체계적이고 중립적인 사고"를 신중하게 하지 못했다고 고백했

---

88. Needham, *Science and Civilisation in China*(New York : Cambridge University Press, 1954〜), 7권, 진행 중. 앞으로 *SCC*로 표기함.

89. Max Weber, *Gesammelte Aufsätze zur Religionssoziologie*(Tübingen : J. C. Mohr, 1920〜1921), 3권.

90. Weber, *The Protestant Ethic and the Spirit of Capitalism*, 1930년에 처음 영어로 번역.

91. 이것은 Nathan Sivin, "Max Weber, Joseph Needham, Benjamin Nelson : The Question of Chinese Science," in *Civilizations East and West : A Memorial Volume for Benjamin Nelson*, ed. E. V. Walter 외(Atlantic Highlands, N.J. : Humanities Press, 1985), 37〜49쪽 가운데 46쪽에서 입증되었다. 그렇지만 베버의 주장과 통찰력은 많은 부분에 여전히 남아 있다. 베버가 *The Religion of China*, 151쪽에서 "(중국에) 합리적인 과학은 없었다."고 말한 것은 사실 잘못 이해한 것이지만 그렇다 하더라도 17세기까지 중국 과학과 서양 과학 사이에는 실제로 차이가 있다는 점을 지적한다. 시빈은 이것을 생물학에 대한 주장에서 잘 예시한다. 니덤은 "중세와 전통 중국에서 '생물학'은 별개로 구별된 학문이 아니었다. 우리들은 천연 약제의 역사에 대한 철학책과 글, 농업과 원예에 대한 전문서적, 자연물 집단에 대한 기술, 잡다한 기록에서 중국인들의 생물학에 대한 생각을 발견한다."(Needham, *SCC* 5/2, xxii쪽)는 주장을 되풀이한다. 또한 시빈은 "(중국에서는) 여러 학문을 유럽과 이슬람처럼 학교나 대학에서 통합해서 가르치지 않았다. 중국인들은 여러 학문이 있었지만 그것을 모두 총괄하는 하나의 개념이나 단어, 즉 과학이라는 말은 없었다. 개별 학문을 넘어서 일반화하는 차원의 말은 너무 범위가 넓었다. 그 말들은 사람들이 자연이든 인간에 대한 일이든 학문을 통해 배울 수 있는 모든 것을 포괄했다."[Sivin, "Why the Scientific Revolution Did Not Take Place in China-or Didn't It?" in *Transformation and Tradition in the Sciences*, ed. Everett Mendelsohn(New York : Cambridge University Press, 1984), 531〜554쪽 가운데 533쪽]고 말한다. 달리 말하면 중국에서는 아랍-이슬람 문명과 마찬가지로 특정한 이론 과학이 발전하지 못했다.

 사회·법 체계로 본 근대 과학사 강의

다.92

　비록 니덤은 막스 베버가 비교역사의 관점에서 쓴 글에 대해 말하지는 않았지만, 니덤이 중국 과학의 사회적 측면에 대해 쓴 글을 보면 니덤이 탐구하려고 강박관념에 시달렸던 문제들이 베버의 우려와 별로 다르지 않았다는 것을 알 수 있다. 벤저민 넬슨이 니덤과 베버에 대해 길게 지적했던 것처럼 니덤은 중국 과학과 문명의 사회적·문화적·존재론적 배경을 탐구하는 데 여러 면에서 베버를 뛰어넘었다.93 특히 중국 문명에서 법 개념과 자연법에 대한 생각을 확대하여 규명했다.94 이 밖에도 니덤은 여러 영역에서 중국 사상과 철학을 밝혀 냈는데, 그는 중국 원전을 해석하는 능력이 탁월해 베버를 훨씬 뛰어넘어 중국인의 지식과 철학, 종교 생활에 대한 풍부하고 새로운 성과를 기술할 수 있었다.95

　니덤은 중국의 과학과 기술, 그 성과를 깊이 이해하고 있으며 또한 중국 과학이 이론에서 취약하다는 사실도 정확하게 인식하고 있다. 니덤은 중국 과학이 바로 이런 약점 때문에 근대 과학으로 성장하지 못하지 않았을까 하는 의문을 갖게 되었던 것 같다. 이 의문은 니덤을 더 핵심 문제로 끌고 들어갔다. 즉 17세기까지 중국의 과학 전통과 기술이 서유럽보다 더 우월했지만96 그리고 "많은 면에서

---

92. Max Weber, *The Religion of China,* Hans Gerth trans.(New York : Free Press, 1951), 150쪽.

93. Nelson, "Sciences and Civilizations, 'East' and 'West'," in *On the Roads to Modernity*, 152~200쪽.

94. 이것은 원래 Needham, *SCC* 2, 518~583쪽에 나온 것인데 나중에 "Human Law and the Laws of Nature" in Needham, *GT*, 239~330쪽에서도 거론되었다.

95. 베버가 *The Religion of China*, 147~150쪽에서 중국의 법에 대해 약술한 내용과 니덤이 *GT*, 8장에서 쓴 글을 비교해 보라.

96. 니덤은 1600년 이후를 근대 과학의 전환점이라고 일관되게 주장했다. 그러나 만일 그렇다면 중국이 유럽보다 기술이 우수했던 시기는 1400년대 중반에 사라져야 했다. 서유럽과 중국의 기술에 대한 상대적 성과에 대한 니덤의 최종 평가는

약 1400년이나 유럽을 앞섰는데도"97 어째서 중국은 특이하게 근대 과학으로 성장하지 못했는가 하는 의문을 따져보게 되었다. 니덤은 한편으로는 근대 과학에서 실험의 중요성을 더 강조했지만, 실제로는 근대 과학을 갈릴레오의 연구와 관련해서 자연을 수식으로 분명하게 규명하는 것과 동일하게 생각했던 것 같다. 니덤은 과학이 "수학과 함께 융합되어 보편화될 때까지 자연과학은 모든 인류의 공통 자산이 될 수 없었다."98고 생각했다.

우리가 근대 과학이 르네상스 말기 갈릴레오가 살던 시대에 오직 서유럽에서만 발달했다고 말할 때 그것은 우리가 오늘날 가지고 있는 자연과학의 기반 구조, 말하자면 자연에 대한 수학적 가정의 적용이나 실험 방식의 완전한 이해, 1차 성질과 2차 성질의 구분, 공간 기하학 그리고 역학적 실제 모형의 수용이 그 때 거기에서만 홀로 발전했다는 것을 뜻한다.99

니덤은 이 이야기를 "새로운, 실험주의 철학"100이 탄생하는 일에 빗대어 말한다. 그리고 니덤은 갈릴레오의 과학과 그에 앞선 중세

"Provisional Balance Sheet" in Needham, *SCC* 4/2, 222~225쪽에 나온다. 알다시피 니덤의 연대기를 신뢰하지 못하는 많은 까닭이 있다.

97. Needham, *SCC* 5/2, xxii쪽 ; Needham, *GT*, 16쪽. 나는 여기서 뛰어난 중국 역사가인 나단 시빈이 니덤의 문제제기의 효용성에 대해서 니덤과는 다른 견해를 가지고 있다고 말해야 한다. 시빈은 근대 과학의 보편성에 대해 의문을 제기한다. ("Why the Scientific Revolution Did Not Take Place in China," 537쪽) 이 책 7장에서 시빈의 견해를 더 자세히 다루겠다.

98. *GT*, 15쪽.

99. 같은 쪽.

100. 이것의 예는 Needham, *SCC* 3, 156쪽 ; Joseph Needham, "The Evolution of Oecumenical Science : The Roles of Europe and China," *Interdisciplinary Science Reviews* 1, no. 3(1976), 202~214쪽 가운데 202쪽을 참조.

   사회·법 체계로 본 근대 과학사 강의

과학 사이에 중요한 연속성이 있다는 것을 완전히 포기하지는 않지만, 새로운 철학의 실험주의 요소를 크게 강조하는 반면에 그 과학에 담겨 있는 유럽인들이 가진 더 큰 지식과 철학, 형이상학적 배경은 무시한다. 그러나 니덤의 글 가운데 특히 그의 강연과 몇몇 논문에서 그는 근대 과학 발생의 문제에 대해 품고 있었던 사회와 문화, 언어학과 기술에 대한 현실의 측면을 실제로 다루었다. 문제는 니덤의 연구 결과와 사회학적 고찰이 너무 많고 다양해서 그것의 일관성과 타당성을 유지하기 위해서는 따로따로 연구할 필요가 있다는 것이다.

이러한 유럽의 배경과 관련해서 니덤이 아라비아 과학의 역사뿐만 아니라 중세 과학사에서 내린 가정을 재정립해야 한다고 요구하는 최근의 연구들이 많이 있다. 뒤의 5장과 다른 부분에서 살펴보겠지만 중세 유럽에서 자연과학의 연구는 니덤이 보통 인정했던 것보다 훨씬 더 발전했고 정교했다. 1950년대 니덤이 초기에 중국 과학을 연구한 내용을 발표한 이후로 지금은 더 많은 양의 새로운 연구들이 쏟아져 나왔다.

더욱이 니덤이 갈릴레오 혁명 이전에 중국 과학이 우월했다고 보여 준 사례는 역사에서 과학과 기술을 구분하는 일은 아무 의미가 없을 수 있으며 또 없어야 한다는 논란이 큰 주장에 기대고 있다. 이와 반대로 많은 기술 역사가들은 과학과 기술이 긴밀하게 연결된 시기는 19세기 말과 20세기 초라고 주장하면서[101] 니덤의 견해에

---

101. Melvin Kranzburg and Carroll Pursell, eds., *Technology in Western Civilization* (New York : Oxford University Press, 1967), 2권 ; Sivin, "Why the Scientific Revolution Did Not Take Place in China," 532쪽은 더 이른 시기에 과학과 기술이 통합되었다는 것에 의문을 제기한다. 마찬가지로 넬슨도 과학과 기술의 밀접한 관계에 대한 니덤의 주장에 반대한다. Nelson, *On the Roads to Modernity*, 10장 참조.

반대한다. 과거에는 자연 세계의 원리를 밝힌 지식이 기술보다 멀리 뒤떨어져 있었지만 지금은 역학과 운동, 수력학, 열역학, 화학, 유전학, 극미립자 힘과 운동 같은 원리 지식이 기술 혁신의 원천이 되는 경우가 빈번하다. 기술이 응용과학이라는 생각은 자연 세계를 조작하기 위해 적용될 수 있는 과학 원리의 지식이 이미 존재하는 곳에서만 있을 수 있다. 그러나 이 경우에 과학과 기술을 분리하지 않으면 우리의 연구는 근본적으로 무감각해질 수 있다. 왜냐하면 우리는 새로운 상징체계를 배양하고 발전시키는 것과 관련이 깊은 사고체계와, 과학자 집단이 어떻게 발전했는지 관심을 집중해야 하기 때문이다. 또 한편 1426년부터 15세기 중반까지 중국 기술이 서양의 기술보다 더 우월했다는 사실은 그 자체로 문제가 있다.—기술이 원래 과학과 어떤 본질적인 관계가 있든지 없든지, 그리고 만일 관계가 있다면 중국의 우월한 기술이 왜 근대 과학으로 성장하지 못하고 16세기 이후부터 침체하기 시작했는지 알 수 없다.

알다시피 조지프 니덤은 그의 연구 과정과 여러 편의 논문을 통해 중국에서 근대 과학이 발전할 수 없었던 중요한 장애 요소로 작용한 중국 과학의 내부와 외부 요인을 모두 살펴보고 종합했다. 이 요소들은 독특한 중국어 구조의 특성과 지리적 고립, 거대한 관개망의 필요성, 자연과 시간, 우주에 대한 철학(특히 도교, 불교, 공자와 묵자의 사상), 수학적 개념과 상징주의의 존재 또는 결여, 실험 방법의 사용, 창조자 신과 자연법 개념의 부재, 중국 관료주의의 지배를 포함한다. 니덤은 여러 곳에서 이 요소들을 (중국 과학이 발전하도록) "촉진하거나" "억제하는" 요소로 다룬다.[102] 또 다른 곳에서는 이

---

102. 이 요소들의 개요는 Sal P. Restivo, "Joseph Needham and the Comparative Sociology of Chinese and Modern Science," in *Research in Sociology of Knowledge, Science, and Art*, ed. Robert A. Jones(Greenwich, Conn : JAI

                                    사회·법 체계로 본 근대 과학사 강의

요소들을 지리와 수력학, 사회, 경제의 네 개 집단으로 묶는다.103 사회 요소를 밝힌 니덤의 분석은 매우 뛰어나긴 하지만 그 범위가 너무 넓고 집중성이 떨어진다. 예를 들면 그는 중국의 사회와 경제가 힘이 있었다면 그 힘이 중국 과학의 약점을 극복하고 근대 과학으로 발전하게 했을 거라고 믿었지만 그러한 사회 요소의 특징이 무엇인지 분명하게 정의하지 않았다.104

예를 들어 니덤은 중국 문명에서 유교의 구실과 영향력을 모두 빼버리고 싶어했다. 그는 "유교 철학의 지배에 대한 모든 설명을…… 처음부터 뺄 수 있다. 그것은 중국 문명이 왜 유교 철학의 지배를 받았는지에 대한 또 다른 질문을 불러일으킬 뿐이기 때문이다."105 그러나 우리 가운데 기독교 사상과 교리가 (유대교나 이슬람교가 아니라) 왜 서양을 지배했는지(그리고 지금도 지배하고 있는지)를 묻는 질문이 제기될까 봐 서양이 기독교 또는 기독교 철학과 아무런 관계가 없다는 설명을 받아들일 사람은 하나도 없을 것이다. 요컨대 니덤이 "여러 문화 사이의 거대한 역사적 차이는 사회학 연구로 설명될 수 있다."106는 원칙을 이렇게 태연하게 주장하는 것은 그가 마르크스주의와 유물론에 편향되었기 때문이다. 그는 분명한 사회 요소이며 사고방식과 유형임이 분명한 중국의 문화와 윤리적 차이를 사회 요소로 인정하지 않았다. 이로 인해 니덤은 문화 요소와 지역 고유의 상징적 특징을 과소평가하게 되었다.

또 한편 니덤은 여러 곳에서 중국의 관료주의와 그것이 중국인의 삶과 생각에 끼친 영향에 대해 많은 얘기를 했다. 유교는 확실히 중

Press, 1979), 2, 25~51쪽에 잘 나와 있다.
103. Needham, *GT*, 150쪽.
104. Needham, *SCC* 3, 167~168쪽.
105. Needham, *GT*, 150쪽.
106. 같은 책, 191쪽.

국의 여러 가지 사회 요소와 관련이 많다. 그리고 유교와 관료주의는 둘 다 이 관계에서 핵심 연구 주제이다. 그러나 니덤은 여기서 중국의 관료주의가 "상인의 성장과 자본주의의 도래를 철저하게 막았다."[107]고 확신했다. 그러나 그는 이 결론이 함축한 의미를 가지고 과학자의 역할과 근대 과학이 어떻게 발생하고 발전하는지 체계 있게 끝까지 밝혀 내지 못했다. 물론 나중에 그의 후계자들이 이 문제를 확장할 수 있겠지만 니덤의 분석은 과학을 전승하고 탐구하는 제도적 배경에 대한 연구를 무시했다. 그는 중국에서 "'관료 봉건주의'가 그대로 남아 있는 한 수학을 중심으로 한 고전 과학은 경험주의의 자연 관찰이나 실험과 통합할 수 없으며 따라서 근본적으로 새로운 것을 생산할 수 없다."[108]는 사실을 분명히 알았다. 같은 맥락에서 그는 "그 상태에서 상인 계급이 세력으로 등장할 수 없었던 까닭은 중국 사회에서 근대 과학의 발생이 억제되었기 때문이다."[109]고 주장한다. 그리고 이렇게 "상인이 성장"하고 자본주의가 도래하는 것을 "철저히 막은" 것은 바로 중국 관료주의였다.

이 분석은 니덤이 초기에 마르크스주의의 영향을 받아 "어느 누구든 중국에서 근대 과학이 발전하지 못한 까닭을 설명하더라도 그는 중국 사회가 상인자본주의 또는 산업자본주의로 발전하지 못한 까닭을 설명하는 데서 시작하는 편이 나을 것이다."[110]고 말한 주장을 약화시키는 것처럼 보인다. 달리 말하면 관료주의가 과학의 발전에 끼친 직접 효과가 무엇인지 검토를 하든 안 하든(거의 모든 과학 활동 영역에서 관료주의가 독점) 또는 그 간접 효과가 무엇인지 찾

---

107. 같은 책, 152쪽.
108. 같은 책, 212쪽.
109. 같은 책, 186쪽.
110. Needham, *GT*, 40쪽.

사회·법 체계로 본 근대 과학사 강의

아보든 말든(근대 과학의 전달자로서 상인 계급에 끼친 영향력을 통해) 두 경우 모두 관료주의는 독립 변수로 취급해야 한다. 니덤의 분석에 따르면 이 경우에 관료주의는 중국에서 근대 과학의 발생을 억제한 가장 중요한 요소였다. 그러나 이것은 니덤이 강조하고자 하는 결론이 아니다.

니덤은 중국의 관료주의가 모든 영역에 널리 퍼져 있었다는 것을 기정사실로 받아들이고, 중국에서 근대 과학의 발전이 가로막힌 것은 자본주의와 전혀 관련이 없으며 교육과 과학 활동의 밑바닥에 흐르는 관료주의 특성과 밀접한 연관이 있다고 설명했다. 이런 생각은 논리적으로 그럼 왜 그 사회의 엘리트 관료들이 자치적인 사회 집합체인 지역 사회와 도시, 동업조합, 전문학교와 대학이 성장하는 것을 막았는지 그 동기와 과정을 연구하는 쪽으로 자연스럽게 흘러갔다. 이 연구에서 니덤은 중국의 관료주의가 계급과 윤리, 학문에 바탕을 둔 장학제도 같은 보상체계를 만들어 학자들의 연구는 계획적으로 자연 철학과 과학 탐구에서 멀리 비껴 가게 했다고 주장한다.

니덤의 주장이 이처럼 결함이 있는데도 그는 근대 과학의 발생을 문명화의 관점에서 비교역사사회학의 분석틀을 마련했다. 니덤은 중국의 자연과학과 기술에 대한 역사 연구—아직까지도 계속되고 있지만—에서 이 분석 방법을 처음으로 사용했다. 또한 그는 과학 내부의 요소에서 행동 양식, 제도 체계와 함께 자연과 시간, 우주론, 자연법, 문화적 존재론에 대한 사고를 관통하는 과학 외부의 요소로 연구의 초점을 이동했다. 니덤은 "우주에는 단 하나의 과학이 있을 뿐"이며 언젠가 "우리가 중세 중국과 인도, 이슬람, 그리고 고대 서구 세계의 발전된 자연 지식을 탐구하고 그것을 가장 효과적으로 발견할 수 있는 수단이 발견된 때라고 말하는 르네상스 말기 유럽의 큰 발전까지 비교 연구하다 보면 고대 바빌로니아에서 최초로 천문학과 의학이 어떻게 발생했으며 그 둘 사이의 연속 관계가 무엇인지 역사적으로 밝혀질 날이 올 것"111이라는 신념으로 이 연구를 했다.

여기서 니덤의 사회학적 설명의 약점을 한 가지 더 말해 보자. 비록 니덤은 과학사에서 문화적 존재론과 법의 개념, 자연의 변화와 같은 형이상학적이고 과학의 범위를 벗어난 요소의 중요성을 강조한 첫 번째 사람들 가운데 있지만, 그는 모든 사회와 문명 속에 존재하는 그에 상응하는 인간의 이미지에 관심을 집중하지는 못했다. 예를 들면 인간이 완벽하게 합리적이어서 자신이 살고 있는 특정한 시대와 문명 속에서 자연의 비밀을 발견해서 풀 수 있고 그것을 정확하게 설명할 수 있다고 생각하는가? 아니면 인간의 지식 능력이 너무 보잘것없기 때문에 육안으로 볼 수 없는 신비스럽고 알려지지 않은 자연의 변화와 구조를 알아낼 수 없다고 생각하는가? 인간은 자신이 사는 시대의 지혜에 대해서 또는 자연과 자연의 변화를 파헤치는 공식적이고 공공연한 해석에 대해서 공개적이고 비판적으로 말할 수 있는가? 어떤 공개 토론장에서 이런 반대 의견이 표현될 수 있으며 또 그것을 더 광범위한 청중에게 자유롭게 말하고 토론하고 공개적으로 전달할 수 있는가? 이런 것은 인간에 대한 철학의 핵심이 되는 문제이며, 근대 과학의 발생이라는 주제에서 가장 신중하게 고려해야 할 사항이다. 또한 이 문제는 과학적 활동에서 제도가 차지하는 위치를 찾는 데도 매우 중요하다.

이런 시각은 대개 지역과 사회마다 고유의 자연 철학을 탐구해야 한다고 생각하는 사람들이 한결같이 가지고 있는 생각이다. 따라서 나단 시빈Nathan Sivin은 비록 우리가 중국 과학에서 연구의 효용성을 확인하는 이론적 연구를 발견할 수 있다 하더라도 "그 연구자들은

---

111. Needham, *SCC* 5/5, xxvi쪽.

 사회·법 체계로 본 근대 과학사 강의

이론과 통합된 경험적 연구가 (자연의) 물리적 현상을 완전하게 설명할 수 있다고 믿지 않았다. …… 그 실재의 본질은 너무 미세하고 불가사의하기 때문에 완전히 이해할 수 없다."[112]고 말한다. 중국인들의 자연에 대한 생각은 매우 중요한 뜻을 가지고 있다. 그러나 다른 방향에서 이를테면 인간의 능력에 대한 암묵적 가정에서 이들의 자연 철학을 탐구할 수는 없을까? 중국의 사상—공자와 노장 사상, 묵자—처럼 인간의 지성과 그 한계에 대해 완전한 결론을 내리지 않는 것이 정말 맞는 말인가? 그렇다면 인간의 이성과 합리성을 파악하는 이런 생각이 어떻게 인간의 과학적 탐구와 연구 행위에 도움 (또는 방해)을 주는가?

니덤은 이런 주제를 다루는 것을 무척 주저한다. 그것은 니덤이 마르크스주의를 지지하고 있기 때문이며 또한 이처럼 문화적으로 정해진 차이를 연구에 반영하는 일이 민족차별로 잘못 발전할 수 있다고 우려하기 때문이다. 그러나 아무리 그렇다고 하더라도 수세기 동안 많은 학자들이 우주와 그 존재론에 대해 깊숙이 천착했던 사상을 자유롭게 말할 수 있도록 그 사상에 생명을 불어넣고 권위를 부여했던 인간의 정신, 영혼, 심리, 양심에 대한 합당한 이론 분석이 없이는 근대 과학의 발생을 완벽하게 설명할 수 없다. 이 논의는 결국 그 사상을 정당화하고 사회의 기준이 된 제도가 무엇인지 공적인 (그리고 대개 합법적인) 구조가 어떻게 사회와 지식 세계의 담론으로 만들어지는가에 대한 연구로 집중되어야 한다. 우리는 니덤이 《중국의 과학과 문명》을 처음 7권짜리로 계획할 때 중국 과학의 "빈곤과 성공"과 관련 있는 모든 사회적·경제적 요소의 분석을 고의로 제외했다는 사실을 잊지 말아야 한다. 그러나 그 계획이 커지면서 그

---

112. Sivin, "Max Weber, Joseph Needham, Benjamin Nelson," 46쪽.

의 의도는 철회되고 말았다.[113]

벤저민 넬슨 : 보편화와 담론의 확대

우리는 벤저민 넬슨이 비교과학사회학에 끼친 공헌을 검토함으로써 니덤이 이룬 연구 성과의 중요성을 더 잘 알 수 있다. 넬슨은 생애 마지막 10년 동안 근대 과학의 기원과 발전에서 나타난 문제점에 더욱 많은 관심을 갖기 시작했다. 이것은 한편으로 그가 중세 역사가로서 성장해 온 결과이며 또 한편으로는 철학에 대한 꾸준한 관심과 철학, 신학, 법, 과학 사이의 상호 관계를 밝히려는 의지의 표현이었다. 이런 관심은 핸슨N. R. Hanson과 칼 포퍼, 임레 라카토스Imre Lakatos, 스티븐 툴민Stephen Toulmin 같은 과학철학자들과 교류를 지속하면서 더욱 공고해졌다.

그러나 넬슨은 중세 전성기 동안 서양의 중요 사상가들이 이 분야에서 워낙 정통했기 때문에 위대한 대학 교수들이 자연 철학, 형이상학, 신학, 교회법에서도 전문가들이었다는 것을 알았다. 또한 그는 당대의 유명한 대논쟁에서 나타난 과학과 자연 철학에서 나온 문제를 인정하는 논쟁—이 논쟁은 코페르니쿠스와 갈릴레오로 대표되는 과학 혁명에 이르는 길을 닦았다—이 종교 개혁과 관련된 중심 문제와는 전혀 관련이 없다는 사실을 알았다. 이 두 흐름은 모두 가톨릭 교회의 권위에 강하게 도전했다는 것을 빼고는 공통된 것이

---

113. 데릭 프라이스는 니덤과 그의 연구 계획을 언급하면서 니덤은 처음에 이와 같은 사회적·경제적 배경을 개괄하려면 또 엄청난 시간이 걸릴 것이라고 생각하고 있었으며 따라서 그 일은 그의 연구 계획에서 제외된 것 같다고 넌지시 말했다. "Joseph Needham and the Science of China," in *Chinese Science : Explorations of an Ancient Tradition*, ed. S. Nakayama and N. Sivin(Cambridge, Mass. : MIT Press, 1973), 16쪽 참조.

사회·법 체계로 본 근대 과학사 강의

없었다. 달리 말하면 과학 혁명에서 수학과 우주론과 관련된 특성은 종교 개혁 이전의 가톨릭 문화 영역에서 탄생한 것이다.114 넬슨은 막스 베버가 종교와 자본주의 발생에 대해 내린 명제(프로테스탄티즘의 윤리)가 (베버가 그 책의 마지막에서 암시한 것처럼) 분명히 종교 개혁보다 앞선 문화적 뿌리를 가진 과학 혁명과 17세기 영국에서 강하게 일어난 과학 운동을 설명하는 데까지 확장되어서는 안 된다고 생각했다.

넬슨이 그 동안 연구해 온 것을 감안할 때, 그가 유럽 대륙의 과학 혁명을 둘러싼 여러 가지 문제와 논쟁에서 근대 과학의 발생이 모든 형이상과 종교적 배경은 완전히 무시된 채 실험이라는 수단으로 대체되는 다소 직접적인 변화 과정이었다고 전제하면서, 이 문제를 실증적으로 협소하게 접근했던 사람들보다는 폭넓은 견해를 가지고 있었다.115 그러나 넬슨은 이런 실증적 견해와 반대로 근대 과학으로 가는 길은 기독교 신학과 서양 철학(아리스토텔레스Aristoteles, 플라톤Platon, 심지어 이슬람 철학자 아베로에스Averroes까지 포함해서)의 은어隱語로 포장된 디딤돌이 놓여져 있다고 주장했다. 예를 들면 세상은 합리적이고 일관된 질서이며 세계는 기계라는 생각이나 신성한 존재가 "수, 무게, 치수"에 따라 세계를 창조했다는 생각은 모두 자연 철학자와 신학자, 교회법 학자들이 당대의 기독교 성직자들과 함께 이미 분명하게 말했던 중세 시대의 논지들이었다.116 실제로 자연법

---

114. Nelson, *On the Roads to Modernity*, 7장, 8장, 9장 참조.
115. 이것은 물론 19세기와 20세기 초 역사가들과 과학역사가들 사이에서 오랫동안 계속된 주장이다. W. E. H. Lecky, *History of the Rise and Influence of the Spirit of Rationalism in Europe*, 개정판, ed.(New York : Appleton, 1871), George Sarton, *Introduction to the History of Science*(Baltimore : Williams and Wilkins, 1927~1948), 3권 5부 참조. 최근 20년 동안 발표된 과학역사가들의 연구 덕분에 이런 견해는 크게 사라졌지만 아직도 이런 견해가 매우 강해서 최근의 새로운 사회학적 견해가 완전히 승리했다고 말할 수는 없다.

개념은 그 당시 활발하게 논의되었던 어떤 순수과학의 주장보다 훨씬 강한 유대 기독교의 배경을 가졌다.

넬슨은 이에 더해 인간의 양심은 인간이 (무엇보다 여러 가지 윤리적 문제에서) 자연현상을 판단하는 주관적 확신을 바탕으로 합리적으로 행동하는 사람이라는 권위를 부여한다고 주장했다. 넬슨의 견해에 따르면 코페르니쿠스와 갈릴레오는 세상의 본질을 해석할 책무가 있는 사람들이다. 그리고 이 책무는 인간은 이성과 양심을 가지고 있으며 이것 때문에 인간은 객관적 논증을 뛰어넘어 주관적 확신에 도달할 수 있고, 또한 이것은 인간과 마찬가지로 신이 보았을 때도 받아들일 수 있는 것이라는 신학적 인식을 바탕으로 형성되었다.[117]

요약하면 넬슨이 과학사회학에서 주장하는 것과 근대 과학의 발생에 대해 던진 특별한 질문은 우리가 서양에서만 근대 과학이 발생한 이유를 해명할 때 모든 상징체계—신학과 자연과학, 수학을 포함해서—를 공평하고 신중하게 해석해야 한다고 요구한다. 넬슨은 (서양과) 다른 문명이 과학의 발전과 관련해서 가지고 있는 약점은 좁은 의미의 과학적 기술의 문제가 아니라 오히려 사회 문화의 영역에서 상징적 기술이 부족했기 때문이라고 믿었다. 이 약점은 그 문명의 사회 구조와 제도의 결핍 때문에 생긴 것인데 이 구조와 제도는 과학적 담론을 더 넓은 영역으로 공개하고 참여하게 할 수도 있지만 반대로 그런 공개를 심각하게 제한할 수도 있었다.

넬슨이 사회와 지성, 정치의 영역에서 새로운 보편 구조를 만드는 데 관심을 갖기 시작한 것은 바로 이때부터다. 넬슨은 그의 초기 연

---

116. Nelson, "Certitude and the Books of Scripture, Nature, and Conscience" in *On the Roads to Modernity*, 158~159쪽.
117. 같은 쪽 참조, 또한 이 책 3장 이하 참조.

구 《이자의 개념*The Idea of Usury*》118에서 서양 문명의 가장 중요한 역동성은 담론과 참여의 보편적 사회를 지향하는 것이라고 주장했다. 넬슨은 이자라는 개념을 구약성서에서 발견했다. 구약성서에서는 유대인들 사이에 이자를 주고받는 행위를 금지했지만 유대인과 다른 민족 사이에서는 허용했다. 이것은 "같은 종족 내의 동포주의에서 다른 민족을 인정하는 보편주의로" 진전했다는 것을 보여 주는 것으로 이제 개인이 "같은 동포"라기보다는 동등한 한 사람의 "타인"이 되었다. 넬슨은 이 새로운 윤리가 존 캘빈John Calvin의 저작에 나타난 것처럼 기독교 신학과 (세속의) 법 사이의 중심에서 분명하게 작동하는 것을 보았다. 캘빈은 이자를 인정해야 한다고 주장하면서 이제 모든 사람은 그리스도 안에서 동등한 형제이며 따라서 우리가 언제나 기독교의 사랑을 가지고 돈을 빌려 준다면 이자를 받아도 된다고 말했다. 이제 종교적 계율이 법적 원칙으로 자리를 바꿈으로써 새로운 차원의 보편주의가 완성되었다. 이 원칙에서 모든 사람은 서로 동등한 "타인"이며 파벌이나 계층에 상관없이 모두 동일한 규칙이 적용되었다.

이 보편주의에 대한 연구는 넬슨의 남은 생애 동안 그를 사로잡았다. 따라서 넬슨이 근대 과학의 발생이라는 문제로 다시 돌아왔을 때 그는 이 문제를 엘리트 사이의 배타적인 담론에서 자유롭게 열린 대중의 담론으로 가야 할 패러다임 환경이라고 생각했다. 그럴 때 비로소 근대 과학은 새로운 지식을 향해 끊임없이 열린 지적 탐구라는 보편적 담론의 승리로 보일 수 있었다. 넬슨은 이런 생각을 갖고 비교역사의 관점에서 과학사회학의 "필수 기준점은 …… '과학의 진보'를 위한 제도의 혁신에 필요한 새로운 형태의 보편성과 보편화

---

118. Benjamin Nelson, *The Idea of Usury : From Tribal Brotherhood to Universal Otherhood*, 2d, 증보판, ed.(Chicago : University of Chicago Press, 1969).

를 촉진하는 요소들과 저해하는 요소들 속에서 발견될 수 있다."[119] 고 주장했다.

조지프 니덤이 세계 과학이라는 개념을 과도하게 강조한 배경에는 이 두 사람의 생각이 깊숙이 맞닿아 있었다. 왜냐하면 세계 과학은 넬슨이 근대 과학의 발전을 연구하면서 끊임없이 추구했던 것을 정확하게 공식화한 것이기 때문이었다. 만일 우리가 이 세계 과학을 기준점으로 인정한다면 근대 과학의 약진(그리고 "가장 높은 차원에서 보편화"의 실현)에 대한 문제는 다음 세 가지 서로 연관된 문제를 집중적으로 검토해야 한다. 첫 번째는 "학문을 연구하고 토론에 참여하는 사람이 그 과정에 자유롭게 드나드는 것을 가로막는 장애물"을 어떻게 극복하고 "오래 전부터 이어져 내려온 불공평한 이원론"을 뛰어넘을 방법을 검토한다. 두 번째는 새로운 이론 생산과 혁신적 절차를 포함해서 공인된 지식이 생산되고 유통되도록 자극하는 수단과 절차에 주목해야 한다. 그리고 세 번째로 우리가 "쓰고 말하는 언어 구조가 더 높은 차원의 일반성을 유지할 수 없게 하는" 장애물을 어떻게 극복해 왔으며 또 어떻게 극복할 수 있는지 그 방법을 검토해야 한다.[120] 이 마지막 문제는 또한 오랫동안 사회와 지식의 진보를 가로막은 기술과 개념의 문제를 풀 수 있는 새로운, 더욱 추상적이며 보편적인 상징체계도 함께 만들어 낸다.

넬슨은 문화와 문명의 진보로 가는 큰 길은 토론과 참여의 자유를 새롭게 열어젖히기 위해 지역과 민족을 초월한 상징체계를 계속 창조하느냐 마느냐에 달려 있다는 것을 잘 알고 있었다. 법 체계와 형식에 대한 연구는 사회학의 관점에서 보면 필수불가결한 것이다. 법 형식은 그 사회의 행동 양식을 제도화하기 때문이다. 따라서 근대

---

119. Nelson, *On the Roads to Modernity*, 11쪽.
120. 같은 책, 111f쪽.

 사회·법 체계로 본 근대 과학사 강의

과학의 발생과 발전을 연구하는 일은 이런 관점으로 보아야 하며 여기에 더욱 정밀하게 기술과 수학의 관점이 더해져야 한다. 넬슨은 문명화의 관점에서 다음과 같이 썼다.

> 한 사람이 특정 과학 분야에서 어떤 학문에 관해서 예를 들면 화학이나 광학, 수학에서 그리스인들보다 실제로 앞섰든 그렇지 않았든 그것은 그다지 중요한 문제가 아니다. 과거보다 향상된 이론적 해석을 승인하는 과정에서 폭넓고 보편적인 토론과 참여를 통해 창조적 진보의 가능성을 열 수 있는 그 사회의 사상과 윤리 체계 그리고 의사결정의 논리가 실제로 크게 발전했느냐 하는 것이 근본 문제이다.[121]

이 관점에서 볼 때 과학의 진보는 단순히 새로운 수학적 해법이나 정교한 실험과 관찰 또는 새로운 이론 공식과 같은 수학적 문제가 아니다. 과학이 진보한 것은 당대의 사상가들이 전통의 지혜와 관계 그리고 옛날부터 내려온 의사결정의 논리를 깨뜨리고 새로운 상징 체계와 새로운 개념을 사회에 적용할 수 있도록 지식 세계가 발전했기 때문이다. 이러한 발전으로 사람들이 개인과 집단의 의사를 자유롭게 표현할 수 있고 서로 자유롭게 생각을 나누고 새로운 과학과 법, 윤리, 신학, 사회 개념을 터놓고 논의할 수 있는 열린 중립 지대가 새로 만들어졌다. 일반 대중 사이의 토론은 오직 이런 방식으로만 개인과 집단의 머릿속에 맴돌고 있는 영감을 자유롭게 실현시킬 수 있게 작용한다. 그리고 이렇게 해야 가장 높은 차원의 창조성이 현실로 드러날 수 있다. 나중에 살펴보겠지만 우리는 세상에 있는 모든 문화와 사람 가운데서(특히 아랍인들 가운데) 인상 깊은 과학적

---

121. 같은 책, 98~99쪽.

대담성과 혁신을 발견할 수 있다. 그러나 이런 혁신이 근대 과학으로 성장 발전하기 위해서는 토론과 참여의 새로운 사회제도로서 공개 토론장이 활짝 문을 열어야 한다. 넬슨의 견해에 따르면 16세기와 17세기에 과학과 철학에서 발생한 초기 근대 혁명이 바로 이런 종류의 투쟁이었다. 넬슨은 "근대 과학과 철학의 창시자들은 회의주의자 그 이상도 이하도 아니었다. 대신에 그들은 스스로 자연이라는 책이 분명하게 선언한 새로운 진리를 대변하는 사람이라고 생각했다. 그들은 성실하게 연구에 몰두하고 이 책의 저자가 인간에게 보내는 많은 신호를 판독하려고 애쓰는 모든 사람에게 자연의 비밀을 드러낸다고 생각했다."122

갈릴레오와 코페르니쿠스의 이론 같은 새로운 진리들은 "(교회가) 지배하고 있는 가설에 도전했고 공인된 신학자들의 성경 해석에 명백한 의문을 제기했다."123 일반적으로 인정된 논리와 그것에 대한 사회의 공식 해석 사이에서 발생하는 전통적 대립은 역사에서 되풀이해서 발생하고 대개 그 대립에 연루된 사람들에게 불리하게 나타났다. 갈릴레오는 이 때문에 자기 집에 감금되었다. 그러나 여기에는 중요한 문제가 있었다. "코페르니쿠스의 가설에 대한 투쟁과 관련해서 근본 문제는 그 특정한 이론이 입증되었느냐 아니냐가 아니라 결국 공식적으로 그 새로운 사실을 잘 알지 못하는 사람들의 해석에 따라 진실과 확신에 대한 결정이 내려질 수 있다는 것이었다."124 비록 이것은 사회의 공식 권력과 개인의 자유 사이에 나타난 극적인 대립과 대결이었고 많은 결과를 가져왔지만 실제로 이 사건은 개인의 자유를 구속하는 이데올로기의 최후를 뜻했다. 이제는

---

122. Nelson, "The Early Modern Revolution," in *On the Roads to Modernity*, 132쪽.
123. 같은 책, 133쪽.
124. 같은 쪽.

권력이 더는 이런 의문을 힘으로 제압할 수 없었다. 초기 기독교 신학과 교회법, 대학의 개척자들은 실제로 인간의 정신과 자유로운 토론의 영역을 계속해서 넓혀 나갈 수 있도록 보장하는 역동적 구조와 절차를 새로 만들어 냈다. 또한 정치와 지식 영역에서 종교 개혁의 중요성을 인정함에 따라 서양 기독교계의 권위는 더는 과학을 제쳐 두고 지식 사회에서 발생한 근본 문제를 판결할 수 없었다.

이 문제에 대한 벤저민 넬슨의 선구적인 연구는—베버, 니덤, 헨리 서머 메인Henry Summer Maine, 에밀 뒤르켕Émile Durkheim, 그리고 특히 중세법과 교회 조직의 역사를 연구한 학자들이 통찰력을 갖는데—과학사회학의 비교역사 연구에서 나타난 문제점을 특히 문명화의 관점에서 탐구할 수 있도록 강력하고 새로운 대안의 수단을 제공했다. 나는 이런 통찰력의 기초 위에서 중국 문명과 아라비아–이슬람 문명에서 과학의 발전이 어떻게 전개되었는지 검토할 것이다.

결론 : 드러난 쟁점들

과학사회학을 비교역사의 관점에서 연구하는 것은 몇몇 제한된 영역에서 중요한 성과가 있었지만 사실 그 동안 거의 무시되어 왔다고 말할 수 있다.[125] 몇몇 괜찮은 연구서가 씌어졌지만 이러한 성과는 서로 완전히 고립되어 나타났다. 1938년 처음 발간된 로버트 머튼의 수작 《과학, 기술 그리고 17세기 영국의 사회》를 뒤이은 다른 학자의 연구는 없었다.[126] 오히려 그의 제자들은 과학의 보상체계를

---

125. 해리어트 주커만은 자신의 인상적인 과학사회학 비평에서 과학사회학에 대한 비교 역사의 관점을 대강 훑어보지도 않는다.

126. 이것에 대한 생각은 내가 쓴 서평 Merton's *The Sociology of Science* in *Journal for the Scientific Study of Religion* 14, no. 1(1975), 70~72쪽과 넬슨의 서평 *Science, Technology, and Society in Seventeenth-Century England*(in 1970) 개

연구하는 것으로 방향을 바꾸었다.[127]

한편 과학자의 역할이 어디서 기원했으며 어떻게 발전했는지를 연구한 조지프 벤-데이비드는 머튼이 과학의 정신에 대해 그리고 역할과 역할군에 대해 이론적으로 검토한 연구 결과를 거의 무시했다. 그는 또한 서양의 대학에서 발견되는 중세 과학의 전통을 설명하는 데 유용한 요소들과 함께 종교와 법의 역사에도 주목하지 않았다. 비록 벤-데이비드가 고대 그리스에 눈을 돌렸지만 그는 천년 동안 이어졌던 아랍인들의 과학 활동과 제도의 본질에 대해 어떤 검토도 하지 않았으며 논의도 거의 없었다. 따라서 그의 분석은 13세기와 14세기까지 특히 천문학과 수학에서 아라비아-이슬람 문명권에 있었던 아랍인과 기독교인, 유대인의 과학 이론과 실천이 서양보다 훨씬 앞섰던 때에 왜 갑자기 과학이 서양에서 발전하기 시작했는지에 대해 아무런 실마리도 제공하지 못한다.

우리는 머튼과 벤-데이비드, 쿤, 니덤, 넬슨의 통찰력을 함께 모아 근대 과학의 기원과 발전에 대해 더 폭넓고 통합된 접근을 할 수 있다. 우리는 토머스 쿤과 같은 대부분의 내재주의자의 저작에서도 과학적 패러다임의 일부를 이루고 있는 (과학자의) 가치관과 형이상학적 약속이 일렬로 늘어서 있는 모습을 발견한다. 이런 요소들을 검토하지 않은 채 관념체계로서 근대 과학의 발생을 적절하게 이해할 수 없으며 또한 과학자의 역할도 제대로 알 수 없을 것이다.

마찬가지로 조지프 니덤과 벤저민 넬슨 같은 학자들은 근대 과학의 생성과 서양의 고유한 특성을 좀더 잘 파악하기 위해 다른 문명

정판 in the *American Journal of Sociology* 78, no 1(1972), 223~231쪽 ; *Varieties of Political Expression in Sociology*, ed. Howard Becker(Chicago : University of Chicago Press, 1973) 재판본에 일부 나온다.

127. 앞에 나온 19번 주석 참조.

     사회·법 체계로 본 근대 과학사 강의

에도 눈을 돌렸으며 거기서 자연 철학, 법과 자연법의 개념, 인간과 인간의 합리성에 대한 이미지 같은 문제를 연구해야 한다는 사실을 깨달았다. 이런 문제와 특정의 역사를 더 깊숙이 파고들면 들수록 옛날 그 지역의 고유한 과학 개념의 힘과 독창성, 생명력에 더 깊은 감동을 받게 된다. 거꾸로 말하면 세상의 다양한 민족이 이룬 지식과 이론의 성과를 보고 놀라면 놀랄수록 "열린 사회"로 가는 길을 봉쇄하고 정보의 자유로운 흐름과 폭넓은 영역에서 토론의 개방을 저해했던 사회적·제도적·법적 장애물이 얼마나 많았는지 더 잘 알게 된다. 우리는 이 문제에 초점을 맞추기 위해 전세계의 여러 문명에서 토론의 확대를 촉진하거나 저해했던 제도 장치의 진화 과정이 어떠했는지 주목해야 한다.

이것은 동시에 제도는 토론이라는 수단을 사용해서 개념이 구체적 현실로 나타난 것이라는 사실을 깨닫게 한다. 중국인이 서양보다 400년이나 앞서 가동 활자 인쇄술(그리고 종이)을 발명했다는 것을 되돌아보면 무척 놀라운 일이다. 그러나 이 인쇄술이 처음 발명된 중국에서도 그리고 아라비아-이슬람 문명에서도 12세기와 13세기에 서양에서 일어났던 사회 혁명과 지식 혁명 같은 것은 발생하지 않았다. 실제로 아라비아-이슬람 문명은 19세기 초까지(18세기 초에 잠깐 동안 묵인되었다가) 인쇄술의 사용을 금지했다. 그리고 15세기에 서양에서 발명된 새롭고 더 발전된 인쇄술은 두 문명권(이슬람과 중국)에는 마치 인쇄술이 과거에 전혀 없었던 것처럼 19세기에 소개되었다.[128] 근대 과학으로 가는 길은 자유롭고 열린 토론과 소

---

128. 중국에서 인쇄술의 발명과 사용에 대해서는 Needham, *SCC*, 5권, 1부, *Paper and Printing* by Tsien Tsuen-hsuin(New York : Cambridge University Press, 1983) ; T. F. Carter, *The Invention of Printing in China and Its Spread Westward*, 개정판, de. by L. C. Goodrich(New York : Ronald Press, 1955), 특히 15장, "Islam as a Barrier to Printing"을 참조. 이슬람의 인쇄술에 대해서는

통으로 가는 길이다. 그리고 이것은 당장 임박한 연구와 더불어 사
회학적 상상력을 발휘해서 풀어야 할 중심 과제이다.

Johannes Pedersen, *The Arabic Book*(Princeton, N. J. : Princeton University
Press, 1984)을 참조. 그리고 서양의 인쇄술은 Elizabeth Eisenstein, *The Printing
Press as an Agent of Change : Communications and Cultural Transformation in
Early Modern Europe*, 2권(New York : Cambridge University Press, 1979) 참조.

 사회·법 체계로 본 근대 과학사 강의

아라비아 과학과 이슬람 세계

아라비아 과학의 문제점

아라비아 과학의 문제점은 적어도 두 가지 차원에서 볼 수 있다. 하나는 아라비아 과학이 근대 과학으로 발전하지 못한 점에 주목한다. 또 다른 하나는 13세기 이후로 아라비아-이슬람 문명에서 과학 사상과 활동이 명백하게 쇠퇴하고 기울어지는 모습을 볼 수 있다. 이슬람의 지식 세계가 왜 하필 그런 황금기에 내리막길을 걸었을까 하는 의문은 현대의 이슬람 세계에 사는 사람들에게 상당히 관심이 가는 문제이겠지만,[1] 그것은 지금 우리의 연구 영역의 바깥에 있는

---

1. 여기서 나는 945년 이후 500년 동안 "칼리프가 지배하던 사회가 여러 왕조의 지배를 거쳐 꾸준하게 영토를 확장하고 언어와 문화에서 국제 사회로 바뀌었고" 또한 "이 같은 국제 이슬람 사회는 당시 지구 위에서 가장 크고 강력한 영향력을 가지고 있었다."는 마셜 호지슨Marshall Hodgson의 견해를 따른다. *The Venture of Islam*, 3권

문제이다.2

우리가 주목하는 것은 아마도 8세기에서 14세기 말까지 아라비아 과학이 서양과 중국을 훨씬 앞선, 세계에서 가장 진보된 과학이었을 것이라는 사실이다. 아라비아 과학자들(아랍인, 이란인, 기독교인, 유대인을 포함해서 아랍어를 주 언어로 사용했던 중동 사람들)은 실제로 모든 연구 분야—천문학, 연금술, 수학, 의학, 광학 등—에서 최첨단의 과학을 보유하고 있었다. 이들이 쓴 학술서적에 들어 있는 자연현상과 사실, 이론, 과학적 고찰은 중국을 포함해서 당시 세계 어디에도 없던 최고의 수준이었다.3 이것은 다음의 검토에서 확인할

(Chicago : University of Chicago Press, 1974), 2, 3쪽. 그러나 나는 13세기 말에 일어난 중요한 문화와 과학의 성장에 대해 선을 그을 것이다. 그 이후로도 중요한 성장이 있었지만 그것은 유럽에서 발생하고 있었던 발전과 비교하면 아주 작은 것이었다. Ira Lapidus, *A History of Islamic Society*(New York : Cambridge University Press, 1988) 참조. 이슬람 예술과 과학, 건축을 포함한 이슬람 전체 문명을 개관하려면 Bernard Lewis, ed., *Islam and the Arab World*, 2권(New York : Knopf, 1976) 참조.

2. 그러나 이것에 대한 설명은 오랜 세월 동안 이슬람으로 개종되는 형태에서 발견할 수 있다. 최초의 이슬람 제국이 번성했던 수세기 동안 여러 영역에서 이슬람교도였던 백성의 비율은 다수가 아니라 소수인 채로 남아 있었다. 약 10세기에 이르러서야 기존에 존재하던 비이슬람 사람들의 공동체 구조가 약해지면서 이들의 이슬람교 개종이 널리 퍼지기 시작했다. 따라서 10세기는 이슬람으로 개종하는 비율이 크게 증가했던 전환점으로 기록되며, 이렇게 이슬람교로 개종하는 새로운 흐름과 함께 외국의 과학이 기존의 질서를 파괴하는 것을 두려워하지 않는 자유사상가들의 비율도 극적으로 감소했다. 그러나 이러한 역동성은 자연과학의 탐구와 지식 생활 전반에서 부정적인 결과를 가져왔다. 비록 이런 가설에 반대하는 사람들도 있겠지만 이것은 앞에서 언급한 사실뿐만 아니라 오늘날까지 전세계 이슬람 국가들 가운데서 (이슬람교도가 적은) 홍콩, 싱가포르, 타이완, 일본에 대응하는 이슬람 국가가 없다는 사실과도 일맥상통한다. 물론 이들 이슬람 국가 가운데 세계에서 1인당 국민소득이 가장 높은 브루나이를 포함해서 적어도 6개 나라는 엄청난 석유를 생산하는 부유한 나라이며 이들 국가는 이슬람으로 개종하는 방향이 바람직하다고 생각했다.

3. 중세 시기 동안 아라비아 과학의 우월성은 George Sarton이 *Introduction to the History of Science*, 3권, 5부(Baltimore : Williams and Wilkins, 1927~1948)에서 처음으로 기술했다. 그 이후로 고전 이슬람 문명의 과학에 대한 개요들이 많이 나왔다. 이들 가운데 Max Meyerhof, "Science and Medicine," in *The Legacy of Islam*, 1st ed., ed. T. Arnold and A. Guillaume(London : Oxford University Press,

     사회·법 체계로 본 근대 과학사 강의

수 있다.

고대 그리스의 과학적 유산이 5세기 로마 제국이 붕괴하고 12~
13세기 거대한 번역 운동이 일어나기까지 수세기 동안 서양 세계에
서 잊혀진 동안 아랍인들은4 8세기 이후로 그리스의 유산을 그대로
접수할 수 있었다. 이것은 아랍인들이 그리스의 위대한 저작과 다른
문화를 아랍어로 번역하는 중대한 작업을 했기 때문이다. 이렇게 고
대 과학이 아라비아-이슬람 문명으로 이전하면서 아라비아-이슬
람 문명은 고대 그리스의 과학과 철학을 전체로 완전하게 대표하게
되었다.5 더 나아가 아랍인들은 여기에 힌두인의 숫자체계를 차용해
서 더 높은 인식체계로 발전시켰다.

한편 현재 중국 과학에 대한 연구 수준은 여전히 중국이 대부분의
과학 영역에서 독자적으로 발전했다고 하는 주장을 유지하고 있다.
중동에서 중국인과 아랍인 사이에 상호 교류가 있었던 것처럼 중국

<hr>

1931), 311~356쪽 ; G. Anawati, "Science," in *The Cambridge History of Islam*,
edited by P. M. Holt(New York : Cambridge University Press, 1970), 2, 741~
780쪽 ; Martin Plessner, "Science," in *The Legacy of Islam*, 2d ed., ed. J. Schacht
and C. E. Bosworth(New York : Oxford University Press, 1974), 425~460쪽 ; A.
I. Sabra, "The Scientific Enterprise," in *Islam and the Arab World*, ed. Bernard
Lewis, 181~192쪽 ; 그리고 *Dictionary of Scientific Biography*(이후로 *DSB*) 같은
전문 잡지에 실린 수많은 논문이 있다. 내가 알기로는 조지프 니덤이 *Science and
Civilisation in China*(New York : Cambridge University Press, 1954~), 7권, 진
행 중(이후로 *SCC*)에서 연구한 결과처럼 아무도 아라비아 과학의 성과를 같은 시대
의 중국 과학과 비교한 사람은 없었다. 그러나 앞으로 보겠지만 아라비아 과학이 12
세기와 13세기 그리고 그 이후로 서양에서 근대 과학이 크게 발전하는 데 가장 큰 지
식을 제공하는 구실을 했다는 것은 분명한 사실이다.
4. 여기서 아랍인이라고 한 것은 의사소통을 위해 아랍 말을 쓰는 사람들을 통칭해서
쓴다. 따라서 이란인, 시리아인, 이집트인, 터키인은 물론이고 유대인, 스페인 사람,
기독교인을 포함해서 다양한 인종을 포괄한다.
5. F. E. Peters, *Aristotle and the Arabs*(New York : New York University Press,
1968) ; R. Walzer, *Greek into Arabic*(Columbia : University of South Carolina
Press, 1962) ; Max Meyerhof, "Von Alexandria nach Baghdad," in
Sitzungsberichte der Prüssischen Akademie der Wissenschaften, no. 23(1930),
389~429쪽 참조.

인과 인도인 사이에도 교류가 있었다. 그러나 이것이 중국의 주요한 변화를 초래하지는 못했다. 중국인들은 실제로 아리스토텔레스나 유클리드Euclid, 프톨레마이오스, 갈레노스Galenos에 대해 아무것도 몰랐는데, 이런 대가들이 남긴 저술은 특히 아라비아의 형식으로 수정되고 덧붙여져서 근대의 서양 과학이 발전하는 출발점이 되었다.

중국 수학은 중동의 아라비아 수학과 아주 다르게 고유한 발전의 길을 밟았는데, 초기에 특히 대수학代數學에서 아랍이나 서양의 언어로 쉽게 번역할 수 없는(거의 불가능한) 형태로 나타났다. 유명한 중국의 수학책 《구장산술九章算術》(약 1세기)에는 분수 계산, 면적과 부피를 계산하는 공식, 연립방정식 해법, 제곱근과 세제곱근 풀이 절차에 대한 내용이 들어 있다.6 더 나아가 중국 수학은 송나라 시대에 대수학 계산에서 엄청난 급성장을 이룩했다.7 그렇지만 중국 수학의 체계는 계산법(산가지로 계산)이나 표현 방식, 자릿수 표기법이 좀 귀찮고 복잡해서 아라비아─힌두의 기수법記數法, numeral system처럼 일반화하기가 힘들고 쉽게 사용하기 어려웠다. 이 십진법 체계는 약 서기 825년 알콰리즈미al-Khwarizmi가 발명한 이래로 쓰이기 시작했다.8 마침내 중국 수학은 13세기와 14세기에 '0'을 숫자체계에 도입하여 사용했고 약 16세기에는 산가지 대신에 주판을 사용해서 계산했다. 그리고 종이에 연필로 써서 숫자 계산을 하기 시작한 것은 17

---

6. "Mathematics in China and Japan," *Encyclopedia Britannica* 23(1991), 633b~e쪽. 중세 아라비아 수학의 지위와 성과에 대한 설명은 같은 사전 "Mathematics in Medieval Islam," 613~615쪽에 있다.
7. 같은 쪽, 그리고 Lî Yan and Dù Shíràn, *Chinese Mathematics : A Concise History*(Oxford : Clarendon Press, 1987), 109ff쪽 ; Needham, *SCC* 3, 38ff쪽 참조.
8. E. S. Kennedy, "The Exact Sciences(The Period of the Arab Invasion to the Suljugs)," *The Cambridge History of Iran* 4(1975), 380쪽. 그리고 Michael Mahoney, "Mathematics," in *Science in the Middle Ages*, ed. David C. Lindberg(Chicago : University of Chicago Press, 1978), 151f쪽 참조.

 사회·법 체계로 본 근대 과학사 강의

세기에 가서야 가능했다.9 반면에 서양은 11세기와 12세기에 주판을 사용하기 시작했고, 1202년 이후부터는 아라비아 – 힌두 기수법과 함께 숫자 계산을 위해 주판 대신에 연필과 종이를 사용했다.10

요약하면 중국의 수학과 과학적 사고에는 유클리드의 기하학과 프톨레마이오스의 《알마게스트》나 행성 운동 가설에 포함되어 있는 증명 논리가 없었으며, 또한 약 13세기까지 아라비아–힌두의 기수법과 숫자 '0'도 도입되지 않았다.11 조지프 니덤은 이것과 상관없이 "이제까지 대수학을 했던 사람들이 등식 형태를 쓰지 않았고 이 곳에서는 고유의 등호(＝) 표시도 발전하지 않았다."12는 사실이 기이하다고 생각했다. 그런데 여기서 무엇보다 가장 중요한 것은 천문 수학에서 꼭 필요한 부분인 삼각법을 중국인은 전혀 생각해 내지 못했는데 아랍인이 발명했다는 사실이었다.13 중국인들은 이 문제를 보완하기 위해 13세기부터 북경에 있던 중국 천문대에 아라비아 천

---

9. Lî Yan and Dù Shíràn, *Chinese Mathematics*, 191쪽.

10. Mahoney, "Mathematics," 151쪽. 수도사 제르베르(945~1003년, 나중에 교황 실베스테르 2세가 됨) 이전까지 유럽인들은 동아시아인들이 철사선과 염주를 이용해 만든 "주판"과는 다른 로마 시대의 "셈판"을 썼다. 제르베르는 힌두 – 아라비아 숫자와 주판이라고 알려진 셈판을 처음 소개했는데(사실은 두 번째 도입임) 여기서 주판은 라틴 말로 "계산하다to abacus"라는 말에서 유래한 것이다(9장에서 다시 검토). 이 셈판 또는 주판의 문제점은 계산 기록이 남지 않기 때문에 계산을 다시 되풀이하지 않으면 그 계산이 맞는지 틀리는지 확인할 수 없다는 것이다. 또한 계산 과정을 기록할 수 있는 "연산" 기호체계가 없으므로 더 고차원의 수학 연산은 할 수 없었다. 따라서 "+"와 "－"의 간단한 연산 기호는 수학에서 매우 중요하다. 이런 연산 기호들은 "종이에 연필로 써서 셈하는 방식"을 사용하면서 진화했다. 유럽인들이 이런 기호를 인쇄해서 쓴 것은 1489년 독일에서였다. Florian Cajori, *A History of Mathematical Notation*(La Salle, Ill. : Open Court Press, 1928), 1권, 128쪽, 230~231쪽, 235쪽. 유럽인들이 최초로 사칙연산자[+, －, ×, ÷(덧셈, 뺄셈, 곱셈, 나눗셈)]를 사용한 때는 Frank J. Swetz, *Capitalism and Arithmetic : The New Math of the Fifteenth Century*(La Salle, Ill. : Open Court Press, 1987), 186쪽 참조.

11. Needham, *SCC* 3, 10쪽, 43쪽.

12. 같은 쪽.

13. Baron Carra de Vaux는 "Astronomy and Mathematics," in *The Legacy of Islam*,

문학자들을 고용했다.[14] 그러나 ("수학적 점추정點推定(모집단에서 무작위로 추출한 표본의 대응함수를 이용해서 모집단의 평균이나 표준편차 같은 근사값을 구하는 통계 방식을 말함-옮긴이)" 모형과 대비되는)[15] 기하학을 이용해서 천문학을 연구하는 방식은 17세기에 유럽인들이 예수회 선교단으로 중국에 들어오기 전까지는 일어나지 않았다.[16]

로시디 라세드Roshdi Rashed는 최근 연구에서 아랍인들이 수학 분야에서 얼마나 크게 앞섰는지 강조했다. 그는 11세기와 12세기 아라비아 수학이 15세기와 16세기가 될 때까지도 유럽인들이 이루지 못한 혁신적 발전을 거두었다는 것을 보여 주었다. 무엇보다도 알카라지al-Karajî(약 1019~1029년 사망), 알사마왈al-Samaw'al(1174년 사망)이 이룬 성과는 다음과 같다.

1st ed., 276쪽에서 아랍인들은 "엄밀하게 말해서 그리스 시대에는 없었던 평면과 구면 삼각법을 발명한 사람들이었다."고 말한다. 케네디도 평면과 구면 삼각형에 대해 밝힌 삼각법이 "아랍어로 기록을 남긴 과학자들이 창조한 것이 분명했다."고 동의한다. "The Arabic Heritage in the Exact Sciences," *Al-Abhath* 23(1970), 337쪽. 그리고 Kennedy, "The History of Trigonometry : An Overview," in *Studies in the Islamic Exact Sciences*, ed. E. S. Kennedy 외(Beirut : American University of Beirut Press, 1983), 3~29쪽도 참조.

14. Nathan Sivin, "Wang Hsi-Shan," *DSB* 14, 159~168쪽에서 특히 159쪽. 또한 Sivin, "Why the Scientific Revolution Did Not Take Place in China – Or Didn't It?" in *Transformation and Tradition in the Sciences*, ed. E. Mendelsohn(New York : Cambridge University Press, 1984), 531~554쪽 참조.

15. Nathan Sivin, "Copernicus in China," *Studia Copernicana* 6(1973), 63~122쪽, 같은 저자, "Wang Hsi-Shan," *DSB* 14, 159~168쪽.

16. 이 사례는 예수회 소속의 마테오 리치에 대한 이야기가 중심인데 그가 중국에서 한 일은 Jonathan Spence가 *The Memory Palace of Matteo Ricci*(New York : Viking, 1984)에서 다양하게 언급하고 있다. 또한 P. D'Elia, *Galileo in China : Relations Through the Roman College Between Galileo and the Jesuit Scientist-Missionaries*(1610~1640)(Cambridge, Mass. : Harvard University Press, 1960) 참조. 더 자세한 내용을 알고 싶으면 John Henderson, *The Development and Decline of Chinese Cosmology*(New York : Columbia University Press, 1984) 참조.

 사회·법 체계로 본 근대 과학사 강의

‘0’의 제곱을 정의하고 그것의 역함수까지 대수의 제곱 개념을 확대, 수식 기호의 일반 규칙, 이항식과 이항계수표, 대수 다항식, 특히 나누어 떨어지는 알고리즘과 다항식의 원소로 나눈 모든 분수의 생략식.

이 모든 성과는 16세기와 17세기에 비에트Viète와 데카르트Descartes가 "수학자들이 기지수既知數를 가지고 계산하는 것처럼 미지수未知數도 풀" 수 있는 "보편 수학mathesis universalis"을 만들어 내기까지 힘든 길을 걸어왔다.[17]

이란 서쪽의 마라가Marâgha 천문대에서 일하고 있던 아라비아의 천문학자들과 수학자들, 특히 이들 가운데 시간을 기록하던 다마스쿠스 사람 이븐 알샤티르Ibn al-Shatir는 프톨레마이오스의 행성 체계를 발전시켰는데 이는 (아직 여전히 지구를 중심으로 한 것이지만) 수학적으로 코페르니쿠스의 행성 체계와 비견될[18] 만했다. 좀더 정확하게 말하자면 이븐 알샤티르 이후로 150년이 지나 나타난 코페르니쿠스의 행성 모형은 실제로 마라가의 천문학자들이 이미 개발했던 모형을 복사한 것이다(이 문제는 좀더 뒤에서 다룬다).

이슬람 세계에 대해 별로 적대감이 없었던 중국인들은 아마도 마라가 천문대를 후원한 몽골 제국의 중개로 서양보다 2세기나 앞서 당시 세계에서 가장 발전된 천문학을 받아들일 수 있었던 것 같다. 조지프 니덤은 중국인들이 이슬람의 천문학에 대한 모든 것을 배울 수 있는 기회를 가졌다고 말한다.[19] 물론 유클리드 기하학은 빼놓을

---

17. Roshdi Rashed, "The Notion of Western Science : 'Science as a Western Phenomenon,'" in *The Development of Arabic Mathematics : Between Arithmatic and Algebra*, 영역본, A. F. W. Armstrong(Dordrecht : Kluwer, 1994), 332~349쪽, 340쪽.
18. 이것에 대한 자세한 의미는 나중에 설명한다.
19. Needham, *SCC* 3, 50쪽.

수 없는 선물이었다. 이 성과는 곧 널리 퍼졌고 많은 학문에서 이용되었다. 유클리드가 라틴어로 번역된 14세기에조차도 유클리드에 대한 교정본과 주석은 라틴어보다는 아랍어로 된 것이 훨씬 더 많았다.[20] 더욱이 중국어로 번역된 유클리드의 《원론*Elements*》 사본 가운데 하나가 13세기에 벌써 중국의 도서관에 있었다.[21] 만약 중국인들이 마음만 먹었다면 이것들을 실제에 적용할 수 있었다.[22]

니덤은 중국인들 가운데 초기에 근대 과학에서 물리학과 같은 구실을 했던 광학 분야에서 "이슬람의 이븐 알하이삼Ibn al-Haytham만큼 빛에 대해 최고의 경지에 도달한 사람이 없었다."고 말한다.[23] 이것은 다른 어떤 이유보다도 중국인들이 "고대 그리스 사람들처럼 연역적으로 추론해 가는 기하학에 대한 지식이 없었기 때문"이었다.[24] 반면에 아랍인들은 이것을 이어받았다. 우리는 물리학을 기초 자연과학으로 생각한다. 그런데 조지프 니덤은 당시의 중국인들 가운데 체계 있는 물리학 지식을 가지고 있는 사람은 한 명도 없었다고 결론지었다.[25] 비록 중국인들 가운데 물리학적 사고를 가진 사람이 있었다고 해도 "(이미 서양에서) 발전된 물리학을 아는 사람은 없었다."[26] 그리고 중국에는 서양에서 필로포누스Philoponus, 뷔리당Buridan, 브래드워딘Bradwardine, 니콜 오렘Nicole Oresme처럼 갈릴레오를 배출할 수 있도록 앞서 선구자 구실을 한 위대한 사상가들이 없었

---

20. John Murdoch, "Euclid : Transmission of the Elements," in *DSB* 4, 443~465쪽.
21. Needham, *SCC* 3, 105쪽.
22. 물론 이것이 중국 과학의 강점과 약점을 전부 말하는 것은 아니다. 여기서 내가 말하고자 하는 것은 단순히 아라비아 과학이 12세기와 13세기 중국과 마찬가지로 서양보다도 우위에 있었다는 것이다. 중국 과학에 대해서는 7장과 8장에서 자세히 다룰 것이다.
23. Needham, *SCC* 4/1, 78쪽.
24. 같은 책, 4, xxiii쪽.
25. 같은 책, 4/1, sec. 26, 1쪽.
26. 같은 쪽.

   사회·법 체계로 본 근대 과학사 강의

다.27

아라비아 과학은 수학과 천문학, 광학, 물리학, 의학 모두를 통틀어서 세계 최고의 수준이었다. 이 각각의 분야는 서로 다른 시점에서 선두자리를 내주었다. 그러나 아라비아의 천문학 모형은 16세기 코페르니쿠스 혁명이 도래할 때까지 세계에서 가장 발전된 것이었다고 말할 수 있다. 그렇다면 결국 문제는 아라비아 과학이 500년이 넘도록 기술이나 과학에서 서양보다 우월했는데도 왜 근대 과학으로 성장하지 못했는가 하는 것이다. 아라비아-이슬람 문명의 지식 엘리트들은 왜 유럽처럼 자연 철학과 정밀과학을 집중해서 연구하는 대학과 같은 기구를 만들지 않았을까? 이들은 왜 의학을 포함해서 자연과학을 대학과 같은 곳에서 연구하지 않았을까? 그리고 그 연구를 바탕으로 해서 일반 대중에게 공개적으로 동의를 얻는 방식으로 그 학문의 연구와 교육을 제도화하지 않았을까? 하는 의문이 이어진다.

이 의문을 밝히기 위해서는 이슬람인들이 우리가 자연과학이라고 부르는 과학을 외래 과학이라고 부르며 멀리했다는 사실을 이해하는 데서 출발해야 한다. 이른바 이슬람 학문은 예언자 무함마드의 언행을 기록한 이슬람교의 성전(《하디스_hadith_》)과 법(《피끄_fiqh_》), 신학(《카람_kalam_》), 시, 아랍어로 씌어진 꾸란 연구에 전념했다. 그러나 이슬람 세계에서도 산술은 일반 이슬람의 전통과 다르게 중요한 연구 대상이었다. 더욱이 이슬람의 전통 의례와 종교 관습에 따라 시간을 기록하는 사람들(무와키트_muwaqqit_)은 기하학을 활용해서 일을 했으며, 마침내 기도하는 사람이 메카(키블라_qibla_)가 있는 방향을 올바르게 계산할 수 있도록 도와 주는 삼각법을 고안했다.

---

27. 같은 책, 4, 2쪽.

요약하면 8세기에서 14세기까지 아라비아 - 이슬람 세계는 처음에는 호기심과 종교적 동기로 시작했지만 나중에는 매우 높은 수준의 과학적 진보를 이룩했다. 그러나 그 이후로 (아마도 12세기 초부터) 아라비아 과학은 쇠퇴하거나 퇴보의 길을 갔다. 이 현상이 모든 분야에서 동일한 형태로 발생하지는 않았지만 대체로 아라비아 과학은 기울기 시작했다. 예를 들면 케네디E. S. Kennedy는 이란의 티무리드Timurid 왕조(약 1350~1550년) 때 이룬 수학의 연구와 발전을 말하면서 수치 해석에서 커다란 성과를 이루었다고 얘기한다. "잠시드 Jamshid(카시스Kashi's)의 수치연산법은 이전까지 볼 수 없었던 우아하고 세밀한 연산 결과를 보여 주었고 앞으로도 오랫동안 이것을 뛰어넘는 연산법이 나오지 못할 것이었다. …… 이 모든 사실을 종합해 볼 때 이란의 과학적 성과는 비록 약점이 있기는 하지만 15세기에 걸쳐 선두자리를 유지했을 것이다. 그 이후로 선두자리는 서양으로 넘어갔다."28 이와 비슷한 유형이 의학 분야에서도 나타났는데, 유럽인들이 인체 해부를 시도한 13세기까지는 이슬람 의학이 매우 높은 수준에 있었다.29 어떤 분야에서는 계속해서 발전이 있었지만 그것이 과학 혁명으로 발전하지는 못했다.

이런 상황은 적어도 지난 150년 동안 많은 사람들이 연구해 왔지만 풀기 어려운 수수께끼였다. 학자들이 아라비아 과학이 근대 과학으로 성장하지 못한 요인이라고 보는 것들은 민족 문제와 정통 종교적 신념의 지배, 독재 정치와 일반 심리학의 문제, 경제적 요소 같은 것에서 아라비아의 자연철학자들이 실험적 방법론을 충분히 개

---

28. E. S. kennedy, "The Exact Sciences in Timurid Iran," in *The Cambridge History of Iran* 6(1986), 580쪽.

29. 이슬람 세계의 의학에 대해 더 알고자 한다면 이 책의 5장을 참조. 중세 유럽인들의 해부에 대해서는 Roger French, *Dissection and Vivisection in the European Renaissance*(Aldershot : Ashgate, 1999) 참조.

발하여 사용하지 못한 것까지 매우 광범위하다.[30] 과학의 진보에 종
교가 부정적인 영향력을 끼쳤다고 보는 견해는 12세기와 13세기에
사회 운동으로서 신비주의가 발생했다고 주장한다. 이 신비주의는
특히 자연과학에 대한 종교적 편협성을 낳았고 이는 연금술이나 점
성술 같은 초자연적 과학을 대신해서 그리스의 합리성을 강조하는
과학이 그 자리를 대체하는 것을 거부했다.[31]

지난 40년 동안 우리는 아라비아 과학이 당시에 큰 발전을 이루었
다는 것을 이해했다. 그러나 우리는 이 발전만 가지고는 아라비아
과학이 왜 13세기 이후로 쇠퇴했는지 그리고 근대 과학으로 성장하
지 못했는지를 밝혀 낼 수 없다. 오히려 우리가 지금 알고 있는 사

---

30. Ernest Renan, "Islam et La Science," in *Discourse et Conferences*, 6th
    ed.(Paris : Calmann-Levy, 1919), 375~402쪽 ; Sarton, *Introduction to the
    History of Science* ; Carra de Vaux, "Astronomy and Mathematics," 376~397쪽.
    이슬람의 쇠락에 대한 일반 연구는 J. J. Saunders, "The Problem of Islamic
    Decadence," *Journal of World History* 7(1963), 701~720쪽에 나온다. 이 문제에
    대한 좀더 넓은 개요는 *Classicisme et déclin culturel dans l'histoire de l'Islam*, ed.
    R. Brunschvig and G. E. Von Grunebaum(Paris : G.-P. Maisonneuve et Larose,
    1957), 특히 Willy Hartner, "Qurand et comment s'est arrêté l'essor de la cul-
    ture scientifique dans l'Islam?" 319~337쪽에도 나온다. 레난은 민족 요소의 영
    향력을 주장했지만 그는 오히려 이슬람인들이 인간의 이성에 대해 가졌던 편협한
    생각을 더 많이 강조했다. 사턴은 초기 저작에서 아라비아 과학이 실험적 방법론을
    개발해서 현실에 적용하지 못한 것이 문제라고 지적했다(Sarton, *Introduction to
    the History of Science* 1, 29쪽). 밝혀진 바로는 아라비아 과학에는 적어도 세 개의
    서로 다른 실험적 방법론이 있었다.―의학, 광학, 천문학(이 내용은 나중에 더 자세
    히 다룬다). 카라 드보Carra de Vaux는 "Astronomy and Mathematics," 397쪽에서
    "매우 불분명한 일반 심리학의 문제"와 관련이 있다고 주장했다.
31. 이것은 아먼드 아벨Armand Abel이 쓴 "La place des sciences occultes dans la
    décadence," in *Classicisme et déclin culturel dans l'histoire de l'Islam*, 291~311
    쪽의 주제다. 그러나 다른 이들은 아벨이 자기 사례를 너무 과장했다고 주장한다.
    John W. Livingston, "Ibn Qayyim al-Jawziyyah : A Fourteenth-Century Defense
    Against Astrological Divination and Alchemical Transmutation," *Journal of the
    American Oriental Society* 91(1971), 96~103쪽. 그러나 리빙스턴은 이것에 대해
    반대되는 사례를 단 하나밖에 못 들어서 전체 변화 유형을 평가하는 기준을 주지 못
    한다.

실로는 의문만 더해질 뿐이다. 아라비아 과학을 연구하는 역사가들은 아라비아 과학의 독창성을 찾는 쪽으로 연구를 집중했다.32 이것은 천문학 역사에서 가장 주목할 만한데, 연구자들은 13세기와 14세기에 코페르니쿠스의 행성 체계와 수학적으로 필적할 만한 행성 체계 연구의 발전이 있었다는 것을 발견했으며, 당시에 이런 발전을 위해 이슬람인들이 천체에 대한 생각을 바탕으로 시행한 여러 가지 조치를 인상 깊게 보았다.33 이를테면 ① 코페르니쿠스는 마라가의 천문학자들이 사용했던 투시 연성連星, Tusi couple(〈그림 2〉와 〈그림 3〉 참조)을 쓴다. ② 코페르니쿠스의 《주해서Commentariolus》에 나오는 행성의 황경黃經 모형은 이븐 알샤티르의 모형을 기반으로 한다. 그러나 ③ 그는 《천구의 회전에 관하여De revolutionibus》에서 외행성의 모형을 설명할 때는 마라가 천문학자들의 모형을 사용한다. 그리고 ④ 코페르니쿠스의 달 모형과 마라가 학파의 달 모형은 동일하다.34 노엘 스웨드로Noel Swerdlow는 "코페르니쿠스가 마라가 학파의 이론을

---

32. 이것은 Shlomo Pines, "What Was Original in Arabic Science?" in *Scientific Change*, ed. A. C. Crombie(New York : Basic Books, 1963), 181~205쪽 ; Willy Hartner and Matthias Schramm, "Al-Biruni and the Theory of the Solar Apogee : An Example of Originality in Arabic Science," in *Scientific Change*, 206~218쪽을 반영한 것이다.

33. 이와 같은 천문학 체계의 분석에 대해서는 E. S. Kennedy and Victor Roberts, "The Planetary Theory of Ibn al-Shâtir," *Isis* 50(1959), 227~235쪽 ; Kennedy, "Late Medieval Planetary Theory," *Isis* 57, 365~378쪽 ; Noel Swerdlow, "The Derivation and First Draft of Copernicus's Planetary Theory," *Proceedings of the American Philosophical Society* 117(1973), 423~512쪽 ; George Saliba, "Arabic Astronomy and Copernicus," *Zeitschrift für Geschichte der Arabish-Islamischen Wissenschaften* Band 1, 73~87쪽 ; Saliba, "The Role of Marâgha in the Development of Islamic Astronomy : A Scientific Revolution Before the Renaissance," *Revue de Synthese* 4, no. 3~4(1987), 361~373쪽 참조.

34. Noel Swerdlow and Otto Neugebauer, *Mathematical Astronomy in Copernicus's "De Revolutionibus"*(New York : Springer-Verlag, 1984), 46쪽. 여기에 표현된 것처럼 이들 관계를 간결하게 말해 준 익명의 독자에게 고맙게 생각한다.

사회·법 체계로 본 근대 과학사 강의

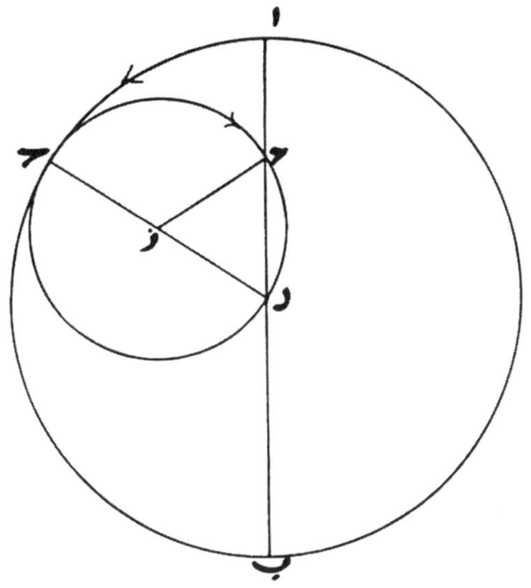

그림 2_ 투시 연성

투시 연성은 행성의 움직임을 설명하기 위해 사용하는 모형이다. 이것은 큰 원의 반지름을 지름으로 하는 작은 원이 큰 원 안에 인접한 모양으로 구성되어 있다. 알투시가 설명하기 위해 그린 그림에서 보면 큰 원의 지름을 따라 맨 위에서 바닥까지 아라비아 글자로 A, H, D, B가 일렬로 써 있다. 작은 원은 왼쪽으로 돌지만 큰 원은 반대쪽으로 돌고 작은 원이 도는 속도의 절반 속도로 돈다. 결과적으로 점 H는 언제나 일정한 간격으로 점 A와 B 사이를 일직선으로 움직인다. 이 그림은 13세기 알투시가 쓴 《알타드키라al-Tadhkira》(1261)에 들어 있는 삽화다. 파이즈 자밀 라게프Faiz Jamil Ragep가 이것을 〈알투시의 타드키라에 나온 우주론Cosmology in the *Tadhkira* of Nasir al-Din al-Tusi〉(2권. 박사 논문, Harvard University, 1982)으로 영문 번역을 했다. 이 모형에 대한 투시의 설명은 같은 책 2권 5절 11장 95~96쪽에 나온다.

배운 것이 사실인지 아닌지의 문제가 아니라 그가 언제, 어디서, 어떤 식으로 그것을 공부했는지" 연구해야 한다고 촉구한 까닭은 바로 천문학 연구에서 가장 필수가 되는 이들 모형이 동일하기 때문이다.35

---

35. 같은 책. 이븐 알샤티르와 코페르니쿠스의 모형이 서로 비슷하다는 사실이 밝혀진 이래로 40년이 지났지만, 코페르니쿠스가 실제로 아라비아의 발전된 과학 지식을 이미 가지고 있었다는 견해를 뒷받침할 수 있는 기록은 아직 발견되지 않았다는 점을 지적해야겠다. 이 문제는 이 책에서도 그대로 남아 있다.

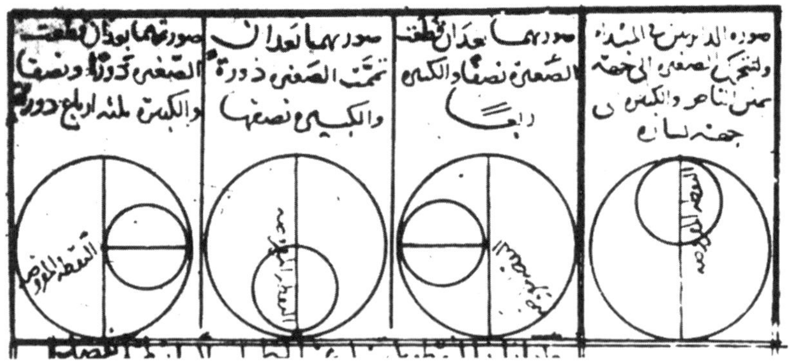

그림 3_ 투시 연성의 이동

알투시는 이 모형의 효과를 보여 주기 위해 투시 연성 안에 있는 한 점이 이동하는 길을 보여 주는 네 개의 그림을 차례로 그렸다. 이 그림의 시작점(오른쪽에서 왼쪽으로 읽는다)은 맨 오른쪽 그림의 맨 위에 있는 점이다. 큰 원은 왼쪽으로 돌고 작은 원은 오른쪽으로 돈다. 맨 왼쪽에 있는 그림에서 큰 원이 겨우 4분의 3 바퀴만 도는 동안에 작은 원은 한 바퀴 반을 돌았다. 이것은 우리가 그 점을 아주 먼 거리에서 볼 때 그 점은 그림에서 수직선으로 표시된 큰 원의 지름에 아주 가까이 닿아서 움직이는 것으로 나타날 것이다. 그 점이 움직이는 길은 실제로 아주 작은 편차를 가진 일직선이나 다름없다〔이 그림은 윌리 하트너 교수가 입수한 Tusi's *Tadhkira fi 'ilm al-haya'*(Ms Lalalei 2116, fol. 38b)를 Günther Hamann이 편집하여 *Regiomontanus-Studien*(Vienna : Osterreichische Akademie der Wissenschaften, 1980), 34권, pl. xi에 나온 그림을 사진으로 재생한 것이다〕.

아라비아 천문학의 성과

유럽의 과학 혁명은 역사에서 16세기와 17세기를 대표하는 사건으로 자리 잡고 있다. 또한 코페르니쿠스의 위대한 저작의 발간으로 천문학 분야에서 혁명이 시작된 이후 천문학 최고의 전성기를 누렸다. 의학 분야에서도 이에 비견할 만한 큰 발전이 있었는데 이것은 코페르니쿠스가 《천구의 회전에 관하여》를 발간한 해와 같은 1543년에 베살리우스가 《인체의 구조에 관하여》라는 책을 발간하면서 시작되었다. 이 두 갈래의 커다란 지적 변화는 새로운 방법론과 관찰의 시행 그리고 새 제도의 수립으로 이어졌다.

그러나 이 시기에 천문학 분야에서 일어난 혁명의 특징을 잘 알기

사회·법 체계로 본 근대 과학사 강의

위해서는 중세 이슬람이 천체에 대해 생각하고 있었던 본질과 그 성과를 검토하는 것이 유용하고 중요하다. 왜냐하면 코페르니쿠스 혁명이 있기 전까지는 이슬람의 천문학 지식과 그것을 현실에 적용하는 기술이 유럽보다 더 앞서 있었기 때문이다. 아라비아의 천문학 사상을 연구하는 역사가들은 이제 10세기의 천문학자 이븐 알바타니Ibn al-Battani(929년 사망)를 자주 인용하는 것을 비롯해서 이븐 알샤티르(1375년 사망)에 이르러 아라비아 천문학이 최고 정점에 올라서기까지 이슬람 세계의 뛰어난 연구 성과를 하나로 결합했다. 이븐 알하이삼(약 1040~1041년 사망), 알비루니al-Biruni(약 1050년 사망), 알우르디al-'Urdi(1266년 사망), 알투시al-Tusi(1274년 사망)와 그의 제자 쿠트브 알딘Qutb al-Din 알시라지al-Shirazi(1311년 사망), 알마그리비al-Maghribi(1283년 사망), 알샤티르와 수많은 이슬람 학자들이 이 성과를 전승하며 맥을 이어갔다. 사브라A. I. Sabra는 이 천문학자들이 공통적으로 프톨레마이오스가 《알마게스트》에서 자세히 말한 대로 천문학의 원리에 대한 깊은 믿음을 품고 있었다고 말한다. 그러나 이들에게는 무엇보다도 이븐 알하이삼이 "별자리가 어떤 불가능이나 모순을 동반하지 않고 정확하게 일정한 위치를 그대로 유지하는 것은 행성들이 움직이기 때문이라는 사실은 의심할 여지가 없는 진리이다."[36]고 힘주어 주장했던 과학적 "실재론"에 대한 소명의식이 있었다. 달리 말하면 이 사상가들은 진실로 세계를 천문학으로 설명할 수 있다고 믿었으며, 그 가운데 하나가 모든 행성은 일정한 속도로 원운동을 한다는 것이다.

더 나아가 알바타니는 프톨레마이오스의 《알마게스트》에는 "새로

---

36. Ibn al-Haytham은 A. I. Sabra, "Configuring the Universe : Aporetic, Problem Solving, and Kinematic Modeling as Themes of Arabic Astronomy," *Perspectives on Science* 6, no. 3(1999), 288~330쪽 가운데 288쪽에서 인용.

운 관찰로 과거의 지식"을 검증하라는 "명령"이 담겨 있다고 주장
했다.37 사브라는 실제로 프톨레마이오스는 "명령"이라는 말을 한
적이 없지만 그와 같은 뜻을 분명하게 암시하기는 했다고 지적한다.
그러나 이보다 더욱 중요한 것은 이븐 알하이삼이 프톨레마이오스
의 위대한 고전과 관련해서 세 편의 논문을 썼는데, 그는 이 논문에
서 프톨레마이오스가 쓴 천문학의 걸작에 사용된 방법론과 그 성공
에 대해 "의문"을 제기했다는 사실이다. 알하이삼은 일부 주석에서
프톨레마이오스의 모형과 추론을 완벽하게 분석하여 그의 능력을
보여 주었으며 "《알마게스트》에 나온 행성의 운동에 대한 정리는
'거짓'(그 자신의 말)이고 그것의 진실은 아직 밝혀지지 않았다."38고
결론을 내렸다.

　그러나 동시에 알하이삼은 비록 프톨레마이오스가 우주의 "참"
구성을 알아낼 수는 없었다고 하더라도 자신은 그것이 존재한다고
믿었다. 더 나아가 12세기 초에는 스페인 서쪽에서 그리고 11세기
말에는 중앙아시아에 있는 아라비아 학자들도 이런 의문과 의제를
갖게 되었다. 마침내 우리는 이븐 알하이삼이 죽은 지 1세기 만에
아라비아 사상가들이 "프톨레마이오스의 천문학에 대한 반기"39라
고 부르는 것을 독자적으로 이끌었다는 사실을 안달루시아(스페인)
에서 발견한다. 이 지적 반기는 알비트루지al-Bitruji의 책 《천문학의
원리The Principles of Astronomy》에서 정점을 이루는데, 이 책은 비록 실제
로는 실패로 끝났지만 새로운 수리 모형을 개발하여 프톨레마이오

---

37. Sabra, 같은 책, 290쪽과 주석 1.
38. A. I. Sabra, "The Andalusian Revolt Against Ptolemaic Astronomy," in
　　Transformation and Tradition in the Sciences, ed. Everett Mendelsohn(New
　　York : Cambridge University Press, 1984), 134쪽.
39. 같은 책, 134ff쪽.
40. 같은 책, 137쪽.

스 체계를 뒤엎으려는 시도였다.[40]

우리가 12세기와 13세기 동안 이슬람의 천문학자들이 동이슬람과 서이슬람 양쪽에서 벌인 활동에 대해 떠올리는 새로운 이미지는 아라비아의 천문학자들이 지구 중심설이라고 알려진 프톨레마이오스의 행성 체계를 뒤엎기 위해 무척 애를 썼다는 것이다. 이들은 이론과 관찰 사이에 있는 불일치를 설명하기 위해 여러 가지 수리 모형과 천문학적 추론과 같은 복잡한 과정을 동원했다.[41] 심지어 이들은 수세기에 걸쳐 그리고 수천 마일 떨어진 곳에서도 서로 협력을 지속했다.

그러나 한편 이란 서쪽에 있던 마라가 학파(1259년 이후부터)에는 알우르디, 알투시, 알시라지, 알마그리비 같은 인물들이 있었는데 이 학파는 최초로 프톨레마이오스 체계가 아닌 새로운 행성 모형을 만들어 냈다. 다마스쿠스와 별도로 연구하고 있었던 알샤티르는 수학적으로 코페르니쿠스의 행성 모형과 같다고 판단되는 새로운 행성 모형을 만드는 데 성공했다. 결과적으로 11세기 알하이삼이 시작해서 이제까지 이어져 온 연구 전통은 기존의 이론을 과학적으로 뒤엎고 동시에 새로운 과학 이론의 기준을 세우는 진정한 "과학 연구 프로그램"—"새로운 이슬람의 천문학 연구 계획"[42]—을 상징하는

41. 이슬람 천문학이 이론을 검증하기 위해 관찰 방법을 사용했다는 것에 대한 논의는 Bernard Goldstein, "Theory and Observation in Medieval Astronomy," *Isis* 63(1972), 39~47쪽 ; George Saliba, "Theory and Observation in Islamic Astronomy : The Work of Ibn al-Shâtir," *Journal for the History of Astronomy* 18(1987), 35~43쪽에 나온다. 그러나 결국 사브라는 아라비아 천문학의 이론과 경험적 방법론 사이에는 충분한 "대화"가 없었다고 주장한다. Sabra's "Reply to Saliba," *Perspectives on Science* 8, no. 4(2000), 342~345쪽 가운데 345쪽과 아래의 주석 46번을 참조.

42. George Saliba, "The Development of Astronomy in Medieval Islamic Society," *Arab Studies Quarterly* 4, no 3(1982), 223쪽 ; 같은 저자, "The First Non-Ptolemaic Astronomy at the Marâgha School," 4장 in *A History of Arabic Astronomy*(New York : Columbia University Press, 1994). 살리바가 말한 것처럼

표본이 되었다. "알비트루지와 마라가 학파의 천문학자들은 (100년이라는 세월의 간극은 있지만) 똑같은 이론적 관심을 갖고 연구에 매진했다고 말할 수 있다." 그것은 바로 프톨레마이오스의 행성 이론을 뒤엎고자 하는 열망이었다.43 안달루시아의 노력〔이것은 이븐 밧자Ibn Bajja(약 1138년 사망), 이븐 투파일Ibn Tufayl(1185년 사망), 아베로에스(1198년 사망), 마이모니데스Maimonides(1204년 사망)까지 확장할 수 있다〕은 새로운 이론을 입증하는 데 실패했지만 마라가 학파의 천문학자들은 적어도 일부분에서는 성공을 했다. 이들은 비록 태양 중심의 새로운 천체 구조를 발견하지는 못했지만 과거보다 더욱 만족할 만한 모형을 만들어 냈다. 더욱이 코페르니쿠스 모형의 태양 중심 이론이 빠진 것을 빼고는 (이븐 알샤티르가 완성한)마라가 학파와 코페르니쿠스의 행성 모형(〈그림 4〉와 〈그림 5〉 참조)은 그야말로 너무 비슷해서 어떤 사람은 "정말로 코페르니쿠스는 마라가 학파의 마지막 계승자는 아니라 하더라도 그 가운데 가장 뛰어난 후계자라고 볼 수 있다."44고 말한다.

요약하면 아라비아 과학과 천문학을 연구하는 케네디, 골드스타

(같은 책 13장에서) 마라가 학파의 천문학자들이 "혁명"을 널리 퍼뜨렸다고 말하는 것은 과장이며 실제로 프톨레마이오스의 패러다임과 단절은 일어나지 않았다. Sabra, "Configuring," 321ff쪽 참조.

43. Sabra, "The Andalusian Revolt," 138쪽.

44. Swerdlow and Neugebauer, *Mathematical Astronomy in Copernicus's "De revolutionibus,"* 295쪽. Saliba, "The Role of Marâgha in the Development of Islamic Astronomy," 371쪽에서 다시 확인함. 그러나 이븐 알샤티르와 마라가 학파의 연구 성과와 코페르니쿠스를 연결해 줄 문서 기록이 현재 없기 때문에 코페르니쿠스의 저작에 나오는 "투시 연성"과 다른 혁신적인 발견은 완전히 코페르니쿠스가 독자적으로 개발한 것일 수도 있다. 따라서 이것은 혁신적인 과학의 발견이 동시에 독자적으로 여러 개가 나올 수 있다는 사회학 주제의 또 다른 실례가 될 수 있다(이 내용은 5장에서 더 자세히 다룬다). Mario Di Bono, "Copernicus, Amico, Frascatoro and Tûsî's Device : Observations on the Use and Transmation of a Model," *Journal for the History of Astronomy* 26(1995), 133~154쪽 비교.

사회·법 체계로 본 근대 과학사 강의

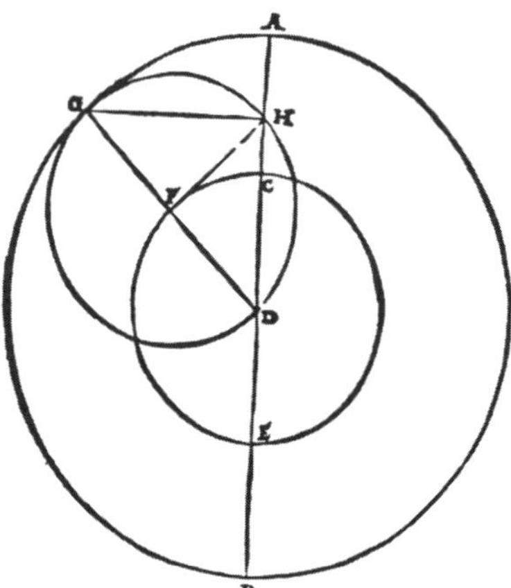

그림 4_ 코페르리쿠스의 《천구의 회전에 대하여》에 나온 투시 연성

이 행성 모형은 코페르니쿠스가 1543년에 발간한 《천구의 회전에 대하여》 초판에 나온 그림이다. 이 그림은 투시 연성을 분명하게 보여 주고 있다.─큰 원 ABG 안에 작은 원 GHD가 붙어 있다. 이 그림은 코페르니쿠스가 쓴 앞의 책 3권 4장에 나온다. 이 그림과 이 그림에 대한 코페르니쿠스의 검토를 접한 많은 역사가들은 코페르니쿠스가 투시 연성 도해가 들어 있는 아라비아 원고를 분명히 보았을 것이라고 믿었다. 과학역사학자인 윌리 하트너는 코페르니쿠스의 도해와 알투시가 쓴 타드키라의 랄라레이 사본(그림 2에 표시된 것처럼)에 나온 그림이 같은 문자(맨 위에서 바닥으로 A, H, D, B 순서)로 씌어 있다는 것을 발견했다. 이 사본은 현재 이스탄불에 있는 술레이마니예Süleymaniye 모스크 도서관에 있다. 그러나 아직까지 코페르니쿠스와 이 원고 사이에 어떤 연관이 있다는 것을 밝히지 못했으므로 이 천문학 모형은 서로 다른 사람들이 따로 중복해서 발견했을 수 있다는 가능성을 열어두고 있다[영국 에든버러 왕립천문대의 크로퍼드 도서관 스코틀랜드 왕실 천문학자의 도움을 받음. 시카고 대학출판사의 허락을 받아 *Isis* 66, no 232(1973)에서 복사함].

인, 윌리 하트너, 데이비드 킹, 사브라, 스웨드로 같은 역사가들은 12~14세기까지 아라비아 천문학자의 과학 활동과 이것을 코페르니쿠스, 갈릴레오, 튀코 브라헤Tycho Brahe, 케플러 같은 근대 과학자들이 재구성하여 등장시킨 근대 과학 모형을 거의 완벽하게 동일한 것으로 설명함으로써 의문을 더 증폭시켰다. 이븐 알샤티르나 그의 후

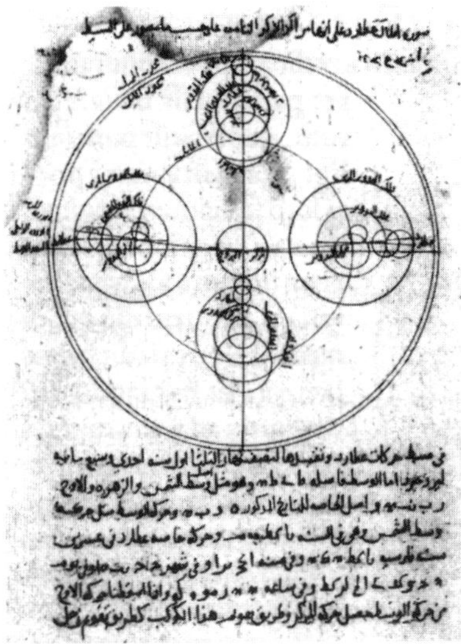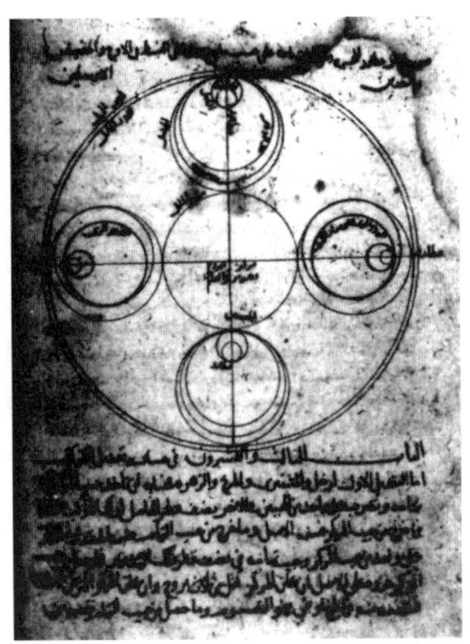

그림 5_ 이븐 알샤티르가 나타낸 수성 궤도

이븐 알샤티르는 이 두 개의 그림에서 처음으로 수성의 운동을 아리스토텔레스가 물리학에서 주장한 일정한 원운동으로 표현하는 데 성공했다. 샤티르의 모형은 여전히 지구 중심의 우주를 기반으로 했지만 아라비아 천문학의 최고봉을 상징한다(Ibn al-Shatir's *Nihâya al sûl*, Ms. Marsh 139 fols. 29r~29v.에서 복사함. 옥스퍼드 보들리언 도서관의 도움을 받음).

계자들 가운데 어느 누구도 아직까지 태양 중심의 세계관으로 크게 도약하지 못했다. 이들은 16세기와 17세기 근대 유럽의 과학 혁명이라는 새로운 형이상학적 중심으로 이동하지 못한 것이다. 오히려 아라비아 과학은 정체되었고 점점 더 쇠퇴해 갔다. 아라비아 과학사와 관련 있는 아라비아와 페르시아의 사료 가운데 아직도 읽히지 않은 것들이 많기는 하다.45 그러나 아라비아 과학사를 연구하는 유력한 학자 한 사람이 우리가 만일 "11세기와 15세기에 과학이 생산한

---

45. 최근까지 체계적으로 분류된 자료에 대한 개요는 Emilie Savage-Smith, "Gleanings from an Arabist's Workshop : Current Trends in the Study of Medieval Islamic Science and Medicine," *Isis* 79(1988), 246~272쪽 참조.

결과물의 수준을 비교한다면 (과학이 쇠퇴한) 그 현상은 실제로 발생했다."46고 확인했던 것처럼 아라비아 과학의 쇠퇴 현상은 분명한 사실이다.

그렇지만 아라비아 과학이 거둔 성과는 매우 크므로 따라서 우리는 아랍인들이 왜 근대 과학 혁명을 향해서 "마지막까지" 가지 못했는가를 물어야 한다. 이븐 알샤티르의 행성 모형과 코페르니쿠스의 모형이 몇 가지 작은 변수를 빼고는 실제로 동일하다고 할 정도로 이것은 단순한 수리 모형의 문제가 아니라 개념적 또는 형이상의 혁신 또는 둘 다의 문제였다. 형이상의 변화는 이슬람교 신학의 지도자인 '울라마ulama'가 이해하는 이슬람 전통의 우주론과 함께 기존의 지식 세계에 균열을 초래했을 것이다. 이것은 또한 "생물학적 우주론"이라고 부르는 프톨레마이오스의 "행성 가설planetary hypotheses"과

---

46. A. I. Sabra, "The Appropriation and Subsequent Naturalization of Greek Science in Medieval Islam : A Preliminary Statement," *History of Science* 25(1987), 223~243쪽 가운데 238쪽. 또한 살리바는 "The Development of Astronomy," 225쪽에서 그것은 "명백히 일어났다."고 말한다. 그러나 살리바는 지금은 16세기 천문학자 샴스 알딘 알카프리Shams al-Din al-Khafri(1525년 이후에 사망)의 저작에서 "독창성" 있는 사례를 발견했다고 주장한다. Saliba, "A Sixteenth-Century Arabic Critique of Ptolemaic Astronomy……" in *Journal for the History of Astronomy* 25(1994), 15~38쪽. 그러나 이것은 새로운 천문학 체계로 가는 창조적 발견이 아니기 때문에 혁신이라기보다는 잃어버린 땅을 되찾는 것과 같다고 볼 수 있다. 더욱이 살리바는 〔사브라에 대한 주석에서 'Saliba, "Arabic versus Greek Astronomy : A Debate over the Foundations of Science," *Perspectives on Science* 8, no. 4(2000), 328~341쪽과 같은 책에서 사브라의 응답 342~345쪽 참조〕 아라비아 천문학자들은 "중력" 개념을 아직 발견하지 못했기 때문에 프톨레마이오스와 결별하는 새로운 천문학 모형을 만들어 낼 수 없었다고 주장한다(같은 책, 331쪽). 이 가정은 사실과 반대되는 주장이다. 코페르니쿠스, 갈릴레오, 케플러, 튀코 브라헤도 뉴턴이 중력 개념을 확정하기 오래 전부터 새로운 코페르니쿠스 모형 또는 튀코의 모형을 발표하고 인정하는 데 방해받지 않았다. 살리바의 견해에 대한 또 다른 주석은 Toby E. Huff, "The Rise of Early Modern Science : A Reply to George Saliba," *Bulletin of the Royal Institute for Inter-Faith Studies* 4, no. 2(Autumn/Winter, 2002), 115~128쪽 참조.

도 갈라서게 했을 것이다.47 이 가설은 생명이 없는 "의지"가 행성을 움직인다고 주장했다. 코페르니쿠스는 지구에는 세 가지 운동48이 있다고 생각했으며 그 중심에 태양을 두었다. 이와 같은 지적 변화는 서양의 종교와 지식 세계에 엄청난 파장을 몰고 왔다. 아랍인들은 지금까지 겪었던 일 가운데 가장 큰 지식 혁명의 경계 지점에 놓여 있었지만 이들은 쿠아레Koyré가 말한 유명한 구절로 표현한다면 "닫힌 세계에서 끝없이 펼쳐진 우주로" 대이동하는 것을 거부했다.49

이제 우리는 14세기까지 서양의 과학보다 훨씬 앞섰던 아라비아 과학이 왜 근대 과학을 낳지 못했는지 그리고 더 신랄하게 묻는다면 왜 그것이 더 발전해 나가지 못했는지 의문을 제기하는 것이 사소하거나 당파적인 일이 아니라고 말할 수 있다. '에피스테메episteme(경험을 통하지 않고 오직 사유로 본질을 아는 것으로 보통 인식이라고 번역

---

47. Sabra, "Reply to Saliba," 344쪽 참조. 아라비아 천문학 전통에 나오는 이런 의지적 요소는 F. Jamil Ragep, *Nasir al-Tusi's Memoir on Astronomy*(New York : Springer-Verlag, 1993), 2권, 408~409쪽에도 나온다. 이처럼 천체를 의인화한 개념은 라게프가 주를 단 것처럼 플라톤의 *Timaeus* 32절(Indianapolis : Bobbs-Merrill, 1959), 21ff쪽에서도 볼 수 있다. 사브라는 이것을 스토아 학파까지 거슬러 올라간다. 프톨레마이오스가 쓴 《행성 가설*Planetary Hypotheses*》의 부분 번역과 아라비아 교본은 Bernard Goldstein, "The Arabic Version of Ptolemy's Hypotheses," *Transactions of the American Philosophical Society*, n.s.(1967), 57권, 4부에 나온다.

48. Thomas Kuhn, *The Copernican Revolution*(New York : Vintage, 1957), 155ff쪽과 164~165쪽. 여기서 세 가지 운동은 ①지구는 매일 자전한다. ②지구는 태양 주위를 회전한다. ③지구가 태양 주위를 도는 동안 지구의 자전축이 23.5도 기운 상태를 유지할 수 있도록 지구 자전축의 북극이 회전한다는 것을 말한다.

49. Alexsandre Koyré, *From the Closed World to the Infinite Universe*(Baltimore : John Hopkins University Press, 1957). 쿠아레는 코페르니쿠스의 우주가 "공 모양의 고정된 별들"로 제한되어 있다고 강조했지만, 코페르니쿠스가 천체는 "무한한 크기의 감동"을 준다고 주장했으며 코페르니쿠스에 대한 많은 해석도 이 견해를 따랐다는 것을 기꺼이 인정한다(30~32쪽). 따라서 나는 여기서 이 표현을 코페르니쿠스가 우주의 무한성을 향해 첫발을 내딛었다는 뜻에서만 이 구절을 쓴다.

함-옮긴이)'로서 근대 과학 지식은 세계가 어떻게 움직이는지에 대한 지식이며 여기서 절대 진리는 없다. 이 지식은 어느 지역 사회나 윤리적 지배자 집단 또는 국가나 정부에 한정되어 물려받는 것이 아니다. 이 지식은 그 보편적 특성 때문에 사람들의 자유로운 생각이 허용된 곳이면 어디나 모든 경계를 뛰어넘을 수 있는 능력을 갖고 있다. 조지프 니덤은 이것을 이렇게 웅변하듯이 표현했다.

오늘날 세계가 17세기의 유럽은 "유럽" 또는 "서양" 과학을 낳은 것이 아니라 세계 보편의 과학, 말하자면 고대와 중세 과학과 대비되는 "근대" 과학을 낳았다고 인정해야 하는 것은 당연한 일이다. 최근에 우리는 이것에서 느껴지는 인종차별의 인상과 표현을 도려내었다. 초기 얼마 동안 이들 이론은 특정 문화에 뿌리박고 있었으며 공통된 표현 수단도 발견할 수 없었다. 그러나 그 이론에서 새로운 발견이라는 기본 기술 그 자체를 이해하는 순간부터 과학은 수학의 절대 보편성을 당연한 것으로 인정했고 그것이 근대적 형태로 발전하면서 지구 어느 곳에서도 통용되는 모든 인종의 공통된 등불이 되었다.50

니덤이 근대 이전의 과학이 인종차별의 특성을 가지고 있을 거라고 강조한 것은 좀 과장된 말이다. 특히 수학과 천문학에 대해서 그리고 무엇보다도 프톨레마이오스의 《알마게스트》의 경우에는 비록 이 책이 그리스 문화의 산물이기는 하지만, 그것이 중동의 이슬람 문화나 중세 유럽의 기독교 문화와 동화되는 것을 막은 문화적 장애물은 아무것도 없었다. 또한 이제는 근대 과학의 출현을 "발견이라는 기술 그 자체"의 발견이라고 설명하는 경우는 거의 없다. 그러나

---

50. Needham, *SCC* 3, 448쪽.

니덤이 말하는 새로운 과학은 지구 위의 모든 사람들이 함께 쓸 수 있는 지식, 보편의 또는 세계의 과학이다.

한편 아라비아 과학은 초창기 엄청난 양의 수학과 방법론, 과학 지식이 오늘날 우리가 보편적 근대 과학이라고 부르는, 즉 지구 위의 모든 사람들이 공유하고 함께 사용하며 또한 그들을 향상시키는 지식 생산 체계로 발전하는 데 큰 공헌을 했다는 사실은 여전히 남아 있다.51 따라서 우리는 사회학적 견해로 볼 때 아라비아 – 이슬람 문명이 왜 이처럼 근대성이라는 보편적 제도로 발전해 나가지 못했는지 문제를 제기하는 것이 더 공정하고 중요하다.

우리는 이와 같은 아라비아 과학에 대한 문제에다 또 다른 문제를 추가하려고 한다. 그것은 아라비아 과학의 존재와 그것이 근대 과학을 선도하는 일직선 위에 놓여 있다는 사실이 꽤 최근까지 주목받지 못했다는 점이다. 조지 사턴George Sarton의 《과학사 서론Introduction to the History of Science》은 이런 문제를 놓치지 않았지만 의학처럼 특정 과학 분야의 진화를 설명하려고 의도한 많은 전문 서적은 대개 아라비아 과학을 등한시했다. 나는 여기서 벤-데이비드가 《과학자의 사회적 역할》에서 아라비아 과학이 사회에서 과학자가 맡은 역할의 진화와 발전에 (긍정적이든 부정적이든) 어떤 구실과 기여를 했는지 아무 말도 하지 않은 것에 주목했다. 벤-데이비드가 이 글을 쓸 당시에는 이미 (12세기와 13세기에) 아라비아 서적이 라틴어로 번역되어 엄청

---

51. 이것의 예는 A. C. Crombie, "The Significance of Medieval Discussions of Scientific Method for the Scientific Revolution," in *Critical Problems in the History of Science,* ed. Marshall Clagett(Madison : University of Wisconsin Press, 1959), 79～102쪽 ; Crombie, "Avicenna's Influence on the Medieval Scientific Tradition," in *Avicenna*, ed. G. Wickens(London : Luzac, 1952), 84～107쪽 참조. 근대 과학의 확산에 대한 양적 측정을 이용한 최근 연구는 Evan Schofer, "The Expansion of Science as Social Authority and Institutional Structure in the World System, 1700～1990"(박사 논문, Stanford University, 1999) 참조.

난 지식이 유럽으로 쏟아져 들어왔고, 이것이 중세 유럽 대학에서 과거 어느 때와 견줄 수 없는 과학의 연구 열풍을 불러일으킨 가장 중요한 자극제였다고 하는 사실이 널리 인정받고 있었다.52 이와 비슷한 사례로 번 벌로Vern Bullough의 《직업 의학의 발전The Development of Medicine as a Profession》을53 들 수 있는데, 이 책은 고대 그리스에서 시작하지만 중간의 아라비아 의학은 완전히 생략한다. 그러나 12세기와 13세기 이후 유럽의 모든 의과대학은 실제로 고대 그리스와 아라비아의 의학 전통에 큰 빚을 지고 있었으며, 특히 아비센나Avicenna(980~1037년, 이슬람의 철학자이며 의사-옮긴이)의 《의학 백과사전Canon》은 큰 영향을 끼쳤다.54

이 밖에도 이런 식으로 아라비아 과학을 등한시한 사례는 많지만 내가 말하려고 하는 요점은 근대 과학은 여러 문명이 서로 만나서 영향을 끼치고 좋은 것을 빌려 와서 만들어진 것이라는 점이다. 우리는 좀더 넓은 시야로 세상을 봐야 하며 그럴 때 비로소 한 사회와 문명이 세계 보편의 과학을 만드는 데 어떤 기여를 했으며 그 성과는 얼마나 큰지를 평가할 수 있다. 오직 유럽만이 보편성을 지닌 근

52. 여기서 "과거 어느 때와 견줄 수 없는"이라는 말을 쓴 것은 유럽 대학이 세계 문명에서 유럽에만 나타난 고유한 형태이며, 고대 그리스의 철학 전통을 고스란히 품고 있었기 때문이다. 이슬람과 같은 다른 지역에서는 이런 학문을 대학에서 논하는 것을 금지했다(5장 참조). 또한 중국에서도 과학의 연구는 국가 교육과 시험 제도에서 하찮게 다루었다. 중국의 국가 시험을 대비하기 위해 만들어진 백과사전에 들어 있는 주제를 알아보려면 Etienne Balazs, *Chinese Civilization and Bureaucracy* (New Haven, Conn. : Yale University Press, 1964) 146ff쪽 참조.

53. Vern Bullough, *The Development of Medicine as a Profession*(New York : Hafner, 1966).

54. Nancy Siraisi, *Avicenna in Renaissance Italy: The Canon and Medical Teaching in Italian Universities after 1500*(Princeton, N. J. : Princeton University Press, 1987) ; 같은 저자, "Renaissance Readers and Avicenna's Organization of Medical Knowledge," in *Medicine and the Italian Universities, 1200~ 1650*(Leiden : E. J. Brill, 2001), 203~225쪽 참조.

대 과학을 이루었다든지 또는 아라비아 – 이슬람 문명(또는 중국 문명)은 근대 과학에 아무런 기여도 하지 않았다고 말하는 것은 모두 합당하지 않다.55

역할군, 제도, 과학

사회학적 분석을 더욱 진전시키기 위해서는 중세 이슬람 시대에 행해졌던 과학 활동과 그 속에 담겨 있는 문화와 제도를 분석해야 한다. 과학역사가들은 그 동안 아라비아와 라틴, 그리스 자료들을 연구하고 그 기록들이 과학적 문제 풀이라는 좁은 인식의 틀에서 벗어나 그것이 시사하는 속뜻을 풀어 내는 데 온 힘을 쏟았다. 이것은 당연히 해야 할 일이다. 그러나 이것은 사회학에서 보면 모든 사람은 사회가 만든 역할과 제도의 범위 안에서 살고 일한다는 뻔한 이야기이다. 이것은 바로 로버트 머튼이 앞의 1장에서 분명히 주장했던 견해이다. 이것은 또한 사람들은 언제나 여러 개의 역할과 지위를 차지하고 있다고 결론을 내린다. 또 한 상황 안에 놓여 있는 여러 태도와 이해관계, 능력은 대개 다른 상황으로 확장된다. 이것은 결국 모든 사회 조직과 제도는 상호 의존하며 따라서 "서로 별개의 제도 영역은 완전한 자율이 없으며 오직 일부분에 한해서만 자율이 있다."는 것을 뜻한다. 마침내 "과학 제도를 포함해서 모든 사회 제도가 높은 수준의 자치권을 요구하는 것은 꽤 오랜 시간이 흘러 사회가 발전한 다음이다."56 정치와 종교 그리고 삶의 다른 영역이 서

---

55. S. H. Nasr은 *Science and Civilization in Islam*(New York : New American Library, 1968)에서 아라비아 과학은 우리가 보통 아는 것처럼 "과학적"이라는 것과는 다른 기원을 가졌다고 말한다. 그는 특히 이슬람 문명에서는 "영지주의적"이고 신비한 전통이 지식으로 가는 참된 길을 나타내므로 따라서 서양은 이 통일된 지식의 통찰력에서 파생된 것이라고 주장한다.

로 연결되는 것은 언제나 있는 일이다.

우리는 14세기 위대한 아라비아 천문학자 이븐 알샤티르가 우마이야 왕조 때 다마스쿠스의 모스크에서 시간을 기록하는 일도 했다는 것을 기억한다. 따라서 그의 역할군은 종교 공무원의 역할과 과학자의 역할이 서로 중복되어 있었다. 아베로에스도 마찬가지로 위대한 자연철학자이면서 동시에 세비야(지금의 코르도바)에서 최초로 임명된 종교법 재판관인 카디qadi였다. 여기서 말하는 과학의 "동화naturalization"는 다른 나라 또는 고대 과학을 자기 것으로 수용해서 그것을 자기 고유의 문화와 철학 체계에 통합하는 행위를 뜻한다. 그러나 이것은 기존에 이슬람을 둘러싸고 있던 윤리와 종교의 문화가 새로운 과학의 수용을 꺼리는 것과는 별도로 이 새로운 과학이 이슬람 사회에서 나름의 자율성과 합법성을 가질 수 있도록 하는 제도화의 과정까지 포함하지는 않는다. 이런 일은 이슬람 문명에서 한 번도 발생한 적이 없었다. 근대 과학이 이슬람 문명과 벌이는 진짜 싸움은 이 외래 과학이 처음 "이슬람화"한 다음에 어떻게 자치권을 얻을 것인가 하는 문제이다. 머튼이 17세기 영국 국교에 반대하는 교회들이 주창하며 당시의 과학적 탐구에 새로운 자극을 불러일으켰던 종교적 개념의 영향력이 어떠했는지에 관심을 두었던 것처럼, 이 문제는 중세 이슬람(이때만이 아니다)에서 종교와 사회가 과학적 문제의 인식에 어떻게 영향을 끼쳤고 그 문제의 해답을 주는 데 어떤 제한을 두었는지 밝히는 일이다.

서로 다른 제도 영역에서 중심이 되는 동기들이 서로 중복되고 갈등을 일으킨다면, 머튼이 표현한 것처럼 지식 세계 특히 과학 분야에서 중요한 관심의 대상이 바뀌는 것이 정치 권력자의 계획에 따라

---

56. R. K. Merton, *Science, Technology, and Society in Seventeenth-Century England* [New York : Harper and Row, 1970(1938)], x쪽.

결정된 결과였는지, 또는 그것이 어느 정도까지 다양한 권력과 영향력을 가진 "과학자들 사이의 가치 판단에 따른 뜻밖의 결과"였는지 확인하는 것이 중요하다.57 이와 비슷하게 만일 사회적 행동의 동기가 그 사회의 문화적 조건에서 발생한다고 가정한다면, 우리는 "사회적 효용성을 가장 중요하게 여기는 문화에서 과학의 발전 속도와 방향에 다양하게 영향을 끼치는 것이 어떻게 과학 연구라는 한 가지 기준뿐이라고 말할 수 있는가?"58고 물을 수 있을 것이다. 이것을 달리 말하면 한 사회와 문명을 규정하는 문화적 가치가 어떻게 과학 연구를 촉진하고 방해하는가? 하는 말이다. 따라서 사브라와 조지 살리바George Saliba는 둘 다 고대와 그리스 과학이 종교를 포함해서 어떻게 이슬람 문화 조건에 완전히 녹아들어 갔는지 "동화" 또는 "이슬람화" 과정이라는 말을 써서 설명한다.59 이것은 이슬람 철학 전통이라는 체계였다. "진리는 일관되고 조화롭고 잘 통합된 체계 안에 있으며 종교는 이 체계에서 가장 중요한 자리를 차지하고 있었다."60

이 일은 한 사회의 문화와 제도가 과학적 관심사와 활동에 서로 공통으로 그러나 서로 대립하면서 영향력을 끼치는 과정을 연구하는 작업이다. 17세기 영국을 대상으로 한 머튼의 연구가 "대규모의 과학 탐구를 가능케 한 당시의 문화적 가치관의 발생과 발전을 경험적으로 고찰하는 것"61이었다면 우리는 이제 중세 후기 이슬람 사회에서 "대규모의 과학 탐구"를 지속할 수 있게 이끈 당시의 문화적 가치관이 무엇인지 검토할 필요가 있다. 동시에 우리는 16세기와 17

---

57. 같은 책, ixf쪽.

58. 같은 쪽.

59. Sabra, "The Appropriation and Subsequent Naturalization of Greek Science" ; Saliba, "The Development of Astronomy in Medieval Islamic Society."

60. Saliba, "The Development of Astronomy in Medieval Islamic Society," 222쪽.

 사회·법 체계로 본 근대 과학사 강의

세기의 과학 혁명과 머튼이 집중해서 연구한 17세기 이후 서양 세계를 휩쓴 과학 운동을 서로 구분해야 한다.

사회학에서 제도는 개념이라는 점을 강조한다. 사회 제도는 그 사회의 패러다임을 표현하는 개념이며 따라서 이 개념은 특정 사회와 문명에 사는 모든 사람들에게 적용되며 유용하다. 이 개념은 상호 관련이 있는 역할군과 규범으로 번역되고 따라서 이것은 이제 사회적 행위를 규정하는 합법적이고 지배적인 명령이 된다.62 이것은 한편 사회적 행위의 도덕과 윤리를 규정하는 가치관(또는 가치 유형)의 형태로 나타나고, 다른 한편으로 2단계로 이 가치관을 법률이나 문화 규칙으로 만들어 제도화한다. 이렇게 가치관이 법적 규범으로 제도화되고 나면 바로 이것은 자기 생명력을 갖기 시작한다.63

그러나 우리는 과학의 경우에 근대의 과학적 세계관이 독특한 형이상의 구조를 가지고 있었다는 것을 명심해야 한다. 근대의 과학적 세계관은 자연계의 규칙성과 정당성에 대한 특정한 가정을 전제로 하며, 인간이 자연의 근본 구조를 이해할 수 있다는 추정에 기댄다. 근대 과학은 자연법 개념을 설명하는 것 이외에도 신의 중재나 안내

---

61. Merton, *Science, Technology, and Society in Seventeenth-Century England*, xxxi 쪽.

62. 제도와 개념 사이의 연결은 Ernst Gellner가 "Concepts and Society," in *Rationality*, ed. Bryan R. Wilson(New York : Harper, 1970) 18~49쪽 가운데 18f쪽에서 주장했다. 이 주제에 대한 기술사회학적 연구는 모두 만족스럽지 않지만 S. N. Eisenstadt의 논설은 그나마 유용하다. "Social Institutions," *International Encyclopedia of the Social Sciences* 14, 409~421쪽. 개념과 사회 구조, 제도 사이의 관계를 가장 잘 연결한 사람이 중세 역사가들 가운데 있다. 중세 역사가인 해스팅스 래시달은 "이상은 그 자신을 제도로 구현하여 거대한 역사의 힘을 통과한다. 이상을 제도로 구현하는 힘은 중세 정신의 특별한 능력이었다."고 말하며 그 주장의 본질을 정확하게 잡았다. Rashdall, *The Universities of Europe in the Middle Ages*, 3권, new ed.(Oxford : Clarendon Press, 1936), ed. F. M. Powicke and A. B. Emden, 1, 3쪽. Mary Douglas, *How Institutions Think*(Syracuse, N. Y. : Syracuse University Press, 1986)는 이와는 좀 다른 방향을 주장한다.

를 받지 않은 인간이 홀로 자신과 우주를 지배하는 법을 이해하고 터득할 수 있다고 주장하는 형이상의 체계이다. 이런 세계관으로 진화하는 데 오랜 과정과 시간이 걸렸다. 서양 사람들은 단순히 이것을 당연한 것으로 생각하기 때문에 우리는 그 동안 무엇보다도 과학 사회학의 비교역사적 관점에서 이 진화 과정에서 나타난 다양한 단계에 주목하지 않았다.

근대 과학이 서양에서 발생했고 그 밖의 다른 곳에서는 발생하지 않았다는 문제는 바로 이 논점에 대한 지식 논쟁으로 보는 것은 당연하다. 이것은 무엇보다도 (과학 기술의 수준의 문제가 아니라) 윤리적 결정이라는 영역에서 벌어지는 논쟁이다. 서양 문화의 역사를 통해 이미 알듯이 갈릴레오 같은 사람들은 자신들이 지닌 과학 지식 능력과 함께 그 과학 지식을 구성하는 주장을 정당화하기 위해 기성 교회 권력과 싸워야 했다. 근대 과학의 태동은 단순히 기술 이론이 승리를 거둔 것이 아니라, 서양의 합법적 명령 체계를 구성하고 있던 기존의 제도와 치열한 지식 논쟁을 통해 얻어진 결과이다. 과학을 하나의 제도 체계라고 볼 때 과학은 그 사회의 법과 함께 당대의 고유한 지식인의 정신에 기반을 둔 역할과 역할군의 새로운 구현이라고 말할 수 있다. 근대 과학은 지식 차원에서 볼 때 증명과 증거

---

63. 법에 대한 역사와 사회학적 연구는 이런 차원의 제도화에 대해 처음 연구를 시작할 때 필요하다고 생각한다. H. L. A. Hart의 *The Concept of Law*(New York : Oxford University Press, 1961)는 (제도에는) 명백하게 법이 아닌 (사회에서 강제하기는 하지만) 사회 규범과 규칙, 그리고 법으로 정해진 규칙과 규범, 두 가지가 있다는 것을 보여 준다. 그러나 이 둘 사이의 구별은 분명하지 않다. 이와 비슷하게 Paul Bohannan은 "Law and Legal Institutions," *International Encyclopedia of the Social Science* 9(1968), 73~78쪽에서 말리노프스키Malinowski가 관습을 "한쪽에서는 권리라고 생각하고 다른 쪽에서는 의무라고 인식하는 약속을 하나로 묶은 것"(75쪽)이라고 정의한 것이 실제로는 관습이 아니라 법의 정의라고 주장하며 꽤 긴 논쟁을 한다. 왜냐하면 관습은 "법으로 다시 제도화되고" 법만이 끼칠 수 있는 영향력을 벗어난 추가 기능이 있기 때문이다.

를 바탕으로 하는 새로운 법규집으로 나타난다. 그리고 제도 차원에서 볼 때는 사회의 역할 체계가 새롭게 구성된 것이다.

사회학의 관점에서 서양이 근대 과학으로 발전하게 된 결정적인 계기는 개념과 사회적 역할이 서로 마주쳤던 사회적·도덕적 영역에서 찾아야 한다. 우리는 아라비아-이슬람 과학이 겪어야 했던 운명의 비밀을 풀기 위해 중세 시대의 사회적 역할을 철학적·종교적·법적으로 자세하게 재구성해야 한다. 이 문제를 시작하는 아주 좋은 사례가 사브라의 논문에 나온다. 그는 이슬람에서 외래 과학, 즉 그리스 또는 자연과학이 쇠퇴하게 된 이유는 (역설적으로) 바로 그 과학이 이슬람에 동화했기 때문이라고 주장한다. 그러나 분명히 말하지만 이 논문은 내가 전에 지적한 것처럼 자율성을 갖는다는 의미가 실제로 자연과학의 연구와 그 성과가 제도화되었다는 것을 뜻하는 것은 아니다. 그러나 사브라는 과학자들—"의사, 점성가, 기술자, 시간을 기록하는 사람"—이 이슬람 사회에서 별로 영향력이 없는 주변부에 있었다는 견해를 인정하지 않는다.64 나는 이 문제를 검토하기 전에 먼저 중세 시대 아라비아-이슬람 과학이 발생한 종교적·법적 배경인 당시의 문화적 환경을 간단하게 그려 볼 것이다.

사회적 역할과 문화 엘리트

우리는 과학자의 역할이 어떻게 진화하고 사회적 구성을 이루었는지 알기 위해65 중세 이슬람에서 지배자 집단과 지식인들의 역할

---

64. Sabra, "The Appropriation and Subsequent Naturalization of Greek Science," 229~236쪽.

65. 이 문제를 다룬 고전은 조지프 벤-데이비드의 *The Scientist's Role in Society* (Englewood Cliffs, N. J. : Prentice-Hall, 1971)이다. 이 문제에 대한 벤-데이비드의 한계점은 앞의 1장을 참조.

을 간략하게 살펴볼 필요가 있다.66 중세 이슬람에서 두드러진 지식인 집단 가운데 푸카하fuqaha(법학자)와 무타칼리문mutakallimun(변증법 신학자), 철학자는 가장 유력한 집단이었다.

이들 가운데 가장 설명하기 쉬운 집단은 철학자들이다. 이들은 그리스 철학의 본질과 방법론, 이성을 중시하는 외래 과학을 완벽하게 터득한 개인들이었다. 이들 가운데는 알파라비al-Farabi(950년 사망)와 이븐 시나Ibn Sina(1037년 사망)처럼 신플라톤주의(플라톤 철학에 동양의 신비주의가 가미된 철학 사조-옮긴이)의 흐름이 일부 있었지만, 대부분의 이슬람 철학자들은 아리스토텔레스의 영향을 깊이 받았으며 그의 견해를 그대로 따랐다. 아라비아-이슬람 문명에서 가장 주목할 만한 철학자로는 알킨디al-Kindi(약 870년 사망), 알파라비, 알라지al-Razi(약 925년 사망), 이븐 시나, 알바그다디al-Baghdadi(1152년 사망), 알비루니, 이븐 루시드Ibn Rushd(아베로에스; 1198년 사망)를 들 수 있다. 비록 이들은 각자 이슬람 철학에 뛰어난 공헌을 했지만 대부분은 의사나 왕실이 임명하는 관리처럼 다른 분야에서 일을 하며 생계를 유지했다. 예를 들면 아베로에스는 법률가이면서 의사였다.

초기 이슬람 형성기에 이들 철학자는 그리스 철학 위에 직접 기초를 세워 여러 가지 지식 이론을 개발한 자유 사상가들이었다. 이들은 철학 지식이 가장 높고 고귀한 것이라고 주장했지만, 일부 철학자들은 계시 종교가 미신과 다를 게 없다고 주장했다.67 그러나 12

---

66. 이슬람 사회의 지배 집단과 그 중복에 대해 좀더 알고 싶으면 Roy Mottahedeh, *Loyalty and Leadership in an Early Islamic Society*(Princeton, N. J. : Princeton University Press, 1980)를 참조. Thomas Glick, *Islamic and Christian Spain in the Early Middle Ages*(Princeton, N. J. : Princeton University Press, 1979), 4장(1부)도 서양의 계층 개념에 맞게 이슬람의 계층 구조를 잘 해석해 놓았다. 그러나 우리의 목적과 과학사 연구를 위해서는 내가 정의한 집단 구분이 더 유용하다.
67. Shlomo Pines, "Philosophy," in *The Cambridge History of Islam*(New York : Cambridge University Press, 1970), 2, 780~823쪽 ; Peters, *Aristotle*

     사회·법 체계로 본 근대 과학사 강의

세기와 13세기경 이슬람 교리와 그리스 철학의 동화가 거의 완성되면서 아베로에스 같은 철학자들은 전통 종교로 더욱 기울어졌다. 이들은 일반 이슬람교인들과 심지어 "변증법을 따르지 않는" 종교학자들(무타칼리문)을 나쁜 길로 이끌지 모를 진보적인 주장을 하는 다른 철학자들을 비판하기도 했다. 이것은 아베로에스가 알가잘리al-Ghazali(1111년 사망)를 비판한 것과68 이븐 타이미야Ibn Taymiyya(1328년 사망)가 철학을 공격한 것에서 잘 볼 수 있다.69

중세 이슬람은 새로운 지식 세계에 대한 동경심이 많았으며, 그리스 철학의 문제점과 방법론을 모두 이해하고 있었던 위대한 철학자를 많이 배출했다. 그러나 이슬람의 중심 원리를 선언하고 방어하기 위해 그리스 철학에서 필요한 합리적 논리와 방법론을 찾아 냈던 변증법 신학자들인 무타칼리문은 이들 철학자들과는 완전히 달랐다. 철학자들의 노력은 기독교 신학자가 보기에는 매우 갸륵해 보였지만, 이슬람의 처지에서 보면 이것은 처음부터 아주 고도의 수상쩍은 작업이었다. 왜냐하면 이슬람에서는 꾸란과 예언자 무함마드의 가르침(하디스)은 유일무이한 자리를 차지하고 있으며, 이슬람 신앙의

and the Arabs ; Walzer, *Greek into Arabic* ; Muhsin Mahdi, "Islamic Theology and Philosophy," *Encyclopedia Britannica* 9, 1012~1025쪽 ; M. Fakhry, *A History of Islamic Philosophy*, 2d ed.(New York : Columbia University Press, 1983).

68. Averroes, *Tahafut al-Tahafut*, Simon Van den Bergh 영문 번역(London : Luzac, 1954) ; *Averroes : On the Harmony of Religion and Philosophy*, 재판, George Hourani 편집, 영문 번역(London : Luzac, 1976). 알파라비와 이븐 루시드 같은 철학자들은 대개 종교학자들(이슬람 신학자들)이 "변증법적" 사고에 정통하지 못하다고 비판했다. 그러나 중세 학파를 연구하는 역사가들은 대개 무타칼리문(율법을 실천하는 이슬람 신학자)을 "변증법 신학자"라고 말한다.

69. Ignaz Goldziher, "The Attitude of Orthodox Islam Toward the Ancient Sciences," in *Studies in Islam*, ed. Merlin Swartz(New York : Oxford University Press, 1981), 185~215쪽 ; Fazlur Rahman, *Prophecy in Islam*(Chicago : University of Chicago Press, 1979) ; Pines, "Philosophy" 참조.

처음이자 끝이기 때문이었다. 꾸란과 하디스는 모든 이슬람 신자들에게 행동 유형과 세상일의 올바른 지침을 내리는 단 하나의 신성한 법(샤리아Shari'a)이었다. 이런 사정으로 푸카하(법학자)로 알려진 피끄(법) 전문가들은 특히 12세기와 13세기에 중세 이슬람에서 가장 지배력이 큰 지식인 계층이었다.

정통 수니파의 창시자인 아샤리Ash'ari(935년 사망)를 포함해서 변증법 신학자들인 무타칼리문이 외래 과학을 받아들인 까닭은 거기에서 철학적 기반과 종교 원리를 세워 자신들의 신앙을 방어하기 위한 의도였을 뿐이었다. 그러나 이슬람 신앙의 핵심인 도덕과 율법과 윤리에 따른 행동을 판단하는 기준은 모두 이슬람 율법에 정통한 사람의 권위에 여전히 남아 있었다.[70] 무타칼리문은 기껏해야 이인자였고 13세기에 이븐 카다마Ibn Qadama가 신학에 유죄 판결을 내린 것처럼 "정통 이슬람 전승주의자"(아흘 알하디스ahl al-hadith 또는 아흘 알수나ahl al-Sunna)에게 자주 공격을 당했다.[71] 이븐 카다마는 "우리는 누구도 사변신학思辨神學을 연구했다는 사람을 본 적이 없다. 신학자의 마음속에는 사악한 기운만이 있을 뿐이다."고 말했다.[72]

---

70. Rahman, *Prophecy in Islam*, 123~124쪽 ; Ash'ari, "The Elucidation of Islam's Foundation," in *The Islamic World*, ed. William H. McNeill and Marilyn R. Waldman(Chicago : University of Chicago Press, 1983), 152~166쪽 ; Richard J. McCarthy, ed., trans., *The Theology of Ash'ari*(Beirut : Imprimerie Catholique, 1953) 참조

71. 카람에 대해서는 Rahman, *Islam*, 2d ed.(Chicago : University of Chicago Press, 1979), 5장 ; Pines, "Philosophy" ; Pines, "Introduction" to Mainorides, *The Guide of the Perplexed*(Chicago : University of Chicago Press, 1963) ; W. M. Watt, The Formative Period of Islamic Thought(Edinburgh : Edinburgh University Press, 1973) ; McCathy, *The Theology of Ash'ari* ; L. Gardet and M. M. Anawati, *Introduction à la Théologie Musulmane*, 2d ed.(Paris : J. Vrin, 1970) 참조. 이븐 카다마에 대해서는 George Makdisi, ed., trans., *Ibn Qadama's Censure of Speculative Theology*(London : E. W. J. Memorial Series, Luzac, 1962) 참조.

　　　　　　　　　사회·법 체계로 본 근대 과학사 강의

신학적 사변에 빠진 사람들에게 벌을 내리는 일은 그리 심한 것이 아니다. 마침내 이븐 카다마는 "내가 사변신학을 추종하는 사람들에게 내리는 판결은 이들이 잎을 떼어 낸 싱싱한 야자나무 가지로 온몸을 맞으면서 공동체와 부족 사이를 행진하고, '이것은 이슬람 경전과 전통을 저버리고 사변신학을 따른 사람이 받는 형벌이다'고 외치는 것이다."고 단언하면서 알샤피al-Shafi'i(820년 사망)의 율법을 인용한다.73

이런 관점에서 볼 때 이슬람은 신학이 아니라 율법이 모든 과학의 중심이었고 신학적 사변은 오직 타락만을 가져올 뿐이었다. 따라서 이슬람 사상을 널리 퍼뜨리려는 시도가 일어날 때마다 그 일을 자임한 것은 바로 정통 이슬람 율법 추종자 집단으로 전통 사상을 따르는 '울라마'였다.74 그러나 14세기에 이슬람의 종교 철학자들은 그리스 철학을 완전히 딛고 일어설 정도로 크게 성장했던 것 같다. 이들은 변증법 신학인 카람kalam이 수니파의 전통 교리에서 중요한 자리를 차지하게 했다.75 중세 이슬람의 사상과 정서는 대개 이성을 중시하는 고대 과학의 추구를 부패한 행동이라고 생각했다. 이것은 이그나츠 골트치어Ignaz Goldziher의 연구에서 가장 잘 정리되어 있는데,76 11세기 알달루시아 역사가인 사이드 알안달루시Sa'id al-Andalusi 의 저서 《국가 범주의 책Book of the Categories of the Nations》에서도 볼 수 있다.77

---

72. George Makdisi, *Ibn Qadama's Censure of Speculative Theology*, 12쪽.

73. 같은 쪽.

74. Rahman, *Islam*, 131쪽, 14쪽 ; Hodgson, *The Venture of Islam*, 1, 228f쪽.

75. A. I. Sabra, "Science and Philosophy on Medieval Islamic Theology : The Evidence of the Fourteenth Century," *Zeitschriftfür Geschichte der Arabisch-Islamishen Wissenschaften* 9(1994), 1~42쪽.

76. Goldziher, "The Attitude of Orthodox Islam."

77. Sa'id al-Andalusi, *Science in the Medieval World*("*Book of the Categories of the*

정통 이슬람이 내놓은 가장 중요한 두 가지 혐의는 철학, 논리학, 고대 과학의 연구는 사람들이 종교법을 존중하지 않게 이끈다는 것과, 그 연구가 엄격하게 종교 문제를 따르지 않는 한 그것은 "쓸모없으며" 따라서 불경하다는 것이었다.[78] 또한 과학은 "이슬람을 거부하는 과학"이며 "불신이 섞여 있는 지혜"라고 불리웠다.[79] 이렇듯 체계화된 사상을 불신하는 행위는 어떤 경우에는 고전어 학자를 불신하는 데까지 확대되었고 논리학의 연구 자체가 "금지"되었다.[80] 골트치어는 중세 이슬람에서 이성을 중시하는 고대 과학에 대한 적대감이 이렇게 널리 퍼진 것을 감안한다면 "자신들의 명성을 보호받고자 했던 사람들이 겉으로는 철학을 연구하지 않는 것처럼 하면서 당시에 용인되었던 다른 학문을 가장해서 연구를 계속한 까닭을 쉽게 이해할 수 있다."고 말했다.[81] 따라서 자기 집 안에 외래 과학과 관련된 책을 가지고 있던 사람들은 신앙심이 없다는 평판을 받을지 모르는 위험을 감수해야 했다.

중세 이슬람에서 다양한 지식 분야에 널리 퍼져 있던 연구와 교육에 대한 태도를 살펴보면, 종교학을 연구하는 사람들이 가장 높은 자리에 있었으며 그리스의 고대 과학을 연구하는 사람들은 때마다 탄핵을 당했다. 의사, 점성가, 천문학자, 수학자와 함께 철학자들의

Nations"), Sema'an I. Salem and Alok Kumar, ed., trans.(Austin : University of Texas Press, 1991).

78. Goldziher, "The Attitude of Orthodox Islam," 186~187쪽.

79. 같은 쪽.

80. 같은 쪽.

81. 같은 책, 190쪽. 디미트리 구타스Dimitri Gutas가 골트치어를 비판한 것은 우리가 자연철학자의 반대자를 "정통파" 또는 "전통주의자" 같은 말로 불러야 하느냐 하는 문제에 관한 매우 사소한 내용이다. 구타스는 "물론 골트치어의 논문은 고대 과학을 연구하는 많은 이슬람 학자들이 인용한 것들의 목록을 모아놓았다는 점에서 나름의 가치를 가지고 있다."고 인정한다. Gutas, *Greek Thought, Arabic Culture*(London : Routledge, 1998), 167쪽 주석 27번.

뛰어난 지적 활동은 분명하게 성과를 확인할 수 있었지만 이것은 종교학자들의 선별에 따라 다양한 수준으로 이슬람 사회에 수용되었다. 만일 당시의 사회 신분 계층을 재구성한다면 이슬람 율법에 정통한 푸카하가 맨 위에 있고, 그 밑이 무타칼리문, 그다음이 자연과학자와 함께 이슬람 철학자인 파일라수프faylasuf일 것이다. 물론 특정 시점에서 뛰어난 지식인과 철학자가 특히 의술과 같은 분야에서 그의 명성 때문에 일반 대중에게 높은 평가를 받을 수도 있었다. 하지만 그렇다고 해도 이것이 그의 철학적 견해를 인정하는 것은 아니었다. 그러나 (그리스의 고전이나 갈레노스 같은 그리스 의사에게 많은 영향을 받은) 이슬람 의사들은 평판이 좋아서 덕행을 펼치는 모범적인 사람으로 인정받았으며, 따라서 이들은 언제나 높은 정치 권력의 자리를 차지하고 지방의 행정기관에서 그에 알맞은 대우를 받았다.[82]

그러나 일부 뛰어난 철학자와 수학자가 자신들의 연구를 위해 누릴 수 있었던 많은 자유와 그 원천은 언제나 그 지역의 지배자가 공식적으로 보호해 주는 조건에서만 가능했다. 윌리 하트너Willy Hartner가 10명이 넘는 이들 유명 인사(알비루니, 이븐 시나, 아불 와파Abul Wafa, 이븐 유누스Ibn Yunus, 이븐 알하이삼 등)의 사례에서 지적한 것처럼 왕실의 보호는 이들의 경력에서 가장 중요한 요소였다. 하지만 철학과 외래 과학에 몰두하고 있던 이들 학자를 직접 보호하고 인정해 주던 권력의 고리가 떨어져 나가면 이들은 아베로에스가 수년 동안 코르도바에서 재판관을 역임하다가 쫓겨난 것처럼 금방 평판이 나빠질 수 있었다.[83] 따라서 이들은 항상 그 지역의 울라마에게 언제 공격을 받을지 모를 위협에 노출되어 있었다. 이것은 기존의 정

---

82. S. D. Goitein, *A Mediterranean Society*, 2권(Berkeley and Los Angeles : University of California Press, 1967~1971), 2, 240ff쪽.

치 기반을 가지고 있던 종교학자들과 그 지역의 민중이 이슬람 철학자들이 제기한 신학적·형이상학적·과학적 문제에 대해 서로 다른 견해를 가지고 날카롭게 대립하고 있었기 때문이었다. 이 문제는 천지 창조에 대한 생각에서 비롯해서 자연현상의 인과율을 필연성으로 설명할 수 있는지 그리고 인간은 자유의지를 가지고 있는지, 도덕 원리는 이성으로 도달할 수 있는지에 대한 견해까지 서로 뚜렷하게 대조를 이루며 확장되었다.84 푸카하와 무타칼리문은 (이슬람교의 우인론偶因論, occasionalism을 교리로 받아들이고) 자연의 인과율을 부인했는데,85 이들은 하늘이 내리는 계시의 도움을 받지 않고는 인간이 이성의 힘으로 절대 진리와 윤리에 도달할 수 없다고 믿었다. 이 점에서 이들은 우리가 근대 과학에서 형이상학이라고 부를 수 있는 것과 반대되는 견해를 가지고 있었다. 토머스 쿤의 표현을 빌리자면 이들은 "이것이 없다면 감히 아무도 과학자라고 자부하지 못할" 그런 형이상의 전제를 부인했다.

그러므로 초기 이슬람 문명에서 철학자와 종교학자 사이에는 근본적인 균열이 있었으며 길게 보아서는 과학적 시도의 성공 여부는 지식인의 분열이 어떻게 제도화되느냐에 달려 있었다. 이것은 과학

---

83. Hartner, "Quand et comment s'est arrêté l'essor de la culture scientifique dans l'Islam?" 332~333쪽. 아베로에스에 대해서는 A. Z. Iskandar and R. Arnaldez, "Ibn Rushed," *DSB* 12, 1~9쪽; Dominique Urvoy, *Ibn Rushd*(*Averroes*) (London : Routledge, 1991).

84. 이런 철학 문제를 잘 설명한 개론서는 Oliver Leaman, *An Introduction to Islamic Philosophy*(Cambridge : Cambridge University Press, 1985); Pines, "Philosophy"; Maimonides, *The Guide of the Perplexed*; Ash'ari, "The Elucidation of Islam's Foundation"을 참조.

85. Majid Fakhry, *Islamic Occasionalism and Its Critique by Averroes and Acquinas*(London : Allen and Unwin, 1958); Barry S. Kogan, *Averroes and the Metaphysics of Causation*(Albany : State University of New York Press, 1985) 참조.

 사회·법 체계로 본 근대 과학사 강의

연구가 이슬람 사회 구조에서 합법적인 자기 역할을 승인받느냐 아니면 언제나 남몰래 숨어서 해야 하는 보조 연구로 전락하느냐에 따라 미래가 달라졌다. 그러나 종교학자들이 철학자들을 미워하는 마음은 고대 과학의 모든 분야에 똑같이 적용되지 않았다. 수학, 기하학, 천문학과 같은 분야는 대개가 긍정적이었다. 이 분야는 이슬람 종교의 처지에서도 쓸모가 있기 때문이었다.

수학은 상속 재산을 분할할 때 반드시 필요했다. 파라디faradi는 이 일을 전문으로 하는 사람이었는데 그는 법률 전문가이면서 동시에 수학 교육을 받았다. 또한 이슬람교인들은 신에게 기도할 시간과 메카가 있는 방향(키블라qibla)을 아는 것이 매우 중요했다. 기도 시간과 키블라 방향을 정하는 것은 수학과 기하학(나중에는 삼각법), 천문학을 이용해야만 정확하게 알 수 있었다. 따라서 이들 과학은 결국 종교와 깊은 관계를 맺고 있는 사람들이 주도해 크게 발전했지만 이들의 연구가 언제나 성과를 낸 것은 아니었다. 지방의 모스크에서 시간을 기록하는 사람인 무와키트처럼 고도의 정확성이 필요한 과학 연구는 공식적인 종교의 한 부분으로 통합되었다. 따라서 처음에 종교를 기반으로 한 과학 연구가 나중에 시간이 흐르면서 과학 자체의 연구로 변형되었으리라고 쉽게 짐작할 수 있다. 이것은 12세기와 13세기에 유럽에서 모든 과학의 중심이었던 신학의 탐구가 나중에 철학과 논리학, 과학 그 자체의 연구로 변형된 것과 같은 이치였다.86

요약하면 과학 탐구와 그 원대한 발전에 대한 문제는 당대의 종교

---

86. M.-D. Chenu, *Nature, Man, and Society in the Twelfth Century*, Jerome Taylor and Lester K. Little이 선별 편집, 영문 번역(Chicago : University of Chicago Press, 1968) ; William Kneale and Martha Kneale, *The Development of Logic*(Oxford : Oxford University Press, 1962) ; David Knowles, *The Evolution of Medieval Thought*(New York : Vintage, 1962) 참조. 더 자세한 것은 3장에서 다룬다.

적 견해를 배경으로 이슬람 율법이 허락하는 법적 테두리 안에서 과
학자들의 합법적인 역할이 어떻게 구성되었느냐에 달려 있었다. 우
리는 이런 문제를 밝히기 위해 이슬람 사회 구조의 또 다른 영역인
교육과 학습 제도를 검토할 것이다.

고등 교육과 학술 연구 제도

조지 마크디시George Makdisi, 조너선 버키Jonathan Berkey, 마이클 체임
벌린Michael Chamberlain 같은 학자들이 최근 발표한 중세 이슬람의 학
습과 교육 제도를 살펴보면 우리가 보통 암흑기라고 부르는 중세 시
대에 이슬람에서 교육 제도가 얼마나 잘 정비되고 다양하며 중요한
구실을 했는지 이해할 수 있다.87 마크디시는 서유럽에서 현재 사용
하는 학자들의 논쟁 방식과 교수직의 명칭이 사실은 이슬람의 교육
기관에서 쓰던 관례와 아랍어에서 빌려 온 것이라고 주장한다.88 아
라비아-이슬람 문명의 문화 엘리트들은 실제로 모든 형태의 학문

---

87. 이슬람의 교육 제도에 대한 가장 완벽한 연구는 다음에 열거하는 조지 마크디시의
    논문에 나온다. "Muslim Institutions of Learning in Eleventh-Century Baghdad,"
    Bulletin of the School of Oriental and African Studies 24(1961), 1~56쪽;
    "Madrasah and University in the Middle Ages," *Studia Islamica* 32(1970), 255
    ~264쪽; "On the Origin and Development of the College in Islam and the
    West," in *Islam and the Medieval West*, ed. Khalil I. Semaan(Albany : State
    University of New York Press, 1980), 26~49쪽; *The Rise of Colleges : Institutions
    of Learning in Islam and the West*(Edinburgh : Edinburgh University Press,
    1981). 그러나 지금은 Jonathan Berkey, *The Transmission of Knowledge in
    Medieval Cairo : A Social History of Islamic Education*(Princeton, N. J. : Princeton
    University Press, 1992); Michael Chamberlain, *Knowledge and Social Practice
    in Medieval Damascus*, 1190~1350(New York : Cambridge University Press,
    1994)을 참조. 또 다른 유용한 안내서는 Rahman, *Islam*, 181~192쪽; Johannes
    Pedersen and G. Makdisi, "Madrasa," in *Encyclopedia of Islam*, 2d
    ed.(Leiden : E. J. Brill, 1985), 5, 1123~1134쪽(다음부터는 *EI*²로 인용 표시) 참
    조.

            사회·법 체계로 본 근대 과학사 강의

연구에 혼신의 힘을 기울였다. 이들은 책을 쓰고 출판하는 기술과 능력을 개발하고, 당대의 사람들뿐만 아니라 서로 다른 세대 사이에 지식을 모으고 전달하는 일과 같이 정신 세계의 삶에 필요한 제도와 기술을 개발하고 추구했다. 이들은 이 모든 활동을 언제나 종교적 행위라고 생각했다.

이런 소명의식은 가장 기본적으로 문서와 책을 출판하는 기술자를 양성하는 과정에서 찾아 볼 수 있다. 여기서 첫 번째로 해야 할 일은 적절한 필기 용구를 만드는 것인데 무엇보다도 종이를 대량 생산해야 했다. 파피루스는 10세기 중반까지 종이를 만드는 주원료였다. 종이를 만드는 방법은 8세기 초에 아랍인들이 사마르칸트Samarqand에서 중국인에게 처음 배웠다. 8세기 중반 바그다드에는 국가가 운영하는 제지 공장이 있었다. 그러나 10세기 중반에는 종이의 사용이 너무 많아져서 더는 파피루스를 종이로 만들어 사용할 수 없게 되었다.[89]

유럽에서는 1150년경 스페인에 살던 아랍인들이 처음으로 종이를 만들기 시작한 것으로 알려져 있다. 아랍인들은 유럽인들보다 몇백 년 앞서서 학술 연구를 목적으로 종이를 개발해서 사용했다. 일부 학자들은 아랍인들이 종이를 대량 생산할 수 있는 새로운 방법을 고안해 냄으로써 "이슬람 세계뿐만 아니라 전세계의 책의 역사에 결정적인 기여를 했다."고 말하기도 한다.[90] 이 기술은 곧바로 서양으로 전달되었고 13세기경에는 "서유럽 사람들이 만든 종이"를 이집

---

88. Makdisi, *The Rise of Colleges*, 4장.
89. Johannes Pedersen, *The Arabic Book*(Princeton, N. J. : Princeton University Press, 1984 ; 초판은 1946), 62쪽. 중국에서 종이 제조 기술의 발명은 Needham, *SCC* 5/1 by Tsien Tsuen-hsuin(New York : Cambridge University Press, 1985)에 아주 자세하게 나와 있다. 그는 종이 제조 기술이 서양으로 이전되었다는 것을 설명하려고 하지만 중간에 아랍인들의 종이 제조 역사는 빠뜨려서 실제 기술의 이동 경로를 제대로 전달하지 못했다.

트에서 썼다고 한다.[91]

인쇄기가 발명되기 전에는 책 원본의 출판을 사람 손으로 다 했기 때문에 시간이 많이 걸렸다. 특히 아랍인들은 단순히 글로 씌어진 것은 믿지 못하고 앞서 정보를 전달해 주는 사람이 입으로 증언해 주는 것을 더 믿었다.[92] 이것은 이슬람에서 예언자의 가르침(하디스)을 정성들여 기록하고 그것을 여러 사람이 직접 입으로 말하여 전달하는 종교 전통에서 연유했다. 하디스를 구전하는 사람들의 이름과 신원은 그 가르침이 진짜라는 것을 입증하기 위해 반드시 기록했다. 예언자의 가르침을 거짓으로 전달하는 행위는 원문을 베끼는—실수로 잘못 베끼는 것은 말할 것도 없고—과정에서 언제나 일어날 수 있는 일이므로 예언자의 가르침을 전달하는 사람들이 스스로 옳게 전했다고 증언하는 행위는 글로 씌어진 문서의 진위를 보증하는 필수 요소였다.

오늘날까지도 많은 이슬람교인들은 꾸란은 처음부터 거기에 나오는 글자를 하나하나 암기해서 기록했기 때문에 일점일획도 틀리지 않고 완벽하며 영원히 변하지 않는 청렴결백한 문서이고, 또한 많은 이슬람교인들이 그것을 기억하고 있기 때문에 그 내용에 거짓이 없는 살아 있는 문서라고 주장한다. 따라서 잘못 암기했을 가능성은 무시했다. 더욱이 올바른 도덕과 종교의 기준은 대개 하디스를 전달하는 사람의 판단에 따랐고, 사람들이 공동체 안에서 가장 도덕성이 높다고 인정하는 한 사람에게 그 일을 맡겼다. 이와 같은 전통은 법정에서 재판관을 보좌해서 하디스를 전문으로 해석하는 증인(아민

90. J. Pedersen, *The Arabic Book*, 59쪽.
91. 같은 책, 64쪽.
92. 이것이 글로 씌어진 문서의 전달하는 허가 또는 권한 부여를 뜻하는 '이자자'라는 개념의 출처이다. George Vadja, "Idjaza," *EI*[2] 3(1971), 1021쪽 참조. 그러나 대개 더 높은 진리는, 특히 이스마일 종파에서는 거룩한 스승과 만나야 접할 수 있었다.

amin)을 두는 제도로 발전했으며 이 제도는 지금까지도 이슬람 사회의 전통으로 전해 내려온다.93

이와 마찬가지로 어떤 책이 처음 학문 세계로 전달될 때도 그 저자는 제자들에게 한 마디 한 마디 구술하여 받아쓰게 했다. 저자는 그 받아쓴 원고를 자세히 검토한 다음 제대로 썼다고 인정하면 자신의 서명을 덧붙여서 "이 원고가 법적으로 유효하다."는 것을 입증하고, 그 글을 받아쓴 사람이 다른 사람들에게 내용을 구전할 수 있는 권한인 '이자자ijaza'를 부여했다.94 물론 어느 시점에서 그것을 전달하는 사람의 권한이 끊길 수 있었다. 그러면 대개 이슬람 학자들은 그것을 찾기 위해 무진 애를 썼고 이들이 찾아 낸 복사판은 대개 원본을 베낀 진품이었다. 책이나 원고의 소유자들은 관례에 따라 자기 이름을 그 책에 써넣었는데 이것은 올바르게 전승된 책이라는 것을 입증하는 전통의 일부였다.

10세기와 11세기에 중동에는 수백 개의 도서관이 전역에 퍼져 있었는데 대개 모스크 사원이나 마드라사madrasa(이슬람 종교 전문학교)에 부속되어 있었다. 이곳에서는 수천 개의 손으로 쓴 원고들이 보관되어 있었다. 예를 들면 10세기 파티마 왕조 시대 카이로의 왕실 도서관에는 40개의 방이 있었으며 방마다 서로 다른 주제의 책들이 가득 차 있었다. 여기에는 흔히 외래 과학 또는 고대 과학이라고 일컬어지는 자연과학과 관련된 책이 1만 8,000권이나 있었다.95 다음의 8장에서 자세히 살펴보겠지만 이런 공공 도서관의 규모는 같은 시기 중국에서 발견된 것보다 훨씬 더 광범위한 것이었다.

---

93. 같은 시기 모로코의 사례는 Lawrence Rosen, "Equity and Discretion in a Modern Islamic Legal System," *Law and Society Review* 15(1980~1981), 215~245쪽 참조.

94. J. Pedersen, *The Arabic Book*, 31쪽과 3장 ; J. Pedersen and G. Makdisi, "Madrasa" *EI²* 5(1985), 1125쪽 ; Makdisi, *The Rise of Colleges*, 140ff쪽 참조.

10세기에 시라즈Shiraz에 있었던 도서관은 가장 큰 규모인데 호수와 정원이 둘러싸고 있었으며 그 안에 360개의 방이 있었다고 전해진다. 각각의 방에는 책을 보관하기 위해 특별히 만든 장식장이 있었고 그 안에 책을 보관했다.[96] 이런 사설 도서관과는 별도로 모스크와 대학에 부속된 공공 도서관도 많이 있었다. 이 학교들은 종교와 관련된 학문만 가르치고 (수학을 제외한) 모든 자연과학은 배제했지만, 먼 지역에서 학문을 배우러 온 학생들에게 교육과 숙박을 제공하는 대학의 모형을 보여 준다.

역사가 야쿠트Yaqut는 13세기에 페르시아 동쪽에 있는 마브Marv에 10개의 대형 도서관이 있었다고 전한다. 또 어떤 이는 같은 시기에 바그다드에 30개의 마드라사가 있었으며 모두 자체 도서관을 가지고 있었다고 한다. 1500년에 다마스쿠스에는 150개의 마드라사가 있었으며 도서관도 그만큼 있었다고 전해진다.[97] 13세기 이집트에서 알카디 알파딜al-Qadi al-Fadil이 설립한 마드라사에는 설립자가 10만 권의 책을 기증했다고 한다.[98] 그리고 "알마드라사 알무스탄시리야al-Madrasa al-Mustansiriya라는 큰 전문학교가 1234년에 설립되었는데 이때 왕실 도서관에 있던 책들 가운데 약 8만 권이 이곳으로 이전되었다."[99] 유럽은 이것과 비교해 보면 당시에 무척 낙후된 곳이었다. 예를 들면 14세기 파리 대학의 소르본 도서관은 겨우 2,000권의 문서밖에 없었으며, 14세기 바티칸 도서관은 겨우 2,257권의 책만 보유하고 있을 정도로 보잘것이 없었다.[100] 유럽인과 아랍인이 모두

<hr>

95. J. Pedersen, *The Arabic Book*, 116쪽.
96. 같은 책, 123f쪽.
97. 같은 책, 128쪽.
98. 같은 책, 119쪽.
99. 같은 책, 115쪽.
100. John F. D'Amico, "Manuscripts," in *The Cambridge History of Renaissance Philosophy*, ed. Charles Schmitt and Quentin Skinner(New York : Cambridge

사회·법 체계로 본 근대 과학사 강의

보유한 책의 권수를 중복 계산해서 과장했을 수도 있다는 점을 인정하더라도 당시 중동 지역의 도서관이 보유하고 있었던 책은 유럽보다 훨씬 더 많았다.

다양한 이슬람 종파들은 정통파이든 분파이든 초창기부터 이슬람의 지식을 전파하는 수단으로 도서관의 존재를 인정하고 공공 도서관을 설립했던 것이다.101 때때로 따로 책을 수집하거나 큰 도서관을 보유한 사람들은 정통 이슬람이 아니라고 의심을 받거나 도서관을 몰수당하고 폐쇄되는 경우도 있었다. 그러나 여기에는 복잡한 동기가 작용했는데 몰수당한 도서관은 기존에 있던 도서관을 더 크고 풍성하게 만드는 구실을 했다. 나중에 원래 주인에게 반환되기도 했는데 알킨디al-Kindi의 도서관이 그런 경우에 속했다.102

요약하면 9~13세기까지 아라비아–이슬람 문명이 최고로 발전했던 때에 중동 전역에는 엄청난 책을 보유하고 있던 도서관들이 많이 있었다. 이들 가운데 사설 도서관이 일부 있었지만 대개는 모스크와 모스크 학교(마스지드masjid)에 부속된 공공 도서관이 일반인들에게 개방되어 있었다. 더욱이 이들 도서관은 대부분 도서관 직원과 관리들을 위한 시설도 가지고 있었다.

중세 이슬람에는 작은 규모의 교육기관(모스크 학교와 초등학교를 포함해서)이 여러 개 있었는데 당시 중심적인 고등 교육기관은 마드라사였다. 마드라사는 나중에 서양에서 전문학교(대학이 아님)로 발전하였다. 마드라사는 11세기부터 번창하기 시작했는데 이슬람 최

University Press, 1988), 11~24쪽 가운데 15ff쪽 ; D'Amico는 K. Christ, *The Handbook of Medieval Library History*, T. M. Otto 영문 번역(London : Methuen, 1984)을 따른다.

101. Ruth S. Mackensen, "Moslem Libraries and Sectarian Propaganda," *American Journal of Semitic Languages and Literature* 51(1935), 83~125쪽.

102. 같은 책, 84f쪽.

고의 교육기관으로 이슬람 지식 세계에서 중요한 자리를 차지하게 되었다.

마드라사 조직은 두 가지 측면에서 특별히 중요하다. 첫째, 마드라사는 기부 신탁으로 설립된 종교 재단(와크프 waqf)이었다는 점이다. 이슬람교의 기부로 만들어져 법적으로는 그 설립자의 의도에 따라 운영되어야 했다. 그러나 당시의 종교재단법은 이슬람법이 정당하다고 인정하지 않는 것에 재단의 재산과 기금을 전용하는 일이 금지되었다.103 이 규정은 이슬람 세계에서 지식인과 그 관련 조직의 발전을 막은 주요한 법적 장애가 되었다. 그렇지만 이 종교 재단의 설립자는 자신이나 인척들 명의로 재산권을 영원히 갖고 있을 수 있었다. 따라서 그는 자기 자신(또는 후손)을 계속해서 법의 관리자나 교수로 임명할 수 있었다. 다마스쿠스에서는 특별히 많은 마드라사가 설립자와 그 가족들의 공동 묘역 구실을 했는데 이것은 가족 재산을 도피시키는 법적 수단으로 이용되기도 했다.104 두 번째로 중요한 점은 마드라사는 법을 가르치는 학교였다. 이 학교는 주로 이슬람 종교와 관련된 학문만을 가르쳤고, 신학이나 철학과 자연과학은 철저하게 배제했다. 시간이 많이 흐른 다음에는 신학도 가르치기 시작했다.

이론상으로 마드라사의 "교과과정"은 꾸란 연구, 하디스, 이슬람 종교 원리, 법의 원리와 방법론이 중심이었다.105 이 가운데 법의 원리와 방법론은 논쟁이 되는 법률과 토론이나 논쟁의 원칙을 가르쳤고 또한 해당 마드라사나 교수가 속한 종파들이 실제로 법에 대해

---

103. Makdisi, *The Rise of Colleges*, 35ff쪽 ; Henry Catton, "The Law of Waqf," in *Law in the Middle East*, ed. M. Khadduri and H. Liebesny(Washington D. C. : The Middle East Institute, 1955), 203~222쪽.

104. Chamberlain, *Knowledge and Social Practice in Medieval Damascus*.

105. Makdisi, *The Rise of Colleges*, 80쪽.

가지고 있는 견해를 가르쳤다. 마드라사에서 교수들이 철학과 고대 과학을 철저하게 배제한 이유는 만일 그런 분야를 가르치면 종교학자로 간주될지 모른다는 위험이 있었기 때문이었다. 그렇지만 이들은 대개 이 분야의 책을 복사했고 학교나 모스크에 부속된 도서관에서 볼 수 있었다. 그리고 이 외래 과학을 숙달하게 된 법학 교수들은 개별로 (집에서) 몰래 이 분야를 가르쳤다.

교수들은 학생들이 마드라사에서 가르친 과목을 다 배웠다고 판단하면―좀더 정확히 말하면 가르친 원고들을 읽고 베끼고 암기하기를 끝마쳤을 때―학생들에게 배운 것을 다른 사람에게 전달할 수 있는 권한인 이자자를 부여했다. 달리 말하면 마드라사의 법학 교수는 자신이 가르친 학생에게 개인 자격으로 이 과목을 가르칠 수 있는 권한을 부여했다고 할 수 있다. 이렇게 개별 인증을 하는 것에 대해서는 이렇게 나와 있다.

법학 지도교수인 무달리스Mudarris는 법을 가르치고 법률 의견을 제출할 수 있는 자격을 부여할 때 그는 법률 분야에서 합법적이고 정당한 권한을 가진 개인 자격으로 행동했다. 그가 학생들에게 그 권한을 줄 때 법학자들의 모임인 교수단(학부)의 이름이 아니라 자신의 개인 이름으로 자격을 준 것이다. 마드라사에는 아예 교수단이라는 조직이 없었다.106

마드라사의 교육은 매우 개인적이었다. 학생의 학력이나 자격 인정을 집단이나 특정의 연합체가 하는 것이 아니라 그 학생과 이해관계가 별로 없고 객관적 자리에 있는 개별 교수들이 했다. 정부나 술

106. 같은 책, 271쪽.

탄 또는 칼리프는 교육 자격을 인정하는 일에 아무런 영향력도 끼치지 못했다.

근대 시기로 내려오기까지 이자자는 여전히 개인이 자격을 인정하는 행위로 남아 있었다. 그런 권한을 가지고 있는 알림'alim(학자)이 새로운 사람에게 그 자격을 인정해 주는 개별적 승인 과정이다. 이 과정에는 최고 권력도 영향을 미치지 못했다. 이슬람 국왕인 칼리프나 술탄 또는 군사령관인 아미르amir나 재상인 와지르wazir, 재판관인 카디 등 어느 누구도 이 자격을 부여할 수 없었다. 말하자면 법학 교수 개인을 빼고는 이슬람 교회도, 어떤 계층의 성직자도, 대학이나 장인의 동업조합도 자격을 부여할 수 없었다. …… 이슬람의 법처럼 이슬람의 교육도 개별적이고 개인화되어 있었다.[107]

한편 이슬람 세계의 교육 인증 제도와 완전히 반대편에 있는 것이 중국의 교육 제도이다. 중국에서는 학자 집단이 아니라 정부가 교육 능력에 대한 평가 기능을 가지고 있었다.[108]

요약하면 이슬람 세계에서 교육은 그 영역이 이슬람 종교와 관련된 학문이든 철학이나 외래 과학이든 다른 사람을 가르칠 수 있는 자격(이자자)을 따는 과정이었다. 법학에서는 하나 또는 여러 개의 마드라사에서 한 학자에게 배우면 그 자격증을 딸 수 있었고, 자연과학에서는 여러 도시에 있는 서로 다른 학자들의 도제가 되어 여러 개의 이자자를 동시에 따기도 했다. 한 군데 마드라사에서 여러 개의 종교학과 법학 과목을 공부한 사람들은 개별 학자들에게 복수의 이자자를 받을 수도 있었다. 이것은 오늘날 특정 대학이나 전문학교

---

107. 같은 쪽.
108. 중국의 전통 교육 체계에 대해 더 많이 알려면 7장 참조.

에서 받는 학위와는 다른 것이었다. 따라서 중세 이슬람의 교육은 나름의 지혜를 가지고 학생들을 가르쳤던 선생들을 중심으로 움직였다. 그리고 학생들이 마드라사에서 교육을 마치고 자격증을 땄건 그 자격증을 따기 위해 여러 곳을 떠돌며 개별 학자에게 배웠건, 그는 특정 과목의 공인된 자격증을 받은 것이 아니라 개별 선생에게 그들의 지식을 다른 사람에게 가르칠 수 있는 자격을 허락받은 것이었다. 그러나 법학에서 받은 이자자는 단순히 교과과목을 이수해서 남을 가르칠 수 있다는 것만을 뜻하지 않았다. 법을 학생들에게 가르치는 것과 함께 실제로 법률적 의견을 내릴 수 있는 자격을 공식으로 인정한 것이었다.109

자연과학은 마드라사 밖에서 교육이 이루어졌으므로 현 상태에서 특정 분야의 최고가 되려면 고대 과학에 정통한 학자들을 찾으러 이 도시 저 도시로 떠돌아다녀야 했다. 이런 체계는 전문적인 과학 교육과 연구를 가로막는 제도적 장애가 되었다.110 그러나 독학이나 선조 때부터 물려받아 가업으로 전승할 수 있었던 의학의 경우는 예외였다.111

---

109. Makdisi, *The Rise of Colleges*, 270쪽에 따르면 법학을 가르칠 수 있는 자격과 법률 의견을 내릴 수 있는 자격이 하나의 자격으로 통합되어 있었다. the "*al-ijaza li't-tadris wa 'l-ifta'*." 그리고 마트디시가 초기에 주장한 자신의 의견을 바로잡은 것은 같은 책 343쪽 주석 240번을 참조.

110. 12세기 후반에서 13세기 사이 의학 연구를 하는 마드라사 세 곳이 다마스쿠스에 설립된 것으로 보인다. 그러나 마트디시는 이것을 마드라사가 고대 과학을 가르치지 않았던 원칙의 예외였다고 주장한다. *The Rise of Colleges*, 313쪽 주석 38번. 우리는 이들 마드라사가 법률을 공부하는 사람들도 의학 공부를 (독학이나 다른 방식으로) 할 수 있도록 했는지 그리고 이들의 종교와 법 공부가 미래의 관직을 보장하는 기초가 되었는지 잘 모른다. 더 자세한 내용은 5장에 있다.

111. Gary Leiser, "Medical Education in Islamic Lands from the Seventh to the Fourteenth Century," *Journal of the History of Medicine and Allied Sciences* 38(1983), 48~75쪽 ; Michael Dols, Introduction to *Medieval Islamic Medicine*(Berkeley and Los Angeles : University of California Press, 1984), 3

학생들은 특별히 여행을 해야 한다는 문제를 빼고는 개인화된 교육 체계 덕분에 자기를 가르칠 스승을 자유롭게 선택할 수 있었다. 똑똑한 학생들은 최고의 지식을 가진 교수가 누구인지 분간하고 그의 제자로 들어갈 수 있었는데, 이와 반대로 이들은 최고의 권위자를 피하고 오히려 그를 공격하는 글을 쓰기도 했다. 이븐 살라흐Ibn Salah가 그런 사람이었는데 그는 실제로 카말 알딘 유누스Kamal al-Din b. Yunus(13세기에 활약)에게 논리학을 배우려다 실패한 후 유누스가 철학과 논리학을 연구한다고 비난하면서 파트와fatwa(이슬람 율법으로 다스려 달라고)를 제기했다.112 의학 분야는 특히 외부의 감시나 감독이 없었기 때문에 사기를 당하거나 엉터리 치료를 받아 잘못된 결과를 초래할 수 있었다.

과학과 과학적 사고의 발전과 관련해서 이런 학문 연구와 교육 체계는 종교와 정치 권력에 맞서는 견해를 가진 과학자나 철학자에게 아무런 도움을 주지 못했다. 게다가 (가장 최고의 전문가에 의해 또는 실험으로 증명된) 지식이 유통되는 과정도 거짓과 증명이 안 된 사실이 뒤섞여 돌아다니는 구조였다. 또한 이런 지식을 마드라사에서 가르치지 못하도록 금지함으로써 스승과 학생 사이의 개인 교습 모형이 이슬람 문명 내내 유지되었고, 고대 과학에 정통한 학자들이 한 군데 모일 수 없었으므로 효율적으로 지식을 축적할 수 없었다. 중세 시기는 아무래도 과학 잡지나 과학자 조합과 학회 같은 과학 연구 사업의 필수 요소들이 등장하기에는 시기상으로도 아직 일렀지만, 더욱이 이슬람 법과 사회의 극단화된 개인주의 구조는 이슬람 과학의 진화를 이미 막고 있었다. 이런 상황에서 11세기에 중국에서 가동 활자 인쇄술이 발명되었고 그 기술이 서양보다 이슬람에 더 일

~73쪽 ; Goitein, *A Mediterranean Society*, 2, 240ff쪽.
112. Goldziher, "The Attitude of Orthodox Islam," 204~205쪽.

     사회·법 체계로 본 근대 과학사 강의

찍 들어왔지만 이슬람에서는 아무런 변화도 일어나지 않았다.[113]

이런 개인화 경향은 법학에서 특히 강했는데, 개별 이슬람 신자들은 여러 법률 전문가들이 내놓은 법률 현안을 놓고 선택적 판단을 해야 했다. 왜냐하면 법학자(무이티히드mujtihid)들이 저마다 내리는 법률 해석(이티하드ijtihad)에 대해서 "개별 신자들의 종교 생활을 논한 모든 법률 판단은 똑같이 정당하다."고 인정했기 때문이다. 이것은 달리 말하면 "무프티mufti(법학자)가 나름의 법률 해석을 자유롭게 내릴 수 있는 것처럼 무스타프티mustafti(법률 자문을 구하는 일반 신자)는 자신이 선택한 법률 해석을 따를 자유가 있다."[114] 이것은 오늘날 사람들이 변호사에게 법률 자문을 구하는 것과는 분명히 다르다. 무프티는 오늘날의 변호사처럼 청원자의 대리인 구실을 하는 것이 아니라 최종 판결을 내리는 재판장 구실을 했다.[115]

법학이 아닌 다른 영역을 연구하고 있던 학자들은 아라비아 과학사에서 이런 특수한 상황이 근대 과학과 제도의 발전을 가로막는 구실을 한다는 사실을 이미 알아챘다. 한편 중세 시기 중동에 존재했던 극도로 개인적인 인간 관계는 방대한 친족 집단이 개인에게 끼치는 영향력에서 찾아볼 수 있다. 이들이 이슬람 사회의 의학 체계 발

---

113. 카터T. F. Carter는 이집트의 목판 인쇄술을 설명하면서 목판 인쇄된 아라비아 원고의 일부가 분명히 14세기 중반에 인쇄되었다는 것을 보여 준다. *The Invention of Printing in China and Its Spread Westward*(New York : Ronald Press, 1955), 18장 참조.
114. Makdisi, *The Rise of Colleges*, 277쪽. 또한 F. Ziadeh, *Lawyers : The Rule of Law and Liberalism in Egypt*(Stanford, Calif. : The Hoover Institution, 1968), 9쪽 참조.
115. 실제로 이 상황은 당시의 재판관인 카디를 대하는 것과 아무 차이가 없는 것처럼 보인다. 오스만 제국의 법을 연구한 지아데Ziadeh는 만일 어떤 사람이 카디가 내린 판결에 불만이 있고 적어도 네 곳의 법률 학교에서 네 명의 무프티가 그 판결에 동의하지 않는다면 카디는 자기가 내린 판결을 재고했다고 말한다. Ziadeh, *Lawyers*, 9쪽 참조.

전에 끼친 영향력은 매우 컸다. 로렌스 콘래드Lawrence Conrad는 이슬람 세계의 필수 사회 단위로서 이슬람 전통의 대가족 제도에 대해서 이렇게 말한다.

이들은 가까운 가족 관계뿐만 아니라 멀리 떨어진 친족, 심지어 아무런 혈연관계도 없는 먼 친척까지도 가족으로 여긴다. 그러나 혈연관계를 따지는 것이 옳건 그르건 이 집단을 묶는 결속력은 엄청나게 강하며 그 집단의 구성원들끼리 권리와 의무를 서로 주고받으며 끊임없는 이익과 특권을 부여함으로써 단합된 힘을 늘 새롭게 반복해서 강화한다.…… 이들은 가족이 아닌 다른 집단에 대해서도 정당하다고 인정하고 중요하게 생각한다. 그러나 개인의 주장은 가족 전체의 의견에 따라야 한다. 가족 이외의 집단은 외래 집단으로 생각하며 이 '외래' 집단이 자기 가족의 권리와 이익을 침해하지 않는지, 가족의 권위를 공격하거나 가족의 명예를 떨어뜨리지 않는지 언제나 경계한다.

콘래드는 계속해서 설명한다. 더욱이

이 대규모 친족 집단은 '외부 세계'와 관계에서 서로 이익이 되고 필요한 것을 나누고 지원하면서 모든 사회적 · 경제적 · 정치적 차원에서 이 관계를 되풀이한다.…… 가장 일반적인 차원에서 볼 때 이 같은 대가족 제도는 중세 이슬람에서 어떤 집단 자치 제도도 발생하지 못하게 한 주요 요인이었다. 다시 말해서 중세 이슬람에서는 의사나 약사의 직업이 크게 발달했지만 이들을 대표하는 동업조합은 하나도 없었다. 의료업에 종사하는 사람들이 긴밀하게 조직되어 있던 것처럼 보이는 것은 대개 그 직업에 종사하는 사람들이 가족 집단과 점점 일치해 갔기 때문이다. 그러나 이 집단은 아무런 법적 또는 집단적 정체성이 없었으며 조

직 체계를 갖춘 집단도 아니었다.116

따라서 이 같은 대규모 친족 집단의 배타주의는 학자들이 과학 연구를 지속하면서 외부의 공격에 맞설 수 있게 뒷받침해 줄 동업조합이나 자치 조직—직업이나 법 또는 집단으로—도 만들지 못하게 강력한 영향력을 끼치고 있었던 것으로 보인다. 실제로 이슬람 시기 이전부터 전통으로 내려오던 대가족 제도는 가족을 집단적 실체로 인정하지 않는 이슬람법 때문에 더욱 강화되었다. 이슬람법은 집단의 개별 특성을 인정하지 않는다. 도시나 대학 같은 법적 자치 기구가 이슬람 문명에 없는 까닭이 바로 이것이다.117

또 이슬람 사회에 널리 퍼져 있던 인간 관계의 배타성은 당시의 배타적 법 체계의 영향도 많이 받았으며 이것은 과학 규범이 보편주의로 발전하는 것을 막았다. 이 규범에 따르면 "어떤 것이 참이라고 주장하는 것은 그 근원이 무엇이든 앞서 있던 객관적 기준에 맞아야 한다."118 달리 말하면 객관성이라는 개념은 객관적 기준이라는 개

116. Lawrence Conrad, "The Social Structure of Medicine in Medieval Islam," *The Society for the Social History of Medicine Bulletin* 37(1985), 11ff쪽.

117. 교육을 집단 차원에서 검토한 것은 Makdisi, *The Rise of Colleges*, 237ff쪽 ; Joseph Schacht, *Introduction to Islamic Law*(Oxford : Oxford University Press, 1964), 155ff쪽 ; Schacht, "Islamic Religious Law," in *The Legacy of Islam*, 392 ~403쪽 참조. 도시와 마을에 대한 것은 S. M. Stern, "The Constitution of the Islamic City," 25~50쪽 in A. H. Hourani and S. M. Stern, eds., *The Islamic City*(Philadelphia : University of Pennsylvania Press, 1970) 참조. 막스 베버는 Don Martindale and Gertrud Neuwirth가 편집하고 영문으로 번역한 *The City*(New York : Free Press, 1958)에서 이 차이를 인정했다. 그러나 이슬람과 서양의 도시 구조가 근본적으로 다르다는 그의 주장은 좀 모호하다. H. J. Berman, *Law and Revolution:The Formation of the Western Legal Tradition*(Cambridge, Mass. : Harvard University Press, 1983), 392~403쪽과 이 책 4장 참조.

118. Robert K. Merton, "The Normative Structure of Science," 13장 in *The Sociology of Science:Theoretical and Empirical Investigations*, ed. Norman Storet(Chicago : University of Chicago Press, 1973), 270쪽. 보편성과 배타성으

념과 밀접한 관계가 있다. 이 기준은 앞서 진리를 추구했던 사람들이 이미 정해 놓은 기준이며 보편성을 가지고 널리 적용된 기준이다. 그러나 이슬람 문화의 교육 체계는 그것이 법이든 아니면 종교학이나 외래 과학이든 배타적이며 그 전달 체계도 개인화되어 있어 교수 집단이나 학교의 판단이 아니라 어느 개인의 권위를 바탕으로 자격 인증을 주는 구조였다. 이자자 제도의 전체 체계는 예언자가 말한 이슬람교의 가르침인 하디스를 수집하고 그것을 다른 사람에게 전달하는 것을 본보기로 삼았다. 이 제도는 이렇게 모아지고 입으로 전달된(나중에는 글로 씌어진 것을 모아 정리한) 가르침을 하나하나 검증해야 할 필요성 때문에 생겨났는데, 이것은 원래 권위 있는 선생에게 하디스를 듣거나 시험을 쳐서 인정받는 것을 뜻했다.[119]

끝으로 중세 이슬람의 지식 세계를 규정짓는 정신 가운데 또 하나의 특징은 "철학자들이 엄연한 비밀의 역사"라고 불렀던 지식인과 일반인 사이의 뚜렷한 구분이다.[120] 조지 호우라니George Hourani는 고대 그리스 때부터 내려온 이 전통이 플라톤에서 시작해서 갈레노스, 알파라비, 이븐 시나, 알가잘리, 이븐 투파일을 거쳐 아베로에스와 그 유명한 마이모니데스에 이르기까지 유유히 흘러왔다고 설명한다. 이 철학자들이 그 사실을 감춘 까닭은 다 다르겠지만 이들은 모두 일반 대중은 철학의 높은 참뜻을 깨달을 수 없으며, 특히 알가잘리, 투파일, 아베로에스 같은 사람은 일반인이 성서 "안에 담겨진 뜻"을

로 나누는 이분법의 사회학적 중요성에 대한 자세한 논의는 예를 들면 Talcott Parsons, *Toward a General Theory of Action*(New York : Harper, 1951), 81∼82쪽과, 이와 매우 다른 주장을 하는 Benjamin Nelson, *On the Roads to Modernity*, ed. Toby E. Huff(Totowa, N. J. : Rowman and Littlefield, 1981), 184ff쪽, 192쪽에 나온다.

119. Makdisi, *The Rise of Colleges*, 140∼142쪽.

120. Hourani, *Averroes : On the Harmony of Religion and Philosophy*, 106쪽 주석 142번.

이해하지 못한다는 데 공감했다. 또 일부는 만일 어떤 사람이 "(이슬람교) 신자라면 그는 이런 (철학적) 문제를 공개적으로 토론하는 것이 신성한 이슬람법에 따라 금지된다는 것을 알 것이다."고 아주 단순하게 해석하기도 한다.[121]

철학적 지식을 감추기도 하고 밝히기도 하면서 글을 쓰는 기술은 아베로에스가 알가잘리를 비판한 《모순의 모순*Tahafut al-Tahafut*》과 "중대한 논문"(또는 《종교와 철학의 조화에 관하여*On the Harmony of Religion and Philosophy*》)에서 다음과 같이 잘 보여 주었다.

> 어떤 교리나 주장은 단지 상징적으로 넌지시 말한다. 어떤 논점의 전제를 여러 개로 분산하거나 감춘다. 주제와 맞지 않는 문맥에서 말하고자 하는 내용을 다룬다. 중요한 요점으로 관심을 이끌도록 어렵게 말한다. 단어와 문자의 순서를 바꾼다. 여러 뜻을 가진 말을 신중하게 쓴다. 서로 모순인 전제를 인용해서 독자를 즐겁게 한다. 진실을 말할 때는 아주 간략하게 쓴다. 명백한 결론을 내는 것은 삼간다. 다시 말하지만 침묵하라. 그리고 널리 알려진 선조를 빌려서 자기 자신의 견해를 밝힌다.[122]

말할 것도 없이 이런 방법은 간결하고 명확한 표현 그리고 규범의 보편성과 공동체주의를 표방하는 과학 정신의 특성과 반대되는 방향으로 달리는 것이다.[123] 이렇게 일반 대중과 전문가에게 표현하는 형식이 달라야 한다고 하는 아베로에스를 따르는 사람들의 견해를 두고 기독교 교회는 나중에 이것을 진리가 둘 있다고 주장하는 교리

---

121. Averroes, *Tahafut al-Tahafut*, 430쪽을 Kogan, *Averroes*, 22쪽에서 인용.
122. Kogan, *Averroes*, 21쪽. 더 자세한 설명을 보려면 Maimonides, *The Guide of the Perplexed*; Leo Strauss, *Persecution and the Art of Writing*, 재판(Westport, Conn.: Greenwood Press, 1973) 참조.
123. Merton, "The Normative Structure" 참조.

라고 비난했다. 일반 신자들은 심오한 지식을 제대로 받아들일 수 없으므로 보호받아야 한다는 견해가 자취를 감춘 것은 종교 개혁과 함께 "모든 신자들이 성직자"라는 생각과, 중세 가톨릭 사상에서 특히 양심의 문제를 얘기하면서 나온 "내면의 빛(그리스도의 빛이 우리 몸 안에 있다는 뜻―옮긴이)"이 모든 신자와 함께한다는 생각이 널리 퍼지면서 시작되었다.[124] 또한 인쇄 기술의 발전은 이런 엘리트주의를 무너뜨린 혁신적 변화임에 틀림없었다. 그러나 이슬람 제국에서는 서양에서 인쇄기가 등장한 이후로도 수세기 동안 금지되었다.[125]

중세 이슬람에서는 일반 대중이 법의 테두리에서 자유롭게 토론하고 참여할 수 있는 자치 공간을 발전시키지 못했는데, 이것은 그 발전을 가로막았던 관련 제도와 문화적 영향력이 존재하고 있었기 때문이다. 대대로 내려온 대가족 제도와 지식인의 비밀주의, 보편성을 가진 규범에 대한 반발, 강력한 배타적 법률 체계가 바로 그런 구실을 했다.

한편 이슬람 사회에서 어느 집단의 자치권을 인정하고 모든 사상과 행동의 보편적 기준을 인정하기 위해서는 기존의 이슬람법이 완전히 바뀌어야 했다. 이 일은 실제로 19세기 중반 오스만 제국이 개혁[탄지마트tanzimat(개혁이라는 뜻으로 1839~1876년에 오스만 제국이 근대화를 목표로 시행한 개혁 정책―옮긴이)로 마잘라majalla 법이 만들어짐]을 단행하고 일반인이 전문 법관과 함께 재판에 참여하는 "참심제

---

124. 이 주제에 대해서는 Nelson, "Self-Images and Systems of Spiritual Direction," 3장 in *On the Roads to Modernity*와 이 책 3장 참조.

125. Carter, *The Invention of Printing in China*; J. Pedersen, *The Arabic Book*, 7장; Hodgson, *The Venture of Islam* 3, 123쪽; Stanford Shaw, *History of the Ottoman Empire and Modern Turkey*(New York: Cambridge University Press, 1976), 1, 235~238쪽. 여기서 흥미로운 것은 이슬람에 사로잡힌(나중에 개종함) 헝가리 캘빈주의자(또는 유일신교도)가 18세기에 터키의 이슬람 사회에 인쇄기를 소개했다는 사실이다. Shaw, *History of the Ottoman Empire*, 236쪽.

 사회·법 체계로 본 근대 과학사 강의

mixed courts”를 도입했을 때 한 번 일어났다. 그후 20세기 들어 근대 국가로 발돋움하면서 그에 알맞은 법 체계를 만드느라 대대적으로 서양의 법 체계를 도입하면서 특히 민법 체계를 받아들였다.[126] 또 한편으로 근대 과학으로 발전하기 위해서는 이슬람 세계가 아닌 다른 곳에서도 약간의 차이는 있지만 언제나 공통으로 문제가 되는 전통주의자들의 인간 관계 유형을 깨뜨리는 것이 필요했다.

제도 형성과 자연과학의 금지

만일 중세 이슬람이 자연과학을 완전히 배제했다고 하는 전제를 배경으로 이 문제를 검토한다면 우리는 곧바로 반쪽짜리 결론에 이르게 될 것이다. 마드라사에서 공식적으로 철학과 의학, 고등 수학, 광학, 화학(연금술), 천문학을 가르치지 못하도록 금지한 것은 중세 이슬람에서 자연과학이 제도권 밖에 있었다는 것을 암시한다. 달리 말하면 과학적 탐구는 매우 힘든 상황이었다. 때때로 짧은 기간 일부 지배자들이 장려하기도 했지만, 국가가 그것을 공식으로 제도화하거나 이슬람의 지식 엘리트들이 찬성한 적은 한 번도 없었다. 아이딘 사일리Aydin Sayili는 그것을 이렇게 말한다.

이슬람이 총체적으로 자연과학을 반대하고 장려하지 않은 상황은 이

---

126. Khadduri and Liebesny, *Law in the Middle East*에 나온 논문 가운데 특별히 S. S. Onar, “The Majalla,” 292~308쪽과 H. Liebesny, “The Development of Western Judical Privileges,” 309~333쪽 참조; J. N. D. Anderson, *Law Reform in the Muslim World*(London : Athlone Press, 1976)과 Majid Khadduri, *The Islamic Concept of Justice*(Baltimore : Johns Hopkins University Press, 1984). 나는 이 문제 가운데 일부를 “On Weber, Law and Universalism : Some Preliminary Considerations,” *Comparative Civilization Review*, no. 21(1989), 47~79쪽에서 검토했다.

슬람의 과학과 교육 제도에 분명하게 반영되어 있다. 따라서 종교와 가장 관련이 적은 기관인 천문대가 이슬람 문명에서 꼭 필요한 주요 기관으로 되기까지 엄청난 어려움을 겪었다. (이처럼) 마드라사는…… 종교와 관계없는 과학은 교과목을 정할 때부터 계획적으로 교육 과정에서 배제했다. 이런 일반 원칙에 예외도 있었지만 이 예외는 기간이 짧고 그 수도 적었다.[127]

한편 사브라 같은 학자들은 이런 주장에 반대했는데 그들은 이슬람의 법학 교수들 가운데 많은 사람들이 사적으로 철학과 여러 자연과학 요소를, 특히 의학을 가르쳤다는 사실을 근거로 주장한다. 또한 많은 문서가 복사되었고 이것은 마드라사와 여러 모스크 학교에서 볼 수 있었다. 심지어 논리학은 많은 종교학자들이 모든 형태의 지식 토론에서 논쟁의 "균형을 맞추는" 데 없어서는 안 될 수단으로 인정했다.[128] 그리고 끝으로 대수와 기하학, 삼각법을 포함한 고등 수학의 발전과 사용은 천문학에서 가장 크게 성공했는데, 지역에 있는 모스크에서 시간을 기록하는 일을 하는 사람들처럼 이슬람 종교와 관계된 일을 했던 사람들이 이것을 널리 활용했다. 내가 처음에 주목했던 것처럼 코페르니쿠스 혁명의 핵심이라고 할 수 있는 행성 운동의 수리 모형을 개발한 사람들은 바로 이들이었다. 이 주장을 요약하면 12세기경 중동의 아랍인들은 이성을 중시하는 과학을 상당 부분 받아들였으며, 당시 이들은 매우 높은 창조성을 지닌 과학 수준에 올라 있었다. 실제로 이들 아라비아-이슬람 천문학자들은

---

127. Sayili, *The Observatory in Islam*(Ankara : Turkish Historical Society, no. 38, 1960), 9쪽.
128. Sabra, "The Appropriation and Subsequent Naturalization," 229~236쪽. 의학의 경우는 좀 다른 설명이 필요한데 이 책 5장에서 "이슬람의 초기 과학 시설"이라는 제목의 절에서 논의할 것이다.

자신들이 개발한 행성 모형을 가지고 고대 프톨레마이오스의 행성 이론을 비판하고 완성했다. 이 모형은 수학적으로 코페르니쿠스 체계와 같았지만 아직 지구 중심 모형에서 벗어나지 못했으며 지구가 동시에 세 가지 회전운동을 한다고 주장했다.

12세기와 13세기에 이슬람이 외래 과학을 완전히 동화하고 받아들였다는 견해를 인정하더라도 당시에 이슬람에서 자연과학은 근대 과학으로 이전하기 위한 필수 전제 조건인 제도적 자치권을 확보하지 못했다는 사실은 알아야 한다. 더욱이 사브라 교수의 동화(또는 이슬람화) 주장은 논리적으로 아라비아 과학의 쇠퇴와 몰락에 이어서 점점 이론적 연구가 힘을 얻게 되는 결론을 가져온다. 이 이슬람화 과정은 세 단계로 이루어진다.

첫 번째 단계에서 우리는 고대, 특히 그리스 과학과 철학이 그리스어와 시리아어에서 아랍어로 번역되어 이슬람으로 들어오는 것을 볼 수 있다. …… 그리스 과학이 이슬람 세계로 들어올 때 알렉산드리아, 안티오크, 하란을 근거지로 해서 강력한 군사력을 내세워 침입한 것은 아니었다. 오히려 손님으로 초대받은 모양이었다. 그리스 과학을 이슬람으로 도입한 개인들은 중요한 종교 문제는 침묵과 무관심으로 일관했다.[129]

그러나 두 번째 단계에서는 이 침묵과 무관심이 높은 호기심과 지적 실험으로 바뀌었다.

이 손님은 주인이 실제로 효용성이 있다고 생각했던 것보다 훨씬 더 매력이 있다는 것을 금방 입증했다. 이 손님의 설득력은 예기치 못할 정

---

129. Sabra, "The Appropriation and Subsequent Naturalization," 236쪽.

도로 강해서 주인집에 사는 알킨디 같은 이슬람교인들은 헬레니즘 문명을 거의 곧바로 스스럼없이 받아들였다. 그러나 그리스 과학이 이슬람에서 성공한 정도는 이 시기에 엄청나게 많은 이슬람 사상가들이 등장했다는 사실에서 알 수 있다. 이들은 물질과 사고, 가치를 모두 헬레니즘 세계관으로 해석했으며, 이들이 이렇게 헌신했던 것은 그들이 지니고 있던 철저한 사명감과 신조로 밖에 설명할 수 없다. 파라비, 아비센나, 이븐 알하이삼, 비루니, 아베로에스 계열에 속한 사람들이 바로 이들이었다. 나는 이들을 이슬람교인들이라고 말한다. 이들은 스스로 그렇게 생각했고 자신의 신앙과 헬레니즘 원칙이 충돌할 때 매우 신중하게 처신했다.130

세 번째 단계에서는 고대 그리스 철학이 이슬람의 종교 관습과 동화되었으며 이것을 팔사파falsafa라고 부른다.

파라비나 아비센느 같은 철학자가 쓴 글에서 찾을 수 있는 사상과 토론의 형태는 이슬람의 변증법 신학인 카람의 테두리 안에서 시작했다. 철학자이며 의사인 사람(대표 인물은 라지Râzî)은 법학자이며 의사(이븐 알나피스Ibn al-Nafis가 대표 인물)로 바뀌었고, 수학자(탈리미ta'lîmî)는 파라디(수학을 공부한 법률가)로, 천문학자이며 점성가인 사람은 무와키트(시간을 기록하는 사람)로 바뀌었다.131

마지막으로

고대 그리스의 과학과 의학 지식 또는 기술을 이슬람 세계로 전달하

---

130. 같은 쪽.

는 사람은 이제 태어날 때부터 이슬람 신자였던 사람들에 한정되지 않고 이슬람 교육과 전통의 영향을 받은 사람들로 확대되었다. 이들의 사고방식은 의식적으로 이슬람의 세계관을 따르고 연마하는 과정에서 생겨났다. 이제 더는 앞서 철학자들이 만들어 놓은 가정에 얽매이며 과학을 연구하는 학자들은 없었다. 나중에 때때로 모술Mawsil의 카밀 알딘 이븐 유누스 같은 학자는 종교와 이성을 중시하는 과학 사이에서 균형을 유지했고 종교 기관에서 정부 관리로 일하기도 했다(이븐 알샤티르도 마찬가지였다). 그는 또한 법률과 문법 전문가로 일하거나 꾸란을 연구하는 일을 했다. 그는 어떤 일을 하든지 언제나 완벽하게 이슬람 교육의 영향 아래 있었다.132

이렇게 그리스 과학이 이슬람으로 동화되고 착색되었다면 "문제는…… (그리스의) 과학 교육과 실천이 이 세 번째 단계에서 이슬람 전통의 교육과 뒤섞였는지 아닌지를 따지는 것이 아니라, 그 결합 과정이 어떻게 발전했으며 그 결과 과학적 사고의 특성과 경과는 어떠했는지를 밝히는 것이다."133

그럼 여기서 우리의 초점은 이슬람에서 그리스 철학의 동화 이후에 지식인의 정신이라 부를 수 있는 것과 철학적 활동이 자연스럽게 진행되었느냐 하는 문제로 넘어간다. 사브라는 알가잘리에서 이븐 할둔Ibn Khaldun에 이르기까지 많은 저명한 이슬람 지식인이 보인 태도의 특성을 기술함으로써 총평을 마무리한다. 여기서 인간의 지식은 인간을 창조주에게 더 가깝게 다가가도록 이끄는 축도라고 말한다.

---

131. 같은 쪽.
132. 같은 책, 237쪽.
133. 같은 쪽.

종교심이 깊은 가잘리에게 종교적 지식은 모든 형태의 지식보다 더 상위에 있으며 탐구할 가치도 더 높을 뿐만 아니라, 다른 모든 형태의 지식은 종교적 지식에 종속되어야 한다. 어떤 직업이나 탐구도 그 자체가 아무리 고결하다고 해도 인간을 우리의 궁극적 목표에서 벗어나게 해서는 안 된다. 따라서 신의 계시를 받지 않은 지식 가운데 의학은 오직 인간의 건강을 보호하는 데만 써야 하며, 산술은 이슬람법에 따라 일상 활동과 유언 작성, 유산 분배 같은 데만 사용한다. 천문학은 그 자체로 훌륭한 과학이지만 어떤 면에서는 비난의 대상이므로 성스러운 꾸란이 인정하는 일, 이를테면 천체의 움직임을 계산하는 데만 쓴다. 그리고 논리학은 비종교적인 탐구 영역에서처럼 종교적 논쟁에서도 그 과정에서 서로 심사숙고하기 위한 수단일 뿐이다. …… 우리가 특정한 학문 영역을 연구할 만한 가치가 있는지 없는지 정해야 할 때마다 반드시 생각해야 할 원칙이 한 가지 있다. "이 세계는 내세를 위해 씨를 뿌리는 토양이다."는 말을 모두 명심해야 한다.[134]

쓸데없는 호기심을 비난하는 최고의 경구로 "신은 쓸모없는 지식에서 우리를 보호하나니"라는 말이 있다. 따라서 중세 후반 이슬람 세계에서는 지식의 실용성과 유용성이 이슬람교에 직접 유용한 지식을 뜻하는 것으로 좁게 해석되었다. 또한 이 종교적 실용주의는 도구주의라고 말할 수도 있다. "이슬람 사회에서 허용되는 세속 지식은 오직 이슬람교에 유용한지 아닌지 하는 도구주의 관점에서 판단한다는 것이 최종 결론이다. 이것은 논리학과 수학, 의학을 제한적이지만 마드라사에서 배울 수 있고 천문학자들이 모스크에 조건부로 출입할 수 있었던 근거를 마련해 준 논리였다."[135] 사브라는

---

134. 같은 책, 239쪽.
135. 같은 책, 240쪽.

     사회·법 체계로 본 근대 과학사 강의

더 나아가 이 견해는 "이슬람인들이 과학에 대해 도구주의의 관점으로 일반적인 해석을 내린 것이 아니라, 과학을 아주 좁은 보수적 영역에만 한정해서 연구할 수 있게 제한한 특수한 견해이다."고 주장한다.136

이 관점에서 볼 때 고대 과학의 동화와 이슬람화는 지식의 변화와 혁신을 제한하는 결과를 가져왔다. 이 동화 과정은 실제로 이슬람 사상의 이론적―아마도 우리가 보통 형이상이라고 말하는―한계와 전제를 그대로 두고 그 안에서만 진행된 까닭에 자유로운 상상력이 나래를 펼 수 없었다.

지금까지의 중세 아라비아 과학의 특성과 그 문화적 배경에 대한 설명은 서유럽의 과학과 그 제도화 과정을 좀더 체계적으로 비교하기 위한 출발점으로 볼 수 있다. 12세기와 13세기 이전의 서유럽은 확실히 경제가 낙후되었고 지식 문화도 정교하지 못했다. 하지만 그 이후 서유럽은 엄청난 규모의 고대 그리스와 아라비아의 과학 지식이 유입되면서 마침내 근대 과학 혁명을 이끌어 내는 혁명적 전환을 경험했다. 여기서 중요한 것은 서양의 사회, 법, 문화, 제도가 정말로 아라비아-이슬람 문명에서 보았던 것과 다른 유형인지 그리고 처음부터 달랐는지 하는 문제이다. 나는 이 문제의 해답을 찾기 위해 서양의 법 체계와 토론 체계를 집중해서 검토할 것이다. 이 체계는 사회 제도로 다듬어졌고 그 과정에서 서양인들은 자신들의 인식 능력을 이해하기 시작했다.

---

136. 같은 책, 241쪽.

이슬람과 서양이 생각하는 이성과 합리성

어느 문명에서고 넓은 의미에서 이성과 합리성의 근원은 그 문명이 담고 있는 종교와 철학, 법에서 찾을 수 있다. 과학이 독립된 자치 영역을 갖기 전까지는 각 분야의 담론과 탐구는 상호 작용하여 고유의 말과 은유, 자기 어휘를 가지고 다양하게 어우러진 합리적 담론을 생산한다. 고대 그리스 같은 문명에서는 철학이 모든 지식의 중심이었다. 따라서 많은 연구자들은 그리스 사상이 전파되는 곳마다 그 사상이 인간의 모습과 능력을 가장 이성적이고 합리적인 방향으로 형상화했다는 사실에 주목했다. 또한 그 영향력을 오늘날까지도 느낄 수 있다.[1]

---

1. A. C. Crombie, "Designed in the Mind : Western Visions of Science, Nature, and Humankind," *History of Science* 26(1988), 1~12쪽. 그리스 철학이 초기 기독교 사상에 끼친 중요한 영향은 Edwin Hatch, *The Influence of Greek Ideas on*

한편 막스 베버가 예리하게 지적한 것처럼 합리성의 근원이 종교에 있다는 주장은2 매우 근거 있는 말이다. 클리포드 기어츠Clifford Geertz의 표현에 따르면, 종교에서 요구하는 삶의 목표가 현실 속에서 형상화되는 순간 이 형상은 "모든 존재의 질서를 개념으로 공식화하고 이 개념을 현실에 맞는 언어로 표현함으로써 인간에게 오랫동안 강하게 지속되는 고유한 풍조와 동기로 받아들여진다."3 이 종교적 형상은 서양 세계에서 인간의 이성과 자연계의 합리적 질서에 대한 믿음을 새롭게 만들어 냈다. 그리고 이렇게 만들어진 합리주의 형이상은 고대 그리스 때부터 지금까지 과학적 세계관이 서양에 뿌리를 내릴 수 있게 했다.

우리는 이렇게 엄격하게 사물에 부여된 종교적 질서와는 별도로 서양에서 법 개념이 여러 면에서 사회를 움직이는 실질적인 기구가 됨으로써 반대로 그 동안 사회를 지배하던 종교적 풍조와 동기는 그 구실이 좁아지고 점점 사회 제도 속으로 편입되었다는 것을 검토해야 한다. 왜냐하면 법 규범과 법의 진행 절차, 그리고 실제로 법적 사고방식이 날마다 분쟁을 해결하는 과정에서 이성과 합리성에 권위를 부여하는 데 끼친 독자적 영향력을 무시하는 것은 부당하기 때문이다.

한편 과학사를 연구하는 사람들은 그 당시에 널리 퍼져 있던 장인 기술과 같이 당대의 기술과 기능에 녹아 있는 과학적 합리성의 원천이 무엇인지 좀더 자세하게 살펴야 한다. 막스 베버도 이런 자세를

Christianity, 재판(Gloucester, Mass. : Peter Smith, 1970)에 잘 나와 있다.

2. Max Weber, "Religious Rejections of the World and Their Direction," in *Essays from Max Weber*, ed. Hans Gerth and D. W. Mills(New York : Oxford University Press, 1948), 323~359쪽.

3. Clifford Geertz, "Religion as a Cultural System," in *The Interpretation of Cultures* (New York : Basic Books, 1973), 90쪽.

견지하면서 다양한 방식으로 연구에 적용했다. 베버는 "실험 방법"
이 성장하기 시작한 것은 르네상스 시대의 기술부터라고 주장했다.[4]
그는 《중국의 종교*The Religion of China*》에서 "르네상스 시대에 '실험'을
통해 탄생한 위대한 기술은 두 가지 요소가 독특하게 결합하여 생겨
났다. 하나는 장인 정신을 바탕으로 한 서양 기술자들의 경험을 중
시하는 기술이었고, 또 다른 하나의 요소는 이들이 살던 시대의 역
사와 사회가 제공한 이성주의자의 야망이었다. 이들은 기술을 '과
학' 수준으로 끌어올려 자신들이 지닌 기술과 사회에서 누리는 위신
을 영원히 차지하고자 애썼다."[5]고 썼다. 에드거 질셀Edgar Zilsel[6], 조
지프 니덤과 같은 여러 사람들도 이와 비슷하게 오늘날까지 다양한
형태의 실험주의가 발생한 것은 공예 기술 덕분이며 심지어 미술의
영향이 컸다고 말한다. 그러나 이들은 대부분 아라비아 과학이 지닌
실험적 특성의 역사를 무시했다. 조지프 니덤은 잘 알려진 것처럼
질셀과 마찬가지로 초기 마르크스주의 영향을 받아 "더 높은 기술
수준"[7]의 영향력을 중요하게 생각한다.

그러나 연구자들은 이런 논지를 펴면서 아랍인들이 르네상스가
오기 오래 전부터 이미 적어도 세 개의 과학 분야에서 실험 과학의
논리를 펴기 시작했다는 사실을 분명하게 말하지 않았다. 더욱이 이

---

4. Max Weber, *The Protestant Ethic and the Spirit of Capitalism*(New York : Scribners, 1958), 13쪽.

5. Max Weber, *The Religion of China*(New York : Free Press, 1951), 151쪽.

6. Edgar Zilsel, "The Sociological Roots of Science," *American Journal of Sociology* 47(1942), 544~562쪽 ; 같은 저자, "The Origin of William Gilbert's Scientific Method," *Journal of the History of Ideas* 2(1941), 1~32쪽. Edgar Zilsel, *The Social Origins of Modern Science*(Boston : Kluwer Academic Publishers, 2000)에 서 재판.

7. Needham, *SCC* 3, 154ff쪽, 159쪽, 160쪽, 166쪽 ; Joseph Needham, *Clerks and Craftsmen in China and the West*(Cambridge : Cambridge University Press, 1970) ; Needham, *GT*.

런 기술에 대한 논의는 12세기와 13세기에 아라비아에서 서양으로 전달되었다.8 따라서 이를 요약하면 기술과 기능을 바탕으로 한 실험주의가 과학 사상과 현실의 발전에 끼친 영향력은 자연 철학자나 과학자들이 전해 준 실험주의 정신보다 더 크지 않다. 예를 들면 사브라는 아라비아 과학에서 '실험'이라는 개념을 11세기 이븐 알하이삼의 광학 연구에서 찾았다. 비록 알하이삼이 실험이라는 아랍어를 신기하다는 뜻으로 사용했지만 사브라는 알하이삼의 책을 번역한 중세 라틴어 번역자가 "아랍어의 이타바라i'tabara를 라틴어의 '실험하다'(experimentare 또는 experiri)로, 이티바르'itibar를 라틴어의 '실험'(experimentum 또는 experimentatio)으로, 무타비르mu'tabir를 라틴어의 '실험자'(experimentatar)로 번역하는 것을 주저하지 않았다."9 는 사실을 주목한다.

우리는 앞으로 이성과 합리성의 근원을 찾아 내기 위해 종교와 신성한 법의 수원지에 더 넓은 그물을 던질 것이다. 아라비아−이슬람 문명이 지닌 독특한 법(샤리아) 중심주의를 고려할 때 이슬람법이 사회와 제도에 끼치는 법의 영향력을 최고로 보여 주는 실례라고 말할 수 있다. 그렇다고 서양에서 법이 사회, 경제, 정치, 지식의 영역에서 이슬람 문명보다 덜 영향을 끼쳤다고 가정하는 것은 잘못된 일

---

8. 그 사례는 A. C. Crombie, "The Significance of Medieval Discussions of Scientific Method for the Scientific Revolution," in *Critical Problems in the History of Science*, ed. Marshall Clagett(Madison : University of Wisconsin Press, 1959), 79 ∼102쪽 ; 같은 저자, "Avicenna's Influence on the Medieval Scientific Tradition," in *Avicenna*, ed. G. Wickens(London : Luzac, 1952), 84∼107쪽 참조.

9. A. I. Sabra, "The Astronomical Origins of Ibn al-Haytham's Concept of Experiment," *Actes du XIIe Congrès International d]Histoire des Sciences, Tome IIIa*(1971), 133∼136쪽 가운데 133쪽 ; Sabra, 편집과 영문 번역, *The Optics of Ibn al-Hytham : Book I − III on Direct Vision*(London : The Warburg Institute, 1989), 2, 10∼19쪽. 중세 시대 실험의 기원에 대한 더 많은 논의는 이 책 6장의 "내부 요인"을 참조.

이다. 달리 말하면 모든 문명은 그 자체의 형이상학적 기하학을 구성하고 그에 따른 사회학적 결과를 수반한다. 이 두 문명 사이에 법이 발전하여 내놓은 결과는 매우 다르지만, 그것은 법이 두 문명 사이에 끼친 영향이 달라서라기보다는 오히려 두 문명의 사회와 문화가 진화하는 과정에서 법이 차지했던 중심 구실이 다르기 때문이다. 그러나 12세기와 13세기에 이미 혁명적인 법의 변화를 경험한 서유럽은 과학을 자유롭게 토론할 수 있는 제도와 자치 공간의 발전을 위해 필요한 풍요로운 토양을 이슬람이나 중국 문명을 포함해서 다른 지역보다 더 많이 가지고 있었다. 맨 처음 할 일은 두 문명의 중심에 있는 두 갈래의 인류학을 비교해서 그 안에 있는 이성과 합리성의 개념이 어떻게 다른지 밝혀 내는 것이다. 나중에 중국 법의 구실도 탐색할 것이다. 그리고 이 세 문명에서 이성과 합리성의 개념이 서로에게 어떻게 영향을 끼치고 전체 사회 질서에 미친 영향을 어떻게 강화했는지 밝힐 것이다.

이슬람법의 배경

지금까지 살펴본 것처럼 이슬람법은 꾸란과 예언자 무함마드의 언행을 후세들이 수집하고 편집한 내용이 합해진 신성한 법이다. 이슬람교인들은 이슬람법은 신이 내린 계율로서 아무 결점이 없으며 완전하고 영원히 변하지 않는 법이라고 생각했다. 법을 다스리는 최상층에서는 이것이 말 그대로 진실이라고 생각하지 않았지만, 그래도 이들은 이를 전제로 법을 진행했고 법전과 지식 수단을 개발하여 양쪽 주장이 평행을 달리고 있거나 꾸란이나 수나sunna(예언자의 언행. 꾸란이 만들어지기 전부터 있었던 이슬람교의 전통 규범 – 옮긴이)에서 실제로 거론된 적이 없는 상황까지 샤리아를 확장하여 적용할 수 있었다.

바로 여기서 긴장과 역설의 깊이를 느낄 수 있다. 한편으로 이슬람의 신성한 법인 샤리아는 신의 명령이며 기정사실이다. 그리고 법학자와 이슬람 신자가 해야 할 일은 이 명령을 이해하는 것이다. 법 또는 법률 체계(피끄)는 깨달음의 학문이며, 이 법의 근원(우술 알피끄usul al-fiqh)은 사람들이 깨달아야 할 요소와 이것을 얻기 위한 지적 수단으로 구성되어 있다.[10] 다른 한편으로 코울슨N. J. Coulson이 결론을 내린 것처럼 "꾸란과 수나는 둘 다 전체를 포괄하는 법 체계를 전혀 구성하지 않고 있다. 이들이 포함하고 있는 법률적 요소는 매우 광범위하고, 다양한 주제에 걸쳐 흩어져 있는 특별한 주제에 대한 판결을 조각조각 모아 놓은 것이다. 이것은 국가의 기본 질서를 규정하는 법전과는 거리가 멀며 법률 체계의 기본 골격조차도 갖추지 못했다."[11] 그런 까닭에 이슬람의 법학자들은 언제나 신성한 문서에서 새로운 상황에 맞는 법률적 판결을 끊임없이 찾아 내야 했으며, 어떤 예외도 용납하지 않았다.

이슬람 전통 법 체계에 따르면 법의 뿌리 또는 근원은 네 가지이다. 꾸란, 예언자의 가르침(수나), 유추 해석(키야스qiyas), 학자 공동체의 합의(이즈마ijma')가 바로 그것이다. 이 체계는 신의 법(신의 명령)이 꾸란과 (다양한 법전으로 베껴 쓴) 예언자의 언행을 구전하는 가르침 속에 완전하게 관통된다고 주장한다. 신은 자신을 믿고 따르는 사람들이 올바른 길에서 벗어나지 않게 하고 따라서 샤리아 안에는 어떤 상황에도 올바르게 인도할 가르침이 들어 있다. 하지만 전

---

10. N. J. Coulson, *A History of Islamic Law*(Edinburgh : Edinburgh University Press, 1964), 75ff쪽 ; Fazlur Rahman, *Islam*(New York : Doubleday, 1968), 4장.

11. N. J. Coulson, *Conflicts and Tension in Islamic Jurisprudence*(Chicago : University of Chicago Press, 1969), 4쪽.

체 샤리아를 이해하고 그것을 이슬람 신자들이 부딪치는 모든 복잡한 상황에 적용하기 위해서는 인간의 이성을 이용한 지식 논쟁(이즈티하드ijtihad)이 불가피하다.

이런 법 체계의 발전 과정에서 이슬람 사회가 허용하는 추론의 형태는 점점 더 엄격한 유추 해석으로 좁아졌다. 샤리아에 있는 내용과 비슷한 것만 인정하고 개인 의견(라이ra'y)이나 특히 개인 재량의 판단(이스티산istihsan)은 기피했다.12 이러한 법 기초를 세우고 이슬람법 사상의 체계를 만든 사람은 알샤피이었다.13 샤피는 이슬람법 사상에서 인정할 수 있는 추론의 형태를 재정립하여 지식 논쟁을 유추 해석만 가능한 키야스로 축소했다. 샤피는 다음과 같이 썼다.

유추에는 두 종류가 있다. 하나는 (앞선 판례의) 원래 뜻과 비슷한 경우의 사건이 있을 수 있는데 이 경우는 의견의 불일치가 일어나지 않는다. 다른 하나는 비슷한 판례가 여러 개 있는 경우인데 이때는 가장 비슷하고 알맞은 판례를 유추해서 적용한다. 그러나 이 경우에 유추 적용하는 사람들은 서로 (각자 해석이) 다를 수 있다.14

원래 유추 해석은 예로부터 전해 온 경구나 명령 또는 꾸란에 나온 이야기와 새로 닥친 상황 사이에서 비슷한 점을 찾는 일이다.15 샤피는 유추에는 여러 가지 다른 형태가 있다는 것을 알고 있었다. 그는 아랍어를 "(사람들이) 유추를 적용하기 위해 쓰는 도구"라고

---

12. Joseph Schacht, *Introduction to Islamic Law*(Oxford : Oxford University Press, 1964), 37쪽 참조.
13. Joseph Schacht, *Origins of Muhammadan Jurisprudence*(Oxford : Oxford University Press, 1950), 269~282쪽, 283~288쪽, 315ff쪽 참조.
14. Majid Khadduri, 편집과 영문 번역, *Islamic Jurisprudence : Al-Shâfi'î's Risâla*(Baltimore : Johns Hopkins University Press, 1961), 290쪽.

말했다.[16] 또한 가장 강력한 유추 형태는 "신 또는 사도들이 처음에 적은 수의 사람들에게 명령하거나 금지한 것에서" 추론하는 것이라고 말했다. "이것은 나머지 많은 사람들도 따를 수밖에 없으므로 다수에게 명령하거나 금지하는 것과 같거나 그보다 더 큰 영향력을 가진다. 마찬가지로 작은 신앙심으로 신에게 자신을 맡기는 행위는 결국 더 큰 신앙심으로 더 강력하게 신에게 위탁하는 것을 암시한다."[17]

따라서 이렇게 유추를 해야 하는 경우에 필요한 지침은 사람들이 올바른 결론을 끌어낼 수 있도록 하기 위해 어떤 점이 비슷한 것인지를 표시하는 기준이 있어야 한다. 더 나아가 샤피는 "이슬람 신자들(의 생활)과 관계된 문제를 해결하기 위해서는 구속력 있는 결정을 내리거나 올바른 해답의 방향을 제시하거나 하는 방법이 있다. 결정을 내리면 무조건 따라야 한다. 만일 올바른 방향이 제시되지 않는다면 이즈티하드로 그 해답을 찾아야 하는데 이즈티하드는 키야스(유추)이다."고 분명하게 못을 박았다.[18] 이러한 사고가 정점에 달하면서 인간의 이성은 신성한 법에 완전하게 종속되는 결과를 낳았다.

신이 내린 명백한 결정이나 예언자의 수나 또는 이슬람 신자들의 합의가 있는 곳에서는 어떠한 의견의 불일치도 허용되지 않는다. 학자들은 이 세 가지 원천에서 해답을 찾아 판결을 내려야 한다. …… 만일 두 개의 결론이 나온다면 체계적인 추론을 통해 이 둘 가운데 하나를 선택

---

15. Bernard, "Qiyas," *EI*² 5, 238~242쪽과 비교.
16. Khadduri, *Al-Shâfi'î, Risâla*, 307쪽.
17. 같은 책, 308쪽.
18. 같은 책, 288쪽, 493쪽.

할 수 있다. 그러나 이런 경우는 거의 없다.[19]

요약하면 초기 이슬람법 사상에서 법을 조직적이고 일관된 지식 체계로 만들어 신자들이 바른 길에서 벗어나지 않도록 애써 합리화하려고 노력함으로써 결국 인간의 이성이 법의 또 다른 독립적 근원으로 구실하는 것을 줄이는 결과를 낳았다. 특별한 경우 이슬람 신자들이 이성으로 내리는 추론은 실제로 여러 가지 형태를 띨 수 있었지만 "그것이 무슨 형태이든 전통적인 법 의견은 그 추론을 신성한 법령과 별개로 독립된 세속의 법을 만드는 과정으로 인정하지 않았다."[20] 샤피는 전체 이슬람교 공동체가 어느 누구도 길을 잃지 않고 모두 신성한 예언자의 가르침을 보전했다고 주장했다. 더욱이 "공동체의 합의는 예언자의 가르침을 거스를 수 없었다."고 명확하게 규정했고 따라서 "개인 의견을 자유롭게 표명할 수 있는 공간은 없다."고 했다. "인간이 이성으로 추론하는 행위는 예언자의 가르침에서 올바르게 추리를 해서 질서정연한 결론을 끌어내는 것으로 제한되어야 했다."[21]

이렇게 해서 인간의 이성을 이용한 지식 논쟁은 그 문을 닫았고[22] 어떠한 법 원칙도 새로 더해지지 않았다. 그렇다고 재판관들과 법학자들이 개별 소송을 해결하기 위해 법률 해석(파트와)을 내리는 일을 멈춘 것은 아니었으며, 이것은 더는 새로운 법 원칙이 이슬람 법전에 추가될 수 없다는 것을 뜻했다. 이 법 원칙은 꾸란과 수나에서 신이 오직 한 번 모두에게 내리신 것이며 학자들이 모두 합의한 것

---

19. 샤피의 말은 Schacht, *Origins of Muḥammadan Jurisprudence*, 97쪽에서 인용.
20. Coulson, *Conflicts and Tensions*, 19쪽.
21. Schacht, *Introduction to Islamic Law*, 47f쪽.
22. 같은 책, 69ff쪽.

들이었다. 완전한 법전이 갖추어야 할 많은 요소가 이슬람법에 없는 것은 바로 이런 까닭이다. 법인과 자치 단체와 같은 기관들이 이슬람 사회에 없고 개인 부채나 과실의 개념도 이슬람법에 나오지 않는다.[23] 그리고 증거를 가지고 재판하는 증거법도 전혀 개발되지 않았고[24] 근대 국가에 어울리는 행정법이나 형법도 완전히 갖추어지지 않았다.[25] 나중에 공익이라는 개념이 개발되었지만 그것도 "신이 계시한 법을 따르는 정부"(시야사 샤리야siyasa shar'iyya)라는 뜻으로 한정했다.[26] 이것은 주로 세속의 지배자에게 자유재량권을 부여하는 데

---

23. Schacht, *Introduction to Islamic Law*, 182쪽.

24. 증거법에 대해서는 Coulson, *Conflicts and Tensions*, 61~66쪽 ; Schacht, *Introduction to Islamic Law*, 151쪽, 192ff쪽 ; M. Lippman, S. McConville, and M. Yerushalmi, *Islamic Criminal Law and Procedure*(New York : Praeger, 1988), 59~77쪽 참조.

25. 형법에 대해서는 Schacht, *Introduction to Islamic Law*, 175ff쪽 ; Lippman 외 다수, *Islamic Criminal Law and Procedure*와 M. Cherif Bassiouni, ed., *The Islamic Criminal Justice System*(New York : Oceana, 1982)에 실린 논문을 참조. 또한 Majid Khadduri, *The Islamic Conception of Justice*(Baltimore : Johns Hopkins University Press, 1984)도 참조 ; 행정법에 대해서는 M. Khadduri, ed., *Major Middle Eastern Problems in International Law*(Washington D. C. : American Enterprise Institute for Public Policy, 1972) ; Khadduri, *War and Peace in the Law of Islam*(Baltimore : Johns Hopkins University Press, 1955) ; *The Islamic Law of Nations : Shaybani's Siyar*, 영문 번역, Majid Khadduri(Baltimore : Johns Hopkins University Press, 1966) ; N. J. Coulson, "The State and the Individual in Islamic Law," *International and Comparative Law Quarterly* 6(1957), 49~60 쪽 ; Martin Shapiro, "Islam and Appeal," *California Law Review* 68(1980), 350 ~381쪽 참조. 서양의 법 개념이 도입되었던 19세기에 이슬람법이 부딪친 문제와 일어난 변화에 대해서는 M. Khadduri and H. Liebesny, eds., *Law in the Middle East*(Washington D. C. : The Middle East Institute, 1955)에 실린 논문 가운데 특히 Liebesny(on restoring Western legal previliges), Onar(on the Ottoman legal reforms of the nineteenth century resulting in the *majalla*), Tyan(on judicial organization and the *mazalim* courts, and the absence of the notion of jurisdiction in Islamic law)을 참조. 서양의 법 전통 안에 있는 보편적 법 원칙의 발전과 중동의 여러 나라에서 그것을 차용한 것에 대해서는 T. E. Huff, "On Weber, Law, and Universalism," *Comparative Civilizations Review*, no. 21(1989), 47~79쪽 참조.

공헌을 했는데 그 동안 그는 아무런 법적 구속을 받지 않았다. 자유 재량권이라는 개념은 모든 법적 제한을 초월하기 때문이었다.[27]

일부 학자들은 이러한 초기 이슬람법의 발전이 재판관들이 합의로 판례를 만들고 다음에 이와 비슷한 사례가 발생하면 이 판례를 적용해서 재판한다는 생각을 암시하고 있다고 주장하지만, 서양의 개념을 이슬람 현실에 적용하여 해석하는 일은 금물이다. 샤피는 학자들의 합의를 인정했지만 이 생각은 이론과 현실에서 모두 분명하지 않았다. 중심이 되는 법원도 없었고 판사들은 19세기 말까지 재판의 자율권이 없는 직업이었기 때문에[28] 판례나 재판 기록을 보관하고 관리할 제도 장치가 전혀 없었다. 물론 예언자의 언행을 기록하여 모아 놓은 것(예를 들면 부카리Bukhari에 나오는 하디스 모음집)은 있었지만 법 원칙처럼 질서정연하게 정리되어 모든 사람이 동의하는 그런 것은 아니었다. 이 입문서는 "신앙, 정화, 기도, 자선, 금식, 성지 순례, 상거래, 유산, 유언, 서원과 서약, 범죄, 살인, 재판 절차, 전쟁, 사냥, 포도주와 같은 제목으로 구성되어 있었다."[29]

우리는 이 문서들을 법 체계가 발전해 가는 첫 단계로 볼 수 있지만 내용과 형식이 더 세련되고 일관성을 보완하지 못한다면 법과 계율, 그리고 종교, 의례, 예배, 도덕, 관습을 한 군데 모아 놓은 것과

---

26. Coulson, *A History of Islamic Law*, 129ff쪽.

27. 같은 책, 132ff쪽. 여기에는 공익(마스라하maslaha)에 대한 또 다른 개념 정의가 있다. Khadduri, "The Maslaha(Public Interest) and 'Illa(Cause) in Islamic Law," *New York University Journal of International Law and Politics* 12(1979), 213~217쪽 참조. 그러나 이 개념은 아직 이슬람법의 원칙으로 보이지 않았던 철학 사상이 남아 있다(분명히 마스라하라는 용어는 꾸란에 나오지 않는다). Khadduri, *The Islamic conception of Justice*, 137f쪽 참조.

28. F. Ziadeh, *Lawyers: The Rule of Law and Liberalism in Egypt*(Stanford, Calif. : The Hoover Institution, 1968) ; Coulson, *Conflicts and Tensions*, 68f쪽 참조.

29. Ira Lapidus, *A History of Islamic Societies*(New York : Cambridge Uiversity Press, 1988), 102쪽.

   사회·법 체계로 본 근대 과학사 강의

다름없다. 실제로 판례나 재판 기록을 묶어 놓는 행위는 둘 다 이슬람 전통이 아니다. 엄밀하게 말해서 법으로 인정하는 것은 꾸란이나 예언자의 실제 언행에서 찾아야 한다. 따라서 꾸란이나 수나 밖에 있는 판례를 주장하는 것은 아무 소용이 없다. 근본적으로 과거의 재판 기록이 판례를 만든다고 생각하는 것은 받아들일 수 없는 것이었다. 그것은 그저 기존 법을 응용한 것일 뿐이었다. 실제로 법률을 해석해서 판결을 내린 파트와가 법전으로 성문화되기 위해서는 꾸란과 수나가 차지하고 있는 합법적 자리를 빼앗아야 했다. 그럼에도 뛰어난 법학자들은 이 모든 해석을 잘 다듬어서 법의 도움이 필요한 사람들에게 법률 자문을 해 주었다.

이 밖에 샤피, 하나피Hanafi, 한발리Hanbali, 말리키Maliki, 이 네 갈래의 주요 법학파(나중에 이것에 반대하는 학파들이 더 생겨났다)는 서로 다른 영토에서 각자의 법을 유지했다. 이 학파들은 마드라사30에서 하나의 체계가 아니라 서로가 개별 상황에 따라 적용되는 배타적 체계로 하나씩 따로 가르쳤다. 이것은 소송 당사자가 특정 학파에 속하거나 여러 명일 경우 서로 다른 학파에 속하기 때문이었다. 허버트 리에베스니Herbert Liebesny는 이슬람법에 판례가 도입된 것은 17세기 이후 유럽인들이 인도와 중동을 침략한 결과라고 말한다.31 서양에서 법의 진화와 유추 해석 사용이 이슬람의 경우와 근본적으로 다른 까닭은 이 주제를 다룬 탁월한 연구에서 확인할 수 있다.32 에드

---

30. George Makdisi, *The Rise of Colleges : Institutions of Learning in Islam and the West*(Edinburgh : Edinburgh University Press, 1981), 304쪽 외.
31. Herbert Liebesny, "English Common Law and Islamic Law in the Middle East and South Asia : Religious Influences Secularization," *Cleveland State Law Review* 34(1985/6), 19~33쪽.
32. Edward H. Levy, *An Introduction to Legal Reasoning*(Chicago : University of Chicago Press, 1949) ; Melvin A. Eisenberg, *The Nature of Common Law*(Cambridge Mass. : Harvard University Press, 1988) ; Ruggero J. Aldisert,

워드 레비Edward Levy와 멜빈 아이젠버그Melvin Eisenberg는 법의 변화는 법의 규칙(판례)을 새로 발견하고 거기서 더 높은 원칙을 찾아 내어 법의 개념과 범주를 확장하고 마침내 과거에 적용된 법의 규칙을 그 안에 포섭함으로써 이루어진다고 분명하게 설명한다.

그러나 이와 같은 일은 이슬람법에서 전혀 일어나지 않았다. 이슬람의 마을과 도시마다 이루어지는 소송 절차는 모두 이상적인 법에서 갈라져 나온 것이었지만 이것은 교회법과 같은 체계화된 법을 만들지 못했으며, 또한 4장에서 살펴보겠지만 서양에서 목격한 혁명적인 법의 변화도 초래하지 못했다. 이슬람법이 판례의 축적을 거부한 것은 실제로 당시 유럽 대륙의 민법이 지녔던 이론과 이념에 더 가깝다.33 전통 이슬람법은 성문화된 법규나 의회의 법률 제정으로 본법과 그 소송 절차를 바꾸지 못하게 했다. 실제로 다른 지역에서는 근대화 과정에서 모두 서양의 민법을 채택하거나 때때로 일부 수정하여 도입했던 반면에, 이슬람 국가들이 근대 국가로 발돋움하기 위해서는 샤리아를 가족과 상속 재산에 적용하는 것을 근본적으로 제한해야 했다. 왜냐하면 이슬람 사람들이 샤리아의 완전함과 불변성을 너무도 당연하게 여겼기 때문이다.34

Logic for Lawyers(New York : Clark Boardman, 1989). 관습법에서 과거 판결을 바탕으로 한 판례를 법 이론으로 처음 명확히 표현(판례법)한 사람은 13세기 영국의 위대한 법학자인 헨리 브랙턴 경Sir Henry Brackton이다.

33. John Henry Merryman, *The Civil Law Tradition*, 2d ed.(Stanford, Calif. : Stanford University Press, 1985) ; Mary Glendon, W. M. Gordon, and Christopher Osake, eds., *Comparative Legal Traditions*(St. Paul, Minn. : West Publishing, 1985) ; Arthur von Mehren and James Gordley, eds., *The Civil Law System*, 2d ed.(Boston : Little Brown, 1977).

34. J. N. D. Anderson, *Law Reform in the Muslim World*(London : Athlone Press, 1976) ; Khadduri and Liebesny, *Law in the Middle East*에 실린 논문 ; Khadduri, *The Islamic Conception of Justice* 참조. Huff, "On Weber, Law, and Universalism"도 참조.

 사회·법 체계로 본 근대 과학사 강의

유럽의 이성과 인간, 자연

이슬람 문명이 수세기에 걸쳐 오랫동안 세계 문화의 중심이었다는 점을 고려할 때, 그런 전통이 없었던 11세기 유럽은 1776년 미국이 유럽에 비해 그랬던 것처럼 아라비아-이슬람 문명에 비해 미숙하고 세련되지 못했으며 경험이 없었다. 유럽은 천년이라는 오랜 세월 동안 종교 전통을 이어왔지만 그 반면에 그리스 문명이 남긴 중요한 유산과 함께 로마 문명이 남긴 위대한 유산을 지키지 못하고 특히 그 가운데 로마의 법 체계를 전승, 발전시키지 못했다. 그리고 교회 밖에서 전승되어 온 위대한 그리스-로마 문명의 지식 체계를 재정립하는 데 실패했다. 따라서 바스의 애덜라드Adelard of Bath(1116~1142년에 활약), 크레모나의 제라르드Gerard of Cremona(약 1114~1187년), 마이클 스콧Michael Scot(1217~1235년) 같은 유럽 번역가들이 중동의 엄청나게 풍부한 지적 유산을 (대개 스페인에서) 맞이했을 때 이들은 곧바로 "아라비아의 스승"이 전해 준 지혜에 흠뻑 빠져 그것을 세상에 널리 알리는 열성 전달자가 되었다.35

12세기에 아라비아-이슬람 문화와 새롭게 만난 로마법 전통의 부활이 오랫동안 잊혀졌던 그리스 전통의 계승과 함께 유럽에서 르네상스를 탄생시켰다는 것은 중세 사학자들이 이미 오래 전부터 알고 있는 사실이다. 이 새로운 활력과 창조성의 분출은 실제로 모든 지식 활동의 분야에 영향을 미쳤다. 법학, 철학, 신학, 과학적 탐구에서 활발한 연구가 진행되었다. 새로운 도시와 마을이 만들어지고

---

35. 이러한 이전 과정에 대한 설명은 Chartes Haskins, *The Renaissance of the Twelfth Century*〔New York : Meridian, 1957(1927)〕, 9장 참조. 더 최근의 설명은 David C. Lindberg, "The Transmission of Greek and Arabic Learning to the West," in *Science in the Middle Ages*, ed. David C. Lindberg(Chicago : University of Chicago Press, 1978), 52~90쪽 참조.

이와 함께 전문학교와 대학이 새로 건립되면서 그 영향력은 더욱 분명해졌다.36 실제로 고도의 경제 발전이 가져다 준 새로운 복지 개념은 인간의 이성과 상상력이 훨훨 날아오를 수 있도록 지원하는 구실을 했다. 이 시기에 유럽의 사상가와 중동의 사상가 사이에서 가장 첨예하게 대비되는 것이 인간의 힘과 권한이라는 새로운 정신이었다고 말할 수 있을 것이다. 이런 태도를 가장 뚜렷하게 드러낸 사람들은 기독교 종교 엘리트들이었다. 이 같은 현상은 교회법 학자, 로마법 학자(부활한 로마법을 연구하는 학자), 그리고 신학자이며 철학자인 피터 아벨라르Peter Abelard(1142년 사망), 콘체스의 윌리엄 William of Conches(1154년 사망), 샤르트르의 아보트 티에리Abbot Thierry of Chartres(약 1156년 사망) 같은 사람들도 마찬가지였다. 이성이라는 새로운 정신은 모든 영역 안에 합리성과 계획된 질서를 나타내는 표시가 있다는 것을 명백하게 밝혔다.

이 합리주의자들에게 힘을 실어 준 가장 중요한 원천은 플라톤이 남긴 《티마이오스Timaeus》였다. 이 책은 로마 제국이 멸망한 이후 학문의 쇠퇴기에서 살아남은 고대 그리스와 플라톤의 유일한 작품이다. 《티마이오스》는 3세기 말에 캘시더스Chalcidus가 라틴어로 번역하였고 성 아우구스티누스가 처음으로 채택한 이후 12세기와 13세기에 이른바 '근대파moderni' 학자들의 열렬한 환영을 받았다.37 《티마

---

36. Haskins, *The Renaissance* ; Hatings Rashdall, *The Universities of Europe*(Oxford : Oxford University Press, 1964) ; Alexander Murray, *Reason and Society in the Middle Ages*(Oxford : At the Clarendon Press, 1978) ; M. D. Chenu, *Nature, Man, and Society in the Twelfth Century*(Chicago : University of Chicago Press, 1968) ; Harold Berman, *Law and Revolution : The Formation of the Western Legal Tradition*(Cambridge, Mass. : Harvard University Press, 1983), 다수.
37. Chenu, *Nature, Man, and Society*, 60ff쪽 ; 근대파mordeni라는 용어의 용례는 Tina Stiefel, *The Intellectual Revolution in Twelfth-Century Europe*(New York : St. Martin's, 1985), 22쪽 참조 ; Edward Grant, "Science and the Medieval

 사회·법 체계로 본 근대 과학사 강의

이오스》를 처음 알린 사람은 아랍인들이지만 별로 주목을 받지 못했으며, 나중에 서양의 기독교인들이 보여 주었던 열정만큼 큰 관심이 없었다.38 근대 초기에 유럽의 사상가들이 《티마이오스》에서 가장 큰 감명을 받은 것은 자연을 질서정연하고 통합된 하나의 전체로서 그린 모습이었다. 이 책은 자연 세계를 인과관계가 분명한 합리적 질서로 묘사했으며 이 합리적 질서의 부분으로서 인간은 이성을 가지고 있어 다른 사물보다 더 높은 자리에 올라가 있었다. 다음은 이 책의 내용 가운데 다른 책에 많은 인용과 주석으로 쓰였고 또 깊은 영감을 준 역사적으로 유명한 문구이다.

변화하거나 새로 만들어지는 모든 것은 이제 반드시 어떤 원인이 있기 마련이다. 원인이 없다면 아무것도 만들어지지 않기 때문이다.…… 그렇다면 우주 또는 이 세상은 …… 시작도 없이 언제나 존재했는가? 아니면 창조되었는가? 그리고 시작이 있었는가? 나는 창조되었다고 답한다. …… 그러나 이 모든 우주만물을 만든 창조자는 우리의 인식을 넘어서 있다. 비록 우리가 그를 깨닫는다고 해도 모든 사람에게 그에 대해 말하는 것은 불가능하다. 따라서 아직도 이 창조자에 대해 알아야 할 것이 남아 있다. 그가 세상을 만들 때 어떤 형태의 세상을 꿈꾸고 있었

University," in *Rebirth, Reform, and Resilience : Universities in Transition, 1300 ~1700*, ed. James M. Kittleson and Pamela J. Transue(Columbus : Ohio State University Press, 1984), 68~102쪽 가운데 85쪽.

38. Richard Walzer, *Greek into Arabic*(Columbus : Ohio State University Press, 1962) ; F. E. Peters, *Aristotle and the Arabs*(New York : New York University Press, 1968) ; Shlomo Pines, "Philosophy," in *The Cambridge History of Islam* 2, 780~823쪽 참조. 비록 그 구절이 몇몇 아랍 철학자들의 저술에 등장하지만 이들이 《티마이오스》를 참조한 것은 너무 단편적이어서 어떤 사람은 그것이 아랍어로 번역된 적이 없다는 인상을 갖기도 한다. Pines, "Introduction"과 Maimonides, *The Guide of the Perplexed*(Chicago : University of Chicago Press, 1963), xi~lxi 쪽 ; Peters, *Aristotle and the Arabs*과 *Allah's Commonwealth*(New York : Simon and Schuster, 1973)에 그런 인상이 남아 있다.

을까? 그것은 영원히 변할 수 없는 세상인가 또는 그것은 창조된 것인가?39

아리스토텔레스의 "새로운" 사상이 나타나기 전인 이 시기에 플라톤 사상의 요소들이 중세 기독교인들에게 끼친 영향을 지나치게 과대평가하면 곤란하다. 왜냐하면 이 시기에 플라톤의 사상은 성서뿐만 아니라 자연까지 포함해서 모든 영역의 연구에 영향을 미쳤기 때문이다.40

서양에서는 이 시기에 자연의 존재를 깨닫기 시작하면서 자연과 초자연의 영역을 정교하게 분리하는 큰 성과를 이루어냈다. 자연력 가운데서 초자연적 힘을 분리한 것이다. 콘체스의 윌리엄은 아마도 이런 자연 철학에 대한 과학적 원형을 만들어 낸 위대한 사람일 것이다. 그는 《티마이오스》의 주석에서 다음과 같이 주장한다.

> 플라톤은 이 세상에 원인이 없이 존재하는 것은 아무것도 없다는 사실을 보여 줌으로써 이제 우리의 논의를 유효한 원인에서 결과를 끌어내는 쪽으로 좁힌다. 따라서 우리는 모든 일이 창조자 아니면 자연 또는 자연을 모방하는 인간 장인의 작품이라는 사실을 깨달아야 한다. 이를테면 창조자의 작품은 과거에 이미 존재하지 않았던 요소나 정신을 처음으로 창조한 것이거나, 동정녀 마리아의 사건처럼 우리에게 익숙하고 당연한 사실과 정반대되는 것처럼 보이는 것들이다. 자연의 작품은 씨앗을 뿌려 열매를 맺고 가지가 뻗쳐 나무가 자라는 것과 같은 것이다.

---

39. Plato, *The Timaeus*(Jowett 영문 번역)를 Chenu, *Nature, Man, and Society*, 57쪽, 주석 15번에서 인용.
40. 시에 끼친 영향에 대해서는 W. Weatherby, *Platonism and Poetry in the Twelfth Century*(Princeton, N. J. : Princeton University Press, 1972) 참조.

                                        사회·법 체계로 본 근대 과학사 강의

자연은 사물에 내재하며 자기와 같은 것을 다시 만들어 내는 힘의 원천
이기 때문이다.41

이런 자연에 대한 인상은 질서(또는 계층구조)와 합법칙성이라는
개념을 함께 가져왔다. 중세 사람들은 세상을 여러 부분이 서로 연
결되어 맞물려 돌아가는 조화로운 우주라고 생각하기 시작했다. 따
라서 오툉의 호노리우스Honorius of Autun는 최고의 장인은 "아름답고
다채로운 소리를 내며 연주할 수 있도록 현을 잘 조율한 훌륭한 치
타zither(하프 모양의 현악기-옮긴이)처럼 우주를 그렇게 만든" 사람이
라고 말한다. 그는 세상을 서로 보완하는 두 개의 부분, 정신과 물
질로 나누었다.

그는 그의 작품을 서로 정반대되는 두 개로 나누었다. 본질은 서로 반
대이지만 현실에서는 서로 조화를 이루는 정신과 물질은 어른 남자와
어린 소년이 저음과 고음을 조화롭게 섞어 부르는 성가대를 닮았다.
…… 물질은 사물이 속, 종, 개체, 품종, 계열로 나누어지는 것처럼 성
가대를 이루는 하나하나의 음역 부분과 비슷하다. 이 음은 모두 그들 내
부에 기록되어 있는 법칙을 순순히 따름으로써 서로 어울리며 섞여서,
말하자면 자기가 내야 할 알맞은 소리를 낸다.42

다시 말하자면 사람들은 통일되고 질서정연하며 규칙성 있는 우
주에 대한 생각을 주목하기 시작한다. 거기서 자연의 법칙과 자연의
힘은 자율적으로 움직인다고 생각한다. 생 빅토르의 휴Hugh of St.
Victor(1141년 사망)도 자신의 책에서 이와 같은 견해를 나타냈다. 그

41. Chenu, *Nature, Man, and Society*, 41쪽에서 인용.
42. 같은 책, 8쪽에서 인용.

는 세계를 질서정연한 통합체(유니베르시타스_universitas)라고 말하면서 "모든 사물이 이 우주의 그물망 안의 맨 위에서 바닥까지 너무도 질서 있게 배치되어 있어서 세상에 존재하는 모든 것 가운데 자연 또는 자신의 바깥 세계와 연결되지 않거나 분리된 것은 아무것도 없다."고 주장한다.[43] 샤르트르의 티에리도 마찬가지로 "세상은 모두 자기 존재를 위한 근거를 가지고 있는 것처럼 보인다. 또한 예견할 수 있는 시간의 순서 속에서 존재하는 것처럼 보인다. 이 존재와 질서는 합리적이라고 볼 수 있다."고 주장한다.[44] 피터 아벨라르 역시 자연의 자율적 힘과 신성의 자율적 힘을 서로 떼어서 설명하려고 애썼고 기회가 될 때마다 자연주의에 입각한 해석을 더 선호했다.

아마도 어떤 사람은 이것이 어떤 자연의 힘으로 있게 되었는지 물을 것이다. 나는 이렇게 답한다. 첫째 우리가 특정한 결과를 자연력 또는 자연이 제공한 원인에서 찾으려고 할 때, 신이 세상을 처음 만들면서 오직 신의 뜻만이 사물을 창조할 수 있는 자연의 힘을 가졌던 때 썼던 그 방식대로 절대로 따라하지 못한다. …… 우리는 자연의 힘을 계속해서 면밀히 조사한다. …… 그래야 기적으로 만들어지지 않은 모든 것의 본질과 발전이 무엇인지 정확하게 밝혀질 수 있다.[45]

더 나아가 이렇게 세상을 질서정연한 곳으로 보는 시각이 등장하면서 생 빅토르의 휴가 책에 쓴 것처럼 세상을 기계처럼 생각하게 되었다. "일에는 창조의 일과 파괴의 일 두 가지가 있는 것처럼 세

---

43. 같은 책, 7쪽, 주석 10번에서 인용.
44. Tina Stiefel, "Science, Reason, and Faith in the Twelfth Century : The Cosmologists' Attack on Tadition," *Journal of European Studies* 6(1976), 4쪽.
45. Chenu, *Nature, Man, and Society*, 17쪽, 주석 34번에서 인용.

사회·법 체계로 본 근대 과학사 강의

계는 눈에 보이는 세계와 보이지 않는 세계 두 세계가 있다. 눈에 보이는 세계는 우리 몸에 달린 눈으로 보고 있는 이 기계, 이 우주이다.”46 이 우주가 기계라는 개념은 로버트 그로스테스트Robert Grosseteste의 과학 논문 가운데 하나의 제목과 같으며 당시의 여러 저작에서 반복해서 등장하는 개념이었다.47

요약하면 12세기 플라톤 사상은 학문 연구의 전형이 되었고, 학자들은 자연과 초자연을 포함한 모든 것을 연구하여 그 원인을 찾고 거기에 논리적 근거를 주려고 했다.48 그러나 이들은 이런 식으로 진행하다가는 종교 근본주의자들의 반대를 불러일으킬 위험이 크다는 사실을 깨달았다. 이런 상황에서도 바스의 애덜라드는 새로운 자연주의 철학을 채택하고 그것을 연구 과제로 삼았다.

<hr>

46. 같은 책, 7쪽, 주석 10번에서 인용.

47. 벤저민 넬슨은 여러 편의 논문에서 중세 시대에 ‘세계 기계’라는 개념의 중요성을 강조했다. Benjamin Nelson, *On the Roads to Modernity*, ed. Toby Huff(Totowa, N. J. : Rowman and Littlefield, 1981), 190쪽과 197쪽 주석 6번을 특히 참조. 또한 Lynn White, Jr., *Machina Ex Deo*(Cambridge Mass. : MIT Press, 1968) ; 같은 저자, *Medieval Technology and Social Change*(Oxford : Oxford University Press, 1962), 105쪽과 174쪽 주석 5번 참조.

48. 서양 세계가 이런 개념에, 특히 자연법 개념에서 도달하는 데 16세기와 17세기까지 기다려야 했다는 견해는 그 후의 연구에서 사실이 아닌 것으로 판명이 났다. Zilsel, “The Genesis of the Concept of Physical Law,” *The Philosophical Review* 51(1942), 245~279쪽 가운데 특히 255~258쪽 ; Zilsel, “The Sociological Roots of Science,” 544~562쪽을 Stiefel, *The Intellectual Revolution in Twelfth-Century Europe* ; Chenu, *Nature, Man, and Society*, 1장과 2장 ; Dijksterhuis, *The Mechanization of the World Picture*(London : Oxford University Press, 1961), 119~125쪽과 비교해 보라. 질셀은 샤르트르의 플라톤주의자와 아벨라르, 바스의 애덜라드, 릴의 알랭Alain of Lille과 같은 중요 인물을 다루지 않는다. 그리스 사상에서 자연법 개념의 발전에 대한 최근의 연구는 Helmut Koester, “Nomos and Physeôs : The Concept of natural Law in Greek Thought,” in *Religions on Antiquity:Essays in Memory of E. R. Goodenough*, ed. Jacob Neusner(Leiden : E. J. Brill, 1968), 521~541쪽 참조.

살아 있는 모든 생물의 감각은 모두 자기 기능이 있고 서로 분명하게 연관되어 있다. …… 그러나 이들의 힘은 철학자의 정신이 아니고는 아무도 밝힐 수 없는 어떤 수단이나 방식과 연결되어야 작동한다. 이 상호 관계의 결과는 대개 그것을 일으킨 원인과 치밀하게 연관되어 있다. 그리고 이 원인 사이의 관계 또한 매우 정교해서 철학자들도 흔히 이런 요소에 대한 지식을 자연에서 발견하지 못한다.[49]

콘체스의 윌리엄은 이것을 훨씬 더 대담하게 언급하며 "사물의 본질을 우리에게 가르쳐 주는 것은 성서가 할 일이 아니다. 이것은 철학의 영역에 속한다."고 주장했다.[50] 이 말은 갈릴레오가 17세기에 "성령의 뜻은 인간이 어떻게 하늘나라에 가는지를 가르치는 것이지 하늘이 어떻게 움직이는지를 가르치는 것이 아니다."고 한 말과 일맥상통한다.[51]

그러나 이들 근대파는 여기서 멈추지 않았다. 이들은 계속해서 자연을 탐구했고 심지어 성서를 비판했다. 만일 성서에 나온 문구가 이성과 자연의 질서에 반한다면 그것을 문자 그대로 받아들이면 안 된다고 주장하기까지 했다. 샤르트르의 티에리는 그렇게 멀리까지 가려고 하지는 않았다. 그러나 성서에 나오는 창세기를 설명하면서 "이것은 자연의 변화를 연구하는 사람의 견해로(secundum physi-cam, 자연 철학으로) 창세기의 첫 번째 부분과 …… 거기에 나온 문

---

49. Tina Stiefel, "The Heresy of Science : A Twelfth-Century Conceptual Revolution," *Isis* 68, no. 243(1977), 355쪽에서 인용.

50. Chenu, *Nature, Man, and Society*, 12쪽에서 인용.

51. Galileo, "Letter to the Grand Duchess Christina," in M. Finocchiaro, *The Galileo Affair:A Documentary History*(Berkeley and Los Angeles : University of California Press, 1989), 96쪽. 갈릴레오는 벨라르미네Bellarmine 추기경의 동료인 바로니우스Baronius 추기경이 자기 말을 인용한 것으로 자신이 한 연구의 권위를 찾고자 했다.

자의 뜻이 무엇을 말하는지 해석하는 연구이다.”고 말한다.52 하지만 콘체스의 윌리엄은 이보다 더 나아가 자연주의적 추론의 우월성을 강하게 주장했다. “성서는 ‘신이 하늘 아래에 있는 바다와 하늘 위에 있는 바다를 나누었다’고 말한다. 이와 같은 말은 이성과 반대되기 때문에 우리는 그것이 어떻게 이럴 수 없는지 증명해 보자.”53 이 중세인들은 성서와, 문자를 넘어 추론의 논리적 도구가 배치된 역사 기록과 이성을 연구한 선구자들이다. 이것은 성서의 고등비평高等批評, higher criticism을 연구하는 시발점이 되었다.54

우주 자체를 하나의 통일된 전체라고 인식한 것처럼 인간도 이 합리적 전체의 일부라고 생각했다. 따라서 인간은 이성을 부여받았고 우주의 법칙을 읽고 해석할 수 있으며 그래서 “자연이라는 책”55을 읽어 낼 수 있다고 생각했다. 바스의 애덜라드를 포함해서 당시의 많은 학자들이 이 같은 인간에 대한 합리주의 철학(또는 인류학)을 채택하고 연구했다.

인간은 자연의 보호를 받지도 못하고 하늘을 가장 빨리 날지도 못하지만 훨씬 좋고 더 가치 있는 것을 가지고 있다. 그것은 바로 이성이다. 인간은 이 이성을 가짐으로써 짐승의 한계를 뛰어넘어 그들을 지배한

---

52. Stiefel, “Science, Reason, and Faith in the Twelfth Century,” 7쪽에서 인용.
53. 같은 쪽.
54. Beryl Smalley, *Study of the Bible in the Middle Ages*(Oxford : oxford University Press, 1952) 참조. 또 다른 예는 Sir Edwyn Hoskins and Noel Davey, *The Riddle of the New Testament*(London : Faber and Faber, 1958)를 참조. Richard Popkin, “Bible Criticism and Social Science,” in *Methodological and Historical Essays in the Natural and Social Sciences*(Boston Studies in the Philosophy of Science, 14권), ed. R. S. Cohen and Marx Wartofsky(Dordrecht : Reidel, 1974), 339~360쪽은 이 시작 시점을 좀더 뒤로 미룬다.
55. “자연이라는 책”의 개념에 대한 중요성은 Nelson, “Certitude, and the Books of Scripture, Nature, and Conscience,” in *On the Roads to Modernity*, 9장 참조.

다. …… 따라서 이성은 인간에게 단순한 물질적 도구를 초월하는 아주 큰 선물이다.[56]

따라서 12세기 르네상스 시대에 접어들면서 자연의 구성과 본질, 종교와 성서에 반대되는 철학의 구실, 인간의 합리성과 같이 다양한 근대의 중요 사상을 발견할 수 있다. 이 사상은 모두 고대 그리스와 아라비아 문명에서 새로운 아리스토텔레스와 다른 여러 사람의 저작이 번역되면서 큰 변화 과정을 겪었다. 그러나 플라톤의 합리주의는 이 우주가 합리적이고 일관된 전체이며 물질적이면서 또한 형이상의 본질을 가지고 있다는 생각의 토대를 마련했다. 무엇보다 중요한 사실은 이 합리주의는 사람들에게 인간이 성서를 해석하고 설명할 수 있는 것처럼 똑같이 자연을 이해하고 설명할 수 있는 합리적 능력이 있다는 확고한 믿음을 심어 주었다는 것이다. 12세기와 13세기 기독교 철학과 신학은 인간이 이성을 소유하고 있다고 분명하게 선언했고, 인간은 이 능력으로 신이 창조한 가장 신비스러운 수수께끼들도 풀 수 있었다. 또한 인간은 신성한 말씀 그 자체도 신의 계시를 받지 않고 또한 적당히 얼버무리지 않고도 이성으로 해석할 수 있었다.

이러한 견해는 당시의 이슬람 세계의 철학자이든 신학자이든 그들의 사상과 정반대되는 견해였다. 이슬람의 신학자들의 경우 이슬람의 원자론(우인론偶因論, occasionalism으로 알려짐)[57]에 바탕을 둔 아샤리 학파의 인간과 자연에 대한 견해는, 자연이 질서정연하고 기계적이며 물리적으로 이미 결정되어 있다는 12세기와 13세기 기독교 신

---

56. Stiefel, "Science, Reason, and Faith in the Twelfth Century," 3쪽에서 인용.
57. M. Fakhry, *Islamic Occasionalism and Its Critique by Averroës and Aquinas* (London : Allen and Unwin, 1958).

 사회·법 체계로 본 근대 과학사 강의

학자들의 저작에서 진화한 자연 질서의 개념과 정반대였다. 알파라비와 이븐 시나는 플라톤의 영향을 깊이 받았지만 서양인들이 《티마이오스》에서 찾아 낸 영감을 발견하지는 못했다. 이 아라비아 철학자들은 확실히 이슬람 종교 엘리트를 공격하는 플라톤 철학의 견해를 발전시켰다. 그러나 이들은 12세기 유럽의 플라톤 사상가들이 플라톤의 사상 체계 위에 세웠던 합리주의 또는 기계주의 세계관까지는 발전하지 못했다. 오히려 이와 반대로 이슬람의 변증법 신학자인 무타칼리문은 자연의 인과관계를 인정하는 자연주의 견해를 받아들일 수 없었고, 더욱이 꾸란에 기록된 사건이 티에리와 콘체스의 윌리엄이 12세기 유럽에서 기독교 성서에 대해 시도했던 것처럼 자연주의 설명으로 해석될 수 있다는 생각을 참아 낼 수 없었다.

심지어 이슬람 수학자이며 천문학자인 알투시의 생각도 합리주의자의 견해와는 거리가 멀어 보인다. 알투시는 그의 영감 넘치는 자서전에서 이 세상에는 자신과 반대되는 해석을 하는 사람들이 많은데 "인간의 지식이나 이성만으로 진리에 도달할 수 있다고 주장하는 것"58은 잘못된 것이라고 단호하게 말한다. 이들에게 필요한 것은 진리를 가르쳐 줄 완벽한 스승이나 신의 계시였다.

자연과학을 이용해서 꾸란을 해석하는 일에 대한 반감은 20세기 초에 들어서도 이집트의 이슬람 학자인 무함마드 아부 자이드 Mohammad Abu Zaid의 사례에서 잘 볼 수 있다. 기브H. A. R. Gibb에 따르면 무함마드 아부 자이드는 1930년에 꾸란에 나온 옛 설명을 비판하고 초자연적 현상을 간단한 자연과학의 방식으로 해석한 주석을 달아 꾸란 개정판을 출간했다. 이 책을 출판한 목적은 젊은 세대들

---

58. Nasir al-Din Tusi, *Contemplation and Action:The Spiritual Autobiography of a Muslim Scholar*, 편집과 영문 번역, S. J. Badakhchani(London : I. B. Tauris, 1999), 30쪽.

이 꾸란을 열심히 공부하라는 것이었지만 경찰은 이 책을 압수하고 저자가 강의를 하거나 종교 모임을 갖지 못하도록 금지 명령을 내렸다.[59]

이 같은 정서는 이슬람교가 1989년 살만 루시디Salman Rushdie가 쓴 소설 《사탄의 시*The Satanic Verses*》에 대해 내린 유죄 판결에서도 그대로 작용했다. 성서 비평(때때로 고등비평이라고 부름)의 전통은 12세기와 13세기에 서양에서 발생한 고유한 전통이며 계몽주의 시대를 거쳐 활기차게 발전을 거듭했다.[60] 달리 말하면 이 전통은 이슬람 사상에서는 절대로 발전한 적이 없었으며, 따라서 이런 상황은 이슬람의 역사 속에 나오는 인물과 사건을 조금이라도 각색하는 행위에 극도로 반감을 갖게 한 근본 원인이 되었다.[61]

더 자세하게 설명하지 않아도 12세기 유럽의 르네상스는 과학적 탐구 계획이 시작되는 기반을 닦은(곧이어 변화하고 번창한) 시기였다고 말할 수 있다. 르네상스는 당시 지식과 사상을 지배하고 있던 종교 엘리트들이 발전시켰으며, 티나 스티펠Tina Stiefel의 견해에 따르면 다음과 같은 전제를 깔고 있었다.

- 자연의 움직임을 이해하기 위해 자연을 합리적이고 객관적으로 연구하는 것은 가능하며 바람직한 일이다.
- 이 연구는 수학 기술과 연역적 추론 방법을 사용할 수 있다.
- 그러기 위해서는 경험주의 방법론을 사용해야 한다. ― 수집 가능한 감

---

59. H. A. R. Gibb, *Modern Trends in Islam*(Chicago : University of Chicago Press, 1947), 54쪽.

60. 주석 54번 참조.

61. Daniel Pipes, *The Rushdie Affair : The Novel, the Ayatollah, and the West*(New York : Birch Lane Press, 1990) ; Lisa Appignanesi and Sara Maitland, eds., *The Rushdie File*(Syracuse, N. Y. : Syracuse University Press, 1990). 이 밖에 루시디의 소설 때문에 생긴 여러 가지 논란이 많이 있다.

각과 자료를 바탕으로 한다.

- 자연의 움직임을 탐구하는 사람("과학자")은 질서정연한 방식으로 체계를 갖고 신중하게 진행해야 한다.
- 과학자는 자연이 어떻게 움직이는가 하는 문제를 연구할 때 그에 대한 정보를 합리적으로 증명할 수 있는지 아닌지를 제외하고는 모든 권력과 전통, 여론의 목소리는 듣지 말아야 한다.
- 과학자는 자연현상을 이해하기 위해 잘 통제된 연구 과정에서 일관되게 의문을 풀어 나가야 하며 때때로 오랫동안 불확실한 상태를 겪어야 한다.[62]

따라서 티나 스티펠 같은 사람은 이렇게 새로운 지식 탐구 방식이 시작되면서 기존의 방법론을 다시 생각해 보게 되었다고 주장한다. 인간이 논리학이라는 도구와 신이 인간과 매개하기 위해 인간에게 준 이성을 이용해서 자연에서 발생하는 사건을 합리적으로 설명할 수 있다는 가정은 형이상의 관계 안에서 과학적 연구를 진행할 수 있는 바탕이 되었다. 더욱이 이 연구 계획은 《티마이오스》와 같은 여러 고전에서 자연은 서로 인과관계의 질서를 유지하고 있다고 주장한 가설을 인정했다. 아직도 자연에는 기적을 위한 공간이 있었지만 그 공간은 점점 더 좁은 경계 안으로 축소되었다.

자연에 대한 자연주의와 합리주의 철학이 과학 사상의 발전에 얼마나 많은 공헌을 했는지는 앞으로 자세하게 설명할 것이다. "새로운 아리스토텔레스 사상"의 도래와 함께 더욱 강력해진 아리스토텔레스의 사상 체계는 엄청난 혁신의 흐름을 밀고 들어왔다. 13세기에 이 움직임은 새로운 아리스토텔레스의 사상으로 더 강화되었지만

---

62. Stiefel, *The Intellectual Revolution*, 3쪽.

이것이 기독교 교회의 전통주의자들의 강력한 반발을 불러일으켰을 것은 당연한 일이다. 이로 인해 1277년 당시의 광범위한 철학적 가정에 대해 (파리의 주교 스테파노 탕피에르Stephen Tempier가 주도하여) 그 유명한 유죄 선고가 내려졌다. 그러나 실제로 그 유죄 선고는 학문의 자유를 억압하지 않았고 아리스토텔레스의 사상을 가르치는 행위를 막지 않았으며 과학적 사고를 금지하지 않았다. 오히려 반대로 아리스토텔레스의 자연과학을 가르치는 것—식물학과 동물학, 기상학과 함께 물리적 자연을 다룬 책—은 유럽의 주요 대학에서 과목으로 정해졌고 이 흐름은 17세기까지 계속 이어졌다.63

또한 신학 자체를 하나의 학문으로 만들려는 노력은 이 기간 내내 계속된 중요한 운동이었으며,64 이로 인해 지식인들은 연구를 체계화하고 자아의식을 방법론에 반영할 수밖에 없었다. 또한 이와 함께 법학 연구에서도 똑같은 일이 일어났다(4장에서 검토할 것이다). 이 단계에 들어서자 인간이 이성을 가졌다는 생각은 철학뿐만 아니라 신학에서도 똑같이 강력한 지지를 받는 형이상의 사상을 형성했다. 종교의 제약에서 벗어나 자연과학을 자유롭게 연구하는 움직임은 실제로 중간에 어떤 방해물을 만날지라도 이제는 막을 수 없게 되었다. 그러나 서양에는 인간이 이성과 합리성을 가지고 있다는 믿음 말고 또 다른 형이상의 믿음이 있다. 그것은 양심이라는 개념이다.

---

63. 여럿 가운데 Edward Grant, "Science and the Medieval University," 68~102쪽 ; 같은 저자, "The Condemnation of 1277, God's Absolute Power, and Physical Thought in the Late Middle Ages," *Viator* 10(1979), 211~244쪽 ; James A. Weisheipl, "The Curriculum of the Faculty of Arts at Oxford in the Early Fourteenth Century," *Medieval Studies* 26(1964), 143~185쪽 참조. 더 자세한 내용은 이 책 5장에서 검토.

64. Chenu, *Nature, Man, and Society* 참조.

이성과 양심

전통 이슬람법 사상이 인간의 이성을 법을 구성하는 하나의 독립된 원천으로 보는 것을 철저하게 제한하고 축소하려고 애썼지만, 반면에 유럽과 서양의 법은 그 반대의 길을 따라 발전했다. 우리가 지금까지 살펴본 것처럼 중세 유럽인들은 철학과 신학, 자연과학에서 이 우주는 합리적 질서를 유지하고 있으며 인간은 이 질서를 함께 창조하는 주체로서 이성을 부여받은 존재라는 생각에 깊이 빠져 있었다. 이들이 맨 처음에 이 형이상의 사상을 물려받은 것은 고대 그리스 사상, 특히 《티마이오스》를 통해서였다. 그러나 좀더 엄밀히 말하면 이 사상은 종교와 기독교 사상에 있는 신데레시스synderesis(스콜라 철학의 용어로 양지양능良知良能으로 번역함-옮긴이) 또는 양심이라는 개념과 연결되며 그 연결고리는 기독교 성서, 특히 신약성서까지 거슬러 올라갈 수 있다.65

우리는 신약의 바울 서신에서 양심이라는 단어를 "마음의 평안과 자책의 원천이 될 수 있는 자신의 과거 행동과 그 동기를 증명하고 판단하는 인간 내면의 성찰"66이라는 개념과 연관해서 찾아볼 수 있다. 더 나아가 기독교 주석자들은 인간의 양심은 그 실체가 인간

---

65. 이 주제로 쓴 논문은 매우 많다. 매우 정선된 서지학적 개관은 다음을 참조 : Eric D'Arcy, *Conscience and Its Right to Freedom*(New York : Sheed and Ward, 1961) ; Michael Baylor, *Action and Person : Conscience in Late Scholasticism and the Young Luther*(Leiden : E. J. Brill, 1977) ; K. E. Kirk, *Conscience and Its Problems : An Introduction to Casuistry*(London : Longmans, Green, 1927) ; John McNeill, *A History of the Cure of Souls*(New York : Harper, 1964) ; M. D. Chenu, *L'éveil de la conscience dans la civilisation médiévale*(Paris : J. Vrin, 1969) ; D. E. Luscombe, "Natural Morality and Natural Law," in *Cambridge History of Later Medieval Philosophy*(New York : Cambridge University Press, 1982), 705~719쪽. 이 문제에 대한 유용한 개괄적 설명은 Benjamin Nelson, "Casuistry," in *Encyclopedia Britannica* 5(1968), 51~52쪽 참조.

66. D'Arcy, *Conscience and Its Right*, 8쪽.

의 타고난 능력이든 (후천적) 인식 작용이든 과거에 자신이 했던 행위를 판단하고 검열하는 동시에 인간이 가야 할 올바른 행동을 제시하는 구실을 한다고 예리하게 지적했다. 따라서 양심은 자책감, 오늘날 잘 알려진 심리학(프로이트의) 용어로 양심의 가책을 느낄 뿐만 아니라 인간의 내면을 통찰할 수 있는 훨씬 더 복잡한 영혼의 작용이다. 폴 틸리히Paul Tillich에 따르면

원래 기독교 정신은 언제나 바울의 양심에 대해 가르쳤던 것처럼 인간 개개인에게 무한한 윤리적 책임을 부과했다. 아퀴나스는 만일 자신이 복종을 맹세한 상관이 양심에 거스르는 일을 하도록 요구한다면 그는 그 상관의 명령을 거부해야만 한다고 말한다. 그리고 루터가 보름스Worms의 황제(1521년 신성 로마 제국의 카를 5세를 말함-옮긴이) 앞에서 양심을 거스르는 어떤 행위도 하지 않을 권리가 있다고 주장했던 그 유명한 말은 …… 전통으로 면면히 이어져 온 기독교의 양심에 대한 가르침을 바탕으로 한 것이다.[67]

이것은 바울이 그의 서신에서 글로 씌어진 하느님의 말씀으로서 율법인 토라Torah(모세 5경을 말함-옮긴이)와 인간의 마음에 씌어진 하느님의 법을 구별함으로써 더욱 분명하게 대비되었다. 바울은 그의 서신에서 "율법을 가지고 있지 않은 이방인들(유대교인이 아닌 기독교인을 뜻함-옮긴이)이 본성에 따라 율법이 요구하는 대로 따른다면 비록 그들이 율법이 없다고 해도 그들은 스스로에게 율법이 됩니다. 이들은 자신들의 도덕적 신념이 고소를 당하거나 변호를 받아야 할 때 하느님의 율법이 요구하는 것이 자신들의 마음에 씌어져 있다

---

67. Tillich, "The Transmoral Conscience," in *The Protestant Era*(Chicago : Phoenix Books, 1957) 재판, 139쪽.

 사회·법 체계로 본 근대 과학사 강의

는 것을 보여 주고 그들의 양심이 그것을 증언합니다."68 또한 바울의 사상에 나타난 양심(신데레시스)이라는 용어는 구약과 유대교 교리에서 기원한 것이 아니고 거기에는 아예 그 말이 없었던 듯하며, 오히려 민간에서 전승되던 헬레니즘 사상에 나타났다는 사실을 눈여겨 볼 필요가 있다.69

예를 들면 성 암브로스St. Ambrose(397년 사망), 바실Basil(379년 사망), 오리겐Origen(약 253~254년 사망)과 같은 초기 기독교의 교부들은 이 인식과 정신 작용에 대해 매우 중요한 주석을 남겼다. 이 가운데 양심이라는 개념을 확장하고 그 뜻을 심오하게 다듬은 것은 "성 제롬의 주석Gloss of St. Jerome"으로 널리 알려져 있다.70 이 주석은 중세 전반에 걸쳐 철학과 신학에 끊임없이 깊은 성찰의 원천을 제공했다. 이러한 사태는 제롬이 그리스어로 양심을 뜻하는 '신테레시스synteresis'를 라틴어로 '꼰시엔띠아conscientia'로 번역하면서 만들어졌다.71 이것은 매우 중요한 혁신적 계기였는데 "라틴어는 그와 같은 뜻을 가진 그리스어보다 훨씬 더 개념의 폭이 넓고 한계가 정해져 있지 않았다. 그야말로 둘은 서로 대응하는 말이었다. …… 라틴어로 '꼰시엔띠아'는 보통 어떤 지식을 인식하는 것을 뜻하는데, 특히 경험 또는 지각 반응을 통한 인식을 의미하지만 어떤 사실 또는 널리 퍼진 현상을 안다는 뜻으로도 널리 쓰였다."72

중세 기독교가 양심에 대해 가르친 핵심 사항은 윤리적 차원의 양

---

68. *Romans* 2장 14~15절(Moffat 번역) Thillich, *The Protestant Era*, 139쪽에서 인용.

69. C. A. Pierce, *Conscience in the New Testament*(London : SCM Press, 1955), 52~54쪽.

70. Baylor, *Action and Person*, 24ff쪽 ; D'Arcy, *Conscience and Its Right*, 15~19쪽 참조.

71. Baylor, *Action and Person*, 24쪽. 이 단어는 철자가 여러 가지이다. "synderesis," "synteresis," "synéidéresis."

72. 같은 쪽.

심이었다. 이보다 앞서 스토아 철학자들도 양심이라는 개념을 정립하는 데 공을 들였는데 "양심은 인간이 자연의 도덕률을 인식하고 있으며 그 도덕률과 자신의 행동이 일치하는지 안 하는지도 안다는 뜻을 함축하고 있었다."73 따라서 세네카Seneca는 "양심은 인간 내부에 있는 신성한 수호자라고 생각했다."74 그러나 신데레시스를 양심의 네 번째 추가 요소로 제안한 사람은 플라톤 학파의 에스겔의 꿈 해석을 따르는 성 제롬이었다. 이 생각은 중세의 철학자들과 신학자들이 양심을 구성하는 네 가지 요소가 함께 작용하여 일어날 수 있는 철학적 문제를 조정하는 데 힘쓰도록 했다. 성 제롬에 따르면

(인간의 영혼 속에는) 이성과 정신, 욕망이 있다. 이것은 각기 인간과 사자, 황소와 서로 대응한다. 이제 이 세 가지 위에 독수리가 있다. 따라서 인간의 영혼에는 서로 다른 세 요소 위에 그리스어로 신데레시스라고 부르는 네 번째 요소가 있다. 이것은 에덴동산에서 쫓겨난 카인의 가슴속에서도 꺼지지 않았던 바로 그 양심의 불꽃이다.75

이후 2세기 동안 제롬의 주석이 제기한 철학과 인식론의 문제는 매우 중요한 논쟁의 중심이었다. 마침내 13세기에 토마스 아퀴나스 Thomas Aquinas는 이 논쟁에 종지부를 찍었다.

우리는 이제 이 논쟁을 더 복잡하게 진행하지 않고도76 중세 기독교인들이 인간에게 양심이 있다고 생각했다는 것을 알 수 있다. 이 양심은 한 개인이 도덕과 윤리적 진실에 도달하고 자신의 도덕적 상

---

73. 같은 책, 25쪽.

74. 같은 쪽.

75. D'Arcy, *Conscience and Its Right*, 16f쪽, 26쪽에서 인용.

76. 오늘날 신학계에서는 양심을 "도덕 영역에서 작용하는 올바른 이성의 규칙"이라고 정의한다. Nelson, *On the Roads to Modernity*, 72쪽과 같은 저자, "Casuistry" 참조.

태를 판단할 수 있게 해 주는 인식 작용이 인간 내면에 존재한다는 것을 암시한다. 중세 기독교인들은 인간에게 특별히 도덕과 윤리의 문제를 해결할 수 있는 합리적 능력이 있다고 생각했다. 우리는 여기서 서유럽에 널리 퍼져 있던 인간에 대한 철학적·신학적 생각이 인간의 합리성이라는 개념을 더욱 발전시키는 바탕이 되었다는 결론을 내릴 수 있다. 고대 그리스 철학 사상에 기댄 성직자이든 성서와 신학 사상에 더 가까운 성직자이든 둘 다 인간이 이성과 합리성을 함께 가진 복합체라고 생각했다. 이런 합리적 능력은 윤리 종교적 진실을 깨닫는 것 뿐만 아니라 자연의 본질을 이해하는 데까지 확장되었다. 실제로 인간은 양심을 가지고 끊임없이 윤리적·합리적 인식 작용을 하기 때문에 계시를 통한 신의 도움을 받지 않고도 도덕적 진리에 도달할 수 있었다. 비록 그가 실수로 잘못에 빠지더라도 자신의 양심을 따를 수밖에 없었다. 선한 양심을 가지고 있는 것은 많은 기독교인들에게 지성과 훌륭한 신앙을 가지고 기독교인의 의무를 다했다는 징표가 되었다. 1215년에 제정된 양심에 따른 재판(영국의 마그나카르타 제정을 뜻함―옮긴이)은 보편성을 가지게 되었고 모든 기독교인은 교회에서 고해를 하도록 강요받았다. 사람들은 누구나 양심을 가지고 있고 따라서 자신이 저지른 도덕적 잘못에서 벗어나기를 바랐기 때문이었다.77

  우리가 인간 내면의 도덕적 상태를 규제하고 제도화하려는 이런 노력을 아무리 제한적으로 해석한다고 하더라도 이미 창조된 인간에 대한 형이상의 이미지는 돌이킬 수 없게 되었다. 인간은 이성과 양심을 가졌고 거기서 벗어날 길은 없었다. 공식적으로 인정된 이

---

77. Nelson, *On the Roads to Modernity*, 45쪽, 224쪽 참조. 이보다 더 오래된 참조 서적으로는 Henry Lea, *A History of Auricular Confession and Indulgences*, 3권, 재판(New York : Greenwood Press, 1968)이 있다.

인식 작용(양심)은 점점 윤리와 법 규칙에 맞서는 기준이 되었다. 하느님의 은총을 받는 모든 곳과 모든 단계에 있는 개인은 양심에 따라 행동해야 했다. 이런 견해로 볼 때 루터의 종교 개혁은 인간의 양심을 완전하게 해방시켰고 또한 성서적 진리를 포함해서 최고의 결정자로 만들었다. 마침내 정통 기독교의 신앙은 싸움에서 졌고 이성과 양심은 자유롭게 자기의 길을 갔다.[78]

이와 반대로 이슬람의 법학자와 신학자들은 인간에 대한 철학적 태도가 달랐다. 이들은 인간과 인간의 지식이 가지고 있는 태생적 한계를 강조했다. 세상은 언젠가 죽어야 하는 운명을 가지고 태어난 존재에게는 너무 복잡해서 그들은 이 세상을 완전히 이해할 수 없다. 따라서 이성을 쓰는 행위는 매우 신중하게 한계를 지을 수밖에 없다. 이슬람법의 중심인 수니파의 창시자 알샤피는 여러 가지 형태의 이성(라이)과 개인 재량의 판단(이스티산), 개인의 기호는 유추 해석(키야스)으로 동화시키거나 아니면 어떤 인정도 하지 않았다. 따라서 법학자들은 오직 유추에 따른 한정된 추론밖에 할 수 없었다.

알샤피 이후 누구든지 이와 다른 새로운 법의 원칙을 제안한다는 것은 생각할 수 없는 일이었다. 이 원칙은 그것이 증거법과 소송법에 부속한 것이든 또는 본법에 부속한 것이든 더 고매하고 광범위한 개념 아래에 있는 특정한 규칙의 적용까지도 포함한다. 신의 명령이라고 한 번 못박으면 그것으로 끝이었다. 신의 명령은 완전하고 흠이 없고 청렴결백한 신의 일이었다. 인간이 해야 할 일은 새로운 원칙이나 교훈을 추가하는 것이 아니라 오직 신의 명령을 이해하는 것이다. 더 나아가 학자들의 합의(이즈마 ijma‘)는 기본 문제를 다 풀었

---

78. 루터가 기여한 것은 Baylor, *Action and Person* 참조. 또한 루터 개혁의 법적 관점은 Eugene Rosenstock-Huessy, *Out of Revolution*(New York : Argon Books, 1969), 7장 참조.

   사회·법 체계로 본 근대 과학사 강의

다. 따라서 미래의 학자 세대가 풀어야 할 문제는 아무것도 없었다. 이들은 오직 이 신성한 법을 더 심오하게 이해해야 할 뿐 거기에 새로운 것을 더할 수 없었다. 고대 그리스와 기독교의 양심(신데레시스 또는 시네이데레시스syneídéresis) 개념은 정통 이슬람 법학자뿐만 아니라 이슬람 철학자들에게도 알려져 있지 않았다.79 그리스어 시네이데레시스가 아랍어 니야niyya(영어로 '의도intention')라는 말 대신 다미르damir(영어로 '양심conscience')라는 말로 번역되어 "양심"이라는 말이 성경의 신 아랍어 번역판에 나오기 시작한 것은 19세기 중엽에 가서였다.80 20세기 초에 비로소 양심이라는 개념이 "도덕적 자각"이라는 뜻으로 아랍 말을 하는 식자들 사이에 널리 알려졌다.

우리는 이슬람교의 종교 철학자들이 《티마이오스》를 보고 인간과 자연이 합리적이라고 생각하지 않았을까 하고 추측할 수 있지만 그러나 이들은 그 생각을 받아들이지 않았다.81 이슬람 사상에서 신학(카람)을 완전히 인정하는 행위는 큰 논쟁거리였는데 이슬람의 법학자들은 그것을 곧바로 유죄 선고하기 일쑤였다. 앞서 이슬람에서는 카람이 모든 학문의 중심이라는 생각은 꿈도 꿀 수 없었다. 그것은 그저 의심스런 학문적 시도일 뿐이었다.82 그리고 인간이 신의 계시를 받지 않고도 윤리적ㆍ도덕적 진리에 도달할 수 있는 이성을 가진 합리적 존재라는 철학적 견해가 받아들여지지 않은 상황에서 철학

---

79. L. Gardet and M. M. Anawati, *Introduction à la Théologie Musalmane*, 2d ed.(Paris : J. Vrin, 1970), 348쪽과 비교.

80. Oddbjørn Leirvik, Knowing by Oneself, *Knowing with the Other : al-Damîr, Human Conscience and Christian-Muslim Relations*(Oslo : Unipub forlag, 2002).

81. 주석 38번 참조. 유대교와 기독교, 이슬람교 사상이 《티마이오스》에서 받은 영향을 비교해서 보려면 Toby Huff, "Science and Metaphysics in the Three Religions of the Book," *Intellectual Discourse* 8, no. 2(2000), 173~198쪽 참조.

82. Rahman, *Islam*, 123쪽 ; G. Makdisi, ed. 영문 번역, 편집. *Ibn Qadama's Censure of Speculative Theology*(London : Luzac, 1962).

이 신학의 부속물이라는 것은 전혀 생각조차 할 수 없었다.[83] 따라서 이슬람 사상에서는 신만이 창조할 수 있다. (이슬람교의 교리에 따르면) 신은 "동반자가 없고" 유일한 "창조자"이므로 따라서 인간은 이런 관계 속에서 자신의 창조력을 빼앗기고 만다.

한편 이슬람교가 형성되던 시기에[84] 사실은 이슬람에도 합리주의자들이 있었는데 이들을 무타질라파Mu'tazilites라고 한다.[85] 이들 종교 철학자들은 인간에게 완전한 이성의 힘을 부여했고 심지어 "인간의 이성과 신의 계시는 같다."고 주장했다.[86] 이들에게 이성은 "자신의 행동을 창조하는 창조자"이며 무엇이 옳고 그른지 판단할 수 있게 이끄는 인간의 본질이었다.[87] 이런 견해는 인간이 "타고난 행동력을 가지고 있으며 선과 악을 가르는 근본 기준을 태어날 때부터 이해할 수 있다."는 생각을 뒷받침했다.[88] 동시에 이런 생각을 가진 이들은 "신은 비합리적이거나 정의롭지 않은 일을 할 수 없다."고 믿게 되

---

83. 전통 아랍어에 "양심"을 뜻하는 말이 없지만 아랍인들은 지성, 이성, 담론의 다양한 특성을 표현하기 위해 여러 가지 다른 용어를 썼는데 그 가운데 많은 것이 그리스어에서 온 것이다. '아클'Aql'은 아리스토텔레스가 말한 "누스nous(지성)", 즉 "능동적 지성active intellect"을 아랍어로 번역한 것으로 보인다. Fazlur Rahman, *Prophecy in Islam*, 재판(Chicago : University of Chicago Press, 1979) ; Rahman, "Aql" in *EI²* 1, 341~342쪽 참조. 또한 E. J. Rosenthal, *Knowledge Triumphant* (Leiden : E. J. Brill, 1970) 참조. '다미르'는 이미 아는 대로 "양심"을 아랍어로 번역한 말이다. 하지만 기독교에서 생각하는 능동적인 내면의 도덕 작용을 뜻하기보다는 죄의식에 시달리는 마음의 짐을 뜻하는 프로이트의 개념에 훨씬 더 가깝다.

84. William M. Watt, *The Formative Period of Islamic Thought*(Edinburgh : Edinburgh University Press, 1973) 참조.

85. W. M. Watt, *The Formative Period*, 7~8장과 *Islamic Philosophy and Theology : An Extended Survey*(Edinburgh : Edinburgh University Press, 1985) 참조. 또한 R. Frank, "Some Fundamental Assumptions of the Basra School of Mu'tazila," *Studia Islamica* 33(1971), 5~18쪽 ; George Hourani, *Islamic Rationalism : The Ethics of 'Abd al-Jabbar*(Oxford : The Clarendon Press, 1971) ; Peters, *Aristotle and the Arabs*, 136~146쪽 참조.

86. Rahman, *Islam*, 90쪽.

87. Gradet and Anawati, *Introduction à la Thèologie Musalmane*, 347쪽.

88. Frank, "Some Fundamental Assumptions," 7쪽.

었다.[89] 그러나 이슬람 합리주의자들은 10세기 알아샤리(935년 사망)의 가르침으로 탄생한 정통 이슬람 교리와의 싸움에서 지고 말았다. 당시 대부분의 변증법적 신학자들처럼 아샤리는 샤리아에 완전히 복종했고 "법과 윤리를 포함해서 현실의 구체적인 삶에 영향을 주는 모든 문제는 샤리아의 권위에서 나온다."고 생각했다.[90] 파즐라 라만Fazlur Rahman이 지적한 대로 이것은 신학을 한편으로 하고 법과 윤리를 다른 한편으로 해서 서로 갈라서는 계기가 되었다. 실제로 법과 윤리가 매우 완고해지면서 윤리 사상은 더는 자유롭게 삶의 고충을 해결해 주는 해결책이 아니었고 더 나은 윤리적 삶의 전망도 제시할 수 없었다. 알아샤리는 법의 영역과 종교 사상의 영역 사이에 분명한 구분이 있다고 주장했다.

(앞서 여러 세대가) 그 당시 종교에 대해서 샤리아(법을 말함) 쪽에서 제기한 문제를 토의하고 서로 다투었다. …… 형벌과 이혼 같은 법적 의무에 대한 문제를 여기서 말하기에는 너무 많다. …… 이제 이것들은 사소한 생활의 하나하나와 관계된 법적 문제이다. 그들(앞선 세대)은 이 문제를 자신들의 세부적인 삶의 방식과 관련해서 샤리아의 판단에 맡겼다. 따라서 이것은 예언자의 가르침에 따르지 않고는 절대로 이해될 수 없다. 그러나 모든 이슬람교 지식인은 (신앙의) 문제를 결정하는 원칙에서 발생한 문제(종교 사상의 영역-옮긴이)에 대해서는 인간의 이성과 감각 경험, 직접 관련된 지식에 근거해서 대부분의 사람들이 동의한 원칙에 그 해결을 맡겨야 한다. 따라서 전승된 예언자의 권위를 기반으로 하는 샤리아(법)의 세부 문제는 예언자의 가르침인 샤리아의 원칙을 따라야 하고, 반면에 인간의 이성과 경험에서 나온 문제는 그에 따른 원칙에

89. Rahman, *Islam*, 102쪽.
90. 같은 책, 123쪽.

기반을 두어야 한다. 예언자의 권위와 인간의 이성이 섞이면 절대로 안 된다.[91]

아샤리는 권위와 (샤리아로 대표되는) 전통의 영역이 인간의 이성과 혼동되거나 종속되면 안 된다고 분명하게 말했지만, 그가 말한 이성(아마도 지성이나 사고력으로 번역하는 것이 더 나을 것이다)은 철학자의 지식 활동과 같지 않으며 또한 서양에서 말하는 "내면의 빛"이라는 개념과도 다르다. 알파라비는 "무타칼리문이 언제나 얘기하는 지성에 대해 말하자면, 이들이 어떤 사물에 대해 '지성은 이것을 필요로 한다거나 부인한다거나 인정하거나 받아들이지 않는다'고 말할 때 이것은 그 의견에 대해 모든 사람들에게 맨 처음 떠오르는 공통된 생각이 있다는 것을 뜻한다. 이들은 모든 사람 또는 대다수의 사람들이 공통으로 말한 의견을 듣고 맨 처음 떠오른 생각을 지성이라고 부른다."[92]고 설명한다. 그는 비록 신학자들은 "자신들이 얘기하고 있는 지성이 아리스토텔레스가 말한 그 지성이라고 믿지만 …… 만일 당신이 그들이 말하는 전제를 검토한다면 그것은 모두 예외 없이 공통된 의견에 대해 맨 처음 떠오른 생각에서 비롯했다는 것을 발견할 것이다. 따라서 이들은 어떤 것은 지적하고 어떤 것은 이용한다."고 덧붙여 말했다.[93] 요약하면 아샤리는 무타질라파의 합리주의를 완전히 거부했다.

그러나 아샤리는 자신의 주장을 발전시켜 강력한 우인론주의자와 결정론자의 견해를 만들어 냈다. 이 견해에 따르면 신은 순간순간마다 자기 뜻에 따라 세상을 하나로 합친다. 더욱이 인간의 추론 작용

---

91. Ash'ari의 말은 Rahman, *Islam*, 105쪽에서 인용.
92. Pines, "Introduction" to Maimonides, *The Guide of the Perplexed*, lxxxiii쪽에서 인용.

　　　　　　　　　　　　사회·법 체계로 본 근대 과학사 강의

과 행동은 처음부터 끝까지 신이 부여한 능력을 습득함으로써 결정
되며 인간은 이 능력을 갖고 그 추론과 행동을 완성할 뿐이다.[94] 이
습득의 교리는 7세기와 8세기에 무타질라파가 주장한 것인데, 이것
이 아샤리에게 와서는 신이 모든 문제를 중재하고 결정한다는 주장
의 강력한 근거가 되었다. 이 견해에 따르면 "인간의 모든 행동은
창조된다. …… 하나의 행동은 두 개의 동인이 서로 작용해서 발생
하는데, 하나는 신이 행동을 창조하는 것이고 다른 하나는 인간이
그것을 '습득하는'(이크타사부후iktasabu-hu) 것이다. 그리고 (이 견해에
따르면) 신은 현실에서 인간의 모든 행동을 중재한다. 그리고 ……
인간은 현실에서 그 행동의 중개자들이다."[95] 이 습득의 교리는 이
후 카람의 중요한 신학 개념이 되었고, 10세기에서 이슬람교 신학
체계가 최고에 올랐던 15세기까지 주요 아샤리파 신학자들은 이것
을 다양한 의미로 반복해서 설파했다.[96] 달리 말하면 인간의 모든
행동은 신에게서 비롯했지만 인간은 어떻게 해서든지 자신의 행동
을 수행할 수 있는 의지와 능력을 습득한다. 따라서 신의 뜻은 그대
로 남아 있다.[97]

　　몽고메리 와트Montgomery Watt와 해리 울프슨Harry Wolfson 같은 학자

---

93. 같은 쪽.
94. 습득에 대한 교리는 "Kasb," *EI²* 4, 690~694쪽 ; W. M. Watt, *The Formative
　　 Period*, 192ff쪽 외 ; Harry Wolfson, *The Philosophy of Kalam*(Cambridge
　　 Mass. : Harvard University Press, 1976), 663~719쪽 참조.
95. W. M. Watt, *The Formative Period*, 192쪽.
96. Wolfson, *The Philosophy of Kalam*, 663~719쪽 ; Gradet and Anawati,
　　 Introduction à la Théologie Musalmane 참조.
97. 뛰어난 14대 무타칼림인 알이지al-Iji가 이와 똑같은 교리를 그의 대표작에서 상세히
　　 설명한다. 이 책은 그리스 천문학의 형이상학적 기반을 조사 분석한 책이다. A. I.
　　 Sabra, "Science and Philosophy in Medieval Islamic Theology : The Evidence
　　 of the Fourteenth Century," *Zeitschrift für Geschichte der Arabisch-Islamischen
　　 Wissenschfäten* 9(1994), 1~42쪽. 이 책 5장 참조.

들이 이 교리의 발전을 연구한 자료를 보면 무타칼리문은 인간과 신이 모두 인간의 행동에 책임이 있다는 이 교리의 주장에 크게 당황했다는 것을 알 수 있다. 결국 나중에는 신의 전능함은 보존되지만 인간의 (법적) 책임에 대한 문제는 불분명해진다. 인간은 신과 다른 사람들에게 잘못을 범한 것에 책임을 져야 한다. 그러나 부작위범不作爲犯 이론이 만들어지기 전, 즉 다른 사람에게 해를 입힐 수 있는 행위를 막지 않아 생긴 결과에 대해 범죄 행위처럼 책임을 물어야 한다는 이론이 만들어지기 전까지는 이것을 인정하지 않았다.[98]

아샤리는 "신은 인간이 습득해야 할 모든 것을 창조하는 능력을 가지고 있으며 따라서 모든 경우에 인간에게 그것을 강요할 힘도 가지고 있다."고 좀 어설픈 주장을 했다.[99] 그러나 만일 신이 인간에게 어떤 행위를 강요한다면 인간은 그 행동에 대해 책임이 없으며, 신의 또 다른 속성인 정의는 속세의 법정에서도 신의 심판대에서도 인간의 운명에 대해 어떻게 형벌을 내려야 할지 고민에 빠진다. 만일 인간의 행동에 대해 책임이 없다면 그의 행동 때문에 인간을 벌주는 것은 정의롭지 않으며, 반대로 어떤 사람들이 이 결과로 고통을 겪거나 가진 것을 빼앗긴다면 이것은 신이 정의롭지 못하다는 것을 뜻한다. 신정론神正論(신은 악이나 화를 좋은 목적을 위한 수단으로 인정하고 있으므로 신은 언제나 바르고 의롭다는 이론-옮긴이)의 문제는 우리에게 아무 해답도 주지 않는다. 따라서 이슬람의 윤리와 도덕 철학은 12세기에 서양에서 피터 아벨라르가 연구하기 시작한 것처럼 인간의 의도에 대한 체계적인 논의로 발전할 수 없었다.[100]

---

98. 이슬람에서 정의하는 범죄와 범죄 행위에 대해서는 Lippman, McConville, and Yerushalmi, *Islamic Criminal Law and Procedure*, 45~56쪽 참조.

99. Wolfson, *Philosophy of Kalam*, 552쪽에서 인용.

100. Nelson, *On the Roads to Modernity*, 223ff쪽 외 참조.

이슬람에서 이 문제를 결정적으로 공식화한 사람은 알가잘리였는
데, 그는 인간사에서 발생하는 인과관계에 대한 형이상학적 논의를
완전히 거꾸로 되돌렸다. 아베로에스가 이것을 반박했지만 아무 소
용이 없었다. 다음은 가잘리의 말이다.

우리는 원인이라고 생각하는 것과 결과라고 생각하는 것 사이에는 필
연적인 연관성이 없다고 말한다. 둘 다 각자 개별성을 가지고 있으며 서
로 다른 것이다. 원인을 긍정하지도 부정하지도 않고 또 그것이 있지도
없지도 않다는 것은 결과에 대한 긍정과 부정 그리고 그것의 존재와 비
존재 속에서 은밀히 드러난다. 이를테면 목마름을 해소하기 위해서는
그것이 의학과 천문학, 과학과 기술과 관련한 모든 경험적 연관성이 있
음에도, 꼭 물을 마시거나 배가 터지게 먹거나 뜨거운 불에 닿거나 빛나
는 일출을 보거나 목이 베어 죽거나 약을 먹고 회복하거나 설사약을 먹
고 속을 비워야 하는 것을 암시하는 것은 아니다. 이것들이 서로 연관관
계를 갖는 것은 그것이 자체로 필요하다거나 그 연결을 해체할 수 없기
때문이 아니라 이것들을 질서대로 창조하는 신의 권능이 있기 때문이
다. 먹지 않고도 배부르게 하고 목을 베지 않고도 죽일 수 있고 반대로
목을 베었는데도 생명을 유지할 수 있게 하는 것처럼 이 모든 연관성을
창조하는 것은 바로 신의 권능이기 때문이다.[101]

우리는 이런 신학적 주장이 인간의 심리에 어떤 결과를 끼쳤는지

101. Averroes, *Tahafut al-Tahafut*, 영문 번역, *Simon Van den Bergh*(London :
Luzac, 1954), 316쪽에서 인용. 현대 이슬람인들은 아직도 이 교리를 강력하게 신
봉한다. 예를 들면 Seyyed Hossein Nasr, *Science and Civilization in Islam*(New
York : New American Library, 1968), 307ff쪽 외 다수 논문. 또한 오늘날 말레이
시아나 인도네시아 같은 이슬람교 국가에서 의례적인 처방과 함께 "인샬라
Inshallah(신이 원하신다면)"라는 말을 써서 앞날의 행동에 대해 희망을 부여하는
것은 그들의 관습이다.

당시의 의사들이 약을 조제하고 처방한 설명을 보고 잘 알 수 있는데 카이로에 있는 게니자geniza 문서에 그 내용이 기록되어 있다. 고이틴s. D. Goitein 교수는 "우리는 의사의 처방과 관련해서 이들의 깊은 신앙심의 표현을 보고 감동받는다. 그 처방전에는 다음의 말이 씌어 있다. '신의 축복이 함께하길' 또는 이슬람교 방식으로 '신의 이름으로, 측은히 여기며'라고 쓰고 대부분 '신의 뜻이라면 도와 주실 것이다' 또는 '오직 신에게 감사를 돌린다'라는 말로 끝맺는다."고 말한다.102

파즐라 라만의 연구에 따르면 이 시기 이후 신학은 "두 가지 형태로 나뉘었는데 하나는 교리와 의식 중심의 합리론인 카람kalam이고 다른 하나는 명상과 사변 중심의 신학인 수피교Sufism이다."103 카람이 지닌 교조적 요소는 우인론이 신봉하는 결정주의에 그대로 들어 있어서 카람에서는 인간이 자기 고유의 생각과 행동을 할 수 있는 능력이 없다. 카람은 또한 "인간의 이성이 실제로 어떤 보편적 원칙도 만들어 내지 못한다는 것을 보여 주고" 싶어했다. 그리고 알가잘리가 말한 것처럼 "모든 의무는 인간의 이성이 아니라 샤리아에서 흘러나온다."104 파즐라 라만은 끝으로 신학은 "모든 형이상의 영역을 독점했고 우주와 인간의 본질을 합리적으로 밝히려는 주장과 순수한 사고를 허용하지 않았다."105

알가잘리의 이러한 중요한 철학 논의 덕분에 나중에 신학자들이 균형 잡힌 토론을 하는 데 철학과 논리학의 이용에 익숙해졌지만,106 반면에 이것은 철학이 논리로 증명할 수 있는 학문이라는 생

---

102. S. D. Goitein, *A Mediterranean Society*, 2권(Berkeley and Los Angeles : University of California Press, 1968~1971), 2, 254쪽.
103. Rahman, *Islam*, 107쪽.
104. 같은 책, 106쪽에서 인용.
105. 같은 책, 107쪽.

사회·법 체계로 본 근대 과학사 강의

각을 없애 버렸다. 또한 "알가잘리가 논리를 증명할 때 사용하는 경험적 전제를 우인론의 논리로 해석한 것"107은 정통파의 시각으로 자연과학의 가치를 심하게 제한한 것이었다. 그렇다고 이슬람 안에서 철학이 완전히 사라진 것은 아니며 수피교의 신비주의와 철학과 신학을 함께 가르치는 작은 학교에서는 철학적 사색이 여전히 남아 있었다. 파즐라 라만은 철학적 사색의 전통이 12세기 이후까지 이어져 온 것은 파크르 알딘 알라지Fakhr al-Din al-Razi(1209년 사망)의 저작과 정신이 있었기 때문이라고 주장한다. 그는 파크르 알딘 알라지가 그의 저작 속에서 "놀랄 만큼 넓은 안목을 가지고 이성으로 사색했다."108고 주장한다. 파크르 알라지와 13세기 이후 활동한 학자들은 철학을 지키려고 애썼지만 가장 중요한 신학과 교리 문제에서는 "정통 이슬람의 주장을 받아들여야" 했다.109

철학과 정통파 사이의 긴장 관계는 이후로도 계속되었는데 대개는 전통주의자들이 지성주의를 격렬하게 공격했으며 이븐 타이미야의 반지성주의 공격에 이르러서는 그 정점에 도달했다. 라흐만은 타이미야의 기본 견해가 "샤리아와 그것이 지닌 종교적 가치의 정당성을 되풀이해서 말하는 것"이라고 주장한다.110 피터스F. E. Peters는 타이미야의 카람에 대한 생각이 "알가잘리의 생각보다 훨씬 더 어두웠다."고 말한다.111 타이미야는 "정통 교리의 진리와 이성의 증거

---

106. A. I. Sabra, "The Appropriation of Subsequent Naturalization of Greek Science in Medieval Islam : A Preliminary Assessment," *History of Science* 25(1987), 232쪽.

107. M. Mamura, "Ghazali's Attitude Toward the Secular Science," in *Essays on Islamic Philosophy and Science*, ed. G. Hourani(Albany : State University of New York Press, 1975), 108쪽.

108. Rahman, *Islam*, 121쪽.

109. 같은 책, 122쪽.

110. 같은 책, 111쪽.

111. Peters, *Aristotle and the Arabs*, 201쪽.

사이의 조화"를 분석하면서 "철학자와 신학자 모두를 심하게 비판했다."112 따라서 철학과 종교는 서로 영원한 적대관계였다. 그 결과 철학은 카이로에 있는 알아자르al-Azhar 전문학교의 "교과목에서 퇴출"되고 말았다. 그 이후부터 19세기 말 근대주의가 도래할 때까지 철학을 가르치고 배우는 행위는 금지되었다.113

결론

과학적 사고체계의 진화와 발전을 이해하기 위해서는 당시의 지식 토론의 바탕을 제공한 형이상의 세계를 폭넓게 연구해야 한다. 인간의 합리적 능력(또한 자연 그 자체)에 대해 우리가 가지고 있는 생각은 해당 문명을 구성하는 종교와 법에서 찾을 수 있다. 종교와 법에 나타난 개념은 그 문명에서 사는 인간 자신의 모습을 만들고 인간의 합리성을 발전시키거나 제한한다. 아라비아 – 이슬람 문명에서 법과 신학을 손에 쥔 사람들은 인간의 합리적 능력을 철저하게 제한했다. 신학과 법은 둘 다 인간의 이성 작용을 인정하지 않았고 따라서 모든 인간은 전승되어 온 권위(타끌리드taqlid)의 가르침을 따르고 그 밖의 자연 또는 성전의 신비를 알려고 하지 말아야 했다. 이러한 정통 권위에 대한 복종은 빌라 카이파bila kayfa라는 말에서도 알 수 있는데 이 말은 "왜라고 묻지 않고" 모든 가르침과 해석을 받아들이는 것을 뜻한다. 이 말 뒤에는 때때로 "신만이 아신다." 하는 말이 나온다. 이슬람의 신학과 법은 신의 지혜(말씀)와 학자들의 합

---

112. Rahman, *Islam*, 123쪽.

113. 같은 쪽. 이슬람의 전문학교에서 철학을 가르치는 일은 드물었고 알아자르에서 이런 조치가 취해진 것은 대부분의 전문학교의 방침을 따른 것으로 보인다. Makdisi, *The Rise of Colleges*, 77ff쪽과 비교.

의가 인간의 이성 작용보다 우월하다는 생각을 널리 가르쳤고, 반면에 인간의 이성이 법과 윤리를 구성하는 하나의 독립된 요소라는 생각을 인정하지 못하게 했다. 이런 태도는 이슬람의 법에서 인간의 의도를 인정하는 논리가 발달하지 못한 것(비록 종교 의례의 문제와 관련된 인간의 의도는 인정을 받았지만)과 관련이 있는 것 같다. 따라서 부작위법의 근간이 되는 법적 의무의 정도와 등급을 정하는 일은 이슬람법에서 발달하지 못했다. 그나마 합리주의의 인식 방식에 가장 가까운 이슬람 사상은 이슬람의 합리주의자들인 무타질라파가 쓴 글에 들어 있다. 하지만 인간의 이성 작용은 종교 또는 윤리 사상을 새롭게 변혁할 힘을 가지고 있지 못했으며 결국 이즈티하드(이성을 이용한 지식 논쟁)의 문은 닫히고 말았다.

알가잘리 이후 아라비아 – 이슬람 문명에서 가장 위대한 철학 사상가라고 하는 사람들은 예외 없이 모두 인간의 이성에 의문을 던졌고 이성의 논리 증명력을 얕잡아 보았다. 이들은 오히려 신앙의 우월성을 주장했고〔신앙주의(종교의 진리는 이성이 아니라 믿음으로만 알수 있다는 주장–옮긴이)〕 전승되어 온 가르침의 권위(샤리아와 수나)를 뛰어넘을 수 없다고 강조했다. 정통 이슬람교인들에게 인간의 이성은 연역적 논리 추론을 위해 쓸모가 있을 뿐, 이성이 신의 계시라는 도움 없이 새로운 진리에 도달할 수 있다는 생각은 전혀 인정하지 않았다. 종교 문제에서 혁신은 이단(비다bid'a)과 같은 말이었다.[114] 기독교와 서양에서도 이교적인 혁신을 두려워했으며 근절해야 하는 대상으로 생각했다. 그러나 이것이 자연 세계를 두고 말할 때는 자유로운 지성의 활동이 가능한 새롭고 강력한 자치 지역이 만들어졌다는 것을 뜻했다.

---

114. B. Lewis, "Some Observations on the Significance of Heresy in the History of Islam," *Studia Islamica* 1(1953), 43~63쪽.

르네상스가 아직 시작되지 않았던 12세기에 중세 유럽인들은 당시의 이슬람교인들과 달리 자연을 제대로 연구하고 해석하면 그들 앞에 놓여진 종교와 법을 체계화하고 잘 조직해서 합리적으로 평가할 수 있다고 생각했다. 이들은 인간의 이성이 저급한 동물과 인간을 구별하며 또한 모든 영역에서 합리적 연구 활동을 할 수 있게 하는 도구라고 생각했다. 이런 생각은 당장 모든 영역에서 자유롭게 생각할 수 있는 사상의 자유를 선포하지는 않았지만 지식의 자치권을 인정하는 토대는 마련했다. 이제 인간의 합리적 능력은 신의 영광을 위해 신에게 받은 선물로 신의 합리성과 어느 정도 같아졌다. 더욱이 자연의 합리적 질서와 인간의 합리성을 크게 칭송하는 다양한 사람들이 생겨났다.

한편으로 종교학자와 신학자, 교회법 학자들은 플라톤과 《티마이오스》에서 나타난 인간과 자연에 대한 합리주의적 이미지를 받아들였다. 12세기와 13세기 중세 유럽인들은 이 고대의 형이상을 인정함으로써 인간과 인간의 능력을 바라보는 독특한 합리주의적 개념을 만들어 냈다. 더 나아가 기독교 성직자들은 성경의 가르침을 다시 해석하고 변용했다. 그에 따라 인간은 도덕과 윤리를 제대로 판단할 수 있게 하는 꺼지지 않는 합리적 이성("양심"을 말함)을 가진 존재가 되었다. 지식이 많은 기독교인은 딴 길로 빠질 수도 있었지만—신 앞에서 하는 고해성사는 그 가능성을 막을 수 있을 것이다—그렇다고 인간이 도덕적 행위를 합리적으로 판단할 수 있고 또한 그래야만 하는 이성을 지닌 피조물이라는 사실을 부인할 수는 없었다.

인간의 도덕을 완전히 새롭게 판단하는 사고체계—결의론決疑論(양심이나 선악의 문제를 경전이나 도덕에 비추어 판단하는 학설-옮긴이)—는 피터 아벨라르 같은 위대한 사상가의 손에서 완성되었다.

사회·법 체계로 본 근대 과학사 강의

이 새로운 체계 안에서 인간의 의도라는 관점으로 볼 때 아벨라르는 심지어 기독교 교리 안에서도 신을 해칠 의도가 없었다면 신약에 나오는 유대인들에게 그리스도를 십자가에 못 박은 죄에 대한 책임을 지울 수 없다고 말했다.[115] 간단히 말해서 중세 유럽인들은 이성과 합리성으로 가득 찬 인간의 형상을 만들었고, 인간의 철학적·신학적 사색은 결과를 예견할 수 없거나 심지어 놀랍게도 정통 교리와 거리가 먼 민감한 영역도 탐구하기 시작했다. 더욱이 이와 같은 신학과 철학의 탐구는 서양의 교육 거점인 대학에서 한창 진행되고 있었다. 실제로 기독교 신학은 인간에게 새로운 사색의 분위기와 동기를 제공했지만 또한 인간이 어떤 경계도 구분하지 않는 새로운 합리적 능력을 지니고 있다고 생각했다.

이제 다음 장에서는 인간의 합리적 능력을 자연에 적용했던 것처럼 법에 적용하고 이런 생각이 어떻게 법적 개념과 권력, 기관으로 제도화했는지 살펴볼 것이다.

---

115. Nelson, *On the Roads to Modernity*, 223쪽 ; D. E. Luscombe, *Peter Abelard's Ethics*(London : Cambridge University Press, 1976) 참조.

유럽의 법 혁명

찰스 호머 하스킨스Charles Homer Haskins의 《12세기의 르네상스*The Renaissance of the Twelfth Century*》[1]가 발표된 이후로 많은 학자들은 12세기와 13세기가 인간의 창의성과 새로운 문화 형태가 풍성하게 꽃핀 때였다는 것을 알았다.[2] 찰스 하스킨스, 해스팅스 래시달Hastings Rashdall, 메이틀런드F. W. Maitland 같은 학자들은 법학의 부활이 대학의 발전과 심지어 교회와 교회법 제정에 끼친 영향에 대해 정확하게 알았다. 그러나 해롤드 버만Harold J. Berman이 《법과 혁명*Law and Revolution*》이라는 책을 발간하기 전까지 우리는 이 시기에 유럽 전역을 휩쓸었

---

1. Charles Homer Haskins, *The Renaissance of the Twelfth Century*(New York : Meridian, 1957).
2. 이 중세 모습은 지금은 *Renaissance and Renewal in the Twelfth Century*, ed. Robert Benson and Giles Constable(Cambridge, Mass. : Harvard University Press, 1982)에 실린 논문에 새로 나왔다.

던 법과 제도의 개혁이 어느 정도로 혁명적 특징을 가지고 있었는지 생각하지 못했다.3 버만 교수는 1930년대 이후 법학 연구의 성과를 바탕으로 르네상스 시기에 법의 모든 영역과 부문—봉건제, 장원제, 도시, 상업, 왕실—에서 이루어진 광범위한 개혁—실제로 거의 완벽하게 다시 구성되었다—이 얼마나 중요한 의미를 가지며 그 덕분에 중세 유럽 사회가 어떻게 바뀌었는지 새롭게 밝혔다. 근대 과학이 발생하고 학문의 자율성이 발전할 수 있는 토대를 마련한 것은 바로 이와 같은 법의 개혁 덕분이었다.

우리는 이 발전의 중심에서 당시의 법과 정치가 집단적인 행위자들을 하나의 단일한 개체, 자율성을 갖춘 자치 집단corporation으로 다루고 있다는 것을 발견할 수 있다. 일부 사회학자들은 이들 "자율성을 지닌 새로운 행위자"가 사회적 행동의 본질을 바꾸고4 사회와 경제에 새로운 역동성을 불러일으킨다는 것을 인정했다. 이 역동성은 당연히 새로 바뀐 사회와 경제, 정치 체계로 설명해야 한다. 자율성을 가진 행위자의 등장으로 법 체계에 대전환이 일어났고, 이것은 이슬람과 중국 법에는 전혀 없는 서양에만 고유한 새로운 형태의 법과 권력 관계를 다양하게 만들어 냈다. 더 나아가 자율성을 지닌 개체들에 대한 법 체계는 입헌정부, 정치적 의사결정에 대한 동의, 정치와 법을 대표하는 권리, 판결과 사법권, 자치 입법권과 같은 정치사상을 뒷받침하는 입법 원칙을 수반했다. 과학 혁명과 종교 개혁을 제외하고 그 밖의 어떤 혁명도 중세 유럽의 법 혁명처럼 새로운 사회와 정치를 암시했던 것은 없었다. 새로운 제도 형태를 위한 법 사

---

3. Harold J. Berman, *Law and Revolution : The Formation of the Western Legal Tradition*(Cambridge, Mass. : Harvard University Press, 1983).

4. James Coleman, *Foundations of Social Theory*(Cambridge, Mass. : Harvard University Press, 1990), 531ff쪽 외. 피터 드러커는 자치체 개념이 중세 시대 이후 가장 강력한 사회 혁신이었다고 주장했다.

상의 개념적 토대가 마련되었는데 이것은 또 다른 두 개의 혁명을 준비하는 길이 되었다.

우리는 12세기와 13세기에 이슬람과 유럽에 위대한 지식인들이 있었다는 사실을 기억해야 한다. 따라서 나는 아라비아-이슬람 문명의 위대한 인물들이 사라졌다고 주장하지 않을 것이다. 그러나 조지 사턴George Sarton이 결론을 내린 것처럼 자연과학과 관련해서 12세기 이후에 아랍 세계에서 활동한 중요한 과학자들의 수는 당시 유럽의 과학자들보다 적었다는 것은 사실일 것이다.5 전체 학문 연구도 이 시기 이후로 확실하게 쇠퇴했다는 것도 사실이다.6 그렇지만 실제로 12세기와 13세기 동안 서양과 이슬람, 중국 문명에는 훌륭한 학자들이 많이 있었다.

이 시기에 서양을 제외한 다른 지역에서는 자연과학 탐구가 쇠퇴했다는 사실은 아라비아-이슬람 문명의 위대한 학자들이 의도적으로 다른 길을 택했으며 그 결과 인류의 미래가 달라졌다는 것을 의미한다. 피터 아벨라르(1079~1142년)는 위대한 알가잘리(1058~1111년)와 같은 시기에 살았고 솔즈베리의 존John of Salisbury(1120~1180년)은 이븐 루시드(1126~1198년)와 동시대인이었다. 비록 아비센나가 1037년에 죽었지만 중요한 법학자이며 철학자, 천문학자였던 나시르 알딘 알투시(1274년 사망)는 토마스 아퀴나스(1225~1274년)와 같은 시대에 살았다. 그리고 정통 이슬람주의자인 이븐 타이미야(1273~1328년)는 이집트 신학자 알이지(1355년 사망)와 함께 파두아의 마르실리우스Marsilius of Padua(약 1280~1343년), 오컴의 윌

---

5. George Sarton, *Introduction to the History of Science*, 3권, 5부(Baltimore : Williams and Wilkins, 1927~1948), 2/2. 사턴이 내린 결론을 계량화한 흥미로운 시도는 Pitirim Sorokin and R. K. Merton, "The Course of Arabian Intellectual Development, 700~1300 A.D.," *Isis* 22(Feb. 1935), 516~524쪽 참조.
6. 이것은 주석 5번에서 인용한 소로킨과 머턴의 연구에서 받은 인상이다.

   사회·법 체계로 본 근대 과학사 강의

리엄William of Ockham(약 1285년~1349년)과 같은 시기에 살았다. 양쪽 문명에 살았던 이 유력한 지식인들은 자기 나름의 고유한 그러나 자기 문화 조건에 따른 의제들을 연구하느라 정신이 없었을 것이다. 11세기 초 아라비아 - 이슬람 문명은 서양보다 더 풍부한 지식을 보유하고 있었지만, 13세기가 끝날 무렵 서양 문명은 정치와 법, 사회, 제도에서 이슬람의 중동과는 다른 급격한 질적 변화를 맞이했다.

근대 서양의 법 발전

이슬람 문명과 서유럽 문명은 정부와 사회 조직 구성에서 비슷한 것이 많았지만 법과 관습, 전통에서는 근본적으로 다른 것들이 많았다. 로마법이 이탈리아를 비롯해서 비잔틴 문명과 무역을 했던 이슬람교인들과 터키 상인들에게 알려지지 않았을 수 없지만, 이슬람의 법학자들이 《유스티니아누스 법전》(《로마법대전the corpus juris civilis》이라고도 부름-옮긴이)에 나오는 법 원리나 개념, 소송 절차를 알고 싶어 했다거나 그 내용을 차용했다는 증거는 없다.

이슬람의 법학자들은 꾸란과 수나가 신의 명령을 완전하게 기록해 놓았기 때문에 중세 유럽인들과는 달리 고대 법을 체계적으로 정리하여 만든 로마법이 법의 원리와 개념을 제공하는 원천이 될 수 있다고 생각해 본 적이 없었다. 수나는 중동 지역의 전통 관습을 암묵적으로 인정했으며 재판관과 법학자(카디와 푸카하)들에게 현행법은 오직 샤리아뿐이었다. 그러나 무엇보다 이슬람인들은 칼리프caliph(무함마드의 후손) 또는 에미르emir라고 부르는 이슬람 속세의 지배자를 전체 이슬람 공동체를 다스리는 군주이며 이슬람법 질서를 집행하는 사람으로 생각했다. 신성과 세속, 정신 세계와 현실 세계를 서로 구분하지 않았다. 이슬람 왕국의 법은 이슬람교인들이 최후의 심판일이 왔을 때 하늘나라로 가기 위해 반드시 따라야 하는 그런 명령으로 구성되어 있었다.

한편 서양 문명의 사정은 이와 매우 달랐다. 유럽의 왕들과 전통 관습과 법을 수호하려는 세력들은 자신들의 말이 법의 근원이며 그리스도의 성스러운 몸인 기독교 신앙 공동체의 수호자라고 주장했다. 그러나 로마인들이 기독교를 받아들인 이후로 교회는 자체 조직 안에 권력의 계층구조를 만들어 종교 영역에서 배타적인 독점권을 주장했다. 이것은 여러 가지 방식으로 세속의 질서로 확대되었다. 성경 시대 때부터 종교와 세상, 그리스도의 요구와 율리우스 카이사르Julius Caesar의 요구는7 서로 충돌했고 그 이후로도 분쟁과 싸움은 계속되었다. 위대한 법률사학자 에른스트 칸토로비츠Ernst Kantorowicz는 12세기와 13세기 법 영역에 르네상스가 도래하기 바로 전까지 "왕은 정의의 원천이었다. 그는 법이 모호한 경우에 그것을 해석하는 권한을 갖고 있었다. 법정은 여전히 '왕의 법정'이었다. 왕은 자기 왕국에서 상임 재판관이었고 왕이 임명하는 재판관은 그저 왕의 위임을 받은 대리 재판관일 뿐이었다."고 지적했다.8 법학자들은 로마법에 나온 "왕이 원하면 법의 효력을 가진다."9는 상투적인 말에 너무 익숙해져 있었다. 그러나 해롤드 버만은 《유스티니아누스 법전》에는 앞의 말처럼 널리 알려진 말은 아니지만 다음과 같이 군주들도 마찬가지로 법을 따라야 할 의무가 있다는 내용이 담겨져 있다고 말한다. "왕이 법에 복종해야 한다고 인정하는 것은 지배 군주의

---

7. "그러므로 시저의 것은 시저에게 그리고 하느님의 것은 하느님에게 바치라."(마태복음 22장 21절)
8. Ernst Kantorowicz, "Kingship under the Impact of Scientific Jurisprudence," in *Twelfth-Century Europe and the Foundations of Modern Society*, ed. M. Clagett, G. Post, and R. Reynolds(Madison : University of Wisconsin Press, 1966), 93쪽.
9. 같은 책, 96쪽.

  사회·법 체계로 본 근대 과학사 강의

최고 권한과 같은 선언이다. 왜냐하면 우리의 권위는 법의 권위에서 나오기 때문이다.”10

따라서 근대 사회 제도의 기초를 마련했던 이 시기의 마지막 사건은 교회와 국가 사이에 성직 임명권을 두고 크게 충돌한 것(1050~1122년)인데 결국 교황의 승리로 끝났다. 무엇보다도 이 싸움은 처음으로 보편성을 인정받은 근대의 법 체계가 만들어 낸 지식과 법의 싸움이었다. 이 법 체계는 교회법이었는데 이것을 처음으로 명문화한 것은 1140년 이탈리아의 수도사 그라티아누스Gratianus가 선포한 《교령집Decretum》이었다. 그라티아누스는 이 같은 법과 제도 체계의 금자탑을 이루기 위해 여기저기 흩어져 있던 엄청나게 많은 법과 미심쩍은 부분과 서로 모순되는 경우도 많은 관련 문서들을 한데 모아서 연구해야 했다.

5세기와 10세기 사이에 유럽에 있던 많은 자료들은 그 원천이 많이 달랐다. 교회법 가운데 많은 것이 구약과 신약 성경에서 나왔다. 그러나 313년 콘스탄티누스 대제가 기독교를 국교로 받아들이고 나서 기독교는 로마법 질서에 완전히 스며들었다. 로마법 질서는 매우 현실적이고 행정 관리 중심이어서 셈족의 유대교 전통과 초기 기독교 그리고 헬레니즘과 매우 달랐다. 해롤드 버만은 로마 제국은 실제로 5세기에 멸망했지만 “교회는 서유럽의 부족 지배 문화 속에서 로마법의 전달자로 인정받았다. 8세기 리부아리아Ripuarian Franks족(라인 강 중부 지역을 중심으로 살았던 프랑크 부족-옮긴이)의 《렉스리부아리아 법전the Lex Ribuaria》에 보면 ‘교회는 로마법으로 산다(Eccelesia vivit jure Romano)’고 하는 조항이 들어 있다. 이것은 이 당시 서유럽 사람들은 자기 부족의 법을 따랐고 그들이 가는 곳마다 그 법에

---

10. *Justinian Codex* 1.14.4, Berman, *Law and Revolution*, 585쪽 주석 58번에서 인용.

따라 재판을 받았다는 점에서 교회는 이와 함께 로마법을 따르는 것으로 간주되었다."[11]고 지적한다.

교회법은 그 자체로 현세와 내세를 둘 다 관리하는 책임을 지고 있기 때문에 교회의 재정과 자산에 대한 규정과 교회 조직의 권한을 정하는 규칙, 신성과 세속 사이의 상호 작용을 지배하는 규정, 범죄와 처벌을 다루는 규정, 결혼과 가정생활을 위한 규칙을 포함했다.[12] 또한 교회법은 초기 기독교 성부들이 선포한 여러 가지 교회 칙령과 교령을 포함해서 게르만족의 법에 들어 있던 요소도 추가했다. 그리고 여기에는 전체 교회법 안에서 서로 엇갈려 꼬여 있는 예배 절차나 신학과 관련된 요소들도 들어 있었는데 이것은 12세기 때 비로소 볼 수 있는 법의 체계와는 전혀 다른 형태의 법이었다. 버만은 "여기에는 법을 전문으로 다루는 재판관이나 법률가도 없었고 법원의 서열을 나누는 계층구조도 없었다."고 말하면서 이어서 지적한다.

또한 법이 규칙과 개념으로 존재하는 분명한 '실체'라는 생각이 부족했다. 법을 가르치는 학교도 없었다. 서양의 법 체계에서 중요한 구성 요소를 이루었던 재판권과 소송 절차, 범죄, 계약, 소유권 같은 기본적인 법 분류를 알려 주는 훌륭한 법률 교과서도 없었다. 그리고 법의 근원, 신성한 자연의 법과 인간이 만든 법의 관계, 교회 조직법과 세속법의 관계, 성문법과 관습법의 관계, 봉건제와 왕실, 도시와 관련된 다양한 법이 서로 관계 맺고 있는 것을 파악한 발전된 법 체계도 없었다.[13]

---

11. 같은 책, 200쪽.
12. 같은 쪽.
13. 같은 책, 85쪽.

 사회·법 체계로 본 근대 과학사 강의

아마도 근대 법 체계의 발전에 가장 큰 구실을 한 것은 이탈리아에서 발견한 11세기 말 《유스티니아누스 법전》의 필사본일 것이다.14 비록 로마 민법은 일상의 법 적용에서 사라진 지 오래되었지만 그 법전의 웅장함과 다루고 있는 문제들, 그리고 그 완전한 구성은 당시에 유럽에서 적용되던 어떤 법전보다 뛰어났다. 따라서 이 법전은 곧바로 당시 사람들에게 엄청난 주목을 받았다. 1087년경 위대한 로마법 학자 이르네리우스Irnerius는 볼로냐 대학에 은둔하며 정기적으로 로마 민법의 주석을 달고 학생들을 가르치고 있었다. 그런데 여기서 중요한 것은 볼로냐 대학이 일반 학자들이 설립한 민간 고등 교육기관이었다는 사실이다. 이곳은 교회법 학자들이 아니라 일반인들이 법학을 공부하는 장소였다.15 교회법은 1140년 그라티아누스의 《교회법 모순조항 해류집Concordia discordantium canorum》이 등장해 로마법처럼 일관된 자기 해석을 할 수 있을 때까지 기다려야 했다. 새로운 법학의 탄생은 서로 다른 세 가지 요소가 어우러져 발생했다. 법의 대상이 되는 소재와 새로운 분석 방법 그리고 이런 새로운 법학을 배울 수 있는 장소인 대학이 바로 이 요소들이다.16 여기서 이슬람 세계가 지나온 지식과 법, 제도의 발전 경로와 다른 점을 주목해 보는 것도 좋을 것이다. 볼로냐 대학은 처음에 세속의 법인 로마 민법을 가르치는 것을 목적으로 했는데 이것은 세속의 법에 권위를 부여하는 중요한 계기가 되었다. 볼로냐 대학이 교회법을 로마 민법과 똑같이 가르치는 곳으로 인정된 것은 세월이 꽤 지난 다음이었다.17

---

14. Charles Haskins, "The Revival of Jurisprudence," in *The Renaissance of the Twelfth Century*, 7장 ; Berman, *Law and Revolution*, 122쪽.

15. Alfred Cobban, *The Medieval Universities:Their Organization and Development*(London : Methuen, 1975), 2장.

16. Berman, *Law and Revolution*, 123쪽.

　법의 종교적 요소와 자치체로서 특성에 대한 논의는 별개로 하고
이슬람 세계에서는 서양 세계와는 달리 이슬람의 전문학교인 마드
라사에서 오직 이슬람법(샤리아)만 가르칠 수 있었다. 로마법, 그리
스법, 유대법은 물론 관습법도 가르칠 수 없었다. 그리고 이 시기에
는 이슬람법을 가르치는 여러 학파 가운데 오직 한 학파(마드하브
madhhab)만 정해진 한 마드라사에서 이슬람법을 가르칠 수 있었다.
이것은 나중에 바뀌었다.[18] 초기에 행해진 이 같은 법의 폐쇄성은
결국 이슬람법을 구성하는 네 학파의 법이 하나의 법전으로 체계화
되는 것을 가로막았다.

　11세기와 13세기 초 사이에 서유럽에서는 근본적인 질적 변화가
일어났는데 여러 차원의 자치권과 재판권 그리고 법률 전문가 집단
의 등장과 함께 바로 법 체계의 개념이 만들어졌다. "정치 제도로서
그리고 지식 개념으로서 법의 본질"을 극적으로 바꾸는 큰 변화가
일어난 것이다.[19] 이러한 변화는 너무 극적이고 완전하며 광범위해
서 우리는 이것을 "법 제도의 혁명적 발전이라고 불러야만 한다."
더 나아가 이것은 "중앙 엘리트들의 정책과 이론이 실현된 것일 뿐
만 아니라 '민중의 현실 속에' 불어닥친 사회와 경제의 변화에 따른
결과"였다.[20] 말하자면 이것은 지식인 혁명인 동시에 사회, 정치, 경
제 혁명이었고 이에 따라 새로운 법 개념과 실체, 소송 절차, 사법
권력과 기관이 생겨나고 서유럽인들의 사회생활이 크게 바뀌었다.

---

17. 버만은 로마법도 자연법, 신의 법과 마찬가지로 신성한 법으로 다루어졌다고 주장
　　한다. *Law and Revolution*, 146쪽. 나는 이것을 두고 논쟁하지 않지만 이슬람교도
　　들이 이렇게 인간이 만들어 계승된 외국의 법을 신이 계시한 법인 꾸란과 같은 지
　　위에 두는 일은 절대로 일어나지 않을 것이다.

18. George Makdisi, *The Rise of Colleges:Institutions of Learning in Islam and the
　　West*(Edinburgh : Edinburgh University Press, 1981), 10쪽, 304쪽 외.

19. Berman, *Law and Revolution*, 86쪽.

20. 같은 책, 86~87쪽.

　　　　　　　　　　　　　　　　　사회·법 체계로 본 근대 과학사 강의

교황 혁명

이 변화의 중심에 교황 혁명(약 1072~1122년)이 있다. 이것은 기독교 교회의 교황권이 세속의 통제에서 해방됨을 선포하는 것이었고, 무엇보다도 왕이 성직자를 임명하고 지배하던 기존의 간섭에서 벗어나려는 한판 승부였다. 이전에는 서양의 기독교 국가들에 흩어져 있는 종교 시설이나 수도원, 성당에 거주하는 성직자들을 대개 세속 정부와 지방 관료들이 선출하고 임명했다.[21] 이들 종교 밖의 권력이 교회에 미치는 영향력은 교황 혁명과 함께 급격하게 꼬리를 감추었다. 달리 말하면 교황 혁명은 과거에 황제와 왕, 군주가 선포했던 영적 권위를 취소했다.[22]

겉으로 볼 때 이것은 사소한 조정같이 보이지만 실제로 교황 혁명은 로마법에 깊이 뿌리박고 있던 새로운 법 체계를 (교회법과 유럽의 관습법에 비추어서 다시 뜯어고치고) 완성해서 세속 권력의 특권을 제한하는 조치였다. 이 과정에서 "최초로 서양의 근대 법 체계"가 탄생했다.[23] 더욱이 이 혁명적 조정은 "서양에서 근대 국가를 낳았는데 역설적으로 그 첫 번째 사례는 바로 교회 그 자체였다."[24] 보통

---

21. 같은 책, 88쪽.
22. 여러 법학자들은 이 변화를 다음과 같이 적절하게 말했다. 세속의 질서는 신성화되었고 따라서 왕들은 세속의 질서에 따라 자연법을 따르지 않을 수 없었다. 토마스 아퀴나스는 군주는 법을 만들 수 있지만 "동시에 자연법의 지배력에 묶인다. 따라서 스스로 그 법에 복종해야 한다."고 단호하게 말했다. Kantorowicz, "Kingship under the Impact of Scientific Jurisprudence," 97쪽. Berman, *Law and Revolution*, 114ff쪽과 Brian Tierney, *Religion, Law, and the Growth of Constitutional Thought, 1150~1650*(New York : Cambridge University Press, 1982), 3장 비교.
23. Berman, *Law and Revolution*, 5장.
24. 같은 책, 113쪽. Joseph Strayer, *On the Medieval Origins of the Modern State*(Princeton, N. J. : Princeton University Press, 1970) ; Tierney, *Growth of*

은 근대 국가를 생각할 때 세속의 국가를 생각하는데 이 결과는 의외일 수밖에 없다. 그렇지만 해롤드 버만은 이 시기 이후 교회는 보통 근대 국가에서 작동하는 법의 기능을 모두 수행했다고 주장한다.

교회는 스스로 세속 권력에서 독립되어 있으며 자체의 계층구조가 있는 공공의 권위라고 주장했다. 교회의 수장인 교황은 법을 제정할 권한이 있었고 실제로 교황 그레고리의 후계자들은 새로운 법을 계속해서 선포했다.…… 교회는 또한 자체의 행정 조직을 이용해서 법을 집행했으며 이를 통해 교황은 근대 국가의 군주처럼 권력을 행사했다. 더 나아가 교회는 로마 교황청을 정점으로 한 사법 조직을 통해 법을 해석하고 적용했다.25

교회가 이런 사법 기능을 모두 수행했다면 우리는 교회가 십일조나 여러 다른 헌금 명목으로 국민에게 세금을 징수하는 행위를 포함해서 "근대 국가의 입법, 행정, 사법 기능을 모두 수행했다."26고 말할 수 있다.

교황 혁명이 가져온 가장 중요한 성과는 교회가 법적 자치권을 선포했다는 것이며, 이것은 종교의 영역과 세속의 영역이 서로 자율적인 법적 관할권을 가지고 있다는 생각을 만들어 냈다. 성직자 임명권을 둘러싼 논쟁 과정에서 교황 그레고리 7세Gregory VII(1037~1085년 재위)를 대표하는 교회가 "모든 성직자는 교황 아래에 있지만 세

Constitutional Thought, 1150~1650, 22쪽 비교. 하지만 가렛 매팅글리Garrett Mattingly는 Tierney, *Growth of Constitutional Thought, 1150~1650*, 12쪽에서 인용한 것처럼 "중세 교회가 근대 국가로 발전하는 징조, 말하자면 그 발전을 이미 밟기 시작했다고…… 말할 수 있다."고 말한다.

25. Berman, *Law and Revolution*, 113쪽.
26. 같은 책, 113~114쪽.

   사회·법 체계로 본 근대 과학사 강의

속의 모든 권력 위에 있는 최고의 법적 지배자라고 선언"27했을 때 그것은 새로운 자치적 법 질서가 탄생했음을 알리는 사건이었다. 교회는 자기 영역 안에서 일어나는 모든 사건을 재판하고 청문할 권리, 새로운 법을 제정할 권리, 법에 따라 사건을 취해야 할 의무를 주장했다. 실제로 이 사건은 법이 다스리는 최초의 법치 국가 Rechtsstaat로 가는 거대한 진보의 발걸음이었다.28

자유롭게 합의한 교회법의 원칙과 절차의 틀 안에 언제나 신앙에 대한 열의가 들어 있지는 않았지만 그 구조와 체계는 "교회와 세속의 영역 양쪽 모두에서 상호 긴장관계를 풀고 균형을 유지하기 위해 행정 기구와 사법 기구의 유산"29을 남겼다. 이것을 토대로 해서 세속의 국가들은 국가의 업무를 조직하고 법원을 세우고 관료를 뽑고 나라 법을 제정하여 정치와 경제, 사회 영역에서 국가를 지배할 수 있었다. 실제로 교황의 법이 세속의 영역과 분리함으로써 세속의 법체계도 똑같이 발전할 수 있는 계기가 마련되었다. 교황의 권위가 영역을 더욱 확장하면서 결혼이나 가족 문제, 유산, 이혼과 같은 일반 시민의 가정에 관련된 일까지 지배력을 넓혔지만, 그 문제를 다루는 권위는 성경의 말씀보다 오히려 전해 내려온 관습이나 로마법에 더 많이 기대었다. 따라서 교황의 권위는 결국 이 통제권을 세속의 권력에 넘겨야 했다. 또 다른 교회 사학자가 말한 것처럼 "교회는 계속해서 교황 중심으로 발전해 갔지만 전체 기독교계는 세속 국가들과 마찬가지로 어느 정도 부분적으로 자치권을 인정받은 교회들의 연방, 또는 셀 수 없이 많은 크고 작은 자치 단위의 연합으로 남을 수밖에 없었다."30

---

27. 같은 책, 94쪽.
28. 같은 책, 215쪽, 292~294쪽.
29. 같은 책, 115쪽.

이러한 법과 법 체계의 발전으로 유럽인들의 생활은 완전히 새로운 단계로 접어들었다. 특히 그라티아누스 같은 교회법 학자들은 지식인 사회에 혁신을 일으키며 이성과 논리를 법의 소재에 적용하는 대담한 행동을 취했는데, 이것은 해롤드 버만이 지금까지 주장한 새로운 법 체계—교회법—로 만들어졌다.31 그라티아누스(또 그보다 앞서 이보Ivo와 이르네리우스 같은 사람들)는 물려받은 법적 전통 가운데 어떤 법이 다른 법보다 우선권이 있다거나 훨씬 더 신성하다고 주장하기보다는, 세상에는 법과 법의 이성적 추론 사이에 자연스런 조화가 있는 것처럼 말했다. 그래서 샤르트르의 이보 주교는 1095년에 교회의 규칙을 "하나의 체계"로 묶어 "서로 충돌하는 규범을 정리하고 기준을 세워서 일관된 구조"를 만들려고 애썼다.32 이들은 법학자가 해야 할 일은 이미 존재하는 법을 하나로 묶고 통합하는 계율과 원칙의 원천을 찾아 그들 사이에 조화를 이루는 것이라고 생각했다. 따라서 그라티아누스는 과거 수세기 동안 지속되어 온 새로운 법 기준을 만드는 일에 매진했다. 그는 우선 여러 시기에 나온 약 3,800개의 교회법 자료를 모아 연구했고 이것을 새로운 분야와 범주로 정리하기 시작했다. 그리고 두 번째 연구 단계에서 실제 법 체계의 기반이 될 일반 원칙을 도출하기 위해 특정한 법적 문제를 검토했다.

예를 들면 그라티아누스는 36가지 복합 사례를 분석하여 "초기 교부의 의견과 공의회의 의견, 교황의 권위를 찬반 양론으로 나누고 이 가운데 서로 대립되는 점을 조정하여 일반화하거나 때때로 그 일반화된 원칙을 일관되게 만들었다."33 이 사례들은 그 자체로 복잡

---

30. Brian Tierney, *Conciliar Theory*, Berman, *Law and Revolution*, 215쪽에서 인용.
31. Berman, *Law and Revolution*, 5장.
32. 같은 책, 144쪽.

   사회·법 체계로 본 근대 과학사 강의

한 도덕과 법의 문제를 포함하고 있었는데 그라티아누스 같은 학자들은 제각기 흩어져 있던 신성한 법, 자연법, 관습, 국법, 성문법을 일관된 체계로 만들어야 한다고 생각했다. 그라티아누스는 이를 위해 법의 원천 사이에 계층구조를 만들어 법원法源의 체계를 세워 나갔다.

그는 우선 신성한 법과 인간의 법 사이에 자연법의 개념을 끼워 넣었다. 신성한 법은 신의 뜻이 인간에게 계시로 나타난 것으로 성경이 그것이었다. 또한 자연법도 신의 뜻을 반영한 것이었다. 그러나 이 자연법은 신의 계시에서도 볼 수 있고 인간의 이성과 양심에서도 찾을 수 있다. 그라티아누스는 이런 논리로 "군주의 법leges(세속 권력의 법)은 자연법 jus naturale을 넘어서지 말아야 한다." 이와 마찬가지로 교회 "법"은 자연 "법"을 위반할 수 없다. 그는 "(자연) 법Ius은 유類이고 (인간이 만든) 법률lex은 종種이다."고 썼다.34

아마도 우리는 그라티아누스와 같은 교회법 학자들이 이루어 낸 대변혁의 성과를 평가할 때 이슬람 문명이 법과 법의 이성적 추론을 어떻게 생각했는지 그 배경 속에서 비교 분석해야 할 것이다. 해롤드 버만이 말한 것처럼 "관습이 자연법에 복속해야만 한다는 논리는 교회법 학자들이 일구어 낸 가장 큰 성과"이기 때문이다.35 이것은 관습법뿐만 아니라 교회법의 정의와 타당성을 판단할 수 있는 새로운 기준을 세우는 일이어서 더욱 그렇다. "그라티아우스와 그 동료 학자들의 논리는" 처음으로 "인간의 이성과 양심을 따르지 않는

---

33. 같은 쪽.
34. 같은 책, 145쪽.
35. 같은 쪽.

관습을 없앨 수 있는 근거를 제공했다."36 교회법 학자들은 이 목적을 달성하기 위해 신중하게 법률 검토를 했으며, 이 가운데 많은 법이 관습의 적정성을 판단하기 위한 기준으로 오늘날까지도 쓰이고 있다. 교회법 학자들은 "관습의 존속 기간, 내용의 보편성, 일관된 적용 여부와 정당성"을 기준으로 삼았다.37 이런 검증을 통해 사람들은 법이 정하는 규칙은 모두 상대성이 있다는 생각을 하게 되었다.

한편 이런 검증이 모든 법에 적용된다면 교회법도 마찬가지로 자연법의 검증을 받아야 할 것이다. 실제로 그라티아누스는 "교회법이나 세속의 성문법은 그것이 만약 자연법과 반대된다면 우리는 그 법을 완전히 퇴출해야 한다."38고 썼다. 이것은 세 가지 의미에서 지식 혁명이 이룬 놀랄 만한 성과였다.

법 체계 논리의 발전

교회법 학자들은 그 동안 전해 내려온 수많은 법을 서로 일관되게 체계화하고 그 토대가 되는 새로운 원칙을 명확하게 확립하여 새로운 법 체계를 만들었다. 두 번째로 이 과정은 법학이라는 새로운 학문을 창조하여 지식 발전의 새로운 전기를 마련했다. 버만의 주장에 따르면 이 새로운 법학은 일반적인 의미에서 근대 학문의 원형이었다.39 이처럼 법학은 근대 형식을 갖춘 최초의 학문이며 특정한 방법론을 필요로 하는 기초 학문으로 볼 수 있다. 이 방법론은 다음과 같은 요소들로 구성되어 있다. "①지식의 통합체이며 ②그 안에서

36. 같은 쪽.
37. 같은 쪽.
38. 같은 책, 147쪽.
39. 같은 책, 115~164쪽.

 사회·법 체계로 본 근대 과학사 강의

발생한 특정 현상은 논리정연하게 설명되어야 하고 ③일반 원칙이나 진실(법)에 따라야 하며 ④거기서 나온 (현상과 일반 원칙의) 지식은 관찰, 가설, 증명 그리고 최선을 다해서 실험한 결과를 종합해서 얻어야 한다."[40] 법학에서 "학자들은 황제를 포함해서 교회의 공의회, 교황, 주교가 공표한 결정, 규칙, 관례, 법령을 비롯한 여러 가지 법원에서 나온 현상을 연구했다. 또한 이들은 여기서 나온 자료들을 설명하고 분석해서 분류하고 체계화했다. 그러고 나서 마침내 그것을 논리적으로 일관된 개념 형태로 만들었다. 이렇게 생성된 개념은 더 깊은 연구를 통하여 자세히 검증되었다. 버만은 따라서 12세기 법학자들은 "일반 원칙의 타당성을 현실에서 자세히 검증했을 뿐만 아니라 그 원칙을 실제로 사용하여 발전시킨 첫 번째 학자들"이었다고 주장한다.[41]

세 번째로 내가 가장 중요하게 생각하는 것인데, 인간의 지성과 상상력이 작용하는 원리로서 근대 법의 발전은 서로 불협화음을 내던 (전통의) 권위를 하나로 일치시킬 수 있도록 인간의 이성에 권위와 정당성을 부여했다. 이 혁신적인 변화는 전체로 볼 때 이제 인간이 이 세상의 질서를 조화롭게 만들 수 있다는 원칙을 세운 것이다. 인간은 신성한 성경의 법을 완전히 새로운 바탕 위에 놓는 새로운 원리를 발견하고 선언했다. 만일 인간의 이성과 양심을 지금까지 인간이 물려받은 신성의 영역에서 쓸 수 있다면 신성한 법의 영역에는 오직 하나의 해석만 있을 뿐이라고 선언한 형이상의 굴레는 사라지고 만다. 따라서 이성과 양심을 사용함으로써 인간의 지식 자원이 너무 빈약하여 인간과 사회, 성경의 질서를 이해하는 데 어떤 변화도 줄 수 없다는 주장은 폐기되었다. 이제 이성과 양심의 자유가 법

---

40. 같은 책, 152쪽.
41. 같은 쪽.

의 영역에서 인정을 받으면서 신성한 법의 주장은 전보다 그 기반이 약해지고 다른 영역 안에 이성과 양심을 가두는 일이 매우 어려워졌다. 벤저민 넬슨의 말을 빌리면 이것은 "기존의 의사결정 논리"[42]를 깨뜨리는 큰 발전이었다. 이것은 새로운 지식의 가능성이 무궁무진하다는 것, 자유로운 지식 탐구의 새로운 영역이 활짝 열렸다는 것을 뜻했다. 이 발전은 다음과 같이 진행되었다.

처음에 이 새로운 학문은 피터 아벨라르와 스콜라 학자들이 개발한 새로운 사유 방법인 변증법적 방법론의 산물이었다. 이 방법론의 기초를 이룬 것은 분석과 종합의 새로운 형태였는데 이것을 처음 적용한 분야는 법과 신학이었다. 이 방법론은 완전무결하다고 생각하는 "어떤 책들의 절대 권위를 전제한다. 그러나 역설적으로 이것은" 이 책들 사이에 "서로 다른 점이 있으며 모순이 있을 수 있다는 것도 전제한다." 이 문제는 결국 변증법적 이성 작용이 해결한다.[43] 변증법적 방법론은 "서로 반대되는 것을 하나로 일치시켜 화해하는" 것이다. 이 방법론의 전개 방식을 살펴보면 처음에 권위 있는 문서에 서로 상반된 내용이 함께 들어 있는 것과 관련해서 문제가 발생한다. 한쪽을 지지하는 권위와 이성을 말하는 '명제prepositio'가 나오고 그 반대쪽 의견을 가진 권위와 이성을 말하는 '반명제opposi-tio'가 그 뒤를 이어 나온다. 이것은 마침내 '합solutio 또는 conclusio'으로 끝나는데 여기서 우리는 반명제에 주어진 논리들은 진실이 아니거나 최초의 명제는 반명제의 견지에서 수정되거나 버려져야 한다는 것을 알 수 있다.[44]

---

42. Benjamin Nelson, *On the Roads to Modernity*, ed. Toby Huff(Totowa, N. J. : Rowman and Littlefield, 1981), 72쪽.
43. Berman, *Law and Revolution*, 131쪽.
44. 같은 책, 148쪽.

 사회·법 체계로 본 근대 과학사 강의

법학자들(교회법 학자와 로마법 학자들)은 이런 방식으로 변증법 논리를 개발하여 고대 그리스와 로마에서 물려받은 논리 기준을 뛰어 넘었다. 한편 전통적으로 내려오는 고대 그리스 방식의 추론 형태는 보편성을 가진 전제에서 시작해서 검증된 결론에 도달하는 '필연적인 추론apodictic reasoning'과 '변증법적인 추론dialectical reasoning'을 분명하게 구분했다. 변증법적 추론은 어떤 확실성도 보장하지 않았다. 이것은 사례를 여럿 골라서 그 사례에 맞는 일반화된 전제를 "끌어내는" 귀납적 방법론이기 때문에 가능성만이 있을 뿐이었다. 그러나 중세 교회법 학자들은 이것을 뛰어넘었다. 아마도 아리스토텔레스가 살아 있었다면 "그의 생각을 바꿨을"지도 모를 일이다. 피터 아벨라르는 이 새로운 추론 방식을 만드는 데 크게 기여했다. 그는 종種의 개념에서 유類의 개념까지 추론의 실례를 제공했다. 아벨라르는 지배 원리인 "격언은 모든 결과의 의미를 담고 있고 그것을 표현한다. 그리고 그 결과에 공통으로 적용되는 추론의 형태를 보여 준다."고 썼다.[45]

반면에 고대 로마의 법학자들은 (교회법 학자들과 비교할 때) 매우 보수적이어서 "개별 사례를 신학적으로 통합하는 것이 아니라 그대로 유지하고 질서 있게 관리"하는 방향으로 힘을 기울였다.[46] 존 도슨John Dawson은 다음과 같이 주장한다.

이들에게 중요한 것은 말과 생각의 경제성이었다. 이들이 전제로 삼는 가설은 모두 고정되어 있었고 사회와 정치 질서 유지의 주목적은 아무 문제제기도 받지 않았으며 법에 대한 사고체계는 너무 분명하기 때

---

45. 같은 책, 140쪽에서 인용
46. John Dawson, *The Oracles of the Law*(Cambridge, Mass. : Harvard University Press, 1968), 114쪽.

문에 더 토론할 까닭이 없었다. 이들은 이 체계 안에서만 활동하는 문제 해결사로 인간의 욕구와 운명 같은 궁극의 문제를 풀려고 하지 않았다. 이들은 인내와 총명함을 갖고 물려받은 전통의 가르침을 충심으로 따르면서 그때그때 하나씩 일을 해나갔다.[47]

로마 재판관들은 언제나 특정한 배경 상황에 한정해서 특정한 규칙을 적용해야 한다고 주장했다. 그러나 "아벨라르와 같은 시대에 살았던 볼로냐의 법학자들은 특정한 사례들이 암시하는 것에서 보편성 있는 원리를 찾아 내었다."[48] 이것은 그전에 로마인들이 규칙을 그저 단순히 "문제에 대한 간단한 설명"[49]이라고 생각했던 것과 정반대되는 생각이었다.

요약하면 12세기와 13세기 유럽의 법학자들은 과거의 논리와 추론 모형의 한계를 뛰어넘는 대담한 새로운 시도를 감행했고 마침내 새로운 법 체계를 세우기 시작했다. 이들은 자신들의 대담한 노력으로 "모든 법은 특정한 개별 사례가 공통으로 가지고 있는 특징을 뽑아 내어 하나로 종합하여 만들어질 수 있다."고 생각했다.[50] 이들은 과거의 관습과 전통뿐만 아니라 방법론과 논리가 지닌 한계를 완전히 깨뜨렸다. 이들의 노력은 지역과 특수성 그리고 윤리를 뛰어넘어 매우 폐쇄적인 종교 관련 문제의 분석까지 그 범위를 넓혔다. 이들은 새로운 분석과 통합 방법론을 만들었다. 이 새 방법론은 이들이 어떤 것에도 공통으로 적용될 수 있는 새로운 법 체계를 창조할 수 있도록 힘을 실어 주었다. 무엇보다도 이 방법론은 인간의 이성과

---

47. 같은 책, 115쪽.
48. Berman, *Law and Revolution*, 140쪽.
49. 같은 쪽.
50. 같은 책, 140쪽.

자연법을 그 기준으로 삼았다. 그러나 이것이 성경이나 다른 교회법 요소를 포기했다는 것을 뜻하는 것은 아니다. 오히려 이들 요소는 타당성과 적합성 검증을 새로 받아야 했는데 학자들은 자연법이 이성의 영향을 받는다는 생각을 가지고 하나하나 자세하게 검증해 나갔다.

교회법은 고대 그리스와 로마에서 물려받은 철학과 법의 논리적·방법론적 한계를 뛰어넘지 못했을 뿐만 아니라 이슬람법의 방법론이나 정신과도 많이 달랐다. 이슬람이 법 체계를 발전시키는 방법은 신성한 법의 권위를 바탕으로 했다. 인간의 이성이 독립된 판결을 내릴 수 있다거나 자연법을 따른다는 생각은 전혀 하지 않았으며, 이슬람교가 아닌 이방의 신을 믿는 사람들에게도 모두 적용될 수 있는 보편적 법 체계를 발전시킬 수 있다는 생각은 어디에도 없었다. 이슬람법은 이슬람교도, "(알라를) 믿는 자", 이슬람 공동체 움마 umma를 위한 특별한 법이었다. 이슬람 사람들은 신의 명령인 꾸란이 예언자 무함마드를 통해 인간에게 직접 전달된 완전무결한 법이라고 생각했다. 그러나 이것이 신성한 법(샤리아)의 모든 것은 아니었다. 이슬람의 법학자들은 예언자 무함마드의 행적이 전해 준 가르침(수나)도 샤리아를 구성하는 또 하나의 귀중한 법이라고 생각했다. 이슬람법을 이루는 이 두 부분, 이 두 개의 법원法源(우술 알피끄)은 나중에라도 후손들이 절대로 뒤집을 수 없는 완전한 법이었다.

꾸란은 예언자 무함마드가 신에게 받아서 인간에게 직접 전해 준 것으로 인정을 받았지만 수나는 좀 문제가 있었다. "따라서 법학자들은 전해 내려오는 가르침들 가운데 중간에 끊어지지 않고 계속해서 사람들에게 전달되었고, 예언자나 그의 동반자들이 직접 한 말이라는 것을 확인할 수 있는 경우에 한해서만 하디스로 공식 인정했다. 이 전달 경로를 이스나드isnad라고 불렀다."51 이를 위해 수많은

무함마드의 유명한 가르침들을 모았는데 이렇게 모은 개별 하디스
의 수는 6,000~8,000개에 이른다. 이슬람교도들과 이슬람의 여러
법학파들은 이것을 공식으로 인정하지만 서양의 학자들은 여기서
어떤 역사적 증거도 발견하지 못한다.[52] 실제로 이슬람법을 연구하
는 조지프 샤흐트Joseph Schacht 교수는 이 이슬람 역사에 나오는 전설
을 믿을 수 없기 때문에 그 기원이 미심쩍은 이슬람의 전통 율법을
말할 때는 "예언자의 입으로 말하다." 또는 "……라는 취지로 유포
시키다." 같은 표현법을 쓴다.[53] 그렇다고 이슬람교도들이 그 율법
의 원천이 무엇인지 정확하게 밝히지 못하고 거짓말을 한다는 것이
아니라, 물론 일부 그런 것이 있을 수도 있지만 중요한 것은 2~3세
기를 거슬러 올라가서 그 원래의 가르침을 찾아 내어 확인하는 일이
미덥지 않다는 것이다.

9세기 위대한 법학자 알샤피는 모든 가르침에 대해 전달 경로를
밝혀야 한다는 원칙이 세워진 후부터 법학과 그 원천, 자료, 인정할
수 있는 추론 방식을 체계적으로 정리하기 시작했다. 그는 중동 사
회에서 실제로 적용되고 있던 모든 법을 이슬람교로 끌어들이는 과
정에서 사용된 방법들과 자료들이 모두 이슬람교의 인증을 받았는
지 확인하고 싶어했다. 그는 여기서 특히 법을 추론하는 알맞은 방
식을 체계화하면서 이슬람법과 그 원천을 합쳐 버리는 "무자비한
혁신"[54]을 감행했고 더는 혁신이 일어날 수 없게 조치했다. 그 결과
그는 "예언자에게 전해 받은 과거의 가르침을 뒤집을 수 있는 어떤

---

51. Joseph Schacht, *Origins of Muhammadan Jurisprudence*(Oxford : Oxford
    University Press, 1950), 36ff쪽 ; Fazlur Rahman, *Islam*(New York : Doubleday,
    1968), 56ff쪽, 69ff쪽.
52. Schacht, *Origins*, 138~176쪽과 Rahman, *Islam*, 47ff쪽, 69ff쪽 참조.
53. Joseph Schacht, *Introduction to Islamic Law*(Oxford : Oxford University Press,
    1964), 38쪽, 40쪽 외.
54. 같은 책, 48쪽.

 사회·법 체계로 본 근대 과학사 강의

권위 있는 율법도 없다."는 매우 편향된 전통주의를 받아들였다. 그는 또한 "임의의 의견이나 자유재량의 결정은 배제하고 …… 오직 원칙에 따라 엄격한 유추와 체계 있는 추론만 인정했다."[55] 결국 샤피 학파는 "스스로 고립되어 고대 학파들의 교리를 자연스럽게 계속해서 발전시키지 못했다."[56] 더욱이 샤피 체계의 절정은 합의(이즈마)의 원칙이었는데 이것에 따르면 신은 자신을 따르는 공동체가 절대로 실수를 할 수 없고 따라서 한번 학자들 사이에서 합의가 이루어지면 그것은 절대로 뒤집어질 수 없었다. 결국 이 법 체계는 그 방법론 때문에 법적인 문제가 발생했을 때 "어떤 발전된 결론도 내릴 수 없는" 정체된 결과를 초래하고 말았다.[57]

초기의 이슬람교 법학자들은 또한 "아이는 결혼을 해야 낳을 수 있다."거나 "누구든 강제로 이혼을 하거나 노예를 해방할 수 없다." 또는 "이익에는 책임이 따른다." 같은 다양한 법 격언을 공식으로 인정했다.[58] 그러나 이것들은 오직 (샤피의 체계가 완성된 후) 특정한 가르침(하디스)의 요소로서만 그 전달 경로와 함께 법의 근본 원리(우술 알피끄)로 인정받을 수 있었고 그래서 수나가 되었다. 말하자면 이 격언들은 새로 더 발전할 수 있고 이미 완성된 신의 가르침을 보조하기 때문에 판결을 가늠하는 인증된 법의 원칙으로 바뀔 수 없었다. 따라서 이들 격언의 가르침은 특별히 중요하게 다루어지지 않았고 (유럽에서 그라티아누스와 교회법 학자들이 애쓴 것처럼) 이 격언을 그 말의 참뜻과 함께 논리적이고 합리적인 법의 원칙과 개념으로 바꾸려고 하지 않았다. 이슬람법에서 법의 근원이 전통의 가르침이

---

55. 같은 책, 46쪽.
56. 같은 쪽.
57. 같은 책, 47쪽.
58. 같은 책, 39쪽.

라고 말할 때 그것은 바로 그 전달 경로(최초로 말한 사람과 그것을 전달한 사람들의 이름)가 확인된 예언자의 가르침을 뜻하는데, 그것은 다른 관습과 원칙, 율법과 비교해서 얼마나 논리와 일관성이 있는지 하는 것과는 아무 상관이 없었다. 그 원칙을 체계적으로 구성할 긴급한 요구도 없었고 실제 결과와 반대되는 원칙을 모두 없앨 필요도 못 느꼈다.

유럽에서 교황 혁명을 일으킨 법률가와 법학자들의 살아 있는 정신과 이 이슬람법의 현실을 비교할 때 "유럽에는 이슬람과 달리 역동성과 시대를 이끄는 진보 사상, 세상을 개혁할 수 있다는 믿음이 있었다. …… 11세기 말에서 12세기 이후까지 서양에서 법은 여러 세대에 걸쳐 수세기 동안 견고하게 지은 대성당처럼 질서정연하게 세워진 체계이며 끊임없이 성장하는 원칙과 절차였다."59 서양의 법 체계는 특정한 법률 문제나 원칙을 승인하거나 거부하는 최고의 기준으로 자연법 개념과 마찬가지로 이성과 양심을 함께 수용했지만, 이슬람법은 전승되어 온 예언자의 가르침과 법학자의 합의만을 인정했다. 피터스는 이렇게 말한다.

결국 이슬람법에서 합의는 알샤피가 예견할 수 있었던 것보다 훨씬 더 강력한 힘이 있는 것으로 판명되었다. 합의는 무오류성無誤謬性이라는 개념과 함께 세 가지 법의 원천(꾸란, 하디스, 키야스)을 보증했다. 뿐만 아니라 이슬람에서 왕이 제정한 제도처럼 꾸란과 수나에 나오지 않은 규정이나, 죽은 자들을 숭배하는 것처럼 그것에 반대되는 사회 요소들이 나타날 때 그것의 존립 근거와 정통성을 부여하는 구실을 했다. …… 이슬람의 네 학파가 권위를 서로 인정하고 특정한 세부 문제는 인

---

59. Berman, *Law and Revolution*, 118~119쪽.

　　　　　　　　　　　　　　사회·법 체계로 본 근대 과학사 강의

정하지 않기로 합의하면 이들 사이에 또 다른 합의가 있을 경우를 제외하고는 어떤 법의 해석도 내릴 수 있는 방법이 없다. 이것은 나중에 "독립된 사고의 문을 닫아거는" 결과를 낳았다.[60]

그러나 유럽의 혁명은 이 기존의 의사결정 논리를 버리고 혁명적인 새로운 제도들을 함께 정비해 나갔다. 해스팅스 래시달이 오래전에 간파한 것처럼 중세 유럽인들은 위대한 생각들과 이상을 제도로 만드는 데 대가들이었다. 그리고 새로운 사회 질서—무엇보다도 대학—는 이 제도화 작업의 산물이었다.[61] 이러한 제도 혁명은 근대 국가로 발전하는 과정에서 발생하였다. 그러나 이것은 법 영역에서 집단적 행위자를 자율성을 지닌 독립된 단일 개체, 즉 자치 집단으로 인식하기 시작한 혁명적 변화의 한 특징일 뿐이었다. 더욱이 이 개체들에 어느 정도의 사법권을 인정하는 것이 당시 사회에 큰 영향을 끼쳤다.

자치 집단과 사법권

이 혁명의 중심에는 법 영역에서 여러 사람들이 모여 있는 집단을 하나의 단위, 자율성을 지닌 실체로 인정한 생각이 있었다. 이것은 사람들이 라틴 중세 시대의 "자치 집단 운동"이라고 불렀던 것의 산물이었다.[62] 이것은 사회와 정치, 법 영역에 존재하는 모든 조직에

---

60. F. E. Peters, *Allah's Commonwealth*(New York : Simon and Schuster, 1973), 244~245쪽.

61. Hastings Rashdall, *The Universities of Europe in the Middle Ages*, 3권, new ed., ed. F. M. Powicke and A. B. Emden(Oxford : Clarendon Press, 1936), 1, 3쪽.

62. Pierre Michaud-Quantin, *Universitas : Expressions du mouvement communautaire dans le moyen-âge Latin*(Paris : J. Vrin, 1970).

서 일어난 가장 중요한 결과로 오늘날까지도 그 효과가 계속되고 있다. 자치 집단이라는 개념은 집단적 행위자들이 독립된 개인이나 행위자로 다루어질 수 있다는 원리에서 비롯되었다.

법적으로 자치 집단(공동체universitas)은 사법권을 가진 집단을 가리켰다. 그 집단에 소속된 개인들이 사법권을 가진 것을 뜻하는 것은 아니었고, 자치 집단이 진 빚은 그 집단의 개인들이 진 빚이 아니었다. 자치 집단이 자기 의지를 표현하기 위해서는 소속된 모든 개인의 동의를 필요로 하지 않았지만 다수의 동의가 있어야 했다. 자치 집단은 사라질 필요가 없었다. 집단에 소속된 개인이 바뀌더라도 자치 집단은 똑같은 법적 실체로 남아 있었다.[63]

한편 이 원리에 따르면 집단이라는 가상의 실체는 실제로 현실에 존재하며 재판정이나 왕과 군주 앞에서도 그 실재성을 인정받았다. 따라서 집단의 대다수 사람들이 한 행동은 하나의 단일한 결과 또는 단일한 의지로 받아들여졌다. 여러 사람이 하나로 모인 집단은 동업조합이나 사업체 같은 경제 집단일 수도 있고 대학과 같이 교육기관일 수 있다. 또한 종교 집단이나 참사회, 심지어 한 국가가 될 수도 있다. 이 가운데 어떤 집단이라도 그 집단의 대다수 구성원이 채택한 집단적 행위는 단일한 법적 지위를 부여받는다.

중세 사람들은 여러 개인이 모인 집단은 언제나 사람들을 그곳에 모이게 한 합리적인 목적이 있으며, 이 집단은 그 수명을 다할 때까지 자신들의 이해관계를 대표하는 권리를 가지고 있다고 생각했다. 집단을 단일체로 다루었던 생각은 여러 곳에서 있었다. 미차우드-

---

63. Tierney, *Growth of Constitutional Thought*, 19쪽.

   사회·법 체계로 본 근대 과학사 강의

쿠안틴Michaud-Quantin은 '유니베르시타스universitas'라는 용어의 어원과
뜻을 밝히면서 여기에는 다양한 부분의 집단이 관련되어 있다는 것
을 알았다. 성직자 회의, 종교 집회, 수도원, 참사회 같은 종교 집단
을 일컫기도 했고 시가지, 자치 도시, 읍, 코뮌, 마을처럼 도시의 내
부나 주변에서 지리나 지역 단위로 나누어진 공동체 집단을 뜻하기
도 했다. 또한 코뮌이나 공동체 단위로 형성된 다른 민족의 집단 거
주지와도 관련이 있었다. 여기에는 다양한 형태의 동호모임이나 봉
사단체, 자선모임도 있었다. 따라서 이 용어는 라틴어로 '소시에타
스societas'(영어로 society를 뜻함-옮긴이)와 '콜레지움collegium'(영어로
college를 뜻함-옮긴이)을 뜻하는 그런 집단에 특별히 큰 비중을 두
지 않았다.64 결국 '유니베르시타스'라는 라틴어가 오늘날 대학이라
는 고등 교육기관을 뜻하는 말로 남게 된 것은 역사의 우연일 뿐이
었다.65

　중세 사람들은 종교, 경제, 공동 사회, 교육, 직업과 같이 매우 다
양한 목적으로 어느 정도 영구적인 집합체로 함께 모였다. 그리고
교회법은 이들 집합체를 집회와 소유권, 대표성(집단 내부와 외부를
모두 대표)을 지닌 정당한 법적 실체로 인정했다.66 이 집단은 모두
자기들 집단의 이해관계를 주장했으며, 법적 실체로 인정받는 순간
이들은 법에서 정한 권리를 지닌 법인法人으로 변환한다. 이들은 소
유권을 가지고 있으며 법정에서 자기를 대표할 수 있고 소송을 걸거
나 당할 수도 있으며 다른 사람과 계약을 맺을 수 있다. 또한 자기

---

64. Michaud-Quantin, *Universitas*, 1부 1장 ; 2부 1장 외.
65. Rashdall, *The Universities of Europe*, 1, 4~5쪽.
66. Pierre Gillet, *La personnalité juridique en droit ecclesiastique*(1927)도 똑같은 결
　　론을 내렸다. "자치 집단"이라는 용어는 매우 다양한 모임이나 단체를 나타내었고
　　이것은 모두 "스스로 사법권을 보존하기 위해 모인" 자주 독립체로 인정받았다.
　　Berman, *Law and Revolution*, 606쪽 주석 40번에서 인용.

집단의 이익이 다른 사람, 특히 왕이나 군주들이 취한 조치로 영향을 받을 때 변호할 수도 있다. 우리는 여기서 "모든 사람과 관계된 일은 모든 사람이 검토해야 하며 그들의 승인을 받아야 한다Quod omnes tangit, omnibus tractari et approbari debet."67고 하는 유명한 로마의 격언을 떠올릴 수 있다. 13세기 들어서는 "정당한 법 절차의 원리 …… 개인과 자치 집단이 왕과 그가 지배하는 법정, 의회 앞에서 자신의 권리를 대표할 수 있는 근본 이유"68를 제공함으로써 자치 집단과 공동 사회의 대표권을 인정하는 중심 원리로 발전했다.

집단적 행위자들을 하나의 단일한 실체로 인정하는 원리는 '동의에 의한 선출'이라는 원칙을 수반했다. 여러 사람이 모인 집단을 하나의 전체로 볼 때 예를 들어 그 집단이 법정에서 한 사람을 대표로 내세우려면 그들은 그 대표자를 뽑아야 한다. 더욱이 그가 집단의 모든 권리를 위임받은(플레나 포테스타스plena potestas) 대리인이라고 생각할 때 이 원칙은 더욱 분명해진다. 11세기에서 13세기까지 이런 대리인들을 프락터proctor(대리인), 신딕syndic(이사), 액터actor(관계자), 이코노머스economus(집사)라는 여러 가지 명칭으로 불렀다. 게인스 포스트Gaines Post는 "명칭이 뭐가 되었든 한 자치 집단의 대표자는 그 집단에서 만장일치로 뽑히거나 총회에서 적어도 구성원의 3분의 2 이상의 다수결로the maior et sanior pars 선출되었다."69고 말한다.

우리는 이 과정에서 오늘날의 대의 정치가 여기서 시작되었음을 공식으로 확인할 수 있다. 자치 집단이라는 법적 개념의 본질은 바

---

67. Gaines Post, *Studies in Medieval Legal Thought : Public Law and the State, 1100 ~1322*(Princeton, N. J. : Princeton University Press, 1964), 다시 말하면 "Quod omnes tangit omnibus tractari et approbari debet," 3장 외 ; Berman, *Law and Revolution*, 608쪽 주석 54번.
68. 같은 책, 90쪽.
69. Post, *Studies*, 51f쪽.

 사회·법 체계로 본 근대 과학사 강의

로 법에 따른 제한과 지배의 원칙을 세우는 중요한 제도적 배경 요
소이다. 또한 포스트는 "13세기에 영국의 주와 마을이 대표자를 뽑
아 의회를 구성하고 발전시킬 수 있었던 것"[70]은 바로 이와 같은 법
적 대표성의 개념에서 나온 것이라고 말한다. 마찬가지로 조지프 스
트레이어Joseph Strayer도 "정치적 대표성의 개념은 중세 국가에서 발견
한 것 가운데 가장 위대한 것이다."고 강조한다. 고대 그리스와 로
마도 이 방향으로 발을 내딛었지만 그들은 이것의 근본이 되는 법과
철학의 전제 설정이 부족했다. "반면에 중세 유럽에서는 대표성을
지닌 의회가 모든 곳에서 나타났다. 13세기 초에는 이탈리아와 스페
인, 프랑스 서부 지역에서 등장했고 그후 50~100년 사이에 영국과
프랑스 북부 지역, 독일 전역에서 생겼다."[71] 우리는 개인이 모인 집
단을 단일한 법적 실체로 인정하는 생각에서 집단의 대표성이 현실
에서 최초로 실현된 모습을 볼 수 있다. 이 실현은 기존에 승인된
규칙의 공동의 법적 틀 안에서 발생하므로 그 모습은 바로 입헌 국
가의 시작을 알린다.[72]

　자치 집단이 법적 지위를 취득했다는 것은 비교사회학의 관점에
서 볼 때 보통 우리가 생각하는 것보다 훨씬 더 큰 의미가 있는데
그것은 법적 조치를 취하는 합법적 권한인 사법권을 확보했다는 것
이다.[73] 이것은 여러 가지 측면이 있다. 한편으로 12세기와 13세기

---

70. Gaines Post, "Ancient Roman Idea of Laws," *Dictionary of the History of
　　Ideas*(New York : Scribners, 1973), 2, 686쪽.
71. Strayer, *On the Medieval Origins*, 64~65쪽.
72. Tierney, *Growth of Constitutional Thought*, 19ff쪽.
73. 이것을 약간 자세히 말하자면 교회법에서 소유권과 사법권을 분리한 것이 공적 영
　　역과 사적 영역을 나누는 강력한 기회를 제공했다고 믿을 만한 충분한 근거가 있다.
　　이 논리는 개인들에게 갚아야 할 의무와 자치 집단에 갚아야 의무를 분명하게 구별
　　한다. 따라서 자치 집단의 재산은 집단에 소속된 개인들의 것이 아니라 집단 전체의
　　것이다. 부채의 경우도 마찬가지다. 소유권과 사법권 사이의 법 체계도 분명한 구분
　　이 있다. 재판관 구실을 하는 사람이 그 집단의 재산을 소유하고 있는 사람이 아니

의 자치 집단은 자기 집단의 규정과 법령을 제정해야 했다. 달리 말하면 이들 집단은 새로운 법과 규제의 대상이 되었는데, 이는 그 집단에 소속된 구성원을 규제하고 통제해야 했기 때문이었다. 이것을 가장 분명하게 확인할 수 있는 사례는 중세 대학이 제정한 규칙과 규정이다. 예를 들면 12세기와 13세기 파리 대학은 학생의 입학과 제적에 대한 규칙과 규정을 제정했다. 또한 대학 교수단의 활동을 규정하고 교육 과정과 그 방식을 정하는 규칙도 있었다. 그리고 대학에서 학생들을 가르칠 수 있는 독점 면허권인 교수 자격증licentia docendi 제도도 있었는데, 이것은 국가나 교수 개인이 발급할 수 없으며 오직 대학의 최고 책임자만이 수여할 수 있었다. 게인스 포스트는 파리 대학의 교수들이 1215년에는 "스스로 대학 규정을 만들고 학생들이 그것을 따르도록 강제할 수 있었던 '교수와 학자들의 자치 집단a universitas magistrorum et scholarium'"으로 확실한 자리매김을 했다고 주장한다.[74]

사회의 각 집단도 이 시기에 자치 집단의 지위를 받았다. 이들 집단이 구성원들을 통제하기 위해 제정한 법과 이 법으로 구성된 새로

다. 반대로 소유권을 대표하는 사람은 신탁자 구실을 할 뿐 그 재산에 걸린 법률 문제를 판결하는 재판관일 필요는 없다. 이 체계가 자리 잡자 마침내 공공과 민간, 가정과 기업이 서로 분리되었을 것이다.

상업 관계를 살펴보면 소시에타스societas와 콤파니에companie는 가족과 형제 관계에서 발전했다. 거기서 동업자들은 서로 기업의 이익과 손실에 대해 직접 책임을 진다. 그러나 자치 집단에서는 소유권이 그 집단의 개인과는 상관이 없는 추상적 차원에서 존재한다. 이런 법 개념은 친족 관계의 연대와 한계를 극복할 수 있는 강한 논리적 이유를 제공한다. 우리가 이미 2장에서 본 것처럼 아라비아-이슬람 문화와 문명 그리고 전통 중국 사회처럼 혈연 중심 사회에서는 이런 친족 관계가 매우 강하게 남아 있다. 따라서 소유권과 사법권의 구분이 없는 사회나 문명(중동 이슬람 지역과 중국, 동남아시아)에서는 가족과 친구에게 보상하기 위해 공공 기금을 사용하는 것이 전혀 문제가 되지 않았다. 이처럼 자치 집단의 논리는 베버가 경제 발전을 가로막는 장애물로 반복해서 지적했던 혈족, 씨족, 계급의 파벌주의에서 벗어날 수 있는 수단을 제공했던 역사 발전으로 볼 수 있다.

74. Post, *Studies*, 37쪽.

 사회·법 체계로 본 근대 과학사 강의

운 법 체계—예를 들면 도시법, 상인법, 궁정법—는 사회의 모든 영역에서 국가의 사법권을 견제하고 권력과 권한의 독점을 막는 구실을 했다. 따라서 동업조합, 상인협회, 노동자와 무역 상인의 다양한 모임은 스스로가 법을 만드는 주체가 되었다. 이들 집단은 집단 구성원을 통제하고 가격을 정하고 거래를 규제하고 상거래를 표준화하기 위해 규정을 만들었다. 많은 도시에서 동업조합의 대표들은 "그 지자체의 행정수반이 되었다."[75] 밀라노의 상인 대표는 재판정을 열고 자신의 관할에 있는 모든 상인들의 소송에 대해 판결을 내릴 수 있었다.[76]

"이 시기 교회는 세금을 부과하고 화폐를 주조하며 측량법을 만들고 군대를 양성하고 또한 제휴를 결정하고 전쟁을 일으킬 수 있는 모든 권리와 권한을 포함해서 입법권, 행정권, 사법권을 완벽하게 갖추고 있었다는 점에서 근대 국가와 다름없었는데"[77] 이 시기 유럽의 도시들도 마찬가지로 근대 국가의 모습을 갖추고 그 구실을 하기 시작했다. 이 같은 방식으로 자치 집단의 법적 개념은 완전히 새로운 형태의 사회적 행위자들과 사회적 존재의 또 다른 영역을 창조했다. 이것은 확실히 추상적인 영역이었다. 그렇지만 이 추상적인 모든 행위자들과 개체들은 실제로 현실의 공식 기구 앞에서 자신들을 대표하는 권리를 가지고 있었으며, 왕과 군주 그리고 마침내 의회까지도 이 사실을 인정하게 되었다.

우리는 집단적 행위자들을 법적 실체로 인정하게 한 이 사회 운동 속에서 유럽 사회와 문명을 구성하는 제도적 틀이 다시 만들어지고 있었음을 발견할 수 있다. 교회가 세속의 질서에서 스스로 법적 자

---

75. Berman, *Law and Revolution*, 391~392쪽.
76. 같은 쪽.
77. 같은 책, 396쪽.

치권이 있음을 선포하자 모든 세속의 국가는—도시나 지역 공동체 뿐만 아니라 전국 차원에서—교회를 자기 법을 가진 자치 집단으로 인정하기 시작했다. 더 나아가 교회법 학자들과 로마법을 연구하는 학자들은 이 새로운 질서가 암시하는 많은 복잡한 문제를 이론화했다. 우선 자치 집단의 수장은 자기 집단의 법을 만들 수 있는 지혜와 권력(사법권)을 가졌다. 그는 자치 집단의 영역 안에서 사법권을 가졌고 모든 재판에서 판결을 내릴 수 있는 재판장의 구실을 할 수 있었다. 그러나 그렇다고 해서 그 수장이 집단 자체나 그 재산을 소유하고 있다는 뜻은 아니었다. 왜냐하면 집단의 소유권과 사법권은 분명하게 서로 다른 것이기 때문이었다. 파리의 존John of Paris(1306년 사망)은 "재산권과 소유권을 가지고 있는 것이 그것에 대한 사법권을 행사할 수 있다는 것과 같은 뜻은 아니다. …… 군주들은 문제가 되는 재산의 소유권을 가지고 있지는 않지만 그것을 판결할 권한은 가지고 있다."78고 주장했다.

그러나 사법권을 가지고 있다는 것은 그 권한을 가진 대리인이 합법성을 가지고 있으며 또한 법을 제정하고 집행할 수 있는 권한이 있다는 것을 뜻하는 것이었다. 성직자 임명권을 둘러싼 논쟁 이후로 교회 내부에서도 그리고 세속과 종교의 법 질서 사이에서도 사법권의 서열을 정하는 계층구조가 나타나기 시작했다. 교회 안에서 이 계층은 교황을 정점으로 해서 추기경, 대주교, 주교, 지역의 참사회와 개별 수도자들까지 그 권한이 흘러 내려갔다. 실제로 이런 조직의 원리는 지리적으로 나누어진 주요한 자치 집단에 합법성의 경계를 정해 주었으며, 이로써 자치 집단은 법과 규정을 제정하고 재판을 열어 판결을 내릴 수 있었다.

---

78. Tierney, *Growth of Constitutional Thought*, 32쪽에서 인용.

다른 한편으로 우리가 아라비아–이슬람 문명의 상황을 되돌아본
다면 유럽과 같은 법 또는 구조의 혁명이 19세기가 될 때까지는 발
생하지 않았다는 것을 확실하게 알 수 있다. 19세기에 유럽인들이
중동 지역에 나타나면서 이슬람은 새로운 형태의 변화를 맞이해야
했다. 예컨대 유럽의 민법전을 통째로 빌려 오거나 또는 적어도 이
슬람 원리들을 인정하는 새로운 법 체계를 만들기 위한 토대로 활용
해야 했다.79 그러나 이슬람에는 교회와 국가의 구분이 없었고 신성
한 것과 속세의 것이 나뉘지 않았다. 중세 이슬람의 논리에 따르면
속세의 왕은 예언자 무함마드의 후계자였고 그는 신의 명령을 집행
할 책무가 있었다. 여러 명의 이슬람 왕들이 특히 압바스 왕조 때,
이슬람법에는 그 기반이 없었지만 행정 구조를 보조하는 제도를 새
로 도입했던 것은 사실이다. 사람들의 불만을 처리하는 법정이라고
불렀던 마잘림mazalim 법정은 점점 다룰 수 있는 소송의 범위가 늘어
나서 전에는 왕이 임명한 정통의 종교 재판관인 카디에게 가야 했던
모든 문제를 다룰 수 있게 되었다. 그러나 거기에는 "마잘림에서 판
결할 수 있는 …… 소송의 범위를 규정하거나 제한하는 …… 어떤
문서나 성문법 또는 관습법도 없었다."80 결국 이슬람 종교의 이상
과 현실 사회를 다스리는 실제 사이에서 "이상과 현실"이 충돌하고

---

79. 이 발전에 대해서는 M. Khadduri and H. Liebesny, eds., *Law in the Middle
East*(Washington, D. C. : The Middle East Institute, 1955)에서 특히 Herbert
Liebesny, "The Development of Western Judicial Privileges," 309~333쪽 ; J.
N. D. Anderson, *Law Reform in the Muslim World*(London : Athlone Press,
1976) ; M. Khadduri, *The Islamic Conception of Justice*(Baltimore : Johns
Hopkins University Press, 1984), 205~216쪽 참조. 판례의 발전과 사용에 대해서
는 Liebesny, "English Common Law and Islamic Law in the Middle East and
South Asia : Religious Influences and Secularization," *Cleveland State Law
Review* 34(1985~1986), 19~33쪽 참조.
80. Tyan, "Judicial Organization," in Liebesny and Khadduri, *Law in the Middle
East*, 263쪽.

이것은 이슬람의 정치 세계를 미묘한 상황으로 끌고갔다.

이슬람의 왕들은 새로운 법을 만들어 교회와 국가를 분리할 수 있
는 합법적 힘을 가지고 있지 못했기 때문에 일부 지식 계층의 지원
이 있기는 했지만 대개는 스스로 문제를 해결하려고 했다. 따라서
이슬람의 왕들은 "신성한 법(시야사 샤리야siyasa shar'iyya)의 계율을 따
르는 국가"[81]를 이루는 동시에 카디가 샤리아를 남용하지 못하도록
억제하고 바로잡기 위해 불만을 처리하는 법정을 세웠다. 또한 마잘
림 법정은 "특별한 경우든 보통의 경우든 객관적인 법 규정의 적용
이 잘못되었거나 부적절한" 결과를 낳았을 때 그 소송을 모두 관리
할 책임이 있었다.[82] 코울슨N. J. Coulson은 11세기 이후로 이슬람의
"헌법학자들은 …… 샤리아의 교리가 이 세상 만물의 이상적 질서
를 포함하고 있는 반면에 속세의 왕이 지켜야 할 가장 중요한 의무
는 공공의 이익을 보호하는 것이라고 주장한다." 따라서 "특정한 시
간과 공간 안에서 공공의 이익은 반드시 엄격한 샤리아의 교리에서
나와야 할 것이다."[83] 달리 말하면 속세의 왕은 공공의 질서를 지키
기 위해 해야 할 일을 하며 그의 행동은 구속을 받지 않는다. "정치
적 왕은 모든 사법권의 원천으로 인정받고 샤리아의 법정을 포함해
서 다양한 법정에서 판결을 내릴 때 자신이 적당하다고 생각하는 제
한을 둘 수 있는 힘이 있다."[84] 이것을 좀 부정적으로 말한다면 왕
은 마음대로 제한을 둘 수 있기 때문에 이슬람에는 사법권이라는 개
념이 없었다. "이슬람법에는 사법권의 다양한 등급 사이에 아무런
차이가 없기" 때문이다.[85] 이것은 "카디가 한 번도 말뜻 그대로 독

---

81. N. J. Coulson, *Conflicts and Tensions in Islamic Jurisprudence*(Chicago :
　　University of Chicago Press, 1969), 68쪽.
82. Tyan, "Judicial Organization," 263쪽.
83. Coulson, *Conflicts and Tensions*, 68쪽.
84. 같은 책, 69쪽.

립적인 재판관 구실을 한 적이 없다."는 사실에서 비롯했다. "왕은 카디를 임명하고 해고할 수 있었고 카디는 그저 왕의 대리인으로 법무를 수행했을 뿐이다." 카디가 샤리아를 현실에 맞게 잘 적용하지 못해서 "법을 제대로 집행하지 못하면 왕은 다른 대리인을 뽑았다."[86]

로마 민법과 교회법을 포함해서 서양법의 역사에서 볼 때 놓치지 말아야 할 중요한 요소는 사법권의 개념과 합법적인 이익집단(가족 또는 친족 관계가 아닌)에 대한 생각이다. "집단적 개인" 또는 자치 집단이라고 하는 합법적 이익집단이 존재하기 위해서는 이들의 법적 권리를 인정해야 한다. 그러나 이슬람의 신성한 법에서는 이것을 인정할 수 없었다. 자치 집단의 법적 성질과 권리—가족 구성원의 법적 권리는 별도로 하고—라는 개념은 애초부터 이슬람법에 없었다. 만일 합법적인 집단의 경계를 정의하는 개념과 그에 따른 사법권(임페리오imperio) 또는 통치권을 규정하는 개념이 없다면 우리는 "모든 사람과 관계된 일은 모든 사람이 검토해야 하며 그들의 승인을 받아야 한다."는 로마 격언을 적용할 수 있는 정치적 자치권을 가진 집단을 구성할 근거를 잃고 만다. 조지프 샤흐트가 말한 것처럼 이슬람법에는 "법으로 인정된 단체를 정의하는 개념이 전혀 없다."[87]

더욱이 샤리아의 중요한 교리 가운데 하나가 모든 이슬람교도에게 "선을 권면하고 악을 내쫓도록" 명령하는 것이다. 이 의무는 시장 감독관(무흐타시브muhtasib)(예배나 단식의 감독, 공공시설 유지, 환자

---

85. Tyan, "Judicial Organization," 241쪽.

86. Coulson, *Conflicts and Tensions*, 66쪽.

87. Schacht, "Islamic Religious Law," in *The Legacy of Islam*, 2d ed., ed. J. Schacht and C. E. Basworth(New York : Oxford University Press, 1974), 398쪽.

보호와 상공업 제품을 감시하는 일을 함-옮긴이)에게 정식으로 주어졌다. 압바스 왕조 때 이들은 교통, 공중 위생, 측량 제도를 감시했을 뿐만 아니라 "술에 취하거나 행실이 나쁜 자들을 매질하고 심지어 도둑질하다 잡힌 자들은 손목을 자르는 즉결처분"도 수행했다.[88] 이 모든 자유재량권은 바로 이슬람의 가르침은 문자로 기록된 것만이 아니라 그 정신도 포함되므로 이것을 저버리는 행위는 모두 범죄이고, 그것을 처벌하는 일은 꾸란에 나와 있지 않더라도 임의로 행할 수 있었다는 사실에서 기인한다.[89] 요약하면 이슬람법과 서양 법은 법전에 기록된 내용뿐만 아니라 정신도 매우 달랐다.

혁명과 갈림길

법 체계는 모든 사회와 문명의 사회 구조를 이루는 가장 강력하고 영속하는 요소이다. 법 체계의 본질은 법의 제정과 법전의 완성, 법의 시효, 소송 절차 같은 것을 통해 (사람들이 재판을 받을 수 있는 기회와 함께 그에 따른) 법적 행위와 사법기관의 구조를 만들어 낸다. 우리가 앞에서 살펴본 것처럼 12세기와 13세기 유럽의 법 체계는 근본부터 새로 만들어지고 있었다. 이것은 새로운 사회 질서를 창조했으며 이와 함께 사법기관, 상호 의무와 권리, 책임, 대표성의 개념을 새로 만들거나 그 개념의 범위를 확장했다. 이것은 동시에 근대 과학이 발전하는 데 필요한 비옥한 토양을 제공했다. 상징적 차원에

---

88. Schacht, *Introduction to Islamic Law*, 52쪽.
89. M. Lippman, S. McConville, and M. Yerushalmi, *Islamic Criminal Law and Procedure*(New York : Praeger, 1988), 3~5장 참조. "선은 행하고 악은 막는" 히스바hisba(영어로 verification을 뜻하며 예언이나 약속의 실증을 말함-옮긴이)에 대한 자세한 내용은 Michael Cook, *Commanding the Right and Forbidding the Wrong in Islamic Thought*(New York : Cambridge University Press, 2000) 참조. 이 책 5장도 참조.

 사회·법 체계로 본 근대 과학사 강의

서 볼 때 이 새로운 질서는 인간에 대한 새로운 철학을 탄생시켰다. 이것은 지식인만이 아니라 평범한 일반 사람도 모든 영역에 있는 사회적 존재를 분류하고 다시 정리할 수 있는 새로운 인식력을 갖게 하였다. 사람들은 이제 개조된 이성의 능력을 이용해서 전통 관습과 종교적 권위 그리고 심지어 성경 자체의 타당성까지 평가할 수 있었다. 더욱이 이렇게 새로 태어난 유럽의 개인은 인간의 도덕 문제에서 옳고 그름을 구별할 줄 아는 양심을 가지고 있었다. 이 막을 수 없는 인간의 인식 작용은 매우 주의 깊고 예민해서 일반 시민은 아무리 자기보다 우월한 군주가 양심에 거스르는 일을 하도록 강요해도 그것에 저항해야 했다.

이와 반대로 지식 체계의 질적 전환을 이루지 못한 이슬람의 법과 종교 사상은 무엇보다도 인간의 추론 능력이 한정되어 있고 불확실하기 때문에 도덕과 종교, 법과 관련된 일에서 길잡이가 될 수 없다고 고집한다. 인간은 신의 명령을 글로 씌어진 꾸란의 형태로 받았고 믿는 자들은 성서와 예언자의 가르침을 이해하기 위해 자신들이 지닌 언어와 문법 능력, 유추 해석의 능력까지 이용할 수 있다. 그러나 신자들이 특정한 문구나 법적 상황에서 불확실성과 의문이 생겼을 때는 권위 있는 자나 선생을 찾아 나서거나 학자 집단의 "합의"를 얻기 위해 그 내용을 알려야 한다. 법 규칙을 새로 만들 수 있다거나 만들어야 한다는 어떤 기미도 없다. 종교(와 법)에서 새로운 변화는 이단(비다) 행위이다.[90] 종교 문제를 혁신하는 것은 인간에게 맡겨진 일이 아니다.

이렇게 서로 대조되는 두 가지 태도가 보여 주는 정신은 같은 시대에 살았던 피터 아벨라르와 알가잘리라는 위대한 두 사람의 저작

---

90. Bernard Lewis, "Some Observations on the Significance of Heresy in the History of Islam," *Studia Islamica* 1(1953), 43~63쪽 참조.

속에 반영되어 있다. 이 두 인물이 자기 문명에서 차지하는 중요성
은 말로 표현할 수가 없을 정도로 크다. 실제로 12세기 유럽의 르네
상스 시대에 법과 논리학, 윤리학, 철학, 이성, 양심은 물론 대학의
설립에 이르기까지 아벨라르의 강의와 저술이 영향을 끼치지 않은
것은 없다.91 마찬가지로 이 시기에 이슬람의 철학과 신학에서 알가
잘리의 저술과 영향력을 뺀다면 어떤 것도 완벽하게 설명할 수 없
다.92

아벨라르는 인간의 이성만으로 인간과 성서 사이에 있는 모순을
가려낼 수 있다고 생각했다. 그가 생각하기에 신앙과 인간의 소신
사이에 발생하는 모순을 가려내어 이성과 논리를 기반으로 하는 더
단단한 토대를 만들어야 한다는 절박한 필요가 있었다. 그는 "이성
의 활동이라는 매우 중요한 주제를 발견한 것을 자랑스럽게 생각했
기 때문에"93 《긍정과 부정*Sic et non*》과 같은 위대한 책을 썼다. 아벨

---

91. 예를 들면 Rashdall, *The Universities of Europe* ; Haskins, *The Renaissance of the Twelfth Century* ; Martin Grabmann, *Geschichte der Scholastische Methode* (Berlin : Akademie Verlag, 1986) ; William Kneale and Martha Kneale, *The Development of Logic*(Oxford : Oxford University Press, 1962) ; David Knowles, *The Evolution of Medieval Thought*(New York : Vintage, 1962) ; M.-D. Chenu, *Nature, Man, and Society in the Twelfth Century*(Chicago : University of Chicago Press, 1968) ; Berman, *Law and Revolution.* "12세기와 13세기 라틴 학문의 역사에서 피터 아벨라르보다 왕성한 활동을 펼쳤던 중요한 인물은 없다."고 말한 린 손다이크의 주장이 이것을 대표한다. Thorndike, *History of Magic and Experimental Science*(New York : Columbia University Press, 1923), 2, 4쪽.

92. D. B. MacDonald, *The Development of Muslim Theology, Jurisprudence, and Constitutional Theory*(New York : Scribner, 1903) ; Majid Fakhry, *A History of Islamic Philosophy*, 2d. ed.(New York : Columbia University Press, 1983) ; F. E. Peters, *Aristotle and the Arabs*(New York : New York University Press, 1986) ; W. Montgomery Watt, *Islamic Philosophy and Theology : An Extended Survey*(Edinburgh : Edinburgh University Press, 1985) ; L. Gardet and M. M. Anawati, *Introduction à la Théologie Musalmane*, 2d ed.(Paris : J. Vrin, 1970) ; Muhsin Mahdi, "Islamic Theology and Philosophy," *Encyclopedia Britannica* 9(1974), 1021~1025쪽 ; Harry Wolfson, *The Philosophy of Kalam*(Cambridge, Mass. : Harvard university Press, 1976) 참조.

라르는 그를 따르는 학생들에게 "자신의 이성을 확신한다는 것"94
과 신앙과 교리 사이에 나타난 모순을 이성이 해결할 수 있다는 생
각을 전달했다. 그는 적대자들에게 이단이며 비기독교의 불순한 동
기를 가진 인물이라고 고소를 당했지만 이성의 유용성을 적극 변호
함으로써 난관을 극복했다. 그는 엘로이즈Heloise에게 보낸 편지에서
"나는 만일 그것이 사도 바울과 싸워야 하는 것이라면 철학자가 되
고 싶지 않으며, 또는 그것이 그리스도에게서 나를 갈라놓는 것이라
면 아리스토텔레스를 따르지 않을 것이다."95 그는 진리의 단일성을
믿었다. "진리 그 자체를 찾는 데는 어떤 적도 없다."96고 생각했다.
그는 자신의 주장을 다양하게 변호했다. 그는 《변증법Dialectica》에서
다음과 같이 썼다.

만일 사람들이 학문이 신앙을 방해한다고 시인한다면 그것은 사람들
이 아무 의심도 없이 그것이 지식이 아니라고 인정하는 것이나 마찬가
지다. 왜냐하면 지식은 사물의 본질을 이해하는 것이기 때문이다. 신앙
은 지식 안에 있으며 지식은 신앙의 한 종류이다. 이것(지식)은 무엇이
고결한지 또는 무엇이 유용한지 식별한다. 그러나 진리는 진리에 반대
될 수 없다. 거짓이 거짓에 반대되어 나타나고 악이 악에 반대되어 나타
날 수 있는 것과는 달리, 진리는 진리에 반대될 수 없고 선은 선에 반대
될 수 없다. 선한 것은 모두 조화롭고 서로 화합한다. 모든 지식은 선하
며 심지어 악을 아는 지식도 그렇다. 올바른 사람이라면 지식이 없을 수

---

93. Kneale and Kneale, *The Development of Logic*, 202쪽.
94. 같은 책, 203쪽.
95. Michael Haren, *Medieval Thought : The Western Intellectual Tradition from
Antiquity to the Thirteenth Century*(New York : St. Martin's, 1985), 106쪽에서
인용.
96. Kneale and Kneale, *The Development of Logic*, 203쪽.

없다. 올바른 사람이 악에서 자신을 지키기 위해서는 무엇이 악인지 미리 알아야 한다. 만일 그가 악이 무엇인지 모른다면 악을 피하지 못할 것이다. …… 따라서 우리는 이것을 근거로 지식은 그것이 신에게 직접 받은 것이든 신이 준 선물에서 유래한 것이든 모두 선하다는 것을 증명한다. 결국에는 모든 지식을 탐구하는 것도 마찬가지로 선하다는 것을 인정해야 한다. …… 그러나 이 지식의 탐구는 특히 더 큰 진리가 밝혀질 것으로 보이는 곳에서 시작된다. 지식 탐구는 모든 영역에서 그 자체의 훌륭한 법칙에 따라 참과 거짓의 식별을 통해 더 큰 진리를 밝히기 때문에 변증법이라 부를 수 있다.[97]

아벨라르는 무엇이 악인가 하는 지식을 포함해서 모든 지식은 선하며 자유롭게 지식을 얻기 위해서는 어떤 제한도 없어야 한다고 생각했다. 더욱이 이 지식은 신의 선물이다.

반면에 알가잘리는 철학자들의 주장은 자신들의 표현 한계를 훨씬 넘어섰다고 생각했다. 그는 논리학과 철학 그리고 이것의 장단점을 깊이 탐구하고 나서 인간이 지식을 탐구할 때 지켜야 할 기준을 어처구니없이 높게 설정했다. 이것은 논리적으로 설명할 수 있는 지식만 인정할 수 있으며 그 나머지는 모두 폐기해야 한다는 것을 뜻했다. 우리는 이 인식론적 보수주의 안에서 강압적인 흄Hume의 허무주의를 예감할 수 있다. 알가잘리는 절대 확실한 지식, "잘못이나 오해를 수반하지 않고 …… 일점 의혹도 없는 형태로 사물을 밝히는 지식"[98]을 찾고자 했다. 알가잘리는 이 절대 오류가 없는 지식을 찾는 가운데 철학에서 어떤 희망도 발견하지 못했으며 신학에서는

---

97. Haren, *Medieval Thought*, 106쪽에서 인용.
98. William M. Watt, 편집 · 영문 번역, *The Faith and Practice of al-Ghazali* (London : Allen and Unwin, 1953), 21~22쪽.

    사회 · 법 체계로 본 근대 과학사 강의

더 더욱 기대할 수 없었다. 알가잘리는 "신학과 추상적 증거, 체계적인 분류가 믿음의 기초라고 주장하는 사람은 모두 혁신자(이단)이다."고 썼는데 이것은 이 세상에서 사라져야 할 이단자, 불신자라는 말이었다.99 마침내 그는 "체계화된 신학에 빠진" 사람들, 신학을 공부하는 사람들을 신랄하게 비난했다. 이제 비밀스런 논리학과 철학을 깊이 파고들어 분석하는 사람들은 심각한 종교적 위험을 감수해야 했다. "이 위험에서 멀리 떨어져 있는" 사람은 바로 "평범한 서민"이었고 "이들은 무슨 학문 연구나 조사를 하지 않고 체계화된 신학을 마치 절대 기준인 양 믿고 따르지 않는 사람들이었다."100

알가잘리의 말에 따르면 "성부들이 학문 연구와 조사, 체계화된 신학의 탐구 그리고 이 문제의 검토를 금지한 것"은 바로 사람들이 이 때문에 신앙을 잃거나 거짓된 교리를 받아들이는 것을 막기 위해서이다.101 그리고 "확실히…… 신과 신의 말씀을 전하는 자 그리고 성서에 대한 믿음을 저버리고 탐구에 매진하는 자는 누구나 이 위험(지옥에 가서 벌을 받는)에 빠지게 되었다."고 모든 사람에게 경고한다.102 "사람들은 누구나 이들 학자들이 연구한 지식을 우연히 보고 알게 됨으로써" 가는 곳마다 지식의 올가미와 덫에 걸려들 수 있다. 이들의 지식이 증명된 것이든 아니든 만일 신자가 이 지식 때문에 믿음이 흔들린다면 "그는 자신의 종교에서 타락하는 것이며, 만일 여전히 자신의 믿음을 지킨다면 그는 자신의 불완전한 지성 때문에 자기기만에 빠뜨리는 신의 계략에서 스스로 안전하다고 생각하고 있는 것이다."103 요약하면 탐구에 매진하는 사람은 누구도 이런 위

<hr>

99. Bernard Lewis, *Islam*(New York : Random House, 1974), 2권, 20~21쪽 번역.
100. al-Ghazali, *Book of Fear and Hope*, William McKane 영문 번역(Leiden : E. J. Brill, 1962), 68쪽.
101. 같은 쪽.
102. 같은 책, 70쪽.

험에서 자유로울 수 없으며 우리는 오직 영적 명상을 통해서만 신을 알 수 있다.

이 같은 아벨라르와 알가잘리의 비교는 이성과 합리성이 서로 다른 두 개의 지배구조에서 어떤 형이상의 배경을 가지고 다르게 활동했는지를 잘 보여 준다. 그러나 이 두 지역이 지식의 자유로운 탐구와 추구에 대해 서로 다른 결론을 내리게 된 배경은 다른 차원에서 여전히 남아 있다. 우리가 앞에서 살펴본 것처럼 (새로운 교회법의 제정에 따른 로마 민법의 부활과 변환 위에서 세워진) 교황 혁명은 중대한 결말을 가져올 여러 가지 새로운 사회와 제도 장치를 만들어 냈다. 이 결말은 다음과 같이 요약할 수 있다.

- 로마 민법의 부활은 법의 보편적 적용을 전제로 한 새로운 법 체계의 구축을 촉진시켰다. 말하자면 법은 자신의 관할권 안에서는 동일하게 적용되어야 한다고 생각했지만, 이성과 자연법에 순응해서 만들어졌기 때문에 원칙적으로 (관할권 밖의) 지역과 인종, 종교를 초월해서 모두에게 보편적으로 적용될 수 있었다. 이것은 상관습법Law Merchant 의 제정에서 더욱 명확하게 드러났다. 이 법은 서로 다른 나라와 정치 제도에 속한 당사자들 사이에서 일어나는 무역과 상거래를 관리하기 위해 정한 것인데 특별히 보편적으로 적용할 수 있는 법규와 원칙을 개발하려고 애를 많이 썼다.[104]
- 새로운 법 체계의 확립(도시, 상인, 왕실, 장원 등)을 위해서는 양심과 함께 이성의 적용과 사용이 필요했기 때문에 이 형이상의 속성은 인

---

103. 같은 쪽.
104. Berman, *Law and Revolution*, 11장과 W. A. Bewes, *The Romance of the Law Merchant*, 재판(London : Sweet and Max Franklin, 1969) 참조. 중세 상인들은 독자적인 법 체계를 개발하기 시작했다. 소책자로 만들어 가지고 다니던 이 법이 바로 "상관습법"이다.

간의 책임으로 돌려졌고 또한 서양 법 체계의 영원한 구성 요소가 되었다. 마침내 이성과 양심은 영국과 미국의 관습법 세계에서 가장 중요한 요소가 되었고 따라서 일반 배심원들이 재판 과정에서 언제나 중요한 구실을 하게 되었다. 이것을 배경으로 인간이 법률 사실을 추론하고 정립할 수 있다는 추정은 인간의 기본 요소로 인정받았고 정치와 법의 발전 과정에서 기본 전제가 되었다. 이 법 체계는 성인이 된 모든 시민이 이런 능력을 지녔다고 인정함으로써 '보통 사람'에게 엄청난 신뢰를 부여했다. 그러나 중세 시대에도 이성과 양심은 법률 행위와 사회 문화의 발전 과정에서 두드러진 구실을 했다.

• 12세기와 13세기에 일어난 법 혁명은 인간의 이성과 양심을 인간의 구성 요소에서 빼놓을 수 없는 요소로 인정하는 것과 마찬가지로 자연법을 인정했다. 그와 동시에 관습법이나 궁정법 또는 교회법에 상관없이 부당한 법으로 판명된 법은 모두 없애는 새로운 기준을 세웠다. 이것은 사회 관계 사이에서 정의와 평등을 판정하는 객관적이고 보편적인 기준을 만드는 매우 중대한 발전이었다. 이것은 또한 윤리와 과학, 정치의 영역에서 만들어진 새로운 인간 모습을 평가하는 외부 기준의 전형으로도 그 구실을 다했다.

• 중세 유럽인들은 법과 법 원칙의 정당성을 평가하기 위한 외부 기준을 세우면서 사법 기구와 사법권의 계층구조를 만들었다. 이 체계의 꼭대기에는 자연법과 자연 이성이 있고 그 밖의 모든 것은 이것을 따라야 했다. 그리고 그 밑에는 신성한 법이 있고 그 밑에는 왕과 군주가 이끄는 세속의 사법 당국이 있고 그 아래로 도시와 마을, 그 밖의 자치 집단이 있었다. 이들 계층이 가지고 있는 사법권의 상대적 우세는 언제나 바뀔 수 있었지만 이 계층구조는 절대성을 지니고 기존의 관습법을 넘어서는 새로운 법률을 제정할 수 있었다. 우리는 이러한 발전의 중심에서 합법적 영역, 말하자면 사법권과 그것이 미치는 묵

시적 경계를 정의한 개념이 법과 입법의 규칙에 부과되었다는 것을 발견할 수 있다.

- 사법권에 대한 이론은 개인들의 집합체를 하나의 전체, 자치 집단으로 인정하는 기본 개념에서 나왔다. 이 자치 집단은 서로의 이해관계를 합법적으로 조직한다. 또한 이들은 재산권을 소유하고 법적 대표성을 가지며 소송의 당사자가 될 수 있는 법적 권리를 받았다. 따라서 법 혁명은 자선단체나 친족 집단에서 대학, 지역 사회, 도시, 민족 국가에 이르기까지 완전히 새로운 영역의 법적·사회적 자치 집단을 만들어 냈다. 이 집단은 모두 자체 법규를 제정하여 집단 내부의 분쟁을 심판할 수 있는 권한을 부여받았다.

- 집합체를 단일한 법적 행위자로 인정함으로써 "모든 사람과 관계된 일은 모든 사람의 승인을 받아야 한다."는 원칙을 바탕으로 하는 두 가지 차원의 대표성이 만들어졌다. 첫 번째는 지역과 집단 내부 차원의 대표성인데 집단 내부의 결정은 다수결 투표 또는 "더 크고 올바른 부분"의 뜻으로 이루어졌다. 두 번째로 "모든 사람과 관계된 일은 모든 사람이 검토해야 하며 그들의 승인을 받아야 한다."는 원칙은 모든 법적 실체들이 의회나 법정에서 왕과 군주의 앞에 서서 스스로를 대표할 수 있는 권한을 가졌다는 것을 뜻했다. 이와 같은 정당한 법의 절차와 대표성의 원칙이 효력을 발생하면서 정치적 동의라는 새로운 개념이 탄생했다. 이것은 특히 왕이 세금을 징수하기 전에 백성의 승인을 받아야 한다는 것을 의미했다.

- 로마 민법에서 이해한 것처럼 자치 집단을 실체로 인정하는 논리는 재산, 재화, 부채, 자산의 소유 문제에서 자치 집단과 그 집단의 개인들 사이의 소유 관계를 엄격하게 분리했다. 자치 집단이 진 부채는 그 집단의 개인들이 진 부채가 아니었다. 마찬가지로 자치 집단의 재산 소유권은 그 집단의 대표가 지닌 사법권과 서로 상응하는 것이 아니

사회·법 체계로 본 근대 과학사 강의

었으며, 집단 안에서 판결을 내릴 수 있는 권한을 부여받은 사람들은 그 재산의 소유자들이 아니었다. 무엇보다도 자치 집단을 구성하는 개인들은 그 집단에 대해 충성하는 것이지 그 집단의 다른 개인에게 충성하는 것이 아니었다. 이런 생각은 법적 행동과 책임의 영역에서 공공과 민간 부문을 분리하는 바탕이 되었다.

- 이러한 구분은 삼권 분립의 근본 원칙을 강화했는데 무엇보다도 이슬람의 법 체계에서는 불가능했던 종교와 세속 질서의 분리를 가져오는 토대가 되었다.

이 모든 발전은 12세기와 13세기에 시작되었지만 우리는 이 생각들이 모두 동시에 실행되지는 않았다는 사실을 주목해야 한다. 중세 시대에 입헌주의가 실현되기는 했지만 그것은 여럿 가운데 특히 두 가지 큰 약점을 가지고 있었다. 첫째 지배 권력을 무너뜨릴 정도의 혁명력이 부족했던 까닭에 시민의 사회적 · 정치적 권리를 짓밟고 있던 왕권을 제압할 수 있는 적절한 장치가 없었다.[105] 이 문제는 근대 민족 국가의 도래와 함께 더욱 심각해졌고 마침내 다양한 정치 혁명이 일어나게 되었다. 둘째, 12세기와 13세기(그 이후까지)의 입헌주의는 자치 집단의 구조 안에 당연히 법의 규범과 자연법의 강제 사항이 있다고 암묵적으로 생각했지만, 이 생각은 너무 막연해서 그것이 지역 사회, 교회 같은 자치 집단 또는 도시와 민족 국가의 범위에서든 위헌적 규칙과 법률을 없애는 데까지 이르지는 못했다. 따라서 미국 헌법의 제정은 삼권 분립과 함께 우리 역사에서 정치 권리와 정당한 법 절차의 확립이라는 위대한 경계표를 남긴 사건이다. 끝으로 프로이트Freud가 말한 것처럼 어떤 생각에 대해 일시적 흥

---

105. Charles McIlwain, *Constitutionalism, Ancient and Modern*, 개정판(Ithaca, N. Y. : Cornell University Press, 1947) 참조.

미를 보이는 것과 그 생각을 기존의 지식과 융합해서 기존의 용인된 지식의 창고 속에 마련된 영원한 자리에 가져다 놓는 일은 매우 다른 것이다. 따라서 예를 들면 교회법 학자들과 로마법 학자들은 비인격 존재 개념에 가까운 새로운 법 개념을 만들어 낸 위대한 건축가들이었다. 그러나 막스 베버가 인정한 것처럼 그런 생각을 가진다는 것과 종교적 계율을 통해 강력한 "심리적 제재가 신자들을 억누르는" 가운데 그 생각을 사회 체계로 만들어 내는 것은 매우 다른 일이었다.[106] 그렇지만 우리는 12세기와 13세기 서양에서 발생한 거대한 지식과 법 혁명이 중세 사회를 전환시켜 근대 과학의 발생과 성장에 중요한 토대를 만들었다는 것을 잘 알고 있다. 그러나 아라비아–이슬람 문명과 중국에서는 이런 일이 일어나지 않았다.

---

106. Max Weber, *The Protestant Ethic and the Spirit of Capitalism*, Talcott Parsons 영문 번역(New York : Scribners, 1958), 98쪽.

 사회·법 체계로 본 근대 과학사 강의

마드라사, 대학, 근대 과학

이제 서양과 이슬람 문명의 제도 장치와 문화 풍토를 좀더 자세하게 비교 분석해서 그것이 근대 과학의 발전에 어떤 영향을 끼쳤는지 파악하려고 한다. 이슬람 문명이 고대 또는 외래 과학의 연구를 금지했음에도 이 분야에서 꽤 많은 발전이 이루어졌다는 것은 이미 앞에서 살펴보았다. 과거 거의 500년 동안 중동 지역에서 아랍어를 썼던 사람들의 자연과학은 당시 세계에서 가장 높은 수준이었다.[1] 수학, 계량, 이론, 실험과 같은 분야에서 이룩한 거대한 과학 발전의

---

1. 아라비아의 수학적 과학의 유산을 잘 정리한 것은 E. S. Kennedy, "The Arabic Heritage in the Exact Sciences," *Al-Abhath* 23(1970), 327~344쪽 참조. 아라비아 과학을 폭넓게 보려면 A. I. Sabra, "Science, Islam," *Dictionary of the Middle Ages* 11(1988), 81~89쪽과 같은 저자, "Optics," *Dictionary of the Middle Ages* 9(1987), 240~247쪽 참조. 의학에 대한 내용은 Lawrence I. Conrad, "The Arab-Islamic Medical Tradition," in *The Western Medical Tradition, 800 BC to AD 1800*, ed. Lawrence I. Conrad, Michael Neve, Vivian Nutton, Roy Porter, and

내용이 모두 유럽에서 볼 때는 명백히 외래어로 씌어졌다는 사실을 감안할 때 중동 지역은 13세기가 될 때까지는 유럽보다 훨씬 유리한 문화적 이점을 누렸음을 알 수 있다.

이런 까닭에 아랍 세계가 유럽인들보다 오래 전에 근대 과학으로 큰 도약을 했을 것이라고 예견할 수 있다. 또한 이 기대는 과학사회학의 오래된 공식에서 나올 수 있는 결과이다. 만일 특정한 개수의 개별 단위들을 가진 어떤 문화적 객체의 집합체가 여러 가지 조합을 해서 서로 다른 구성을 만들 수 있다면 거기서 나오는 새로운 조합과 순열(발명과 발견)의 수는 현재 있는 기수基數들로 구성된 함수로 계산할 수 있다. 기수가 크면 클수록 나올 수 있는 새로운 과학과 기술 혁신의 수는 더 많아진다. 이 생각은 미국의 사회학자 윌리엄 오그번William F. Ogburn이 하나의 독립적인 발견이 동시에 여러 개 발생할 수 있다고 발표한 논제에서 비롯되었다. 1920년대 그와 도로시 토머스Dorothy Thomas는 과학과 기술의 역사를 발췌해서 미적분학, 비유클리드 기하학, 에너지 보존의 법칙을 포함한 148개의 독립적인 발견이 동시에 여러 개 발생했다는 것을 밝혀 냈다.[2]

1961년 이 논제는 로버트 머튼과 엘리너 바버Elinor Barber가 이어받아 중요한 과학 발견들 가운데 264개의 독립적인 발견이 동시에 여러 개 발생했음을 밝혔다. 이들 가운데 똑같은 발견이 두 개인 경우는 179개, 세 개인 경우는 51개, 네 개인 경우는 17개, 다섯 개인 경우는 6개, 여섯 개인 경우는 8개였다.[3] 이 관점으로 볼 때 한 사회의

Andrew Wear(New York : Cambridge University Press, 1995), 93~138쪽 ; Ahmad Dallal, "Science, Medicine, and Technology," in *The Oxford History of Islam,* ed. John Esposito(New York : Oxford University Press, 1999), 155~213쪽 참조.

2. 이 목록은 W. F. Ogburn, *Social Change*(New York : Delta Books, 1966), 90ff쪽에 다시 나온다.

문화적 조건이 갖추어지기만 하면 서로 모르는 독립적인 여러 명의 연구자들이 같은 종류의 새로운 발명과 발견을 동시에 이루어 낼 수 있다고 추측할 수 있다. 따라서 우리가 이미 2장에서 주목한 아라비아-이슬람 문명의 발전된 과학적 성과를 인정한다면 아라비아 과학이 지금보다 훨씬 더 많은 발명과 발견을 했어야 할 것이라고 기대하는 것이 당연할 것이다. 더욱이 서로 독립적으로 연구하고 있었던 많은 아라비아 학자들은 천문학에서 처음으로 프톨레마이오스 모형이 아닌 다른 행성 체계를 개발하는 데 성공했다. 13세기와 14세기 마라가 학파에 속한 학자들이 만들어 낸 이 모형은 나중에 코페르니쿠스가 사용했다. 따라서 근대 천문학으로 발전하는 돌파구를 연 것은 역설적으로 아랍인들의 수학 연구에서 비롯한 것이다. 그러나 아랍인들은 그 성과를 뒷받침하는 형이상의 도약을 이루지 못함으로써, 달리 말하면 코페르니쿠스가 위험을 무릅쓰고 감히 주장한 것처럼 새로운 태양 중심 체계 위에 이 수리 모형을 올려 놓지 못함으로써 자신들이 이룩한 성과의 결실을 얻지 못했다.

우리는 이 예외의 결과를 이해하고 설명하기 위해 12세기와 13세기에 이 두 문명에서 발전했던 제도 장치들을 서로 비교 검토해야 한다. 어떤 이는 수리 모형을 중심으로 하는 천문학의 발전이 기술의 문제에 너무 집착한다고 주장할 수 있다고 하더라도 앞서 검토한 내용은 이 문제에 대해 또 다른 시각을 던진다. 달리 말하면 특정한

---

3. Robert K. Merton, "Singletons and Multiples in Science," in *The Sociology of Science:Theoretical and Empirical Investigations*, ed. Norman Storer(Chicago : University of Chicago Press, 1973), 16장, 364쪽. 이 논제가 맞느냐를 따지기 위해 여러 개의 발견이 완전히 동일해야 한다고 말할 필요가 더 이상 없다. 그것은 포드와 시보레, 아우디, 폭스바겐이 똑같은 차가 아니기 때문에 현대의 자동차들은 새로운 형태의 차가 나올 때마다 새로 발명된 것이라고 말하는 것과 같은 말이다. 과학의 원리는 그 대표성의 형태가 강할 수도 있고 약할 수도 있다. 중요한 것은 형식이 좀 달라도 기능이 동일한가 하는 문제이다.

변수와 일정한 회전운동의 원리 안에서 정확한 행성 체계의 수리 모형을 만들어 내야 할 필요가 있었지만 실제로 이 문제의 "해답"은 수학의 혁신적 발전이 아니라 형이상학적 사고의 전환에 있었다.

우리는 이것을 배경으로 인간 개개인이 우주의 감춰진(그리고 반성서적인) 계획을 밝힐 수 있는 이성의 능력을 합법적으로 가지고 있다고 믿게 한 것이 무엇인지 그리고 자유로운 지식의 토론과 참여의 문을 활짝 열어젖힌 제도 장치들이 무엇인지 그 발생과 발전 과정에 바로 주목해야 한다. 앞에서 나는 서양에서 인간의 이성과 지식 작용에 대한 믿음을 강조하고 토론과 참여의 새로운 영역을 활짝 연 지식 세계의 질적 전환을 자세히 살펴보았다. 비교과학사회학의 관점에서 중요한 문제는 어떤 집단의 사람들이 고대 그리스와 아랍, 인도, 중국 문명을 넘어서는 기술적 발견을 했느냐 못했느냐가 아니라 지식인들이 자유롭게 학문을 연구하고 서로 비판하며 누구의 제약도 받지 않고 자유롭게 토론할 수 있는 새로운 가능성을 열어 놓은 대발견이 이루어졌느냐 아니냐 하는 것이다.

마드라사 : 이슬람의 전문학교

이미 알고 있는 것처럼 아라비아-이슬람 문명에서 가장 주된 고등 교육기관은 마드라사라는 이슬람 전문학교였다. 이곳은 여러 단계를 거쳐 진화했는데 결국 일반적으로 이슬람 전문학교라고 부르는 학문을 연구하는 장소로 발전했다. 이 학교의 계보를 보면 어떤 요소들은 9세기까지 거슬러 올라가는데 마드라사가 기관 시설의 형태로 떠오른 것은 11세기에 이라크에서 와크프waqf(이슬람 종교 재단으로 이슬람 성직자의 경제 기반 구실을 함-옮긴이)법에 따라 기부단체로 설립되면서부터였다.4 이처럼 마드라사는 종교 기부금으로 설립되었고 그 기부금으로 교육 재산을 유지 관리하며 교수와 직원들의 급여를 주었고 나중에는 학생들을 지원하기도 했다. 이런 까닭에 학생들의 수업료는 무료였다.5 유명한 철학자이자 종교학자인 알가잘리는 1070년대 투스Tus에 있는 한 마드라사에 다녔다. 그와 동생은 여기서 수업뿐만 아니라 음식과 잠자리까지 무료로 제공받았다.6 또한 마드라사는 서양의 대학처럼 그냥 공동체가 아니라 건물이 있는 시설이었다는 점을 주목해야 한다.

이슬람에는 일반인에게 공개된 다른 형태의 학교 시설도 있었다. 마스지드masjid(모스크 사원 학교), 칸카흐스khanqahs(교육 건물), 마스지드-칸masjid-khan 복합시설, 수피교도의 예배 장소(자위야스zawiyas)(성소를 뜻함-옮긴이)들이 그것들이다. 마스지드 학교는 마드라사와 비슷했다. 마스지드는 학교 시설과 함께 학생들의 기숙 공간(마스지드-칸 복합시설)을 처음으로 만들었지만, 이 교육 기관은 마드라사와 달리 학교 설립이 끝나면 설립자가 법적으로 손을 떼야 하는 기부 시설이었다. 마드라사와 마스지드-칸은 둘 다 법을 가르치는 학교였지만 마드라사의 설립자는 스스로 학교의 대표자가 되거나 원한다면 후계자까지 임명해서 자리를 물려줄 수 있었다.7

이 학교의 가장 중요한 교육 방침은 이슬람 정신을 해치는 내용은 어느 것도 가르쳐서는 안 된다는 것이었다. 그러나 마드라사는 개인

---

4. Henry Catton, "The Law of Waqf," in *Law in the Middle East*, ed. M. Khadduri and H. Liebesny(Washington, D. C. : The Middle East Institute, 1955), 203~222쪽 ; George Makdisi, *The Rise of Colleges:Institutions of Learning in Islam and the West*(Edinburgh : Edinburgh University Press, 1981), 3장 참조.

5. George Makdisi, "On the Origin and Development of the College in Islam and the West," in *Islam and the Medieval West*, ed. Khalil I. Semaan(Albany : State University of New York Press, 1980), 32f쪽, 38쪽.

6. W. Montgomery Watt, *Islamic Philosophy and Theology : An Extended Survey*(Edinburgh : Edinburgh University Press, 1985), 86쪽.

7. Makdisi, "On the Origin and Development of the College," 28쪽.

중심의 비공식 교육 시설이었기 때문에 학자들은 자신이 합당하다고 생각하는 내용은 무엇이라도 검토할 수 있었다. 그렇다 하더라도 모든 사람들은 마드라사(그리고 칸카흐스, 수피교도 성소, 모스크 사원 복합시설과 같은 비슷한 모든 교육 시설)의 설립 목적이 종교 지식을 가르치고 전달하는 것이라고 생각했기 때문에 마드라사나 다른 기부 교육시설에 소속된 학자들이 철학이나 자연과학을 가르치는 데 관심을 집중했다는 어떤 징후도 발견할 수 없다. 실제로 초기부터 20세기에 이르기까지 이슬람교의 교육은 선대에서 물려받은 성스런 종교의 가르침을 신성하게 후손들에게 전달하는 종교적 신앙심의 표현이었다. 이들은 대개 "(신에게) 물려받은 학문"에 집중했다. 따라서 이들은 자연스럽게 이슬람 율법인 예언자 무함마드의 가르침과 꾸란 암송, 이를 보조하는 종교학 연구에 중심을 두었다. 이 시기에 철학과 자연과학은 "외래" 과학으로 분류되었다.[8] 더욱이 여기에는 중요한 뜻이 담겨 있었는데 교육, 특히 논쟁(자달jadal)은 진리, 말하자면 (이슬람교의) 정통성을 세우는 것이며 그릇된 생각을 뿌리 뽑기 위해 계획된 일이었다.[9]

우리는 또한 여기서 마즐리스majlis라고 부르는 시설을 살펴보아야 한다. 이 용어는 원래 깨달은 자가 가르침을 주기 위해 앉는 자리를 가리키는 단어에서 나온 말이었다. 그러나 지금은 지식 토론이 끊임없이 벌어지는 장소 또는 그런 목적으로 지정해 놓은 곳을 이르는 말로 널리 쓰이게 되었다. 예를 들면 이슬람 병원들은 대개 마즐리

---

8. Makdisi의 고전적 연구 외에 Jonathan Berkey, *The Transmission of Knowledge in Medieval Cairo: A Social History of Islamic Education*(Princeton, N. J. : Princeton University Press, 1992)과 Michael Chamberlain, *Knowledge and Social Practice in Medieval Damascus, 1190~1350*(New York : Cambridge University Press, 1994)도 함께 참고해야 한다.
9. Chamberlain, 5장 "Truth, Error, and the Struggle for Social Power," in *Knowledge and Social Power*, 152~175쪽 참조.

스를 하나씩 마련해 놓았는데, 거기에는 지식 토론이나 의학 문서를 외우기 위해 별도로 마련한 교실이나 작은 방이 있었다.[10] 민간인들도 "마즐리스"를 소유할 수 있었다고 한다.

앞서 말한 대로 아라비아-이슬람 문명 안에서 마드라사의 건설을 확산하기 위한 운동은 이슬람 율법의 연구를 장려하고 이슬람 전통을 보전하기 위한 노력의 일환이었다.[11] 2장에서 보았던 것처럼 이슬람 문명은 이슬람 과학과 외래 또는 고대 과학을 서로 완전히 격리시켰다. 이들은 외래 또는 고대 과학이 성서의 가르침과 일치하지 않는다고 생각했다.[12] 이런 생각을 하게 된 까닭은 신이 세상을 창조했는지 또는 세상은 영원부터 존재했는지, 신은 모든 것을 조목조목 다 알고 있는지 아니면 우주를 전체로만 아는지, 그리고 인간 몸의 부활은 가능한지 아닌지의 문제에서 철학자들은 부인했지만 이슬람교도들은 확신했기 때문이었다. 꾸란에는 신이 이 땅과 별, 태양, 달을 창조했다는 구절이 여기저기 씌어 있었다. "너의 신은 하느님(알라)이다. 그는 6일 동안 하늘과 땅을 창조하시고 나서 왕위에 오르셨다."[13] "하느님은 하늘과 땅을 창조하시고 구름에서 물을 뿌리시어 네가 생명을 유지할 수 있도록 열매를 맺게 하셨다."[14]

결국 이슬람의 형이상과 우주론은 고대 그리스 철학의 원리와 많

---

10. Makdisi, "On the Origin and Development of the College," 10~12쪽.

11. George Makdisi, "Muslim Institutions of Learning in Eleventh-Century Baghdad," *Bulletin of the School of Oriental and African Studies* 24(1961), 1~56쪽 ; 마크디시가 이 주제를 다시 검토한 *The Rise of Colleges*, 301~305쪽과 Berkey, *The Transmission of Knowledge*, 3장 ; Marshall G. S., Hodgson, *The Venture of Islam*, 3권(Chicago : University of Chicago Press, 1974) 2, 323~334쪽 가운데 438ff쪽 참조.

12. Ignaz Goldziher, "The Attitude of Orthodox Islam Toward the Ancient Sciences," in *Studies in Islam*, ed. Merlin Swartz(New York : Oxford University Press, 1981), 185~215쪽 참조.

13. Sura 7장 5절.

14. Sura 14장 32절.

은 부분이 일치하지 않았다. 비록 그리스 철학 전집을 번역했던 아라비아의 번역자들이 필요한 부분만 골라서 번역할 수 있었다고 하더라도—예를 들면 번역자들이 플라톤의 신비주의적 가르침을 좋아했을 수 있으며 그래서 자신들의 마음에 맞는 부분은 번역하고 《티마이오스》 같은 다른 저작은 뺄 수도 있었다—그리스 철학의 근본 바탕이 꾸란의 가르침과 일치하지 않는 형이상의 가설에 기대고 있다는 사실은 그대로 남는다. 창조의 본질에 대한 가설에서 논리의 논증 방법과 인간의 합리성에 이르기까지 매우 광범위한 차이가 있었다. 결국 고대 과학은 이슬람 고등 교육기관의 정규 과목에서 모두 빠지고 말았다.[15] 여기서 가르치는 기본 교육은 이슬람법(피끄)이었고 이와 함께 꾸란 연구, 아랍어, 아랍어 문법, 예언자가 전해준 이슬람 전통(하디스)을 가르치고 법학자들과 재판관들이 유산의 분할을 계산할 수 있을 정도의 산술도 가르쳤다.

앞에서도 나왔지만 몇몇 교수들은 특정 분야의 외래 과학에 통달해 있었으며, 심지어 자연과학과 관련한 지식이 들어 있는 책을 볼 수 있는 마드라사와 모스크 사원의 도서관들도 많았다. 자연과학의 금지는 주로 그 내용을 학생들에게 가르치는 것에 한정했다. 그렇지만 이그나츠 골트치어가 밝힌 것처럼,[16] 학자들이 외래 과학을 연구하고 따르기에는 심리적 압박이 컸으며 이런 행위를 완전히 금지하고 책을 불태우는 일도 여러 번 발생했다. 더욱이 논리학과 외래 과학을 연구하고 가르치지 못하도록 한 금지 명령은 동쪽 지역의 이슬람 왕국에만 한정된 것이 아니라 북아프리카와 스페인까지 확대되었다.

조지 마크디시는 북아프리카와 스페인을 지배한 알모하드Almohad

---

15. Makdisi, *The Rise of Colleges*, 78쪽.
16. Goldziher, "The Attitude of Orthodox Islam."

왕조의 알만수르al-Mansur(1184~1199년 집권)가 "자신의 지배 영토에
서는 절대로 논리학과 철학의 연구를 하지 못하도록 했다. 그는 이
와 관련된 책은 모두 불태우며 공사를 불문하고 이것의 연구를 금지
했고 만일 연구하다 발각이 되면 사형까지 받을 수 있었다."고 지적
한다.[17] 그러나 마크시디는 평상시에 "보조금을 받는 학생들이 혼자
힘으로 이 외래 과학을 연구하거나 정규 교과과정이 끝나고 교수의
집이나 와크프 시설에서 몰래 가르침을 받는 것은 막을 도리가 없었
다."고 주장한다.[18] 이슬람 과학과 외래 과학에 모두 정통한 학자들
이 하디스를 가르치면서 은밀하게 그 사이에 외래 과학을 끼워 넣어
가르칠 수도 있었다. 사드르 알와킬Sadr ad-Din b. al-Wakil(1316년 사망)
은 하디스를 가르치는 척하면서 학생들에게 "의학, 철학, 신학을 비
롯해서 '고대 과학'에 속하는 학문"을 가르쳤다고 전해진다.[19] 그러
나 이런 교육이 얼마나 효과가 있었으며 정확하고 완벽했는지는 잘
알지 못한다. 예언자가 전해 준 의학과 관련된 말씀을 바탕으로 만
들어진 예언 의학은 갈레노스 의학의 도전을 받았다. 이 예언 의학
은 이슬람 의학을 연구하는 역사가들이 볼 때 종교의 탈을 쓴 엉터
리 의술일 뿐이었다.[20]

　따라서 이와 같은 마드라사 "체계"의 허점과 극도의 개인 중심의
교육 방식 때문에 아랍의 과학은 의학, 광학, 수학, 천문학 분야에서

---

17. Makdisi, 137쪽. 또한 Sai'd al-Andalusi, *The Categories of the Nations*(Austin :
　　University of Texas Press, 1991) 참조.
18. Makdisi, *The Rise of Colleges*, 78쪽.
19. 같은 쪽.
20. J. Christoph Bürgel, "Secular and Religious Features of Medieval Arabic
　　Medicine," in *Asian Medical Systems : A Comparative Study*, ed. Charles
　　Leslie(Berkeley and Los Angeles : University of California Press, 1976), 44~62
　　쪽 가운데 46f쪽 ; E. G. Browne, *Arabian Medicine*(New York : Cambridge
　　University Press, 1962), 12~13쪽 참조.

한정된 시기 동안만 발전할 수 있었다. 비록 마드라사에서 철학과 자연과학을 가르치지 못하게 강제했지만 이슬람 학자들은 이것을 개인적으로 연구했으며 때때로 공인된 교육 시설에서 은밀하게 가르치기도 했다.

마드라사는 초기에는 모두 네 갈래의 법학파(마드하브)—샤피, 하나피, 한발리, 말리키—가운데 한 학파만을 집중해서 가르쳤다. 나중에 특히 맘루크Mamluk 왕조 때(1250~1517년) 한 마드라사 또는 교육 기관에서 네 학파의 법을 모두 가르칠 수 있었다.[21] 각 학파에 속한 학자들은 다른 학파의 법도 가르칠 의무가 있으며 학파에 따라 수업을 따로 가졌다. 그러나 이 네 갈래의 법 체계를 단일한 법전으로 합치려는 시도는 전혀 없었다. 뿐만 아니라 여기에 중동과 북아프리카 지역이 이슬람화하기 이전에 널리 쓰이고 있었던 그리스와 로마법, 관습법을 포함하려고도 하지 않았다.

또한 마드라사의 교육 방식과 자격증 수여 방식의 특징을 주목할 필요가 있다. 마드라사의 교육은 "완전히 체계가 없는" 방식이었고 교육 과정을 공식으로 마련하지도 않았다.[22] 마드라사 교육 정신의 중심은 법학과 이슬람 과학의 연구에 있었는데 이들이 가르치는 과목의 범위와 그 순서는 전혀 계획성이 없었다. 원래 이상적으로는 모든 교육 과목은 미리 정해진 순서를 따라야 했고 교육은 우선 하디스를 배우는 것으로 시작해야 했다. 이것은 예언자 무함마드가 전한 말씀을 수집하고 전달하는 과정이다. 여기에는 이 위대한 예언자의 말씀을 수집하고 편집한 유명한 사람들의 전기도 포함되었다. 그

---

21. Makdisi, *The Rise of Colleges*, 304쪽 외. 또한 카이로에 세워진 최초의 마드라사에 대한 것과 그 안에 있던 네 갈래의 법학파에 대해서는 Carl F. Petry, *The Civilian Elite of Cairo in the Later Middle Ages*(Princeton, N. J. : Princeton University Press, 1981), 331f쪽 참조. Berkey, *The Transmission of Knowledge*, 3장.
22. Berkey, *The Transmission of Knowledge*, 44쪽.

다음으로 신입생은 두 가지 서로 보완하는 과목을 배우는데, 이 과목들은 종교와 법에 대한 공부로 이른바 종교의 원리(우술 아드딘usul ad-din)와 법의 근원(우술 알피끄usul al-fiqh)을 배운다. 그다음은 학생 자신이 속한 법학파의 법을 배워야(암기해야) 한다. 그 후 학생들은 다른 법학파의 법도 공부하여 자기 학파의 법과 무엇이 다른지 그 차이(칼리프khalif)도 배워야 한다. 끝으로 학생들은 종교 과학 과목에서 논쟁 기술인 변증법(자달)을 배워야 한다.23

그러나 이 밖에 보조 과목이라고 부르는 학문은 그 정의가 중구난방이었다. 어떤 학생들은 문법과 어휘, 형태론, 작시법, 운율과 같은 모든 학술 도구들과 시형론詩形論, 심지어 아랍 민족의 역사와 계보까지 배웠다.24 그러나 또 다른 학생들은 꾸란 주해를 연구하고 하디스를 분석하는 데 더 많은 시간을 보내고 논쟁이나 변증법을 배우는 데는 별로 관심을 두지 않았다. 따라서 어떤 학자는 꾸란 주해와 아랍어 문법, 음성학에 매우 정통했고 다른 학자는 꾸란 주해와 하디스, 시형론, 아랍 민족사 같은 분야에서 달인이 되었다. 표준이 되는 교육 과정도 없었다. 학생들이 무엇을 배우는가는 오직 그를 가르치는 선생이 아는 것이 무엇이냐에 달려 있었고, 학생 스스로 얼마나 많은 선생과 어떤 과목을 가르치는 선생을 찾느냐에 따라 달랐다. 현재까지 남아 있는 아랍 학자들의 전기를 보면 당시에 논리학과 문법 그리고 이슬람 과학뿐만 아니라 고대 과학을 관통하는 넓은 지식과 기술을 가지고 있었던 사람들이 많았다는 것을 알 수 있다. 당시에 진정으로 우위에 있었던 학자들은 이슬람 과학 전반에 정통하면서 고대 과학에도 꽤 정통했던 사람들이었을 것이다.

그러나 당시에 고대 그리스 과학에서 명성을 얻는 사람은 전통주

---

23. Makdisi, *The Rise of Colleges*, 79쪽.
24. 같은 쪽.

의자들의 표적이 되어 본인과 그 학생들이 모두 이슬람 율법의 처벌을 받는 파트와를 당하기 쉬웠다는 문제가 있었다. 외래 과학에 무지하거나 또는 알기는 하지만 그것의 연구를 반대하는 근본주의자와 전통주의자들의 푸념에서 벗어날 수 있는 길은 전혀 없었다. 마드라사에 있는 학자가 고대 과학을 가르치다 발각되면 그 책임은 종교와 법에서 모두 심각하게 받아들여졌다. 왜냐하면 그 행위는 와크프법 아래에 있는 마드라사의 설립 취지를 완전히 위반한 것이기 때문이었다. 그러나 그리스 과학 전체에 배어 있는 사상과 연구의 구조에 대해 철학적 지도가 없었다면 마드라사에서 "모두가 따라야만 하는 교육 과정을 정할 수 없었을 것이다."25 학생들은 법학 과정을 4년 안에 끝마쳐야 했다. 학생들은 졸업하기 위해 교수의 강의와 자신이 읽은 책에서 나온 몇 가지 법률 문제를 밝히는 보고서인 탈리카ta'liqa(일종의 졸업 논문-옮긴이)를 써서 제출해야 했다. 졸업은 그 학생이 새로운 차원의 학문의 경지에 도달했으며 기존의 학자들과 긴밀한 동료 관계로 들어섰음을 뜻했다.

마드라사의 졸업 인증 방식은 학생들이 배운 자료들, 원칙으로는 책을 다른 사람에게 전할 수 있는 허가증 또는 권한인 이자자를 바탕으로 했다. 이 인증 모형은 예언자의 말씀을 전하는 사람들이 자신들이 전해 받은 가르침이 정통성이 있음을 입증하기 위해 그 가르침의 전달 경로를 확인하는 관습에서 발전한 것으로 보인다.26 따라서 이자자의 부여는 예언자와 그의 동료들의 언행이 기록된 특정한 책이나 문서의 전달과 깊은 관련이 있었다. 학생들은 한 학자에게 그가 전해 받은 책을 배우고 거기서 그 책을 전달할 수 있는 권한인 이자자를 받은 다음, 다른 학자에게 또 다른 이자자를 받기 위해 갈

---

25. 같은 책, 84쪽.

수 있었다. 이들이 받을 수 있는 이자자 수의 제한은 없었으며 이자자들 사이에 특별한 순서도 없었다. 학자들은 책을 큰 소리로 읽고 학생들은 그것을 받아썼다. 학생들이 받아쓴 것을 다시 낭송하여 그것이 제대로 받아쓴 것으로 확인되면 그 학생은 다른 사람에게 그 책을 전해 줄 수 있는 권한을 받는데 그 받아쓴 책에는 스승이 직접 서명을 했다.

이자자는 학교와는 관련이 없고 그것을 부여한 학자 개인과 직접 연결되어 있었다. 말하자면 이자자는 학교나 왕, 왕족이 부여하는 것이 아니라 그 학생을 가르친 학자만이 부여할 수 있었다.27 따라서 학자들은 마음에 들지 않으면 인증 부여를 거절할 수도 있었다. 이러한 교육 인증 체계는 인증된 특정 지식을 전달한 사람들의 경로와 그 속에 들어 있는 특정 학자의 명성을 중요하게 생각했다. 물론 어떤 학자가 새로운 저술을 발표했을 때 그것을 검증할 방법은 없었지만 학생들은 그것을 그 분야의 위대한 거장이 쓴 저술로 받아들였다. 앞에서 말한 것처럼 책 발간은 학생들이 직접 그 책을 받아쓰는 형식이었다. 이런 이유 때문에 학자들은 자서전에서 자신이 다녔던 학교나 마드라사가 아니라 함께 공부했던 학자들을 설명한다.

그러나 이자자는 법 문제에서 어떤 경우에는 이보다 더 큰 특징을 가지고 있는 것 같다. 이를테면 이자자를 부여받은 학생은 스스로 판결(파트와)을 내릴 수 있고 또한 법을 가르칠 수 있는 권한이 있었다. 조지 마크디시에 따르면 "법을 가르치고 판결을 내릴 수 있는 권한은 시험을 거친 후에 주어졌다."28 시험은 구술이었으며 "응시

---

26. 같은 책, 140ff쪽 ; Johannes Pederson, *The Arabic Book*(Princeton, N. J. : Princeton University Press, 1984), 31~34쪽과 비교.
27. Makdisi, *The Rise of Colleges*, 271쪽.
28. 같은 책, 151쪽.

생들이 공부했던 특정한 책에서 문제를 출제했다." 법학자 알시라지는 학생 때 "두 명의 교수에게 법을 가르치고 판결을 내릴 수 있는 권한을 받았다. 그 가운데 한 교수는 그에게 여러 분야에서 많은 질문을 던졌지만" 다른 교수는 특정한 책에서 문제를 냈다. 그렇게 해서 그는 그 책들을 가르칠 수 있는 권한도 받았다.[29]

마크디시가 여러 사례에서 보여 준 것처럼 이런 형태의 교육 인증 방식은 이슬람의 고등 교육기관에서 실제로 교수 집단이 학생들에게 발행하는 일반 학위증 같은 것은 없었지만, 유럽의 교수 자격증 제도 같은 더 일반화된 교수권을 향한 초기 단계의 움직임은 있었을 수 있다는 것을 보여 준다. 그러나 이것이 단일한 표준으로 발전하지 못했던 까닭은 이슬람에서는 교수단이 없었다는 사실이다. 교수들은 학교에 단순히 모여 있다뿐이었고, 각자 자신들이 독자적으로 암기해 온 교재만을 가르쳤다. 그러나 마크디시가 검토한 사례처럼 법학자들이 두 명 이상의 교수에게 시험을 봐야 했던 때는 15세기부터였는데 그때는 이미 유럽의 대학이 이슬람에 영향을 미쳤을 수 있었다는 점에서 의문이 남는다. 이 사례에서 보듯이 이슬람의 마드라사에는 학사 학위나 교수 자격증 또는 고등 교육 학위 같은 자격증이 중세 또는 근대 초기에도 여전히 나타나지 않았다.

이들 학교는 학생들에게 법 문서들을 받아쓰고 암기하는 것 말고도 학생들이 "논쟁이 되는 문제"를 발견하는 능력을 함양하도록 하기 위해 논쟁술(무나자라munazara, 자달)을 개발했다. 마크디시는 이것이 이슬람에서 (아마도 서양에서도) 학자들이 학문을 연구하는 방식의 기원이 되었다고 주장한다.[30] 그러나 이슬람에서 이 방법을 개발한 이유는 피터 아벨라르나 유럽의 변증법론자들이 개발해서 사용

---

29. 같은 쪽.
30. 같은 책, 3장 가운데 특히 105ff쪽.

   사회·법 체계로 본 근대 과학사 강의

했던 목적과는 다른 기능을 수행하기 위한 것이었다. 이슬람 문화와 문명에서 이 방법은 종교 교의에 대한 정통성 있는 합의를 얻어내기 위한 목적에서 발전했다. 법학자들도 다른 모든 이슬람교도들처럼 "선을 권면하고 악을 내쫓도록"(히스바) 명령을 받았다. 더욱이 이 의무는 매우 중요하게 받아들여져 시장 감독관과 같은 공직을 새로 만들어서 시장에서 발생하는 모든 일이 이슬람의 가르침에 따른 것 인지 감시하도록 했다.31 결국 "법학자들이 기존의 교의에 반대한다 면 그 의사를 밝혀야 했다. 만일 그렇지 않으면 그는 그 교의를 암 묵적으로 인정한다고 받아들여졌다. 침묵은 긍정한다는 표시였다. 이 체계에서는 기권을 인정하지 않았다."32

한편 이슬람의 논쟁술은 유럽인들이 사용했던 변증법적 방법론과 는 다른 방법이었다. 유럽의 변증법은 의심이 가는 교리를 그냥 버 리는 것이 아니라 (정-반-합을 통해) 새로운 교리로 조화하는 것이 다. 유럽의 방법론은 또한 새로운 법의 원리(알샤피 이후 이슬람법에 서 금지된 것)을 계속해서 찾아나갔고 그럼으로써 유럽의 체계를 완 전히 바꾸어 버렸다. 유럽의 법 체계는 논리학과 변증법의 사용으로 새로운 이론적 토대를 마련했다. 이것은 결국 성서, 초대 교부들의 가르침, 로마법 같은 여러 법원 사이에서 서로 일치하지 않는 문제 를 없앴다. 그리고 자연법과 양심에 따르는 새로운 법 기준과 과거 의 관습과 관례, 정의의 개념에서 전해 내려온 정당성의 기준들을 수립할 수 있었다.

그러나 이슬람에서 논쟁술의 확립은 율법의 교리를 더욱 강화했 을 뿐 새로운 법 개념과 원리를 정리해 내지 못했다. 더욱이 꾸란의 가르침을 이성 또는 자연법의 견해보다 하위에 둔다는 것은 있을 수

---

31. "Hisba," *EI²* 3, 485~489쪽 참조.
32. Makdisi, *The Rise of Colleges*, 106쪽.

없는 일이었다. 꾸란은 신의 명령이며 당연히 진리이어야 했다. 이 논리는 아랍어로 씌어진 꾸란만이 믿을 수 있는 진짜 꾸란이라는 주장으로 발전했다.

동시에 변증법적 방법론은 마드라사에서 교수와 학생 사이에 충돌을 일으킬 수 있는 여지를 만들었다. 학생들은 교수의 가르침에서 문제점을 찾아 내려고 애썼기 때문이었다. 이러한 교수 방법은 탈리카 보고서를 바탕으로 했는데, 이 보고서는 학생들이 여러 참고 자료를 읽으면서 교수에게 배운 내용을 적어 놓은 주석과 해설이었다. 학생들은 이것을 모아 공부하고 암기한 다음 스스로 판결을 내릴 수 있는 "이프타ifta' 반으로 진급할 수 있는지 평가하는 시험을 보기 위해 교수에게" 탈리카 보고서를 제출했다.33 학생이 전체 문서를 완전히 습득하고 교수 앞에서 그것을 입증하면 그의 교육은 끝나고, 교수의 완벽한 도움과 지도를 받을 수 있는 보조자 또는 동료 집단인 수흐바suhba 반으로 진급한다. 문제를 도출해서 해답을 수렴해 가는 유럽의 변증법 기술과 달리 이슬람의 변증법적 방법론은 논쟁이 되는 문제의 해답을 찾는 데 목적을 두지 않았다. 이븐 아킬Ibn 'Aqil 은 법학자이며 신학자였는데 신입생 교육을 위해 두꺼운 책을 썼다.34 그는 자신이 사용한 방법을 다음과 같이 설명했다. "나는 이 책을 쓸 때 다음의 방법을 따랐다. 우선 논리적 순서에 따라 명제를 제시하고 그런 다음 그것을 증명하고 반대 명제를 제시했다. 다시 그 반대 명제에 대해 논박하고 (반대 명제의 상대방에 대해) 의사 논

---

33. 같은 책, 114쪽.

34. 이븐 아킬은 무타질라 운동 단체인 "이슬람 합리주의자들"의 회원이었으며 정통파들의 공격 때문에 특정 견해를 취소하도록 압력을 받았다. *Ibn Qadama's Censure of Speculative Theology*, 편집 · 영문 번역, George Makdisi(London : Luzac, 1962)와 이 책 3장 참조.

35. Makdisi, *The Rise of Colleges*, 256쪽, 117쪽.

   사회·법 체계로 본 근대 과학사 강의

증을 한 다음 이 논증에 다시 응답(반박)하는 방식으로 썼다.—이
모든 것은 신입생에게 논쟁술을 가르치기 위함이었다.”35

여기서 주목할 사항은 이 방법이 법적 문제에 나타난 모순과 역설
을 해결하는 데 목적을 두고 있지 않다는 점이다. 그러나 유럽에서
논쟁이 되는 문제를 검토하는 방식은 다른 사람이 주장한 법 의견
(논리)의 약점을 보여 주거나 어떤 것의 토론 과정에 중점을 두는
것이 아니라 문제의 분석을 통해 그 문제에 정통해지는 것에 집중했
다. 유럽 대학에서 법과 신학 논쟁은 미묘하게 다른 의미를 지니고
있었다. “문제 초반에는 서로 반대하거나 반대하는 것처럼 보이는
근거를 차례로 배열한다. 그런 다음 교수는 전문 지식을 이용해서
그 문제가 지닌 의미의 차이를 찾아 내어 어려운 문제를 해결하고
처리한다.”36

더 나아가 유럽인들은 법학과 신학 양쪽 모두 그 체계가 계속해서
성장하고 진화하고 있다고 생각했다. 특히 교회법에 대해 그렇게 생
각했다. 따라서 “교회법은 로마법과 달리 완성된 법전이 아니라 계
속 발전해 가는 법이었다.”37 예를 들면 아벨라르는 “(끊임없이) 새
로운 발견을 할 수 있다는 믿음을 갖고 일했다.”38 법에서 논쟁 방
식은 실제의 법 원리(사실 여부를 따지는 문제가 아니라)와 관련이 있
었다. 그리고 이 방식은 유럽인들에게 매우 중요한 훈련 수단으로
구실을 했는데 이렇게 함으로써 그들은 “대담한 유추 해석을 이끌
어 내고 광범위한 공평성의 원칙을 따르며 직관과 상상력으로 법의

---

36. William Kneale and Martha Kneale, *The Development of Logic*(Oxford : Oxford
    University Press, 1962), 206쪽.
37. 하스킨스가 Stephen Kuttner, “The Revival of Jurisprudence,” in *Renaissance
    and Renewal in the Twelfth Century*, ed. Robert L. Benson and Giles
    Constable(Cambridge, Mass. : Harvard University Press, 1982), 306쪽에서 인용.
38. Kneale and Kneale, *The Development of Logic*, 204쪽.

결함을 채울 수 있는 용기를 개발할 수 있었다."39 이런 이유 때문에 유럽에서는 논쟁이 법의 역동성과 발전을 위한 중요한 원천이었다. 그러나 이슬람의 경우는 이단일 수 있거나 단순히 논리에서 벗어난 결론을 찾아 내기 위해 논쟁을 이용했다. 이슬람의 논쟁 모형은 어떤 주장(또는 그 반대자의 주장)의 추론과 방식에서 오류를 찾아 내는 데 목적을 두고 있지, 문제가 되는 주장에서 새로운 화합으로 수렴하거나 새로운 법 체계를 세우는 것과는 거리가 멀었다.

더욱이 이슬람에서는 정식으로 인정된 "교회"나 재판 법정과 같이 이단과 정통의 문제에 대해 권위를 가지고 판결을 내릴 수 있는 최고의 기관이 없었기 때문에 논쟁만 끊임없이 발생했다. 예를 들면 이븐 타이미야는 반대파 학자들에게 이단으로 몰려 여섯 차례나 감옥에 들어갔다. 그러나 이 같은 경우를 해결하는 방법은 공식으로 제정된 성문법이 아니라 학자 집단의 논쟁을 통해서였다.40 또한 한 연구 과정이 끝났다는 것을 인정하는 공식 "학위" 같은 것을 수여하지 않았기 때문에 교육 과정의 종착점도 없었다.

이슬람의 논쟁 체계가 불러일으킬 수 있는 적개심의 수준은 알가잘리가 알주바이니al-Juwaini에게 제출한 두 번째 탈리카 보고서에 잘 나타난다. 알주바이니는 그 보고서를 읽고 난 다음 "너는 나를 산 채로 매장했다. 내가 죽을 때까지 기다릴 수는 없었느냐?"41고 소리 쳤다고 한다. 결국 이 학생의 졸업 사건은 우려의 눈길로 지켜봐야 했다. 한편 이 학생은 법학자로서 일을 할 수 없었다. 그러나 이 학생은 그보다 더 큰 위험이 발생할 수 있었다. 그는 "논쟁의 당사자

---

39. Erast H. Kantorowicz, "The Quaestiones Disputatae of the Glossators," *Tijdschrift voor Rechtgeschiedenis/Solidus Revue d]Histoire du droit* 16(1939), 1~67쪽 가운데 5~6쪽.

40. Chamberlain, *Knowledge and Social Practice*, 170f쪽.

41. Makdisi, *The Rise of Colleges*, 127쪽.

가 될 수 있었으며 자기 스승의 판결과 다투는 법 의견을 낼 수 있는" 우려가 있었다. 교수들은 이런 가능성을 피하거나 늦추기 위해 자신이 가르치는 내용을 그저 "반복하는 자"를 학생으로 받아들일 수 있었다.[42] 그러나 대개 서로 다른 파벌 사이의 논쟁은 비난과 모욕, 무모하게 질질 끄는 말다툼으로 번졌고, 심한 경우는 격론 끝에 폭력과 죽음까지 불러오기도 했다.[43] 따라서 이런 말썽 많은 논쟁은 결국 당국이 논쟁을 금지하고 논리학과 철학을 사용하지 못하도록 하는 사회 분위기를 이끌어 냈다.[44]

판결을 내릴 수 있는 자격을 지닌 법에 정통한 법학자를 양성할 목적으로 고안된 이 논쟁 체계가 기존 질서를 그대로 유지하고 불온한 의견은 끊임없이 제거하는 데 자기 역할을 다했다는 것은 의심의 여지가 없다. 마크디시 교수의 견해에 따르면 "이 방법은 정통성을 결정하는 이슬람 전통 소송 절차의 핵심"이었기 때문에 이슬람 문명에서는 필수 요소였다.[45] 그러나 이 방법은 모든 법이나 원리에 적용할 수 있는 객관적이고 보편적인 법 기준을 만드는 데 실패했다. 이슬람법의 원리는 오직 꾸란과 수나 그리고 알샤피가 완성한 피끄의 원칙만을 따랐기 때문에, 따라서 법학자들에게 남겨진 일은 잘못된 추론을 밝히기 위해 논리학을 한정된 의미로 사용하고 현재의 교의를 그대로 보존하는 일이었다.

더욱이 네 갈래의 법학파를 하나로 통합하거나 체계화해서 법전으로 만드는 일은 전혀 하지 않았다. 네 학파들 간의 차이점을 그저 배울 뿐, 그 차이를 융합하려는 노력은 없었다. 학파의 통합에 대한

---

42. 같은 쪽.
43. 같은 책, 133~137쪽.
44. 같은 책, 137~139쪽.
45. George Makdisi, "The Scholastic Method in Medieval Education : An Inquiry into its Origin in Law and Theology," *Speculum* 49(1974), 649쪽.

전제조건은 아무도 말하지 않았다. 보편적 법 규칙과 원리를 바탕으로 한 통일된 법 체계는 실제로 이슬람에서 나오지 않았다. "이슬람법은 보편적 타당성을 주장하지 않는다. 이슬람법은 이슬람 국가의 영토 안에 있는 이슬람교도들에게는 완전한 구속력이 있으며, 그 밖의 영토에 있는 이슬람교도들에게는 약간 덜한 구속력이 있고, 이슬람 영토에 있는 이슬람교도가 아닌 사람들에게는 제한된 영향력만 있을 뿐이다."[46] 더욱이 이 네 학파는 서로가 다르다는 것을 인정했고 그럼으로써 이슬람법이 지닌 전통의 개별적 특성을 보존했다.

이슬람의 초기 과학 시설

이슬람의 전문학교에서 가르친 것은 유럽의 대학에서 가르친 것과 매우 달랐다. 이슬람의 전문학교에서는 자연과학 또는 외래 과학을 원칙적으로 법과 종교적 계율로서 가르치지 못했다.

모든 마드라사는 와크프라는 종교법으로 설립되었기 때문에 그 안에서 연구하는 모든 학문은 이슬람법과 종교에 관련된 학문에만 집중해야 했을 것이다. 따라서 그리스 철학이나 자연과학을 가르칠 수 있는 마드라사(또는 비슷한 교육 기관)를 세우는 일은 실제로 불가능했다. 마라가 천문대는 이 원칙에서 벗어난 유일한 시설이므로 주목할 만하다. 아마도 이란의 상황은 다른 지역보다 좀더 유연했던 것 같다. 특히 여기서는 의학을 가르치는 마드라사가 있었는데 이곳은 "학교 병원"을 부설로 가지고 있었으며 14세기 초에 설립된 것으로 추정한다.[47] 그러나 맘루크 왕조 때 카이로 한 곳에만 수백 개의 마드라사와 비슷한 교육 시설이 있었고 중동과 북아프리카 지역

---

46. Joseph Schacht, *Introduction to Islamic Law*(Oxford : Oxford University Press, 1964), 199쪽.

사회·법 체계로 본 근대 과학사 강의

까지 합치면 천 곳에 이르렀다는 사실을 생각해 볼 때 이들 가운데 어느 곳에서도 자연과학을 가르치지 않았다는 것은 무척 놀라운 일이다. 이것은 당시에 이런 학문에 반대하는 정서가 널리 퍼져 있었다는 것을 보여 준다.48

비록 일부 푸카하(법학 교수들)가 실제로 외래 과학, 특히 산술과 논리학을 꽤 깊숙하게 알고 있었지만, 이들은 그 지식을 언제나 조심스럽게 감추고 있었고 절대로 다른 사람들과 터놓고 공유하지 않았다. 그것을 가르칠 경우가 있을 때는 은밀하게 자기 집에서만 가르쳤다. 이 지식은 개인이 스스로 은밀하게 따로 수집하거나 외래 과학에 정통한 교수에게 도제가 되어 개인 교습을 받아 습득했다. 이 밖에도 이슬람 교육을 담당한 초기 교육 시설이 여러 곳 있었다.

이슬람 병원

그래도 의학은 어느 정도 자연과학을 금지한 원칙에서 벗어나 준 공공 시설에서 배울 수 있었다. 의학 교육은 병원에 부설된 토론방인 마즐리스에서 의학 문서들을 가르치고 토론하면서 시작되었다.

47. Said Amir Arjomand, "The Law, Agency, and Policy in Medieval Islamic Society : Development of the Institutions of Learning from the Tenth to the Fifteenth Century," *Comparative Studies in Society and History* 41, no 2(1999), 263~293쪽 가운데 273쪽. 이 마드라사의 설립자인 라시드 알딘 파들 알라 하마다니(1318년 사망)도 마찬가지로 자신의 마드라사에서 철학을 가르칠 수 없다고 규정했다.
48. 이 시설에 대한 개관은 Berkey, *The Tansmission of Knowledge*, 3장 참조. 다마스쿠스에 있는 교육 시설은 Chamberlain, *Knowledge and Social Practice*와 Joan Gilbert, "Institutionalization of Muslim Scholarship and Professionalization of the 'Ulamâ' in Medieval Damascus," *Studia Islamica* 52(1980), 105~134쪽 참조. 맘루크 왕조 때 카이로에 있었던 마드라사의 목록(다른 교육 시설은 제외)은 버키의 책과 다른 원전을 기본으로 하고 Said Amir Arjomand, "The Law, Agency, and Policy," 280쪽 참조.

그렇지만 여기서도 실습은 의사의 집에서 개인 교습을 했을 것으로 추정한다.[49] 의학을 가르쳤던 마드라사가 있었다는 연구도 아주 드물지만 일부 있다.[50] 의학에 대한 좀더 면밀한 연구와 의학을 중세 시대 중동 지역의 문화에서 어떻게 가르쳤는지를 밝히는 것은 이 시기에 이슬람에서 이루어진 과학 교육의 본질이 무엇인지 좀더 명확하게 보여 줄 것이다.

아라비아 의학의 역사를 연구하는 많은 학자들은 이 시기에 의사들이 사회에서 높은 존경을 받았으며 고대 과학의 유용성에 대해 관심도 많았다고 지적한다.[51] 그러나 의학과 의사들을 비방하는 사람들도 마찬가지로 많았다.[52] 기독교, 유대교, 이슬람교를 다 포함해서 중동 지역 문화 전체로 볼 때 의사는 높은 사회적 지위를 차지하고 있었다. 저명한 의사들은 정부의 높은 관리직인 법원 의사나 지역 사회의 지도자로 일했다.[53] 이들은 지식인 사회에서 "종교와 언

49. Gary Leiser, "Medical Education in Islamic Lands from the Seventh to the Fourteenth Century," *Journal of the History of Medicine and Allied Sciences* 38 (1983), 54f쪽 ; Bürgel, "Secular and Religious Features of Medieval Arabic Medicine," 48~49쪽 ; S. D. Goitein, *A Mediterranean Society*, 2권(Berkeley and Los Angeles : University of California Press, 1968~1971), 2, 248쪽 ; 그리고 Nicola Ziadeh, *Urban Life in Syria under the Early Mamluks*(Westport, Conn. : Greenwood Press, 1970), 161쪽과 비교.

50. 이러한 연구 내용이 담긴 원전은 이 학교들이 14세기 이전에 어떠했는지 자세한 내용을 담고 있지 않아서 학자들은 실제로 의학 전문학교가 있었는지 미심쩍어한다. 이런 내용에 대해서는 Ziadeh, *Urban Life in Syria*, 155쪽 ; Leiser, "Medical Education," 56쪽 참조. 라이저가 찾아 낸 한 사례에서는 1225년 압드 알라민 알리라는 사람이 다마스쿠스에 있는 "자기 집을 기부하여" 의학 마드라사를 설립했다고 한다. 그는 아마도 법학자(종교학자)였던 것 같으며 "그의 후계자 가운데 일부가 말한 것처럼" 그가 의학 학교를 세웠다는 주장은 불명확한 것 같다 ; Leiser, "Medical Education," 57~58쪽. Michael Dols는 "Introduction," *Medieval Islamic Medicine:Ibn Ridwan's Treatise "On the Prevention of Bodily Ills in Egypt"*(Berkeley and Los Angeles : University of California Press, 1984), 26f쪽에서 만일 의학 교육을 하는 마드라사가 있었다면 그 교육을 담당한 사람은 법학자와 의사를 겸직하고 있었을 것이라는 의견에는 동의한다. Arjomand, "The Law, Agency, and Policy" 참조.

어, 국가의 경계를 넘어서는 세속 지식의 선구자, 그리스의 철학과 과학, 원리들의 전문 해설자, 보편성의 전통과 인류 동포주의 정신을 이어받은 상속자"로 묘사되었다.[54] 의사들은 자기 일에서 다른 학식 있는 사람들보다 철학과 논리학, 자연과학에 훨씬 더 정통했다. 12세기까지 대부분의 주요한 철학자들은 의학을 직업으로 생계를 꾸렸다.[55] 결과를 놓고 봤을 때 이들은 그리스의 철학과 자연과학을 이슬람 문화와 문명으로 동화시키려고 애썼던 중요한 사회 집단이었다.[56]

의사가 되는 방법에는 세 가지 길이 있었던 것으로 나타난다. 첫 번째는 아버지가 자기 지식을 자식에게 물려주는 데 열성인 의사 집안에 태어나는 행운을 얻는 것이었다. 두 번째 길은 12세기와 13세기 동안 아라비아-이슬람 문명에서 발간된 엄청난 양의 의학과 관련된 책을 스스로 공부하고 암기하는 것이었다. 이 방법은 이븐 리드완Ibn Ridwan(998~약 1069년)이라는 유명한 의사가 택한 길이었다.

---

51. Groitein, *A Mediterranean Society*, 2, 241쪽.

52. Franz Rosenthal, "The Defense of Medicine in the Medieval Islamic World," *Bulletin of the History of Medicine* 43(1969), 519~532쪽 참조. 의학 논쟁이 일어난 사례를 보려면 Joseph Schacht and Max Meyerhof, *The Medico-Philosophical Controversy Between Ibn Butlan and Ibn Ridwan*(Cairo : Egyptian University Faculty of Arts, Publication no. 13, 1937) 참조. 이집트의 보건에 대한 리드완 Ridwan의 검토는 Dols, *Medieval Islamic Medicine* 참조.

53. Goitein, *A Mediterranean Society*, 2, 242쪽.

54. Goitein, "The Medical Profession in the Light of the Cairo Geniza Documents," *Hebrew Union College Annual* 34(1963), 177쪽으로 Franz Rosenthal, "The Physician in Medieval Muslim Society," *Bulletin of the History of Medicine* 52, no. 4(1978), 477쪽에서 인용.

55. Shlomo Pines, "Philosophy," in *The Cambridge History of Islam*, 2권, ed. P. M. Holt(New York : Cambridge University Press, 1970), 784쪽.

56. Max Meyerhof, "Science and Medicine," in *The Legacy of Islam*, 1st ed., ed. T. Arnold and A. Guillaume(Oxford : Oxford University Press, 1931), 311~356쪽 과 F. Rosenthal, *The Classical Heritage in Islam*(Berkeley and Los Angeles : University of California Press, 1975), 183ff쪽 비교.

그는 어렸을 때 먹고살기가 매우 어려웠다.57 그는 고대 그리스의 의사들 가운데 특히 갈레노스를 직접 공부하는 것이 가장 좋은 방법이라고 믿고 이 길을 택했다. 세 번째 방법은 자기가 사는 지역의 의사 집이나 그가 일하는 병원의 마즐리스에서 의학을 배우는 것이었다. 거기에 참석한 사람들은 모두 의학과 관련된 교재들을 읽고 토론하고 때로는 다른 사람들에게 그 지식을 알리기도 했다.58

의학을 공개적으로 가르치는 것은 개인 교습과 비교할 때 별로 없었던 것 같다.59 대개는 이 체계에서는 의학 교재를 암기하는 것이 보통이었다. 학생들은 교재를 큰 소리로 읽고 필요하면 선생이 잘못을 고쳐주었다. "학생들은 대개 교재를 암기하는 것이 이해를 증진시킨다는 생각으로 중요한 자료를 모두 외웠다."60 의사였던 압드 알라티프 알바그다디‘abd al-Latif al-Baghdadi(1231년 사망)는 학생들에게 이렇게 충고했다. "책을 읽을 때는 그것을 외워서 그 뜻을 완전히 알기 위해 최선을 다해라. 책이 없어져도 그것에 구애받지 않고 네가 그것을 대신할 수 있다고 생각해라."61 의사들도 다른 학자들처럼 학생들에게 자기 저작물을 받아쓰게 했다. 그리고 이런 강의 교재는 대개 학생들을 위해 입문서로 만들어졌다.62

이슬람의 의료 현실은 병원 분야에서 이전의 다른 문화들보다 앞서 발전했다. 이슬람 병원을 구성하는 중요한 요소들이 이전의 병원 모형에도 나타났지만 그것은 이슬람 세계에서 독특한 모습으로 새롭게 나타났다. 병원은 몸이 아파서 온 사람들을 치료할 뿐만 아니

---

57. Leiser, "Medical Education," 51f쪽.
58. 같은 책, 53쪽. 그리고 Bürgel, "Secular and Religious Features"와 비교.
59. Goitein, *A Mediterranean Society* 2, 248쪽 ; Bürgel, "Secular and Religious Features," 48쪽.
60. Dols, *Medieval Islamic Medicine*, 30쪽.
61. Makdisi, *The Rise of Colleges*, 103쪽에서 인용.
62. Leiser, "Medical Education," 60쪽.

 사회·법 체계로 본 근대 과학사 강의

라 정신병에 걸린 사람도 치료하는 곳이었다.[63] 또한 점점 더 크고 많은 병원이 비슷한 병에 걸린 환자들을 위해 특별한 방을 마련했다. 예를 들면 바그다드와 다마스쿠스, 카이로에 있는 유명한 세 개의 병원—아부디'Abudi 병원(987년 설립), 누리Nuri 병원(1154년 설립), 만수리Mansuri 병원(1284년 설립)—은 생리학자, 안과의사, 정형외과의사, 외과의사, 사혈 전문 의사, 부항 뜨는 사람과 같은 전문가들이 치료할 수 있는 시설을 갖춘 방을 가지고 있었다.[64] 13세기와 14세기 사이에 다마스쿠스에 여섯 개의 병원을 새로 설립했다. 유명한 누리 병원은 내과의사 3명, 약사 1명, 안과의사 1명, 감독관 1명, 와크프의 총 관리자 1명을 포함해서 병원 직원들이 열 개의 다른 반으로 나뉘어 있었다.[65]

이들 병원에는 이런 특징과 함께 의학 교육을 위한 도서관과 토론방도 있었는데 근대의 대학 병원과 같은 면모를 모두 갖추고 있었다.[66] 그러나 이들 병원은 와크프법이 만들어 낸 법적 제한 때문에 경직된 시설이 되었고 그 장래가 불확실했다. 이들 병원은 종교 재단의 법으로 설립되었고 최초 설립자가 내건 조건을 조금이라도 거슬러서는 안 되기 때문이었다. 이들 병원이 가난한 사람들과 고치기 어려운 병에 걸린 사람들에게 널리 열려 있었다는 주장도 있다.[67] 대개 의사들은 학생들에게 "병원과 병실에 빠지지 말고 나오고 가

---

63. Bürgel, "Secular and Religious Features," 49쪽, 52쪽과 Dols, "The Origins of the Islamic Hospital : Myth and Reality," *Bulletin of the History of Medicine* 61(1987), 367~390쪽 가운데 388쪽 비교. 또한 중동 지역 병원의 초기 형태에 대한 논문은 "Gondeshapur," *EI²* 2, 1119~1120쪽 참조.
64. Bürgel, "Secular and Religious Features," 49쪽. 알만수리에 대한 설명은 Petry, *The Civilian Elite of Cairo*, 332쪽 참조.
65. Nicola Ziadeh, *Damascus under the Mamluks*(Norman : University of Oklahoma Press, 1964), 56쪽.
66. Aydin Sayili, "The Emergence of the Proto-Type of Modern Hospital in Medieval Islam," *Studies in the History of Medicine* 4(1980), 112~118쪽.

장 뛰어난 의학 교수들의 도움을 받아 환자들의 상황과 환경에서 눈
을 떼지 말라."고 이르고 권했다.68

　다른 학문을 공부하는 학생들처럼 의학을 공부하는 학생들도 선
생을 찾아 여기저기 옮겨 다녔다. 병원에서 자리를 얻는 것은 어려
웠고 가장 뛰어난 의사들만이 병원에 취직할 수 있었던 것 같다.69
의학은 법학과 달리 의사의 능력을 결정하기 위한 공통된 평가기준
에 대해 매우 큰 관심을 가지고 있었다. 비록 몇몇 사학자들은 학생
들을 가르치는 의사들이 "학생들에게 시험을 쳐서 통과한 사람들에
게는 일종의 자격증을 주었다."고 생각하지만,70 다른 학자들은 "교
육 과정이 끝날 때 그런 체계적인 시험을 쳐서 자격증을 줬다고 주
장할 만한 아무 근거가 없다."고 주장한다.71 의학도 마찬가지로 자
기가 배운 교재를 다른 사람들에게 전수할 수 있는 권한인 이자자
체계를 사용했다. 어떤 사람이 의학 지식을 얻을 수 있는 방법이 가
까운 친족에게 전승받거나, 예언 의학에서 전문화된 것을72 포함해
서 다른 의사에게 배우거나 스스로 학습해서 익히는 것처럼 여러 가
지 길이 있다는 것을 인정할 때 의학 연구의 기준이나 지정된 방법
론이 있을 수 없었고 무엇보다도 독학으로 공부할 사람에게는 더욱
그랬다. 의학 교과과정에 가장 근접하는 것은 "갈레노스가 쓴 16권
의 책Sixteen Books of Galen"이었다.73 뛰어난 의사들은 제자들이 의학과

---

67. Dols, "The Origins of the Islamic Hospital," 31쪽.
68. Edward G. Browne, *Arabian Medicine*(New York : Cambridge University Press,
　　1962), 56쪽, 알마주시al-Majusi를 인용. 마틴 레비Martin Levey가 *Early Islamic
　　Pharmacology*(Leiden : E. J. Brill, 1973), 172쪽에서 확인.
69. Goitein, *A Mediterranean Society* 2, 249f쪽.
70. Bürgel, "Secular and Religious Features," 49쪽.
71. Dols, *Medieval Islamic Medicine*, 32쪽.
72. Bürgel, "Secular and Religious Features," 54~61쪽과 Browne, *Arabian
　　Medicine*, 12~13쪽 참조.

　　　　　　　　　　　　　사회·법 체계로 본 근대 과학사 강의

함께 그리스 철학을 공부하길 바랐다. 그래서 학생들은 "수십 권의 의학 관련 책 말고도 그리스 책들도 읽었다."[74] 최소한의 기준을 정할 수 있는 자격증, 학위, 표준 교과과정, 조직된 교수 집단도 없는 이런 상황에서 속임수와 사기가 널리 퍼졌다는 사실은 놀랄 일이 아니다.[75] 10세기 초 라지Razi(864~약 925년)는 이런 부정 의료행위의 본질이 무엇인지 이렇게 썼다.

이렇게 사기를 치는 사람들이 많이 있다. 이 책에서 그들 모두를 언급하는 것은 어려울 것이다. 이들은 파산자들이며 정말 아무 까닭 없이 일반 사람들에게 고통을 줄 수 있다고 믿는다. 이들 가운데는 사람의 머리 한가운데를 십자 모양으로 절개하여 간질병을 고칠 수 있다고 주장하는 사람들도 있다. 이들은 환자들이 자신의 말을 믿도록 하기 위해 절개를 해서 나온 것이라고 말하는 것들을 만든다. 이들 가운데 일부는 코에서 독사를 꺼내는 것처럼 가장한다. 이들은 불행한 환자의 코에 이쑤시개나 철 조각을 넣고 피가 흐를 때까지 문지른다. 그런 다음 이 돌팔이 의사는 코 안에서 미리 준비해 두었던 이런 동물 같은 것을 꺼내고 간의 정맥에서 빼낸 것이라고 주장한다. 어떤 사람들은 눈에서 백내장을 제거한 척 행동한다. 이들은 철 조각으로 눈을 긁는다. 그런 다음 그 위에 미세한 막을 입힌다. 그리고는 마치 백내장을 치료한 것처럼 말한다. 또 어떤 사람은 귀에서 물을 빨아 내는 것처럼 행동한다. 이들은 귓속에 관을 넣고 자기 입으로 무엇인가를 그 속으로 넣었다가 다시 빨아 낸다. 어떤 사람은 귓속이나 잇몸에다 치즈에서 생긴 벌레를 집어넣었다가 다

---

73. Leiser, "Medical Education," 62쪽 ; 그리고 Dols, *Medieval Islamic Medicine*, 9ff 쪽 비교.
74. Leiser, "Medical Education," 63쪽.
75. 같은 책, 66쪽 ; Bürgel, "Secular and Religious Features," 50쪽.

시 뺀다.76

이것은 라지가 부정 의료행위를 열거한 내용 가운데 절반일 뿐이다.

그러나 사회학에서 볼 때 흥미로운 것은 많은 유명한 의사들이 이 사기 행각과 무자격자의 문제를 주의 깊게 보았으며, 그래서 특정한 시험 절차를 만들어 이들을 쫓아내려고 애썼다는 사실이다. 13세기 말 아랍어로 쓴 의사 시험을 위한 입문서가 "모든 지식인 의사 시험"이라는 제목으로 발간되었다.77 이 책의 저자인 이븐 압드 알자바르 알술라미Ibn 'Abd al-Jabbar al-Sulami(1207년 사망)는 어느 누구라도 짧은 기간에 의사 시험을 볼 수 있도록 하기 위해 이 책을 썼다고 주장한다. 이 책은 여러 절로 나뉘어 있고 각 절은 문제와 답이 있었다. "맥박과 소변, 열과 분리分利(급성질환으로 고열이 났다가 정상으로 돌아오는 것-옮긴이), 증상, 약물 치료, 치료학, 안과, 외과, 접골, 의학 원리 같은 열 개 부문을 시험 봤다."78 이렇게 의사 시험을 표준화하려는 움직임은 (물론 갈레노스를 포함한 앞선 이들의 노력에 힘입었지만) 불행히도 정식 제도로 만들어질 수 없었다. 이슬람법에는 자치권이 있는 법적 실체—직업인의 동업조합, 자치 집단, 대학, 심지어 자치 도시까지—를 인정하지 않았고 따라서 모든 관련된 사람들에게 동일하게 적용할 수 있는 규정을 만드는 것이 허용되지 않았기 때문이었다. "국가는 내과의사, 외과의사, 안과의사의 조합을 인정했지만 라이스ra'is(영어로 'head'라는 뜻의 아랍어-옮긴이)라고 부

---

76. Leiser, "Medical Education," 66~67쪽에서 인용. 이것은 원래 Cyril Elgood, *Medical History of Persia and the Eastern Caliphate*(Cambridge : Cambridge University Press, 1951), 251~253쪽에 실린 것을 라이저가 다시 번역한 것이다.
77. Leiser, "Medical Education," 70쪽.
78. 같은 쪽.

 사회·법 체계로 본 근대 과학사 강의

르는 이 조합의 대표자는 국가에서 임명했고, 이들은 의학 교육과 실습, 직업 훈련의 기준을 유지하는 일만 할 수 있도록 지정했다. 이 기능이 동업조합의 단결을 대표했다는 근거는 아무것도 없다."[79]

앞에서 살펴본 대로 이슬람법에는 하나의 법적 실체로서 자치 집단 또는 집단적 행위자라는 개념이 없었다. 고이틴 교수도 이와 비슷하게 우리가 "이슬람교인의 소책자에서 12세기에 생긴 시장을 감독하는 동업조합을 뜻하는 용어를 찾는 것은 헛수고이다. …… 동업조합이라는 단어는 엄격하게 말해서 아직 만들어지지 않았기 때문에 그런 용어는 없었다."고 말한다.[80] 또한 (일반인들을 보호할) 직업 조직을 만드는 그런 법규 체계를 만들면 그것은 이슬람교 공동체 안에서 또 다른 분파 집단에 법적 권한을 부여하는 것이 되며, 그것은 샤리아가 인정하지 않고 이슬람 정신을 위배하는 것이었다. 마지막으로 이슬람의 의학 교육 체계는 의학 교재를 다 배운 (반드시 필요한 것은 아니었지만) 학생들에게 이자자를 발급하는 체계와 시장을 감독하는 무흐타시브(시장 경찰)가 의사 개업을 할 수 있는 면허증을 발급해 주는 관리 체계로 운영되었다.[81] 고이틴은 "한 사람이 독립해서 의료 행위를 하려면 면허증이 필요했는데 이것은 대학이나 과학자 단체(물론 여기에 있지도 않았다)가 주는 것이 아니라, 정부가 인정한 저명한 의사로 그는 보통 시장 경찰의 대표자를 맡았는데 이 사람이 면허증을 주었다."고 주장한다.[82] 그러나 그 면허증 안에 무슨 내용이 들어 있었는지는 분명하지 않다. 지역의 통치자들 가운데는 "대표 의사chief of medicine"(라이스 알아티브바râis alatibbaâ)라는 고위

---

79. Ira Lapidus, *Muslim Cities of the Later Middle Ages*(Cambridge, Mass.: Harvard University Press, 1967), 96쪽.
80. Goitein, *A Mediterranean Society* 2, 82f쪽.
81. 같은 책, 247쪽과 Bürgel, "Secular and Religious Features," 50쪽.
82. Goitein, *A Mediterranean Society* 2, 247쪽.

직—역사가들 사이에 이 직책이 무엇을 뜻했는지 불분명하다—에
오른 저명한 의사에게 의사 시험을 주관할 것을 주장한 사람들이 있
었다는 다양한 의견이 있다.83 그러나 크리스토프 뷔르겔Christoph
Bürgel은 만일 무흐타시브가 의사 시험을 주관하고 의사 면허증을 발
급하는 권한을 가졌다면 무흐타시브가 지녔던 소책자로 판단할 때
"그의 의학 지식은 (그가 가진 권한에 비해) 형편없이 낮은 수준이었
다."84고 지적한다. 요약하면 우리는 "이 전체 (시험) 절차가 체계 없
이 임의로 운영되었다는 인상을 가진다. 그러나 당시에 부정 의료행
위가 큰 문제였기 때문에 의사 시험은 매우 제한된 영향력을 가지고
있었으며 높은 수준의 기준을 요구하지 않았던 것 같아 보인다."85

　비록 무흐타시브가 대개 시장 감독관으로 기록되어 있지만,86 그
는 실제로 종교와 도덕 기준을 판정하는 이동 집행관이었고 매우 심
각한 범죄a hadd crime(반드시 처벌이 따르는 신을 배신하는 범죄)가 아닌
모든 재판에서 자기 마음대로 처벌ta'zir(꾸란이나 하디스에 언급되지 않
은 범죄에 대한 형벌을 말함 - 옮긴이)을 내릴 수 있었기 때문에 무흐
타시브가 맡은 역할을 잘 살펴볼 필요가 있다. 물론 이 과정에서 무
흐타시브가 판결을 잘못 내린 경우도 많았으리라고 추정한다. 달리

---

83. Leiser, "Medical Education," 72쪽은 르클레르LeClerc가 그 문구의 뜻을 모른다고
　　했던 말이다.
84. Bürgel, "Secular and Religious Features," 50쪽.
85. 같은 책, 71쪽.
86. 무흐타시브의 활동을 잘 보려면 Ziadeh, *Damascus under the Mamluks*, 89~91쪽
　　참조. 가장 광범위한 (영어로 된) 검토는 Sami Hamarneh, "Origin and Functions
　　of the Hisbah System in Islam and Its Impact on the Health Professions,"
　　Sudhoff's Archiv für Geschichte der Medizin und der Naturwissenschaften
　　48(1964), 157~173쪽에 나온다. 하마르네는 대부분 Max Meyerhof, "La surveil-
　　lance des professions médicales et para-médicales chez les Arabs," *Bulletin de
　　l/Institut d'Egypt* 26(1944), 119~134쪽과 같은 출전을 사용한다. Meyerhof,
　　Studies in Medieval Arabic Medicine, ed. Penelope Johnstone(London :
　　Variorum Reprints, 1984), 11장 재판.

말하면 이 시장 감독관은 "법정 밖에 있는" 재판을 관할했다.87 무흐타시브라는 직위는 바로 선을 행하고 악을 금지해야 하는 모든 이슬람교도들의 의무를 뜻하는 히스바라는 이슬람 개념에서 나왔다. 사람들이 자신의 의무를 지키게 하는 일은 시장 감독관의 손에 쥐어졌고 그는 잘못 처신한 자들을 훈계할 수 있는 상당한 권한을 받았다. 왜냐하면 꾸란에 명시되어 있지는 않지만 매우 많은 행위와 활동이 이슬람 정신과 상반된다고 생각했으며, 따라서 시장 감독관은 그런 행위와 활동을 못하게 하거나 그에 따르는 처벌을 내릴 수 있다고 생각했기 때문이다.88

만일 한 도시에서 '대표 의사'가 이 자리에 올랐다면 그는 과학 전문가이긴 했지만 정부와 관련이 깊은 도덕과 종교 관리자 구실을 했을 뿐이고 엄격하게 말해서 의사 직업 집단과는 아무 관련이 없었다. 달리 말하면 당시에는 의사들의 직업 단체가 따로 없었으므로 이런 문제에 대해 집단의 비종교적이고 과학적 합의도 있을 수 없었다. 이슬람법은 의사들이 의료 행위의 전체 기준으로 삼을 수 있는 자체 법규와 규정을 가진 직업 자치 집단으로 발전하는 것을 막았다. 결국 이슬람법은 신의 명령을 뜻했기 때문에 의학과 과학의 문제는 종교 문제와 완전히 분리하지 못했다. 이것은 "우리가 최후의 심판일이 왔을 때 하늘나라로 가려면 반드시 따라야 하는 것"을 뜻한다. 그 결과 모든 법규는 그 근본이 종교를 바탕으로 했다.89

---

87. N. J. Coulson, *Conflicts and Tension in Islamic Jurisprudence*(Chicago : University of Chicago Press, 1969), 84쪽 ; 같은 저자, "The State and the Individual in Islamic Law," *International and Comparative Law Quarterly* 6(1957), 49~60쪽 참조.
88. "히스바"에 대한 것은 *EI²* 3, 485~489쪽과 Dols, *Medieval Islamic Medicine*, 33쪽, 주석 170번 참조. 교리의 자세한 역사는 Michael Cook, *Commanding Right and Forbidding Wrong in Islamic Thought*(New York : Cambridge University Press, 2000) 참조.

어쨌든 아랍의 의사들이 이슬람교인이든 기독교인이든 유대교인이든 상관없이 모두 자격 기준을 만드는 데 문제가 있다는 것을 인정했고, 의사이든 일반인이든 누구나 의학 지식과 능력을 평가받을 수 있도록 의학 입문서의 형태로 객관적인 일반 기준을 제정하는 방향으로 움직였다는 것은 매우 인상이 깊다. 그러나 이것보다 더 인상에 남는 것은 13세기 다마스쿠스와 카이로에 있던 아랍의 의사들이 매우 높은 수준의 정교한 과학을 이루어 냈다는 사실이다. 아마도 이것을 가장 잘 보여 주는 기록은 시리아 태생의 이븐 알나피스Ibn al-Nafis(1210~1288년)와 누리 병원의 동료 의사인 이븐 알쿠프Ibn al-Quff(1233~1286년)의 저작일 것이다. 이 두 사람은 다마스쿠스와 카이로에 있는 병원에서 일했다. 이븐 알나피스는 다마스쿠스에서 의사 훈련을 받고 일하다가 카이로로 초빙되었는데 그곳에 있는 한 병원에서 그는 가장 높은 의사가 되었다. 나중에 그는 만수리 칼라운Mansuri Qalawun 병원에서 처음 2년 동안 병원 운영을 감독했다. 두 사람은 인간의 몸을 매우 세심하게 관찰했는데 그 가운데서 특히 심장을 집중해서 관찰했다. 이븐 알쿠프는 또래 가운데서 가장 유명한 외과의사였다. 그는 의학과 약학 분야에서 도량형의 기준이 필요하다고 주장한 최초의 아랍 의사였다. 알쿠프는 "우리 몸에서 피가 순환할 수 있도록 동맥과 정맥을 연결하는 모세혈관 조직을 정확하고 신중하게 기술했다."고 한다. "이 현상은 400년이 지나서 이탈리아의 해부학자 마르첼로 말피기Marcello Malpighi(1628~1694년)가 현미경을 이용해서 완전하게 밝혀 냈다."90

---

89. 이런 결론은 조지프 니덤이 "China and the Origin of Qualifying Examinations in Medicine," in *Clerks and Craftsmen in China and the West*(Cambridge : Cambridge University Press, 1970), 379~395쪽에서 주장한 것처럼 중국이나 이슬람 중동 지역의 의학 관례가 서양에서 "의사 시험"의 원천이었다는 것과는 다르다.

90. Sami Hamarneh, "Arabic Medicine and Its Impact on Teaching and Practice of

또한 알쿠프는 태아의 성장 단계를 매우 자세하게 설명했다. 그는
임신 첫 6~7일 동안 그리고 13~16일 동안 인간 태아의 일반 특징
을 설명하고 난 후 이렇게 말한다.

태아는 점점 덩어리로 바뀌는데 28~30일 사이에 작은 '고기 덩어리'
가 된다. 38~40일이 지나면 머리가 나타나고 어깨와 팔다리가 나뉜다.
두뇌와 심장은 다른 기관들보다 먼저 만들어지고 이어서 간이 만들어진
다. 태아는 엄마에게 양식을 얻어먹고 자라며 생명을 유지한다. 저자는
태아를 덮어 보호하는 세 개의 얇은 막에 대해 말한다. 이 가운데 첫 번
째 막은 정맥과 동맥을 탯줄을 통해 엄마의 자궁과 연결한다. 정맥은 태
아에게 영양을 공급할 음식을 나르고 동맥은 공기를 실어나른다. ……
임신 7개월이 지나면 모든 신체 기관이 만들어진다.[91]

이 밖에 알쿠프는 심장과 순환기 계통을 해부한 모습을 훌륭하게
설명한다. 알쿠프는 심장의 구조에 대해 이렇게 썼다.

the Healing Arts in the West," *Oriente e Occidente* 13(1971), 395~426쪽 가운
데 420쪽. 그리고 같은 저자, "Thirteenth-Century Physician Interprets Connec-
tion Between Arteries and Veins," *Sudhoff's Archiv für Geschichte der Medizin
und der Naturwissenschaften* 46(1962), 17~26쪽 참조.

91. Sami Hamarneh, "The Physician and the Health Professions in Medieval
Islam," *Bulletin of the New York Academy of Sciences* 47, no. 9(1971), 1088~
1110쪽 가운데 1102~1103쪽. 이 해부학적 설명은 겉으로 볼 때 지금까지 이슬람
교도들이 행한 적이 별로 없는 절개된 신체의 내부 기관에 대한 깊은 지식을 보여
준다. 이 사례를 주의 깊게 살펴보면 꽤 많은 부분이 자연유산이나 낙태를 통해 태
아에 대한 지식을 얻었을 수 있다는 것을 알 수 있다. 유산 또는 낙태된 태아나 탯
줄은 관찰을 위해 신체를 절개할 까닭이 없다. 또한 이 기간에 태아는 실제로 투명
해서 인체 내부 기관을 그대로 볼 수 있다. 따라서 여기에 표현한 산후의 모습은 유
산된 아기의 일부이다. 우리는 이븐 알쿠프가 접했던 다른 문화(그리스, 인도, 중
국)에서 얻은 태아에 대한 지식을 무시하지 말아야 한다. 기독교인 의사들은 이 밖
에도 이슬람법에 덜 제한을 받았으므로 알쿠프가 은밀하게 알고 있던 지식을 추가
로 얻었을 수 있다.

심장은 네 개의 출구가 있는데 그 가운데 두 개는 오른쪽에 있다. 하나는 대정맥에서 갈라져 나와 피를 실어나른다. 이 혈관 구멍 안에—다른 구멍보다 더 두껍다—세 개의 판막이 있는데 바깥쪽에서 안쪽으로 닫혀 있다. 두 번째 혈관은 폐동맥과 연결되어 있는데 폐에서 오는 영양분을 공급한다. 나는 지금까지 누구도 이 판막을 설명하는 사람을 본 적이 없다.[92]

모두 잘 아는 것처럼 이븐 알나피스는 심장과 폐 사이에서 일어나는 혈액의 소순환(폐순환)을 처음 발견한 사람으로 알려져 있다. 이븐 알나피스는 〈이븐 시나 주해Commentary on Ibn Sina〉에서 이렇게 썼다.

이것은 심장에 있는 두 개의 구멍 가운데 오른쪽 구멍이다. 이 구멍에 있는 피가 묽어지면 그 피는 왼쪽 구멍으로 이동해야 한다. 거기서 정신이 만들어진다. 그러나 이 두 개의 구멍 사이에는 통로가 없어서 심장 안에 있는 피가 거기를 지나갈 수 없다. 어떤 사람들이 생각했던 것처럼 피가 흐르는 눈에 보이는 통로도 없으며, 갈레노스가 생각했던 것처럼 눈에 보이지 않는 통로도 없다. 심장에 있는 작은 구멍들은 빽빽하지만 심장 안의 피는 진하다. 따라서 심장은 피를 묽게 만들어 폐동맥을 따라 폐 안으로 흩어지게 한 다음 공기와 섞는다. 여기서 걸러진 가장 좋은 피가 폐정맥을 지나 심장의 왼쪽 구멍에 들어가 공기와 섞이는데 그런 다음 여기서 정신을 만들어 낸다.[93]

---

92. Hamarneh, "Arabic Medicine and Its Impact," 420쪽에서 인용.

93. Albert Iskandar, "Ibn al-Nafis," *DSB* 9(1968), 603쪽. 이 구절이 나온 다른 출전은 Max Meyerhof, "Ibn al-Nafis (Thirteenth Century) and His Theory of the Lesser Circulation," *Isis* 22(1935), 100~120쪽; Emilie Savage-Smith, "Dissection in Medieval Islam," *Journal of the History of Medicine* 50(1995), 67~110쪽 가운데 102쪽 참조.

이 설명은 당시까지 전혀 알려지지 않았던 매우 뛰어난 발견이었다. 유럽인들이 이것을 이해하고 발전시켜 폐에서 심장으로 피가 흐르는 것을 증명하는 실험(레알두스 콜룸보Realdus Columbo의 연구, 1510~1559년)을 수행하기까지 250년이 넘는 시간이 걸렸다. 그러나 이 설명은 약간 문제가 되는 요소들이 있어서 여기서 간단하게 언급하고 넘어가겠다.94

여기서 특별히 문제가 되는 것은 알나피스가 샤피아(종교법)와 그 자신의 신체에 대한 "동정심" 때문에 실제로 신체 해부를 피했다고 말한 사실이다. 그는 또한 "우리는 인간의 신체 내부 기관에 대한 지식을 과거에 이미 갈레노스처럼 신체 해부를 훌륭하게 수행했던 선조들의 성과에서 얻을 것이다. 갈레노스의 책은 지금까지 이 주제를 다룬 책 가운데 최고이기 때문이다."95고 말한다. 또한 알나피스는 이슬람법에 정통한 전문가였기 때문에 그가 해부 행위를 이슬람법에 거스르는 것으로 해석한 것은 큰 영향력을 미칠 수 있었다는 점에 주목해야 한다. 결국 그는 이것 때문에 "심장"에 대한 설명을 신비한 것으로 끝맺고 만다.

이처럼 의학 분야에서 많은 발전이 있었고 이 밖에도 안과학에서 백내장 제거와 같은 발전도 있었으며 수술이나 의약품 분야에서도 큰 진전이 있었지만 이 노력으로 나온 결과는 아무것도 없었다. 아랍의 의학과 보건 직업은 누군가 말한 것처럼 "대부분의 이슬람 국가에서 철학을 박탈당한 채" 정통파의 반격에 희생될 수밖에 없었

---

94. 나는 이것을 Toby Huff, "Attitudes Towards Dissection in the History of European and Arabic Medicine," in *Science : Locality and Universality* (Publications of the Faculty of Letters and Human Sciences, University Mohammand V, Conferences and Colloquia no. 98), ed. Bennacer el-Bouazzati, 61~88쪽(Rabat, Morocco, 2002)에서 더 광범위하게 논의했다.
95. Savage-Smith, "Dissection in Medieval Islam," 100쪽.

다. 그래서 "이 과정에서 의학도 평판이 나빠졌고 마침내 근대 시기가 올 때까지 회복할 수 없는 나락으로 떨어지고 말았다."96 특히 해부학이라는 매우 중요한 의학 연구 분야는 더 큰 피해를 입었는데 이미 앞에서 말한 내용을 빼고는 아라비아-이슬람 해부학이 오늘날 의학에 기여한 공헌은 놀랄 만큼 빈약하다. 이것은 당연히 이슬람 세계에서 해부학을 금지했기 때문에 발생한 일이었다. 그러나 유럽의 기독교 세계에서는 이른 알나피스 시대(또는 좀더 늦게)에 이미 이 문제를 넘어섰다.

아라비아-이슬람 의학은 12세기와 13세기 이전에 서양과 비교할 때 그 지식과 기술이 정교하고 우월했음에도 의사들이 앞서 나가는 정신으로 시대가 요구하는 자신들의 소명을 추구하고 기술을 발휘할 수 있는 큰 발전을 이룰 수 없었다. 따라서 안드레아스 베살리우스가 1543년 해부학 연구와 해부도를 실은 《인체의 구조에 관하여》를 발간함으로써 시작된 근대 의학 혁명을 서양보다 앞서 탄생시킬 수도 없었다. 결국 브라우니E. G. Browne가 1887년 테헤란에 있는 이란 의사 협의회를 방문했을 때는 그들 가운데 아무도 근대 의학을 아는 사람이 없었다.97

우리는 이슬람에서 근대 의학 기술이 발전하는 것을 가로막았던 문제와 장애물을 다음과 같이 요약할 수 있다. 첫 번째 장애물은 의학 교육을 주로 이슬람 병원에 한정해서 실시했으며, 마드라사 같은 이슬람 고등 교육기관에서는 가르치지 못하게 했다는 점이다. 병원

---

96. Goitein, *A Mediterranean Society* 2, 241쪽.
97. Browne, *Arabian Medicine*, 93쪽. 12세기 이후 의학의 일반 수준(13세기에 일부 뛰어난 의사들이 있었지만)이 점점 낮아졌다는 사실에 대해 의학 연구자들은 서로 공감하는 것 같다. 뷔르겔은 이것을 "Secular and Religious Features," 53쪽에서 "가장 통탄할 몰락"이라고 말한다. Hamarneh, "The Physician," 1097쪽과 비교. 그리고 레비는 *Early Islamic Pharmacology*, 170쪽에서 이슬람의 약학은 12세기에 쇠퇴하기 시작했다고 주장한다.

   사회·법 체계로 본 근대 과학사 강의

들도 마드라사와 같이 종교 기부금으로 세워졌고 따라서 종교법의 속박을 받았다. 이들 시설은 서양의 대학과 같은 자치권을 가진 법적 실체가 아니었지만, 이슬람 종교법의 정신과 법조문을 거스르는 어떤 행동도 하지 않는다는 서약과 종교적 지원 아래서 세워졌다. 우리는 14세기 초 페르시아의 고관이었던 라시드 알딘Rashid al-Din을 기억할 수 있다. 그는 천문학을 싫어했고 의학을 가르치는 병원과 마드라사에서 철학을 가르치는 것을 금지했으며 "이전에 철학을 공부하여 무례해진 사람들을 받아들이지 않았다."98 이 밖에 마드라사는 종교 기부 단체로서 서양에서 대학의 자치 구조가 만들어 낼 수 있었던 변화와 새로운 방향을 모색할 수 있게 하는 법적 장치가 전혀 없었다.

두 번째로 아라비아 의학의 역사를 연구하는 학자들은 이슬람법이 인체 해부를 엄격하게 금지하고 있었다고 반복해서 말한다.99 뷔르겔 교수는 "어느 누구도 감히 이 관례를 벗어나려고 시도했다는 기록이나 근거를 찾을 수 없다. 초창기 위대한 의사였던 유하나 이븐 마사와이Yuhana Ibn Masawaih(857년 사망)는 기독교인이었고 자유사상가이며 합리주의자였다. …… 그는 유인원을 절개했다."고 말한다. 그러나 뷔르겔은 이후 이슬람 의학계에서 "이런 예외의 인물과 같은 사람을 하나도 발견하지 못했다."고 말한다.100 동시에 히포크라테스의 선서는 낙태 행위를 금지했다.

우리는 아랍의 황금기 또는 그 이후로 오늘날까지 여전히 해부의 문제를 다룬 원전들, 특히 법과 관련한 전문 서적에 대한 연구가 부

---

98. Arjomand, "The Law, Agency, and Policy," 273쪽.
99. Bürgel, "Secular and Religious Features," 54쪽. 최근에 이 문제를 다룬 포괄적인 연구는 Savage-Smith, "Dissection in Medieval Islam"을 참조.
100. Bürgel, "Secular and Religious Features," 54쪽.

족하다. 아마 대부분은 문서가 "훼손"되지 않았나 의심하고 있다. 왜냐하면 이 인체 해부 행위는 엄격하게 금지되었고 나중에 종교학자들은 이런 금지 행위에서 자신들의 권위를 찾았기 때문이다.[101] 한편 로렌스 콘래드는 중세와 근대 초기 이슬람에서 인체 해부 행위에 영향을 미쳤던 문제를 요약했다. 그는 이슬람교인들이 인간의 시체에 손을 대는 일을 매우 혐오스럽게 생각했다는 점을 주목한다.

> 그리고 (시체 해부를) 분명하게 금지하지는 않았다 하더라도 그런 행위를 하지 않는 것은 언제나 당연한 일이었다. 죽은 이도 고통을 느끼며 시체를 훼손하는 것은 죽은 이를 모독하는 것과 같은 행위라는 생각이 널리 퍼져 있었다. 이 생각은 최후의 심판 날에 죽은 사람도 하느님 앞에 육신의 몸으로 서야 하며 그때 (신체 절단과 절개를 포함해서) 모든 신성 모독 행위가 밝혀지고 하느님 앞에서 평가받을 것이라는 교리와 관련이 있었다.[102]

그러나 죽은 사람의 몸이 부활하고 의식을 가지고 있다는 그런 정서는 주로 이슬람교에 있었고 기독교 신학은 이와 매우 다른 길을 갔는데, 그 결과 한 교황은 13세기 이븐 알나피스 시대 즈음에 시체 해부를 명령하기도 했다.

세 번째로 매우 경건한 이슬람교도들 가운데는 질병이 병든 자의 악행과 관련이 있으며 따라서 그 병은 하느님이 내린 벌이라는 생각

---

101. "수족 절단"의 금지는 *Muwatta of Imam Malik ibn Anas*(4장 3절), 완전 개정판, Aisah Abdurrahman Bewley ed.(Kuala Lumpur : Madinah Press, Granada, Spain, in association with Islamic Book Trust, Kuala Lumpur, 1997)과 여러 이슬람 원전에 나온다. 이것을 내게 알려 준 압둘 카림 소로우시Abdul Karim Soroush를 고맙게 생각한다. 나는 이것을 "Attitudes Towards Dissection in the History of European and Arabic Medicine"에서 더 심도 있게 논의했다.

102. Conrad, "The Arab-Islamic Medical Tradition," 131쪽.

 사회·법 체계로 본 근대 과학사 강의

이 널리 퍼져 있었다. 이런 생각은 자연의 인과율에 반대하는 이슬람 정통파의 생각과 밀접한 관련이 있었다. 전능하신 하느님에 대한 믿음은 자연에 인과관계가 있다는 것을 인정하지 않았다. 따라서 적어도 아샤리 학파의 견해로는 "자연의 인과관계 같은 것은 없다. 명백하게 원인과 결과의 관계인 것처럼 보이는 것은 인간의 감각이 착각을 일으킨 때문이며, 모든 행위와 현상은 근본 원인이 되시는 하느님이 직접 일으킨 것이었다."[103] 독실한 이슬람교도들과 정통파는 이런 견해를 지지했으므로 그리스 철학을 배운 의학 종사자들은 종교법에 뿌리를 둔 정통파의 견해로부터 강한 위협을 받았다. 또한 의사들은 자치권을 가진 동업조합이나 자치 집단을 결성할 수 없었기 때문에 이들의 과학 기준은 이슬람 문명의 사회제도 체계에서 확고하게 자리 잡을 수 없었다. 이들은 이슬람 고유의 종교 직책인 시장 감독관의 관리 아래 그대로 남아 있을 수밖에 없었다.

천문대

이슬람 문명에서 주목해야 할 두 번째 초기 과학 시설로 천문대를 들 수 있다. 얼마 동안 이란 서부 지역에서 번성했던 마라가 천문학교와 그곳 사람들은 이슬람에서 유일하게 근대 천문학의 발전에 기여했다. 천문대 자체가 과학의 진보에 기여를 했는지 안 했는지는 여전히 논란 가운데 있다. 그렇다고 하더라도 천문대는 전에 없던 큰 규모와 활동 영역을 가지고 천문대 시설을 구축하기 위해 수많은 천문학자들과 천문 기구 제작자들을 한 군데로 불러 모았다.

1259년 타브리즈Tabriz 정남쪽에 세워진 마라가 천문대는 이슬람뿐

---

103. Bürgel, "Secular and Religious Features," 55쪽.

만 아니라 전세계에서 천문학의 위상을 새롭게 하는 계기가 되었다. 마라가는 종교학자이며 천문학자인 나시르 알딘 알투시의 지휘로 세워졌기 때문에 종교법 와크프의 지배를 받는 종교 재단 산하 시설 이었다. 비록 천문학은 암묵적으로 "종교의 부속물"로 인정받았지 만104 점성술과 관련이 있었고, 이것은 점성술이 미래를 예측한다는 점에서 이슬람의 가르침과 정면으로 부딪치는 문제였다. 이슬람교 의 견해를 엄격하게 적용하면 미래를 아는 이는 하느님밖에 없다. 따라서 그런 지식을 주장하는 사람들은 하느님만이 지닌 전능함을 빼앗는 사람들이다. 이런 까닭으로 점성술과 관련이 있다고 알려진 몇몇 천문대는 파괴되었다.105 그렇지만 마라가 천문대는 정확한 천 문 관찰을 위해 여러 해 동안 매우 정밀하게 건설되었고, (행성의 위 치와 이름을 기록한 기존의 행성 표zij table의 약점을 보완하기 위한)106 그 건설 목적으로 판단할 때 적어도 천문대가 완성되기까지 적어도 30년 이상은 걸렸을 것이다. 이 천문대는 과거 어느 것보다 훨씬 큰 규모로 지어졌을 뿐만 아니라 많은 천문학자와 천문 기구 제작자, 수학자들로 구성되었고 40만 권에 이르는 책을 소장한 거대한 도서 관도 보유하고 있었다.107 또한 지구의地球儀와 천체의, 거대한 혼천

---

104. Aydin Sayili, *The Obsrvatory in Islam*(Ankara : Turkish Historical Society Series
　　　7, no. 38, 1960), 27쪽, 127쪽.
105. 같은 책, 171쪽, 202쪽, 292쪽, 314쪽.
106. 행성 목록은 지구의 여러 지점에서 바라본 행성의 주기 위치를 열거한 천문 관찰
　　　서이다. 어떤 것은 그 안에 나온 목록이 1만 개나 되는 것도 있다. 아랍인들은 이
　　　런 목록을 여러 권 만들었다. E. S. Kennedy, "A Survey of Islamic Astronomical
　　　Tables," *Transactions of the American Philosophical Society*, new series, 46, pt.
　　　2(1956), 123~177쪽 ; David King, "On the Astronomical Tables of the
　　　Islamic Middle Ages," *Colloquia Copernicana* 3(1975), 36~56쪽 ; 같은 저자,
　　　"The Astronomy of the Mamluks," *Isis* 74, no. 274(1983), 531~555쪽 가운데
　　　541쪽.
107. Sayili, *The Observatory*, 194쪽.

의渾天儀, 지구 기상도를 포함해서 여러 가지 고유한 천문 기구들도 제작했다.

그러나 무엇보다 마라가 천문대가 가져온 큰 혁신은 그것이 자연과학을 교육할 기회를 주었다는 점이었다. 거의 100명에 가까운 알투시의 제자들이 여기서 천문학과 자연과학을 배웠고 이 지역의 지배자는 이 목적을 위해 많은 돈을 투자했다.[108] 이것은 자연과학을 가르치는 것이 종교 지도자인 울라마가 아니라 당시 이 지역을 지배하고 있던 왕의 후원으로 정식으로 인정받았다는 것을 보여 준다.

이 천문대가 와크프법 아래서 세워졌다는 사실은 이 시설이 적절한 법의 보호를 받았으며 따라서 영원히 존속할 수 있을 거라고 기대할 수 있다는 것을 말해 준다. 그러나 실제는 그렇지 않았다. 이 천문대는 1304~1305년 사이에 문을 닫았다. 이 천문대는 약 45년 동안 활동했다고 하는데, 에이딘 세일리Aydin Sayili가 계산한 대로 가장 길게 잡아도 기껏해야 55년에서 60년 정도 운영되었다고 추측할 수 있다.[109] 14세기 중반에 그곳을 방문한 사람은 폐허로 변한 모습만 볼 수 있었다. 마라가 천문대 설립 전후로 이슬람 세계에는 많은 천문대가 세워졌다. 그러나 마라가 천문대가 이룬 성과와 비교할 수 있는 곳은 하나도 없었다. 물론 15세기 사마르칸트에 있던 천문대에서 관찰한 기록이 마라가 천문대보다 더 정확하다고 한다. 마라가 천문대가 50년 만에 문을 닫았을 뿐만 아니라 그 후 곧바로 그 흔적이 완전히 지워졌다는 사실은 마라가 천문대와 그 활동에 대해 매우 강한 반감이 있었음을 시사한다.

그러나 후에 다마스쿠스의 시간 기록관이었던 알샤티르가 완성한 행성 체계에 확실한 새 사실을 추가한 사람들은 바로 마라가 천문대

---

108. 같은 책, 219쪽.
109. 같은 책, 213쪽.

에서 일했던 알투시, 알우르디, 알시라지 같은 천문학자들이었다. 이 행성 체계는 코페르니쿠스의 행성 모형과 같았다(〈그림 2-5〉 참조). 그러나 알투시와 이븐 알우르디가 프톨레마이오스 모형에 중요한 수정을 시도한 것은 이들이 마라가 천문대에 오기 전 일이었다.[110]

마침내 이 천문대는 과학과 문화 시설로서 아라비아—이슬람 세계에 뿌리를 내리는 데는 실패했다. 이슬람법(특히 와크프법)이 변화를 받아들이는 데 융통성이 있다고 생각하는 사람들은 마라가 천문대를 그 주요 사례로 들고 싶어한다. 그러나 이것은 이슬람 세계의 미래 혁신을 위한 전례(법과 과학의 관례에서)가 되지 못했다. 하지만 다른 한편으로 이슬람 천문대와 그곳에서 사용한 기구들이 지닌 일부 특성은 나중 세기에 유럽인들이 채택했다. 예를 들면 튀코 브라헤는 우라니보르크Uraniborg 천문대를 세우면서 이스탄불 천문대(1577년 완성)의 천문 기구 사용을 귀감으로 삼았던 것 같다.[111] 이스탄불 천문대는 그 후 오래가지 못했다.

서양에서와 마찬가지로 정통 이슬람교가 프톨레마이오스의 천체 모형을 받아들이기도 힘들었을 터인데 하물며 사회의 급격한 변화를 가져올 새로운 코페르니쿠스의 세계관을 수용하기는 더 어려웠을 것이라고 생각하는 것은 당연하다. 정통 이슬람교가 지구 중심설을 지지하는 아리스토텔레스의 주장을 채택하지 않았지만, 지구가 우주의 중심이며 달이 지구 둘레를 도는 것은 꾸란에서도 명시되어 있는 분명한 사실로 인정했다. 또한 14세기경에는 이슬람 종교철학자들(무타칼리문)은 헬레니즘 철학과 관련한 복잡한 문제에 정통했

---

110. A. I. Sabra, "Configuring the Universe : Aporetic, Problem Solving, and Kinematic Modeling as Themes of Arabic Astronomy," *Perspectives on Science* 6, no. 3(1999), 306쪽.

사회·법 체계로 본 근대 과학사 강의

고 이 강력한 수단을 이용해서 거꾸로 이슬람 공동체에 있는 (그리스 철학을 연구하는) 철학자들을 공격했다.

사브라의 주장에 따르면 이 시기는 카람(이슬람 신학)이 철학(팔사파)을 극복하는 결정적 시기였다.[112] 그 무렵 카람의 지지자인 아두드 알딘 알이지'Adud al-Din al-Îj(약 1281~1355년)는 아리스토텔레스의 논리학과 용어에 정통했으며, 카람이 종교와 관련된 학문이며 철학과는 독립된 학문이라고 강하게 주장했다. 예를 들면 무타칼리문 알샤리프 알주르자니al-Sharif al-Jurjani(1413년 사망)는 알이지의 걸작에 주석을 달면서 신의 본질에 대해 말하고 카람의 연구 주제는 신의 "가장 중요한 특성"을 찾는 것이라고 주장한다. 그런 다음 그는 그리스 철학의 용어와 절차를 받아들인 또 다른 신학자가 신의 본질을 구성하는 특성은 "철학적 신학"으로 입증된다고 주장한 것을 언급한다. 알주르자니는 카람이 철학에서 너무 많은 것을 차용하고 있다고 생각했다. 그래서 알주르자니는 "팔라시파falasifa(아리스토텔레스의 원리에 충실한 철학자들-옮긴이)의 빵 부스러기들을 모두 핥아먹는 이슬람의 철학자faylasuf(영어로 philosopher) 또는 철학자인 척하는 사람들만이 지고의 종교학(카람)의 원리를 감히 세속의 학문 위에 세우고 거기에 의존하려고 한다."고 비판한다.[113]

이슬람의 종교 철학자들(무타칼리문)은 확실히 점점 자신만만해졌고 더는 철학에 기댈 필요성을 느끼지 못했다. 그러나 철학이 신학의 "부속물"이 되었다는 근거는 없으며 그것보다는 철학을 점점 더 경시했다고 보는 편이 나을 것이다.[114]

---

111. Sayili, *The Observatory*, 374f쪽.

112. A. I. Sabra, "Science and Philosophy in Medieval Islamic Theology : The Evidence of the Fourteenth Century," *Zeitschrift für Geschichte der Arabisch-Islamischen Wissenschaften* 9(1994), 1~42쪽 가운데 특히 15ff쪽.

113. 같은 책 21쪽에서 인용.

한편 알이지는 천문학과 과학 지식에 대한 폭넓은 연구를 계속했다. 그는 오늘날 널리 알려진 아샤리 학파의 견해를 가지고 이 연구를 했다. 앞에서 살펴본 대로 아샤리 학파의 견해는 모든 사회적, 자연적 행위와 마찬가지로 모든 지식은 "상황에 따라" 다르며 신의 뜻과 행위에 의존한다고 주장한다. 지식 그 자체는 "서로 모순이 되는 판단을 내리지는 않는 속성(시파sifa)을 지니고 있다."115 여기서 "그 속성을 타고나는 것"은 인간이며 그가 얻은 지식은 신이 인간에게 심어 준 "속성"일 뿐이다. 이 세상은 신이 잘 살펴 정리하므로 "특별한 방식으로 수행하는 인간의 추론 활동은 자기 자신의 앎의 상태에 맞게 따를 뿐이다."116 이것도 물론 신이 "평소에 늘 하는" 행위일 뿐 인간이 스스로 알아서 행동하거나 인간의 독립된 정신 작용에서 나온 것이 아니다.

다음에 알이지는 프톨레마이오스의 천문학과 대결한다. 이슬람의 신학자가 이 주제에 진지하게 방법론적으로 접근한 것은 이것이 처음인 것으로 보인다. 사브라의 연구에서 보는 것처럼 알이지는 아리스토텔레스 철학에 나오는 공식 정의를 모두 부인하고 그것을 아샤리 학파의 개념으로 바꾼다. 그는 천문학 지식이 모두 불완전하며

---

114. 좀더 후에 특히 이란에서 철학을 대하는 태도에 대한 다른 견해를 알아보려면 Hamid Dabashi, "Mir Dâmâd and the Founding of the 'School of Isfahan,'" in *History of Islamic Philosophy*, 1부, ed. Seyyed Hossein Nasr and Oliver Leaman(London : Routledge, 1996), 597~634쪽 참조. 그는 "철학 문제에 몰두하는 사람들은 자기 신변의 안전과 사회적 지위에 대한 위험을 무릅쓰고 그 일을 했다. 특히 미르 다마드Mir Dâmâd 경우에 분명히 드러난 것처럼 철학자들은 박해의 두려움 때문에 일부러 난해하고 복잡한 토론에서 안전한 피난처를 찾았다. 또는 미르 다마드의 뛰어난 제자인 물라 사드르Mulla Sadr처럼 마음에 맞는 동료나 학생들이 있는 더 좋은 환경을 버리고 얼마 동안 외진 곳으로 추방당하기도 했다."(598쪽)고 이 책에 썼다.

115. Sabra, "Science and Philosophy in Medieval Islamic Theology," 18쪽.

116. 같은 책, 19쪽.

사회·법 체계로 본 근대 과학사 강의

가설에 입각해 있다고 주장하면서, 모든 사물은 상황에 따라 다르고 순간이 지나면 사라지며 신의 뜻과 행위에 복종한다는 아샤리 학파의 교리인 원자론을 옹호한다.[117] 알이지는 프톨레마이오스 모형의 기본 작동 체계인 일정한 회전운동의 원리를 부정한다.

특별히 아샤리 학파가 중요하게 생각하는 우연성을 강조하는 교리는 (행성의) 회전운동을 주장하는 어떤 경향에도 반대하는 알이지의 반박이 언제나 맨 앞자리에 온다. 이런 회전운동이 있다고 가정하는 것은 자연스럽게 …… 그 운동을 일으키는 무언가가 있다고 인정하는 것이다. 알이지는 당연히 그것을 인정할 수 없다.[118]

여기서 우리는 이슬람 최고의 종교 철학자이며 법 전문가가 프톨레마이오스의 천문학과 그것의 바탕이 되는 철학과 형이상학을 주의 깊게 검토하고 나서 그것의 수용을 전면 거부하는 모습을 본다. 알이지의 연구는 사브라가 지적한 것처럼 이슬람 신학의 위대한 걸작이다. 이 논리는 수니파에서 매우 널리 퍼졌는데 특히 20세기 중반까지 이집트에 있는 유명한 알아자르 마드라사에서 널리 쓰였다. 더욱이 알이지의 연구가 보여 준 "조사 연구"의 특징은 당대의 중요 종교 철학자들이 내놓은 많은 연구들을 편집함으로써 14세기부터 거의 현재까지 이슬람 사상에 큰 영향력을 끼쳤다.[119]

---

117. 같은 책, 35쪽.
118. 같은 책, 36쪽.
119. 오스만 튀르크족의 마드라사와 교과과정을 분석해 보면 사브라가 말한 내용과 비슷한 결론에 도달한다. Ekmeleddin Ihsanoglu, "The Ottoman *Madrasas* and the Teaching of Jurisprudence(Since the Beginning Until the Reign of Kanuni Sultan Süleyman)." Presented at the Harvard Law School, April 1998 ; Ihsanoglu, "Ottoman Science," in *Encyclopedia of the History of Science, Technology and Medicine in Non-Western Cultures*, ed. H. Selin(Boston :

이러한 이슬람의 발전 과정을 볼 때 19세기 말에 와서도 이슬람에서 이런 자연주의 우주론이 부정되었다는 사실은 그리 놀랄 만한 일이 아니다. 예를 들면 19세기에 한 전통주의 이슬람 학자가 15세기 말 이슬람의 우주론이 적혀 있는 문서를 분석하다가 거기서 지구가 움직이지 않는다고 하는 주장에 주석을 달면서 힘들어 하는 모습이 나타난다. 이 근대 주석자는 그 구절이 암시하는 것에 대해 곤혹스러워하면서 "그들(천사)은 그것(지구)를 단단히 붙잡고 있다. 지구는 바다 위에 있는 배처럼 움직이지 않는다."고 써넣었다.120(〈그림 6〉 참조) 문제의 문서(아스수유티가 이슬람 전통 우주론에 대해 쓴 책)가 15세기 말에 씌어졌을 때 코페르니쿠스의 지동설은 아랍 세계에 알려지지 않았다. 이 밖에도 아스수유티as-Suyuti(1445~1505년)는 거기다 외래 과학이 이슬람 세계에는 금지되었다는 사실을 넌지시 언급하기까지 했다.121

한편 15세기와 16세기는 이슬람의 전통 우주론에 입각한 교리가 다시 활기를 되찾은 시기였다. 이것은 당시에 아스수유티의 책이 중동 지역에 널리 복사, 보급되었다는 사실로 입증된다.122 이 책은 그것을 모방한 책과 마찬가지로 전통 이슬람 원전과 성서만을 바탕으로 씌어졌다. 이 책은 마라가 학파의 성과를 전혀 참조하지 않았고 또한 그리스 천문학의 고전인 《알마게스트》의 전통을 포함하는 어떤 저작도 인용하지 않았다.

이슬람의 문화 엘리트들은 이런 지식 풍토와 법적 제한 속에서 자

Kluwer, 1997), 799~805쪽 참조.

120. Anton M. Heinen, *Islamic Cosmology : A Study of As - Suyuti's "al-Hay'a as - saniya fi l-hay'a as-sunniya,"* with critical ed., trans., and commentary (Beirut : Franz Steiner Verlag, 1982), 15쪽.

121. 같은 책, 13쪽.

122. 같은 책, 7ff쪽.

　　　　　　　　　사회·법 체계로 본 근대 과학사 강의

그림 6 _ 이슬람교 전통의 우주론

《예언자 알키사이al-Kisa'i의 이야기》〔약 1200년, 윌리엄 택스턴William Thackston 편집, 번역 (Boston : Twyane Publishers, 1978)〕, 지구는 천사가 붙잡고 있고, 천사는 바위 위에 서 있으며, 바위 밑을 황소가 받치고 있고, 황소는 물고기 위에 서 있는 것으로 묘사되어 있다. 이 신화 이야기는 17세기 페르시아 화가 아불 하산Abul Hassan(1620년 사망)이 예술적으로 표현했다. 이 이야기는 무굴 제국의 왕이며 위대한 아크바르Akbar 왕의 아들인 자한기르Jahangir가 지구 위에서 적을 죽이는 모습을 넣어 더 윤색되었다(이 그림은 고맙게도 더블린에 있는 체스터 비티 도서관에 소장된 것을 허락받아 재생했다).

신들의 지식을 발휘하기 힘들어지자 모스크 사원에서 시간을 기록하는 일을 하는 무와키트라는 직책을 새로 만들기 시작했다.[123] 이 직책은 주로 유능한 천문학자가 맡았는데 지역마다 있는 모스크 사원에 시간 기록관을 신설하는 관례는 이 시기 이후 널리 퍼지게 되었다. 이 수리 천문학자가 마드라사에서 교육과 연구를 할 수는 없지만, 그는 대신에 시간 기록관이 되어 모스크 사원에서 자신의 임무와 기능을 수행할 수 있었다.

데이비드 킹David King에 따르면 무와키트는 과거에 이집트의 노예였던 맘루크 왕조가 이집트와 그보다 더 큰 시리아를 통치했던[124] 13세기 중반까지는 기록에 나타나지 않았다고 한다.[125] 우리는 무와키트 직책이 이렇게 부각된 까닭을 (날마다 정확하게 시간을 정하기 위해) 이슬람교에서 이 직책의 필요성이 대두되었던 것으로 짐작할 수 있다. 동시에 외래 과학의 연구를 위협하는 풍토가 불가피해지고 점점 지역의 이슬람 공동체 자율에 맡겨짐에 따라, 이슬람 신학자들은 그 위협을 흡수하기 위해 공식적으로 시간 기록관이라는 종교 직책을 마드라사나 천문대가 아닌 모스크 사원에 만들었다. 그럼으로

---

123. 세일리는 *The Observatory*의 127쪽, 241~243쪽, 315쪽, 361~362쪽에서 무와키트를 여러 번 언급하면서 그것은 "확실하게 자리 잡은 사회기관"이었다고 주장한다. 그러나 이 기관의 설립과 맡은 의무, 제한 사항 같은 개괄 정보는 나오지 않는다.

124. 맘루크 왕조 때의 사회, 정치, 행정에 대한 소개는 *Ziadeh, Urban Life in Syria*에 잘 나온다.

125. King, "The Astronomy of the Mamluks," 534f쪽과 David King, "On the Role of the *Muezzin* and the *Muwaqqit* in Medieval Islamic Society," in *Tradition, Transmission, Transformation. Proceedings of the Second International Symposium on the History of Arabic Science*(Aleppo), ed. F. Jamil Ragep and Sally P. Ragep, with Steve Livesey(New York : E. J. Brill, 1996), 286~346쪽. 기술 지식이 덜 필요한 설명은 King, "Mamluk Astronomy and the Institution of the Mawaqqit," in *The Mamluks in Egyptian Politics and Society, ed. Thomas Phillip and Ulrich Haarmaan*(New York : Cambridge University Press, 1998), 153~162쪽 참조.

써 사전에 자신들에게 닥친 내부의 위기를 모면하고자 했을 것으로 짐작할 수 있다. 이것은 의사 자격을 허가하고 규제하는 문제를 다뤘던 방식과 매우 유사한데, 이 일은 의사들로 구성된 전문가 집단이 아니라 본래 종교와 도덕 문제를 다루는 정부 관리인 무흐타시브에게 그 권한이 있었다.[126] 실제로 이것은 자연과학을 이슬람 세계관으로 흡수함으로써 아마 사브라 교수가 말한 자연과학의 이슬람으로 "동화" 또는 "이슬람화"라는 개념을 잘 보여 주는 또 다른 예일 것이다.[127] 사브라 교수는 "결국에는 세속의 모든 지식은 도구주의와 종교 중심의 관점에서만 허용된다. 따라서 논리학과 수학, 의학을 마드라사에서 제한적으로 허용하고 천문학자들을 모스크 사원에서 조건부로 인정했던 것은 바로 이 견해에 따른 것이다."고 말한다.[128] 더욱이 사브라는 우리가 여기서 말하는 것은 "과학을 도구주의로 해석한 것이 아니라 과학적 탐구를 매우 시야가 좁고 발전이 없는 영역에 가두었다는 것이다."고 주장한다.[129]

한편 코페르니쿠스의 태양을 중심으로 한 천체 모형에 대한 반발은 아라비아–이슬람 세계 전역에 걸쳐 19세기 중반까지 계속되었다. 이집트와 그 밖의 여러 지역에서 알자바르티al-Jabarti, 하산 알아타르Hasan al-'Attar, 리파아 알타흐타위Rifa'ah al-Tahtawi, 아흐마드 칸Ahmad Khan(나중에 개혁주의자로 변신) 같은 주요 지식인들은 근대 과학이 보여 주는 내용에 반응하기 시작했다. 특히 새로운 천문학을 접한

---

126. Dols, *Medieval Islamic Medicine*, 34쪽 주석 172번은 펠릭스 클레인-프랭크Felix Klein-Frank가 "무흐타시브의 이런 감독 행위는 의사 직업에 대한 사회적, 직업적 경멸을 뜻했다."고 주장하는 견해를 넌지시 암시한다.

127. A. I. Sabra, "The Appropriation and Subsequent Naturalization of Greek Science in Medieval Islam : A Preliminary Assesment," *History of Science* 25(1987), 236~238쪽.

128. 같은 책, 240쪽.

129. 같은 책, 241쪽.

이들은 충격과 혼란에 빠졌다.130 이들은 코페르니쿠스의 행성 체계
가 신의 손이 아니라 자연의 힘으로 움직이는 자연주의 체계라는 것
을 인정했다. 인도의 아흐마드 칸은 19세기 초에 코페르니쿠스 체계
에 반대한다고 썼다가 나중에 그 체계를 받아들였다. 그는 근대 과
학이 시사하는 것을 완전히 이해했고 그것을 이슬람 공동체로 흡수
해야 한다고 촉구했다. 그러자 자말 알딘 알아프가니Jamal al-Din al-
Afghani(1897년 사망)는 그를 비난하면서 그와 추종자들을 진실한 믿
음을 저버린 "자연주의자"라고 법정에 고발했다.131

우리가 지금까지 이슬람 세계에서 근대 과학에 필요한 지식과 제
도를 적응하고 수용하는 데 발생한 문제점을 검토했다면 이제부터
는 이와 비교해서 유럽에서 고등 과학 교육기관이 어떻게 발전했는
지 알아보자.

서양의 대학과 학문 연구 시설

중세 시대 서양에서 대학이 어떻게 발생했는지 그 역사는 이미 잘
알려져 있다.132 그러나 다른 문명권에 있는 사회제도 장치와 비교

---

130. John Livingstone, "Shaykhs Jabarti and 'Attar : Islamic Reaction and Response
    to Western Science in Egypt," *Der Islam*, Band 74 Heft 1(1997), 92~106쪽 ;
    같은 저자, "Western Science and Educational Reform in the Thought of
    Shaykh Rifa'a al-Tahtawi," *International Journal Middle Eastern Studies*
    28(1996), 543~564쪽 ; 같은 저자, "Muhammad 'Abduh on Science," The
    Muslim World 85, no. 3~4(1995), 215~234쪽.
131. Nikkie Keddie, *An Islamic Response to Imperialism*(Berkeley and Los
    Angeles : University of California Press, 1983) 참조. 더 자세한 내용은 후기 참
    조.
132. 이것에 대한 기본 저작은 Hastings Rashdall, *The Universities of Europe in the
    Middle Ages*, 3권, new ed., ed. F. M. Powicke and A. B. Emden(Oxford :
    Clarendon Press, 1936) ; A. B. Cobban, *The Medieval Universities : Their
    Organization and Development*(London : Methuen, 1975) ; Stephen d'Irsay,

할 때 유럽 대학이 지닌 고유한 특성은 지금까지 충분하게 평가받지 못했다. 유럽 대학의 특이성은 세 가지 차원에서 볼 수 있다. 첫 번째는 법의 차원이고 두 번째는 조직과 교과과정의 차원, 세 번째는 철학과 형이상학의 차원이다.

이슬람의 마드라사와 유럽의 대학은 그 구조와 법의 관점에서 볼 때 서로 대비되는 형태였다. 마드라사는 종교법 아래서 종교 재단의 기부금으로 세워진 종교 기부 시설인 반면에, 유럽의 대학은 법적인 자치권을 가진 자치 집단으로 많은 법적 권리와 특권을 가지고 있었다. 유럽의 대학은 자체 내부 규칙과 규율을 제정할 수 있는 권한과 재산 소유권을 사고팔 수 있는 권리를 가지고 있었고, 다양한 공개 토론장에서 법적 대표성을 띠고 계약을 맺고 소송의 당사자가 될 수 있었다.133

유럽 대학들은 대개 대성당이 운영하는 학교와 교단에서 성장한 경우가 많았다. 하지만 그렇다고 해서 이것이 대학 설립의 전제 사항이거나 늘 그래야 하는 것은 아니었다. 예를 들면 볼로냐 대학은 민간 시설이었다. 이곳에서는 로마법을 배울 수 있었기 때문에 많은 학생들과 석학들이 몰려들었고, 이들 가운데 많은 사람이 나중에 교

Histoire des universités, française et etrangére, 3권(Paris : J. Vrin, 1933)이다. 이것을 보완하는 연구서는 다음과 같다. Gordon Leff, *Paris and Oxford in the Thirteenth and Fourteenth Centuries*(New York : John Wiley, 1968) ; Nancy Siraisi, *Arts and Sciences at Padua*(Toronto : The Pontifical Institute, 1973) ; Mary McLaughlin, *Intellectual Freedom and Its Limits in the Twelfth and Thirteenth Centuries*, 재판(New York : Arno Press, 1977) ; *Rebirth, Reform, and Resilience:Universities in Transition, 1300~1700*, ed. James Kittleson and Pamela Transue(Columbus : Ohio State University Press, 1984) ; 그리고 *Science in the Middle Ages*, ed. David C. Lindberg(Chicago : University of Chicago Press, 1978)에 나온 논문.

133. Pearl Kibre, *Scholarly Privileges in the Middle Ages*(Cambridge, Mass. : Medieval Academy of America, 1974) ; Leff, *Paris and Oxford*, 70~74쪽.

황과 교회의 사제들이 되었다.[134] 여기서 중요한 점은 이들 대학이 법적 자치권을 지닌 실체로서 "그 자체"가 법인이라는 특성을 지녔다는 것이다. 대학의 학생과 교수들은 자신들에게 맞는 학문을 연구할 수 있는 권한이 부여되었다. 교수 동업조합처럼 "이들은 왕이나 교황, 군주 또는 고위 성직자의 명확한 허가 없이도…… 생겨났다. 이들 자치 집단은 11세기와 12세기 동안 유럽의 온 도시를 휩쓸고 지나간 거대한 파도처럼 자연스럽게 본능에 따라 결성되었다."[135] 이것은 이들 대학이 기독교의 계율을 무시했다는 것이 아니라 학문과 법, 특히 자연법을 연구하기 위해 필요한 사항과 이성, 양심과 같은 이상을 규정하는 원리들이 기독교 원리와 동등하게 학자들이 (집단이나 개인으로) 연구 주제를 결정하는 데 큰 영향력을 끼쳤다는 것을 뜻했다.

다음으로 유럽 대학에서 발견할 수 있는 또 다른 중요한 특성은 교과과정에 있다. 이들 대학에서는 철학과 자연과학을 열심히 배우고 가르쳤다. 지난 몇십 년 사이에 에드워드 그랜트Edward Grant의 연구 덕분에 우리는 근대 과학의 연구 기반이 중세 대학에서 마련되었다는 사실을 알게 되었다. 그랜트는 약 20년 전 "중세 대학이 학문의 기초가 되는 모든 교육을 준비했다."고 지적했다.[136] 그는 심지어 중세 대학이 "근대 대학이나 그 뒤를 이은 교육 기관보다 훨씬 더 많이 학문 연구를 강조했다."고 주장했다.[137] 더 나아가 자연과학은 12세기와 13세기에 이루어진 전례 없는 엄청난 번역 활동 덕분에 "중세 대학 교육의 토대이자 핵심"이 되었다.[138]

---

134. D'Isray, *Histoire* 1, 89쪽 ; Rashdall, *Universities of Europe* 1, 108ff쪽.
135. Rashdall, *Universities of Europe* 1, 15쪽.
136. Edward Grant, "Science and Medieval University," in *Rebirth, Reform, and Resilience:Universities in Transition, 1300~1700*, 68~102쪽 가운데 68쪽.
137. 같은 책, 70쪽.

사회·법 체계로 본 근대 과학사 강의

이 과정을 통해 고대 그리스와 아라비아의 전통에서 전해 온 최고의 축적된 과학 지식이 유럽으로 넘어갔다. 스페인과 시칠리아, 이탈리아 북부에서 행해진 이 엄청난 번역의 위업은 겨우 100년도 채 안 되는 사이에 아리스토텔레스의 전집과 그것을 해설한 책들 그리고 다른 중요한 고대 그리스와 아라비아 저작을 서양에서 이용할 수 있게 작용했다.139 이 책들은 유럽 대학의 교과과정에 들어오자마자 이후 400년 동안 유럽의 과학 사상을 지배했다.140 이렇게 새로 번역된 책들 가운데 유클리드의 《원론》, 프톨레마이오스의 《알마게스트》, 이븐 알하이삼의 《광학》, 알카와리즈미al-Khawarizmi의 대수, 갈레노스와 히포크라테스Hippocrates의 의학책, 이븐 시나(아비센나)의 《의학 백과사전》 등이 있다. 에드워드 그랜트는 이런 새 번역서들이 가져온 학문의 발전은 "오늘날까지 학문이 끊임없이 발전할 수 있도록 진정한 토대를 마련했다."고 말한다.141 1200년경 "전체 기독교 국가에 가장 규모가 큰 대학이 세 곳 있었는데 그 가운데 두 곳이 옥스퍼드와 파리에 있었으며, 이들 대학에는 이미 새로운 학문을 바탕으로 한 교과과정이 도입되어 있었다."142

유럽인들은 대학의 교과과정 가운데 세 가지 철학에 다시 초점을 맞추었다. 자연 철학, 도덕 철학, 형이상학이 그것이다. 그런 다음 아리스토텔레스가 쓴 자연과학 책을 이 새로운 교과과정의 중심 교

---

138. 같은 책, 68쪽.

139. 이 이야기는 Charles Haskins, *Studies in the History of Medieval Science* (Cambridge, Mass.: Harvard University Press, 1928)에서 언급된 이래로 널리 알려졌다. 지금은 Edward Grant, ed., *A Source Book of Medieval Science* (Cambridge, Mass.: Harvard University Press, 1974)(이후로는 *A Source Book*으로 인용); David C. Lindberg, "The Transmission of Greek and Arabic Learning to the West," in *Science in the Middle Ages*, 52~90쪽 참조.

140. Grant, "Science and Medieval University," 69쪽.

141. 같은 쪽.

142. 같은 책, 70쪽.

재로 삼았다. 아리스토텔레스가 쓴 책으로는 《자연학》, 《우주론》, 《생성과 소멸론》, 《정신론》, 《기상학》, 《자연에 관한 단편집*Parva Naturalia*》이 있고 《동물의 역사》, 《동물의 신체 기관》, 《동물의 발생》 과 같은 생물학 관련 책도 있었다. 그랜트는 이 책들이 "중세 사람들이 자연 세계와 그 움직임을 어떻게 바라볼 것인지 하는 개념 형성의 토대를 만든 논문들"이었다고 평가한다.143 이 모든 저작이 중세 대학의 교과과정에서 필수 과목이었으므로 이제 유럽인들은 "그 본질에서 과학적인" 학문 경험을 함께 나누기 시작했다고 말할 수 있다.144

이들 대학에서는 7개 교양 과목을 함께 가르쳤는데 3학trivium(문법, 수사학, 논리학)과 4학quadrivium(산술, 기하학, 천문학, 음악)으로 구성되어 있었다.145 그러나 후자는 12세기와 13세기에 급격한 변환을 겪으면서 크게 자연 철학에 흡수되었고 그 연구 영역 또한 크게 확대되었다.146 고든 레프Gordon Leff는 1215년 무렵에 이르면서 "다른 교양 과목도 변증법과 철학으로 대체되었다."고 말한다.147

13세기와 14세기에 공부해야 하는 과목의 순서가 정해진 것은 없었지만 어떤 순서로 하는 것이 좋겠다는 것은 있었다. 가장 바람직한 것은 자연과학을 배우기 전에 3학과 4학을 끝내는 것이었고 도덕 철학과 자연과학은 형이상학을 시작하기 전에 정통해져야 했

---

143. 같은 책, 78쪽.

144. 같은 쪽.

145. 그리스에서 유입된 이 학문들이 이보다 앞서 어떻게 발전했는지 알아보고 최근 연구 내용을 보려면 Paul Abelson, *The Seven Liberal Arts*, 재판(New York : Russell and Ressell, 1965) 참조 ; 옥스퍼드 대학의 교과과정에 대한 설명은 Rashdall, *The Universities of Europe* 3, 153~160쪽 참조.

146. Grant, "Science and the Medieval University," 93~94쪽 주석 9번 ; Siraisi, *Arts and Sciences at Padua*, 109ff쪽(re *scientia naturalis and mataphysica*) 참조.

147. Left, *Paris and Oxford*, 119쪽.

　　　　　　　　　　　　　　　　사회·법 체계로 본 근대 과학사 강의

다.[148] 무엇보다도 4학은 앞서 일어난 거대한 번역 운동으로 그 내용이 크게 늘어나면서 나중에 다른 이름으로 정밀과학(수학이나 물리학 같은 학문을 말함-옮긴이)을 구성하게 된다는 사실을 기억할 필요가 있다. 모든 대학이 정밀과학을 가르치도록 압력을 받지는 않았지만 이 정밀과학은 분명히 대학 교과과정의 일부가 되었고, 유클리드의 《원론》과 적어도 프톨레마이오스의 《알마게스트》는 그 과학적 중요성 때문에 교과과정에 반영되었다. 《알마게스트》는 12세기에 두 차례 번역되었는데 한 번은 약 1160년에 그리고 또 한 번은 1175년에 크레모나의 제라르드가 다시 번역했다.[149]

또한 유럽인들은 재빠르게 학생들을 위해 자연과학의 원리를 간단하게 요약하고 더 쉽게 설명한 새 책들을 교과과정에 도입했다. 이 가운데 가장 널리 알려진 책으로 사크로보스코의 존John of Sacrobosco(약 1174~1256년)이 지은 《구球에 관하여On the Sphere》를 들 수 있다. 이 책은 중세의 천문학과 우주론에 대한 내용이 들어 있으며 아리스토텔레스와 프톨레마이오스의 저작을 바탕으로 씌어졌다.[150] 이 유명한 책은 우주를 "기계와 같은 세상"이라고 말하면서 세상의 질서가 이미 완벽하게 결정되어 있다고 주장한다. 이것은 일부 아랍의 천문학자들이 은밀하게 주장했을 우주론의 견해와 일치하지만, 실제로는 정통 이슬람교 사상과 이슬람 전문학교를 지배하고 있던 법학자와 신학자들의 우인론 주장과 정면으로 반대되는 생각이었다. 또한 점성술이 이슬람의 왕실에서 인기가 있기는 했지만 점성가들이 미래를 예측할 수 있다는 주장이 나오면서 이슬람의 점

---

148. James Weisheipl, "The Curriculum of the Faculty of Arts at Oxford in the Early Fourteenth Century," *Medieval Studies* 26(1964), 143~185쪽 가운데 148쪽.

149. Olaf Pedersen, "Astronomy," in *Science in the Middle Ages*, 313쪽.

150. Grant, *A Source Book*, 442ff쪽 참조.

성가들은 탄압을 당하기 시작했고 이와 함께 천문대도 여러 곳이 파
괴되었다. 반면에 중세 유럽의 대학들은 대부분 점성술을 가르쳤고,
이 과목은 13세기에 일부 수정, 보완되어 아리스토텔레스의 《형이
상학》과 《자연학》이 정식 과목으로 채택될 때까지 "임시로 형이상학
을 대신하는" 구실을 했다.[151]

아리스토텔레스의 학문이 새로 교과과정에 들어오면서 12세기와
13세기에 '천문학 전집corpus astronomicus'이라고 부르는 과학 지식이
관심을 받기 시작했다.[152] 이 천문학 전집에는 천문학의 기본 지식
과 과학 기구들이 포함되어 있었고, 지역의 시간을 결정하고 월식이
나 일식 같은 천체의 변화를 예측할 수 있게 하는 천문학 관찰 자료
들이 들어 있었다. 이것은 나중에 수리 천문학의 토대가 되었으며
그로부터 300년이 지나서 코페르니쿠스가 붙잡고 씨름하게 한 우주
의 수수께끼를 제공했다. 에드워드 그랜트는 중세 시대에 우주론 분
야에서만 400개의 질문이 제기되었다고 말한다. 이 가운데 1,176개
의 답을 찾았는데 이것들은 모두 독창성 있는 답변들로 매우 혁신적
인 것도 많았다.

14세기 동안 아리스토텔레스의 학문은 스콜라 학파의 자연주의 철학
자들이 무한한 우주의 빈 공간이 이 세상 너머에 있을 수 있다고 주장하
면서 극적으로 출발했다. 이들은 가상의 빈 공간에서 천체가 운행할 수
있으며, 우주에는 우리가 사는 세계가 아닌 다른 세계가 있을 수 있다고

---

151. Richard Lemay, *Abu Ma'shar and Latin Aristotelianism in the Twelfth
Century*(Beirut : American University of Beirut Press, Oriental Series no. 38,
1962), 8쪽.
152. O. Pedersen, "Astronomy," 315ff쪽. ; John North, "The Medieval Background
to Copernicus," in *Copernicus Yesterday and Today. Vistas in Astronomy*, 17권,
ed. Arthur Beer and K. Aa. Strand(New York : Pergamon Press, 1975), 3~16
쪽 가운데 특히 8ff쪽.

   사회·법 체계로 본 근대 과학사 강의

생각했다. 또한 날마다 지구가 회전하고 있다는 것은 우리가 알 수 있는 천문학 개념이라고 주장했다. 그러나 이 모든 주장은 결국 거부되었다.[153]

요약하면 12세기와 13세기에 유럽인들은 고대 그리스와 아랍에서 넘어 온 과학에 대한 기초 학문 저작을 적극적으로 받아들였다고 볼 수 있다. 그러나 무엇보다 중요한 것은 이들이 이 저작을 대학의 핵심 교과목으로 채택하여 제도화했다는 점이다. 이제 서양은 적절한 검증 체계와 새로운 과학 교과과정의 도입과 함께 이성의 힘을 찬양하고, 인간과 동물, 무생물을 포함해서 우주가 합리적 질서 체계로 구성되어 있다고 해석하는 새로운 과학적 세계관을 향해 돌이킬 수 없는 길로 접어들었다. 실제로 "세계는 기계다world machine"라는 말은 이것을 정확하게 규정할 수 있는 용어였다.[154]

다른 한편으로 이 충실한 개념과 강력한 방법론으로 무장한 세속의 학문이 기독교의 가르침에 위협이 되었으며, 그것을 대학에 도입하던 시기인 13세기에 교회에서 심하게 반발했다는 것은 그리 놀라운 일이 아니다.[155] 철학과 종교의 충돌이라는 관점에서 보면 이것은 세상 어느 곳에서나 있었던 신성한 세계관과 세속의 세계관의 싸

---

153. Edward Grant, *Planets, Stars, and Orbs : The Medieval Cosmos, 1200~1687*(New York : Cambridge University Press, 1994), 677쪽.

154. 벤저민 넬슨은 중세 시대에 어느 곳에서든 이런 생각을 했다고 그 중요성을 강조했다. "Certitude and the Books of Scripture, Nature, and Conscience," in Nelson, *On the Roads to Modernity*, ed. Toby Huff(Totowa, N. J. : Rowman and Littlefield, 1981), 121~152쪽과 154쪽, 160쪽, 162쪽, 190쪽, 197쪽 주석 6번 참조.

155. Grant, "Science and Theology in the Middle Ages," in *God and Nature:Historical Essays on the Encounter Between Christianity and Science*, ed. David C. Lindberg and Ronald L. Numbers(Berkeley and Los Angeles : University of California Press, 1986), 52~53쪽.

움이었다. 일찍이 그리스 철학이 아라비아-이슬람 문명에 들어갈 때 발생했던 것과 같은 긴장관계가 이제 서양의 기독교 문명에서 다시 분명하게 나타난 것이었다. 아리스토텔레스의 책에는 기독교 정신과 근본으로 반대되는 철학 사상들이 많이 있었다. 아리스토텔레스의 생각으로 세상은 영원했다. 세계는 예전부터 언제나 있었고 앞으로 언제나 있을 것이었다.

이 새로운 우주론은 처음에 반응이 별로 없었다. 대부분의 아리스토텔레스의 저작들은 12세기와 13세기에 라틴어로 번역될 때까지 서양에 소개되지 않았기 때문에 기독교는 그리스 철학이 이렇게 정면으로 공격하는 것에 대비하고 있지 못했다. 또 다른 한편으로 기독교는 처음에 그리스 철학의 도움을 받아 태어났는데 초기에 기독교로 개종한 이들 가운데 많은 사람들은 그리스어로 쓰고 말했다. 실제로 기독교가 세상에 나왔을 때의 환경은 그리스의 언어와 형이상학, 은유법으로 다듬어진 헬레니즘 문명의 영향권에 있었다.[156] 종교 개혁이 도래할 때까지 사람들은 고대 그리스가 기독교의 교리와 신학에 얼마나 큰 영향을 끼쳤는지 거의 주목하지 않았다. 교리문답의 개념이나 성부와 성자가 하나라는 교리Homoousios가 고대 그리스에서 나온 것이며 셈족에게서 나온 것이 아니라는 것을 누가 주목했겠는가? 그렇지만 기독교는 나중에 이 문제가 불거져 부딪칠 때까지 자기 내부에 깊이 뿌리박고 있던 (고대 그리스의) 형이상의 개념과 계속해서 거리를 유지했다.

그러나 12세기와 13세기에 아리스토텔레스의 사상이 새로 유럽에 유입되면서 아리스토텔레스와 기독교 사상의 대립은 더는 가려질

---

156. 프레더릭 그랜트Frederick C. Grant(Gloucester, Mass. : Peter Smith, 1970)가 머리말과 새 주석을 달고 참고문헌이 기재된 Edwin Hatch, *The Influence of Greek Ideas on Christianity*, 재판 참조.

수 없었다. 아리스토텔레스 사상이 들어오기 전인 11세기와 12세기에 주요 교육 기관에서 교육받은 유럽인들, 특히 샤르트르 학파 School of Chartres는 플라톤 사상을 따랐는데 그 가운데 특히 《티마이오스》에서 주장하는 결정론을 전심으로 받아들였다. 이것이 완전한 지식 혁명으로 발전하지는 못했지만 앞날에 그런 방향으로 발전할 수 있는 길을 열어 놓은 것은 분명했다.[157] 이 세계관에서 우주는 완벽한 질서를 가진 잘 정돈된 조화로운 체계이며 그 안에서 자연 세계의 모든 인과관계가 작동한다. 이 안에서 인간은 우주의 조화로운 질서를 잘 꾸려 나갈 수 있는 이성을 부여받는데 그 일을 인간이 인식하기는 어렵다.

그러나 새로 유입된 아리스토텔레스의 사상이 세상은 영원하다는 주장을 하면서 서양의 기독교 문명은 심각한 문제에 봉착했다. "아리스토텔레스가 주장하는 영원한 세상이라는 문제를 해결하지 않고 그대로 놔둔다면 기독교 사상의 중심 주제 가운데 하나가 심각한 손상을 입을 것이 분명했다."[158] 말하자면 세상은 하느님이 무한한 선의를 가지고 창조했으며, 그 세상의 종말은 하느님 자신의 계획에 따라 준비되어 있다고 하는 기독교 교리가 옳은가 그른가를 판정해야 하는 것이다. 만일 아리스토텔레스의 우주론이 옳다면 이 견해는 폐기되어야 할 것이다.

유럽인들은 이슬람교도들과 달리 "이 초대받은 손님"을 자신의 집으로 들어오게 하고 그에게 영예로운 자리를 주었다. 바로 대학의 교과과정 가운데 중심 과목으로 채택한 것이다. 그 결과 이미 앞에서 본 것처럼 7개의 교양 과목이 "아리스토텔레스의 저작들로 구성

---

157. Tina Stiefel, *The Intellectual Revolution in Twelfth-Century Europe*(New York : St. Martin's, 1985). 그리고 3장에서 "유럽의 이성과 인간, 자연" 부분 참조.
158. Grant, "Cosmology," in *Science in the Middle Ages*, 265~302쪽 가운데 269쪽.

된 방대한 규모의 새로운 철학 영역"으로 바뀌었다.[159] 예를 들면 파리 대학에서는 교양 과목의 구성이 바뀌면서 그 과목을 가르치던 교수들도 "합리성과 자연주의를 따르는 도덕 철학을 가르치는 교수단"으로 전환하였다.[160] 이러한 교육 혁신의 최종 결과로 철학(자연철학을 포함하는)은 대학 안에서 자율성과 독립성을 부여받았다. 이것은 과거에 서양에서도 전례가 없었으며 더욱이 이슬람이나 중국의 고등 교육기관은 20세기까지도 성취하지 못했던 혁신적인 사건이었다.

한편 일부 유럽인들은 이런 변화 과정에서 발생한 긴장관계에 경계심을 느꼈다. 이들은 아리스토텔레스의 사상에 반대하는 다양한 성명을 발표(파리에서)하거나 심지어 특정한 철학 주제를 가르치는 사람들에게 유죄판결을 내리기도 했다. 그러나 이런 반발은 이미 그 변화의 깊이에 비해 미미하고 시기로 볼 때도 너무 늦은 조치였다. 13세기 중반에 이르자 아리스토텔레스의 자연과학 책들도 대학의 교과과정으로 채택되었다. 실제로 파리 대학의 교양학부에서 1255년 제정한 규칙을 보면 아리스토텔레스의 자연과학 책을 강의하는 것뿐만 아니라 학생들이 그것들을 읽도록 규정했다.[161]

더욱이 이 시기에 이르면 자연과학에서 논쟁이 되고 있는 문제를 다룬 방대한 논문이 발표되기 시작했다. 이것은 교수들이 그 문제를 열심히 강의한 결과인데, 이들 문헌에는 원래 원전에서 나온 문제들

---

159. McLaughlin, *Intellectual Freedom and Its Limits*, 63쪽.
160. 같은 책, 40쪽. 교양 과목 변환에 대해 더 알고 싶으면 Pearl Kibre, "Arts and Medicine in the Universities of the Later Middle Ages," in *The Universities in the Late Middle Ages*, ed. Jacques Paquet and J. Ijsewign(Louvain : Louvain University Press, 1979), 213~227쪽과 Guy Beaujouan, "The Transformation of the Quardrivium," in *Renaissance and Renewal in the Twelfth Century*, 463~ 487쪽을 보라.
161. Grant, *A Source Book*, 43~44쪽.

뿐만 아니라 그것을 자신들이 요약해서 편집한 내용들도 포함되어 있었다.162 이 논문은 자연학, 천문학, 우주론, 역학을 포함해서 자연과학 전반에 걸친 방대한 영역의 문제를 학자들이 서로 끊임없이 검토하고 논쟁하는 방식으로 씌어졌다. 여기에는 주로 천체의 구성, 자연, 자연의 변환 조건과 같은 문제를 포함했다. 세상은 하나인지 아니면 또 다른 세상이 있는지, 지구는 자전을 하는지 아니면 움직이지 않고 고정되어 있는지, "모든 결과는 그것을 초래하는 원인이 있는지", 모든 것은 우연히 발생하는지, 물체의 본래 상태는 고정된 것인지 움직이는 것인지, 빛을 발하는 하늘의 별은 뜨거운지, 바다의 조수는 어떤 것인지와 같이 실제로 우리가 알고 있는 거의 모든 영역에서 연구가 진행되었다.163 자연 세계의 구성과 변환, 조절 장치에 대한 과학적 탐구를 이보다 더 잘 응축해서 요약해 놓은 일람표는 찾기 힘들다. 아마도 오늘날 대학의 교양 학부 교과과정을 수강하고 있는 학생들이 이 모든 문제를 반드시 검토해야 한다고 할 때 거기서 일어날 일은 더욱 상상하기 힘들 것이다.

이렇게 자연에 대한 탐구가 열기를 더해 가자 일부 지역에서는 기득권 세력이 반발하기 시작했다. 파리의 대주교였던 스테파노 탕피에르는 1277년 이런 논의에 유죄선고를 내려 자연과학의 연구를 제

---

162. 이런 문헌의 예는 Grant, *A Source Book*, 199~204쪽에 잘 나오며 최근까지 중세 과학을 연구하는 역사가들이 많이 검토해 왔다. 예를 들면 Weisheipl, "The Curriculum of the Faculty of Arts"; John Murdoch, "From Social to Intellectual Factors : An Aspect of the Unitary Character of Late Medieval Learning," in *The Cultural Context of Medieval Learning*, ed. John Murdoch and Edith Sylla(Boston : Reidel, 1975), 271~338쪽; Grant, "Cosmology," 266ff쪽; Grant, "The Condemnation of 1277, God's Absolute Power, and Physical Thought in the late Middle Ages," *Viator* 10(1979), 211~244쪽; Grant, "Science and the Medieval University," 80ff쪽; McLaughlin, *Intellectual Freedom and Its Limits*가 있다.
163. Grant, *A Source Book*, 199~200쪽; Grant, "Science and the Medieval University," 82ff쪽 참조.

한하려고 했다. 그는 이 조치로 철학과 신학을 분리하고 파리 대학의 교양 학부가 신학 문제를 토론하지 못하게 하려고 했다. 그러나 신앙의 문제를 인간의 윤리와 자연에 대한 탐구에서 분리해 내고자 했던 이런 노력은 수포로 돌아가고 말았다.164 이러한 술책은 파리 대학의 안팎에서 별로 효능을 보지 못했다. 앞에서 본 것처럼 아리스토텔레스 학문을 가르치는 것은 파리 대학의 교칙에 명시되어 있었다. 더욱이 파리 대학 내부에서 학업 계획을 짜는 구조는 교수단의 합의를 거치도록 되어 있었다. 중세 대학들은 내부 문제에 대한 결정을 내릴 때 "모든 사람과 관계된 일은 모든 사람의 승인을 받아야 한다."는 원칙에 따랐다. 그러나 이보다 더 중요한 것은 이러한 결정이 다수결로 또는 "더 크고 올바른 부분"의 의견으로 이루어졌다는 점이다. 어떤 연구를 제한하고 폐지하기 위해서는 교수단이 투표를 해야 하며 이것은 교수 집단이 결정을 내려야 할 수 있었다.165

끝으로 유럽의 대학을 형이상의 차원에서 살펴보면 진리 탐구의 이상은 당시 대학에서 학문의 신조이자 정신의 일부가 되었다. 비록 피터 아벨라르가 약 1142년에 죽었지만 그가 "진리 그 자체를 찾는 데는 어떤 적도 없다."고 한 말은 아리스토텔레스의 가르침을 포함해서 많은 책에 그대로 살아 있었다. 이 견해는 철학의 탐구를 매우 중요한 과제로 여기면서 논리학과 변증법이 그저 사변과 이론에만 적용되는 것이 아니라, 모든 분야의 학문을 연구할 때 보편적으로 사용하는 학문의 도구라는 사실을 널리 퍼뜨렸다. 학자들은 논리학

---

164. 유죄판결을 받은 선언의 목록은 Grant, *A Source Book*, 45∼50쪽에 나온다.

165. 이것은 단순히 추측일 뿐이지만 그랜트 교수는 "아마도 교양 학부의 교수들은 (1277년의) 유죄판결을 인정하지 않았을 가능성이 높다."고 주장한다. "The Condemnation of 1277," 213쪽 주석 5번.

이 "모든 학문 방법의 원리에 다가갈 수 있는 보편적 수단을 제공했으며 그리고 변증법은 스페인의 피터Peter of Spain가 말한 것처럼 '학문 가운데 학문이고 과학 가운데 과학'이었다."고 결론을 내렸다.166 따라서 신학자들과 교양 학부의 교수들은 "자신들이 할 일은 진리 탐구라고 규정하고 이것을 바탕으로 (학문의) 자유를 주장했다."167 이들은 아리스토텔레스의 《윤리학》과 같은 저서의 영향을 받아 "진리를 찾는 사람들은 왕이나 군주보다 위에 있어야 한다."고 선언했다.168 진리의 벗이 되는 것은 이들 철학자와 신학자가 부여받은 소명이 되었다. 메리 맥래글린Mary Mclaughlin은 이 상황을 다음과 같이 썼다. 13세기와 14세기에

"진리의 벗"이라는 말보다 더 많이 학자들의 입에 회자된 말은 없으며, 그보다 더 지식인의 자유를 위해 중요한 말도 없었다. 바로 이 한 마디로 철학자의 의무를 잘 설명하고 있다. 말리니의 장John of Maligny이 가톨릭 고문관의 권위에 도전했을 때, 장뎅의 장John of Jandun이 아베로에스의 견해를 찬양했을 때, 생푸르생의 뒤랑Durand of Saint-Pourcain이 아리스토텔레스와 토마스 아퀴나스의 교리를 거부했을 때 이들은 "진리의 벗"으로서 그렇게 한 것이었다. 묑의 장John of Meun은 생아무르의 윌리엄William of Saint-Amour이 진리의 적이며 소통의 자유를 가로막는 수도사들에 대항해서 "진리를 지지한" 것을 찬미했다. 오트르쿠르의 니콜라스Nicholas of Autrecourt가 아리스토텔레스 철학을 제압하기 위해 공격을 개시한 것도 "진리의 벗"으로서 한 것이었다.169

---

166. Mclaughlin, *Intellectual Freedom and Its Limits*, 52쪽.
167. 같은 책, 306쪽.
168. 같은 쪽.
169. 같은 책, 308쪽.

요약하면 형이상학은 진리 탐구에서 이성과 합리성을 중요하게 생각했는데 이것은 유럽인들이 당시에 사용하던 어휘들과 담론 속에 깊이 녹아들어 있었다. 유럽인들은 이 형이상학이 신학과 조화를 이루지 못하더라도 그 원리를 포기하지 않았다.

1277년 (다른 여러 철학적 가정 가운데) 세상이 영원하다는 학설과 두 개의 세상은 없다는 명제는 모두 유죄판결을 받았지만, 이 고결한 철학적 탐구에 대한 열정은 식지 않고 계속되었다. 중세를 연구하는 많은 학자들이 주장했던 것처럼 이 유죄판결은 실제로 신학자들에게 아리스토텔레스 사상과 반대되는 것이 무엇인지 생각하게 하는 결과를 가져왔는데, 이들은 이 판결이 없었으면 그것에 관심을 갖지도 않았을 것이다.170 에드워드 그랜트는 오히려 이 유죄판결이 심지어 그 판결에 공감하는 사람들 사이에서도 자연과학과 형이상학의 가능성에 대해 더 치열하고 분명하게 논의하게 하는 결과를 가져왔다고 주장한다. 이러한 지식 훈련과 사상의 실험은 11세기를 배경으로 신의 절대 권력과 신이 가진 능력의 한계 사이를 구분짓는 모습으로 나타났다.171

전자에 따르면 신은 전능하며 따라서 신이 선택한 것은 무엇이든 할 수 있었다. 그러나 후자에 따르면 신은 창조를 위한 현실의 계획과 질서를 만들었고 따라서 그 자체가 한계를 가지고 있었다. "이와

---

170. 1277년의 유죄판결이 중세 사상을 자유롭게 만들었고 따라서 근대 과학이 발생하게 되었다는 논제는 피에르 뒤앙Pierre Duhem이 처음 주장했다. Benjamin Nelson, *On the Roads to Modernity*, 127~128쪽 ; Grant, "The Condemnation of 1277," 216~218쪽 참조. 넬슨과 그랜트는 둘 다 그 유죄판결을 실제로 근대 과학의 "시작"으로 본 뒤앙의 견해에 반대했다. Nelson, *On the Roads to Modernity*, 127쪽 ; Grant, "The Condemnation of 1277," 217쪽.

171. Grant, "The Condemnation of 1277," 215쪽 ; William J. Courtenay, "Nominalism in Late Medieval Religion," in *The Pursuit of Holiness in Late Medieval and Renaissance Religion*, ed. Charles Trinkaus and Heiko Oberman(Leiden : E. J. Brill, 1974), 26~59쪽 참조.

같은 중대한 차이를 바탕으로 신은 무수히 많은 최초의 가능성들 가운데서 지금 우리가 살고 있는 세상의 자연 질서를 정했고 그는 이 질서를 아직 사용하지 않은 가능성들이 있는 창고에서 다른 것으로 바꾸려고 하지 않는다."[172] 장 부리당John Buridan은 따라서 "신은 현재 우리가 살고 있는 세계를 넘어서 여러 개의 세계를 만들었을 수 있다. 그러나 우리는 이들 세계의 존재를 믿을 만한 독립된 증거나 우리의 감각이나 경험, 자연의 이치" 또는 성경 "같은 정상적인 근거들에서 나온 확실한 증거가 없다면 그 존재를 진지하게 받아들이지 말아야 한다."고 시인한다.[173] 마찬가지로 니콜 오렘(약 1325~1382년)은 아리스토텔레스가 그렸던 세계가 아닌 세상을 상상하고는 그 세상 안에 있는 대상들이 아리스토텔레스의 생각과 일치하는 방향으로 가는지 아닌지를 고민하다가 마침내 일치하지 않는다는 결론을 내렸다. 오렘은 "하나 이상의 물질 세계는 지금까지 없었으며 앞으로도 없다."는 소신으로 일관하는 새로운 개념의 우주론을 계속해서 유지해 나갔다.[174]

1277년의 유죄판결 사건은 특히 자기가 원하는 수만큼의 세계를 만들 수 있다는 신의 절대 권력 문제에 관해서 그 시대의 가장 최고의 지성들이 아리스토텔레스의 자연학에 나타난 문제점을 새롭고 흥미롭게 풀어나가도록 분위기를 만들어 주었다. "그리고 비록 이 사변적 반응이 아리스토텔레스의 세계관을 당장 대체하거나 폐기시키지는 않았지만, 그 세계관의 근본 원리 가운데 일부에 의문을 제기했고 '중세 사상가들'의 관심을 불러일으켰다. 이 때문에 사람들은 세상이 아리스토텔레스 철학에서 꿈꿨던 것과는 매우 다를 수 있

---

172. Grant, "The Condemnation of 1277," 215쪽.
173. 같은 쪽.
174. 같은 책, 223쪽.

다는 것을 깨달을 수 있었다."175 유죄판결은 그 기간 동안(이 유죄판결은 1325년에 폐기되었다) 철학(과 우주론)의 탐구를 위축시키기보다는 오히려 철학의 자율성과 독립성을 지키기 위한 투쟁을 강화하는 구실을 했다.176 요약하면 자연과학의 연구는 중세 대학의 교과과정 속에 더 깊숙이 뿌리내렸다. 비록 이러한 연구(그리고 그것이 제기한 문제들)는 파리 대학 당국의 처벌을 불러일으켰지만 그래도 자연과학의 탐구는 그 난관을 뚫고 계속 이어졌다. 실제로 이들 연구는 처음 시작했을 때보다도 훨씬 더 강하고 더 명료해졌다.

자신들이 하려는 일이 무엇인지 분명하게 알고 있는 중세 유럽인들은 법적 자치권이 있고 자율성을 가진 고등 교육기관을 만들어 냈다. 그런 다음 이들은 그 안에 전통의 기독교 세계관과 여러 부분에서 정면으로 부딪치고 맞서는 우주론을 도입하고 강력한 방법론과 풍부한 형이상학으로 무장했다. 이들은 (중동 지역의 사람들이 했던 것처럼) 이 "외래 과학"과 거리를 두기보다는 오히려 대학의 공식 과목으로 채택하여 고등 교육의 일부로 통합했다.

중세 유럽의 지식인들은 "새로운 아리스토텔레스" 철학과 논증과 탐구 방법을 도입하고 흡수함으로써 비인격의 객관적 지식 의제를 수립할 수 있었다. 이 의제가 지닌 궁극의 목적은 이 세상을 온전히 있는 그대로 인과율에 따라 설명하는 것이었다. 무엇과도 이해관계가 없는 이 일반 의제는 더 이상 사적·개별적 또는 편견이 아니라 모든 사람이 함께 논의해야 할 주제와 논점, 해석이며, 그리고 어떤 경우에는 최고 수준의 지식 탐구를 요구하는 수세기 동안 풀지 못했던 물질적 또는 형이상학적 문제들이었다. 자연과학의 탐구라는 이 일반 의제는 아리스토텔레스의 자연과학 책들이 중세 대학의 교과

---

175. 같은 책, 241쪽.
176. 이것은 또한 McLaughlin, *Intellectual Freedom and Its Limits*의 주제이다.

과정에 채택됨으로써 마침내 사회 제도로 정착했다. 이것은 하나의 교과과정 그리고 연구 과정으로 제도화했다. 이 교과과정은 이후 400년 동안 유럽 대학에서 그대로 자리를 유지했다. 이것이 바로 유럽에서 근대 과학이 발전할 수 있는 토대가 되었다.

유럽의 새로운 의학 지식의 수용

이제 고대 그리스와 아랍의 새로운 의학 지식이 라틴어로 번역되어 어떻게 유럽에 수용되었는지 살펴보자. 여기서 우리는 유럽인들이 근대적 의미의 새로운 직업을 유럽에서 빠르게 성장시켰으며 학문 사상과 사회 관습을 일반 규범으로 확립하려고 했다는 것을 발견할 수 있을 것이다. 또한 우리는 유럽 지식인들이 새로운 기초 학문 분야를 자연스럽게 대학으로 끌어들이는 모습도 볼 수 있다. 대학의 새로운 체계를 마련한 유럽 고유의 법적 토대와 유럽에 새롭게 도입된 의학 지식은 상호 작용하면서 대학의 영역 안에 의학 교육을 제도화하는 결과를 가져왔다. 이 결과는 대학 안에서 동물과 인간의 해부를 정식으로 수행할 수 있도록 허용하고 촉진했다. 이것은 마침내 1543년에 코페르니쿠스의 혁명과 동시에 시작된 의학 혁명으로 가는 거대한 물줄기의 단초가 되었다.

새로 번역된 의학 서적은 또한 과거에 잊혀졌거나 알려지지 않았다가 번역된 고대 그리스와 아랍의 철학 서적과 만나면서 곧바로 유럽 대학의 중심으로 파고들었다. 파두아, 파리, 볼로냐, 몽펠리에, 옥스퍼드를 비롯해 여러 대학에서 이른바 고등학부라고 부르는 의학부가 새로 만들어졌다.[177] 이들 고등 교육의 중심 대학들은 의학

177. Haskins, *Studies in Medieval Science*; Vern Bullough, *The Development of Medicine as a Profession*(New York : Hafner, 1966); Charles Talbot,

부의 모든 학생들이 의학을 공부하기 전에 반드시 교양 과목을 먼저 배우도록 했다. 학생들은 선배 의사들에게 직업 훈련을 받는 것을 포함해서, 지정된 교육 과정을 마친 후 시험을 보고 그것을 통과하면 비로소 면허증을 받을 수 있었다.

의료 사고에 대한 우려가 높아지면서 대학의 의학부에서는 유럽 전역에 이와 관련한 규칙과 법령을 제정하였다. 이 제도는 지역별 의사위원회나 민간 공공기관 또는 대학의 교수단이 공식으로 인증한 면허증을 가진 사람들만 의사 일을 할 수 있도록 제한했다. 그러나 이러한 법률 제정으로 모든 의사들을 완전히 통제할 수 없었고, 날마다 판정 기준이 달랐으므로 발생하는 의료 사고와 부당한 의료 보상 청구를 모두 막을 수는 없었다. 그러나 12세기가 시작되면서 중세 유럽인들은 의사의 "자질을 평가하고 증명하는 다양한 방식"을 개발했다. 이렇게 합법화하는 절차들은 "로마 시대에 의사를 법적으로 인정하던 형식을 훨씬 뛰어넘었다."178 이런 발전의 효과는 유럽 전역에 있는 도시들, 특히 볼로냐, 파리, 파두아, 몽펠리에, 옥스퍼드 같은 도시에서 분명하게 나타났다. 그 결과 의사는 마침내 유럽에서 최초의 세속 직업이 되었다. 중세 의학을 연구하는 역사가들 가운데 일부는 이것이 의학 교육을 사회 제도로 확립시킨 중대한 변화 과정이며 의학을 비전문가와 일반인들의 손에서 빼앗는 계기

"Medicine," in *Science in the Middle Ages*, 391~428쪽 ; Paul O. Kristeller, "The School of Salerno : Its Development and Its Contribution to the History of Learning," in *Studies in Renaissance Thought and Letters*(Rome : Edizioni di Storia e Letturatura, 1956), 495~551쪽 ; Siraisi, *Arts and Sciences at Padua* ; Siraisi, *Medieval and Early Renaissance Medicine : An Introduction to Knowledge and Practice*(Chicago : University of Chicago Press, 1990), 3장 ; Luke Demaitre, "Theory and Practice in Medieval Education at the University of Montpellier in the Thirteenth and Fourteenth Centuries," *Journal of the History of Medicine* 30(1975), 103~123쪽 참조.

178. Siraisi, *Medieval and Early Renaissance Medicine*, 17쪽.

가 되었다고 말한다.179 왜냐하면 대학에서 의학 공부를 마쳤다는 학위를 받는 것은 유럽 어느 곳에서도 의사 일을 할 수 있는 자격이 있다는 것을 인정하는 것이었기 때문이다.

일부 사람들은 교육 재원의 독점이라는 문제에 초점을 맞춰 그것을 차지하려는 권력 투쟁으로 보기도 하지만, 이 제도는 아라비아-이슬람 문명에는 없었던 의학 교육과 의사에 대한 기준을 마련하는 구실을 했다. 앞에서 본 것처럼 이슬람 문명에서는 의학을 공부한 학생들이 학업을 마칠 때 어떤 학위나 면허증도 수여하지 않았다(법으로 그런 "학위"를 수여하는 것은 금지되어 있었다). 그런 인증서를 발급할 수 있는 교수 집단이 없었기 때문이었다. 비록 대도시에 있는 시장 감독관은 의사들이 개업을 할 수 있는 면허증을 부여하는 권한이 있었지만 일반 의사 자격증을 부여하는 시험 관리 제도는 없었다. 일부 아주 제한된 방식으로 이런 구실을 하는 "대표 의사"가 있었을 수 있지만 그런 일을 했던 사람과 그가 맡은 일에 대해서 알려진 내용은 거의 없다. 압바스 왕조 시절 부정 의료행위를 금지하기 위해 취해진 공식 조치 가운데 세 가지 알려진 사례가 있다.

첫 번째 조치는 9세기 초에 한 약사 집단에게 가짜 약 목록을 주고 그것을 달라고 요청하면서 내려졌다. 그 목록대로 처방을 한 약사들은 추방당했고 그 목록이 말이 안 된다고 말한 사람들은 살아남았다. 두 번째 사례는 알무티크타디르al-Mutiqtadir 왕 시절 한 사람이 의사의 치료를 받고 죽자 왕이 의사 시험을 통과하지 않고는 누구도 의사 일을 할 수 없다고 금지했다. 그때 시난 타비트 쿠라Sinan b. Tabit b. Qurra가 바그다드에서 모든 의사 시험을 관장했다. 2세기가 지난 다음 이븐 알틸미드ibn al-

179. 예를 들면 Bullough, *The Development of Medicine*.

Tilmidh가 압바스 왕조의 수도에서 대표 의사가 된 후 의학에 대해 알지 못하지만 실제 경험이 많았던 한 사람을 시험했다.

게리 라이저Gary Leiser는 이것을 보고 "시험을 볼지 말지에 대한 결정은 일정하지 않았고 시험 그 자체도 매우 허술한 체계였다."고 결론지었다.180 그런데 여기서 더 중요한 것은 이들을 자극했던 이런 사건들과 환경들이 일반 시험과 자격 인증 체계로 발전하지 못했다는 사실이다. 따라서 시장 감독관도 전문학교의 졸업증이나 다른 종류의 졸업 인증서를 가지고 있는지 없는지 감시할 필요가 없었다. 그런 증명서들은 당시에 아예 없었기 때문이었다.

끝으로 이슬람법의 특성을 볼 때 이슬람에는 유럽의 도시들에서 제정되었던 그런 법령이 있을 수 없었다. 유럽에서는 의사 학위가 없는 사람들은 법에 따라 의사 행위를 못하도록 되어 있었다. 예를 들면 "페르시아에 의학부가 만들어지자 이들은 처음부터 자신들에게 도시 안에서 의사와 그 관련 집단을 규제할 권리를 달라고 주장했다."181 페르시아 의사들은 법으로 강제하지는 않았지만, 인정받지 않은 의료 행위를 한 경우 법정의 주목을 받도록 함으로써 의사 일에 대한 배타적 권리를 분명하게 나타냈다. 이것은 더 나아가 교회 조직과 세속 권력(왕을 포함해서)이 의료 행위에 대해 직접 규제를 하도록 작용했다. 그 결과 "분명하게 정해진 의학 분야 하나하나를 주의 깊게 감독하는" 체계가 만들어졌다.182 이와 비슷한 규제가 볼로냐에서 효과를 발휘하기 시작했다. "볼로냐의 의과대학은 1370

180. Leiser, "Medical Education," 67~68쪽. 이븐 아비 우사이비아Ibn Abi Usaibi'a의 유명한 의학사 일대기를 바탕으로 썼다.
181. Bullough, *The Development of Medicine*, 99쪽.
182. 같은 책, 108쪽.

 사회·법 체계로 본 근대 과학사 강의

년과 1395년, 1401년에 자신들의 허가 없이는 어느 누구도 의료 행
위나 수술을 할 수 없도록 금지했다."183 볼로냐에서 의사 일을 하
기 위해서는 외지 사람의 경우 자신의 자질을 증명하는 적절한 자격
증을 제출하거나 또는 적어도 3년 동안 볼로냐 대학에서 의학을 공
부해야 했다. "볼로냐 바깥에서 의학을 공부했다고 하는 주장도 반
드시 3명의 믿을 만한 증인으로부터 증명을 받아야 했다. 더 나아가
의사 지원자들은 대학에서 시험을 보고 자격증을 받은 다음" 대학
에 있는 의사들의 "인정을 받아야 했다."184

12세기에서 14세기까지 유럽 전역에서 의학 교육과 의사 직업의
규제를 목적으로 하는 다양한 종류의 집단이 나타났다. 많은 지역에
서 "의사 시험과 여러 조건을 내세우고 회원 가입을 규제하는 다양
한 종류의 조직들이 만들어졌다. 또한 일부 의사 협회는 의사 직업
을 승인하거나 또는 적어도 자기 지역 안에서 의료 행위를 규제할
수 있는 법적 권리를 얻어 냈다."185 또 다른 지역에서는 민간 기관
이 의사 면허증을 발급하고 왕들 가운데 일부도 그런 일을 했다. 그
런데 여러 가지 이유로 의사 평가와 인증 과정은 대학에서 의학을
가르치는 사람들이나 의사 자격이 입증된 사람들과 지역에 있는 의
사 자치 집단의 손으로 되돌아갔다.

이것은 유럽인들이 의학 교육과 의사 직업에 대한 단일한 기준을
제정하려고 했던 의지와, 이 기준을 사회에서 실행하기 위해 제도로
정착시키고자 하는 열망이 얼마나 강했는지를 잘 보여 준다. 이것은
통제권과 자치권이라는 서로 다른 법적 권한이 있었기 때문에 가능
했다. 우선 의과 대학의 교수단은 자치권을 가지고 있었으며 이들은

---

183. 같은 책, 106쪽.
184. 같은 쪽.
185. Siraisi, *Medieval and Early Renaissance Medicine*, 18쪽.

그 덕분에 교과과정을 짤 때 대학 자체의 교육과 훈련 규칙을 만들 수 있었다. 둘째로 법 체계가 지닌 집단적 특성을 감안할 때 의학 교육(법학 교육 또는 단순한 자격 시험도 마찬가지로)은 자격을 받은 사람이 배타적인 권리를 부여받는 혜택을 누릴 수 있었다. 이들 권리는 다시 법과 제도로 인정을 받았고 또한 대개는 도시 안에서지만 세속의 영역이 관할하는 범위에서 그 권리를 행사할 수 있었다.

인체 해부와 유럽의 대학

앞에서 인체 해부는 중세와 심지어 근대 초기까지 이슬람에서 금지된 행위였다고 지적했다. 그러나 왜 그랬는지에 대해서는 아직도 명확한 답변을 내놓은 연구가 없다. 아라비아 의학 역사를 연구하는 사람들은 지금까지 중세와 근대 초기의 유럽 의학을 연구한 학자들의 견해는 참고하지 않고 이슬람의 의학을 너무나 쉽게 유럽의 것과 일치시켜 왔다. 예를 들면 1951년 페르시아 의학 연구의 선구자인 시릴 엘굿Cyril Elgood은 "이슬람이 기독교 교회가 인체 해부에 대해 취했던 태도와 같은 입장을 채택했다."고 주장했다.[186] 이와 똑같은 잘못된 주장을 반세기가 지나서 에밀리 새비지 스미스Emilie Savage-Smith가 반복했다. "중세 이슬람 사회가 행했던 체계적인 인체 해부는 중세 기독교 사회가 행했던 것과 다르지 않았다."[187]

그러나 20세기 초 찰스 싱어Charles Singer는 이탈리아 의사인 몬디노 데루치Mondino de'Luzzi(1265~1326년)가 〈인체 해부를 바탕으로 쓴 해

---

186. Cyril Elgood, *Medical History of Persia and the Eastern Caliphate*(Cambridge : Cambridge University Press, 1951), 327쪽.
187. Emilie Savage-Smith, "Tashrih"(Anatomy), in *Encyclopedia of Islam*, 2d ed.(Leiden : E. J. Brill, 1975~1998) 10권, 354~356쪽 가운데 355b쪽.

  사회·법 체계로 본 근대 과학사 강의

부학_{Anatomy Based on Human Dissection}〉이라는 제목으로 쓴 논문에서 꽤
긴 분량을 발췌해서 번역했다.188 그때부터 몬디노는 "인체의 체계
적 해부를 통해 해부학을 발전시킨 사람으로 널리 칭송"받았다.189

결국 유럽인들이 가지고 있었던 해부학 지식이 어떤 종류였는지
그리고 12세기와 13세기에 의료 현실은 어떠했는지, 이븐 알나피스
시대에 중세 유럽인들이 어떤 종류의 해부학 지식을 가지고 있었는
지는 서로 밀접한 관계가 있다.

현재까지 연구 결과로는 유럽인들이 갈레노스와 그의 동물 해부
에서 나온 지식에 기대지 않고도 인체 해부에 대해 꽤 많은 지식을
가지고 있었다고 밝혀졌다. 유럽인들은 이 시기 동안 특별히 시체
부검을 통한 인체 해부를 많이 했다. 1200~1350년 사이는 〈그림
7〉에서 나타난 것처럼 유럽에서 병원이 여기저기에 새로 많이 생겨
나던 시기였다. 이 시기는 유럽에서 대학에 의학부가 세워지고 의학
연수가 시작되던 때와 일치했다.190

대개 부검은 시신이 자연사로 죽었는지 아니면 비정상적인 행위
나 독살 또는 신체적 공격을 받아 죽었는지를 판정하기 위해 실시되
었다. 실제로 13세기 초 벽두부터 교황 이노센트 3세(1198~1216년)
는 사인이 의심되는 시신이 있다면 부검하라고 명령했다.191 1286년

---

188. Mondino de'Luzzi, "Anatomy Based on Dissection," in *Grant, A Source Book*,
729~739쪽 참조.
189. 같은 책, 729n쪽.
190. Vivian Nutton, "Medicine in Medieval Western Europe, 1000~1500," in *The
Western Medical Tradition*, 139~205쪽 가운데 153ff쪽.
191. Ynez Violé O'Neill, "Innocent III and the Evolution of Anatomy," *Medical
History* 20(1977), 429~433쪽; Katharine Park, "The Criminal and the Saintly
Body : Autopsy and Dissection in Renaissance Italy," *Renaissance Quarterly*
47, no. 1(1994), 1~33쪽; Roger French, *Dissection and Vivisection in the
European Renaissance*(Aldershot : Ashgate, 1999), 11쪽; C. D. O'Malley,
"Pre-Vesalian Anatomy," in *Andreas Vesalius of Brussels, 1514~1564*

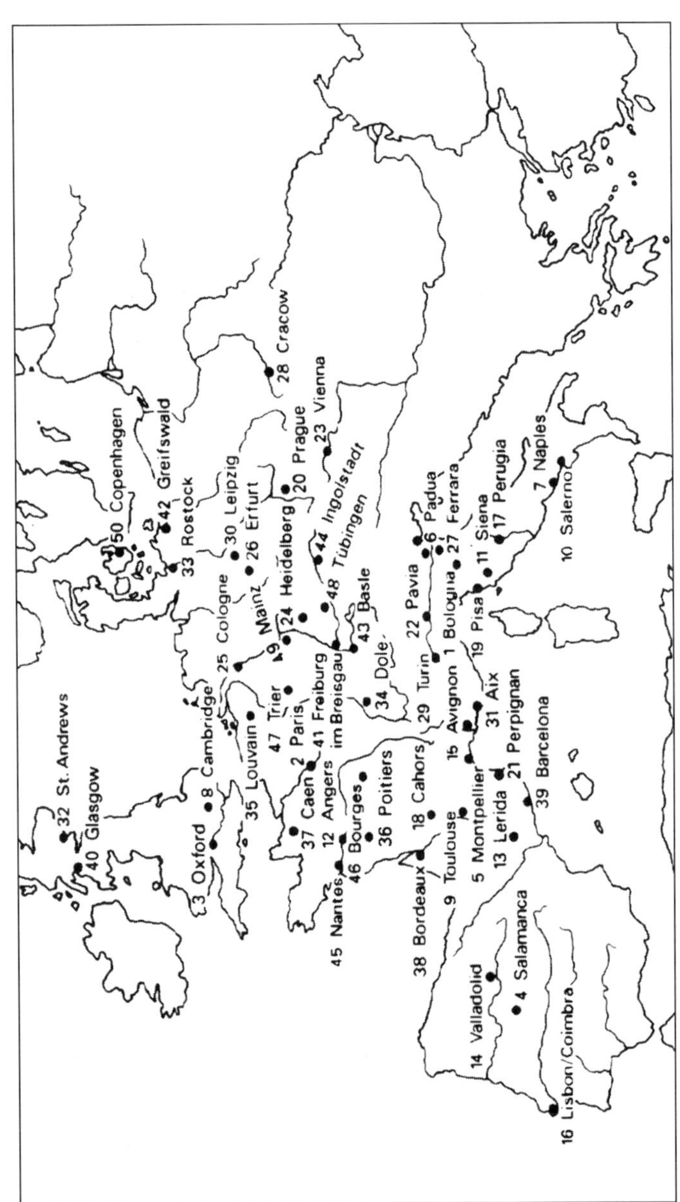

그림 7_ 1480년 의학을 가르쳤던 유럽 대학의 분포도

출처 : Vivian Nutton, "Medicine in Medieval Western Europe, 1000~1500," in *The Western Medical Tradition*, ed. L. I. Conrad, M. Neve, V. Nutton, R. Porter, and A. Wear(New York : Cambridge University Press, 1995), 154쪽.

사회·법 체계로 본 근대 과학사 강의

이븐 알나피스가 죽기 2년 전 살림베네Salimbene라고 알려진 이탈리아의 수도사는 전염병이 이탈리아 여러 도시를 휩쓸고 지났을 때 한 의사가 전염병에 걸려 죽은 사람의 시신을 전염병으로 죽은 닭과 함께 해부했다고 기록했다. 그는 동물과 사람 모두 시신의 몸 안에서 신체 기관에 무슨 일이 일어났는지 알고자 했다. 살림베네가 대수롭지 않게 말한 것으로 볼 때 그 전부터 이미 시체 부검이 행해졌다는 것을 알 수 있다. 또한 1302년 볼로냐의 한 학자가 갑자기 죽었는데 독약에 중독된 것은 아닌가 하고 의심되었다. 그러나 부검을 한 결과 몸 안에서는 독극물이 발견되지 않았고 다만 심장에 많은 양의 피가 응고되어 있었는데 아마도 이 때문에 죽은 것으로 추정했다.192

근대의 눈으로 볼 때는 중세 유럽인들이 시체 해부를 통해 실제로 인체의 구조와 기능을 잘 파악하고 정확한 과학적 결론을 끌어냈을 것이라고 말할 수 있을 것이다. 로저 프렌치Roger French가 지적한 것처럼 이들이 부검으로 발견한 내용을 제대로 이해하기 위해서는 정상 상태에서 신체 기관의 환경을 알고 있어야만 했다.193 15세기 한 어린 소년의 부검 결과는 다음과 같았다. "근대 의학 용어로 표현하면 소년의 간은 여러 부위가 종양을 앓고 있었고 따라서 패혈증 또는 신장염으로 죽었다고 볼 수 있다."194

13세기에 이르면 유럽에서는 사인을 규명하기 위한 시신 부검이 이미 자리를 잡았다. 유럽인들은 이슬람교도들과 달리 실제로 인체의 구성을 파악하기 위해 경험적 탐구를 계획했고 그것의 일부가 인

(Berkeley and Los Angeles : University California Press, 1965), 1~29쪽 참조.
192. French, *Dissection and Vivisection*, 13쪽.
193. 같은 책, 2~3장.
194. Bernard Tornius, "A Fifteenth-Century Autopsy," in Grant, *A Source of Book*, 740~742쪽, 740쪽 주석 1번.

체 해부였다. 그러나 이슬람 세계에서는 법정에서 사인을 규명하기 위해 시신을 부검하는 것은 "엄격하게 금지되었다."[195]

13세기 말에 유럽의 의사들, 특히 볼로냐 대학의 의사들은 학생들의 실습을 위해 해부를 가르치고 있었다. 이 공개적인 인체 해부는 격식을 차리고 엄숙한 방식으로 진행되었는데, 종교와 정부 기관의 사람들이 참석한 가운데 대학의 예복을 입은 의사가 이 행사를 주관했다. 이후부터 인체 절개를 바탕으로 쓴 인체 해부학 교재가 급속도로 널리 퍼졌다. 몬디노가 1316년에 펴낸 책이 최초의 해부학 책이었다. 그의 책은 이븐 알나피스가 죽은 지 25년이 좀 지나서 나왔는데 나중에 의대 학생들을 가르치는 교수들이 반드시 봐야 할 책이 되었다. 이 책의 발간을 시작으로 자세한 해부 그림을 수록한 이와 같은 종류의 해부학 책들이 더 많이 나왔다. 14세기 말이 되면 대개 4일 정도 걸리는 인체 해부 과정을 지켜보는 것은 유럽 전역에 있는 대학에서 의학 수련의 과정으로 정착하게 되었다.

그러나 이븐 알나피스보다 100년이 앞선 12세기 초에 이미 살레르노Salerno 같은 유럽인들이 돼지를 해부했다는 사실을 주목해야 한다. 1150년 이전에 씌어진 한 문서를 보면 그 저자는 "원숭이 같은 동물은 겉으로 볼 때 인간을 닮아 보이지만 사실 돼지만큼 인간의 내부 기관을 닮은 동물은 없다. 이 때문에 우리는 이 동물을 해부하려고 한다."[196] 이 12세기 초 문서는 실제로 해부가 이루어졌다는 것을 뜻했다. 한편 이슬람의 의사가 돼지를 해부하는 것을 극도로 싫어했을 것은 말할 나위도 없다.

요약하면 13세기에 유럽에서는 인체 해부 행위가 어떤 이념의 저

---

195. Elgood, *Medical History of Persia*, 327쪽.
196. 저자 모름, "Anatomical Demonstration at Salerno(The Anatomy of the Pig),"
    724~726쪽, in Grant, *A Source Book*, 725쪽.

     사회·법 체계로 본 근대 과학사 강의

항도 받지 않았다. 유럽의 해부학자들은 이븐 알나피스 시대에 돼지와 함께 인체도 해부를 하고 있었다. 이들은 이 시기에 아라비아—이슬람 세계에서는 쓸모가 없었던 인체 해부에서 얻은 경험 지식을 매우 많이 축적했다. 유럽의 의사들은 과학 지식의 탐구에 고무되어 이슬람 세계에서는 금지된 다양한 시도에 몰두했다. 이들은 ①인체 해부, ②돼지 해부, ③공개 석상에서 수술 시연, ④인체 해부의 순간순간을 불쾌하다고 말할 정도로 자세하게 그림으로 그려 책으로 출판하는 일을 했다. 이슬람교도들은 유럽인들과 달리 돼지와 그것을 해부하는 행위를 종교적으로 매우 혐오했다. 또한 당시 중동 지역의 의학 교육은 여전히 권위 있는 사람이 쓴 책을 단순히 외우는 것에 머무르고 있었다. 12세기와 13세기 일부 선택된 의학생들만이 다마스쿠스나 카이로에 있는 병원에서 도제 수업을 받을 수 있었지만, 지금까지 아는 한에서 이 수업에서 인체를 해부하거나 그것을 관찰하는 것은 포함되어 있지 않았다. 이븐 알쿠프의 사례나 이븐 시나, 할리 압바스Haly Abbas(알마주시al-Mujusi, 약 999년 사망), 알부카시스Albucasis(약 1013년 사망)의 의학책에 나타난 것처럼 일부 수술 행위 같은 것이 시행된 것은 분명해 보인다. 그러나 당시에 어떤 수술이 행해졌는지(아마도 종기나 종양을 제거하고 상처를 꿰매고 괴저병에 걸린 사지를 절단하는 정도) 정확하게 알지 못한다.[197]

---

197. 중세 시기 동안 "수술"은 신체를 손으로 치료하는 기술을 나타냈고 이런 의미는 고대의 갈레노스와 히포크라테스까지 거슬러 올라갔다. 식이요법이나 약물 치료 같은 경우는 해당되지 않았다. 예를 들면 아비센나의 《의학 백과사전》 4권은 종양과 외상, 타박상, 궤양, 탈구, 골절의 치료법을 다루고, 복부에 난 상처를 꿰매는 것은 다른 책에서 다룬다. 12세기와 13세기에 이 같은 아랍의 의학책이 유럽에 흘러 들어오면서 유럽의 외과의사와 내과의사는 거기에 주석을 달면서 기존 방식과 다른 절차와 설명, 실행 방식을 지적했다. 이런 주석 가운데 일부는 Nancy Siraisi, "How to Write a Latin Book on Surgery : Organizing Principles and Authorial Devices in Guglielmo da Saliceto and Dino del Garbo"와 같은 저자, "Avicenna and the Teaching of Practice Medicine," in *Siraisi, Medicine and the*

그림 8~13. 다음에 순서대로 나오는 의학용 그림은 중세 후기 이슬람 전통 의서에 나오는 삽화와 1538년부터 시작하는 베살리우스의 새로운 현실주의 기법의 그림 사이에 어떻게 화법이 서로 다른지를 보여 준다. 처음에 나오는 세 개의 그림(8~10번)은 인체 삽화를 수록한 최초의 이슬람 의학 서적—만수르Mansur의 《인체의 해부*The Anatomy of the Human Body*》(페르시아 책, Tashrih-i badan-i insan, 약 1396년)—에 나온 그림들이다. 페르시아 책에 나온 그림들은 보통 5(부위)형〔때때로 "9(부위)형"〕이라고 부르는 그림을 본 따 그린 것이다. 이것은 본래 이슬람 문명 이전에 나온 인체 그림 형태이며, 유럽에서도 중세 초기에 이런 형태의 인체 그림이 나왔다. 이와 같은 페르시아 삽화는 19세기까지 계속되었다.

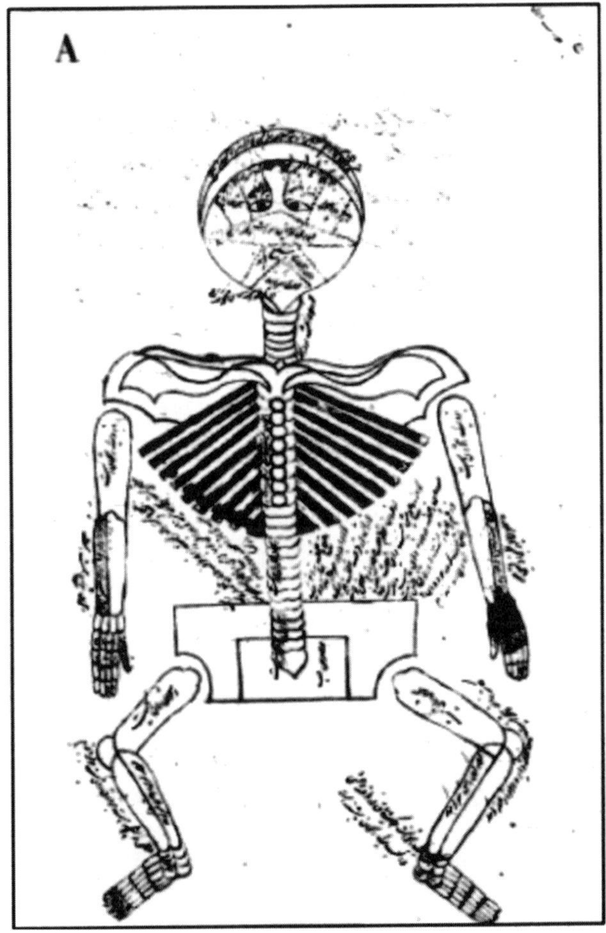

그림 8_ 만수르가 전통 기법으로 그린 인간 해골

출처 : 《인체의 해부》. 1488년 12월 8일(4 Muharram 894 H) 하산 이븐 아흐마드Hasan ibn Ahmad가 이스파한에서 복사함. NLM MS P18, fol. 12b. 최초의 복사본임. 미국 의학 국립도서관 누리집에서 볼 수 있음. www.nlm.nih.gov/exhibition/islamic…medical/islamic…10.html

사회·법 체계로 본 근대 과학사 강의

한편 이슬람교에서는 인간의 몸을 정교하게 표현하는 것을 매우 싫어했는데 일부 사람들이 이 금지 규정을 위반하기는 했지만 이것은 이슬람 세계에서 인체 해부를 가로막은 또 다른 장애물이었다. 하디스의 가르침에 "그림"과 "그림을 그리는 사람"을 모욕하는 말들이 많이 있다. 예를 들면 하디스를 해석한 책인 "무슬림"은 예언자 무함마드가 "그림 그리는 사람들을 저주했다."는 말을 인용한다.198 또한 같은 하디스에 "천사들은 그림이 있는 집에 들어가지 않는다."는 말이 들어 있다.199 이 말은 이보다 앞서 《무와타*Muwatta*》에도 나온다.200

이런 상황에서도 많은 페르시아 미술가들은 후세에 인간을 주제로 표현한 예술품을 여러 개 남겼다. 그러나 미술사가인 로빈슨B. W. Robinson이 지적한 것처럼201 페르시아의 미술가들은 실제로 있는 그대로의 모습을 그리지 못하고 전해 내려온 공식에 따라 상상해서 그렸다. 이들의 목적은 그저 단순한 평면의 그림에다 만족할 정도의 장식 효과를 입히는 것이었다. 이들은 음영법이나 원근법 같은 시각 효과를 재현해야 할 의무감을 느끼지 못했다.202

따라서 의학용으로 사람의 몸을 그렸던 페르시아 사람들은 그림

Italian Universities, 1250~1600(Leiden : E. J. Brill, 2001), 2~3장 참조.

198. *Muslim*, 3권, 34책, 299번.

199. *Muslim*, 24책, 5,253번.

200. Imam Malik ibn Anas, *Al-Muwatta. The First Formulation of Islamic Law*(London : Kegan Paul), 54.3

201. B. W. Robinson, "Introduction" to *The Metropolitan Museum of Art Miniature : Persian Painting*(New York : The Metropolitan Museum od Art, 1953), n.p.

202. 오스만 제국에서 인체 절개와 해부를 묘사한 그림이 동화되어 가는 과정을 보려면 Gül Russell, "'The Owl and the Pussy Cat' : The Process of Cultural Transmission in Anatomical Illustration," in *Transfer of Modern Science and Technology to the Muslim World*, ed. Ekmeleddin Ihsanoglu(Istanbul : Research Center for Islamic History, Art and Culture, 1992), 180~212쪽 가운데 특히 195~208쪽 참조.

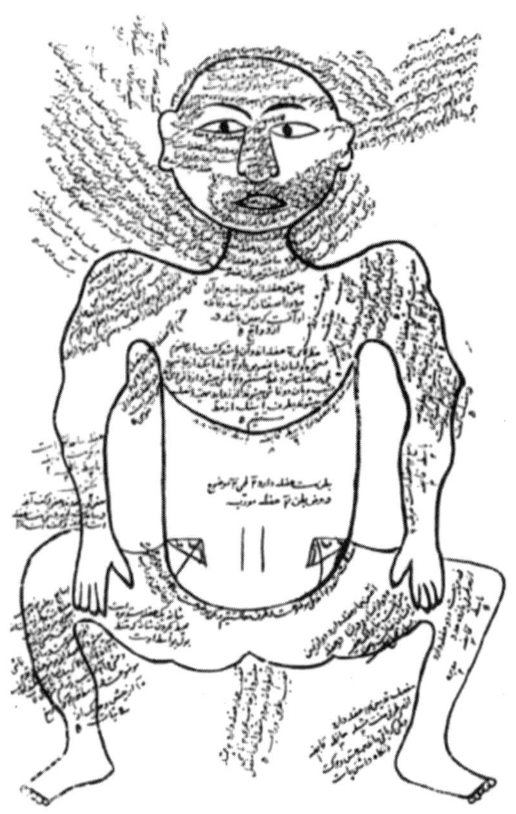

그림 9_ 만수르가 그린 근육 그림

출처 : 만수르의 《인체의 해부》. 1488년 12월 8일(4 Muharram 894 H) 하산 이븐 아흐마드가 이스파한에서 복사함. NLM MS P18, fol. 20a. 미국 의학 국립도서관 누리집에서 볼 수 있음. www.nlm.nih.gov/exhibition/islamic···medical/islamic···10.html

교육을 받지 못했으며 이들이 그린 작품은 입체적이고 사실적인 정밀한 묘사가 없었다. 자연 세계를 사실 그대로 정밀하게 그리기 위해서는 오랜 기간 동안 "사실주의" 기법의 미술을 훈련받아야 하는데 이슬람 세계에는 그런 것이 없었다. 이러한 미술 전통이 유럽에서 이슬람 세계로 전수된 것은 17세기부터였다.

한편 이슬람 세계에서 처음으로 인체 삽화가 들어간 의학 논문이

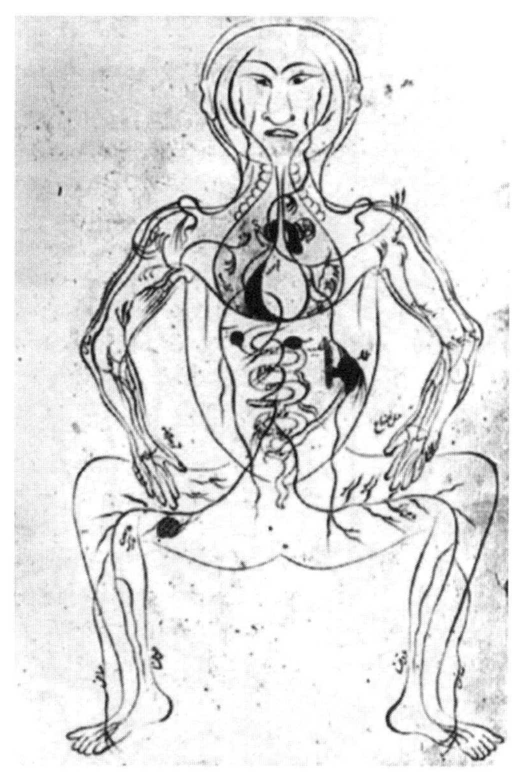

그림 10_ 만수르가 그린 정맥 혈관도

출처 : 만수르의 《인체의 해부》. 1488년 12월 8일(4 Muharram 894 H) 하산 이븐 아흐마드가 이스파한에서 복사함. NLM MS P18, fol. 25b. 미국 의학 국립도서관 누리집에서 볼 수 있음. www.nlm.nih.gov/exhibition/islamic⋯medical/islamic⋯10.html

발표된 시점은 페르시아 의사인 만수르 이븐 일리아스Mansur Ibn Ilyas(14세기 후반 전성기)가 논문을 써낸 때라고 학자들 사이에 합의가 있었다. 그가 1396년에 쓴 《만수르의 해부학Mansurian Anatomy》에는 사람의 뼈와 핏줄, 신경, 내장 기관과 같은 다양한 신체 해부 구조를 그린 그림이 매우 많이 실려 있다.203 그러나 이 그림들은 이슬람 문명 이전 알렉산더 시대 때의 원전을 보고 따라 그린 것처럼 보

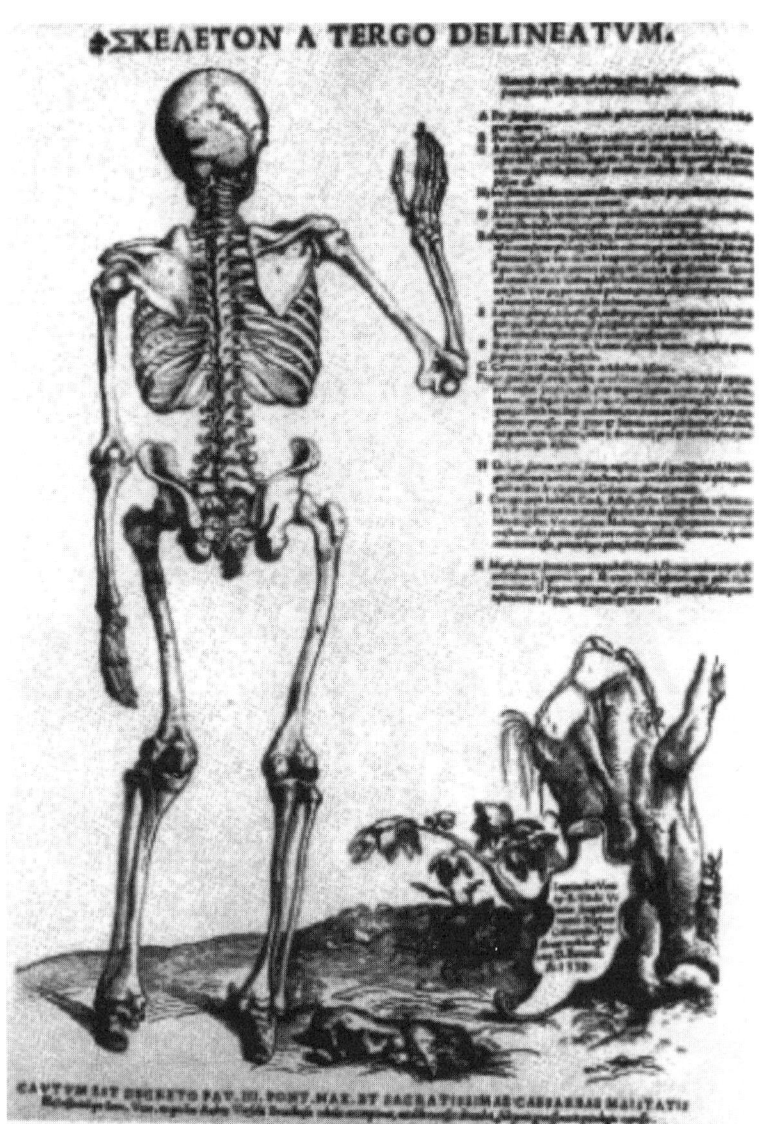

그림 11_ 베살리우스가 그린 이간 해골의 뒷모습

1538년 베살리우스가 쓴 《해부학 책*Tabulae anatomicae*》에 수록된 인간 해골의 뒷모습. Charles Singer and C. Rabin, *A Prelude to Modern Science. Being a Discussion of the Sources and Circumstances of the 'Tabulae Anatomicae Sex' of Vesalius*(Wellcome Historical Medical Museum by Oxford University Press, 1946년 발간)에 재수록됨.

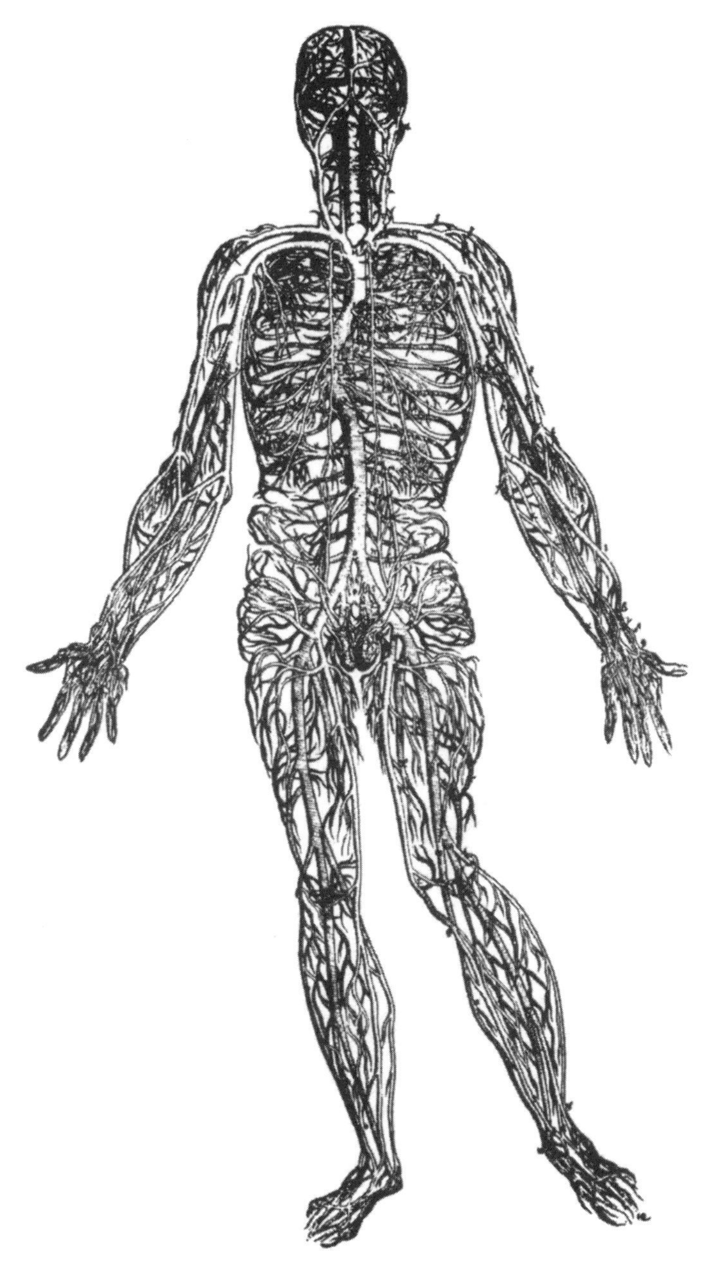

그림 12_ 베살리우스의 "정맥 인간"

베살리우스가 쓴 《인체의 구조에 관하여 *The Fabric of the Human Body*》(1543년판)에 수록된 "정맥 인간 Venous Man"

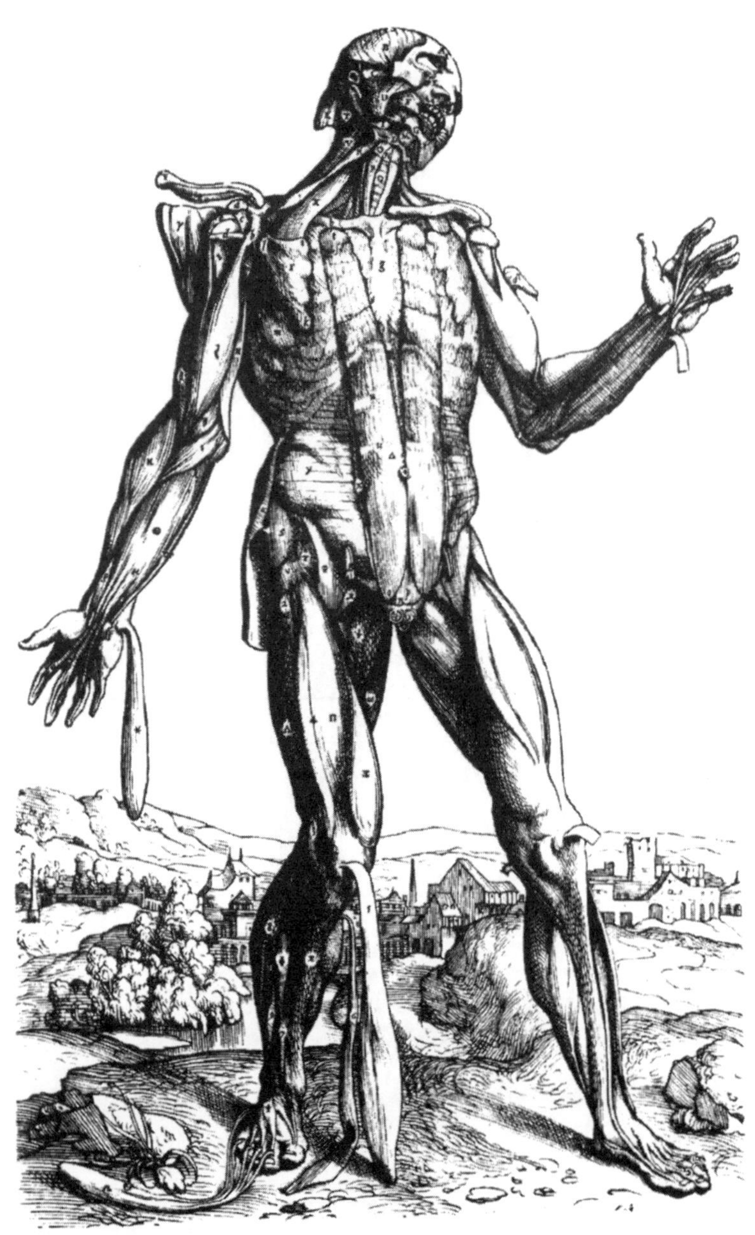

그림 13_ 베살리우스의 "근육 인간"

베살리우스가 쓴 《인체의 구조에 관하여》(1555년판)에 수록된 "근육 인간Muscle Man"

인다204(유럽에서도 일정 기간 동안 마찬가지였다). 그리고 이 그림들도 또한 미술 교육을 받지 않은 솜씨이며 정밀한 사실 묘사가 부족한데 19세기까지 이런 상태가 그대로 유지되었다(〈그림 8~10〉 참조).

인체 해부의 연구 자세는 해부도를 포함해서 실제 해부 행위까지 두 문명이 매우 달랐고, 그 결과 과학의 발전도 서로 매우 다른 길을 가게 되었다는 것은 명백하다. 미술 기법으로 볼 때 저급한 수준의 중동 지역의 인체 스케치와 베살리우스가 그린 정밀한 해부도(〈그림 11~13〉 참조) 사이의 대조가 이것을 잘 보여 준다. 이 해부도는 유럽에서 16세기와 17세기에 발생한 의학 혁명의 본질을 그림으로 잘 보여 주는데 인체에 대한 정밀한 연구와 해부, 그리고 해부된 인체의 묘사를 허용한 것은 바로 이에 대한 제도적 밑받침이 있었기 때문에 가능했다.

---

203. Conrad, "The Arabic-Islamic Medical Tradition," 120~121쪽.
204. 다양한 "5(부위)형Five-Figure"과 "9(부위)형Nine-Figure"의 인체 모형이 나온 원전은 French, "An Origin for the Bone Text of Five-Figure Series," *Sudhoff's Archive* 68, no. 2(1984), 143~158쪽 ; 현재는 French, *Ancients and Moderns* (Aldershot : Ashgate Variorum Editions, 2000) 재판 참조.

부록 : 중국의 해부학과 인체 해부

중국의 해부학과 인체 해부의 역사는 놀랍게도 매우 이른 시기부터 시작되었지만 아쉽게도 과학으로 발전하지 못하고 끝났다. 송나라 시대부터 시신의 사인을 규명하기 위해 인체 해부가 이루어진 것으로 보인다. 995년 무렵 중국 황실은 살인 사건이나 폭력으로 상해를 당했을 때 황실의 관리들이 주관하여 해당 시신이나 상처를 검사하라는 법령을 선포했다. 13세기 중반인 1247년 《세원집록洗寃集錄》이라는 법의학 책이 편찬되었다. 그리고 부당한 죽음으로 의심되는 시신을 조사하는 책임을 맡은 치안 판사나 행정관은 이 책을 따라 조치했다. 이 책은 송자宋慈(약 1249년 사망)라는 검시관이 썼다.[1]

중국 당국은 이 책의 발간과 함께 부당한 죽음에 대한 조사 권한을 황실 관료들에게 넘겼다. 여기에는 의문사에 대한 조사를 제대로 수행하지 않았거나 부패 혐의가 있는 행정관들을 포함해서 비행을 저지른 사람들도 처벌할 수 있는 권한도 있었다. 중국에서는 이 제도가 발전하면서 자연스럽게 검시 과정이 중앙 정부로 집중되었다. 이것은 영국이나 유럽 대륙의 경우 선출되거나 임명된 배심원들 앞에서 지역이나 공동체 단위로 검시가 이루어진 것과는 크게 다른 모습이었다.[2] 말하자면 유럽에서는 지역 사회의 시민들이 배심원으로 선출되거나 임명되는데 이들은 국가나 연방에서 파견된 관리들과 함께 그 지역을 대표해서 검시관 임무를 맡았다. 더욱이 유럽은 중

---

1. Brian McKnight, 영문 번역, *The Washing Away of Wrongs:Forensic Medicine in Thirteenth Century China*(Ann Arbor : Center for Chinese Studies, The University of Michigan, 1981) 참조.
2. R. F. Hunnisett, *The Medieval Coroner*(Cambridge : Cambridge University Press, 1961).

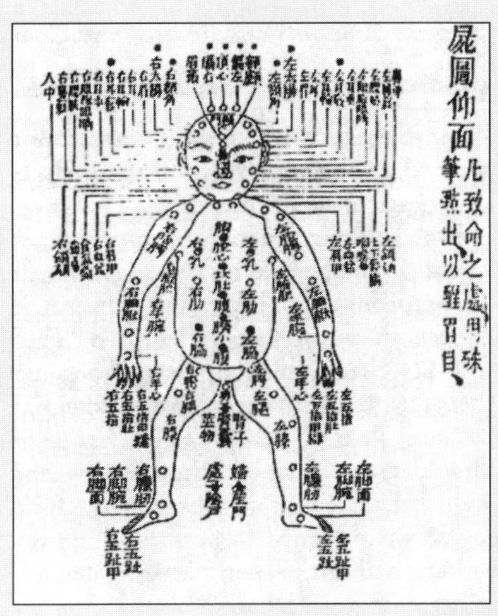

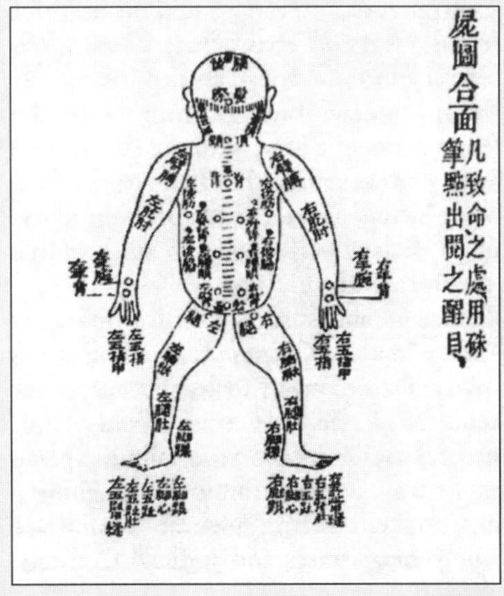

그림 14_ 검사할 때 사용한 공문서 양식

이 그림은 《세원집록》 1847년판에서 가져온 것으로 나단 시빈이 머리말을 쓰고 편집하고 조지프 니덤이 노계진魯桂珍과 공동으로 쓴 《중국의 과학과 문명*Science and Civilization in China*》 6권, Biology and Biological Technology, 6부 : Medicine(Cambridge University Press, 2000), 199쪽에 다시 수록했다. 그림에 표시된 점들은 치명상을 입을 수 있는 급소를 나타내며, 동그라미 표시는 덜 심각한 부위를 나타낸다. 이런 형태의 도해는 1174년 이후부터 청성이의 그림에 나타나기 시작한다.

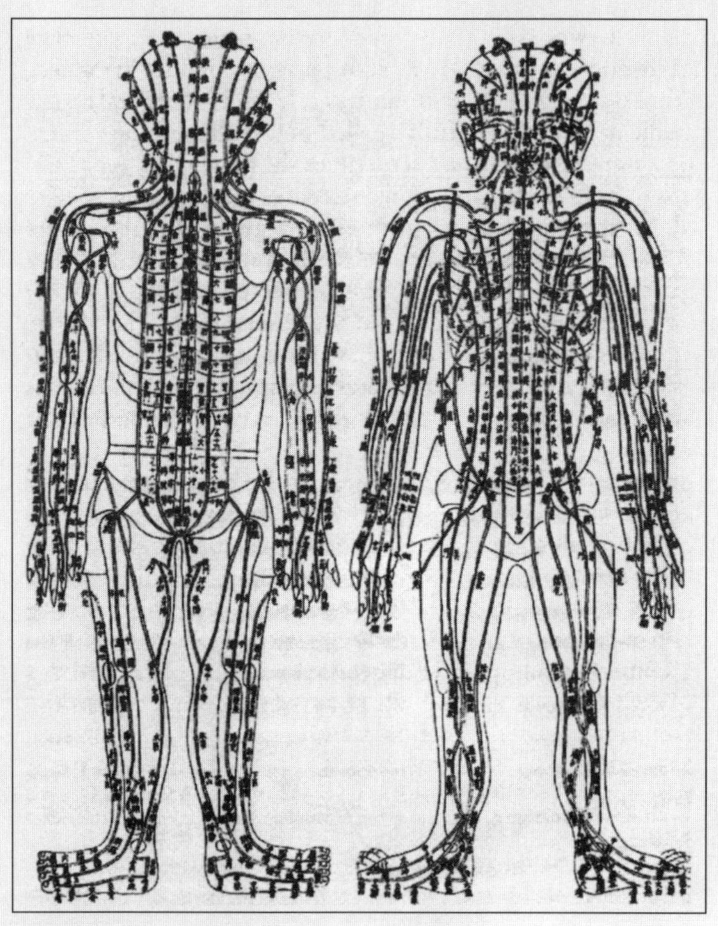

그림 15_ 인체 순환계와 침과 뜸을 놓는 자리

이 도해는 인체의 전체 순환계를 보여 주고 침과 뜸을 놓는 자리를 표시한다. 이 점들은 단순한 인체 골격 위에 겹쳐져 있는데 이보다 좀 이른 시기에 베살리우스가 그렸던 골격보다는 정밀성이 떨어진다. 이 그림은 1618년 《침방육집鍼方六集》에 실린 것이다. 아직까지 이 계통도가 근대 의학에서 말하는 인체 계통과 "일치"하는지는 밝혀지지 않았다. 이 그림은 나단 시빈이 머리말을 쓰고 편집하고 조지프 니덤이 노계진과 공동으로 쓴 《중국의 과학과 문명》 6권, Biology and Biological Technology, 6부 : Medicine(Cambridge University Press, 2000), 62쪽에서 발췌한 것이다.

국과는 달리 대개 시신을 검사하기 위해 의사들을 불러 왔다. 이탈리아에서 의사가 참여해서 의문사의 시신을 부검하기 시작한 것은 13세기부터였다.3

더 나아가 유럽의 내과의사와 외과의사들은 중국에서 법의학 책이 씌어지고 있었던 13세기에 이미 대학 교수단에 속해 있었고 법적 자치권을 가진 동업조합을 결성하고 있었다. 따라서 중국 당국이 의학적 전문 검사를 비전문가, 이를테면 의학 교육을 받지 않은 행정관이나 치안 판사들의 손에 맡겨 중앙에서 통제하고 있을 때에 유럽의 의사들은 이미 국가의 규제를 받지 않고 의학을 가르치고 있었을 뿐만 아니라 의학 연구를 위한 검시(특히 시체 부검과 해부)의 길을 열어 놓았다.

실제로 중국에서는 검시 책임을 맡은 행정관이 의사를 부르는 경우는 거의 없었다. 이 행정관은 병이 났을 때도 의사보다는 또 다른 학자를 부르는 것을 더 선호했다. 결국 실제로 시신을 검사하는 일은 교육받지 못한 천한 계급에 속하고 해부학에 전혀 과학적 관심이 없던 검시관이 맡았다. 행정관들이 사용했던 검시 교본에는 검시를 수행하는 절차와 시신을 검사하는 방법이 수많은 규칙과 절차법과 함께 자세하게 기록되어 있었고, 이 밖에도 약을 처방하는 방법도 자세하게 설명이 수록되어 있었다. 시신에 뚫려 있는 여러 구멍과 뼈도 검사를 했지만 내장기관에 대해서는 전혀 지식이 없었던 것 같고 그것을 어떻게 검사해야 할지도 몰랐던 것 같다. 또한 이 행정관들은 인체가 그려진 표준 서식에다 시신의 어느 부분이 죽음에 이르게 한 "치명적" 부분이고 어느 부분이 "치명적이지 않은" 부분인지

---

3. C. D. O'Malley, *Andreas Vesalius of Brussels, 1514~1564*(Berkeley : University of California Press, 1965), 12f쪽 ; Roger French, *Dissection and Vivisection in the European Renaissance*(Aldershot : Ashgate, 1999), 13f쪽과 비교.

를 기재해야 했다. 검시관들이 시신의 각 부분들에 대해 자신의 의견을 설명하게 되어 있었는데, 행정관들은 그 설명을 듣고 표준 서식에 관찰 결과를 기록했다. 행정관들은 상처가 발견된 부위는 서식에다 빨간 동그라미를 그려 넣었는데 이 서식은 세 장을 만들어야 했다.4 이 검시 교본과 저급한 수준의 해부도는 청나라 말까지 계속해서 널리 사용되었다.

요약하면 여기서 우리는 중국의 관료제가 인간의 행동과 과학적 탐구 분야에 대해 권한을 행사함으로써 그 결과 과학적 사고와 탐구, 말하자면 과학적 해부학의 발전을 정체시켰다는 사실을 알았다.5 의학과 과학에 문외한인 행정관들과 검시관들이 의문사한 시신을 검사하는 책임을 맡았으며, 더욱이 이들은 이론적 탐구에 전혀 관심이 없었기 때문에 충분한 부검이나 해부가 이루어지지 못했다. 결국 매우 거대한 해부학적 지식을 축적할 수 있는 환경은 마련되어 있었지만 중국인들은 그것을 활용하지 못했다.

---

4. McKnight, *The Washing Away of Wrongs*; J. Needham 외, *SCC* 6, 198~200쪽과 비교.
5. 이와 비슷한 견해로 Ynez Violè O'Neill and Gerald L. Chan, "A Chinese Coroner's Manual and the Evolution of Anatomy," *Journal of the History of Medicine and Allied Sciences* 31, no. 1(1976), 3~16쪽 가운데 16쪽 참조.

문화 사조와 과학 정신

근대 과학의 발생을 이해할 수 있는 중요한 접점은 과학자의 역할을 새롭게 창조하고 그것을 계속해서 유지하도록 하는 다양한 제도 장치 속에서 찾을 수 있다. 이 문제를 다룰 때는 과학자의 역할군을 포함하는 더 넓은 의미의 제도 장치를 생각해야 한다. 한편 과학자의 역할군을 구성하는 이러한 가치관과 소명의식을 1장에서 언급한 것처럼 과학 정신이라고 부를 수 있다. 로버트 머튼이 처음에 말했던 것처럼 과학 정신을 규정하는 규범들은 "관습과 금지, 특혜, 허가와 같은 형태로 나타난다."[1] 그리고 이 규범은 보편성, 공동체주의, 철저한 회의론, 공평성의 가치관으로 구성되어 있다.

---

1. Robert K. Merton, *The Sociology of Science: Theoretical and Empirical Investigation*, ed. Norman Storer(Chicago : University of Chicago Press, 1973), 269쪽.

한때 과학사회학을 연구하는 사람들은 과학자의 역할을 편협하게 정의된 문화의 틀 속에서 활동하는 사람으로 바라보려고 했지만 지금까지 나는 그 견해에 반대했다. 과학자는 언제나 한 시대의 사상과 그 사상의 바탕을 이루는 형이상에까지 광범위하게 영향을 끼치는 새로운 지식을 널리 퍼뜨리는 사람이었다. 그러나 오늘날의 과학자들은 그런 것에 휩쓸리려고 하지 않는다. 이러한 거부는 오늘날 과학이 전문화하고 문제 해결에만 한정하는 현실 속에서 자신을 방어하기 위해 앞에 나서기를 꺼리는 태도라고 볼 수 있다. 다른 한편으로 이러한 태도는 과학이 사회에서 차지하는 전반의 역할과 전망이 우리의 모든 물질적·문화적·심리적 현실 인식에 지대한 영향을 끼치는 것을 무시한 데서 비롯된다. 20세기 들어 근대 생물학과 생화학이 급격하게 발전하면서 다양한 형태의 생명 복제와 유전자 공학이 가능해진 사실을 생각할 때 과학적 탐구는 현실 사회 속에서 인간의 윤리와 도덕 문제와 깊은 연관을 맺지 않을 수 없다. 이 문제들은 단순히 우리가 과학 지식을 어떻게 사용해야 하느냐의 문제뿐만 아니라 사회 윤리와 도덕 차원에서 어떤 형태의 과학적 탐구는 허용하고 어떤 것은 금지할 것인가 하는 문제로 확장된다.

근대 과학의 커다란 발전은 성직에 있지 않은 일반 지식인들이 기존에 종교가 이 세상에 대해 말해 왔던 종교 지식과 근본적으로 다른 견해를 자유롭게 서로 공개하고 설명할 수 있었기 때문에 가능했다. 코페르니쿠스와 갈릴레오, 케플러 같은 천문학자들이 주장한 내용은 본디 천문학을 올바르게 정립하려는 의도였지만, 이들의 과학적 주장이 마침내 유대-기독교의 세계관을 완전히 바꿔 버렸다는 것은 부인할 수 없는 사실이다. 또한 이 새로운 천문학이 주장한 우주 체계가 이슬람 전통의 우주론을 크게 뒤흔들고 이들의 관습을 심대하게 위협한 것은 두말할 나위가 없다. 앞서 본 것처럼 이슬람교인들은 19세기 후반에도 여전히 전통적인 지구 중심의 세계관을 지키려고 안간힘을 썼다(좀더 자세한 내용은 후기에서 다룬다).

이런 점에서 볼 때 근대 과학의 발전은 바로 지식과 제도의 발전을 뜻했다. 지식의 발전에서 볼 때 근대 과학은 기존의 세계관을 무너뜨렸고, 제도의 발전에서 볼 때는 새로운 법적 보호구역을 만들어 그 안에서 가장 중요한 성과를 거둔 과학적 탐구를 외부의 간섭 없이 수행할 수 있었다. 그러나 이 과정에서 기득권을 가진 정치 권력이나 종교 세력이 새로운 과학의 발견에 반발하지 않을 리 없었다. 이것은 당시에 철학자와 과학자 구실을 함께 했던 사람들이 자신의 이성을 활용하고 공개 토론장에서 사상을 표현할 수 있는 권리를 법과 제도로 인정받았다는 것을 의미하며, 이런 행위가 비록 전통의 규율을 위반하는 것이라고 하더라도 합법적 활동으로 여겨졌다는 것을 뜻했다. 그러나 이슬람법에서는 이런 전제를 전혀 받아들이지 않았다. 이슬람에서는 법학자도 종교와 밀접한 관련을 맺고 있어서 파트와에 따라 법률상의 판결만 내릴 수 있었다. 따라서 법학자는 어떤 사상가가 이슬람 율법을 어겼다면 최근에 살만 루시디의 경우에서 보듯이, 아야톨라 호메이니가 살만 루시디가 쓴 책의 발간과 관련된 모든 사람에게 "사형선고를 내린" 것처럼[2] "그는 피의 대가를 받을 것이다."고 선언하면 그만이었다.

앞에서 주장했던 것처럼 우리가 만일 벤저민 넬슨의 견해를 따른다면 아랍인들, 중국인들 또는 인도인들이 광학과 화학, 의학, 천문학, 수학에서 그리스인들을 앞섰는지 아닌지가 중요한 것이 아니라, "더 넓은 보편적 담론과 참여"의 길로 활짝 문을 여는 "사상과 도덕 체계와 의사결정의 논리에서 전체 사회를 아우르는 큰 발전"이 있

---

2. Daniel Pipes, *The Rushdie Affairs : The Novel, the Ayatollah, and the West*(New York : Birch Lane Press, 1990), 27쪽 참조.

었느냐 없었느냐가 중요한 문제이다.3 전세계의 다양한 문화 속에 홀로 갇혀 있는 천재의 번득임만으로는 끊임없이 과학의 진보를 이어나갈 수 없다. 따라서 로버트 머튼이 설명한 과학 규범은 과학자의 역할을 사회 제도로 정착시키는 것이 바로 제도 발전의 본질이라는 것을 구체적으로 보여 준다.

아라비아 과학의 성장 중단

앞에서 본 것처럼 아라비아-이슬람 문명의 황금기 시절, 지식을 배우고 익히기 위해서는 많은 돈이 필요했다.4 이슬람 문명이 자연과학(천문학, 수학, 의학, 약학, 광학) 분야에서 남긴 지식 영역의 성과를 조사해 보면 역사에서 보기 드물 정도로 많은 업적을 이룩했다. 또한 장식과 건축에서도 독창성과 최고 수준의 기술을 보여 준다. 간단히 말해서 재능과 헌신, 독창적인 천재성에서 전혀 부족함이 없었다. 그러나 이슬람의 중심 고등 교육기관이었던 마드라사에서 철학과 자연과학을 철저하게 배제하고 가르치지 않았기 때문에 수백 명의 학생들은 철학과 자연과학에 정통한 스승을 찾아 먼 거리를 여행하면서 도제식 수업을 들어야 했다. 이슬람이 자연과학에서 이뤄낸 성과 가운데 가장 눈에 띄는 것은 천문학 분야에서 나타난 우주의 행성 모형인데, 이것은 약 200년 후에 등장한 코페르니쿠스의 행성 체계와 수학적으로 똑같은 것이었다.5

요약하면 13세기와 14세기까지 아라비아 과학은 세계에서 가장 진보했다고 말할 정도로 크게 발전했고 앞날의 성장 가능성도 높았

---

3. Benjamin Nelson, *On the Roads to Modernity*, ed. Toby Huff(Totowa, N. J. : Rowman and Littlefield, 1981), 99쪽.
4. 이 시기의 정의는 2장 주석 1번 참조.

　　　　　　　　　　　　　사회·법 체계로 본 근대 과학사 강의

다. 천문학 분야는 16세기 중반에 이를 때까지 최고 수준이었는데 이븐 알샤티르와 마라가 학파가 완성한 천문학 모형이 계속해서 주류를 이루다가 비로소 코페르니쿠스의 새로운 천문학 체계가 그 자리를 대신하기 시작했다. 또한 케네디가 지적한 것처럼 심지어 수학 분야에서도 15세기 말까지 이슬람 문명에서 위대한 수학적 발견들이 계속해서 나왔다.6

아라비아 과학이 성장을 멈춘 까닭을 몽골의 동이슬람 침입(13세기)과 스페인의 이슬람 재정복(11세기에 시작)과 같은 지정학적 요인으로 설명하려는 경향이 있다. 그러나 이러한 설명은 실제로 아라비아 – 이슬람 문명에서 일어난 과학 발전의 변화 과정을 무시한다. 그리고 스페인의 경우는 이슬람 문명에 끼친 스페인의 중대한 영향을 크게 왜곡한다. 또한 이러한 설명은 아라비아 – 이슬람 문화 제도의 본질을 고려하지 못하고 그 제도들이 사상과 탐구의 자유에 끼친 결정적인 영향력도 파악하지 못한다.

스페인이 이슬람에 끼친 영향력을 적절하게 평가하기 위해서는 다른 역사적 사건을 유추해 보는 것이 유용할 듯하다. 만일 러시아가 알래스카 주의 반환을 요구한다면 그것은 미국의 정치와 군사력이 약해졌다는 것을 나타내는 것이다. 러시아가 알래스카를 다시 차지하는 것이 미국의 장래 문화와 경제의 발전에 걸림돌이 된다고 탓할 수 없는 일이다. 이와 마찬가지로 1045년에 시작된 스페인의 이슬람 재정복(국토회복운동을 말하며 711~1492년까지 780년 동안 스페

---

5. 이븐 알샤티르의 모형은 1350년에 나왔다. 코페르니쿠스의 걸작 《천구의 회전에 대하여》는 1543년 그가 죽고 나서야 세상에 알려졌다. 그가 지동설을 주장하는 책을 쓴 것은 원래 약 1511년인데 독일과 로마에 있는 천문학자 모임에서만 알려져 있었다. 자세한 내용은 6장의 "내부 요인" 참조.

6. E. S. Kennedy, "The Exact Sciences in Timurid Iran," in *The Cambridge History of Iran*(Cambridge : Cambridge University Press, 1986), 6, 568~580쪽.

인의 기독교인들이 이슬람교인들에 대해 벌인 실지회복운동—옮긴이)은
이베리아 반도에서 이슬람 정권의 내부 정치력이 약해졌다는 것을
뜻했다. 역사가들은 이 사건이 스페인에서 이슬람의 정치 세력이 쇠
퇴하면서 발생한 이슬람 내부의 붕괴라는 데 대부분 동의한다.[7] 이
와 함께 이슬람교는 유대교와 기독교를 점점 적대하기 시작했으며
기독교도 마찬가지로 이슬람교와 대립하기 시작했다. 이러한 이슬
람교의 적대감 때문에 스페인과 마그리브Maghrib(리비아, 알제리, 모로
코가 있는 아프리카 북서부 지역—옮긴이)에 있던 많은 기독교인들과
유대교인들은 동쪽으로 이주해야 했다.[8] 스페인의 이슬람 문화가
이슬람 문명(과 서양)에서 얼마나 큰 영향을 미쳤는가는 이와는 또
다른 문제이다.

　만일 스페인이 이후로도 계속해서 이슬람 문명권에 있었다면—말
하자면 나폴레옹 시대가 올 때까지—스페인은 이슬람 문명이 지닌
이념과 법, 제도의 결점을 모두 간직하고 있었을 것이다. 따라서 이
슬람법의 지배를 받는 스페인은 자치 집단의 존재를 인정하지 않았
던 이슬람법에 따라 법적 자치권을 지닌 유럽의 새로운 대학을 세우
지 못했을 것이다. 더욱이 이슬람의 교육 체계는 피끄와 율법 연구
그리고 과거부터 전승되어 온 위대한 전통을 보전하는 것에 절대 가
치를 두고 있었다.[9] 이것은 과거부터 현자를 통해 계승되어 온 지식
을 다른 사람에게 전달할(가르칠) 수 있는 개별 권한을 인정하는 이
자자에 상징적으로 반영되었다. 이자자를 부여하는 전통은 서양에

---

7. Ira Lapidus, *A History of Islamic Societies*(New York : Cambridge University Press,
　1988), 382ff쪽 ; W. Montgomery Watt, *A History of Islamic Spain*(Edinburgh :
　Edinburgh University Press, 1965), 86~91쪽 ; Thomas Glick, *Islamic and
　Christian Spain in the Early Middle Ages*(Princeton, N. J. : Princeton University
　Press, 1979), 46~50쪽 참조.
8. Glick, *Islamic and Christian Spain*, 49쪽. 실제로는 유대인들은 동쪽으로 이동했으
　며 기독교인들은 북쪽의 기독교 지역으로 이주했다.

서 학업이 끝난 것을 인정해서 자격증을 수여하는 인증 제도와는 전혀 다른 것이었다.

스페인은 실제로 13세기에 팔렌시아Palencia에 최초의 대학을 세웠고(1208~1209년) 발라돌리드Valladolid, 살라만카Salamanca(1227~1228년)에도 대학을 설립했다. 이 지역은 모두 오래 전부터 기독교를 믿는 곳으로 이 대학들은 파리와 볼로냐 대학의 구성 형태를 본떠서 지었다.10 스페인의 이슬람 역사 전체를 볼 때 14세기 이전에 스페인에 이슬람 전문학교인 마드라사가 세워진 곳은 한 군데도 없었으며 약 1349년에야 비로소 그라나다에 하나가 설립되었다.11 한편 스페인의 기독교인들이 벌인 국토회복운동Reconquista 과정에서 수많은 유대인과 이슬람교인들이 종교 재판으로 심한 박해를 받은 것은 물

---

9. 호지슨은 "(이슬람에서) 교육은 정해진 진술과 공식을 그냥 외우는 것이며 특별한 사고과정이 필요하지 않다고 생각했다. 진술은 참이 아니면 거짓이며, 모든 참된 진술을 모아 놓은 것이 지식이었다. 전승된 가르침에 나오는 참된 진술을 하나둘 추가할 수는 있지만, 과거의 참된 진술을 수정하거나 구식으로 모는 것처럼 새롭게 해석하는 일은 허용되지 않았다. 따라서 무식한 사람들도 당연히 아는 '상식'에 해당하는 사실과 다른 문제가 되는 지식인 '일름'ilm'은 비록 그것이 주어진 시점에 어느 누구에게도 가치가 없는 진술이라고 하더라도 암묵적으로 참된 지식으로 인정했다."고 말한다. Marshall G. S. Hodgson, *The Venture of Islam*, 3권(Chicago : University of Chicago Press, 1974), 2, 458쪽. 이 견해는 아리스토텔레스주의를 따르는 이슬람 철학자인 파일라수프보다는 이슬람의 공식 제도 교육에 대해 아주 잘 들어맞는 말이라고 생각한다.

10. Hastings Rashdall, *The Universities of Europe in the Middle Ages*, 3권. new ed., ed. F. M. Powicke and A. B. Enden(Oxford : Clarendon Press, 1936), 2, 63~114쪽.

11. George Makdisi, "Madrasa," *EI² 5*, 1128쪽. L. P. Harvey, *Islamic Spain, 1250~1500*(Chicago : University of Chicago Press, 1990), 190쪽, 230쪽도 같은 견해다. 이것은 아마도 Anwar Chejne가 "Sciences and Education" in *Muslim Spain : Its History and Culture*(Minneapolis : University of Minnesota Press, 1974), 9장에서 실제 학교나 전문학교 또는 그와 비슷한 교육 기관을 언급하지 않는다. 모든 교육은 개인 집과 때때로 모스크 사원이나 이른바 살롱 또는 마스지드에서 이루어진 게 분명했다(181쪽)고 말한 사실을 설명하는 것일 것이다. 이것은 물론 율법과 이슬람 과학을 가르치는 마드라사가 없다는 것을 빼고는 이슬람의 전통 교육과 일치한다.

론이었다.

이 밖에 이븐 밧자, 아베로에스, 마이모니데스 같은 스페인의 위대한 지식인들은 아라비아 – 이슬람 문명에서보다 서양에 훨씬 더 중요한 구실을 했다. 아베로에스와 마이모니데스는 동포들에게 한번 이상 박해를 받았다. 아베로에스는 동료 종교학자들에게, 마이모니데스는 시기하는 이슬람교인들에 의해서 율법을 어겼다는 죄목으로 카이로로 추방되었는데 이들은 거기서 의사 일을 하면서 저술 활동을 했다. 또 한편 이븐 밧자는 젊은 나이에 독살을 당했는데 아마도 그를 시기한 동료 종교학자들이 꾸민 일이라고 추정한다.[12]

또한 마이모니데스가 쓴 걸작 《방황하는 자들을 위한 안내서_The Guide of the Perplexed_》는 정통 유대교 지도자들에게 거부당했다. "13세기와 14세기에는 종교에 위배되는 것은 모두 극심하게 탄핵을 당했고, 이에 대항해서 그 반대편에서도 그 죄목에 대해 격렬하게 반론을 제기했다."[13] 스피노자_Spinoza_가 나타날 때까지 유대 문화에서는 철학과 신성한 대상들에 대해 자연주의적 접근 방식은 소생하지 못했다.[14] 그러나 적어도 아베로에스와 마이모니데스는 둘 다 속뜻을 감추고 예상치 못한 담론을 만들어 내는 데 정통하였다. 이 기술은 유대 문화와 마찬가지로 이슬람 문화에서도 크게 발전했는데 이는 종

---

12. Ernest Moody, "Galileo and Avampace(Ibn Bajja) : Dynamics of the Learning Tower Experiments," in _Roots of Scientific Thought_, ed. Philip P. Wiener and A. Noland(New York : Basic Books, 1957), 176~206쪽 가운데 200쪽. 이븐 루시드가 왕에게 치욕을 당한 사실을 설명하려는 유용하지만 여전히 부족한 시도는 Dominique Urvoy, _Ibn Rushd(Averroes)_(London : Routledge, 1991), 34~36쪽에 나온다.
13. Shlomo Pines, "Maimonides," in _Encyclopedia of Philosophy_(New York : Macmillan, 1967), 5, 134쪽.
14. 《안내서》에서 제기하는 철학과 종교 문제에 대해서는 Leo Strauss, _Persecution and the Art of Writing_, 재판(Westport, Conn. : Greenwood Press, 1973) 참조. 특히 나중에 마이모니데스에 유럽인들이 어떻게 반응했는지 알려면 Paul Johnson, _A_

교의 제약이 점점 심해졌기 때문에 나온 고육지책이었다.[15] 아베로에스는 재판관 신분이었지만 평생 추방을 당했고 그가 쓴 책은 불살라졌다. 마침내 그는 강제로 모로코로 이송되었고(1195년) 거기서 1198년에 죽었다.[16] 더욱이 아베로에스가 가잘리의 〈철학에 대한 반박Refutation of Philosophy〉을 논박하기 위해 참여했던 위대한 철학 논쟁은 아라비아-이슬람 문명에서 아무런 주목을 받지 못했다. 이슬람의 철학자들 사이에서는 어떤 중요한 반응도 준비되어 있지 않았다. 와트W. M. Watt는 "아베로에스의 저작이 동쪽 지역에 알려져 있었지만 그 지역의 사람들에게 그의 견해는 너무 이질적이어서 그들에게는 아무 쓸모가 없었다."고 말한다.[17] 그러나 역설적으로 서양에서는 그의 저작들, 특히 아리스토텔레스를 주해한 저작은 최고로 중요한 책으로 받아들여졌다.[18] 이러한 철학 논쟁의 세세한 내용보다는 1798년 나폴레옹Napoleon이 이집트를 침공할 때까지 스페인이 빠진 아라비아-이슬람 문명(빠르게는 1248년 세비야의 함락 이후이고 정

History of the Jews(New York : Harper, 1987), 287ff쪽 참조.

15. 2장 참조. 11세기 이전의 유대 문화에서 중요한 과학적 발견이 없었던 까닭과 유대 문화가 유럽 문화에 완전히 동화된 이유에 대해서는 Toby Huff, "Science and Metaphysics in the Three Religions of the Book," *Intellectual Discourse* 8, no. 2(2000), 173~198쪽 ; David Ruderman, *Jewish Thought and Scientific Discovery in Early Modern Europe*(Detroit : Wayne State University Press, 1995)에 나온다.

16. A. Z. Iskandar and R. Arnaldez, "Ibn Rushd," *DSN* 12, 2쪽 ; W. M. Watt, *A History of Islamic Spain*, 140쪽.

17. W. M. Watt, *A History of Islamic Spain*, 141쪽.

18. 일부 사회역사가들은 스페인에서 체계적인 학문이 등장한 것은 10세기였으며(Glick, *Islamic and Christian Spain*, 257쪽), 한 세기가 지나서 1025~1075년 사이에 기독교인 과학자들의 비율이 이슬람교인 과학자들보다 많아졌다고(같은 저자, 그림 6. "Ratio of Christian and Muslim Scientists," 260쪽) 주장한다. 아쉽게도 글릭의 연구는 과학적 탐구의 바탕이 되는 제도를 언급하지 않는다. 그는 대신에 이슬람 전통의 학문 교육이 개인 교습과 영향력(그리고 전문학교의 부재)에서 학교 교육으로 전환했으며(253~261쪽) 따라서 고대와 전근대적 교육 및 사회 조직 형태에 근대적 의미를 부여했다고 주장한다.

확하게는 1492년부터)은 중간에 몽골의 침입이 있었던 것을 빼고는 큰 변동 없이 계속되었다는 사실이 중요하다.

1258년에 바그다드가 몽골의 침입으로 약탈당했지만 이슬람 문명은 다시 한 번 재빠르게 복원되어 이슬람 문화와 제도가 다시 활기를 되찾았고 이슬람 문명권은 더 깊이 이슬람 체계를 유지했다. 더욱이 마라가 천문대의 건립을 지원하고 프톨레마이오스의 천문학 체계를 뛰어넘는 최초의 천체 모형을 개발하고 육성한 사람들은 바로 전통적인 이슬람의 중심지가 아니라 외부에서 들어온 (훌라구 Hulagu가 이끄는) 침입자들이었다. 앞서 본 것처럼 13세기 말과 14세기 초에 특히 다마스쿠스와 카이로에서는 천문학과 의학에서 아라비아 과학의 발전은 최고 수준에 도달해 있었다. 천문학 분야에 머릿돌을 놓은 사람은 다마스쿠스의 이븐 알샤티르였다. 알샤티르 이후(맘루크 왕조 시대) 적어도 55명의 중요한 천문학자들이 그 뒤를 따랐지만 이들 가운데 어느 누구도 샤티르의 천문학적 성과의 도움을 받지 않은 이가 없으며 그 성과를 구체화하기 위해 애를 썼다.[19]

의학 분야에서 다마스쿠스(와 카이로)는 13세기 최고의 의사들이 모여 있었던 중심지였다.[20] 이븐 알쿠프(1233~1286년)와 이븐 알

---

19. David King, "The Astronomy of the Mamluks," *Isis* 74, no. 274(1983), 531~555쪽 ; King, "Ibn al-Shatir," *DSB* 12, 357~364쪽. 이와 다른 견해는 George Saliba, "Arabic versus Greek Astronomy : A Debate over the Foundations of Science," Perspectives in Science 8, no. 4(2002), 328~341쪽. 조지 살리바에 따르면 16세기 천문학자인 샴스 알딘 알카프리Shams al-Din al-Khafri(1550년 사망)는 알샤티르의 저작을 알고 있었고, 수학 중심의 천문학 분야에서 더 능숙한 기술을 지니고 있었다. 당분간 우리는 아라비아의 천문학 역사를 연구하는 학자들이 그의 주장을 면밀히 검토하여 확인해 주기를 기다려야 한다. 살리바의 주장에 대한 내 답변은 Toby Huff, "The Rise of Early Modern Science : A Reply to George Saliba," *Bulletin of Royal Institute for Inter-Faith Studies* 4, no. 2(2002), 115~128쪽에 나온다.

20. 2장에 나온 참고문헌 참조. 특히 Sami Hamarneh, "Medical Education and Practice in Medieval Islam," in *The History of Medical Education*, ed. C. D.

나피스(1210~1288년)가 발견한 것에 대해서는 이미 5장에서 설명했다.

요약하면 아라비아-이슬람 문명의 역사에서 가장 중요한 과학 발전 가운데 일부는 이슬람 외부의 지정학적 요인들이 이슬람 문명을 붕괴시켰으리라고 추정되는 그 시기 또는 그 이후에 발생했다. 따라서 과학 발전에 대해 연구할 때 가장 먼저 분명한 내부 요인을 찾는 작업부터 시작해야 한다. 그런 다음에 비로소 사회학의 시각으로 외부 요인과 구조 문제를 검토해야 한다.

내부 요인

만일 우리가 아라비아 과학이 거둔 성과를 주목한다면 아라비아 과학이 왜 근대 과학으로 발전하지 못했는지를 좁은 의미의 기술과 과학을 바탕으로 해서는 설명해 낼 수 없다. 앞서 2장의 "아라비아 천문학의 성과"에서 이미 본 것처럼 마라가 학파가 개발한 많은 행성 모형은 수학적으로는 코페르니쿠스의 모형과 같다. 이 사실을 인정한다면 누구도 아랍인들이 천문학과 광학 또는 물리학에서 이론적 상상력이 모자랐다고 주장할 수 없다. 우리는 물리학에서 이븐 밧자가 보여 준 독창성을 기억한다. 그가 운동의 역동성에 대해서 아리스토텔레스의 견해를 주해한 내용은 갈릴레오의 자유낙하 이론으로 바로 연결된다.[21] 이 이론은 6세기에 알렉산드리아의 기독교

O'Malley(Berkeley and Los Angeles : University of California Press, 1970), 39 ~71쪽 ; Hamarneh, "The Physician and the Health Professions in Medieval Islam," *Bulletin of the New York Academy of Sciences* 47, no. 9(1971), 1088~ 1110쪽 ; Hamarneh, "Arabic Medicine and Its Impact on Teaching and Practice of the Healing Arts in the West," *Oriente e Occidente* 13(1971), 418 ~422쪽 참조.

21. Moody, "Galileo and Avempace." 이븐 밧자, 아베로에스, 아퀴나스에서 갈릴레오

신플라톤주의자인 요하네스 필로포누스Johannes Philoponus가 최초로
발견한 것이라고 말한다고 해서 이븐 밧자의 가치가 훼손되는 것은
아니다. 이븐 밧자가 다양한 아라비아 전승을 통해 필로포누스에 대
해 들었을 가능성도 있지만, 그것에 대해 기록된 아랍의 문서는 현
재까지 하나도 발견된 것이 없다.

코페르니쿠스의 천문학 체계와 아라비아 체계의 근본적 차이는
그 체계를 떠받치고 있는 형이상에 있었다. 지구 중심 체계를 택하
느냐 태양 중심 체계를 택하느냐의 문제였는데 당시 아랍에는 이것
을 명확하게 입증해 줄 경험적 자료들이 없었다. 그러나 천문학이
이렇게 계속해서 발전할 수 있었던 것은 아랍에서 완성된 구면 기하
학과 삼각법 덕분이었다. 아랍인들은 이러한 천문학 기술 도구를 가
지고 중국의 천문학자들을 추월할 수 있었고, 마침내 13세기에는 아
랍의 천문학자들이 북경에 있는 중국 국립 천문대에서 일하도록 임
명을 받았다.[22]

아라비아 과학이 근대 과학으로 발전하지 못한 까닭이 실험 수단
을 개발하고 사용하지 못했기 때문이라고 주장하는 사람들은 아라
비아 과학 전통이 유럽이나 아시아의 어떤 실험 기술보다 더 뛰어났
다는 사실과 정면으로 배치된다. 이미 앞에서 말한 것처럼 아라비아
과학은 적어도 광학, 천문학, 의학 분야에서는 실험이 상용화되어
있었다. 알하이삼은 광학에서 실험이라는 개념을 개발하고 실제로

<hr>

까지 이와 관련된 문서는 *A Source Book of Medieval Science*, ed. Edward Grant
(Cambridge, Mass. : Harvard University Press, 1974), secs. 33~56쪽에 번역되
어 있다(이후부터 *A Source Book*으로 인용).

22. Aydin Sayili, *The Observatory in Islam*(Ankara : Turkish Historical Society Series
7, no. 38, 1960), 188~191쪽, 361~364쪽에 나온 아라비아-중국 교류에 대한 주
석 ; Joseph Needham, *Science and Civilization in China*, 7권(New York :
Cambridge University Press, 1954), 3, 186~194쪽, 372ff쪽 외(이후부터 *SCC*로
인용) ; Nathan Sivin, "Wang Hsi-Shan," *DSB* 14, 159쪽 참조.

활용했으며 이것은 전체 과학의 역사에서 가장 중요한 사건으로 인정받아야 한다. 이 사실은 그가 쓴 《광학》이 서양에 미친 엄청난 영향력으로 이미 입증되었다. 비록 1028~1038년까지 책을 쓰느라 그 보급이 늦어지기는 했지만 이 책은 서양에서 16세기까지 널리 영향을 끼쳤다.23

이븐 알하이삼은 이 책에서 과거에 광학 연구를 했던 사람들의 방식을 따라 다시 시작했다. 그러나 그는 전에 이루어 놓은 성과를 단순히 하나로 모아 정리하는 것이 아니라, 그것을 하나하나 수학을 이용해서 실제로 시연해 보고 빛과 시각의 특징들을 알아 내는 새로운 시도를 감행했다. 그는 이 과정에서 다양한 실험 기구를 사용했는데 여기에는 빛의 통과를 조절하기 위해 특별히 준비된 암실과 조리개, 빛을 관찰하는 관 같은 것이 있었다. 결국 실험i'tibar의 개념 정의를 "사람이 만든 도구들을 조작해서 명백하게 눈으로 확인하는 방법론적 수단"이라고 규정한다.24 이 실험은 아랍인들이 중국인들보다 훨씬 앞섰던 영역이었다.

알하이삼의 《광학》은 11세기와 12세기에 이슬람 세계에서 전혀 알려지지 않았다가 페르시아의 자연 철학자인 카말 알딘 알파리시 Kamal al-Din al-Farisi(약 1320년 사망)가 이 책을 소개했다. 카말 알딘은 실험을 이용해서 무지개 현상을 설명한다. 카말 알딘은 이것을 위해 독특한 실험 환경을 고안했는데 물방울에 부딪친 햇빛 광선의 효과를 알아보는 모의실험이었다. 그는 빛을 차단한 어두운 방에 물이 가득 찬 작은 공을 넣어 두고 빛을 조절하여 통과시켜 그 결과를 얻

---

23. 이 시점 산정에 대해서는 A. I. Sabra, 영문 번역·편집, *The Optics of Ibn al-Haytham*, 2권(London : The Warbrug Institute, University of London, 1989), 2, xxxiii쪽 참조.

24. A. I. Sabra, "Ibn al-Haytham," *DSB* 5, 190쪽 ; 같은 저자, *The Optics of Ibn al-Haytham* 2, 14쪽.

어 냈다. 그는 이 실험을 통해서 무지개는 물방울 안쪽에서 두 번 굴절하고 한 번 반사하여 나온 결과라는 것을 보여 주었다.[25]

카말 알딘이 알하이삼의 《광학》 사본을 얻기 전에 이 책은 이미 서양에 전달되어 아마도 스페인에서 라틴어로 번역되었고, 1250년 대와 1260년대쯤이면 서양의 저술가들 사이에서는 널리 알려진 책이 되었다.[26] 이 책은 서양의 라틴 문명에서 맨 먼저 로저 베이컨 Roger Bacon(약 1220~1292년)에게 영향을 미쳤고 로버트 그로스테스트 Robert Grosseteste(약 1175~1253년), 페캄 Pecham(약 1230~1292년), 비 텔로 Witelo(1275년 이후 사망), 프라이부르크의 테오도릭 Theodoric of Freiburg(약 1250~1310년) 같은 광학과 관련된 주요 학자들에게 큰 영향을 끼쳤다.[27] 알하이삼의 《광학》 1권의 처음 세 장은 라틴어 번역본에 포함되지 않아서 그가 처음에 빛을 실험 조사한 내용은 빠졌지만, 그는 이 책에서 빛과 광학 현상을 연구할 때 계속해서 실험 방법을 사용했다. 프라이부르크의 테오도릭은 우연히도 카말 알딘이 물이 가득 찬 공을 가지고 했던 실험과 똑같은 실험을 동시에(아마도 약 1304년) 따로 수행했다. 테오도릭도 마찬가지로 무지개를 카말 알딘과 똑같이 설명했는데 빛이 물방울을 통과할 때 두 번 굴절하고

---

25. A. I. Sabra, "The Scientific Enterprise," in *Islam and the Arab World*, ed. Bernard Lewis(New York : Knopf, 1976), 190쪽 ; Roshdi Rashed, "Kamâl al-Dîn al-Fârisî," *DSB* 7, 212~219쪽 참조.

26. David C. Lindberg, *Theories of Vision from al-Kindi to Kepler*(Chicago : University of Chicago Press, 1976), 106ff쪽. 사브라 교수는 *Optics* 2, lxiv쪽 주석 94번에서 1081~1085년 사라고사(스페인 북동부 지방—옮긴이)의 왕이었던 알무타만 이븐 후드 al-Mu'taman ibn Hud가 그 책에 있는 어떤 주제에 대해 "알하젠 Alhazen(알하이삼을 말함—옮긴이)의 문제"라고 부른 사실을 언급한다. 이것은 알하이삼이 살아 있을 때 이미 《광학》 책이 스페인에 전달되었다는 것을 나타낸다. 알하이삼의 책이 라틴어로 번역되어 라틴 학자들에게 널리 쓰인 것은 물론 이보다 훨씬 뒤의 일이다.

27. David C. Lindberg, "Lines of Influence in Thirteenth-Century Optics : Bacon, Witelo, and Pecham," *Speculum* 46(1971), 66~83쪽.

한 번 반사한다고 말했다.28 이 실험은 17세기에 데카르트가 다시 한 번 똑같이 되풀이했다.29

두 개의 상태를 서로 비교 관찰하는 것은 오래 전부터 천문학에서 시행해 오던 방법이었다. 사브라의 견해에 따르면 이것은 이븐 알하이삼이 수리 광학을 실험으로 증명하면서 그 개념을 가져온 것이었다.30 따라서 버나드 골드스타인Bernard Goldstein과 조지 살리바는 둘 다 중세 유대와 이슬람 천문학자들이 서로 비교했던 천문학 이론과 관찰 사례를 검토했다. 그러나 이 관찰법은 15세기와 16세기에는 그렇게 널리 시행되지 않았다.31

의학에서도 이와 비슷한 실험 유형이 개발되었다. 예를 들면 알라지는 "실험으로 확인되지 않은 의견은 받아들이지 않으며" 대조실험對照實驗(실험을 할 때 시료를 넣지 않으면서도 시료를 쓸 때와 똑같은 경우로 실험하는 것-옮긴이)을 할 줄 알았으며 임상 관찰한 것을 기록하고, 갈레노스처럼 기존의 권위를 비판하기로 유명했다.32 비록

---

28. William A. Wallace, "Theodoric of Freibrug," *DSB* 4, 92ff쪽.
29. A. I. Sabra, *Theories of Light from Descartes to Newton*(London : Oldbourne, 1967), 62~63쪽.
30. Sabra, *Optics* 2, 14ff쪽.
31. Bernard Goldstein, "Theory and Observation in Medieval Astronomy," *Isis* 63(1972), 39~47쪽 ; George Saliba, "Theory and Observation in Islamic Astronomy : The Work of Ibn al-Shatir," *Journal for the History of Astronomy* 18(1987), 35~43쪽 참조.
32. Albert Iskandar, "Ibn Sina," *DSB* suppl. 15, 498쪽에서 이븐 시나가 알라지의 진보적인 경험주의 정신의 영향을 받은 것에 대해 설명한다. Max Meyerhof, "Thirty-Three Clinical Observations of Rhazes," *Isis* 23(1933), 321~355쪽과 비교해 보라. 이와 마찬가지로 약학에서도 경험주의에 입각한 기술을 이용해서 의약재materia medica를 검사하고 확인하는 데 큰 진전이 있었다는 기록이 있다. 아부 랍바스 안나바티Abu l-'Abbas an-Nabati(13세기 전성기)의 저작은 아라비아 최고의 약사들이 약재를 검사해서 그 성분을 설명하고, 검증되지 않은 소문들과 실제 임상 관찰된 내용을 구분하는 데 무척 애를 썼다는 것을 잘 보여 준다. Albert Dietrich, "Islamic Sciences and Medieval West : Pharmacology," in *Islam and the West*, ed. Khalil Semaan(Albany : State University of New York Press, 1980), 50~64쪽 참조.

아비센나는 알라지의 생각과 저작을 깔보아서 비난을 받았지만, 그가 쓴 《의학 백과사전》은 유럽에서조차 16세기까지 의학계를 지배한 걸작이었던 것은 사실이다. 크롬비A. C. Crombie는 《의학 백과사전》에 약을 실험하고 검사하기 위한 조건을 설명한 규칙들이 씌어 있다고 지적했다. 이 규칙들은 무엇보다도 의약품 성분의 효능을 발견하고 입증하는 과정에서 "실제로 실험을 어떻게 해야 할지 자세하게 알려" 주었다.33

　요약하면 이슬람의 과학 세계는 실험 정신이 투철했으며 광학과 천문학, 의학에서 널리 실험을 했다. 따라서 해부학 연구와는 별도로 아라비아 과학이 근대 과학으로 발전하지 못한 까닭은 아랍인들이 실험 방법을 개발하지 않고 사용하지 않아서도 아니고 수학 이론의 수준이 낮아서 그랬던 것도 아니었다. 더 나아가 12세기와 13세기까지는 축적된 지식과 잘 훈련된 과학자들이 유럽보다 아랍에 더 많았다는 것은 의심할 나위가 없다. 12세기와 13세기에 서양에는 서이슬람 제국의 이븐 밧자(아벰파세Avempace, 1138년 사망), 이븐 투파일(1185년 사망), 아베로네스(1198년 사망), 알비트루지(1200년 전성기), 마이모니데스(1204년 사망), 그리고 동이슬람 제국의 알우르디(1266년 사망), 알투시(1274년 사망), 알시라지(1311년 사망)와 같이 천문학과 우주론의 전통을 이어온 대가들과 견줄 만한 학자 집단이 없었다는 사실이 이 상황을 잘 설명해 준다. 그러나 그 시기에 서양에 중요한 천문학 성과를 남긴 천문학자가 한 사람도 없었다는 뜻이 아니라, 아랍인들은 이미 알샤티르 시대에 코페르니쿠스가 계획하고 있었던 천체 수리 모형을 만드는 데 성공했다는 것이다.34 그 당시 중동 지역 아라비아–이슬람 세계에 이보다 더 뛰어난 지식

---

33. A. C. Crombie, *Robert Grosseteste and the Origins of the Experimental Science, 1100~1700*(Oxford : Clarendon Press, 1953), 79쪽.

　　　　　　　　　　　사회·법 체계로 본 근대 과학사 강의

인들이 있었든 없었든 아라비아-이슬람 문명은 분명히 학문과 과학의 역사에서 전례 없는 지식 자산을 후세들에게 남겼다. 따라서 그 유산이 서양으로 이전되고 동화되기 전까지는 적어도 아라비아 과학의 성취가 서양의 것보다는 훨씬 더 앞섰을 것이라고 추측하는 것이 지극히 합리적인 생각이다.

그러나 문제는 내부 요인이나 과학 자체가 아니라 사회학적이고 문화적인 것이었다. 그것은 제도의 확립이라는 문제에 달려 있었다. 긴 안목으로 볼 때 만일 과학 사상과 창의적인 지식이 스스로 생명력을 유지하면서 새로운 영역을 정복하고 창조하는 방향으로 발전해 나가려고 한다면 다양한 자유의 영역들—'중립 지대'라고 부를 수 있는 것35—이 존재해야 한다. 그리고 그 안에서 많은 사람들과 집단들이 정치적·종교적 권위의 감시를 벗어나 자유롭게 천재성을 발휘할 수 있어야 한다. 또한 어떤 형이상학과 철학의 전제들도 간섭받지 않고 자유롭게 논의할 수 있어야 한다. 우리가 과학을 생각할 때 인간은 모두 이성을 가지고 태어났으며 세상은 합리적이고 일관된 모습을 지닌 전체라는 생각을 가져야 한다. 그리고 또한 다양한 차원의 보편적 상상력과 평등하고 자유로운 참여와 토론이 허용되어야 한다. 아라비아-이슬람 문명이 근대 과학을 잉태하는 데 가장 큰 약점이 바로 이것이다.

---

34. 고대 말과 중세 전성기의 유럽 과학 사상을 자세히 설명한 내용은 M. Clagett, *The Science of Mechanics in the Middle Ages*(Madison : University of Wisconsin Press, 1959) ; A. C. Crombie, *Medieval and Early Modern Science*, 2권, 개정판(New York : Doubleday, 1959) Crombie, *Robert Grosseteste* ; Edward Grant, *Physical Science in the Middle Ages*, 재판(New York : Cambridge University Press, 1977) ; Grant, *A Source Book*을 참조. 중세 유럽의 천문학에 대한 설명은 Olaf Pedersen, "Astronomy," in *Science in the Middle Ages*, ed. David C. Lindberg(Chicago : University of Chicago Press, 1978), 303~337쪽 참조.
35. 이 용어는 넬슨이 쓴 말이다. *On the Roads to Modernity*, 178쪽 참조.

외부 요인 : 문화와 제도의 장애

우리가 이러한 제도 발전의 문제에 주목하기 위해서는 아라비아－이슬람 문명에서 근대 과학의 발전을 가로막았던 몇 가지 장애 요소를 검토해야 한다. 이 장애 요소들을 말할 때 우리는 이 요소들이 서로 영향을 끼치며 상호 작용한다는 사실을 알고 있어야 한다. 더 나아가 머튼이 규정한 과학 정신의 공식을 가지고 이 요소들을 재검토하는 것은 중요한 일이다. 앞서 본 것처럼 만일 과학 정신이 "관습과 금지, 특혜, 허가" 형태의 규범으로 나타난다면 이 규범들은 그 사회와 문명의 제도 장치들을 그 안에 담고 있어야 한다. 만일 과학적 세계관이 널리 퍼져 있다면 이 규범들이 지닌 보편성, 공동체주의, 철저한 회의론, 공평성의 원칙이 그 사회의 바탕이 되는 지배 구조 안에서 패러다임의 구성 요소들로 존재해야 한다. 이제 이러한 과학 정신의 규범을 제도로 정착시킬 수 있었을 과학 발전이 왜 아라비아에서 중단되었는지 검토해 보자. 나는 여기서 로버트 머튼이 썼던 용어 가운데 일부를 약간 바꿔서 모든 행동 양식에 합법성을 부여하는 더 넓은 의미의 사회 구조(와 문명)를 규명하고, 그 속에 서로 얽혀 있는 연관관계를 더 빨리 파악할 수 있도록 하겠다.

보편성 확립의 실패

머튼이 말한 보편성의 규범은 연구자 개인의 성과를 판단하기 위해 "이전에 이미 있었던 객관적 기준"을 표준화하는 것에 있다.[36] 내가 보기에 이 객관주의는 여러 부류의 사회 관계자들에게 보편성(과 개별의 행동 기준)으로 인정받는 더 큰 문화 규범에 의존한다. 이것은 패러다임의 관점으로 볼 때 법 규범의 영역에 해당한다. 우리는 이 영역에서 두 문명의 이상화된 행동 양식이 얼마나 다르게 나타나는지 가장 극적으로 볼 수 있다. 또한 우리는 여기서 보편적 법규범이 합리적으로 정돈된 계층구조로 탄생하는 것에 대해 (아라비아-이슬람 문명이) 극도로 반발하다가 마침내 (이슬람의) 과학자 집단이 보편적 과학 규범을 만들어 내지 못하고 끝나는 모습도 볼 수 있다.

보편성의 규범이 널리 퍼지기 위해서는 사회에서 서로에게 영향을 끼칠 수 있는 모든 관계자들이 공평하게 동일한 발판 위에 서 있어야 한다. 이것은 이론적으로 볼 때 사회적 지위나 신분 또는 지역, 인종과 상관없이 모든 사회 구성원들에게 적용될 수 있는 객관적 기준을 만들면 된다. 그러면 모든 개인의 행동은 사회 내부의 행동 기준이나 규율 같은 보편적 기준에 따라 판단할 수 있다. 또한 여기에 공정성이라는 개념들이 활동하기 시작하는데 이것은 관행과 관계가 있으며, 이 관행은 그 판단을 책임지는 사람의 이해에 따라 수용 여부가 결정된다. 그러나 이런 조건이 성립하기 위해서는 여기에 참여하는 사람들이 도덕적으로 중립을 유지할 수 있거나 특정 지역, 인종, 종교 또는 비슷한 개별 특성을 가진 집단들에서 독립해서 판단할 수 있는 사람이어야 한다.

아라비아-이슬람 문화의 경우 실제로 사상의 영역에서 이런 차원의 도덕적·윤리적 중립성을 성취하는 것은 어렵다는 것이 이미 입증되었다. 그리고 이것은 무엇보다도 이슬람법 자체가 지닌 개별주의 특성 때문에 더 그렇다. 결국 이슬람법에서 발생하는 모든 발전은 보편적 차원의 담론을 창조하는 것이 아니라 다양한 종류의 개별주의를 더욱 강화시키는 구실을 했다. 이슬람법은 그 법이 신성한

---

36. Merton, *The Sociology of Science*, 270쪽.

법이라는 것과는 별도로 하나피, 말리키, 샤피, 한발리와 같은 네 갈래의 주요한 법학파들이 모여 있는 복합체이다. 이 법학파의 이름은 모두 그 설립자의 이름을 따서 지은 것이다. 이슬람 역사를 통틀어 이런 개별 학파는 수백 개가 넘게 있었지만 대부분은 사라졌고 이들 네 학파만 남았다. 12세기와 13세기에도 여전히 이븐 하즘Ibn Hazm (1064년 사망)이 스페인에서 설립한 매우 보수적인 자히리파Zahiri school가 공감을 받고 있었고, 이들은 1492년 마침내 기독교가 이슬람교를 무너뜨릴 때까지 영향력을 행사했다.37 이 네 갈래의 법학파는 고유의 종교적·법적 재능을 지닌 유력한 개인들을 중심으로 모였는데, 이들 법학파는 각자 추종자들을 거느렸고 독자적인 전통을 구성할 수 있을 정도로 독특한 율법 해석을 발전시켰다. 이슬람 사회는 이후로 모든 차원에서 이 법학파들이 서로 영향을 끼치며 발전해 갔다.

예를 들면 11세기에 이슬람 세계 전역에서 마드라사를 세우는 운동이 시작되었을 때 마드라사마다 한 명의 법학 교수를 임명했다. 이때 법학 교수는 여러 법학파들 가운데 한 학파에 속해 있었으며 따라서 이것은 그 학교가 교수가 속한 학파의 견해만을 가르친다는 것을 뜻했다. 4장에서 본 것처럼 (14세기 말에) 한 마드라사에 여러 개의 법학파가 있을 때에도 교수는 서로 다른 학파의 학생들과 그들의 율법 체계가 서로 섞이지 않게 하기 위해서 학파마다 강의를 따로 했다.38 이런 체제는 점점 굳어졌고 서로 다른 법학파들을 하나

---

37. Joseph Schacht, *Introduction to Islamic Law*(Oxford : Oxford University Press, 1964)는 초기 이슬람의 법학파들에 대한 책이다. N. J. Coulson, *A History of Islamic Law*(Edinburgh : Edinburgh University Press, 1964), 3장 ; George Makdisi, *The Rise of Colleges:Institutions of Learning in Islam and the West* (Edinburgh : Edinburgh University Press, 1981), 2ff쪽도 함께 참조.
38. Makdisi, *The Rise of Colleges*, 304쪽.

   사회·법 체계로 본 근대 과학사 강의

로 통합하여 "서로 다른 해석에 따른 불일치"를 극복하고 보편적인 표준 이슬람법 체계를 완성하려는 노력은 전혀 없었다. 따라서 가장 기본적인 주제를 가지고 토론하려고 해도 특정 학파(마드하브)의 고유한 전통을 직접 대화하거나 토론하는 행위는 금지되었다.

더욱이 이슬람법은 원래부터 특수성에 매우 깊숙이 편향되어 있으며 여러 차원에서 그 본질을 분명하게 드러낸다. 만일 어떤 사람이 율법의 해석을 받기를 원한다면 그는 자기가 바라는 것에 가장 가까운 의견이 나올 때까지 여러 법학자(카디, 무프티 같은 직책을 가진 사람)들을 찾아다닐 수 있다.39 자기가 속한 법학파에서 만족스런 답이 나오지 않으면 다른 법학파로 가서 물을 수도 있다. 이런 상황은 사법권이라는 개념, 말하자면 법이 정한 범위에 대한 생각이 없음에서 비롯된 것이라고 볼 수 있다. 반면에 서양에서는 성직자 임명권을 둘러싼 논쟁과 신성한 법과 세속법의 분리를 통해 이 개념이 나왔다. 그러나 여기서 더 중요한 것은 사회에서 일어나는 행위를 법으로 정하여 판별하는 합법적 영역에 대한 분명한 개념 규정이 없다면, 우리는 자신이 진정으로 누구나 인정하는 원칙을 따르는 중립 지대에 있는지 확인할 길이 없다는 점이다. 아무나 모든 것을 자기 멋대로 판정할 것이기 때문이다.

또한 많은 학자들은 이슬람법이 특수성 또는 개별성이 매우 강해서 개인이 취한 법적 행동이 사회에서 효력을 발휘한다는 사실에 주목했다. 예를 들면 어떤 사람이 종교 재단(와크프)의 설립을 결정할 때 그는 먼저 그 재단의 규정을 작성한다. 그리고 그가 거기에 명시한 조항들은 법과 같은 힘을 갖는다.40 따라서 종교 재단의 설립자

---

39. 같은 책, 277쪽 ; Coulson, *Conflicts and Tensions in Islamic Jurisprudence* (Chicago : University of Chicago Press, 1969).
40. 샤흐트가 Makdisi, *The Rise of Colleges*, 35쪽에서 인용.

는 자신의 의도와 목적을 선언하고 그 규정문을 복사해서 그것을 정리 보관하는 카디(재판관)에게 한 장 준다. 이때 카디는 그 규정문의 조항이 이슬람의 교의를 벗어난다고 판단되면 그 조항의 일부 또는 전부를 거부할 수 있다. 그러나 어쨌든 그 문서는 법의 표준 형식에 맞지 않게 작성되었지만 엄연한 법률 문서이다.

한편 매우 다른 차원이지만 이슬람 형법은 살인이나 성폭행과 같은 범죄를 사사로운 일로 다루어 피해자가 가해자에게 복수할 수 있도록 허용한다. 이런 범죄 행위를 국가가 담당해야 할 공익의 문제로 보지 않는다.41 이런 범죄들은 복수가 따르는 범죄라고 정의하고 '케사스quesas'라고 부르는데, 피해자는 그 범죄를 저지른 사람에게 복수할 수 있는 권리를 가지고 피해자나 그 가족들은 가해자에게 전혀 예상할 수 없는 방식으로 복수할 수 있다. 반면에 중앙 권력이 경계하는 영역은 종교를 거스르는 죄로 "신에 대항하는 범죄"인데 '후두드hudud'라고 부른다. 동시에 개인 상해의 범위는 매우 좁게 해석했는데 "과실이라는 개념은 이슬람법에 없었기" 때문이다.42 다시 한 번 말하지만 이슬람법에는 개인에게 벌을 내리는 명확하게 정해진 보편적인 기준이 없다.

이슬람법은 이런 보편적 기준을 만드는 대신에 인간의 모든 행위를 ①반드시 지켜야 하는 행동 ②금지된 행동 ③허용할 수 있는 행동 ④칭찬할 만한 행동 ⑤비난할 만한 행동(또는 임의의 행동)이라는 다섯 가지 윤리적 범주로 판단하려고 했다. 그러나 이것은 임의의 행동에 따른 죄(타지르 범죄ta'zir, 부패, 사기, 위조, 방화, 대중을 불쾌하

---

41. Schacht, *Introduction to Islamic Law*와 Matthew Lippman, Sean McCoville and Mordachai Yerushalmi, *Islamic Criminal Law and Procedure*(New York : Praeger, 1988), 3장 참조.
42. Schacht, *Introduction to Islamic Law*, 182쪽.

게 만드는 일, 복장 위반 같은 죄를 말함—옮긴이)와 처벌의 범위를 매우 넓게 잡아서 대체로 이슬람의 정신과 꾸란을 위반하는 행위를 모두 포함했다. 결국 이 죄는 특정한 법학자 또는 시장 감독관이 재판권을 가지고 자기가 적당하다고 생각하는 처벌을 할 수 있게 했다. 그러나 처벌을 실제로 집행할 때는 그 죄의 특수성을 참작해서 시행했다.

예를 들면 샤피 학파의 법학자인 알마와르디al-Mawardi(1058년 사망)은 다음과 같이 썼다.

벌을 내리는 사람이 자기 재량대로 벌을 주는 범죄는 샤리아에 그 죄에 대한 벌칙 조항이 씌어 있지 않은 경우에 해당된다. …… 이 벌은 샤리아에 씌어진 범죄인 하드hadd에 대한 처벌과 같은 효력을 갖는다. 또한 이것은 하드 범죄와는 다른 형태의 죄를 처벌하는 수단이기도 하다. 그러나 이 자유재량의 처벌은 세 가지 점에서 하드 범죄 처벌과 다르다. 상층 계급에 속하는 지위가 높은 사람들에 대한 처벌은 어려운 삶을 사는 하층 계급에 대한 처벌보다 약하다. …… 그러므로 하드 범죄 처벌은 모든 사람에게 동일한 방식으로 적용되는 데 반해 자유재량의 처벌은 처벌받는 사람의 지위에 따라 다르다. 따라서 고위직에 있는 사람은 처벌을 빠져나갈 여지가 많지만 하층에 속한 사람은 단호한 처벌을 받을 수 있다. 어떤 이는 굴욕스런 조건으로 매우 심한 징계를 받아야 할 수도 있지만 그렇다고 중상하거나 무례한 대우를 받는 것과는 관련이 없다. 끝으로 가장 낮은 계층의 사람들은 그들의 지위와 범한 죄에 해당되는 기간 동안 감옥에 들어간다. 어떤 이는 하루가 될 수도 있고 더 긴 기간이 되거나 심지어 무기한으로 감옥에 있을 수 있다. …… 만일 이슬람교인들을 잘못된 길로 유혹한 경우에는 추방당할 것이다. …… 어떤 이는 결국 매를 맞을 수도 있는데 범죄자의 행동과 그가 범

한 죄의 무거움에 따라 매를 맞는 대수가 정해진다.[43]

　요약하면 이슬람법은 사건과 개인의 특수성에 따라 모든 경우를 처리하는 최고의 본보기를 정해 놓은 법이었다. 이 때문에 공정성과 정의라는 단일하고 보편적인 원칙을 세우는 것이 필요 없었다. 조지프 샤흐트의 말대로 "이슬람법의 목적은 인간의 이해관계를 주장하는 행위에 대해 공식 규칙을 정하려는 것이 아니라, 그 행위에 따라 구체적이고 물질적인 기준을 제공하는 것인데 이것은 세속 법의 목적과 같다."[44] 인간 관계의 물질적이고 특수한 측면에 대한 강조는 "다소 놀랄 만한 결과를 초래했는데 이슬람법 체계에서 선의와 공정성, 정의, 진리 같은 것에 대한 고려는 그저 보조 역할을 하는 데 그쳤다."[45]

　이와 반대로 서양의 법학자, 로마법과 교회법을 연구하는 사람들은 누구에게나 동일한 처리와 결과를 보여 주는 공식적이고 추상적인 원칙을 바탕으로 단일한 법 체계를 만들려고 애썼다. 이들은 선의와 정의 같은 개념 외에도 서로 다른 집단의 사람들 사이에서 그 법이 공평하게 적용되는지를 나타내는 법(또는 관습)의 공정성, 적용 기간, 형평성의 원칙이 판결에서 중요하게 다뤄져야 한다고 주장했다. 법은 한 번 확정되고 공포되면 왕을 포함해서 모든 사람에게 보편적으로 공평하게 적용되어야 하며 지역의 지도자들이 맘대로 정지하거나 미룰 수 없다. 따라서 유럽의 법학자들은 이론상으로 모든 법전의 관할 범위를 알 수 있도록 다양한 계층구조를 가진 명령과

---

43. H. Liebesny, ed., *The Law of the Near and Middle East*(Albany : State University of New York Press, 1975), 229쪽에서 인용.

44. Schacht, *Introduction to Islamic Law*, 203쪽.

45. 같은 쪽.

사법권을 완성했다. 말하자면 교회법, 왕실법, 장원법, 도시법과 신성한 법까지도 자신들의 관할 영역(자치 재판권)이 정해져 있다. 또한 성문법과 판례법에도 우선순위가 매겨져 있었다. 그러나 이슬람에서는 신성한 법을 우선하는 법이 있다는 것은 상상할 수 없었기 때문에 성문법을 이해하지 못했다.

따라서 우리는 서양의 법 체계는 보편성을 지향하지만 이슬람의 법 체계는 특수성을 중시한다고 말할 수 있다. 서양의 법은 자연법과 인간의 타고난 이성을 따르는 보편적 기준을 세우는 방향으로 나아갔지만,46 이슬람 문화와 법은 여전히 신성한 법으로 남아 있었다. 이슬람에도 법학자들이 합의한 이즈마라는 법 개념이 있기는 했지만, 여러 법학파들이 서로 나뉘어져 따로따로 법을 시행하고 경우마다 특수성을 중시하는 구조였다. 이것은 유럽의 교회법(12세기 그라티아누스가 최초로 완성한)에 상응하는 체계화된 법과 원칙이 이슬람법에는 준비되어 있지 않았기 때문이었다. 또한 이슬람법은 판례에 대한 개념이 없었다.47 판례와 사법권, 말하자면 재판 관할권에 대한 개념이 없이는 이론 또는 실제에서 법의 균일성이 있을 수 없었다(더 자세한 내용은 나중에 다룬다). 요약하면 이슬람법은 그 원리나 적용에서 모든 인간들 사이의 마찰에 대해 철저하게 특수성과 개별성을 강조하는 방식으로 제도화했다.

자치 집단의 부재

근대 과학의 발전에 대해 얘기할 때 대개 자치 집단의 문제는 간

---

46. 4장 참조. 그러나 Harold Berman, *Law and Revolution:The Formation of the Western Legal Tradition*(Cambridge, Mass.:Harvard University Press, 1983), 140쪽, 145~147쪽, 196쪽도 참조.

과되었다. 과학사회학과 과학사를 연구하는 학자들은 흔히 과학의 자치권을 얘기하면서 집단적 자치권과 법적 자치권은 당연히 근대 과학의 배경에 들어 있는 것으로 생각한다. 이것은 에밀 뒤르켕이 "계약 이전에 존재하는 계약의 (바탕이 되는 선험적) 토대"라고 말한 것에서 나왔는데 지금까지 검토되지 않은 영역이다.48 로버트 머튼도 이 중대한 발전을 인정하지 않는다. 과학의 역사를 연구하는 사람들은 과학의 자치권이 대개 근대 초기에 많은 도전을 받았다고 생각했으며, 따라서 이들은 근대 과학을 탄생시킨 것이 "과학자 집단"과 "이들을 뒤에서 후원한 전문학교"라고 믿었다.49 그러나 이 견해는 오늘날 특히 중세 과학을 연구하는 학자들이 과학을 연구하는 장소로 중세 대학의 구실을 다시 평가하는 관점에서 볼 때 별 호응을 얻지 못한다. 다시 한 번 말하지만 과학자 집단이 존재했다는 사실은 이들이 법적 자치권을 가졌다는 사실을 전제하는데, 이것은 이슬람에서는 전혀 상상할 수 없는 일이며 또한 서양에서도 12세기와 13세기 이전에는 일어나지 않았다.

아라비아–이슬람 문명에서 법적 자치권을 지닌 자치 집단이 나타나지 못한 것(19세기 서양의 민법을 차용하기 전)은 이슬람법의 독특한 특성 때문으로 볼 수 있다. 이것은 이슬람교 공동체인 움마의 단일성이라는 종교적·형이상학적 속성과 깊은 관련이 있다. 신학의

---

47. Herbert Liebesny, "English Common Law and Islamic Law in the Middle East and South Asia : Religious Influences and Secularization," *Cleveland State Law Review* 34(1986/6), 19~33쪽.

48. Émile Durkheim, *The Division of Labor*(New York : Free Press, 1933), 특히 206 ~216쪽 ; Talcott Parsons, *The Structure of Social Action*(New York : Free Press, 1968), 2, 230f쪽 참조.

49. Martha Ornstein, *The Role of Scientific Societies in the Seventeenth Century* (Chicago : University of Chicago Press, 1938) ; Roger Hahn, *The Anatomy of a Scientific Institution:The Paris Academy of Sciences, 1666~1803*(Berkeley and Los Angeles : University of California Press, 1971).

　　　　　　　　　　　　　　사회·법 체계로 본 근대 과학사 강의

관점에서 볼 때 이슬람교인들은 하느님을 믿는 신앙 공동체 안에서 서로 동등한 구성원들이다. 하느님은 모든 신자들이 "최후의 심판일이 왔을 때 하늘나라로 들어가기" 위해 취해야 할 모든 올바른 행동 규범을 완성해 놓았기 때문에 이 규범은 모든 사람의 영혼에 영원히 적용된다. 더욱이 하느님의 법, 샤리아는 이 사회의 완전무결한 청사진이며 따라서 신자들을 서로 가르는 그런 법 조항은 없기 때문에 어느 한 집단의 이슬람교인들에게만 적용되는 새롭고 고유한 특권을 부여하는 복수의 법적 신분(남편과 아내, 아버지와 아들과 같은 혈연관계와는 다른)은 생각할 수 없다. 더 나아가 모든 이슬람 공동체는 언제나 신의 심판 안에 있고 따라서 서로 다르게 법의 적용을 받거나 특별히 따로 성서의 은혜를 입거나 거기서 면제되는 특혜를 받을 수 없다. 이에 따라 이슬람법의 역사는 자치권을 지닌 독립체를 인정하지 않았고 무엇보다도 종교와 세속의 사법권을 분리한다는 생각은 이들에게 생소한 개념이었다. 앞서 본 것처럼 중세 유럽에서 발생한 이런 종교와 세속 영역의 분리는 법학과 근대 과학이 발전하기 위해 필요한 가장 최소한의 기반이었다.

더욱이 이슬람법은 법인法人의 개념이 발달하지 않았다. 조지프 샤흐트가 말한 것처럼 "예를 들어 개인에게 안전통행권을 주는 권리, 구호세를 낼 의무, 이슬람의 지배자인 이맘 또는 칼리프를 임명하는 사람들의 권리와 의무 같은 공권력은 대개 개인의 권리와 의무로 축소되고 말았다."[50] 이슬람법에는 자치 집단을 인정하는 조항도 없었다. 회사나 동업조합, 도시, 마을, 대학과 같은 자치권을 가진 독립체가 이슬람법에는 존재하지 않았다. 또한 변호사와 같은 법적 자

---

50. Joseph Schacht, "Islamic Religious Law," in *The Legacy of Islam*, 2d ed., ed. Joseph Schacht and C. E. Bosworth(New York : Oxford University Press, 1974), 398쪽.

치권을 가진 직업도 이슬람법에서는 인정하지 않았다.[51] 샤흐트는
이렇게 말한다.

> 사실 (이슬람법에는) 협회나 기관의 개념은 전혀 없다. 법인은 이슬
> 람법에서 실현되는 듯했지만 실제로 전혀 이루어지지 않았다. 종교 재
> 단 와크프는 법인으로 발전할 것으로 기대했지만 그렇지 못했다. 그러
> 나 노예는 개별 인간으로가 아니라 돈벌이를 하는 사업체의 개념으로
> 사고파는 독립 재산이었다.[52]

데이비드 산틸라나David Santillana도 같은 견해를 나타냈다. "이슬람
의 법학자들은 지방 자치체의 사법권이나…… 동업조합과 같은 집
단의 법적 특성을 알지 못한다. 만일 우리가 이슬람 국가의 정치와
사회가 로마식과는 다르다는 것을 이해한다면 그 까닭을 쉽게 알 수
있다."[53]

이슬람 국가의 형법은 종교와 관련된 권리와 의무를 다양한 독립
체, 자치 집단의 회원들의 의무 또는 특권과 분리하지 못했다. 조지
프 샤흐트는 이어서 말한다.

> 이슬람법은 신의 권리와 인간의 권리를 구분한다. 오직 신만이 죄를
> 처벌할 수 있는 권리를 지녔으며 형법으로서 적절한 특성을 가지고 있
> 다. 또한 이슬람 형법은 마치 인간이 고소하는 것처럼 신이 고소한다는

---

51. F. Ziadeh, *Lawyers : The Rule of Law and Liberalism in Egypt*(Stanford,
    Calif. : Hoover Institution, 1968).
52. Schacht, "Islamic Religious Law," 398쪽.
53. S. M. Stern, "The Constitution of the Islamic City," in *The Islamic City*, ed. A.
    H. Hourani and S. M. Stern(Philadelphia : University of Pennsylvania Press,
    1970), 49쪽을 David Santillana, *Istituzioni di diritto musulmano malichita* 1,
    170~171쪽에서 인용.

생각이 우세하다.54

이슬람법은 불법 행위를 바로잡는 일에서도 과실과 형사 책임, 정당한 처벌의 법적 범주를 구분하지 않았다.

범죄 행위 때문에 져야 하는 책임이 복수 또는 위자료나 배상금이라면 그것은 인간의 권리에 속하는 사적 소송에 해당하는 문제이다. 이 부분에서 형사범죄는 실제로 없다. 형사범죄는 종교적 책임을 져야 하는 경우에만 있었다. 인명, 재산과 같은 인간의 권리를 침해한 행위에 대한 처벌은 정해진 규칙이 없었고, 그 피해자가 손해 본 것에 해당하는 만큼 똑같이 배상받으면 되었다. 이에 따라 살인과 상해의 피해를 입은 사람들은 대개 보상금을 받는 대신에 복수를 하는 쪽을 택했다. 이슬람의 몇몇 학교에서는 법인 개념의 경우에서 나타난 것처럼 형법 개념이 적어도 일부 학자들 사이에서 논의되는 듯했지만 계속해서 이어나가지 못했다.55

요약하면 법적 자치권을 주장하는 중요한 근거는 사법권의 집행이 단일하지 못하고 (또는 어느 한 곳을 우대하며) 특정의 집단에 자치권이라는 특권을 부여할 거라는 우려와 정면으로 부딪쳤다. 따라서 신성한 이슬람법의 개념에서는 동업조합, 도시, 대학, 과학자 집단, 사업체, 직업인 협회 같은 어떤 형태의 자치 집단도 인정받지 못했다. 이 때문에 이슬람 문명에서는 12세기와 13세기에 라틴 유럽에서 발생한 것처럼 자치권과 특권을 부여받은 교육 기관이 탄생하지 못했다. 이런 자치 집단의 부재로 남겨진 공백은 결국 강력한

---

54. Schacht, "Islamic Religious Law," 398쪽.
55. 같은 책, 399쪽.

친족 체제로 채워졌다.

고등 교육기관과 특수성의 존속

이슬람의 교육 기관에서 행해졌던 개인주의적 학습의 특징은 이
자자(자격 인증) 제도의 존속에서 볼 수 있다. 조지프 벤-데이비드가
주목한 것처럼 (비록 그는 아라비아–이슬람의 과학과 문명이 근대 과학
의 발전에 기여했다고 주장하지 않지만) 학생들이 어느 한 학문에 정통
한 스승이나 학자에게 소속되어 배우는 이슬람의 도제식 수업의 유
지는 이슬람의 근대와 고대 과학을 가르는 문화적 전환점이 되고 만
다.56 이 때문에 마드라사와 같은 이슬람 국가의 공식 고등 교육기
관 안에서도 교과과정과 시험의 일반화된 공식 체계가 개발되어 있
지 않았고, 따라서 이 기관이 직접 수여하는 특정 분야의 학위를 받
거나 자격증을 얻을 수 없었다.

우리가 2장에서 본 것처럼 조지 마크디시는 이슬람에서 "교수 자
격증"이 어떻게 발전했는지 다양한 차원에서 추적한다. 하디스를
다른 사람들에게 전달할 수 있는 권한은 마침내 이슬람의 법 체계에
서 "법을 가르치고 판결을 내릴 수 있는 자격"이 되었고,57 그러한
권한이나 허가를 받는 체계는 여전히 개별 학자들에게 따로따로 받
아야 했다. 이렇게 하디스를 "전달하는" 권리를 부여하는 권한은 그
학생을 가르친 스승이 되는 법학자가 가지고 있었는데, 그는 법률
대리인 집단의 소속 회원으로서가 아니라 한 사람의 종교학자로서
그 일을 했다. 결국 다른 개인에게 인증받은 지식을 전달할 수 있는

---

56. Joseph Ben-David, *The Scientists's Role in Society*(Englewood Cliffs, N.
    J. : Prentice-Hall, 1971), 46~47쪽.
57. Makdisi, *The Rise of Colleges*, 270쪽.

 사회·법 체계로 본 근대 과학사 강의

권한을 나타내는 이자자는 학문에 정통한 구세대의 학자 한 사람이 (자기에게 배운) 더 젊은 세대 한 사람에게 개인적으로 자격을 인정해 주는 제도였다.58

근대 초 유럽 대학에서 등장한 교수 자격증 제도는 학생이 자기가 선택한 교수에게 가서 배우고, 교수는 그 학생에게 자격증을 주는 이슬람 교육의 특수성과 완전히 관계가 없다는 것을 분명하게 보여 준 것이었다.59 이슬람의 개인화된 교육 체계가 가진 장점도 있었지만 이 체계는 교수와 평가의 투명하고 객관적인 기준을 가지고 있지 못했기 때문에 학생의 지식이 얼마나 발전했는지 평가할 수 있는 공통된 기준점 구실을 할 수 없었다. 이슬람 세계에서 수세기 동안 수백 개의 학교가 세워진 것은 바로 이 개별성과 특수성 때문이다. 이 학교들은 모두 특별한 지성과 인격을 겸비한 파키흐faqih(법학자)들이 설립했는데, 이들은 자기 고유의 법학파를 만들어 독자적인 판결(파트와)을 내릴 수 있었으며 이전의 판례나 보편적 법 원리에도 구애받지 않았다. 따라서 이슬람 문명의 패러다임을 구성하는 지식으로서 이슬람 법 체계는 근대 과학이 요구하는 체계와 정반대되는 모형을 만들었는데, 말하자면 집단 또는 개인이 아닌 단체 조직의 기준을 토대로 하지 않고 개인의 권위에 바탕을 둔 체계를 세운 것이다.

이와 반대로 유럽 대학들은 대학 자체적으로 그리고 대학들 사이에 시험 제도를 확립했다. 대학 안에서 학생들은 어느 정도 표준화된 주제와 지식을 대상으로 교수 심사위원단 앞에서 구술로 시험을 봤다. 만일 다른 대학에서 공부한 학생이 새로 입학할 때는 그의 자

---

58. 같은 책, 271쪽, 129쪽, 133쪽.
59. George Makdisi, "Madrasah and University in the Middle Ages," *Studia Islamica* 32(1970), 255~264쪽과 비교.

질에 의심이 생기면 새 대학에서 다시 시험을 봐야 했다. 이 절차는
의학 분야에서 가장 철저했다.[60] 더욱이 의학을 가르칠 수 있는 자
격은 의사 개업을 할 수 있는 자격으로 발전하여 아무나 함부로 의
사가 될 수 없게 되었고, 이러한 발전은 의술과 의학 지식을 전체적
으로 한 단계 향상시키는 계기가 되었다. 그러나 여기서 놓치지 말
아야 할 것은 제도적으로 자치권을 얻은 전문가 집단—대학뿐만 아
니라 전문가 동업조합—이 자기 집단에만 해당되는 교육(과 실무)의
단일한 기준을 독점해서 쓰기 시작했으며, 따라서 이 분야의 비전문
가들과 종교 감시관들의 간섭에서 벗어날 수 있었다는 점이다. 이슬
람 세계에서 의사 개업을 통제하는 일을 한 사람은 5장에서 본 것처
럼 의사들의 직업 조직이 아닌 이슬람교에서 임명한 시장 감독관,
무흐타시브이었다. 마찬가지로 이슬람의 천문학도 마드라사나 천문
대(짧은 기간을 제외하고는)가 아니라 종교직인 무와키트가 모스크
사원에서 기거하며 연구하였다.

엘리트주의와 공동체주의

이슬람과 유대 문화는 둘 다 일반 대중이 지식을 얻을 수 있도록
길을 열어 놓는 것에 강한 거부감을 보였다.[61] 그 까닭은 진실한 신
앙인이라면 "그런 지식들을 논하는 것이 금지되어 있다는 것을 알
것이다."는 취지의 신의 명령 때문이었다.[62] 철학과 종교, 신학에서

---

60. A. B. Cobbann, *The Medieval Universities : Their Organization and Development*
(London : Methuen, 1975), 31쪽 ; Rashdall, *Universities* 3, 140~145쪽 ; Vern
Bullough, *The Development of Medicine as a Profession*(New York : Hafner,
1966), 106f쪽 참조.
61. 이것에 대한 고전적 연구는 Leo Strauss, *Persecution and the Art of Writing*이다.
62. Ibn Rushd, *Tahafut al Tahafut*(모순의 모순)을 Barry Kogan, *Averroes and the
Metaphysics of Causation*(Albany : State University of New York Press, 1985),

 사회·법 체계로 본 근대 과학사 강의

풀리지 않는 문제를 토론하는 것은 모두 금지되었다. 이러한 이슬람 문화의 교육 태도와 그 효과를 잘 보여 주는 사례가 마이모니데스가 쓴 《방황하는 자들을 위한 안내서》이다.63

이 책에서 마이모니데스는 진리를 추구하는 젊은 학자들을 도와주고자 했다. 그러나 우주의 본질과 창조, 신의 능력, 추론 방식, 율법의 본질과 같은 문제들은 공개적으로 토론하는 것이 금지되어 있었기 때문에 (아무나 이 책을 읽을 수 있었으므로) 그는 책의 구조를 미로처럼 복잡 미묘하게 구성했다. 따라서 그의 책을 읽는 사람들은 이 책에 나온 내용의 뜻을 해석하고 그 의도를 찾아 내는 데 한평생을 바쳐야 했다. 이런 형태의 담론은 순수하게 정신을 훈련한다는 뜻에서는 장점이 있었을는지 몰라도 과학과 자연 철학에서 가장 중요한 요소는 표현의 명확성, 세밀함, 간결성이다. 그러므로 마이모니데스가 이렇게 쓸 수밖에 없었던 위장된 담론의 형식은 생각과 정보를 표현하는 데 엄청난 비효율성을 초래하게 되었다. 이러한 방식은 비밀주의를 파괴하려고 하지만 반면에 그것을 또 당연한 것으로 받아들이는 결과를 낳았다.

위대한 아라비아 철학자인 아베로에스(1126~1198년)는 이성과 아리스토텔레스의 철학 방법을 이용해서 성서를 해석하는 데 몰두했지만, 성서에 나온 난해한 구절에서 발생하는 난처한 문제들은 침묵으로 일관했다. 그의 생각으로 철학자는 성서에서 말하는 진실한 의미를 발견할 수 있지만 이런 종류의 높은 수준의 지식과 해석은 오직 극소수의 엘리트만이 얻을 수 있다는 것을 분명히 했다. 일반 대중은 사색 중심의 변증법 신학자(무타칼리문)와 마찬가지로 이런

22쪽에서 인용.
63. Maimonides, *The Guide of the Perplexed*, 2권, 영문 번역, Shlomo Pines (Chicago : University of Chicago Press, 1963).

문제를 이해할 능력이 없으며 따라서 그의 책에서는 이 문제는 언급하지 않았다. 그는 "비유적 해석은 대중들이 알아듣지 못하므로 수사학 또는 변증법 책에서는 아부 하미드Abu Hamid(알가잘리)가 했던 것처럼 이런 표현을 쓰지 말아야 한다. 이런 논증은 이 계층에 어울리지 않는다."64고 주장했다. 또한 아베로에스 이전에도 법학자 이븐 하즘은 "지식은 널리 알려져야 하지만 재능이 없고 어리석은 사람들에게 알려지는 것은 시간 낭비일 뿐만 아니라 그들에게 편견을 줄 수 있다. 학자인 체하지만 실제로는 아무것도 모르는 이런 침입자들이 과학에 큰 해를 입힐 수 있기 때문이다."고 주장했다.65 이런 태도 때문에 글을 쓸 때 문장의 뜻을 감추기 위한 다양한 기법이 동원되었다. 예를 들면 불분명하고 혼동케 하는 용어를 써서 마치 그 의견이 남의 것인 양 꾸미거나 단어와 글자의 자리를 바꾸거나 속에 담긴 결론을 끌어내지 못하게 하는 방법을 사용했다. 이런 형태의 글쓰기가 과학과 관련된 글을 쓰는 데 필요한 솔직하고 분명한 표현과는 정반대의 방식이라는 것은 두말할 필요가 없다(더 자세한 내용은 2장을 참조).

일반 대중은 물론 심지어 교양 있는 대중들까지도 철저하게 불신한 결과 이슬람 세계는 인쇄기의 도입을 완전히 가로막았는데 이 상황은 15세기에 유럽에 인쇄기가 들어올 때까지도 여전했다. 우리는 여기서 머튼이 주장한 공동체주의 규범에 대한 정면 공격을 본다. 머튼이 원래 이 공동체주의에서 설명하고자 한 것은 과학 지식의 공동체적 특성을 지적하고 사람들이 발견한 것은 반드시 공표되어야 한다는 것이었다.66 비밀주의는 공동체주의 규범의 반대 명제였다.

---

64. *Averroes : On the Harmony of Religion and Philosophy*, 재판, 편집·영문 번역, George Hourani(London : Luzac, 1976), 66쪽.
65. Anwar G. Chejne, *Muslim Spain*, 168쪽 ; Ibn Hazm, *Kitabal-akhlaq*을 의역함.

아라비아 – 이슬람 문화는 지식을 널리 퍼뜨리는 행위에 거부감이 심했다. 한편 이자자 제도가 그나마 지식을 개별적으로 다른 사람에게 전달하는 연결고리 구실을 했는데, 이때 전달할 지식을 받아쓰는 사람이 학자들이나 왕에게 받아쓴 문서들을 제공하는 것은 막지 않았다.67 이 밖에 아주 일찍부터 자기 종파나 종교를 전파하러 다니는 사람들은 자신들의 생각을 퍼뜨리는 방법 가운데 하나가 도서관을 만들어서 거기에 자신들의 생각을 알리는 안내 책자와 율법 책을 놔두고 사람들이 와서 읽도록 하는 것이라는 사실을 알았다. 이슬람 사원에 부설 도서관을 두어 신자들이 온갖 주제와 관련된 책을 볼 수 있도록 한 것은 아주 오래된 전통이었다. 이것은 물론 시리아, 페르시아, 이라크, 팔레스타인, 이집트에 있는 기독교인들이 이슬람교인들보다 먼저 시행했다.68 이것을 처음에 시도한 의도는 이슬람 과학 지식을 종교적 목적으로 쓰기 위함이었지만 이 지식의 보고들은 나중에 그리스 철학과 외래 과학을 포함해서 과거의 위대한 문학 전통을 모두 수용하게 되었다. 실제로 문학 운동은 이슬람에서 번성했는데 돈 많은 후원자들이 수천 권에 달하는 문서들을 보관하는 거대한 도서관을 세우고 글을 읽을 줄 아는 일반인들에게도 공개하면서 이 운동을 지원하고 장려했다.69 그러나 극단적 종파주의자들의

---

66. Merton, *The Sociology of Science*, 273쪽.

67. 책을 베끼는 사람과 파는 사람에 대해서는 Johannes Pedersen, *The Arabic Book* (Princeton, N. J. : Princeton University Press, 1984), 4장 ; A. Demeerseman, "Un étape décisive de la culture et de la psychologie sociale islamiques : Les données de la controverse autour du problème de l'Imprimerie," *Institut des Belles Lettres Arabes*(Tunis) 17(1954), 113~119쪽 참조.

68. Ruth S. Mackensen, "Background of the History of Moslem Libraries," *American Journal of Semitic Languages and Literature* 52(1935/6), 104쪽.

69. Ruth S. Mackensen : "Four Great Libraries of Medieval Baghdad," *Library Quarterly* 2(1932), 279~299쪽 ; "Background of the History of Moslem Libraries," *American Journal of Semitic Languages and Literature* 51(1934/5),

편협한 도발 기간 동안 이들 도서관과 그 안에 있던 문서들은 약탈
당하거나 불태워졌다.

인쇄 기술과 기구들이 마침내 이슬람에 들어왔을 때 이것들은 일
반인들을 위한 책을 인쇄하는 목적으로 사용되지 않았다. 13세기에
이집트와 페르시아는 목판 인쇄술을 보유하고 있었는데 그것으로
화폐와 몇 가지 품목을 인쇄했다.[70] 그러나 이 인쇄술은 이슬람에서
뿌리를 내리지 못했다. 문예부흥도 일어나지 않았고 인쇄물이 꽃을
피우지도 못했다.

무엇보다도 이슬람 종교 서적을 인쇄하지 못하도록 금지한 것은
그 서적들이 "부정한 손에 떨어질" 것을 두려워해서였는데, 이런 정
서는 영국의 여행가 레인E. W. Lane이 19세기 초에 이집트를 방문했을
때까지도 지속되었다. "그들은 이슬람교 서적의 모든 쪽에 나타나는
신의 이름은 인쇄하는 동안에 더럽혀질 수 있다고 주장했고 책들이
저속해지고 부정한 손에 떨어질지 모른다고 두려워했다."[71]

1455년 유럽에서 최초로 독일 성경이 인쇄된 다음에도 약 30년
동안 이슬람교인들은 인쇄술을 금지했다.

유럽에 가장 가까이 있고 이슬람 세계에서 가장 강력한 지배자였던

114~125쪽 ; 52, 22~33쪽, 104~110쪽 ; "Arabic Books and Libraries in the
Umaiyad Period," *American Journal of Semitic Languages and Literature* 52
(1935/6), 245~253쪽 ; 54, 41~61쪽 ; J. Pedersen and G. Makdisi, "Madrasa,"
EI² 5, 1123쪽 참조.

70. Bernard Lewis, "Matba 'a" (Printing), *EI²* 6, 794~807쪽 참조. 이 문제를 검토
해 준 버나드 루이스 교수에 고마움을 전한다. 또한 T. F. Carter, *The Invention of
Printing in China and Its Spread Westward*, ed. L. C. Goodrich(New
York : Ronald Press, 1955), 15장, "Islam as a Barrier to Printing" 참조.

71. J. Pedersen, *The Arabic Book*, 137쪽 ; E. W. Lane, *The Manners and Customs
of the Modern Egyptians*, 5판(London : John Murray, 1869), 원판은 1830년대 편
집, 281f쪽.

   사회·법 체계로 본 근대 과학사 강의

터키의 왕은 유럽에서 무슨 일이 벌어지고 있는지 금방 알아차렸다. 그리고 이 새로운 움직임이 자신의 백성에게 무슨 영향을 끼칠지 두려워했다. 1485년 터키의 바야지드Bayazid 2세는 인쇄물의 소유를 금지하였다. 그리고 이어서 셀림Selim 1세도 이 조치를 되풀이하고 강화했는데, 그는 이후 잠시 동안이지만 이집트와 시리아를 점령하고 이슬람 제국의 중심이 되었다.[72]

마침내 16세기 초 기독교인들이 유럽에서 최초로 아라비아 말로 씌어진 책을 인쇄했지만, 이슬람의 인쇄 금지는 19세기 초까지 완전히 사라지지 않았다.[73]

요약하면 아라비아-이슬람 문명은 일반인들을 매우 불신했으며 이슬람의 전성기 이후로 일반인들이 인쇄물을 가까이하지 못하게 하려는 노력이 강화되었다. 요하네스 페더슨Johannes Pedersen은 "(시리아에서) 인쇄업은 1834년 미국의 청교도 선교사들이 인쇄기를 말타에서 베이루트로 들여온 이후에 비로소 번창하기 시작했다. 이들은 유럽 문화를 이슬람 세계에 소개하는 다양한 책들을 인쇄함으로써 새로운 시대의 막을 열었다."[74] 일간 신문의 발간처럼 완전히 일반 대중에게 인쇄물이 소개되는 것은 19세기 중반까지 기다려야 했다. "정부에서 발간하는 주간지가 나오기 시작한 것은 1832년 초이지만 이 밖의 다른 신문들이 나오기 시작한 것은 1876년에 가서였다. 최초의 이슬람 일간지인 알무카탐al-Muqattam(카이로 외곽에 있는 언덕 이름을 따옴)이 등장한 것은 1889년이었다."[75] 아라비아-이슬람 세계

---

72. J. Pedersen, *The Arabic Book*, 133쪽.
73. 같은 책, 134쪽.
74. 같은 쪽.
75. 같은 책, 137쪽. 더 최근에 나온 기고문도 여전히 중동 역사의 특징을 무시했다.
　　Geoffrey Roper, "Faris al-Shilyaq and the Transition from Scribal to Print

에서 이렇게 자유롭게 출판을 하고 지식을 일반 대중에게 보급할 수 있도록 인쇄술을 이용하기 시작한 것은 19세기에 서양이 중동 지역을 침략하고 그와 함께 새로운 형태의 문화 교류를 이슬람에 소개하면서부터였다.

공평성과 철저한 회의론

과학 정신을 구성하는 두 가지 요소는 철저하게 근대적 가치를 나타내는 것 같다. 그런 까닭에 이처럼 이른 시기에 이 요소들이 어떠했는지 검토하는 것은 헛된 짓일 거라고 생각할 수 있다. 그러나 반대로 회의적으로 사고하고 공평하게 진리를 탐구하는 어떤 형태의 연구도 17세기 이성의 시대가 출현할 때까지 나타나지 말아야 한다고 생각하는 것도 마찬가지로 역사적이지 못한 것이다. 우리는 중세 전성기 시대에 철학(과 과학)이 이슬람과 서양을 가릴 것 없이 모두 종교에 구속된 개념의 지배를 받았다는 사실을 기억해야 한다. 또한 중세 사람들은 천체 과학에서 지구의 운동 법칙으로 내려옴으로써 전통의 우주론을 탐색하고 비판하고 재구성하고 때때로 완전히 부정하는 대담함을 보여 주었다.

로버트 머튼에 따르면 공평성의 규범은 "광범위하고 다양한 동기를 제도적으로 통제하는 차별적 양식"으로 보여야 한다. 그리고 "제도가 공평한 행동을 요구하면 과학자의 자세로 볼 때 그 명령에 복속해야 하는 고통을 수반해야" 하고 그 규범이 내면화될 때는 심리적 갈등을 겪기조차 한다.76 머튼은 공평성을 실현하는 가장 효과적

Culture in the Middle East," in *The Book in the Islamic World*, ed. George N. Atiyeh(Albany : State University of New York Press, 1995), 209~231쪽.
76. Merton, *The Sociology of Science*, 276쪽.

 사회·법 체계로 본 근대 과학사 강의

인 수단은 동료 과학자들이 이해하고 판단하는 것에 모든 것을 맡기는 것이라고 주장한다. 한편 철저한 회의론의 규범은 "연구 방법론이나 제도 차원에서 반드시 따라야 하는 원칙이다."77 방법론 차원에서 볼 때 "경험주의와 논리에 맞게 만들어진 기준에 따라 연구 결과를 판단하는 일을 잠시 유보하고 공평하고 정밀한 조사를 다시 하는 것"은 반드시 필요하다. 이것은 동시에 "기존의 다른 제도와 갈등"을 일으키는 원인이 되기도 한다.78 달리 말하면 우리가 지금까지 살아온 사회와 자연 세계에 대한 인식론적·형이상학적·사회적 토대를 포함해서 모든 영역에서 나온 경험의 결과를 공평하게 정밀한 조사를 하는 것은 반드시 기존의 경험과 심각한 충돌을 일으키게 된다. 따라서 이러한 공평한 탐구 과정을 채택한 사람들은 반드시 기존의 다른 사회 제도와 갈등할 수밖에 없다. 이와 함께 머튼은 만일 이 공평한 연구가 추진력을 발휘하려고 한다면 그것은 반드시 개인적 연구가 아니라 제도로 뒷받침된 연구가 되어야 한다.

이들 주제와 그 주제의 역동성을 주목할 때 12세기와 13세기 유럽에 새로 등장한 대학에서 이것들이 하나로 합쳐지는 모습을 볼 수 있다. 서유럽에서 자치와 자율을 바탕으로 세워진 제도적 실체가 나타난 것은 서양 문명의 정치, 사회, 종교, 지성의 역사에서 큰 발전을 이룩한 중요한 사건이었다. 유럽의 대학은 우리가 중세 시대에 볼 수 있는 자치 조직 가운데 일부 예에 불과하다. 당시 유럽 전체 지역에 걸쳐 상인들과 상업의 동업조합이 동시에 발전하고 있었다. 어떤 사람들은 심지어 대학의 입학에서 교육, 학위 수여까지 일련의 과정은 장인 동업조합의 자격 인증을 포함해서 그 발달 과정과 같은 길을 밟아 왔다고 주장한다. 예를 들어 학생은 대학에 입학해서 학

---

77. 같은 책, 277쪽.
78. 같은 쪽.

사로서 학업을 시작하고 "논문을 써서 논쟁하고 판단하고 변론하는 여러 시험을 통과"하면 석사 학위를 받았는데 이때부터 "교수들의 동업조합에 들어가 공식 활동을 했다." 이것은 "견습생이나 기능공 또는 혼자서 전체 공정을 완성하는 장인들(구두나 장롱을 만드는 것과 같은 일)의 동업조합에서 진행되는 과정과 같았다."[79]

그러나 교수와 장인 사이의 차이는 단순히 지식 활동과 육체 활동의 차이만이 아니었다. 대학 교수들은 장인들과 달리 특별한 권한을 부여받았다. 그것은 이들이 다른 사람을 지배하는 권력을 가졌다는 뜻이 아니라 일반 시민이 지켜야 할 책임과 의무에서 면제되었다는 것을 뜻했다. 이들은 "일종의 지식인 기사 작위"를 받은 것이었다.[80] 교수들은 아라비아-이슬람 문명의 철학자나 지식인들과 달리 자기 지역의 도시민들의 반발이나 위협이 정당하든 안 하든 상관없이 그것의 피해를 입지 않도록 특별히 보호를 받았다. 더욱이 이들은 대학이 있는 지역에서 세금을 면제받는 것처럼 경제적으로도 혜택을 받았고 사법적으로도 면책 권한이 있었다.[81]

또한 철학과 자연 세계의 모든 양상을 연구하는 것이 정식으로 인정받는 과정에서(일부는 고대 전통을 따르면서) 취해졌던 조치의 중요성을 과소평가해서도 안 된다. 우리가 이것을 그저 당연히 이루어진 성과로 본다면 그것은 중동 지역의 이슬람 전문학교에서 자연과학과 철학의 연구를 얼마나 멀리했으며 그것을 배우기 위해 얼마나 은밀한 보안이 필요했는지를 기억하지 못하는 유럽 중심주의 때문이다. 중국도 이와 마찬가지로 국가의 관료체제에서 독립된 자치 교육

---

79. Pearl Kibre and Nancy Siraisi, "The Institutional Setting : The Universities," in *Science in the Middle Ages*, ed. David C. Lindberg(Chicago : University of Chicago Press, 1978), 120~121쪽.
80. 같은 책, 121쪽.
81. 같은 쪽.

 사회·법 체계로 본 근대 과학사 강의

기관이 없었다. 당시에 있었던 교육 기관은 하나같이 완벽하게 중앙 정부의 지배 아래 있었다. 또한 중국의 철학자들은 서양에서처럼 교육 영역을 스스로 정할 자유가 없었다.[82]

따라서 중세 유럽인들이 아랍에서 처음 위대한 지식의 보고를 발견했을 때 그들은 아무 의심 없이 "우리의 아라비아 스승"은 어느 누구의 속박도 받지 않은 자유사상가들이며 자신들이 바라는 대로 지식을 탐구할 수 있었을 거라고 생각했다.[83] 이제 방금 살아 있는 지식을 손에 넣은 유럽인들은 그 지식을 둘러싼 아라비아-이슬람 문명의 제도 장치에 대한 정확한 그림을 그릴 수 없었다. 이들은 이슬람 문명에서 위대한 이븐 루시드 같은 이를 비롯해서 수많은 지식인들이 겪었던 억압에 대해서는 전혀 아는 바가 없었다.

따라서 12세기와 13세기에 유럽에 새로 만들어진 제도 장치들은 중동 지역에서는 전혀 제도적으로 써먹을 수 없는 상황이었는데, 이슬람 국가의 적법한 교육 시설에서는 철학과 자연과학의 연구와 공개 토론이 금지되었기 때문이다. 결론을 말하면 중세 유럽인들은 아리스토텔레스의 자연과학 책을 중심으로 연구하는 자율과 자치 기반의 고등 교육 기관을 탄생시켰다. 이 교과과정과 연구 방향은 더는 사적이고 개별적인 특유의 편견을 갖지 않는 의제를 새로 만들어 냈

---

82. Etienne Balazs, *Chinese Civilization and Bureaucracy*(New Haven, Conn. : Yale University Press, 1964), table 4, 147쪽 ; Needham, *GT*, 179쪽 ; Nathan Sivin, "Why the Scientific Revolution Did Not Take Place in China-or Didn't It?" in *Transformation and Tradition in the Sciences*, ed. E. Mendelsohn(New York : Cambridge University Press, 1984), 535쪽. 이 책의 8장 참조.

83. 바스의 애덜라드가 이성의 활용과 자연 세계에 대하여 조카에게 쓴 편지 비교, Dodi Ve-Nechi(삼촌과 조카), Hermann Gollancz가 서문을 쓰고 영문 번역 (London : Oxford University Press, 1920). 또한 아베로에스와 다른 아라비아 학자들의 책에서 중세 기독교인들이 발견한 이성과 합리성의 원천에 대해서는 Etienne Gilson, *Reason and Revelation in the Middle Ages*(New York : Scribner's, 1938) 참조.

다. 이 의제는 자연을 탐구하되 공평성을 따라 제도로 정착되었다.

이 새로운 아리스토텔레스의 저작물은 대학에 있는 엘리트들이 풀어 내야 할 지식이며 연구 과제였다. 《자연학》, 《우주론》, 《생성과 소멸론》과 같은 아리스토텔레스의 자연과학 책을 읽는 사람은 누구나 아리스토텔레스가 전심을 다해서 세상을 자연주의 관점에서 이해하려고 했다는 것에 큰 감명을 받을 것이다.[84] 이것은 특히 아리스토텔레스가 자연주의 관점의 얼개를 분명히 선언한 《자연학》에서 분명하게 나타난다. 이 책에서 아리스토텔레스는 최고 수준의 지식 형태는 여러 가지 자연 원리와 인과관계 또는 요소들을 바탕으로 형성되며 따라서 이것들을 제대로 알아야만 올바른 지식과 이해를 얻을 수 있다는 것을 분명히 했다. 아리스토텔레스는 "우리가 어떤 것의 근본 원인 또는 최초 원리를 알고 그 구성 요소들을 충분히 분석해 낼 때까지는 그것을 안다고 생각할 수 없기 때문이다. 분명히 말하자면…… 자연과학에서도 우리가 맨 처음 해야 할 일은 자연과학의 원리가 무엇과 관련이 있는지 파악하는 것이 될 것이다."[85]고 했다.

더 나아가 대학에는 정규 강좌와 계획에 없는 공개 토론(주로 오후에 열림)이 있었다. 공개 토론에서는 참석자들 사이에서 지금까지 받아들여졌던 논리학과 철학의 중요한 문제를 논하는 열띤 논쟁이 벌어졌고 거기서 새로운 주장이 발표되기도 했다. 신학 논쟁이 벌어

---

84. Richard McKeon, "Aristotle's Conception of Scientific Method," *Roots of Scientific Thought*, ed. P. P. Wiener and A. Noland(New York : Basic Books, 1957), 73~89쪽 ; Charles Schmitt, "Toward a Reassessment of Renaissance Aristotelianism," *History of Science* 11(1973), 159~193쪽 ; William A. Wallace, *Causality and Scientific Explanation*(Ann Arbor : University of Michigan, 1972), 특히 1권 참조.

85. *The Complete Works of Aristotle*, 개정판. Oxford 번역, ed. Jonathan Barnes (Princeton, N. J. : Princeton University Press, Bollingen Series, 1984), 1, 315쪽.

지는 특별 토론회에서는 청중들이 무작위로 질문을 던질 수 있었고, 토론회를 주재하는 교수에게 배우는 학생이 그 질문에 가장 먼저 대답을 하는 방식이었다. 그러면 하루나 이틀 후에 그 교수는 그 문제를 충분히 생각하여 최종 답변을 내놓았다.[86] 이 토론은 모두에게 공개된 공동체주의의 특성을 분명하게 띠고 있다.

이러한 점에서 오늘날 사물을 바라보는 근대적 견해와 관련된 철저한 회의론은 서양에서 오랜 역사를 가지고 있다. 철저한 회의론이 시작된 시점은 적어도 12세기와 13세기 이전인데 이 시기는 학교와 대학에 있는 근대파들이 성경을 문자대로 해석하는 것에 대항해서 합리적 사고가 더 우월하다고 주장하던 때였다. 티나 스티펠은 이 시기에 "가장 대담한 지식 탐구 가운데" 콘체스의 윌리엄, 샤르트르의 티에리, 바스의 애덜라드를 포함해서 몇몇 학자들의 저작이 있었다고 말한다.

이들은 모두 12세기 상반기에 글을 써 책을 남겼고 또한 천문학이든 생리학이든 자연현상에 나타난 모든 특징을 엄격하게 비판하고 분석하는 데 모든 관심을 쏟았다. 이들은 자연의 인과관계와 우주의 …… 원자 구조를 깊이 신뢰하고 있었기 때문에 만물의 본성rerum natura을 연구하기 위한 합리적 방법론을 공식화할 것을 주장하고 그렇게 하려고 애썼다. 이들은 마침내 스스로 자연과학이라는 새로운 학문 분야를 만들어 냈다.[87]

---

86. Kibre and Siraisi, "The Institutional Setting," 131f쪽.
87. Tina Stiefel, "'Impious Men' : Twelfth-Century Attempts to Apply Dialectic to the World of Nature," in *Science and Technology in Medieval Society*, ed. Pamela Long(New York : New York Academy of Sciences, 1985), 187~188쪽.

이 새로운 아리스토텔레스 저작들은 기독교 신학에 엄청난 도전이었지만 대학에서 새로운 교과목으로 편입되었다. 앞에서 본 것처럼 새로운 아리스토텔레스의 저작들은 과학과 세속의 훌륭한 새 교육 체계였으며 여기에 아랍 학자들의 주해가 함께 보태졌다. 12세기의 플라톤 사상과 새로운 아리스토텔레스 사상이라는 두 개의 합리적 사상의 흐름은 학문 탐구의 공평성을 끊임없이 받쳐 주는 토대를 만들었고 그것이 유럽 대학의 교과과정에서 제도화되도록 도와 주었다.

유럽에서는 아리스토텔레스의 자연과학 책들을 아라비아-이슬람 문명권에서처럼 개인의 집이나 잘 아는 토론 집단 사이에서 은밀하게 돌려보지 않았다. 이 책들은 오히려 중심 무대에 올려졌다. 그랜트 교수는 "풍성한 내용의 형이상학과 방법론 그리고 사리가 분명한 논증으로 무장한 포괄적인 세속 학문 체계가 라틴 기독교 문명의 역사에서 처음으로 신학과 그 전통의 해석을 위협했다."고 말한다.[88] 그리고 자연 세계를 연구하는 유럽인들의 철학적 정당성은 그들이 플라톤주의자든 아리스토텔레스주의자든 상관없이 13세기에 중국에서 나타난 이에 상응하는 사람들보다 훨씬 더 정교하고 강력했다. 당시 중국의 성리학자들은 "사물의 본질을 연구"하는 것에 대해 불분명하게 말했다.[89](자세한 내용은 8장에서 다룬다)

그러나 서양에서는 이 새로운 형이상이 새로운 지식 공간을 열었는데, 거기서 사람들은 우주의 구조에 대해 온갖 종류의 문제를 주

---

88. Edward Grant, "Science and Theology in the Middle Ages," in *God and Nature:Historical Essays on the Encounter Between Christianity and Science*, ed. David C. Lindberg and Ronald L. Numbers(Berkeley and Los Angeles : University of California Press, 1986), 52쪽.

89. Needham, *SCC* 2, 455ff쪽과 Wing-tsit Chan, *Chu Hsi : Life and Thought*(New York : St. Martin's Press, 1987), 136~137쪽, 44쪽.

   사회·법 체계로 본 근대 과학사 강의

고발을 수 있었다. 중세 유럽 사람들은 세상은 시작이 있었는지 아니면 언제나 존재했는지를 물었다. 그리고 이 세상 말고 다른 세상이 있는지, 있다면 이 세상과 똑같은 물질의 법칙이 그들 세상에도 존재하는지도 알고자 했다. 이들은 시간과 공간, 천체의 운동과 관련해서 생각하면서 진공 상태가 존재하는지 그리고 그 특성은 무엇인지를 물었다. 신은 순간적으로 지구의 속력을 빠르게 해서 일직선으로 만들 수 있는가? 만약 그렇게 된다면 그때 진공 상태가 생길 것인가? "자연이 진공 상태가 만들어지는 것을 막으려고 할 때 순간적으로 우리를 둘러싼 천구들은 (진공 속에서) 내부에서 붕괴할 것인가? 완전히 사이가 비어 있는 것 또는 무의 상태는 정말 진공이나 공간이 될 수 있는가? 그런 빈 공간에 있는 돌은 직선운동을 할 수 있을까? 그런 진공 상태에 있는 사람은 서로를 보고 들을 수 있을까?"90 이런 종류의 수많은 질문이 쏟아졌다. 다른 어떤 시대 또는 어떤 문명보다도 이처럼 자연 철학자들 사이에서 공평성과 철저한 회의론이 중심 의제로 떠올랐던 적은 없다.

이렇게 대학 안에서 공정한 연구와 자유로운 사상이 활발히 진전되는 것을 기독교 전통주의자들이 그냥 넘어갈 리는 없었다. 잘 알다시피 1277년 파리의 주교는 219가지 죄목을 달아 유죄선고를 내렸다. 그러나 이후로도 자연 철학의 탐구는 전혀 잦아들지 않았다. 대학의 철학자들은 자신들의 연구가 진리를 찾는 일이라는 수많은 근거를 제시하며 연구를 계속할 권리가 있다고 주장했다. 앞에서 본 것처럼 13세기와 14세기에 "'진리의 벗'이라는 말보다 더 많이 학자들의 입에 회자된 말은 없다."91 이 말의 정당화는 아리스토텔레스

---

90. Grant, "Science and Theology," 57쪽.

91. Mary McLaughlin, *Intellectual Freedom and Its Limits in the Twelfth and Thirteenth Centuries*, 재판(New York : Arno Press, 1977), 308쪽 ; Grant,

의 저작들과 그것을 주해한 책들뿐만 아니라 성경에도 나왔다. "너희가 진리를 알지니 진리가 너희를 자유롭게 할 것이다."92 이 밖에도 유럽에서 자연 세계를 탐구하고 당시 세계의 유일한 권위를 지닌 성경에 도전할 수 있는 새로운 토대를 마련하는 데 중요한 구실을 한 철학적·종교적 요소들이 많이 있었다. 요약하면 이렇게 아리스토텔레스의 저작을 바탕으로 철학과 과학 연구를 위해 만들어진 교과과정은 1200~1650년까지 400년이 넘는 동안 유럽 대학을 이끄는 중심 추진력이었다. 그 동안 대학 교육을 받는 사람들은 모두 이 교과과정으로·공부를 했으며 따라서 이들은 학문 탐구의 원칙이 되는 공평성과 철저한 회의론을 갈고 다듬어 오늘날 근대 과학의 중심 규범으로 완성했다.

그러나 아라비아-이슬람 문명으로 눈을 돌리면 공평성과 철저한 회의론 같은 가치관은 아라비아-이슬람 문명의 학문 중심에서 벗어난 작은 집단의 의사들과 이슬람 철학자들 사이에서나 발견될 수 있는 정도였고 이슬람의 중간 엘리트들에게는 전혀 인정을 받지 못했다. 마드라사는 과학과 철학을 가르치지 못했다. 또한 이슬람의 사법권에는 도덕적 곤경에 빠진 사람들을 이끌어 줄 인간 내면의 도덕적 매개체인 양심이라는 개념이 전혀 없었다. 더욱이 이슬람 사상에는 철저한 회의론을 수용할 수 있는 공간이 전혀 없었다. 진실한 신

"Science and Theology," 55~59쪽.
92. 요한복음 8장 32절. 기독교인들은 점점 이 구절을 성경 이외에 다른 진리도 있다는 뜻으로 해석하게 되었고 반면에 이슬람교인들은 지금까지도 꾸란이 모든 지혜를 담고 있다고 주장하면서 "모든 것을 다 담고 있는 책"(Sura 50 : 4), "모든 것을 자세하게 주해한 것"이라는 꾸란의 설명을 그대로 해석했다는 점을 지적한 것은 유용한 설명이다. 이것은 현대의 많은 이슬람교인들이 꾸란이 과학과 충분히 양립할 수 있으며 오히려 근대 과학을 기준으로 꾸란에 나온 자연에 대한 기록을 설명하려고 하지 말아야 한다고 믿는 근거이다. 그러나 이것은 전체 이야기의 일부일 뿐이다. 더 자세한 것은 후기 참조.

사회·법 체계로 본 근대 과학사 강의

자는 이 세상에 존재하는 모든 진리는 꾸란에 나와야 하며 그것과 정확하게 일치한다고 믿어야 했다.93 이것이 바로 마드라사에서 철학을 가르치지 못하는 까닭이었다. 골트치어가 지적했던 것처럼 철학을 공부하는 것은 불경한 행위이며 그런 행위를 하는 사람은 대개 비난을 받고 쫓겨난다는 생각이 이슬람 사회에 널리 퍼져 있었다.94 스페인에서 "팔사파(철학)와 탄짐tanjim(점성술)은 비밀리에 가르쳐졌고 이것을 배우는 사람들은 진디크zindik(이단자)라고 낙인을 찍고 심지어 돌로 치거나 불에 태워 죽이기도 했다."95 이런 까닭에 자연과학을 내놓고 연구하는 경우는 전혀 없었으며 종교 재단인 와크프법 아래서 이런 연구를 지원하는 것은 꿈도 꿀 수 없는 일이었다. 그러나 앞에서 본 것처럼 이슬람 역사에서 이 규칙이 깨진 적이 잠시 동안 있었다.

더 나아가 무엇이든 새로 혁신한다는 생각은 완전한 이단으로 몰지는 않았지만 대개는 신앙심이 없는 불경한 생각으로 받아들였다. 개인의 의견에 바탕을 둔 다양한 사회 구조는 일정한 한도를 넘어서는 연구를 하지 못하게 막는 구실을 했다. 대담하고 독창적 생각을 가진 사람이 이러한 한도를 넘어서면 그는 장래를 보장받을 수 없으며, 그

---

93. 물론 10세기와 11세기에 이슬람에 강력하게 회의론을 주장하는 목소리가 있었다. 알파라비와 이븐 시나는 꾸란과 예언자의 권위를 비판하는 데까지 가지 않았지만 매우 민감한 문제가 되었음에 틀림없었다. 다른 한편으로 아라비아 – 이슬람 제국이 완전히 이슬람화됨에 따라 회의론을 주장하는 목소리는 잦아졌다. 이슬람으로 개종하는 과정에 대해서는 Richard W. Bulliet, *Conversion to Early Islam : An Essay in Quantitative History*(Cambridge, Mass. : Harvard University Press, 1979)와 Glick, *Islamic and Christian Spain*, 33ff쪽 외 참조.

94. Ignaz Goldziher, "The Attitude of Orthodox Islam Toward the Ancient Sciences," in *Studies in Islam*, ed. Merlin Swartz [New York : Oxford University Press, 1981(1916)], 185~215쪽.

95. J. Pedersen, "Madrasa," in *Shorter Encyclopedia of Islam*, ed. H. A. R. Gibb and J. H. Kramer(Ithaca, N. Y. : Cornell University Press, 1960), 306쪽, following Makkari.

의 생각을 지속적이고 합법적인 연구 형태로 구체화시킬 방도도 없었
다. 혁신적 연구를 추구하는 사람들은 이슬람교 전통주의자들의 분노
를 불러일으켰다. 이 때문에 이들은 자신들이 연구하는 내용을 외부
로 공개하지 않았다. 널리 알려진 예언자의 가르침 가운데 이런 주장
이 있다. "가장 사악한 것은 새로운 것이다. 새 것은 모두 혁신이며
혁신은 모두 그릇된 생각이다. 그리고 그릇된 생각은 모두 지옥 불에
던져진다."[96] 무엇보다도 과학자가 혁신자로서 자기 구실을 하는 것
은 이 시기에 아라비아-이슬람 문명에서 제도로 인정받을 수 없었다.

결론

앞에서 살펴본 것들은 아라비아-이슬람 문명에서 근대 과학을
발생하지 못하게 한 것은 개별주의에 바탕을 둔 제도적 장애 요소들
이다. 우리는 여기서 이슬람법이 지식과 상업, 사회 전반에 걸쳐 자
치권의 발달을 저해하고 특수성과 개별성을 중시하는 교육 체계를
지속시킨 핵심 요인이라는 사실을 분명히 알았다. 이슬람법 사상이
지닌 고유한 특질은 보편적인 법과 객관적인 평가 기준의 발전을 가
로막았으며, 적어도 불경하다거나 이단이라는 낙인이 찍힐까 두려
워하지 않고 혁신적인 일을 실행할 수 있는 영역을 제한했다. 무엇
보다도 이슬람법은 자치 조직, 직업인 조합 또는 시민 단체 같은 집
단을 인정하지 않았다. 유일하게 법으로 보호받았던 집단은 종교 재
단인 와크프였지만 이것은 직접 이슬람교 교리의 지배를 받았다. 이
밖에도 이슬람법은 단체를 규정하는 법에서 가장 중요한 요소인 변
화와 변환을 인정하는 법적 장치가 전혀 없었다.

---

96. Bernard Lewis, "Some Observations on the Significance of Heresy in the
History of Islam," *Studia Islamica* 1(1953), 52쪽.

중국의 과학과 문명

중국 과학의 문제점

조지프 니덤이 쓴 깊이 있고 역사적으로 기릴 만한 연구서 《중국의 과학과 문명》의 발간과 더불어 사람들은 근대 과학이 왜 동양이 아니라 서양에서 발생했는가에 대한 의문을 풀기 위해 유럽과 중국을 비교 연구하는 데 초점을 맞추었다. 이 속에 담겨진 주장은 중국 과학이 서양의 과학적 성과와 비슷한 수준까지 가장 가까이 도달했으며, 따라서 다른 어떤 문명보다도 근대 과학을 탄생시킬 수 있는 조건을 더 많이 지니고 있었다는 것이다. 그러나 이미 2장과 5장에서 본 것처럼 실제로 유럽에서 과학 혁명으로 가는 길을 닦는 데 가장 중요한 구실을 한 사람들은 바로 아라비아-이슬람 학자들이었다.

아랍인들은 다양한 형태의 실험 수단을 개발하고 연구하고 사용했을 뿐만 아니라, 최고 수준의 수리 천문학을 위해 필요한 수학 도구도 개발했다. 더욱이 13세기와 14세기 마라가 천문대와 관련된 사람들이 시도했던 연구들은 나중에 이븐 알샤티르에 와서 최고 정점에 달했는데 마침내 새로운 우주의 행성 모형을 개발하는 성과를 이루어 냈다. 이것은 근대 과학으로 발전해 가는 길목에서 프톨레마이오스가 주장한 행성 모형을 최초로 뛰어넘었다. 또한 나중에 코페르니쿠스는 이 행성 모형의 혁신적 내용을 채택(또는 독자적으로 발견)했다.[1] 다만 여기서 근대 과학과 달랐던 것은 수학이나 다른 과학적 도구의 문제가 아니라 아직까지 태양 중심의 생각에 도달하지 못했다는 것이다. 아랍인들은 지구 중심의 생각에서 태양 중심의 우주로 형이상학적 사고의 도약을 하지 못한 까닭에 "닫힌 세계에서 끝없이 펼쳐진 우주로" 떨쳐나가지 못했다.

그러나 중국 과학은 서양 과학과 비교할 때—아라비아 과학과 비교해서도—결국 유럽에서 과학 혁명이 일어나게 작용했던 이론적 토대를 감안하면 그 차이가 (서양과 아라비아 과학을 비교할 때보다) 훨씬 더 컸다. 니덤의 주장에 따르면 중국은 기원전 1세기부터 서기 15세기까지 서양보다 기술이 더 앞섰다. "중국 문명은 인간이 지닌 자연에 대한 지식을 실제 인간 생활에 적용하는 데 서양(문명)보다 훨씬 더 뛰어났다."[2] 이 우월성은 현실에서 기술을 이용해서 자연을 활용했다는 뜻에서 말하는 것이지 이론적인 이해에서 앞섰다는 것을 말하는 것은 아니었다. 만일 우리가 중국의 자연과학(기술과 다른 뜻에서)을 주목한다면 중국 과학이 왜 이렇게 "엄청난 타성"에 빠지게 되었는지 더욱 혼란스러워진다.[3]

---

1. 코페르니쿠스의 행성 모형과 마라가 학파의 모형의 동일성을 자세히 알려면 2장의 "아라비아 천문학의 성과" 참조.
2. Joseph Needham, "Science and Society in East and West," in *GT*, 190쪽, 214쪽.

 사회·법 체계로 본 근대 과학사 강의

과학이 기계 장치나 전기 장치 같은 기구를 만드는 기술을 모아 놓은 것이 아니라 잘못된 것을 찾아 내는 체계라고 생각한다면, 우리가 자연 세계를 더 높은 차원에서 생각할 수 있도록 자연의 이치를 생각하고 설명하는 것 같은 그런 추상적 체계에 관심을 기울여야 한다. 과학의 핵심은 세상이 어떻게 생긴 것인지 그리고 그것은 어떻게 돌아가는지 질서정연하게 이론으로 정리한 지식이다. 과학은 테크네techne(기술 또는 기예)가 아니라 에피스테메episteme(인식)이다. 과학은 앞으로 나타날 새 세계를 말하는 것이 아니라 언제나 새로운 실체, 과정, 방법의 존재들을 연구하고 추측한다는 점에서 사색하는 활동이다. 과학이 맡은 일은 이러한 생각들과 실체들 가운데 어떤 것이 실제로 세상에 있는지를 결정하는 것이다. 칼 포퍼는 이 과정을 "추측과 반박"이라고 설명하면서 과학의 역동성을 표현한다.4 따라서 과학은 세상을 어떻게 묘사하고 설명하고 생각하는지에 대해 말하는 것이지 어떻게 하면 노동을 좀 편하게 할 수 있는지 또는 자연을 어떻게 통제할지 하는 것과는 관계가 없는 것이다. 그러나 다른 한편으로 의학은 자연을 통제하고자 하는 열망—건강을 지키고 수명을 늘리고자 하는—이 과학의 발전과 맞물려서 탄생한 패러다임의 이상 현상이다.5

---

3. Wen-yan Qian, *The Great Inertia : Scientific Stagnation in Traditional China* (London : Croom Helm, 1985). 매우 개인적인 이 논의는 중국의 과학과 문명에 대해 여러 가지 통찰력을 제공하지만, 사회학적 문제의 이해방식으로 보자면 잘 이해가 안 되는 그저 수수께끼 같은 내용이 들어 있다.

4. Karl Popper, *Conjectures and Refutations*(New York : Harper, 1968).

5. 발견의 이치, 관찰 이론의 문제점과 여러 철학 문제를 더욱 철학적으로 규명한 논의를 보려면 Toby E. Huff, *Max Weber and the Methodology of the Social Sciences*(New Brunswick, N. J. : Transaction Books, 1984)의 서문, 특히 "The Rise and Fall of Logical Positivism," 2~8쪽 참조. 이 방대한 과학 철학 논문의 길잡이로 다음과 같은 것이 있다. N. R. hanson, *Patterns of Discovery*(Cambridge : Cambridge University Press, 1958) ; F. Suppe, ed., *The Structure of Scientific*

지금까지 말한 사실로 미루어 볼 때 역사에 나타난 새로운 기술의 발견은 대부분 언제나 (그리고 20세기 이전에는 확실히) 원래 과학적 탐구가 내포하고 있는 철학적·형이상학적 생각들과 상관없이 이루어진다고 생각할 수 있다. 따라서 중국의 발명품은 (자신들이 발명한 많은 기술 도구들을 현실에 충분히 활용하지는 못했지만)6 지식인들이 과학을 탐구할 수 있는 자유(우주의 본질을 논쟁할 수 있는 자유)를 얻지 못하자 그들의 역량과 지적 호기심을 형이상학적 의문이 제기될 수 없는 안전한 지식 영역으로 대체한 결과라고 주장할 수 있다.

중국 과학에서 예로부터 근대 과학의 핵심 분야라고 할 수 있는 천문학, 물리학, 광학, 수학을 살펴보면 중국은 약 11세기부터 서양뿐만 아니라 아랍에 뒤떨어졌다는 것을 분명히 알 수 있다. 중국은 아라비아 천문학자의 도움을 받고 아라비아와 꾸준한 교류를 통해 고대 그리스의 철학적 유산들을 받아들이거나 동화시킬 수 있었던 많은 기회가 있었지만, 14세기 말이 되면 수학과 천문학, 광학 영역

Theories, 2d ed.(Chicago : University of Chicago Press, 1977) ; Imre Lakatos, "The Methodology of Scientific Research Programs," in *Criticism and the Growth of Knowledge*, ed. A. Musgrave and I. Lakatos(New York : Cambridge University Press, 1970), 91~196쪽 ; Larry Laudan, *Progress and Its Problems*(Berkeley and Los Angeles : University of California Press, 1977).

6. Derk Bodde, *Chinese Thought, Society, and Science : The Intellectual and Social Background of Science and Technology in Pre-Modern China*(Honolulu : University of Hawaii Press, 1991), 362쪽에 이것에 대한 네 가지 예가 나오는데 지진계의 발명, Chu Taiyü의 음악 평균율 발견, 자기력 발견, 소송蘇頌의 천문시계 발명(약 1090년)이 그것이다. 여기에 이동할 수 있는 천문시계의 발명(약 1041~1048년)을 더할 수 있다. 그러나 이 마지막 발명품을 쓰는 데 실패한 까닭을 설명한 글을 보려면 Needham, *SCC* 5/1, 220ff쪽 참조. 더 자세한 내용을 보려면 Kenneth R. Stunkel, "Technology and Values in Traditional China and West," *Comparative Civilizations Review*, no. 23(1990), 75~91쪽 ; no. 24 (1991), 58~75쪽 참조. 중국 사상의 억압에 대한 것 가운데 일부는 Harry White, "The Fate of Independent Thought in Traditional China," *Journal of Chinese Philosophy* 18(1991), 53~72쪽 참조.

 사회·법 체계로 본 근대 과학사 강의

에서 서양과 아랍에 한참 뒤쳐지고 만다.7 니덤은 원나라(약 1264~
1368년) 때 아랍인들, 특히 그 가운데서 아마도 페르시아인들은 중
국이 새로운 수학 개념을 도입하는 데 중요한 구실을 했으며 당나라
(618~907년) 때는 인도인들이 그 일을 했다고 말한다.8 중국인들이
수학(특히 대수)과 천문학에서 많은 발전을 이룬 것은 사실이지만,
이 성과들은 이슬람과 서양에서 그랬던 것처럼 근대 천문학으로 가
는 길을 열지 못했다. 중국 천문학의 가치를 주장하는 사람들조차도
대부분 고대에 관찰한 내용들이지만 다른 곳에서는 기록되지 않은
꽤 세밀한 천문학적 현상들에 대한 관찰 기록을 대상으로 해서만 그
렇게 인정하는 것이다.9 증거와 논증의 일관된 추론 체계인 기하학
과 삼각법은 중국에는 아예 없었다.10 이 두 가지는 천문학 모형을
발전시키는 데 꼭 필요한 특수 수학 분야였다. 더욱이 당시 실제로
현실에 부닥친 문제로서 명나라(1368~1644년)가 개국하면서 중국
국립 천문대에 있었던 주요 천문학자들은 지리적 위치의 변화가 천
문학의 계산에서 얼마나 중요한 요소인지 전혀 알지 못했다. 따라서
호팽요크Ho Peng-Yoke는 이렇게 말한다.

7. 니덤은 아라비아가 중국에 끼친 영향을 간략하게 기술했지만 더 많은 내용이 더해져
   야 한다. 특히 *SCC* 3, 372~382쪽 참조.
8. 같은 책, 2, 49쪽.
9. Ho Peng-yoke, *Modern Scholarship on the History of Chinese Astronomy*
   (Canberra : Faculty of Asian Studies, Australian National University, 1977).
10. 니덤에 따르면 중국은 "양적 크기와 무관하고 순수하게 증명을 위해 공리와 가설에
   입각한 이론 기하학을 개발한 적이 없었다." *SCC* 3, 91쪽. 또한 Libbrecht는
   Chinese Mathematics in the Thirteenth Century(Cambridge, Mass. : MIT Press,
   1973)에서 "중국 수학자들은 이 분야(기하학)에서 그리 높은 수준이 아니었다는 것
   을 인정해야 한다."고 말한다(36쪽). "중국의 기하학은 연역 추론에 대한 생각이 전
   혀 없었기 때문에 그리스 기하학과 비교할 수 없다. 우리가 중국의 수학책에서 발견
   한 것은 평면과 입체 모양에 대한 실용적인 기하학 문제들 몇 개가 전부이다."(96ff
   쪽) 그는 중국의 삼각법이라는 장에서 "이 장의 제목은 수정되어야 한다. 중국에는
   삼각법이 없었기 때문이다."고 말한다(122쪽).

천문대의 감독관이 황제에게 북경에서 바라본 북극의 각거리와 해가
뜨고 지는 시간은 남경에서 관측한 것과 다르며 겨울과 여름의 낮과 밤
의 길이도 다르다고 보고하고, 북경에 있는 물시계의 시침이 모두 남경
의 물시계를 본따 만든 것이라고 그 잘못을 지적한 것은 1447년에 이르
러서였다. 황제는 이 물시계의 시침을 다시 만들고 재조정하라고 명령
을 내려야 했다.[11]

그러나 아라비아의 천문학자들은 이미 지리적 위치에 따라 시차
가 발생한다는 사실을 알고 있었기 때문에 중동 지역의 전역에 걸쳐
서로 다른 장소에서 행성의 위치를 자세하게 기록한 행성 표를 만들
었다.[12]

원래 수리 천문학의 역사를 보면 로이드G. E. Lloyd가 지적했던 것처
럼 "기하학적 모형이 천체의 움직임에 대한 비밀을 풀 열쇠를 제공

---

11. Ho Peng-yoke, "The Astronomical Bureau of Ming China," *Journal of Asian
History* 3~4(1969), 139~153쪽 가운데 146쪽. "황제가 명령해야만 했다."는 문구
가 중요한 것은 황제의 허락 없이는 천문학(또는 점성술) 영역에서 어떤 것도 할 수
없었기 때문이었다. 중국에서 천문학 지식은 자연과 인간 사회를 연결해 주는, 말하
자면 "하늘의 명령"과 속세, 속세를 초월한 모든 사건을 연결하는 지식이라고 생각
해서 국가 기밀로 다루었다.

12. E. S. Kennedy, "A Survey of Islamic Astronomical Tables," *Transactions of the
American Philosophical Society*, n.s., 46, pt. 2(1956), 165ff쪽 ; David A. King,
"The Astronomy of the Mamluks," *Isis* 74, no. 274(1983), 532쪽. 10세기 천문
학자 이븐 유누스는 "해의 움직임으로 시간을 기록하고 정규 기도 시간을 정하기
위해 카이로의 위도를 모두 계산한 천문표를 매우 많이 만들었다." 1250년 카이로
사람들이 완성한 이 천문표는 수천 개의 목록이 기재된 보편적인 시간 기록표였는
데, 그 천문표 가운데 나즘 알딘 알미스리Najm al-Din al-Misri가 만든 것은 "해 또
는 별이 뜨는 길을 25만 개 넘는 고도로 나누어 적도와 지상의 모든 위도에 대응시
켜 시간을 정한다." King, "On the Astronomical Tables of the Islamic Middle
Ages," *Colloquia Copernicana* 3(1975), 36~56쪽 가운데 44~45쪽. 이슬람의 시
간 기록표에 대한 간단한 소개는 King, "Ibn Yunus' 'Very Useful Tables' for
Reckoning Time by the Sun," *Archive for the History of the Exact Sciences*
10(1973), 345~347쪽 참조.

사회·법 체계로 본 근대 과학사 강의

할 것”이라는 생각은 고대 그리스의 에우독소스Eudoxus(약 기원전 400~350년) 시대 때부터(나중에 아라비아로 유입) 있었다.[13] 그러나 니덤, 나단 시빈, 크리스토퍼 쿨렌Christopher Cullen 같은 사람들은 이러한 전제가 중국 과학에서는 통하지 않았다는 사실에 주목했다.[14] 중국 천문학은 기하학적 모형에 바탕을 두지 않고 대수 기반의 점추정 모형을 바탕으로 삼았으므로 기하학적 분석이 아니라 수치 해석에 의존했다.[15] 따라서 중국인들은 이 분야의 약점을 보완하기 위해 13세기 이후부터 계속해서 중국 국립 천문대에 이슬람의 천문학자들을 영입했다. 실제로 1368년에 이슬람 천문대가 중국에 세워졌는데 16세기 예수회가 중국에 들어왔을 때에도 여전히 활동을 하고 있었다.[16] 예수회가 이곳에 들어옴에 따라 중국에는 네 곳의 천문학 체계가 서로 경합을 벌이게 되었다. 하나는 전통 중국의 천문학 체계이고 또 하나는 이슬람 체계(음력 사용), 그리고 나머지 둘은 새로운 유럽 체계와 이른바 새로운 동방 천문대였다.[17]

니덤은 이런 까닭에 “아라비아와 페르시아의 수학이 중국의 전통 천문학 전반에 걸쳐 영향을 끼쳤다는 것(마라가와 사마르칸트의 관찰 기록을 미루어 볼 때)은 의심할 여지가 없다.”고 말한다.[18] 또한 중국

---

13. Christopher Cullen, “Joseph Needham on Chinese Astronomy,” *Past and Present*, no. 87(1980), 39~53쪽 가운데 40쪽을 G. E. Lloyd, “Greek Cosmologies,” in *Ancient Cosmologies*, ed. C. Blacker and M. Loewe(London : Allen and Unwin, 1975)에서 인용.

14. Cullen, “Joseph Needham on Chinese Astronomy,” 40쪽과 Needham, *SCC* 3, 20절, 229ff쪽.

15. Cullen, “Joseph Needham on Chinese Astronomy,” 40쪽. 그는 또한 Sivin, *Cosmos and Computation in Early Chinese Mathematical Astronomy*(Leiden : E. J. Brill, 1969)를 인용함.

16. Needham, *SCC* 3, 49~50쪽.

17. Ho Peng-yoke, “The Astronomical Bureau of Ming China,” 151쪽.

18. Needham, *SCC* 3, 50쪽.

을 지배했던 망구Mangu(1257년 사망. 마라가 천문대를 짓도록 명령한 훌라구의 동생)는 "어려운 유클리드 책을 혼자서 독파했다."고 전해지는데 그 진위가 좀 모호하다.[19] 그가 본 유클리드 책은 무슨 말로 씌어졌고 망구의 후계자인 쿠빌라이 칸은 왜 자신을 둘러싼 왕실 관료들에게 이 유클리드를 연구하도록 제안하지 않았을까?[20] 이러한 사실은 예수회가 중국에 기하학과 함께 서양의 천문학을 소개하면서 (그때 막 시작된 갈릴레오의 논쟁 때문에 좀 불완전하기는 했지만) 신뢰를 받은 이유가 무엇인지 알아내는 것이 더욱 어려워진다. 하지만 당시 마라가의 천체 모형이 태양 중심 모형이 아니라는 사실을 빼고는 이미 서양 천문학의 필수 요소들을 모두 가지고 있었다는 것은 분명하다.[21] 달리 말하면 당시에 이슬람 최고의 천문학자들이 중국 국립 천문대의 천문학자들과 직접 교류를 했다고 가정할 때 중국이 유클리드의 《원론》을 번역해서 프톨레마이오스의 행성 모형을 흡수하기(알투시, 알우르디, 알시라지, 이븐 알샤티르가 완성)까지 거의 200년이 걸렸다고 볼 수 있다. 유럽인들이 프톨레마이오스의 모형을 코페르니쿠스 모형으로 전환시킨 것은 이보다 훨씬 늦은 16세기와 17세기였다.

또한 광학은 서양의 과학 이론에서 필수 요소였는데 무엇보다도

---

19. Aydin Sayili, *The Observatory in Islam*(Ankara : Turkish Historical Society Series 7, no. 38, 1960), 189쪽.

20. 이 질문에 대한 답변의 주요 부분은 중국 교육(또한 과거제도)을 재정립해서 모든 과학과 자연 철학을 배제하고 다시 유학의 고전에 집중하게 한 성리학의 발생에서 찾을 수 있다. 자세한 내용은 나중에 나온다. William de Bary, *Neo-Confucian Orthodoxy and the Learning of the Mind-and-Heart*(New York : Columbia University Press, 1981), 1장 참조. 또한 쿠빌라이 칸의 성리학 자문관인 Hsü Heng(1209~1281년)에 대한 검토는 131ff쪽 참조.

21. 이 주제에 대해서는 Needham, *SCC* 3, 437~461쪽 ; Sivin, "Copernicus in China," *Studia Copernicana* 6(1973), 63~122쪽 ; John B. Henderson, *The Development and Decline of Chinese Cosmology*(New York : Columbia University Press, 1984), 144쪽, 150쪽 외 참조.

    사회·법 체계로 본 근대 과학사 강의

망원경과 현미경의 발명은 천문학과 의학의 발전에서 매우 중요한 구실을 했다.[22] 그러나 근대 광학의 기초를 놓은 사람은 아랍인들로 그 가운데 특히 이븐 알하이삼의 구실이 컸다. 니덤은 중세 초 중국 인들의 광학 수준이 아랍에 비해 "뒤떨어지지 않았다."고 주장하지 만, 아랍인들이 이어받은 "연역적 추론 방식의 그리스 기하학이 보 급되지 않은 까닭에 더 이상의 발전을 이뤄 내지 못했다."는 점을 인정한다.[23] 그리고 마침내 "중국인들은 이븐 알하이삼과 같은 이슬 람 학자들이 해낸 것처럼 최고 수준의 광학 지식을 얻지 못했다."고 결론을 내린다.[24] 중국의 가장 중요한 광학 학파는 고대 중국의 묵 가墨家(기원전 3~4세기) 가운데 하나였다. 더 나아가 특히 무지개를 광학적 자연현상이라는 관점에서 연구한 아라비아 광학의 실험 전 통은 실제로 알하이삼에서 시작해서 알시라지(1311년 사망)에게 이 어지고 다시 그의 제자 알파리시(약 1320년 사망)가 계승했으며 그 이후로 유럽에서 로저 베이컨(1292년 사망), 페캄(1292년 사망), 비텔 로(1311년 사망), 프라이부르크의 테오도릭(약 1310년 사망)으로 이 어졌다는 사실을 주목해야 한다.[25] 또한 망막에 비친 이미지를 설명 한 케플러의 이론(모든 광선은 눈 안에서 굴절되어 망막의 한 점에서 다 시 만난다는 이론으로 나중에 망원경의 원리도 설명함 – 옮긴이)이 이븐 알하이삼의 광학에서 직접 영향을 받았다는 주장도 있다.[26] 그리고

---

22. 니덤은 이 영역을 광학에 포함한다. 이것이 중국 과학의 독창성을 가지고 연구한 영 역이 아니었기 때문이다. 중국 과학을 자세하게 나열한 것은 Nathan Sivin, "Science and Medicine in Imperial China-The State of the Field," *Journal of Asia Studies* 47, no. 1(1983), 43쪽에 나온다.

23. Needham, *SCC* 4, xxiii쪽.

24. 같은 책, 78쪽.

25. David C. Lindberg, "Lines of Influence on Thirteenth-Century Optics : Bacon, Witelo, and Pecham," *Speculum* 46(1971), 66~83쪽.

26. David C. Lindberg, *Theories of Vision from al-Kindi to Kepler*(Chicago : University of Chicago Press, 1976), 86쪽, 190ff쪽.

뉴턴은 물이 든 유리병 안에서 빛이 굴절되는 실험을 했는데 이것은 이미 선조들이 했던 것과 똑같은 실험이었다는 것은 분명한 사실이다.[27]

우리는 보통 물리학을 자연과학의 기초 학문으로 생각하지만 니덤은 "중국인들은 이 분야에서 전혀 체계를 잡지 못하고 있었다."고 결론지었다.[28] "중국인들에게 물리학적 사고"는 있었지만 "물리학을 학문으로 발전시키지는 못했다."[29] 니덤의 주장에 따르면 중국인들의 물리학적 사고는 입자 중심이 아니라 파동 중심이었다.[30] 이 견해는 만프레드 포커트Manfred Porkert가 중국의 음양오행설 가운데 오행(물水, 불火, 나무木, 쇠金, 흙土을 말함-옮긴이)을 "다섯 가지 진화하는 현상the Five Evolutive Phases"이라고 번역한 것과 일치하는 것처럼 보인다.[31] 나단 시빈은 오행을 이렇게 번역하면 "이 오행이 물질적 요소라는 생각을 못하게" 한다고 주장한다.[32] 요약하면 물리학을 체계적으로 사고하는 사람들을 떠올릴 때 중국에는 "이른바 '갈릴레오보다 앞선 선구자'라고 부를 수 있는 필로포누스, 뷔리당, 브래드워딘, 니콜라스 오렘 같은 사람들이 없었으며 따라서 역동성도 극적 요소도 없었다."[33] 비록 물리학과 운동 역학에서 아랍인들이 거둔 성과에 대해 아무 말도 하지 않았지만 적어도 11세기와 12세기 스페인이 이슬람 제국 아래 있었을 때 아랍인들의 물리학적 사고는 매

---

27. A. I. Sabra, *Theories of Light from Descartes to Newton*(London : Oldbourne, 1967) ; Sabra, "Ibn al-Haytham," *DSB* 5, 189~210쪽.

28. Needham, *SCC* 4/1, 1쪽.

29. 같은 쪽.

30. 같은 쪽.

31. Manfred Porkert, *The Theoretical Foundations of Chinese Medicine:Systems of Correspondence*(Cambridge, Mass. : MIT Press, 1974), 9ff쪽.

32. Sivin, foreword to Porkert, *Theoretical Foundations of Chinese Medicine*, xiii쪽.

33. Needham, *SCC* 4/1, 1쪽.

사회·법 체계로 본 근대 과학사 강의

우 높은 수준이었다는 점을 기억해야 한다. 어니스트 무디Ernest Moody
는 실제로 오래 전에 이븐 밧자가 아리스토텔레스를 주해한 내용과
갈릴레오의 자유낙하 이론이 서로 직접 연결되어 있다는 것을 보여
주었다.34 무디는 "갈릴레오가 뷔리당의 기동력설起動力說을 일반화
해서 일반 관성 역학으로 변환시킬 수 있었던 것"은 이븐 밧자의 공
로가 있었기 때문이라고 말했다.35

끝으로 우리는 이와 함께 아랍인들이 과학적 방법의 논의에서 매
우 중요한 기여를 했다는 사실을 기억해야 한다. 이들이 유럽에 끼
친 영향은 이븐 시나의 《백과사전》이 중세 유럽에서 과학적 방법의
논의에 끼친 결과를 보면 가장 잘 나타난다.36 이 《백과사전》은 또
한 14세기에서 16세기까지 유럽의 의학 이론과 의술에도 큰 영향을
미쳤다.37

비록 초기 중국의 방법론에 대한 논의가 아리스토텔레스와 플라
톤의 방법론과 비견할 만하지만 묵자(기원전 4세기)의 저술 안에는

---

34. Ernest Moody, "Galileo and Avempace : Dynamics of the Learning Tower
    Experiments," in *Roots of Scientific Thought:A Cultural Perspective*, ed. Philip P.
    Wiener and A. Noland(New York : Basic Books, 1957), 176~206쪽 ; Moody,
    "Galileo and His Precursors," in *Galileo Reappraised*, ed. Carlo Golino
    (Berkeley and Los Angeles : University of California Press, 1966), 23~43쪽 참조.
35. Moody, "Galileo and Avempace," 40쪽.
36. A. C. Crombie, "Avicenna's Influence on the Medieval Scientific Tradition," in
    Avicenna : Scientist and Philosopher, ed. G. Wickens(London : Luzac, 1952), 84
    ~107쪽 ; Crombie, "The Significance of Medieval Discussions of Scientific
    Method for the Scientific Revolution," in *Critical Problems in the History of
    Science*, ed. Marshall Clagett(Madison : University of Wisconsin Press, 1959), 79
    ~102쪽.
37. Nancy G. Siraisi, *Avicenna in Renaissance Italy : The Canon and Medical
    Teaching in Italian Universities after 1500*(Princeton, N. J. : Princeton University
    Press, 1987) ; Siraisi, *Medieval and Early Renaissance Medicine*(Chicago :
    University of Chicago Press, 1990), 48ff쪽 ; Charles H. Talbot, "Medicine," in
    Science in the Middle Ages, ed. David C. Lindberg(Chicago : University of
    Chicago Press, 1978), 391~428쪽.

니덤의 말대로 "아시아의 자연과학에서 가장 기본이 되는 개념이 될 수 있는 예리한 방법론적 통찰력이 있다."38 심지어 묵가가 "완벽한 과학적 방법론에 해당하는 이론을 기술했다."는 니덤의 주장에 동의할 수도 있다.39 그러나 묵가 사상은 중국 역사에서 사라졌고 따라서 중국 자연 철학자들이나 서양 사상에 아무런 영향도 미치지 못했다. 묵가의 철학 사상은 초기에 매우 전망이 있었지만 중국 철학 세계에서 전혀 영향력을 발휘하지 못했다. 나단 시빈은 그 결과 우리가 고대 그리스나 아라비아 또는 중세 유럽에서 볼 수 있었던 종합적이고 일관된 자연 철학을 중국에서는 찾아볼 수 없다고 주장한다. 시빈은 또한 중국 과학이 서양 전통의 과학 탐구보다 그 범위가 훨씬 넓고 서로 다른 탐구 영역이 뒤섞여 있었다고 말한다. 중국은 "여러 과학이 서로 섞인 체계는 있지만 그 모든 것을 하나로 엮어 내는 단일 개념 또는 단어로서 과학은 없었다."40 더욱이 "중국의 철학자들은 서양에서 아리스토텔레스와 그 후계자들이 했던 것처럼 여러 과학들 사이에서 공통된 원리를 찾아 낼 수 없었고 따라서 이들은 실제로 자신들의 연구를 발전시키는 데 아무런 힘을 보태지 못했다."41

이런 까닭으로 일부 과학 역사가들은 (중국의 학자들도 마찬가지인데) 중국의 과학 사상이 마침내 "근대 과학 혁명"으로 완성될 것이

---

38. Needham, *SCC* 2, 182쪽 ; 또한 A. C. Graham, *Later Mohist Logic, Ethics, and Science*(Hong Kong : Chinese University Press, 1978) ; Graham, *Disputers of the Tao*(La Salle, Ill. : Open Court Press, 1989) ; Benjamin Schwartz, *The World of Thought in Ancient China*(Cambridge, Mass. : Harvard University Press, 1985), 164~168쪽 참조.

39. Needham, *SCC* 2, 182쪽.

40. Nathan Sivin, "Why the Scientific Revolution Did Not Take Place in China-or Didn't It?" in *Transformation and Tradition in the Science*, ed. E. Mendelsohn(New York : Cambridge University Press, 1984), 533쪽.

41. 같은 책, 535쪽.

 사회·법 체계로 본 근대 과학사 강의

라는 기대를 접어야 했다고 주장한다.[42] 또 다른 한편으로 사람들은
중국인들이 왜 16세기 이전에 아라비아-이슬람 세계에서 분명하게
본 것처럼 과학 사상을 계속해서 발전시키지 못했는지 물을 수 있
다. 이러한 의문은 중국에서 근대 과학이 왜 발생하지 못했는지 묻
는 것이 의미가 없다고 반발하는 것이 부적절한 문제제기라는 것을
보여 준다.

만일 모든 사회에서 적어도 일부 사람들이 보편적으로 모든 세대
에 걸쳐 인간과 자연에 대한 진실을 찾기 위해 가능한 자료들을 비
교 분석하고 합리적 비판을 통해 추측해 낸 것이 마침내 모든 사람
에게 유용한 보편적 진리로 수렴된다고 가정한다면 이러한 이의 제
기는 더욱 설득력이 없다. 또한 이와 함께 이러한 탐구 활동이 언제
나 끊임없이 계속되어 온 일이라는 사실을 이해한다면, 우리가 다양
한 사회와 문명에서 과학 사상의 발전을 촉진하거나 또는 저해하는
사회적, 종교적, 철학적, 법적, 경제적, 정치적 모든 요인을 찾고자
하는 행위를 특별히 편견을 가지고 볼 까닭은 없다. 이런 종류의 연
구가 중국(또는 이슬람)에서 왜 과학 혁명이 일어나지 않았는지를 따
지는 질문에 초점을 맞추든 아니든 그것은 크게 볼 때 강조의 문제
이다. 이 연구의 필요성은 앞서 중국과 이슬람을 비교한 관점으로
볼 때 엄격하게 동양과 서양을 비교하는 것이 아니다. 서양 사람들
은 뒤늦게나마 서양 역사의 다양한 지점에서 중요한 지식이 단절되
었음을 발견했고 그러한 분리는 실제로 급격한 지식 혁명의 도화선

---

42. 이 견해는 위에 나온 나단 시빈의 여러 논문에서 밝혔다. A. C. Graham, "China,
Europe, and the Origins of Modern Science : Needham's *The Grand Titration*,"
in *Chinese Science : Explorations of an Ancient Tradition*, ed. S. Nakayama and
Nathan Sivin(Cambridge, Mass. : MIT Press, 1973), 45~69쪽 ; Wing-tsit
Chan, "Neo-Confucianism and Chinese Scientific Thought," *Philosophy East
and West* 6(1957), 309~332쪽 ; Chung-Ying Cheng, "On Chinese Science : A
Review Eassy," *Journal of Chinese Philosophy* 4(1977), 395~507쪽 참조.

이 되었다. 반면에 이슬람과 중국 문명은 이런 지식의 단절을 겪지 않은 까닭에 점진적 발전을 할 수 있었고 그 결과 이들 문명에서는 급격한 지식 혁신이 일어나지 않았다.

이것은 마침내 서양과 이들 문명이 서로 자연 세계를 연구하고 설명하는 지식 전망에서 큰 차이를 낳는 계기가 되었다. 이들 문명의 문화적 견해, 사회 조직, 경제 행위에 걸친 서로의 차이들은 그 사회에 대한 과학적 조사와 설명에서 분명하게 드러나는 합리적 현상들이다. 이 현상들은 원칙적으로 "미국에서 왜 남미계 미국인이나 포르투갈계 미국인이 남동부의 유럽계 미국인보다 학업 달성도가 훨씬 더 떨어지는가?" 하는 미국 국내 문제와 전혀 다르지 않다. 그러나 반대로 다른 많은 사회과학자들은 미국에 있는 아시아계(특히 중국, 베트남, 한국) 학생들은 어째서 그렇게 학업 달성도가 높은지를 따져 물었다. 또 다른 차원에서 어떤 학자들은 타이완, 홍콩, 싱가포르 같은 중국계 사회가 중국 본토보다 어째서 훨씬 더 많은 부와 기술을 축적했는지 물었다. 이것들은 나단 시빈이 왜 근대 과학이 중국에서 발생하지 않았느냐는 질문에 대해 주장했던 것처럼 (우리 집은 불이 났는데) 왜 옆집은 불이 나지 않았냐고 묻거나 또는 "당신 이름이 왜 오늘 신문 3면에 안 나왔느냐?"고 따지는 것과 같은 그런 질문이 전혀 아니다.43 어떤 사회 집단 또는 어떤 사회나 문명이 왜 특정한 방향의 문화, 경제 발전을 따르지 않았는지, 특히 그것이 왜 더 높은 수준의 과학적 성취와 경제 발전으로 나아가지 못했는지 같은 질문을 하지 못하게 하는 것은 도덕적 비난에 다름없는 일이다.

과거 400년이 넘는 동안에 중국 과학자들은 발전된 근대 과학이 지닌 보편적 요소들을 받아들여 자신들의 전통의 지식 자원을 세계

---

43. Sivin, "Why the Scientific Revolution Did Not Take Place in China," 536쪽 ; Graham, "China, Europe, and the Origins of Modern Science."

속에서 진화하고 있는 근대 과학의 눈으로 재평가하려고 애썼다. 니덤에 따르면 세계의 근대 과학과 융합한 최초의 중국 과학은 수학과 천문학이었다. 그는 1644년 "명나라 말에 중국과 유럽은 수학, 천문학, 물리학에서 눈에 띌 만한 차이가 없었다. 이들은 서로 완전히 융합되었고 합체되어 있었다."[44] 그 융합 시기가 정확하게 언제이며 중국 과학 가운데 어느 것이 서양의 것과 얼마나 서로 합쳤는지에 대해 약간의 불일치는 있다. 하지만 과거 수십 년 동안 일어난 사건들은 당시의 중국 지도자들이 실제로 중국이 근대화를 이루기 위해서는 과학과 기술의 진보가 필수 요소라고 결정했다는 것을 보여 준다. 이들은 현재 수준의 농업과 노동 개혁 그리고 자본 투자 유인책으로는 중국을 근대 사회로 전환하기에 여전히 부족하다고 분명하게 주장했다. 이들은 그 목표를 달성하기 위해 근대 과학과 기술을 직접 장려하고 촉진해야 했는데 이와 함께 모든 정치적 수단도 동원해야 했다.[45]

이러한 정책의 결과를 잘 보여 주는 사례가 중국에서 가장 오래된 토착 과학인 약학 분야였다. 오늘날 중국의 정부 관리들은 지금까지 이 세상에서 유일한 보편 과학은 약학밖에 없다고 주장해 왔다. 중국이 이 분야에서 이루어 놓은 풍부하고 오랜 연구 성과는 근대 과

---

44. Joseph Needham, "The Evolution of Oecumenical Science, The Roles of Europe and China," *Interdisciplinary Science Reviews* 1, no. 3(1976), 203쪽. 이 우주론의 "조용한 혁명"에 대해 자세하게 보려면 Henderson, *The Development and Decline of Chinese Cosmology*; Sivin, "Why the Scientific Revolution Did Not Take Place in China,"; Sivin, "Science and Medicine in Chinese History," in *Heritage of China*, ed. Paul S. Ropp(Berkeley and Los Angeles : University of California Press, 1990), 164~196쪽 참조.

45. 이 문제는 *Science and Technology in Post-Mao China*, ed. Denis Fred Simon and Merle Goldman(Cambridge, Mass. : Harvard University, The Council on East Asian Studies, 1989)에서 깊이 다뤘다. 이 결정으로 생겨난 첫 번째 충돌은 1980년대 말의 친민주주의 운동이었는데 결국 1989년 천안문 사태를 낳았다. 중국은 아직도 농업, 산업, 국방, 과학과 기술의 4대 근대화가 진행 중이다.

학의 근본 원리라는 관점에서 다시 생각되고 있다. 파울 운슐트Paul Unschuld는 "사람들이 직접 경험한 것을 빼고 근대 과학은 오늘날 (중국인들에게) 유일한 지식 기반으로 인정받는다. 따라서 중국의 전통 의약품은 과거 수십 년 동안 재평가를 받았고, 그 결과 오늘날 과학자들은 약초 성분과 치료약으로서 그 효용성을 극대화시킨 제조 방식에 대해 긍정적인 평가를 내린다."46

최근에 중국의 지도층은 "중국 인민은 다가오는 과학과 기술 혁명에서 적극적인 자세를 취해야 한다."고 선언했다. 이들은 진정한 경쟁력은 과학과 기술에 있으며 이것을 이용해서 거대한 생산력 증대를 이룩해야 한다고 주장했다. 더 나아가 이들은 "과학과 기술은 모든 인류의 것이지만 많은 개발도상국들은 자기 나름의 역사적·사회적 이유 때문에 선진국들과 비교할 때 너무 멀리 뒤쳐져 있었다."고 인정한다.47 이제 우리는 금세기를 돌아볼 때 미국에서 과학과 기술을 공부하고 있는 외국 학생들 가운데 중국 본토에서 온 학생들이 가장 많으며 타이완에서 온 학생들도 5위라는 사실을 간과하면 안 된다.48

요약하면 비록 니덤이 말한 중국 과학이 보편 과학으로 융합된 시점이 어느 정도는 너무 낙관적일 수 있지만,49 어쨌든 당대의 중국

---

46. Paul Unschuld, *Medicine in China : A History of Pharmaceutics*(Berkeley and Los Angeles : University of California Press, 1986), 285쪽.

47. *China Daily*, May 4, 1991, 2쪽에 나온 *People's Daily*에서 인용.

48. *Open Doors, 2000~2001*. www.opendoorsweb.org

49. 예를 들면 조너선 스펜스Jonathan Spence는 니덤의 책을 평가하면서 "중국은 같은 기간 동안(예수회가 중국에 들어온 이후 시기) 어떤 식으로든 의미 있게 보편타당한 과학의 세계로 들어갔다고 볼 수 없다."고 주장한다. "Review Symposia : Science in China," *Isis* 75, no. 1(1984), 180~189쪽 중에서 185쪽. 19세기 중국의 화학의 수준을 평가한 것을 보려면 James Reardon-Anderson, *The Study of change : Chemistry in China, 1840~1949*(New York : Cambridge University Press, 1991) 참조.

     사회·법 체계로 본 근대 과학사 강의

지도자들은 근대 과학과 기술이 자신들이 보유해야 할 가치가 있는
진실의 요소들을 그 안에 담고 있다는 것을 인정했다. 니덤은 근대
과학과 기술에 대한 지식이 없다면 "전염병을 멈출 수 없고 비행기
도 날지 못할 것이다. 지금 우리 살고 있는 시대는 물리적으로 세상
이 하나로 결합되어 있으며 그 세상은 유럽의 역사에서 발생했던 중
요한 사건들로 만들어진 것이다. 그러나 지금은 어느 누구도 갈릴레
오와 베살리우스의 길을 따르는 것을 막을 수 없다."고 말한다.50
달리 말하면 "인간은 언제나 그 본질이 한결같은 환경 속에서 살아
왔다. 따라서 인간이 자신이 사는 환경을 제대로 안다면 그 지식은
틀림없이 일관된 체계를 형성할 것이다."51 이것이 비록 신념을 표
현한 말이라고 할지라도 이런 신념은 모든 사람에게 보편적 호소력
을 지니고 있는 것처럼 보인다.

만일 그렇다면 인간들은 예외 없이 자신이 사는 환경 속에서 공통
된 자연의 문제를 풀어나가야 할 것이고 이 탐구를 위해 사용하는
여러 가지 인식 방식은 또 그 수만큼 많은 대안과 가설(추측)을 만
든다. 이 가설들은 시간이 흐르면서 많은 오류와 "오인誤認, garden
path"이 제거되고 그 대신에 더 나은 가설로 세련된 모습을 갖추게
된다. 이런 관점에서 볼 때 사회학이 풀어야 할 과제는 바로 자유롭
고 개방된 탐구 활동이 지속적으로 이루어지는 것을 가로막는 사회
적·제도적 장애물을 밝혀 내는 것이다. 이것이 우리가 사는 이 세
상을 지배하는 사회 구조의 본질과 자연의 변화 과정을 가장 잘 알
수 있도록 과학적으로 설명하기 위해 꼭 필요한 것이다.

중국 문명의 방대함과 고유의 형이상학적 배경을 이해한다면 현
재 하고 있는 정도의 논의로는 중국 학자들이 반드시 다루어야 할

---

50. Needham, *SCC* 3, 448f쪽.
51. Needham, *SCC* 5/2, xxi쪽.

주제에 정통해질 것이라고 감히 생각할 수 없다. 따라서 우리가 앞서 이슬람과 서양에서 과학 발전의 성공과 실패를 검토한 것처럼 중국 과학에도 우리의 분석을 확장해 보는 것도 유용할 것이다. 우리가 지금처럼 중국을 연구할 수 있는 것은 《중국의 과학과 문명》이라는 역사에 길이 남을 책과 여러 중국 학자의 노력이 없었다면 감히 생각할 수 없으리라는 것은 당연한 일이다.

중국 비교 연구의 배경

4장과 5장에서 본 것처럼 12세기와 13세기 유럽은 인간의 사회생활을 완전히 새로운 발판에 올려놓은 거대한 사회적 · 지적 혁명을 겪었다. 이 혁명의 중심에는 정치, 사회, 경제, 종교 전반에 걸쳐 사회 조직의 본질을 다시 정립한 법 체계의 변환이 있었다. 이러한 법 개혁의 결과로서 다양한 종류의 법적 자치권을 지닌 집단이 새로 등장하기 시작했다. 거주 지역 공동체, 도시와 마을, 대학, 경제 이익 단체, 외과의사들과 다른 의료 전문가들 같은 전문직 동업조합이 바로 이들 집단이다. 이들 집단은 각자 자체 내규와 규범을 만들고 재산권을 소유하고, 소송의 당사자로 왕의 법정에서 당당하게 자신을 대표할 수 있는 법적 자치권을 부여받았다. 실제로 종교와 정치의 감시와 간섭에서 자유로운 상대적으로 독립된 공간인 '중립 지대'의 최초 흔적이 이때부터 나타나기 시작했다. 이 사회적 · 지적 혁명은 무엇보다도 지식 탐구의 자유로 들어가는 문을 열었고 스스로 지식 의제를 창출하고 자체 내규와 규범을 갖춘 자치 대학이 설립됨으로써 현실로 구체화했다.

이에 반해 중국 문명은 이러한 조직이 만들어질 가능성이 전혀 없었고 이와는 매우 다른 형이상의 견해가 널리 퍼져 있었다. 중국에

는 자연의 법칙이 지배하는 서양의 원자론과 신의 의지가 지배하는
이슬람의 우인론을 대신해서 두 개의 근본이 되는 힘(음陰, 양陽)과
다섯 가지 현상(쇠, 나무, 물, 불, 흙)이 끊임없이 순환하는 유기적 세
상이 있다.52 이 우주 안에는 제1운동자도 없으며 고귀한 하느님도
없고 입법자도 없다. 모든 사물에는 그 존재 양식이 있고 자신만의
고유한 길(도道, tao)이 있을 따름이다.

중국인들은 이 존재 양식을 설명할 때 법이나 물질적 과정에서 찾
지 않고 전체가 유기적으로 통일된 단일 구조에서 찾는다. 더욱이
중국인의 우주론은 자연과 인간의 존재 양식이 서로 조화롭게 통일
되어 있다는 것을 강조했다. 말하자면 자연 세계의 존재 양식을 연
구하는 것은 하늘의 존재 양식과 그 밑에 있는 인간 사회의 존재 양
식 사이의 상호 조화를 찾기 위해서였다. 이 조화를 탐구하는 일은
사회, 정치, 심지어 개인을 포함한 모든 차원에서 진행되었지만 이
가운데 가장 큰 관심사는 황제의 행실과 하늘의 존재 양식을 일치시
키는 일이었다.53 사회 질서가 붕괴되는 것은 우주 질서의 조화가
이동했기 때문이며 따라서 인간 사회의 질서도 자연의 이치를 따르
는 것은 피할 수 없다고 설명했다. 이것이 끝나고 나면 새로운 사회
질서가 다시 바로설 것이며, 하늘로부터 권한을 위임받은 황제는 백

---

52. 중국 연구가들은 '오행'을 주로 'five phases'로 번역하는데 니덤은 그것을 'five
elements'로 번역한다. 더크 보드에 따르면 중국어로 '오행'은 "다섯 개의 활동하는
실체"를 뜻한다. Bodde, *Chinese Thought*, 100~101쪽 참조. 이것의 배경이 되는
과학 사상에 대해서는 Needham, *SCC* 2, 232ff쪽 참조.
53. 이 형이상을 과학(천문학과 의학)에서 어떻게 표현했는가에 대해서는 Henderson,
The Development and Decline of Chinese Cosmology, 1장 ; Porkert, *The
Theoretical Foundations of Chinese Medicine*, 9~54쪽 ; A. C. Graham, *Yin-
Yang and the Nature of Correlative Thinking*(Singapore : Institute of East Asian
Philosophies, National University of Singapore, 1986) ; Bodde, *Chinese
Thought*, 97~103쪽 참조. 이 주제를 처음으로 제기한 니덤의 글은 *SCC* 1, 386~
387쪽 참조.

성을 다스릴 수 있는 정치와 사회 권력을 다시 얻게 된다. 그러나 이와 반대로 황제의 잘못된 행실로 자연과 사회의 유기적 조화가 전복될 수도 있었다. 너무 많은 비가 내린다든지 농사를 망친다든지 또는 유성들이 떨어진다든지 하는 천문학적 사건이 발생하면 그것은 모두 황제가 잘못해서 일어난 일이라고 말했다. 따라서 황제는 하늘이 위임한 권한을 되찾기 위해서 자신의 행실을 바로잡을 의무가 있었다.

더욱 근본적인 차원에서 세상을 이원체로 보고 이들을 서로 연관해서 생각하는 방식은 인간이 오래전부터 해 온 방식이면서 타고난 본능이다. 이 방식은 빛과 어둠, 뜨거움과 차가움, 하늘과 땅 같은 기본이 되는 분류를 낳았다. 이것들은 서로 반대되는 것을 암시하지만 그렇다고 서로 적대가 되는 것은 아니다. 오히려 이들은 자연의 변화 과정에 따라 서로 일어나고 따르는 자연스러운 존재들로 서로에게 꼭 필요한 상대이다. 때때로 자연의 존재 양식이 인간이 도무지 이해할 수 없는 형태로 진행될 수도 있는데 이것은 자연의 법칙을 따르지 않기 때문이다. 중국에서는 이보다 더 복잡하고 발전된 상징체계가 발견되는데, 이 상호 연관된 형태는 셋이 하나로 되기도 하고 넷, 다섯, 심지어 아홉이 하나로 되기도 한다. 그러나 많은 중국 학자들의 견해로 중국은 이렇게 서로 연관해서 생각하는 사고방식을 벗어나지 못했고 따라서 서양처럼 모든 사물을 인과관계로 생각하는 사고방식의 길로 들어서지 못했다.54

우리는 이런 역사적 배경과 이와 관련된 사회적 · 철학적 관점의 차이를 염두에 두고 12세기 유럽에서 르네상스가 시작될 무렵 중국 제국이 어떻게 등장하는지 돌아볼 것이다.

---

54. Bodde, *Chinese Thought*, 99쪽 참조. 더 자세한 내용은 이 책 8장 참조.

 사회 · 법 체계로 본 근대 과학사 강의

중국 제국의 등장

우리는 중국과 서양을 서로 적절하게 비교하기 위해 서양에서 법 혁명이 시작되고 대학이 도시, 마을과 함께 자치 조직으로 등장하고 있었던 유럽의 중세 전성기 시절에 중국에서 어떤 사회 제도들이 나타났는지를 검토할 것이다. 이때 중국은 송나라(960~1279년)가 세워지고 이후 명나라(1368~1644년)가 황제 국가로 등장하던 때이다. 송나라와 명나라 사이에 몽골족이 지배했던 원나라(약 1264~1368년)가 잠시 동안 있었다.

송나라는 경제, 문화, 정치 전반에 걸쳐 중국 역사에서 전례 없는 큰 성장을 이루었는데, 그 결과 과학과 기술에서 수많은 성과를 거두면서 새로운 기운으로 역동적인 중국을 건설했다.[55] 자크 제르네 Jacques Gernet는 이를 두고 중국이 서양(14~15세기)과 비견할 만한 문예부흥을 이룩했다고 주장했다. 그는 "11세기와 12세기 중국의 지식인들은 앞서 당나라(618~907년)의 지식인들과 달리 중세의 르네상스인이었다."고 말한다.[56] 그는 이렇게 말한다. 분명한 것은

새로운 것을 발명하고 고안하고 이론화하는 것에서 시험 분석까지 실

---

55. 이 시기의 사회, 경제, 인구 통계의 변화는 Robert M. Hartwell, "A Revolution in Chinese Iron and Coal Industries in the Northern Sung, 960~1127 A.D.," *Journal of Asian Studies* 21, no. 2(1962), 153~162쪽 ; Hartwell, "Demographic, Political, and Social Transformation in China, 750~1550," *Harvard Journal of Asiatic Studies* 42(1982), 365~445쪽에 자세히 나온다. 또 다른 문헌으로 Mark Elvin, *The Pattern of the Chinese Past*(Stanford, Calif. : Stanford University Press, 1973) ; Etienne Balazs, "The Birth of Capitalism in China," in *Chinese Civilization and Bureaucracy*(New Haven, Conn. : Yale University Press, 1964), 4장 참조. 한편 Needham, *SCC* 2, 493ff쪽은 중국의 과학과 기술에 대해 이런 판단을 내리게 하는 근거를 제공한다.
56. Jacques Gernet, *A History of Chinese Civilization*(Cambridge : Cambridge University Press, 1982), 330쪽.

험을 바탕으로 한 실용적 합리주의가 출현한 것이다. 또한 예술과 기술, 자연과학, 수학, 사회, 제도, 정치의 모든 지식 영역에서 진기한 탐구가 이루어지고 있는 것을 발견한다. 과거에 거둔 성과를 모두 꼼꼼히 따져 보고 모든 인간 지식을 종합하고자 하는 열망이 있었다. 다음 시대에 중국 사상을 지배하게 될 자연주의 철학은 11세기에 발전하기 시작해서 12세기에 분명한 모습을 드러냈다.[57]

중국 문화뿐만 아니라 중국 과학도 완전한 르네상스를 이루었다고 주장하는 것은 좀 무리가 있어 보인다.[58] 하지만 11세기에 중국 고전이 재발견되고 중국 지식인들의 자각이 "중국 역사의 어느 시기에서도 볼 수 없었던 수많은 위대한 지식인을 배출했다."는 사실에는 동의한다.[59] 송나라의 수학은 특히 역대 최고 수준이었다. 이런 발전의 도약을 마련한 지식 기반은 대개 성리학을 완성한 주희朱熹(1130~1200년)와 그 제자들이 이룩한 것이었다. 그러나 성리학이 국가 이념으로 자리 잡기까지는 꽤 시간이 걸렸다. 주희는 "사물의 본질을 탐구"해야 한다는 생각을 옹호했는데 이 주장이 실제로 과학적 탐구를 촉진했는지는 알 수 없다.[60] 찰스 후커Charles Hucker는 이 문제에 다른 해석을 내놓는다. "성리학이 옹호하는 '사물의 탐구'가 근대 과학 정신과 유사하다는 것은 분명하다. 그러나 주희와 그 제자들이 강조하는 '사물'은 자연의 법칙이 아니라 유교가 전통적으로

---

57. 같은 쪽.
58. Bodde, *Chinese Thought*, 185쪽과 주석 32번은 이 주장을 믿지 않는다.
59. Charles O. Hucker, *China to 1850 : A Short History*(Stanford, Calif. : Stanford University Press, 1978), 107쪽.
60. 주희의 과학 사상에 대해서는 Needham, *SCC* 2, 455ff쪽 참조. 송나라 의학에 주희가 끼친 영향에 대한 비슷한 평가는 Paul Unschuld, *Medicine in China : A History of Ideas*(Berkeley and Los Angeles : University of California Press, 1985), 166쪽, 195쪽 참조.

신봉하는 효, 충, 인간애 같은 윤리와 도덕이었다."61 또한 정통 성리학은 국가 관료를 뽑을 때 보는 시험에 과학과 관련된 요소는 모두 빼고 도덕과 인간성을 중심으로 치르도록 고쳤는데, 이는 성리학이 과학 탐구를 촉진하는 데 목표를 두지 않았다는 것을 보여 준다.

이제 당분간 우리는 송나라 때 고유한 형태를 갖추기 시작하다가 그 후에 더 크게 확대되고 명나라 때 가서는 국가를 지배하는 기구로 확고하게 자리 잡은 새로운 왕조의 국가 체제가 중국에서 어떻게 발생했는지 주목하려고 한다. 중국 제국 또는 "젠트리 중국Gentry China"의 발생은 송나라 태조(960~976년 재위)의 즉위로 시작했다. 이 기간 동안 근대 중국은 중앙집권의 관료주의 정권이 그 기틀을 마련했으며 국가 권력의 통제권은 황실의 사람들 손에 안전하게 쥐어졌다. 그 결과 중국 황제의 제국에 대한 지배력—비록 그 지배 범위가 하늘 아래 있는 모든 것이라는 전통적 경계보다는 작았지만—은 오직 황제의 뜻과 은혜에만 복종하는 중앙집권의 관료 체제와 정교하게 합쳐졌다. 송나라의 태조는 뛰어난 외교력으로 제국의 각 지역을 지배하고 있던 장군들을 물러나게 하고 그들의 지휘권을 넘겨받았다. 그는 학자들을 지방 관리로 임명해서 그 자리에 앉히고 왕에게 영원히 복종하도록 했다. "궁정 시험"은 황제가 직접 주관했는데 이것은 실제로 황제와 관료 사이의 충성 관계를 공고하게 했다.62 이로써 황제는 과거 권력과 관직을 세습하던 제도에서 중앙

---

61. Hucker, *China to 1850*, 118쪽. 광칭리우Kwang-ching Liu는 이 연구가 "고전을 자세하게 연구하고 역사와 일상사 뒤에 숨은 원리를 정밀하게 파헤쳐서 그 속에서 도덕 지식을 얻을 것을 요구"한다고 주장한다. *Orthodoxy in Late Imperial China* (Berkeley and Los Angeles : University of California Press, 1990), John Fairbank, *China : A New History*(Cambridge, Mass. : Belknap and Harvard University Press, 1992), 101쪽에서 인용.

62. Benjamin Elman, *A Cultural History of Civil Examinations in Late Imperial China* (Berkeley and Los Angeles : University of California Press), 64쪽.

정부가 관리하는 표준화된 시험을 통해 그것을 통과한 사람들 가운데서 관리를 선발하는 엘리트 제도로 전환했다.63 물론 과거제도의 요소들은 전에도 있었고 완전하지는 않았지만 관리들을 시험으로 선발했다. 그러나 송나라는 이 제도를 급격하게 확대해 시행하고 시험 제도 자체를 완전히 새로 뜯어고쳤다.

송나라는 이러한 문신 지배 체제를 만들기 위해 이 공무원 임용 시험을 전보다 더 완벽하게 시행했다.64 따라서 국가 관리가 되는 가장 중요한 통로는 국가에서 관리하는 과거제도를 통과하는 것이었다. 마침내 황제는 정치 맞수였던 부유하고 군사력이 강한 (세습과 무인) 가문을 문인들로 완전히 대체하고 관리 임명에 영향력을 미쳤던 이들의 권력을 무너뜨렸다. 그 이후 이들 가문도 권력을 얻기 위해서는 정규 또는 비정규의 시험 제도를 거쳐야 했다.65

오랫동안 중국의 사회 조직은 황제와 중앙 정부 관리에서 지방의 주州, 군郡, 현縣을 다스리는 관리까지 권력에 따른 계층구조를 바탕

---

63. Charles O. Hucker, *Dictionary of Official Titles in Imperial China*(Stanford, Calif. : Stanford University Press, 1985), 49ff쪽 ; Jack Dull, "The Evolution of Government in China," in *Heritage of China*, 55∼85쪽 가운데 72ff쪽 ; Winston W. Lo, *An Introduction to the Civil Service of Sung China*(Honolulu : University of Hawaii Press, 1987), 59ff쪽.

64. 이 주제에 대해서는 Ho Peng-ti, *The Ladder of Success : Aspects of Mobility in China, 1368∼1911*, 개정판(New York : Columbia University Press, 1967) ; John Chaffee, *The Thorny Gates of Learning in Sung China*(New York : Cambridge University Press, 1985) ; Edward Kracke, *Civil Service in Early Sung, 960∼1067*(Cambridge, Mass. : Harvard University Press, 1953) ; Thomas H. C. Lee, *Government Education and Examinations in Sung China*(Hong Kong : Chinese University Press, 1985) ; Elman, *A Cultural History* 참조.

65. 앞으로 보겠지만 과거제도에는 언제나 예외가 있었는데 최고 국가 관료들의 아들과 친족들까지 관직 세습이 확대되고 관리와 귀족 가문의 아들을 위한 특별 시험 제도가 있었다. 때때로 수입을 올리거나 관료제의 권문세가를 달래기 위해 관직을 팔기도 했다. 송나라 때 부정행위를 포함해서 이런 기형적 제도의 징후에 대해서는 Chaffee, *Thorny Gates*, 5장 참조.

으로 만들어졌다. 가장 낮은 차원의 행정 감독 기관은 현이었는데 대개 중앙에 도시가 있고 그 둘레에 마을과 작은 동네들이 에워싸고 있었다. 이 행정 지역은 지현知縣이 다스렸다.66 그는 "그 지역의 최고 재판관이며 재무를 책임지고 공공의 안전을 지키는" 폭넓은 행정 권한을 위임받았다.67 이처럼 지현들은 "바로 위로 군을 다스리는 관리가 있고 또 그 위에 주를 다스리는 관리가 있으며 이들 위에 북경의 관료와 황제까지 닿는 복잡한 명령 체계에서 가장 말단에 있는 지방 관리"일 뿐이었다.68

지현 위에는 지주知州가 있었다(송나라의 지방 행정은 주현제州縣制를 실시했으므로 군郡이 없었음-옮긴이). 주州는 송나라 때 제국의 명령 체계에서 가장 큰 지방 행정 단위였으며 여러 개의 작은 현이 이것을 둘러싸고 있었다. 이 새로운 송나라의 황제는 자신의 세력 아래 관리들을 통제하고 모든 영토를 다스리기 위해 현과 주 차원에서 관리들 사이에 서로 권한이 겹치는 임명 제도를 만들었다.69

송나라 초기의 황제들은 "지역의 분리주의자들을 억누르고 지방 정부를 확고하게 통제하기 위해" 매우 넓은 인재 집단에서 수시로 관리를 등용하여 이들에게 다양한 행정 업무를 주고 "지주"나 "지현" 같은 공식 관직을 주는 대신에 이러이러한 주 또는 현의 "실무 책임자"(예를 들면 재정을 맡은 전운사轉運使, 군정을 맡은 안무사安撫使, 사법을 담당하는 제점형옥提點刑獄 따위를 말한다-옮긴이)라는 직책을 주었다.70 나중에 이 직책들은 더욱 안정된 정식 관직 이름이 되었

66. T'ung-tsu Ch'ü, *Local Government in China under the Ch'ing*(Cambridge, Mass. : Harvard University Press, 1962) ; John R. Watt, *The District Magistrate in Late Imperial China*(New York : Columbia University Press, 1972) ; Lo, *Introduction to the Civil Service*, 2장.

67. Jonathan Spence, *The Death of Woman Wang*(New York : Viking, 1978), xiii쪽.

68. 같은 쪽.

69. Lo, *Introduction to the Civil Service*, 1장.

다. 처음에 이렇게 한 것은 지방 관리가 자신이 다스리는 지역을 자신의 것인 양 일치시켜 정치 권력의 기반으로 삼을 수 있으므로 이를 막기 위한 조치였다.

이것은 중앙에서 지방을 감독하는 가장 아래 단계일 뿐이었다. 황제는 또한 다른 관리를 "주의 실무 책임자로 임명해서 첩자로" 보내기도 했다.[71] 이 관리들은 문제가 되는 행정 지역의 관리가 하는 모든 행동을 기록해서 지주의 허락 없이 은밀하게 황제에게 보고하도록 명령을 받았다. 이 비밀 고위 관리는 "감사관controller general"(태조 때는 무덕사武德使, 태종 때는 황성사皇城使가 있었음-옮긴이)이라는 직위를 받았다.[72]

주를 다스리는 지주와 중앙 정부 사이에는 이른바 노路, circuit(전국을 15개의 노로 분리함-옮긴이)라고 부르는 또 다른 차원의 통제 단위가 있었다. 황제는 군벌들이 지방의 행정구역을 점령할 수 있다는 두려움 때문에 주, 현과 황실 사이의 소통을 매개하는 임무를 맡은 관리들을 임명했다. 송나라는 이런 방식으로 지금까지 만들어진 관료제 가운데 가장 복잡하고 혼란스런 제도를 창조했다. 그러나 이것은 그저 초기 단계로 이후로 20세기까지 계속 확대 발전되었다.

가장 높은 단계에는 국가 최고 정무를 담당하는 여러 개의 부처가 있었는데 군정을 총괄하는 도독부都督部, 황제의 비서 기관인 내각內閣(이들은 황제와 정기적으로 만난다), 국가 재정을 담당하는 육부六部, 모든 관료들을 감찰하는 도찰원都察院(더 자세한 것은 뒤에서 검토)이 포함되었다. 내각의 비서들은 황제와 직접 연결되어 있었고 그 밑에 육부[이吏(인사), 호戶(재정), 예禮(의례), 병兵(군사), 형刑(사법), 공工(공

---

70. Hucker, *Dictionary*, 44쪽.
71. 같은 쪽.
72. 같은 책, 45쪽.

　　　　　　　　　　　　사회·법 체계로 본 근대 과학사 강의

무)]가 있고 그 아래로 부府(이것은 명나라 때 관제로 송나라는 노路라고 함-옮긴이)와 주, 현이 있었다(〈그림 16〉 참조).

끝으로 감찰 제도를 살펴보자.73 감찰 기관은 정부 행정 조직에 있는 모든 관료의 공적, 사적 행동을 다 조사할 수 있는 막강한 권한을 부여받았다. 송나라 때 감찰 기관은 중국의 수도 안에서의 관료들의 행동을 조사하는 것으로 제한되었다. 그러나 그다음 왕조부터는 모든 행정구역으로 감찰의 범위가 넓어졌다. 이 감찰 업무는 주로 국가 공식 활동과 관련해서 이루어졌는데 이는 아라비아-이슬람 문명에서 시장 감독관인 무흐타시브가 했던 일과 비슷했다. 하지만 무흐타시브는 엄격하게 말해서 종교와 관련된 직책이었고 그의 감찰 업무도 정부의 공식 업무와는 상관없는 그 밖의 일에 대한 것이었다. 그러나 국가 공무원들도 이슬람교에 반하는 행동을 했는지 감시받을 수 있다는 점에서 이들의 행동도 무흐타시브의 감찰 대상이 될 수 있었다. 이런 종교 감시자들은 오늘날 사우디아라비아에서 무타위mutawwi'(순종자)라는 이름으로 아직도 존속하고 있다.

중국의 감찰 기관은 특별히 정부 관료들을 감시하기 위해 만들어졌다는 점에서 이슬람과 다르지만 관료들의 공무와 사무를 가리지 않고 감시함으로써 모든 경계를 뛰어넘는 무제한의 권력으로 개인의 도덕과 윤리를 감시하는 체제를 만들었다. 어떤 때에는 감찰관의 득세로 모든 관료들이 무력해져서 황제가 일하고 있는 관료들은 군인들과 감찰관들뿐이라고 불평할 정도였다.74 더욱이 원나라(13~14세기) 때 감찰 기관은 잘못을 저지른 관료들을 직접 체포해서 처벌할 수 있었고 또한 올바른 공공 정책을 제안할 수도 있었다.75

---

73. Charles O. Hucker, *The Censorial System of Ming China*(Stanford Calif. : Stanford University Press, 1966).
74. 같은 책, 299쪽.

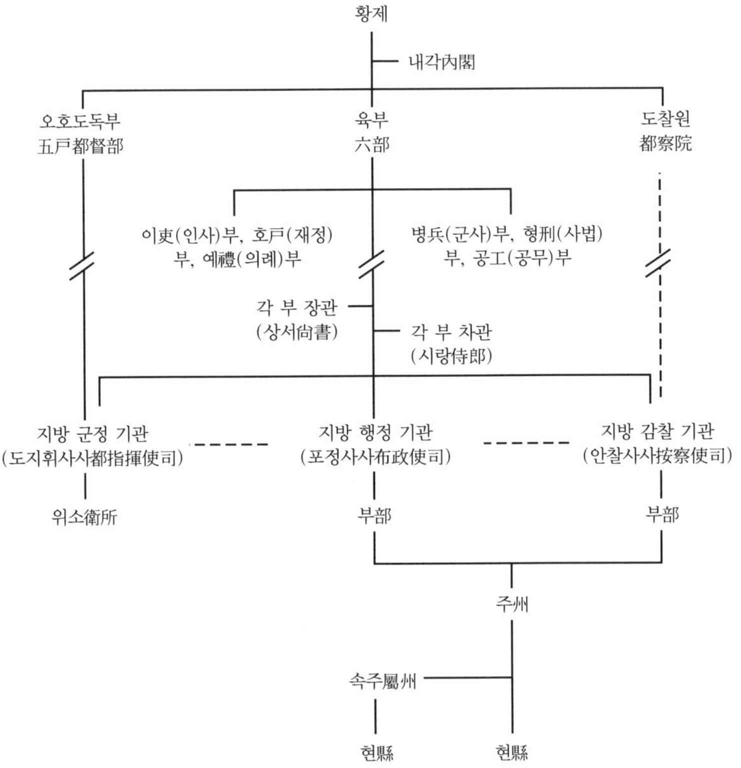

그림 16_ 명나라 정부 체계

중국의 황제들은 송나라 때부터 새롭고 강력한 중앙집권 체제를 발전시키기 시작했다. 이 정부 개혁은 명나라 때 크게 발전했는데 중앙으로 집중된 권력은 완전히 황제의 손 안에 있었다. 이 그림에 분명히 나타난 것처럼 황제의 권력은 효과적인 명령 체계를 통해 지방에 있는 마을의 일상생활에까지 구석구석 안 미치는 곳이 없었다. 이들 기관은 모두 난징 또는 1421년 이후로는 베이징에 있는 중앙 정부의 지휘를 받았다(Charles O. Hucker, *A Dictionary of Official Titles in Imperial China*, 1985. 스탠퍼드 대학의 허락을 받아 여기 다시 실음).

유럽이 성직 임명권을 두고 논쟁을 벌이면서 세속 국가에서 종교와 도덕의 권위를 분리하고 자치 도시와 마을, 전문가들의 동업조합, 대학 설립에 박차를 가하고 있던 바로 그때 중국은 전례 없는

75. Hucker, *Dictionary*, 61쪽.

   사회·법 체계로 본 근대 과학사 강의

중앙집권 체제를 수립하는 데 골몰하고 있었다. 모든 권력과 권한은 점점 황제에게 집중되었으며 그 스스로 어떤 형태의 법률보다 위에 있었다. 또한 황제는 서로 중복되는 권한을 가진 관료끼리 상호 견제를 하게 함으로써 중국 전역을 중앙에서 철저하게 지배하는 독재 체제를 보장받을 수 있었다. 결국 명나라 태조가 송나라를 토대로 세운 새로운 국가의 구조와 형태는 "황제에게 누구도 넘볼 수 없는 확실한 권력을 보장했다. 황제는 모든 권한을 갖고 거기서 벗어난 어떤 권력의 집중도 허용하지 않았다. 더욱이 황제는 모든 관료들에게 자기 뜻에 따라 무자비하게 권력을 행사하기도 했다."76 한 마디로 말하면 유럽에서는 왕이나 군주를 세속화하여 세속의 지배자로 만들려고 했던 반면에, 중국에서는 황제가 하늘의 권한을 위임받았다는 것을 재확인하고 이 세상에서 유일한 사법권을 가진 사람이라고 주장하면서 황제를 신성화하려고 애썼다. 제국의 평화와 조화는 황제가 자신에게 부여된 하늘의 권력을 올바르게 받아 도덕 정치를 베풀고 모든 백성이 황제의 뜻에 따라 효도하고 충성할 때만 계속해서 유지될 수 있다는 국가 이념을 만든 것이다.

또한 중국에서 가장 낮은 행정 권력 단위인 현에는 종교적 구속력을 가진 민간의 사회 질서가 있었다. 이것이 지닌 강한 종교적 구속력은 현을 다스리는 수장인 지현의 지위를 반ᐩ신성화하는 구실을 했다. 중국의 모든 마을에는 그 마을을 수호하는 마을신이 있었는데, 지현이 처음 발령받아 그 마을에 들어올 때면 마을신을 모신 사당을 찾아가서 마을신의 권위에 예의를 갖추었다.

마을신 또는 성황신城隍神은 명나라와 청나라의 공식 종교로 매우 중요

---

76. Charles O. Hucker, *The Ming Dynasty : Its Origins and Evolving Institutions*(Ann Arbor : University of Michigan Center for Chinese Studies, 1978), 96f쪽.

한 자리를 차지했다. 모든 현과 주의 중심에는 성황신을 모시는 성황단 城隍壇(마을신 사당)이 있었는데 그 유지 비용의 일부는 정부에서 지원했다. 새로 부임하는 지현이나 지주는 부임할 때 이곳에서 예를 갖추었고 그가 부임하고 있는 동안은 정기적으로 제사를 지냈다.[77]

마을신, 지현과 관료제는 오래 전부터 매우 밀접한 관계를 유지했는데 당나라와 송나라 때는 "관료들이 죽으면 마을신이 된다."고 생각했다. "만일 어떤 지현이 재직 중에 죽었거나 특별히 지현이나 지주가 많은 업적을 남겼다면 그는 죽어서 대개 자신이 다스렸던 현 또는 주의 마을신이 되었다."[78] 정부와 신성한 힘은 매우 밀접하게 서로 엮여 있어 관료가 하는 말은 신을 대신해서 하는 신성한 말로 인정될 정도로 땅과 하늘의 세계가 가까이 있었다.

따라서 사람들은 마을신을 인간의 상대적 문화 정신(백호 같은 동물이나 전쟁에서 패한 장수의 넋 같은 것이 아니라)인 동시에 특정한 정치, 사회적 구실을 하는 사람, 말하자면 지방 관료로 생각했다. 이것은 매우 중요한 이념을 내포하고 있었다. 이것은 마을신들이 더 높은 신성한 권위에 복종하게 만들었는데 하늘의 법과 규범으로 구성된 관료 체제를 따르는 것이었다. …… 그러나 이것은 지방 관료들에 대한 생각에 심대한 영향을 끼쳤다. 신과 제휴하여 마을을 다스리는 사람은 그 스스로 신성한 특질을 지녀야만 한다. 따라서 지현과 지주는 수도사나 성직자, 주술사 같은 신성한 권위를 갖기 시작했다.[79]

---

77. David Johnson, "The City-God Cults of T'ang and Sung China," *Harvard Journal of Asiatic Studies* 45(1985), 363~457쪽 가운데 363ff쪽.
78. 같은 책, 438쪽.
79. 같은 책, 443쪽.

 사회·법 체계로 본 근대 과학사 강의

이런 방식으로 황제의 권위에 신성을 부여하는 것은 지방 정부 차원에서도 같은 영향을 미쳤고, 이것은 중앙과 지방 행정의 독재 체제를 강화하는 구실을 했다.

중국 제국의 완벽한 행정 체계 탓에 어떤 도시나 마을도 자치권을 가진 행정 단위의 중심이 되지 못했다. 모든 권력은 북경의 중앙 정부에 있는 관료들(서로 관할 구역이 겹치는) 손 안에 있었다. 중국 역사에 걸쳐 20세기까지 중국 행정 단위의 맨 아래 단계에 있는 지현은 미국의 카운티와 비슷한 정도의 조그마한 마을들로 구성된 지역을 다스렸다. 청나라(1644~1912년) 때 현은 중앙에 성을 쌓은 도시가 있고 "그 둘레를 몇 개의 읍과 수십 개 또는 수백 개의 마을이 둘러싸는데 그 마을의 크기는 가지가지였다."[80] 각 지역(읍과 마을)은 지현이 임명한 수령이 있었다. 모든 가구는 방위를 위해 여러 가구가 한 단위로 조직되었는데 이 조직을 이끄는 사람도 지현이 임명했다. 17세기 초에는 지현이 임명했을 거라고 생각되는 경찰관(티파오ti-pao)이 있었는데 그는 범죄와 무질서를 감시해서 그 모든 것을 지현에게 보고하는 일을 했다. 법에서 요구하는 것이나 (부검) 조사 결과를 중앙 정부에 제공하는 것도 그의 책임이었다.[81] 세금 징수를 강제하고 살인자를 조사하고 도둑을 잡는 것도 그가 하는 일이었다.[82] 그가 책임을 다하지 못하면 매를 맞았다. 그러나 이들은 그 지역을 대표하는 중앙 정부의 대리인이 전혀 아니었다. 이들은 지현 또는 그 위에 있는 관료가 마음대로 임명하고 해고할 수 있었다. "주와 현 또는 그것을 구성하는 읍이나 마을은 전혀 자치권이 없었다. 실제로 주와 현의 아래로는 어떤 종류의 공식 정부 단위가 없었

---

80. Ch'ü, *Local Government*, 4쪽.
81. 같은 쪽.
82. 같은 쪽; J. R. Watt, *The District Magistrate*, 190쪽.

다."[83]

　모든 권력과 권한은 황제와 중앙 관료에게서 흘러나와 지방 단위로 내려갔고 지현은 자기가 다스리는 현의 일상 운영에 책임을 졌지만 그가 직접 중대한 결정을 내리는 경우는 거의 없었다. 실제로 모든 결정은 그보다 더 높은 데서 승인을 받아야 했다. 지현은

　중요한 결정을 내리는 권한이 없었다. 지현은 자기가 판결을 내릴 수 있는 사소한 민사소송 같은 정해진 특정 문제를 빼고는 대부분의 자세한 행정 업무는 모두 상급자에게 보고하고 승인을 받아야 했다. 쿠엔우 Ku Yen-wu는 이런 상황을 "지현은 모든 관료 가운데 가장 작은 권력을 가졌다."고 표현했다.[84]

　실제로 황제와 중앙 관료들은 중국을 다스리는 모든 문제에 대해 최종 권한을 가졌다. 지현은 자기 지역에 대해 전혀 사법권을 가지지 못했고 상급 관료가 간섭하지 못할 문제는 하나도 없었다. 이것은 지주나 지부知府에게도 똑같이 적용될 수 있었는데 중앙 관료들은 이들이 내린 명령을 취소할 수 있었다. 그리고 지방 차원에서 지현이 직접 내린 조치들이 판례로 정해지는 일은 극히 드물었다. 예를 들면 과거의 소송에서 귀양 기간을 참조하려할 때도 그것이 비록 판결이 난 경우라고 할지라도 최고 권한을 가진 사람이 그 결정을 보지 않았다면 판례로 인용될 수 없었다.[85] 어쨌든 판례가 될 수 있는 결정을 지현이 내리는 경우는 전혀 없었다. 왜냐하면 그런 결정

---

83. Ch'ü, *Local Government*, 1쪽.

84. 같은 책, 193쪽 ; Lo, *Introduction to the Civil Service*, 39쪽.

85. E. Alabaster, *Notes and Commentaries on Chinese Criminal Law and Cognate Topics, with Special Relations to Ruling Cases, Together with a Brief Excursus on the Law of Property*(London : Luzac, 1899), 14쪽.

　　　　　　　　　　　　　사회·법 체계로 본 근대 과학사 강의

은 모두 그 지방의 범위를 벗어나게 되고 모든 사람의 주목을 받아 결국 가장 높은 자리에 있는 관료가 최종 결정을 내리기 때문이었다.[86]

이와 마찬가지로 중요한 범죄는 법에 따라 황제가 검토를 한 다음에 판결을 내릴 수 있었다.[87] 따라서 이런 범죄에 대한 판결은 1년이 넘도록 지연되는 경우가 많았다. 그리고 황제는 희년을 선포하고 모든 죄인들을 풀어 주는 대사면을 실시할 수도 있었다.[88] 한 마디로 말하면 관료제의 어떤 단계에서도 자치권을 행사할 여지는 없었다. 사법권은 모든 것을 지배하는 황제에게만 유일하게 한정되었다. 따라서 지방의 사법권을 지키는 어떤 형태의 지방 자치(예를 들면 자치 조직)도 발전할 수 없었다. 서양처럼 도시나 읍 또는 대학 같은 기관이 자치권을 가지고 향유할 수 있는 법적 공간이 중국에는 없었다.[89] 인간 사회의 조화를 보장하는 하늘의 권한은 오직 황제 한 사람만이 받을 수 있다고 생각했다.

요약하면 12세기와 13세기 유럽에서 발생한 법과 자치의 혁명은

---

86. 이것은 물론 하급 법원의 결정이 다음 판결에서 판례로 받아들여지는(이것은 오늘날 미국에서도 그대로 적용된다) 영국의 관습법과는 상황이 달랐다. Mirjan R. Damaska, *The Faces of Justice and State Authority*(New Haven, Conn. : Yale University Press, 1986) 참조. 더욱이 초기 로마 시대와 프랑스 혁명 이전 북유럽에서 재판 결과는 (1) 황제나 군주와 독립적으로 이루어졌고 (2) 그다음의 유사한 소송에서도 법적 권위가 있는 법의 원천으로 말하자면 판례법으로 인정받았다. John Dawson, *The Oracles of the Law*, 재판(Westport, Conn. : Greenwood Press, 1978) 참조.

87. George T. Staunton, 영문 번역·편집, *Ta Tsing Lü Li:Being the Fundamental Law of the Penal Code of China*(London : Cadell and Davies, 1810) ; Derk Bodde and Clarence Morris, *Law in Imperial China*, 재판(Philadelphia : University of Pennsylvania Press, 1973), 41~42쪽, 113쪽 외.

88. Jean Escarra, *Chinese Law*, Gertrude W. Browne, 영문 번역(W. P. A. University of Washington ; photo-mechanical reproduction by Harvard University, Harvard University Asian Research Center, 1961), 350~352쪽. 이 과정은 인간의 정신적 삶과 연결된 일정과 관련이 있었다. 이것에 따르면 가을은 죽음과 관련된 계절이었다.

도시와 읍이 스스로 법을 제정하고 재판소를 세우고 세금을 거두며 재산을 소유하고 소송 당사자가 되고 자체 측량 기준을 만들고 화폐를 주조할 수 있는 권리를 부여했지만90 이런 일은 중국에서 일어나지 않았다. 이것은 12세기와 13세기가 아니라 17세기 아니 20세기 초까지도 발생하지 않았다. "확실하게 독립된 사법권을 가진 지방 자치 도시는 중국에서 전혀 만들어지지 않았다."91

자율과 자치의 사회 기관들이 발전하지 못한 까닭을 좀더 잘 알기 위해 중국 법의 본질을 더 자세히 검토해야 한다.

중국의 법

우선 중국의 "법"에 대해 말하는 것은 많은 학자들이 그리고 가장 최근에는 토머스 스티븐스Thomas B. Stephens가 "역번역backward translation"(여기서는 중국어를 영어로 번역하는 것을 뜻함 - 옮긴이)이라고 불렀던 문제에 빠지는 것이라는 점을 분명히 해둬야 한다. 서양 학자들은 서양의 "법" 개념을 사용해서 "강제력이 있는 규칙"과 같은 뜻이 있는 중국 말을 찾았는데 결국 찾아 낸 단어가 "실정법"을 뜻하는

---

89. 중국에도 상인 동업조합이 있었지만 서양처럼 법적 자치권이 보장된 자치 집단이 아니었다. Ch'ü, *Local Government*, 168ff쪽은 이들이 지방 정부에서도 중요하다고 인정할 만한 힘을 가지지 못했다고 주장한다. 또한 모스H. B. Morse는 "중국에서 동업조합은 결코 법의 보호를 받지 못했다. 이들은 법 밖에서 성장했다."고 말한다. *The Gilds of China*(New York : Russell and Russell, 1967), 29쪽. 피터 골라스 Peter Golas도 "Early Ch'ing Guilds," in *The City in Late Imperial China*, ed. G. William Skinner(Stanford Calif. : Stanford University Press), 555~580쪽에서 같은 결론에 도달한다. 그는 559쪽(주석)에서 서양의 동업조합과 차이점을 강조한다.

90. Harold Berman, *Law and Revolution : The Formation of the Western Legal Tradition*(Cambridge, Mass. : Harvard University Press, 1983), 12장.

91. Sybille van Der Sprenkel, "Urban Control in Late Imperial China," *The City in Late Imperial China*, 609~632쪽 가운데 609쪽 ; Etienne Balazs, "Chinese Towns," in *Chinese Civilization and Bureaucracy*, 66~78쪽 참조.

 사회·법 체계로 본 근대 과학사 강의

'法fa'이었다. 스티븐스는 1911~1927년까지 상해의 입회재판立會裁判 (특정인이 참관하는 가운데 여는 재판-옮긴이)을 연구한 결과, 재판관 이 공명정대하고 독립적으로 판결을 내릴 수 있도록 미리 정해진 보 편적이고 선험적인 규칙을 바탕으로 만들어진 "중국의 법 체계"는 없다고 결론을 내렸다. 그 대신에 우리가 발견한 것은 하나의 "명령 체계"로 사실상의 권력인 황제는 명령과 칙령, 포고를 내리고 그것을 위반하면 심하게 처벌하면서 자기 마음대로 그 명령을 집행했다.92 따라서 우리가 앞에서 살펴본 법적 자치권, 사법권, 자치 조직, 개인 과 집단의 권리, 과실 책임과 같은 법률 검토의 준거점들은 명령을 내려 분쟁을 해결하는 중국 체계에서는 유용한 개념이 아니다.

중국인의 법 개념은 서양과 이슬람의 법과는 다른 여러 가지 속뜻 을 담고 있다. 중국의 법은 고대 중국의 현인 같은 왕들 덕분에 신 성화된 관습과 전통을 담고 있지만, 법이 신의 계시라는 생각과는 전혀 관계가 없다는 점에서 이슬람법과도 다르다. 실정법과 예절(또 는 신성한 의례)을 서로 구분한다면 고대 현인들이 지녔던 '도道'와 '예禮'는 '법'의 신성한 근원이며 이것은 사물의 본질에 뿌리박은 인 간 행위의 근원이자 전형이라는 것을 알게 된다. 베냐민 슈발츠 Benjamin Schwartz는 "허버트 핑가렛Herbert Fingarette이 '예'라고 하는 것 자체는 그것이 엄밀하게 인간들 사이의 약속을 뜻할 때에도 그 안에 는 신성한 영역이 포함되어 있으며, 그것을 말할 때 '신성한 의례' 또는 '신성한 의식' 같은 말을 쓰는 것은 매우 적절한 표현이라고 주 장하는 것에 동의한다."고 말한다.93 따라서 중국의 법을 연구하기

---

92. Thomas B. Stephens, *Order and Discipline in China. The Shanghai Mixed Court 1911~1927*(Seattle : University of Washington Press, 1992). 내가 이 연구에 관 심을 갖게 해 준 마크 앨빈Mark Elvin에게 감사한다.

93. Benjamin Schwartz, *The World of Thought in Ancient China*(Cambridge, Mass. : Harvard University Press, 1985), 67쪽.

시작할 때 먼저 고려해야 할 것은

하늘과 땅이 하나의 원리—자연 질서의 창조 원리—로 다스려진다는
생각이다. 인간 사회에서 이 질서에 반대되는 행동은 무엇이든지 하늘
과 땅의 조화를 파괴하는 결과를 초래해서 홍수, 가뭄, 내부의 혼란과
같은 큰 재난을 일으킬 수 있었다. 이 질서를 보존하기 위해 하늘은 뛰
어난 덕德을 지닌 사람들을 선택하여 그들에게 하늘의 권한命을 주어 자
기 백성들을 다스리게 했다.[94]

중국인들은 사람들이 만드는 실정법의 의미를 알고 있지만 이들
에게 더 큰 약속(법)은 과거부터 전승해 온 신성한 예절인 '예'이다.
이 약속은 여러 가정들이 서로 강하게 맞물려 만들어진 것이다.

한편으로 '도'를 자연의 근본 양식이라고 볼 때 '예'는 올바른 인
간 행동 양식이라는 생각과 연결되어 있다.[95] 이러한 양식들은 영원
하고 절대로 변하지 않는다. 동시에 공자孔子는 고대의 현인 같은 왕
들은 실제로 인간이 해야 할 행동의 완성을 이루었으며 "도는 중국
의 역사 속에서 그 본연의 모습을 실현했고, 주나라 초기에는 실제
로 도가 현실에 구현되었다."고 확신했다.[96] 달리 말하면 지혜로운
고대 중국의 선조들은 이상적인 인간 예절의 모습을 실제로 성취했
으며 이들의 사상은 오경五經과 과거의 다른 기록에 남아 있다.[97]

---

94. M. Meijer, *The Introduction of Modern Criminal Law in China*(Batavia : de Unie,
    1950), 2쪽.
95. Benjamin Schwartz, "On Attitudes Toward the Law in China," in *The Criminal
    Process in the People/s Republic of China:An Introduction*, ed. Jerome A.
    Cohen(Cambridge, Mass. : Harvard University Press, 1968), 62~70쪽 가운데 62
    쪽.
96. Schwartz, *The World of Thought*, 85쪽.
97. 유학에서 말하는 오경五經은 서경書經, 시경詩經, 예기禮記, 역경易經, 춘추春秋를 말

    사회·법 체계로 본 근대 과학사 강의

다른 한편으로 과거 현인들의 이 행동이 어떻든지 간에 그것은 사물 본래의 질서에 뿌리가 닿아 있었다. 그것은 진정한 자연의 질서를 그대로 반영한 것이었다. 과거에 중국의 역사 속에서 실현되었고 자연에 뿌리박고 있으며 우리가 그것에 대해 분명한 지식을 가지고 있는 이상 세계(따라서 신성한)에 대한 생각은 중국 사상을 지탱하는 강력한 힘을 가지고 있다. 따라서 이것은 고대 그리스나 중세 유럽의 경우처럼 철학이 자치 원리로서 발생하는 것을 막는 억제력의 구실을 했던 것으로 보인다.

그러나 우리는 이 자연법이라고 부르는 개념이 중세 유럽의 자연법과는 다르다는 것을 지적해야 한다. 우선 중국에서 이 개념은 과거에 단 하나의 집단(중국의 지배 엘리트)이 철저하게 독식하고 있었다. 중국은 역사 속에서 (대개 야만족이라고 부르던) 다른 민족 집단들과 관계를 맺어 왔지만 이들에 대해서 언제나 자기 민족 중심주의였다. 예를 들면 몽골, 거란, 한국, 인도, 그리고 실제로 여러 불교 국가들, 베트남, 말레이시아, (쿠빌라이 칸이 정복했던) 자바, 여러 이슬람 국가들의 법 개념은 중국 한족의 법 개념과 큰 차이가 있었다. 그러나 중국은 이런 문제에 대해 구체적인 견해를 가지고 있었기 때문에 굳이 고대 현인들의 위대함과 다른 민족의 법을 둘 다 뛰어넘는 진정한 보편적 자연법 개념을 만들려고 하지 않았다. 달리 말하면 중국인들은 법학을 완성할 생각이 전혀 없었다. 따라서 이 문제에 대해서 중국이 다른 나라들과 언제나 따로 떨어져 있었다고 말하면서 중국인의 파벌주의를 간단하게 처리하고 넘어가는 것은 바른 태도가 아니다. 중국이 유럽의 영향력에서 멀리 있었던 것은 사실이

한다. James Legge, 영문 번역, *The Chinese Classics*, 5권, 재판(Hong Kong : Hong Kong University Press, 1960). 이 책들은 이상 사회의 역사, 윤리적 훈계, 올바른 행동 방침과 함께 형이상의 사색을 담고 있는 종합서이다.

지만 현재 중국 내부에서 공인된 55개 이민족 집단과 관계를 맺지 않았다고 말할 수는 없다.[98] 중국의 법 사상은 지방(지역 또는 전국)의 다양한 관습(예절)을 고려하고 동시에 더 높은 수준의 영원무구의 신성한 질서를 가정하면서 서양의 자연법과 교류하는 더 높은 차원의 추상적 개념으로 발전하지 못했다. 달리 말하면 서양의 자연법은 무엇보다도 이탈리아, 프랑스, 독일 사이의 차이를 뛰어넘는 더 높은 차원의 법 개념을 말한다. 이 개념은 바로 이러한 지역 차이를 뛰어넘기 때문에 보편적이고 본질적이라고 말할 수 있다.[99]

19세기까지도 중국의 영토 안에서 법과 제도가 통합된 체계를 이루지 못한 사례는 중국 안에 있는 여러 이민족들을, 예를 들면 중국의 이슬람교인들과 몽고인(타타르족)을 서로 다르게 대우한 경우에서 잘 볼 수 있다. 서양식 의미에서 자연법 개념이 없고 따라서 단일한 법 체계가 없었던 까닭에 두 개의 법전이 존재했다. 하나는 중국 법전이고 다른 하나는 몽고 법전(그리고 또 다른 이슬람 법전)이었다.

오늘날 이런 상황을 상상해 보면 쉽게 이해할 수 있다. 만일 타타르족이 중국법이 중국 안에서 인정받는 것처럼 타타르 지역 안에서는 타타르법을 따라야 한다고 주장하면 그렇게 받아들여질 수 있었다. 그러나 중국인과 타타르인이 함께 연루되어 두 나라가 섞인 상태에서 적어도 동일한 소송에 두 개의 법전을 적용하는 것(종종 발생한다)은 맞지 않다.

---

98. Kevin Sinclair, *The Forgotten Tribes of China*(Missisauga, Ont. : Cupress, 1987), 9쪽.

99. 막스 베버가 말한 것처럼 중국에서는 "신성하고 영원한 자연의 법칙은 오직 먼 옛날부터 검증된 신성한 의식과 신비한 효능의 형태로, 그리고 조상의 신위를 신성하게 받들어 모시는 의무의 형태로만 존재했다. 근대 서양의 특징 가운데 자연법이 발전할 수 있었던 것은 서양이 기존의 법을 합리화할 수 있는 토대로서 이미 로마법을 가지고 있었기 때문이다." *The Religion of China*, Hans Gerth, 영문 번역(New York : Free Press, 1951), 158쪽.

그 결과 똑같은 범죄를 저지른 두 명의 범죄자 가운데 한 사람은 매를 맞고 풀려나고 다른 사람은 태형과 함께 평생 추방당했다. 중국인들은 공정한 재판을 주장한다. 불공평한 법으로 공정한 재판을 받을 수는 없다.100

이슬람교인들을 다룬 경우도 이와 비슷한데 (북경에 있었던) 중국의 사법부는

이슬람교인들과 관련된 특별한 법률은 이슬람교인들에게만 적용되며 그들과 관련된 중국인들에게는 적용되지 않는다고 규정했다. 그래서 만일 두 명의 이슬람교인과 한 명의 중국인이 함께 도둑질을 하다 잡혔을 때 이슬람법에서 "셋 이상이 …… 한 경우"에 따라 이슬람교인들은 군사 노예의 처벌을 받지만 중국인은 "여러 사람들이 관련되었을 경우에 ……" 처벌하는 중국 법에 따라 추방하면 끝이다.101

중국은 이렇게 자신들이 지배한 영토 안에서 통합된 법 체계를 완성하지 못함으로써 중국 법이 지닌 극도의 특수성을 나타낸다. 따라서 중국의 법관들은 범죄자를 처벌하기 전에 "여러 가지 고려 사항"102 말하자면 처벌을 면제받을 수 있는 범죄자의 사회적 지위 조건을 미리 검토해야 했다. 이것은 특권층 신분의 공식 직위, 출신, 나이와 같은 것을 포함한다.103 이러한 진행 절차는 개인의 특수한

---

100. Alabaster, *Notes and Commentaries on Chinese Criminal Law*, li쪽.

101. 같은 책, lii쪽. 나는 여기서 "Mohamedan"을 "Muslim"으로 바꿨다.

102. Escarra, *Chinese Law*, 348쪽.

103. 더크 보드는 "Basic Concepts of Chinese Law," in *Essays on Chinese Civilization*, 2d. ed.(Princeton, N. J. : Princeton University Press, 1981), 184f쪽에서 이 생각이 "죄에 알맞은 벌을 내려라", "사회 특권 집단", "가족 안에서 차별"의 제목으로 중국 법전에 어떻게 반영되었는지 검토한다. 이 논문은 Bodde

사회 신분에 따라 법의 적용을 면제받을 수 있었다는 것을 잘 보여
준다.

일관성을 중요하게 생각하는 법의 개념과 반대되는 중국의 전통
적인 '예'의 개념은 중국 관료들에게 너무 강해서 이들은 이 개념을
뛰어넘어 상거래에 매우 중요한 법률을 제정하는 데 큰 어려움을 겪
었다. 이것과 관련해서 상해의 상인들이 자신들의 희망사항과 정반
대의 결정을 내린 중국 최고법원에 맞섰던 잘 알려진 사례가 하나
있다. 북경에서 온 입회재판 판사가 상해에서 그 지역의 상인 조합
원을 심문하면서 새로운 세기에 중국 최고법원의 권위에 대해 나눈
대화록이 여기에 있다. 이 사례는 여기에 재현하기에 충분히 가치
있는 통찰력을 우리에게 준다.

배석 판사 : 당신은 최고법원을 존중하는가?

증인 : 그럼요. 우리가 중국인 단체인데 당연히 존중해야지요. 그러나
최고법원의 판결이 맞지 않다면 우리 상인들은 그것을 바꿀 방도가 없
습니다.

배석 판사 : 당신은 중국에서 가장 유능한 사람들이 내린 최고법원의
판결이 옳든 그르든 당신이 더 잘 판결 내릴 수 있다고 말하는 건가?

증인 : 아니요. 우리 상인들은 대개 다른 상인들이 하는 것을 합니다.

배석 판사 : 요컨대 당신은 최고법원의 결정을 따른다는 것인가, 안 따
른다는 것인가?

증인 : 만일 판결이 합당하다면 따릅니다. 그러나 그렇지 않다면 따르
지 못합니다.

배석 판사 : 그럼 당신은 지금 스스로 (최고법원보다) 더 높은 판사라

and Morris, *Law in Imperial China*, 1장으로도 실렸다.

고 자처하는 건가?

　증인 : 저 혼자만은 아닙니다.

　배석 판사 : 너희 상인들이 주장하는 것을 해석하면 "법과 관련된 일에서도 우리가 말하는 것은 옳고 최고법원은 틀리다."는 말이냐?

　증인 : 바로 그 말입니다.104

　상인들은 법원의 판결이 그들의 전통 개념을 따르든 말든 자기들 스스로 판결을 유보하는 것처럼 보인다.105 중국인들은 법이 신성과 영원의 기운을 가지고 있다고 생각하기 때문에 "(인간이 제정한) 실정법은 오직 그것이 자연법과 조화를 이룬다고 판단되는 관습을 대표할 때만 인정을 받는다."고 말할 수 있다.106

　이것을 좀더 넓은 의미에서 본다면 우리의 관심을 다섯 가지 형태의 인간 관계로 넓혀 갈 수 있다. 이것은 아버지와 아들, 황제와 신하, 남편과 아내, 어른과 아이, 동무 사이를 일컫는다(부자유친父子有親, 군신유의君臣有義, 부부유별夫婦有別, 장유유서長幼有序, 붕우유신朋友有信의 오륜五倫을 말함－옮긴이). 만일 이 관계가 질서를 유지한다면 모든 다른 질서도 자리를 잡을 것이며 사회 질서도 확립되고 황제는 하늘에게 부여받은 권한을 계속해서 누릴 수 있었다. 또한 중국 법도 이슬람법처럼 인간의 도덕·윤리 관계와 실정법의 관계에 차이를 두려고 하지 않았다. 법과 도덕적 행위는 결국에는 같은 것이었다.107

　중국 역사에서 법 사상은 공자의 유학儒學과 법가法家, 두 학파가

---

104. 이 사례는 원래 *North China Herald*(July 31, 1926)에 실린 내용인데 A. Padoux 가 법에 관한 한 중국인 논문의 번역판에 서문으로 쓰면서 들어갔고 Jean Escarra and R. Germain, *La Conception de la loi*에서 불어로 출판되었다. 여기 나온 원문은 Escarra, *Chinese Law*, 113~114쪽에 나온 것이다.
105. 조지프 니덤도 *SCC* 2, 259쪽에서 이것을 지적한다.
106. Escarra, *Chinese Law*, 113쪽.
107. 같은 책, 99쪽.

있었다. 유학자들은 현인들(중국 고대의 지혜로운 왕들)의 지배를 믿었고, 나라를 다스리는 가장 좋은 수단은 박애와 귀감이 되는 행동을 보여 주는 것이라고 생각했다. 황제의 권위는 복잡한 관료 계층 체계를 따라 집행되었지만, 그것은 언제나 황제를 포함해서 전체 중국 관료제의 구성원들이 도덕의 귀감이 되어야 한다는 것을 전제로 했고 이것이 바로 백성을 다스릴 수 있는 능력을 보여 주는 품성이었다. 그리고 공자의 이념이 계층적 사회 질서를 분명하게 인정한 다음부터 왕은 백성을 다스리고 백성은 왕에게 복종해야 한다는 생각이 확실하게 자리 잡았다. 이 군신의 관계는 공자가 말한 효도의 또 다른 표현일 뿐이었다.108 이 생각을 가장 분명하게 드러낸 사상은 공자의 가장 중요한 제자인 맹자(기원전 약 371~289년)의 말에 나온다. 그는 "정신 노동을 하는 사람과 육체 노동을 하는 사람이 있는데, 육체 노동을 하는 사람들은 다른 사람들의 지배를 받는다. 지배를 받는 사람들은 다른 사람들에게 의지해야 한다. 지배하는 사람들도 다른 사람들에게 기대야 한다. 이것은 보편적 원리이다."109 백성들이 자기 본분에 알맞은 행동을 하도록 이끌어 줄 수 있는 것은 황제와 (황제가 올바른 길을 가도록 안내하는 구실을 하는) 왕실의 관료들이 백성들에게 모범이 되는 행동을 보여 주는 것뿐이었다. 황제가 법을 만들어 백성을 다스리려고 한다면 백성들은 그 법의 본질을 금방 알아채고 그것을 빠져나갈 궁리를 할 것이다. 이 견해에 따르면 법을 제정하면 백성들은 더욱 다투게 되고 소송을 권장하는 방향으로 나아가게 될 것이다. 국가는 법보다는 예, 올바르게 정해진 예절 관계로 백성을 다스려야 한다. 법은 딱 그것을 만드는 사람만큼의 수준만 하다. 따라서 우리는 고대의 현자들이 가르친 예와 관

---

108. Staunton, Ta Tsing Lü Li, xviii쪽.
109. Ho Peng-ti, The Ladder of Success, 17쪽에서 인용.

　　　　　　　사회·법 체계로 본 근대 과학사 강의

습, 전통을 배워야 하며 거기에서 도덕으로 백성을 다스리는 지혜를 확인할 수 있다.110

반면에 법가 학파는 단일하고 강력한 법 제정만이 우리가 바라는 조화로운 상태를 가져올 수 있다고 주장했다. 이 견해는 한비자韓非子(기원전 233년 사망)가 강력하게 주장했다.111 그는 비록 현인들이 가끔 나타날 수 있지만 대개 사람들은 이기적으로 행동하기 때문에 그런 사람들은 드물다고 주장했다. 법의 처벌이 필요한 것은 바로 이 때문이다. 법은 사람들이 자기 이익만을 추구하기보다는 올바른 것을 하도록 강제할 수 있다. 국가가 강성해지려면 분파주의와 특권을 없애야 하는데 이것을 이루는 방법은 단일한 법 체계를 만들어 공표하고 강력하게 집행하는 것이다. 더욱이 시대가 바뀌면 그 사회의 법도 바뀌어야 한다. 과거의 관습과 전통(예禮)은 그 당시에는 적절했지만 지금은 더 이상 아니다.

마침내 이런 견해들이 서로 충돌해서 나온 법 정신은 매우 가혹한 형벌과 특수성을 강조하는 것이었다. 이 법은 모든 백성에게 단일하게 적용되는 것이 아니라 경제 계급, 가문, 학문 성취도, 나이에 따라 가지각색의 온갖 종류의 집단에 특권을 인정하는 예외로 가득했다. 예를 들면 중국 제국의 마지막 왕조의 법전(1647년 발간, 1725년 이후에 재판)은 명나라 시대로 되돌아갔는데, 북경에 있는 황실 천문대 소속이었던 천문학자들이 특별한 대우를 받을 수 있도록 예외 규정을 두었다. 또한 중국 제국 시대에는 국가가 주관하는 과거 시험

---

110. Schwartz, "Legalism," in *The World of Thought*, 8장 ; Escarra, *Chinese Law*, 66
　　～80쪽 ; Bodde, "Basic Concepts," 178ff쪽 참조.
111. 여기서 나는 Escarra, *Chinese Law*와 Bodde, "Basic Concepts," 171～194쪽 in
　　*Essay on Chinese Civilization*의 내용을 따랐다. 한비자에 대한 또 다른 논의는
　　Wing-tsit Chan, *A Source Book of Chinese Philosophy*(Princeton, N.
　　J. : Princeton University Press, 1963), 251～261쪽과 Schwartz, *The World of
　　Thought*를 참조.

에 합격한 사람에게 세금을 받지 않고 해마다 있는 노역 봉사와 (대부분의 범죄자들에게 내리는) 체형을 면제해 주었다. 그리고 공무원이 되거나 황실에서 일하게 된 사람들이 죄를 지었을 때는 황제에게 먼저 알리고 그 후속 조치를 허락받기 전까지 그들을 체포하거나 심문할 수 없었다. 이런 방식으로 유교 윤리는 사람 개개인의 타고난 능력과 도덕적 품성의 차이를 인정했으며 이것은 중국의 법에 그대로 반영되었다.

한편 중국 법은 이러한 형법적 특성과 더불어 공법과 사법의 구분이 없었다(또한 형사와 민사의 구분도 없었다). 이것을 잘 보여 주는 사례로 위법 행위자들을 대나무 막대로 때리는 관습을 들 수 있는데 심지어 단순한 민사 관련 내용인데도 매를 맞아야 했다. 나라에서 정한 공식 이자율(청나라 때는 한 해에 36퍼센트)을 넘게 받은 경우에는 대나무로 40대를 맞는 처벌을 받았다.[112] 불법으로 이익을 취한 돈을 반환하라거나 또는 당사자들 사이의 권리와 직접 관련이 있는 것에 대해서는 어떤 조치나 관심도 없었다. 따라서 중국의 법 정신은 이런 개별 사항의 시비를 가리거나 정의가 무엇인가 하는 이론적 문제에는 관심이 없었고, 오직 사회 질서를 유지하기 위해 붕괴의 위험성을 제거하는 것에 중점을 두었다. 니덤이 중국 법 연구에서 강조했던 것처럼 문제는 누가 옳고 누가 그르냐가 아니라 "무슨 일이 일어났는가?"이다. 중국 법의 핵심은 자연 질서에 무슨 일이 발생했느냐에 대한 것이다. 국가의 관료가 중대한 잘못을 저지르게 되는 것은 무례無禮 때문이며, 이것은 예를 수행할 수 없고 올바른 처신을 할 수 없으며 황제가 자신의 의무를 다할 수 없는 상태를 뜻한다.[113]

---

112. Staunton, *Ta Tsing Lü Li*, 150쪽.
113. *Escarra, Chinese Law*, 108~109쪽.

이런 집단 책임제에서는 어떤 사람이 다른 사람에게 잘못을 저질러 그에 대한 책임을 지우는 과실 책임, 말하자면 신중하게 일을 처리하지 못해서 다른 사람에게 해를 입힌 책임을 물을 수 있는 법이 없다.114 더크 보드Derk Bodde가 지적한 것처럼 법 이론에서 이런 견해를 가진 사람들은 전혀 소수가 아니다. "(중국의) 법은 개인이나 집단의 권리, 특히 경제적 권리를 보호하는 데 부차적 관심이 있기는 했지만 국가를 상대로 그런 권리를 주장하는 것에는 전혀 관심이 없었다. 법이 가장 관심을 두었던 것은…… 도덕 또는 예절에서 벗

114. 스프렌켈Sprenkel은 법을 위반해서 생긴 무질서에 대한 책임을 집단으로 돌리는 이 같은 노력은 "영국 법에 따르면 무죄인 사람도 처벌을 받게 할 수 있다." Sybille vander Sperenkel, *Legal Institutions in Manchu China: A Sociological Analysis*(London : Athlone Press, 1966), 71쪽. 허버트 핑가렛의 논어 연구는 "죄의 배후를 도덕적 책임감"의 결여라고 보고 "따라서 그 죄에 대한 처벌도 도덕적 응보"라고 분석하는 날카로운 통찰력을 보여 준다. *Confucius : The Sacred as Secular*(New York : Harper and Row, 1972), 27쪽. 핑가렛은 더 나아가 공자가 말하는 수치심과 서양의 죄의식을 같은 것으로 생각하면 안 된다고 주장한다(30쪽). 이것은 4장에서 본 것처럼 중국 철학에는 서양의 양심 또는 인간 내면의 도덕적 인식 작용이라는 개념이 없다는 것과 일맥상통하는 견해이다. 따라서 이런 개념의 공백으로 개인의 도덕적 · 법적 책임 또는 자기 과실에 대한 개념을 충분히 발전시킬 수 없게 되었다. 인간이 (계시의 도움을 받지 않고) 스스로 도덕적 진리에 도달할 수 있게 해 주는 내면의 도덕적 인식 작용이라는 개념이 중국인들에게 없었다는 것은 서양 사상, 특히 기독교 신학에서 나타난 이성과 합리성이라는 독립된 개념이 중국에 없었다는 것과 연관이 있어 보인다(4장 참조). 서양의 "이성" 개념이 중국의 "정신" 또는 성리학의 "정신 수양"과 일치할 수 있을지 의심스럽지만 더 연구해 볼 가치는 있다. William de Bary, *Neo-Confucian Orthodoxy and the Learning of the Heart and Mind*(New York : Columbia University Press, 1981) 참조. 중국 철학에서 양심이라는 개념이 어떻게 다루어졌는지에 대한 논의는 Chung-Ying, "Conscience, Mind, and Individual in Chinese Philosophy," *Journal of Chinese Philosophy* 2(1974), 3~40쪽 ; Edmund Leites, "Conscinece and Moral Ignorance : Comments on Chung-Ying Cheng's 'Conscience, Mind, and Individual in Chinese Philosophy,'" *Journal of Chinese Philosophy* 2(1974), 67~78쪽 참조. 벤저민 슈바르츠Benjamin Schwartz는 특히 *The World of Thought*, 67~78쪽에서 핑가렛의 주장에 주석을 달면서 근대 서양의 심리학을 고대 그리스와 기독교 신학의 융합에서 나온 이런 고도의 도덕적, 윤리적 정신 작용과 구분하지 않는다.

어난 인간의 행동 또는 중국인들의 눈에 사회 질서를 파괴하고 무너
뜨리는 것처럼 보이는 범죄 폭력이었다."115 따라서 우주의 질서와
인간 사회의 질서가 서로 계속해서 조화를 이루기 위해서는 중국의
영토 안에 형성되어 있는 기존의 사회 계층구조가 깨지지 않도록 언
제나 주의를 집중해야 했다.

이런 까닭에 국가의 법은 두 개인들 사이에서 수평으로 운영되기
보다는 언제나 국가에서 개인에게 수직 방향으로 작동했다. 만일 두
개인 사이에 분쟁이 일어나면 한 개인이 다른 사람에게 직접 소송을
제기하지 못했다. 그는 자신의 불만을 국가에 고소하고 국가는 고소
당한 사람을 불러 심문할지 말지를 결정했다.116

더욱이 중국은 공법이든 사법이든 법률 전문가의 수가 많이 부족
했다. 피고인을 변호해 줄 사설 변호사는 전혀 없었고 비록 있었다
고 하더라도 그것은 법정(그 지역의 수장인 지현)에 맞서는 매우 큰
위험을 감수하는 행위였으며 또한 그렇게 할 수 있는 권리를 주장할
수도 없었다. 장 에스카라Jean Escarra는 "법정에서 법률 적용과 해석
을 토론할 수 있고 판사의 판결을 반박할 수 있다고 한다면 법정은
아수라장이 될 것이다. …… 중국 전통의 사법 조직에는 변호사를
위한 자리가 없다. 그런 생각은 대단히 위험한 발상이었다."고 말한
다.117 실제로 친족이나 동무 또는 고객의 법률 소송에서 변호를 하
려고 했던 사람들은 "소송 사기꾼"으로 고발당했으며 그 대가로 3
년 동안 징역을 살아야 했다.118 이것은 유교 윤리가 모든 권위, 특

---

115. Bodde, "Basic Concepts," 171쪽.

116. 같은 책, 172쪽.

117. Escarra, *Chinese Law*, 348쪽.

118. Bodde and Morris, *Law in Imperial China*, 413쪽, 180쪽, 190쪽 주석 26번;
　　　Geoffrey MacCormack, *The Spirit of Traditional Chinese Law*(Athens :
　　　University of Georgia Press), 25~26쪽 참조.

히 국가의 권위에 복종하고 존중할 것을 강조한 데 따른 것으로 볼 수 있다. 중국인들의 눈에는 그런 공개적인 의사 표명(권력자의 말에 맞서는 것)이 무례와 알력을 드러내는 용서할 수 없는 행위이며, 결국에는 불효를 저질러 가문을 배신하는 행위이고 무엇보다도 '충忠'의 원리를 저버리는 것이다.119 유교의 '충서忠恕'는 무질서와 분쟁을 피하기 위해 언제나 다른 사람에게 양보할 것을 요구한다. 충은 다른 사람을 높이고 자신을 낮추는 애국심과 겸양의 형태로 나타난다. 조지프 니덤은 20세기 중반 중국에서 이런 '충서'의 특징을 직접 목격했는데 "문을 나설 때 여러 사람이 함께 나오지 않고 (앞사람에게 먼저 양보하고)" 겸손한 학자들은 "만찬장에서 가장 낮은 자리를 차지하려고 서로 다투었다."고 말한다.120 많은 사람들이 모인 자리에서 다른 사람에게 예절바르게 존경을 표시하는 행위는 유교 세계관을 축소한 것이다.

따라서 효와 충의 윤리는 개인이 자기보다 높은 권위를 지닌 모든 것에 복종하도록 강제한다. 그리고 이 특이한 세계관은 법으로 정해졌다. 《대청회전大清會典》을 보면 폭행을 한 경우에는 언제나 손윗사람과 손아랫사람을 나누고 손아랫사람은 당연히 더 큰 벌을 받는다.121 효의 지극함을 표현하는 또 다른 방식은 부모가 돌아가셨을 때 치르는 애도 기간을 들 수 있는데 최대 27개월까지 상을 치렀다. 이것은 국가 관료들에게 의무사항이었고 당, 송, 명, 청나라에 이르기까지 모든 법전에 나와 있었다.122 요약하면 유교는 공공의 광장

---

119. Needham, *SCC* 2, 61ff쪽 ; Sprenkel, *Legal Institutions of Manchu China*, 81쪽 ; Tu Wei-ming, "The Confucian Tradition," in *Heritage of China*, 112~137쪽 가운데 116ff쪽.
120. Needham, *SCC* 2, 62쪽.
121. Staunton, *Ta Tsing Lü Li*, 343쪽.
122. Bodde and Morris, *Law in Imperial China*, 39쪽.

에서 이루어지는 모든 논쟁을 억누르고 복종할 것을 강조했다.

또 다른 차원에서 전문 법률가의 부족은 지현을 보면 알 수 있다. 지현은 국가 공무원 시험인 문과 시험에 합격하여 임명된 까닭에 법에 대한 전문 지식이 없었다. 송나라 때는 왕안석王安石(1021~1086년)이 개혁 정책을 펴는 동안에 잠시 법관 시험을 따로 보았고 수도에 법학교도 세웠다. 그러나 이 학교는 1127년 송나라가 북송과 남송으로 갈라지면서 사라졌다. 당나라와 송나라 초기에는 특별한 사법 시험(명법明法)을 통과한 사람을 관직에 등용했는데[123] 곧바로 사람들의 관심 밖으로 밀려나면서 그 제도가 없어졌다. 또한 함께 기억할 것은 중국의 어떤 학교에서도 학위를 수여할 수 있는 권한은 없었다. 중국 교육의 학위는 국가가 후원하는 공무원 시험을 합격했다는 자격증일 뿐 종합적인 학문 과정을 끝마쳤다는 것을 증명하는 졸업장이 아니었다. 잠시 동안이긴 했지만 이 공립 법학교는 주로 이미 과거 시험에 합격해서 공무원 자격을 받은 사람들이 다녔다. 국가의 법전 연구(새로운 왕조가 등장할 때마다 다소간 수정하여 다시 편찬했다)는 사법권 도입을 진지하게 검토하지 않았다.[124] 간략하게 말하면 중국에는 기존에 있던 법전들을 연구하고 분석할 사법 연구소나 지침서들이 없었다.[125] 만일 법에 대한 전문 지식이 있었다면 그것은 관료제의 맨 위에 있는 법무부서에 있었을 것이며 그 지식은

---

123. Hucker, *Dictionary*, "ming-fa," no. 4009 ; Lee, *Government Education*, 6장. 후커의 《사전*Dictionary*》은 8,291개 항목을 가지고 있으며 정보의 보고로 《이슬람 백과사전*Encyclopedia of Islam*》과 같은 구실을 한다. 항목마다 중국어로 제목과 법령 또는 개념이 있고 일련번호가 매겨져 있다.
124. 당나라에서 청나라까지 각 왕조의 법전 사이의 연속성에 대한 것은 Bodde and Morris, *Law in Imperial China*, 5~63쪽 참조.
125. 에스카라가 Needham, *SCC* 2, 524~525쪽에서 인용. Bodde and Morris, *Law in Imperial China*, 68~75쪽과 Escarra, *Chinese Law*에 나오는 중국의 법은 "무엇보다도 …… 사건마다 다 천차만별이다. 기준에 따라 추려서 통합하려 하지 않거나 아예 하지 않는다."(106쪽)를 비교해 보라.

   사회·법 체계로 본 근대 과학사 강의

법관들이 직무 훈련으로 얻은 지식이었을 것이다. 에스카라와 몇몇 학자들이 지적한 것처럼 획일적인 문과 시험으로 공무원을 뽑는 제도는 (송나라 말까지 지속되었는데) "중국에서 기술 (법) 연구의 발전을 가로막았다."[126] 그 결과 중국의 법 역사는 당, 송을 거쳐 19세기와 20세기 명나라에 이르기까지 법전의 내용이 거의 바뀌지 않았다.

요약하면 중국의 법 사상은 백성들에게 올바른 본보기가 될 수 있는 엘리트 지도자가 이 사회를 다스려야 한다고 믿는 사람들과 "인간의 본성은 본디 무질서하기"(한비자)[127] 때문에 매우 강력한 법을 제정해야 한다고 믿는 사람들로 나뉘어졌다. 동시에 중국의 사상은 집단 책임을 통해서 조화로운 도를 실현하고, 그것을 반영해서 백성들에게 모범이 되는 고대의 전통을 보존하는 것이 중요하다고 강조했다. 모든 사람들이 그 모범이 되는 삶을 따라서 살아야 했으며 더욱이 황제와 왕실 관료들은 사회 질서가 자연과 조화로운 질서를 유지할 수 있도록 자신들의 행실(과 나라일)을 올바르게 관리하는 것이 가장 중요한 의무였다.

관료제의 계층구조와 집단 책임의 강조는 사회적 행위의 자치 범위 또는 자치 공동체의 발전을 가로막았다. 황제는 하늘이 준 권한을 유지해야 하는 가장 큰 책임이 있는데, 이것은 자신의 통치권을 가지고 위에서 아래까지 관료제의 위계질서를 흔들리지 않게 유지

---

126. Escarra, *Chinese Law*, 466쪽은 펠리오를 인용했다. 무엇보다 지방 차원에서 법 전문가의 부족 현상은 명나라 초기(14세기 중반)에 민간 법률 비서를 탄생시켰는데 주로 지방 행정관들이 이들을 고용했다. 이 법률 비서는 대개 아직 과거 시험을 다 합격하지 못했거나 실패한 관료들로 이들은 개인적으로 법을 전문으로 배워 자기를 고용한 지방 행정관을 자문했다. (행정관이 고용한 또 다른 하급 관리인) 법률 서기들은 법에 덜 정통하고 정보를 받을 수 있었지만 스스로 재판을 할 수는 없었다. 마찬가지로 행정관보다 법률 지식에 밝은 법률 비서들은 법정에 나설 수는 없었고 차단막 뒤에서 귓속말로 행정관을 자문했다. Ch'ü, *Local Government*, 3장과 6장 참조.

127. Schwartz, "Legalism," 323쪽에서 인용.

해야 한다는 것을 뜻했다. 개인들이 모인 집단들(마을 사람들, 읍민들, 또는 다른 사회 집단)에 그들이 맘대로 행동 방침을 정할 수 있도록 허락하는 것은 황제가 하늘의 권한을 잃었다는 것을 표시하는 것이었다. 또한 어느 개인이 조상이나 어른 또는 다른 권위에 무례한 행동을 하는 것처럼 효도의 의무를 게을리 했다면 그것도 마찬가지로 불효한 모습을 보여 주는 것이었다. 따라서 여기에는 제한된 사법권의 자치 범위를 규정하는 어떤 논리, 말하자면 여러 사람들이 모인 집단을 하나의 실체, 내부 규범과 외부 대표성과 같은 권리를 가진 자치 조직으로 인정하는 논리를 자세하게 설명하는 법 사상이 없다. 또한 소유권과 사법권, 문제가 되는 집단 자산의 소유권과 그 집단 내부의 문제를 판정하는 적법한 권한이 서로 다르다는 것을 분명하게 해 줄 공법과 사법의 범위를 규정하는 이론도 없었다. 그리고 적법하게 구성된 집단이나 개인—법적으로나 정치적 의미에서—에게 대표 권한을 부여하는 대표성 이론도 없었다.

　또한 중국의 법은 다른 사람과 관련된 합법적 이해관계(권리)를 신중하게 제한했으므로 그 사람이 문제가 되는 당사자와 어느 정도의 가족 관계에 있는지를 중요하게 생각했다. 소송 당사자와 관련이 없는 사람이 법적 문제에 개입했다면 그는 특별한 처벌을 받았다. 특히 자발적으로 다른 사람의 법률 문서들을 대신 써 준 사람의 경우 가장 심한 처벌을 받았는데 그는 "소송 사기꾼"으로 취급당해 앞에서 본 것처럼 징역살이를 했다. 중국 정부는 이렇게 집단 또는 개인의 공적 대표성을 세우려는 어떤 형태의 시도도 미리 싹을 잘라 버렸다. 법과 관련된 유럽 격언에 "모든 사람과 관계된 일은 모든 사람이 검토해야 하며 그들의 승인을 받아야 한다."는 말이 있는데 중국의 법과는 상관이 없는 말이다.128 실제로 우리는 중국 법에서 이와 정반대의 모습을 발견한다. 모든 사람에게 영향을 끼치는 것은 황제(와 왕실 관료들)가 결정해야만 한다. 더크 보드는 그것을 이렇게 요약한다.

중국 제국의 사법 체계는 전체적으로 국가 체계와 같은데 권력의 분할이 없는 중앙집권의 단일 체제였다. 민간 법률 전문가는 중국에 없었다. 가장 낮은 행정 단위인 현 또는 주는 (수도와 국경 지역을 빼고는) 모든 소송이 시작되는 곳인데, 이곳의 수장인 지현(또는 지주)은 그가 이곳에 임명받기 전에 단순한 행정관에 불과했기 때문에 전문적인 법률 공부나 소송을 다루는 훈련을 받지 못했다. 그래서 그는 대개 전문적인 법률 지식을 지닌 민간인 비서를 따로 고용했다. 그리고 하찮은 소송을 빼고는 모든 사건이 최종 판결을 위해 자동으로 현이나 주보다 더 높은 단계로 올라갔는데 어떤 일은 황제에게까지 올라갔다.129

송과 명나라 그리고 그 이후 왕조에서도 중국의 법 사상은 급격한 변혁이 일어나지 않았다.130 기존의 사법 형태와 체계는 기본 원칙에서 사소한 변화만 있었을 뿐이고, 고대부터 형법을 강조했을 뿐 그에 대응하는 시민의 자유나 권리는 없었다. 그리고 이 특징은 20세기까지 그대로 지속되었다. 중국 사상은 오랫동안 지속되어 온 중국의 관습을 추상적 보편 원리로 만들고, 황제의 명령을 독립된 법학으로 새로 만들어 기존의 실정법과 통합하도록 자극할 만한 요소가 전혀 없었다. 장 에스카라는 이렇게 마무리했다.

---

128. Gaines Post, *Studies in Medieval Legal Thought:Public Law and the State, 1100 ~1322*(Princeton, N. J. : Princeton University Press, 1964), 62f쪽, 90쪽, 163ff쪽, 175쪽.

129. Bodde and Morris, *Law in Imperial China*, 113쪽.

130. Escarra, *Chinese Law*, 110~111쪽.

여러 세기를 거쳐 서로 이어져 온 법학자들의 전통, 말하자면 법학자들이 실제로 어떻게 법률을 적용하고 확립했는가 하는 문제와는 별도로 법의 계통과 교의, 과학적 특징 그리고 법의 사변적 영역인 "법리"에 대해 실정법에 얽매이지 않고 어떻게 설명했는지 그 축적된 지식이 중국에는 없었다. 중국은 "연구 기관"도 법률 지침서도 법학 논문도 없었다. 중국의 동중서董仲舒 같은 법학자, 태太 형제와 같은 전례학자들, 그리고 법전 편찬자들은 …… 가이우스Gaius(2세기 로마의 법학자—옮긴이), 퀴자Cujas(16세기 프랑스의 법학자—옮긴이), 포티에Pothier(18세기 프랑스 민법 학자—옮긴이) 또는 기르케Gierke(19~20세기 독일의 법학자—옮긴이)가 이룬 것과 같은 정도의 성과를 거두지 못했다.[131]

또한 중국인들은 그라티아누스의 《교회법 모순조항 해류집》과 같은 위대한 통합 법령집도 만들어 내지 못했다. 그라티아누스는 이것으로 보편적 개념의 법 체계와 교리를 완성하려고 하였다.[132]

중국 법에 법률 제정권(내부 지배권), 재판권, 대표권과 함께 사법권의 계층구조마다 존재하는 자치 사법권—말하자면 일종의 자치조직—에 대한 법 체계가 없다는 것은 중국 문명의 가장 심각한 약점임에 틀림없다. 왜냐하면 어떤 집단도 자치권을 가지지 못한다면 전문가, 말하자면 특정한 인간 활동 영역에서 가장 높은 수준의 생각과 실천을 할 수 있는 합법적인 전문가 집단으로 성장할 수 없기

---

131. Escarra가 Needham, *SCC* 2, 524~525쪽에서 인용.
132. David Buxbaum, "Some Aspects of Civil Procedure at the Trial Level in Tanshui and Hsinchu from 1789 to 1895," *Journal of Asian Studies* 30(1971), 255~280쪽은 우리가 논의하고 있는 문제와 관련해서 더크 보드와 클래런스 모리스가 내린 중국 법의 특징에 대한 평가를 그대로 인정한다. 청나라 때 시범적이나마 중국 법이 전보다 규정성이 더 강화되었다. 그러나 여전히 12~13세기 서양법이 성취한 그런 종류의 체계성은 없었으며, 내가 자치권의 체계나 회사법, 조합법에 대해 내린 비교 평가도 바뀐 게 없었다.

때문이다. 역사에서 교회와 무관하게 가장 처음으로 나타난 전문가 집단은 아마도 법관과 변호사일 것이다. 이슬람의 법 체계에서는 법학(종교법, 피끄)이 실제로 신학자(무타칼리문)라고 부르던 종교 학자들보다 더 우위에 있었다. 그러나 이슬람법 또한 서양법에서 보았던 더 높은 차원의 정교한 이론으로 발전하지 못했다. 다른 한편으로 엄격하게 말하자면 종교와 전혀 관계가 없는 법관과 변호사들은 19세기 서양이 무력으로 중동 지역을 침탈할 때까지 이슬람에 등장하지 않았다. 따라서 직업 전문가 집단으로서 변호사들은 전통 이슬람 세계에서 찾아볼 수 없었다.

반면에 서양에서는 분쟁을 판결하고 법을 제정하는 민간 법관들이 높은 존경을 받는 전통이 있었다. 실제로 이들은 로마 시대에 교회법과는 별도로 단순한 판례법 체계가 아니라 방대한 규모의 시민법, 즉 《로마법대전》을 완성했다. 또한 교회법 영역에서는 신앙을 체계적이고 논리적으로 설명한 신학이 매우 중요한 학문이었다. 신학은 대학에서 국가의 간섭을 받지 않는 자유로운 전문가들을 만들어 냈다. 대학이 설립되자 신학은 지식 학문으로서 자신의 길을 만들어 갔고 심지어 철학도 교회의 위계질서, 특히 주교들의 반발을 무릅쓰고 대학에서 자기 권리를 주장할 수 있었다. 또한 12세기와 13세기에 법(법학)은 아마도 유럽에서 가장 발달한 학문이었을 것이다. 그리고 볼로냐 대학과 같은 일부 대학에서는 법학부도 만들어졌다. 이 법률 전문가들도 마찬가지로 국가의 명령에서 자유로웠다. 법을 정의하고 확장하고 해석하며 법전을 편찬하는 독립된 법률 전문가의 전통은 유럽과 미국에서 오늘날까지도 계속해서 이어지고 있다.

이와 함께 의학도 자체 전문가들을 길러냈는데 이들은 의학을 가르치는 문제뿐만 아니라 병원을 개업하는 문제에 대해서도 자체 법

규를 제정할 수 있었다. 이것은 중국과 아라비아－이슬람 문명에서
는 상상할 수 없는 일이었다. 이슬람에서는 자치 조직의 체계에 반
드시 필요한 한정된 사법권을 인정하는 적절한 법 체계가 없었다.

　중국의 경우는 이슬람보다 더 분명한데 중국의 사법 구조와 체계
는 그 자체가 철학, 과학, 법, 의학 어느 전문가 집단도 한정된 범위
에서 법적 자치권을 가지기에 적절하지 못한 구조였다. 중국에서 의
학 전문가 집단이 발전하지 못한 것은 근대까지 이어져서 19세기까
지 계속되었다. 심지어 명나라 때까지도 의사를 정의하는 공식적인
규정이나 의사를 규제하는 규칙이 없었다. 국가가 의사 개업을 규제
하지 않음으로써 결국 "의사는 직업 규범이나 윤리 같은 것도 없이
누구나 다 할 수 있는 괜찮은 직업"133이 되었다고 주장하기도 한
다. 파울 운슐트는 중국에서 "불법 의료행위를 규제하는 세부 법령
이 당나라 때부터 만들어졌는데, 국민 보건을 다루는 직업에 대한
정부의 종합적 규제와 또한 무엇보다도 의사와 약사의 자격을 전체
로 감독하는 일은 중국 제국 시기에 전혀 도입되지 않았다."고 지적
한다.134 약제의 처방 기준을 정한 약전藥典은 서양에서 16세기부터
있었는데 중국에는 법으로 정해진 것이 없었다.135 이것은 "전문 지
식을 지닌 전문가들이 집단으로 모이는 것을 허용하지 않는 유교 정
책"의 탓이기도 했는데 "그럴 경우 이들 집단이 사회에 긴장을 조성

---

133. K. Chimin Wong and Wu Lien Teh, *A History of Chinese Medicine*, 2d.
　　 ed.(Shanghai : National Quarantine Service, 1936), 141쪽. Morse, *The Three
　　 Crosses in the Purple Mist*를 인용.

134. Unschuld, *Medicine in China : A History of Pharmaceutics*, 3쪽.

135. 같은 책, 5쪽. 운슐트는 서양에서는 약전이라는 용어를 "제조 방식과 처방 약, 검
　　 사 방법이 결정된 약제 선집을 말하며 이 책은 법적 효력이 있어서 약을 거래할 때
　　 그 규칙을 지켜야 하는"(5쪽) 약학 문헌을 일컫는 데 쓰인다고 지적한다. 따라서
　　 그는 중국에서 약제와 관련된 일은 "어떤 직업 집단에도 구속되는 것이 없었다."
　　 고 말한다.

　　　　　　　　　　　　　　사회·법 체계로 본 근대 과학사 강의

하고 혼란을 가져올 수 있으며 심지어 사회 구조가 바뀔 수도 있다고 우려했기 때문이었다."136

여기서 우리는 중국이 처한 역설적 상황을 볼 수 있는데, 중국 문명에서 고상한 학문을 가지고 오를 수 있는 모든 지위는 과거 시험을 통해 공식적으로 국가가 통제했지만 직업 활동에 대한 관리는 거의 규제받지 않았다. 이것은 한편으로 전문가들을 깨우치고 지원하는 것이 이들에게 세력을 모아 줄지 모르는 두려움이 있기도 했고 다른 한편으로 공법 개념이 없었기 때문이기도 했다. 중국 관료들은 대개 자치권을 가진 사회 집단의 등장을 매우 두려워했는데 특히 민간 변호사와 선생 그리고 상인과 같은 경제 전문가들을 우려했다.137 마침내 이들 독립된 전문가 집단이 중국에 나타난 것은 1905년 과거제도가 폐지된 다음부터였다(자세한 것은 후기에서 다룬다).

이제 중국의 교육이 관료제의 정부 관리들과 관련해서 독립된 자치 영역을 확보할 수 있었는지를 결정하는 데 가장 중요한 구실을 한 중국의 공무원 임용 제도인 과거제를 다시 살펴보자.

교육과 과거제도

중국 과거제도의 특성과 기능이 세 등급("생원生員", "거인擧人", "진

---

136. 같은 책, 4쪽. 이런 관점에서 중국과 이슬람이 서양에서 보는 "자격 시험"의 원천 가운데 하나(또는 심지어 유일한 원천)라는 흥미로운 주장은 매우 불확실하다. 5장에서 나는 이슬람과 서양의 시험에 대한 태도와 그 구조를 대조했다. 니덤이 애기하는 알무크타디르al-Muqtadir 칼리프 시대에 이슬람 의사를 뽑는 국가 시험은 비록 이때 의사 시험 준비를 위한 지침서가 처음 나오기는 했지만 아라비아 – 이슬람 문명에서 개업 의사들을 뽑는 표준적인 시험 제도를 수립하는 데 아무 영향도 주지 못한 특이한 사례였다. 이것에 대한 다른 내용은 5장과 주석 89번을 참조.
137. 중국 상인들에게 씌워진 특별한 제한에 대해서는 Balazs, *Chinese Civilization and Bureaucracy*, 4장 외 참조.

사進士")으로 나뉘어 있다고 하는 설명은 한때 학자들 사이에 알려졌고, 이것은 막스 베버가 《중국의 종교The Religion of China》에서 다루었던 내용이었다.138 그러나 여기서 제대로 주목을 받지 못한 것은 유럽 대학은 (5장에서 본 것처럼) 핵심 교과과정이 과학을 중심으로 편성된 자치와 자기 통제 기관이었는 데 반해, 중국의 교육 제도는 엄격하게 국가의 통제를 받았으며 문학과 도덕 교육에 중심을 두었다는 사실이다. 두 문명에서 과학의 발전에 대해 이들 교육 제도의 대비가 시사하는 것은 아라비아 과학의 경우처럼 아무리 강조해도 부족하다. 만일 과학을 장기적으로 발전시키려고 한다면 일반 대중의 지원뿐만 아니라 정부도 그것을 인정해야 한다. 그러나 중국에서는 그런 일이 일어나지 않았다. 한때 천문학과 수학 분야는 정부의 지원으로 혜택을 입기도 했지만, 대개는 정부가 후원하는 천문학과 수학의 연구는 금지되었고 특히 청나라 때가 심했다.

중국 전통의 과거제도는 아주 독특한 제도였는데 전세계 교육사에서 이처럼 성공과 실패의 극단을 나누는 시험 제도는 없었을 것이다. 호팽티Ho Peng-ti에 따르면 이 제도는 "어떤 사회에서도 볼 수 없는 엄청난 인간의 노력과 재능을 쏟아부어야 하는 시험이었다."139 이 제도가 얼마나 비효율적이었는가는 과거 시험이 "대개 3년에 한 번씩 열리는데 이 고등고시에 열 번 이상 떨어진 선비들이 수없이 많았다. 따라서 이 운 없는 선비들은 공부와 시험의 지옥에서 기력을 다 소진해야 했다."는 사실에서 잘 드러난다.140

---

138. Weber, *The Religion of China*, 115~116쪽.

139. Ho Peng-ti, *The Ladder of Success*, 259쪽.

140. 같은 쪽. 시험 제도의 완전한 중앙 관리(현, 주, 황실 수도)는 많은 응시생들이 먼 거리를 여행해야 하고 1만 3,000명이 한 장소에서 논술 시험을 치르는 까닭에 이에 따른 믿기 어려울 정도로 많은 시험지가 필요하게 되어 엄청난 비효율성을 초래했다. 이 시험지는 더군다나 익명성을 보장하기 위해 두 장(!)을 써야 했다. 19세기 시험 제도를 자세히 알아보려면 Edward Harper Parker, "The Educational

과거제도는 천 년이 넘게 사회 각 계층에서 가장 우수하고 뛰어난 인재를 관료 학자 세계로 끌어들였다는 점에서 큰 성공을 거두었다. 그러나 이 주장은 최근 연구에서 이의가 제기되었다. 만일 어떤 사람이 집안, 특히 가문의 힘을 빌려 관료로 진출할 수 있다면 과거 시험으로 공개 채용한다는 의미는 그렇게 중요하지 않게 된다. 로버트 하트웰Robert Hartwell은 이 문제를 가장 강력하게 주장한 사람이다.

국가 정책을 입안하고 나라 살림을 책임지는 관료들에 대한 쑤저우蘇州의 자료를 보거나 공동 인명 자료를 보더라도 한 가문이 과거 시험만으로 계층 상승을 했다는 것을 보여 주는 기록은 단 하나도 없다. 실제로 계층 상승을 한 사례를 다 찾아보면 과거에 합격한 사람들은 모두 과거에 합격하기 전에 기존의 명문 관료 집안과 혼인 관계를 맺었다.[141]

이런 관점에서 볼 때 과거제도는 그 자체가 원래 모든 계층 출신의 대중들이 세도가로 저절로 계층 상승할 수 있는 도구가 아니었다. 그렇지만 과거제도는 국가의 엘리트 지배층에 끊임없이 새로운 피를 공급하고 따라서 중국의 관료제가 완전한 세습제로 되는 것을 막는 데 큰 구실을 했다.[142] 이것은 한 개인이 열심히 공부하면 국가가 주관하는 공무원 채용 시험을 볼 수 있고, 만일 그가 시험에 합격한다면 자동으로 합격증을 받으면서 법적·사회적 특권을 얻을

---

141. Hartwell, "Demographic, Political, and Social Transformation in China," 365 ~445쪽 가운데 419쪽. John Chaffee, *The Thorny Gates*, 12ff쪽은 이 기본 논제를 인정할 뿐 더는 파헤치지 않는다.
142. 관직 세습과 특별 시험 또는 시험을 쉽게 내는 특혜 제도는 결국 권문세가들이 과거제도 자체를 타락시키는 것을 방조한 꼴이 되었다. Chaffee, *Thorny Gates*, 5장에 나오는 "남송 시대(960~1127년)에 시험이 어려워지자 관료들의 친족은 특별 시험을 볼 수 있는 권리를 이용해서 시험 제도에서 필수인 공정성을 무너뜨렸다."(17쪽) 참조.

수 있었기 때문에 가능했다. 모든 합격자들이 공직을 임명받는 것은 아니었지만 어쨌든 과거 시험을 통과하면 국가 관료로 공직에 진출 가능성이 열려 있었다.

　다른 한편으로 명나라 초기(약 1368년)부터 20세기까지 변치 않고 유지되어 온 과거제도의 엄격한 이념적 틀[143]과 정치적 교화를 통한 완전한 획일성의 유지는 과학과 혁신, 창조성과 관련해서는 큰 실패를 초래하고 말았다. 중국이 (기술이 아니라) 과학에서 이룩한 성공과 진보는 아라비아-이슬람 문명의 경우처럼 교육과 시험 제도 덕분이 아니라 거꾸로 그런 제도가 있음에도 이루어 낸 것이었다. 중세 전성기 동안(약 1200~1500년) 약 1억~1억 1,500만 명(같은 시기 유럽 인구의 두 배 가까운 수)이 응시했던 이 공무원 채용 제도는[144] 아베로에스, 피터 아벨라르, 그라티아누스, 아퀴나스(이상은 법학), 뷔리당, 오컴, 코페르니쿠스, 갈릴레오, 케플러(이상은 자연과학) 같은 정도의 위대한 사상가를 길러내지 못했다. 그렇다고 중국에 위대한 사상가들이 없었다고 말하는 것은 아니다. 중국에도 분명히 그런 사람들이 있었는데 여기서는 특히 성리학을 만든 정이程頤, 정호程灝와 그것을 완성한 주희朱熹(1130~1200년) 그리고 심괄沈括(1031~1095년) 같은 자연 철학자들을 들 수 있다.

　그러나 과거제도는 필연적으로 현재의 지적 현상을 논쟁·비판(예를 들면 아벨라르처럼)할 수밖에 없고 인간의 정신 세계를 앞으로 전진시키기 위해 지식 도구들을 개발하고 체계화하려고 하는 사상가들을 지원하거나 너그럽게 받아들이지 않았다. 중국에는 스콜라

---

143. Lee, *Government Education*; W. Franke, *The Reform and Abolition of the Traditional Chinese Examination System*(Cambridge, Mass.: Harvard University Press, 1963), 8쪽.

144. Albert Feuerwerker, "Chinese Economic History in Comparative Perspective," in *Heritage of China*, 224~241쪽 가운데 227쪽.

　　　　　　　　　　　　사회·법 체계로 본 근대 과학사 강의

학파의 논쟁 방법에 상응하는 도구도 없으며145 아리스토텔레스의 논리학 사전도 없고 유클리드 기하학에서 볼 수 있는 수학 증명 방법도 없었다. 더크 보드는 "중국 역사에 걸쳐 유교 사상은 지식을 발전시키기 위한 수단으로 논쟁을 사용하는 것에 꾸준히 반대했다."고 지적한다.146 이것은 "고대 중국의 철학 가운데 소크라테스 방식의 대화(이것은 두 개인이 확실한 진리에 더 가까이 다가가기 위해 합리성에 입각해서 나누는 토론을 뜻함)와 닮은 어떤 토론 방식도 실제로 발견할 수 없다."는 사실에서 더 분명하게 드러난다.147 따라서 장 에스카라와 펠리오Pelliot가 중국의 법과 법 체계 그리고 엄밀한 법 해석에 따른 연구에 대해 말한 것처럼 중국의 과거제도는 세상을 일관되게 설명하는 과학적 이론(자연 철학)을 놓치고 말았다.148 과거제도를 유교 사상을 중심으로 표준화해서 국가 통치의 도덕과 윤리 문제에 집중하고, 어떠한 국가 후원의 과학 교육(천문학과 수학은 예외였는데 이 둘은 국가에서 신중하게 관리했다)도 과거제도의 일부가 되는 것을 허용하지 않았다.149

국가는 과거 시험을 보는 과목을 표준화하고(주로 유교 고전들을 기준으로 문학과 윤리학에 집중했다) 전국의 과거 시험 응시자들을 위해 특별히 고안한 백과사전과 입문서를 제작했다.150 과거 시험이

---

145. Hajime Nakamura, *Ways of Thinking of Eastern Peoples*, 개정판, 영문 번역, Philip P. Wiener(Honolulu : East West Center, 1964), 188쪽 ; Fung Yu-lan, *A History of Chinese Philosophy*, 2권, Derk Bodde, 영문 번역(Princeton, N. J. : Princeton University Press, 1968), 1, 193~194쪽과 257~258쪽.

146. Bodde, *Chinese Thought*, 178쪽.

147. 같은 책, 179쪽.

148. Jean Escarra, "Chinese Law," *Encyclopedia of the Social Sciences* 5(1933), 251쪽 ; Pelliot, "Notes de Bibliographie Chinoist : droit," *Bulletin de l'Ecole française de l'extrême Orient*, 27쪽. Escarra, *Chinese Law*, 466쪽에서 인용.

149. 니덤의 말대로 과거제도는 "완전히 문학과 문화 과목을 바탕으로 했고 과학이라고 부를 수 있는 과목은 전혀 없었다." *GT*, 179쪽. 그러나 최근에 엘만Elman의 연구를 보면 이 평가를 좀 고쳐야 할 것 같다. 관련 논의는 뒤에 나온다.

법에 대한 문제를 낸 것은 단 한 번 아주 짧은 기간 동안(송나라 때 왕안석의 개혁 시기)이었다. 또 한편 공직에서 일할 수학자와 천문학자를 뽑기 위해 보는 특별 시험이 가끔씩 있었다. 그러나 이것은 정식 학문 과정이 아니었고 시험도 일정하지 않았기 때문에 과학 연구는 널리 장려되지 않았다. 그 결과 수학, 천문학, 의학과 같은 전문 지식은 엘리트 관료들의 가문에 한정되고 말았다. 하트웰은 이러한 현상을 자료를 가지고 입증했는데 국가 시험의 합격에 앞서 관료 집안과 결혼이 먼저 이루어졌다는 것을 보여 주었다.

우리는 중국 교육 제도의 영향력을 이해하기 위해 송나라의 황제와 그의 측근들이 보편적인 교육 제도를 수립하려고 애썼다는 것을 기억해야 한다. 그 결과 모든 성과 주, 현에 지방 학교를 세우는 계획은 11세기 초에 시작되었다.[151] 중국 정부는 목판 인쇄술의 발전과 함께 모든 학교에 국가가 승인한 유학의 고전들을 공급하여 학생들이 그것을 공부하고 암기하게 했다.[152] 그러나 이 학교에 소속된 관료들은 국가 공무원 신분이어서 실제로는 학생들을 가르치지 못했는데, 또 다른 까닭은 이들이 공자 제사를 주관하고 국가 시험을 관리하는 것과 같이 여러 가지 할 일이 많았기 때문이기도 했다.[153] 시간이 지나면서 이 학교들은 대개 국가 시험을 치르는 장소가 되었는데, 일부는 민간 학교(서원書院)에서 학생들을 가르치기도 하고 개인적으로 고용된 선생님이 가르치기도 했다.[154]

---

150. Balazs, *Chinese Civilization and Bureaucracy*, 143~147쪽.
151. Chaffee, *Thorny Gates*, 75쪽 ; Thomas Lee, "Sung Schools and Education before Chu Hsi," in *Neo-Confucian Education : The Formative Period*, ed. John Chaffee and William de Bary(Berkeley and Los Angeles : University of California Press, 1989), 105~136쪽.
152. Lee, *Government Education*, 23쪽.
153. Chaffee, *Thorny Gates*, 73ff쪽 ; Lee, *Government Education* ; Franke, *Reform*.
154. T. Grimm, "Academies and Urban Systems in Kwangtung," in *The City in Late*

시험 과목은 당연히 유학의 고전들과 시, 중국 정사正史였다. 소년들은 어렸을 때부터 유학의 고전들을 외우고(처음에는 자신들이 외우고 있는 것이 무슨 뜻인지 모른 채 외웠다) 서예를 공부하고 고전에 나오는 시를 썼다.155 시험 문제는 대개 고전에 나오는 문구를 암송하고 그 문구 가운데 일부를 골라서 해석하거나, 좀더 높은 차원에서 지혜롭고 고결한 황제를 위한 합당한 처신에 대해 쓰는 것이었다. 명나라 초기에 등장한 이른바 '팔고문八股文'이라고 부르는 논술은 고전에서 인용한 문구를 바탕으로 엄격한 양식에 맞춰 작문하는 것으로, 처음 시작하는 문구를 던지면 그 뒤를 이어서 글을 지어 나가는 시험이었다.156

이런 형태의 시험 문제를 예를 든다면 1487년 명나라 때 나온 시험 문제를 들 수 있는데 《맹자孟子》에 나오는 여섯 글자를 주제로 인용했다. "낙천자樂天者 보천하保天下" 이것을 풀어서 번역하면 "하늘나라에서 즐거운 사람은 온 나라를 사랑하고 보호하여 감동을 줄 것이다."(문학적으로 번역하면 "하늘의 뜻을 즐기는 자는 천하를 편안하게 한다.") 시험을 치르는 사람은 다음과 같이 '팔고문'을 작문한다.—서문(세 문장)을 쓰고 주제로 나온 문장의 처음 반("樂天者")을 네 개의 "고股" 또는 절로 논하면서 네 문장으로 바꾼다. 주제 문장의 나머지 반("保天下")을 네 개의 "고股"로 논하고 네 문장으로 바꾼다. 그런 다음 최종 결론을 낸다(서문의 세 문장은 파제破題, 승제承題, 기강起講을 말하며 기고起股, 허고

<hr>

Imperial China, ed. G. William Skinner(Stanford, Calif. : Stanford University Press, 1977), 475~498쪽 ; John Meskill, "Academies and Politics in the Ming Dynasty," in Chinese Government in Ming Times, ed. Charles O. Hucker(New York : Columbia University Press, 1969), 149ff쪽 ; Chaffee, Thorny Gates, 89 ~94쪽.

155. Lee, Government Education, 1장.

156. Franke, Reform, 19~20쪽.

虛股, 중고中股, 후고後股는 서로 대구對句를 이루어 8고를 만든다. 이것은 마치 8개의 기둥을 세우는 것 같다고 해서 팔고문이라 불렀고 끝으로 대결大結로 결론을 냈음-옮긴이). 각각 네 개의 고는 서로 찬성과 반대, 거짓과 참, 얕음과 깊음같이 서로 대구를 이뤄야 하며, 그 대구는 글자 수나 어법, 묘사, 운율이 서로 조화를 이루어야 한다.[157]

과거 시험은 첫 시험을 현에서 보았다. 이것을 통과한 사람들은 주에서 보는 시험을 볼 수 있었다. 이 시험에 합격한 사람을 '생원生 員'이라고 불렀다. 이 생원들은 3년에 한 번 성省에서 보는 시험에 응시할 수 있었는데 여기서 합격하면 '거인擧人'이라는 직함을 주었 다. 일정 기간 동안 이 직함을 가진 사람은 지현과 같은 직책을 받 거나 수도에서 고위 관료의 감독을 받으며 하급 관리로 등용될 수 있는 자격이 주어졌다. 거인 자격은 때때로 서양의 대학을 졸업한 학사와 비견될 수 있다. 1669년 거인 시험에 합격한 사람들은 다음 과 같은 시험을 통과해야 했다.

(그들은) 그 해 산둥성山東省 시험관들이 낸 세 구절을 곰곰이 생각했 다. 그들은 문맥을 정확하게 파악한 다음 그것을 자세히 설명했다. (처 음에 나온) 문구는 《논어論語》 6편 17장과 18장에 나오는 "知之者(진리 를 아는 사람들)"이었다. "공자가 말씀하시길 '인간은 본래 정직하게 태 어난다. 만일 인간이 정직함을 잃고도 살아 있다면 그것은 운이 좋아서 죽지 않은 것뿐이다.子曰 人之生也 直 罔之生也 幸而免' 공자가 말씀하시길 '진리 를 아는 사람들은 진리를 사랑하는 사람들만 못하고 진리를 사랑하는

---

157. J. K. Fairbank, Edwin O. Reischauer, and A. M. Craig, eds., *East Asia : The Modern Transformation*(Boston : Houghton-Mifflin, 1965), 122쪽. 팔고문 분석 과 추가 견본들을 보려면 Elman, *A Cultural History*, 380~399쪽 참조.

사회·법 체계로 본 근대 과학사 강의

사람들은 진리를 즐기는 사람들만 못하다.子曰 知之者 不如好之者 好之者 不如樂
之者'" 그 다음으로 "浩浩其天(그를 하늘이라 불러라, 그는 얼마나 넓은
가!)" 하는 구절은 《중용中庸》에 나왔다. 중용 32장 끝부분으로 성인의
지극한 정성을 표현한다. "이 사람이 어찌 그를 넘어선 다른 것에 의지
할 수 있겠는가? 그를 이상을 가진 사람이라고 불러라, 그는 얼마나 진
지한가! 그를 심연이라고 불러라, 그는 얼마나 깊은가! 그를 하늘이라
불러라, 그는 얼마나 넓은가!夫焉有所倚. 肫肫其仁, 淵淵其淵, 浩浩其天." 마지막으
로 《맹자》〈공손추公孫丑〉 상편 2장에 나온 "見其禮而(그 나라의 예를 보
면)"라는 구절이 나왔다. 이 구절은 공자의 제자 자공子貢이 자신의 스승
(과 역사가들의 힘)에 대해 무한히 찬양한 말을 맹자가 인용한 것이다.
"자공이 말하기를 '그 나라의 예를 보면 정치를 알 수 있으며 그 임금이
좋아하는 음악을 들으면 그 사람의 덕을 알 수 있다. 이같이 백 세대가
지나서 그 공적에 따라 역대 제왕을 평가해 본다면 내 예상을 빗나가지
않을 것이다. 그런데 이 세상에 사람이 생겨난 이래로 내 스승만한 사람
은 없었다.見其禮而知其政, 聞其樂而知其德. 由百世之後, 等百世之王, 莫之能違也. 自生民以
來, 未有夫子也.'"158

거인 시험에 합격한 사람들은 중국 수도로 가서 본시험을 볼 수
있었다. 이 시험에서 합격한 사람들은 비록 성마다 할당이 있었지
만 황제가 직접 주관하는 최종 황실 시험을 빼고는 최고의 자리에
오른 셈이었다. 황실 시험은 형식적이긴 했지만 합격자들의 최종
순위를 매길 뿐만 아니라 탈락시킬 수도 또는 실제로 탈락시키기도
했다.159 이것까지 무사히 통과한 합격자들을 진사進士라고 불렀으

---

158. Spence, *The Death of Woman Wang*, 16쪽.
159. Franke, *Reform*, 6쪽 ; Kracke, *Civil Service*, 60~67쪽 ; Robert M. Hartwell,
    "Financial Experience, Examinations, and the Formulation of Economic Policy

며160 이 직함은 최고의 영예로 서양의 박사 학위와 비슷했다.

고위 관료들이 직접 내는 시험 문제로 치르는 과거제도는 아주 예외적인 단일한 태도와 의견을 확립했다. 이 교육 제도는 특히 명나라 때 이후로 학생들이 "시험을 위해서 뿐만 아니라 학문을 닦기 위해 공부해야 하는 교재들을 표준화했기 때문에 관료들을 비롯해서 전체 지도층은 다른 데와 비교할 수 없는 정도의 사상의 통일을 강요받았다. …… 아무도 정통 해석을 벗어난 어떤 이해도 할 수 없었기 때문에 독창적인 생각을 발전시킬 수 있는 기회가 전혀 남아 있지 않았다."161 그러나 그렇다고 이 제도가 기술 지식을 지닌 전문가를 길러내고 선발하지 않았다는 것은 아니다. 예를 들면 로버트 하트웰은 북송(970~1127년)이 중국 역사에서 전례 없는 경제 성장과 발전을 이룩했으며 당시의 재무 전문가들이 이 발전의 원동력이었다는 사실을 밝혔다. 따라서 11세기 동안 "주요 재무 관료들 가운데 90퍼센트가 과거 시험을 거쳐 행정직에 올랐고"162 이 시험 문제 가운데 일부는 여러 가지 정책을 분석하는 문제들이었다.

재무 전문가들은 경제 정책을 입안할 뿐만 아니라 성과 수도에서 보는 과거 시험 문제를 만드는 구실도 했던 것으로 보인다. 여기에 필요한 전문가를 골라내기 위해 복잡한 행정 관리 문제들이 황실의 최종 시험 문제에 추가되었다. 그러나 역사, 법, 의례, 유학 고전과 같은 다른 영역에서는 독창적인 작문이 필요 없었다. 시험은 오로지 시험 과목 교재에 나오는 문구들을 외워서 그것을 해석하는 것이었

in North Sung," *Journal of Asian Studies* 30(1971), 281~314쪽 가운데 300~302쪽 ; Chaffee, *Thorny Gates*, 23쪽, 49쪽.

160. Hucker, *Dictionary*, "chin-shih," no. 1148 ; Adam Yuen-chung Liu, *The Hanlin Academy*, 1644~1850(Hamden, Conn. : Archon Books, 1981), 1장 ; Ho Peng-ti, *The Ladder of Success*, 12~14쪽 참조.

161. Franke, *Reform*, 13쪽 ; Bodde, *Chinese Thought*, 185쪽, 193쪽.

162. Hartwell, "Financial Experience," 300쪽.

  사회·법 체계로 본 근대 과학사 강의

다. 벤저민 엘만Benjamin Elman은 1787년 이후로 "(시험 응시자들은) 시험 과목인 사서오경四書五經(사서는 논어, 맹자, 대학, 중용을 말하고 오경은 시경, 서경, 역경, 예기, 춘추를 말함-옮긴이)을 완전히 통달하기 위해서는 50만자가 넘는 문장을 외워야만 했다."고 추정한다. 그러나 그것이 다가 아니었다. 왕조의 역사와 관련된 책들도 함께 외워야 했다.163 간단하게 말하면 나라를 다스리는 실무와 관련된 문제들이 잠시나마 과거 시험의 일부가 된 적이 있기는 했지만 그렇다고 그 제도가 과학 일반에 대한 관심을 불러일으켰다고 볼 수는 없다.

최근의 연구에서 이러한 평가에 수정을 덧붙여야 할 중요한 발견이 있었다. 그것은 명나라 말기에 시험관들이 천문학과 달력 계산, 나중에 화성학和聲學에 적용된 수학 지식을 요구하는 시험 문제를 출제했다는 사실이다. 이들 문제 가운데 일부는 매우 기술적인 문제였다. 이것은 전체 시험 문제 가운데 아주 작은 부분이었지만 명나라 때 일부 과거 응시자들은 중국의 천문학 체계, 예를 들면 천체 움직임을 설명하는 "수단"은 있는지, 달력에 틀린 것이 왜 있는지, 그것들은 어떻게 고치는지와 같은 질문에 대답해야 했다. 또한 중국의 화성학에 관련된 질문과 악기의 기울기와 길이 사이의 관계를 계산하는 수학적 기준을 묻는 질문도 있었다.

자연과학 영역에서 이런 "국가 정책"과 관련된 문제들은 모두 현재의 조화로운 사회를 보존하고 사물들이 왜 현재 있는 그대로 있어야 하는지 설명하는 것에 초점이 맞춰져 있었다. 엘만이 지적한 것처럼 이 시험에 통과한 소수의 합격자들은 "과학자"가 되지 못했다. 비록 기술과 관련된 약간의 (시험) 소재들이 있었지만 시험에 출제된 문제들은 그들이 당연히 외워야 하는 유학 고전에 나오는 기술과

---

163. Elman, *A Cultural History*, 373쪽 ; Ichisada Miyazaki, *China's Examination Hell*, 16∼17쪽.

관련된 구절들이었다. 엘만이 말한 것처럼 가장 좋게 평가한다고 해도 이들 학자들은 과학역사가에 불과했다. 이들은 오늘날의 과학역사가들처럼 과학이 어떻게 진화했는지를 아는 정도였다.[164] 더욱이 이 시험에 응시하는 사람들은 '팔고문' 형식으로 자신들의 답변을 작성해야 하고, 이와 동시에 이 문제를 자신들이 채용될 분야와 직접 연관시켜서 문제를 풀어야 했다.

이 시기 동안 그리고 청나라의 개국과 함께 이 추세에 제동이 걸리기 전에는 "천문학, 의학, 수학과 같은 기술 문제를 다룰 수 있는 능력은 명나라 말과 청나라 초에 걸쳐 나타난 새로운 고전 학문 연구에 필수 요소였다."고 말할 수 있다.[165] 그러나 엘만의 연구에 따르면 여기서 무엇보다 분명한 것은 명나라 과거 시험에 그런 문제들이 나왔다는 사실(청나라 때 곧바로 사라짐)보다는 명나라의 지식 계층들이 왕실과 자신들 그리고 정통 정주학程朱學(성리학)의 장기 지배를 보장하는 정치, 사회, 문화의 재생산 체계 안에서 자연과학을 감싸안는 데 성공했다는 사실이다.[166]

한편 이 전체 체계를 관리한 것은 국자감國子監이었다.[167] 이곳은 명목상으로는 국가의 교육 문제를 책임진 기관이었지만 실제로 큰 영향력은 없었으며 대개 정쟁 속에서 길을 잃고 헤매었다. 국자감의 가장 중요한 의무는 국립 인쇄소를 운영하는 일이었는데, 이곳에서

---

164. Elman, *A Cultural History*, 482쪽, 483쪽 주석 63번.

165. 같은 책, 468쪽.

166. 같은 쪽.

167. Hucker, *Dictionary*, s.v. "국자감國子監Kuo-tzu chien," no. 3541 ; Lee, *Government Education*, 4장 외. 많은 경우 태학太學과 국자감, 국자학國子學을 통칭해서 말했으며 국자학(고위 관료 자제들이 다닌 학교)은 나중에 태학으로 합쳐졌다. 그러나 이 구조는 대개 자주 바뀌었고 따라서 영어로 이 용어를 통일해서 사용하기 어렵다. 그러나 리Lee는 후커처럼 국자감 안에 다양한 관리 양성 학교들이 있었다는 것을 구분했으며 국자감 자체는 국립 대학이라는 사실을 밝혔다.

사회·법 체계로 본 근대 과학사 강의

는 국가에서 승인한 유학 고전과 주해서들을 찍어냈다.168 또한 고위 정부 관료의 자제를 교육하는 책임도 있었으므로 그들이 공부하는 학교도 운영했다. 국자감은 이 밖에도 국립 대학(아마도 이슬람의 독립된 전문학교 또는 서양의 대학이 지닌 특성을 지니고 있지 않았으므로 대학보다는 국립 학술원이라고 부르는 게 나을 것 같다)을 운영했는데 이것은 송나라 때 부흥하여 그 이후로 계속 이어졌다. 윌리엄 드베리William de Bary는 "국자감이 보통 국립 대학으로 통칭되지만 이곳에는 실제로 매우 적은 수의 선생과 어린 학생들이 있었다. 이것은 오늘날 말하는 '국립'이나 '대학'의 개념과는 다르다."169 이와 마찬가지로 중세 유럽의 대학과도 달랐는데 국자감은 자치권이 있는 조직이 아니었다.

국자감의 선생(박사博士)들은 "학문 연구와 아이들을 가르치는 일에 특별히 관심이 있는 유급 공무원일 뿐"이었으며 약 3년 동안 근무했다.170 이들은 자신들이 직접 교과과정을 조정할 수 없었다. 또한 국자감은 학생들에게 어떤 학위도 수여할 권한도 없고, 더군다나 다른 사람을 가르칠 자격증(교수 자격증)이나 보편적으로 인정된 학문 성과의 자격도 부여할 수 없었다. 이것과 관련해서 이슬람의 마드라사도 종교 재단의 적법한 기부로 세워졌다는 점에서 중국의 국자감보다는 더 많은 자율성을 갖고 있었다. 더 나아가 이슬람의 학자들은 개별적으로 자기가 가르친 학생에게 이자자를 수여할 수 있었다.

중국의 경우 계속되는 시험의 연속은 관료 직위 목록에서 더 높은 자리에 오르는 것을 뜻했다. 그러나 그것이 특정 학문 분야에서 정

---

168. Lee, *Government Education*, 4장.
169. De Bary, *Neo-Confucian Orthodoxy*, 225쪽 주석 167번.
170. Lee, *Government Education*, 103쪽.

상에 올랐다고 모든 사람들에게 인정받는 그런 명예의 정도를 보여
주는 것은 아니었다. 송나라의 개혁기 동안 국자감과 그것이 관리했
던 모든 학교들은 문을 닫았다 다시 열기도 했고 더 크게 확대, 개
편되거나 그냥 사라지기도 했다.[171] 비록 1073~1104년에 법과 의
학, 수학을 따로 가르치는 학교들이 문을 열기도 했지만 (국립 학술
원을 포함해서) 어떤 학교도 다음 세기까지 계속해서 살아남지 못했
다. 이들 학교는 자기들이 가르치는 학문 분야에 자치권을 주기보다
는 그냥 폐지하거나 더 높은 차원의 정부 기관에 종속되어 거기서
가르치고 배우는 것을 엄격하게 통제받았다.

요약하면 국가의 위계 질서 안에서 독립된 교육 전통은 나타나지
않았고, 교육 기관은 교과과정을 스스로 관리할 수 있는 자치권을
보유하지 못했다. 모든 것이 공무원 시험의 합격을 위해 집중했고
결국 학생들은 오직 국가가 주관하는 시험에 필요한 책들을 통달하
는 데만 관심이 있었다. 한 지식 관료는 1042년 "시험을 치르는 해
가 되면 국자감은 천 명이 넘는 학생들로 차고 넘쳤다. …… 그런
다음 시험이 끝나면 그들은 모두 사라지고 선생들은 자신의 의자에
앉아 있는 것 빼고는 할 일이 없다."고 썼다.[172] 국가 공무원 시험제
도는 시간이 흐르면서 학생들의 관심이 사심 없이 학문을 닦는 것에
서 점점 한정된 범위의 유학 고전을 숙달하는 것으로 바뀌는 보상과
동기 부여 체계가 되었다. 눈치 빠른 학자들 가운데는 이것을 깨달
은 사람들도 있었지만 그들에게는 이 구조를 바꿀 만한 힘이 없었
다. 13세기에 또 다른 관료는 "아, 슬프도다. 이제 학교는 그저 관료
들의 일자리일 뿐이고 시험은 학자들의 방학으로 전락했구나." 하고

---

171. 이런 복잡한 상황을 자세히 알려면 Lee, *Government Education*, 4장 참조. 또 이
　　런 정부 조직의 역사에 대해 간단히 알려면 Hucker, *Dictionary* 참조.
172. Lee, *Government Education*, 76쪽.

썼다.173

　시험 교재는 국가가 공인한 고전들과 표준 주해서였고 시험 논술의 예제들은 책방에서 살 수 있었다(〈그림 17〉 참조). 표준 교재를 넘어서 또 다른 책을 더 공부할 까닭이 없었다. 더욱이 민간 학교(서원)가 점점 늘어나서 국가 교육시설인 공립학교보다 많아졌다. 또한 국자감의 중요성은 점점 약해졌는데 성공의 계단을 타고 정상에 오르기 위해서는 과거 시험을 봐야 했기 때문이었다. 국자감에 출석하는 것은 그저 나중에 시험에 합격한 다음 더 좋은 자리에 가는 것을 도와 줄 수 있는 관료들과 만나는 기회를 늘리는 보조 수단일 뿐이었다.174

　그러나 여기에는 제3의 대안이 있었는데 그것은 관직을 돈을 주고 사는 방법이었다.175 불법으로 (간혹 정식으로도) 관직을 파는 것과는 별도로 중국 문화에는 오래 전부터 '관직 세습陰' 제도가 있었다. 관직 세습은 관료 친족, 주로 관료의 아들에게 "다른 자격 시험을 보지 않고 또는 그것을 면제하고" 관직을 내리는 관습이었다. "이것은 중국 역사에서 관직에 오르는 '적법한 방식들' 가운데 하나로 인정되었다." 후커는 아마도 "전체 중국 관리들 가운데 절반 이상이 세습으로 자리를 차지했을 것"이라고 말한다.176

---

173. Chaffee, *Thorny Gates*, 88쪽에서 인용한 엽적葉適(남송 시대 실용 학문을 주장하던 영가학파의 대표 학자-옮긴이)의 말이다.
174. Lui, *The Hanlin Academy*, 1장 ; J. R. Watt, *The District Magistrate* ; Lee, *Government Education* ; Ch'ü, *Local Government*, 18～22쪽 참조.
175. 주석 173에 나온 출전 참조.
176. Hucker, *Dictionary*, s.v. "yin"(protection privilige), no. 7971.

 사회·법 체계로 본 근대 과학사 강의

요약

앞에서 살펴본 송나라에서 중국 제국 초기(명나라)까지, 유럽으로 말하면 중세 전성기에 해당하는 시기 동안 중국의 법과 제도에 대한 개요는 사상과 행동의 자치권을 북돋우는 국가의 공식 노력이 없었다는 것을 잘 보여 준다. 더욱이 불확실하지만 보상 체계를 제공했던 중국의 교육 제도는 본래 과학적 탐구를 추구하는 것과는 관련이 없었다. 중국 제국이 이상으로 삼았던 교육은 도덕과 인본주의 교육으로 선인들의 귀감을 따라 배우는 것이었다. 이것은 여러 가지 면에서 관직 등용이나 관료 행정 또는 과학 탐구와 같은 세속의 원리에 능숙한 사람이 아니라 미완성의 개인을 계몽시켜 고결한 도덕을 지닌 사람으로 길러내는 것을 말한다. 송, 원, 명나라에 이르기까지 지식 계층이 바라던 이상 교육은 현명하게 일할 수 있도록 "도덕적 완결성을 배양"하는 것이었다.177

더크 보드는 중국 전통 문화와 교육에 나타난 이러한 도덕 중시 사상을 금방 간파했다. 그는 이러한 교육은 "문학이나 예술 또는 음악이 높은 도덕적 의미를 전달하고 있는지 또는 그 작품을 높은 도덕적 경지에 오른 사람이 만들었는지 여부에 따라 그 가치를 평가하고, 또한 역사 속의 사건들도 그 사건과 관련된 지리나 경제, 제도들과 같은 객관적 사실을 분석하는 것이 아니라 거기에 관련된 사람들이 좋은 사람이냐 나쁜 사람이냐 하는 것으로 가치 판단을" 하게 만들었다고 주장한다. 성리학 이념의 단일 지배는 "자연현상을 연구하기 위한 적절한 방법론을 창조"하지 못하도록 방해하는 구실을

---

177. Benjamin Elman, *From Philosophy to Philosophy:Intellectual and Social Aspects of Change in Late Imperial China*(Cambridge, Mass. : Harvard University Press, 1984), 3쪽.

했다.178 따라서 과학적 대상의 탐구는 중국 사회의 주변부로 내쫓기고 말았다. 1905년 과거제도가 폐지되고 나서야 비로소 상황이 바뀌기 시작했다. 그러나 우리는 이 중요한 문화적·제도적 요소의 변화된 물길과 억제 효과가 무엇인지 좀더 정확하게 파악하기 위해 또 다른 중국의 사상 형태와 표현 양식의 특징들을 추가로 검토해야 한다.

178. Bodde, *Chinese Thought*, 307쪽.

사회·법 체계로 본 근대 과학사 강의

중국의 과학과 사회 조직

우리는 앞 장에서 이미 아랍인들이 8~14세기에 세계에서 가장 진보된 과학을 지녔다는 것을 보았다. 당시의 중국과학은 근대 과학과 직접 관련된 천문학, 수학, 광학, 자연과학의 실험과 같은 분야에서 아라비아–이슬람 세계를 뒤이어서 세계 2위였다. 더욱이 오늘날 중국 과학에 대한 연구는 중국이 서양이나 아랍의 중동 지역과 완전히 다른 길을 따라 발전했다는 것을 보여 준다. 중국인들은 아리스토텔레스, 유클리드, 프톨레마이오스, 갈레노스 같은 사람들을 전혀 알지 못했다. 따라서 비록 중국인들이 과학을 계속해서 발전시키지는 못했지만 이들은 여러 과학의 영역에서 많은 위대한 성과를 이루어 냈다.

2장에서 본 것처럼 중국의 수학자들은 분수 계산, 면적과 부피를 구하는 공식, 연립방정식 풀이, 정사면체와 정육면체 풀이 방법을

기록한 책을 썼다. 이것에 대한 내용은 《구장산술九章算術》(약 서기 1
세기)에 잘 나와 있다.[1] 송나라 때 중국 수학은 또 다른 독창적 성장
을 했는데 특히 대수 계산 분야에서 그랬다.[2] 이것은 "미지의 제곱
수(n제곱-옮긴이)를 포함하는 방정식을 풀 수 있는 보편적 계산 방
식"이었다.[3] 그러나 중국의 계산 방식(산가지로 계산)과 표현 방식,
자릿수 표기법 체계가 좀 귀찮고 복잡해서 아라비아-힌두의 기수
법記數法처럼 일반화하기가 힘들고 쉽게 사용하기 어려웠다. 이러한
아라비아-힌두의 숫자는 십진법 체계였는데 약 825년 알콰리즈미
가 발명한 다음부터 널리 쓰이기 시작했다. 이에 비해 중국에서 수
학은 산가지로 계산하는 것에서 주판(약 16세기)을 사용하는 것으로
바뀌었고,[4] '0'을 숫자체계에 도입하여 사용하는(13~14세기) 발전
과정을 거쳤다.[5] 그리고 연필로 종이에 써서 숫자 계산을 하기 시작
한 것은 17세기에 예수회가 중국에 들어오면서 비로소 수학에 도입
되었다.[6]

---

1. "Mathematics in China and Japan," *Encyclopedia Britannica* 23(1991), 633b~
   e쪽.
2. 같은 쪽과 Lî Yan and Dù Shíràn, *Chinese Mathematics : A Concise History*
   (Oxford : The Claredon Press, 1987), 109ff쪽 ; Needham, *SCC* 3, 38ff쪽 참조.
3. Mark Elvin, *The Pattern of the Chinese Past*(Stanford, Calif. : Stanford University
   Press, 1973), 179쪽.
4. E. S. Kennedy, "The Exact Sciences(The Period of the Arab Invasion to the
   Suljugs)," in *The Cambridge History of Iran* 4(1975), 380쪽 ; Michael Mahoney,
   "Mathematics," in *Science in the Middle Ages*, ed. David C. Lindberg(Chicago :
   University of Chicago Press, 1978), 151f쪽 참조.
5. 나는 여기서 중국이 주판을 이용하는 중간 단계를 거쳐야 한다고 말하는 것이 아니
   다. 중국이 산가지 계산에서 주판 사용으로 발전했기 때문에 적어도 아라비아-힌두
   의 숫자 체계처럼 일반화할 수 있는 기수법을 이용해서 연필로 종이에 써서 계산할
   수 있으려면 중간에 또 다른 기술 혁신이 필요했다는 것을 지적하는 것이다. 이 혁신
   이 일어나고 나서도 여전히 주판 사용은 오랫동안 계속되었고 중국 전역에서도 널리
   사용되고 있었다. Lî Yan and Dù Shíràn, *Chinese Mathematics*, 176쪽 참조.
6. 같은 책, 191쪽.

사회·법 체계로 본 근대 과학사 강의

중국의 과학과 수학 사상의 가장 큰 약점은 다른 곳과 너무 고립되어 있다는 것과 논리가 부족하다는 것이었다. 중국 사상은 유클리드의 《원론》에 나온 것처럼 수학적 증명 개념과 같은 증명 논리가 없었다. 또한 약 13세기까지 아라비아-힌두의 십진수와 '0'을 사용하지 않았다.7 그러나 무엇보다도 가장 큰 약점은 아마도 수리 천문학에서 가장 중요한 요소인 삼각법이 없었다는 사실일 것이다. 앞서 본 것처럼 중국인들은 이것을 보완하기 위해 13세기부터 북경의 중국 국립 천문대에 아라비아 천문학자들을 고용하기 시작했다.8

또한 중국의 천문학에는 프톨레마이오스의 행성 모형(그가 쓴 《알마게스트》와 《행성 가설》에 나오는)이 도입되지 않았다. 따라서 중국은 이미 중동 지역과 서양 세계에서는 고대 그리스의 에우독소스 시대 때부터 널리 알려졌고 상대적으로 단순한 기하학적 원형의 세계를 이해하지 못한 채 바로 코페르니쿠스의 세계관과 근대 과학으로 도약할 수는 없었다. 중국인들은 17세기에 예수회가 중국에 영향력을 끼치기 전까지는 이런 세계의 변화를 이해하지 못했다. 일부 역사가들은 예수회 사람들이 당시의 중국인들에게 코페르니쿠스의 가설과 갈릴레오의 최신 성과를 완전히 알려 주지 않고 공식적으로 이런 사상의 보급을 금지했다고 비판한다.9 그러나 기하학과 프톨레마이오스 천문학(코페르니쿠스의 혁신적 가설은 이것을 바탕으로 한 것이다)이 여러 세기 동안 아라비아-이슬람 문명에서 널리 알려졌다는 것은 사실이며, 따라서 조지프 니덤의 견해에 따르면 중국의 천문학자들

---

7. Needham, *SCC* 3, 10쪽, 43쪽.
8. Nathan Sivin, "Wang Hsi-Shan," *DSB* 14, 159~168쪽 가운데 159쪽 ; Sivin, "Why the Scientific Revolution Did Not Take Place in China – or Didn't It?" in *Transformation and Tradition in the Sciences*, ed. E. Mendelsohn(New York : Cambridge University Press, 1984), 531~554쪽 참조.
9. Nathan Sivin, "Copernicus in China," *Studia Copernicana* 6(1973), 63~122쪽.

이 그것을 배우려고 했다면 언제라도 가능했다.[10] 왜냐하면 중국인들은 13~14세기에 마라가 천문대에서 일하는 아라비아-이슬람 천문학자들과 직접 교류했기 때문이었다.

앞서 본 것처럼 근대 과학 초기에 광학은 근대 과학의 물리학과 같은 구실을 했다. 그러나 중국은 이 분야에서 이슬람의 광학자들, 특히 알하이삼과 비교할 때 한참 뒤처져 있었다. 니덤은 아랍인들이 물려받은 "연역적으로 추론하는 고대 그리스의 기하학에 대한 지식이 (중국인들에게는) 없었기" 때문에 그런 격차가 생겼다고 주장한다.[11]

또한 니덤의 결론에 따르면 우리는 보통 물리학을 자연과학의 기초 학문이라고 생각하지만 당시의 중국인들 가운데 체계 있는 물리학 지식을 가지고 있는 사람은 전혀 없었다.[12] 비록 당시 중국인들 가운데 물리학적 사고를 가진 사람이 있었다고 해도 "(이미 서양에서) 발전한 물리학에 대해 아는 사람은 없었다." 그리고 중국에는 서양에서 필로포누스, 뷔리당, 브래드워딘, 니콜 오렘처럼 갈릴레오를 배출할 수 있도록 앞서 선구자 구실을 한 뛰어난 체계적 사상가들이 없었다.[13]

여기서 지적한 사실들은 중국 과학이 근대 과학을 잉태하지 못한 주요 원인이라기보다는 오히려 이전의 중국 문화의 배경과 제도 장치들 때문에 발생한 결과물들이다. 우리는 이것들을 중국에서 근대 과학이 발전하는 것을 가로막은 주요 내부 요인이라고 생각한다.

따라서 이 장에서는 중국 문화와 제도의 토대에 뿌리박혀 있고 중

---

10. Needham, *SCC* 3, 50쪽.
11. Needham, *SCC* 4/1, xxiii쪽.
12. 같은 책, 1쪽.
13. 같은 쪽.

국인들의 독창적 사고와 과학적 탐구의 추구를 강력하게 가로막았던 외부 요인을 검토할 것이다. 우리는 두 가지 시각으로 이 문제를 탐색해야 한다. 하나는 중국의 제도가 중국인들의 지식 활동에 어떤 구실을 했는가 하는 시각이고, 다른 하나는 중국 문명의 문화적 필수 요소와 상징 체계가 어떻게 구성되었는가 하는 시각이다. 문화와 제도, 이 두 영역을 함께 볼 때 비로소 우리는 중국에서 근대 과학의 발생이 왜 강력하게 저지당했는지 알 수 있을 것이다.

중국이 근대 과학으로 발전하지 못한 것과 중국인들의 사고방식 사이에 깊은 관련이 있다는 명제는 더크 보드가 쓴 《중국의 사상, 사회, 과학Chinese Thought, Society, and Science》에 매우 설득력 있게 씌어져 있다.14 이 책은 아마도 니덤이 연구한 이래로 가장 그 주제를 잘 소화한 연구이며, 마르셀 그라네Marcel Granet의 《중국의 사상La pensée chinoise》 다음으로 발표된 가장 통찰력 있는 연구 가운데 하나임이 분명하다.15

보드 교수는 이 책에서 문법, 구두법, 사고방식, (시간, 공간, 사물에 대한) 개념 구조, 상호 연관된 생각의 특성 및 효과, 여러 가지 권위 유형별 영향력, 사회 계층, 과학 사상과 종교의 관계를 포함해서 중국인들의 상호 소통에 나타난 모든 형태의 상징 요소를 검토, 분석했다. 그는 또한 도덕과 성의 영향력을 검토하고 중국의 사상에서 발견되는 적어도 일곱 가지 자연에 대한 생각을 분석한다. 보드는

---

14. Derk Bodde, *Chinese Thought, Society, and Science : The Intellectual and Social Background of Science and Technology in Pre-Modern China*(Honolulu : University of Hawaii Press, 1991).

15. Marcel Granet, *La pensée chinoise*(Paris : Albin Michel, 1934). 보드 자신은 "사고방식"이라는 말을 쓰지 않지만 이러한 문제를 이런 식으로 생각하는 것은 꽤 오랜 역사를 가지고 있다. *Modes of Thought : Essays on Thinking in Non-Western Societies*, ed. Robin Horton and Ruth Finnegan(London : Faber and Faber, 1973) 참조.

마지막 결론에서 인간과 자연에 대한 여러 중국인의 견해를 살펴보고 앞서 발간된 더크 보드와 조지프 니덤의 대담에 나온 중국에서 자연법 개념의 존재 유무를 다시 검토한다.[16] 그는 이 모든 영역을 검토하면서 중국의 문화 유형과 사고방식이 과학적 탐구를 지원하기보다는 근대 과학의 발생을 가로막는 방해 요소를 훨씬 더 많이 가지고 있었다고 밝힌다.

보드 교수의 연구는 중국인들의 개념적 사고를 분명하게 보여 주고, 그 사고방식이 여러모로 학문적 토론과 공정한 탐구를 구체화했다는 점에서 특히 유용하다. 이렇게 함으로써 우리가 연구한 중국 원전에 대한 이해도 더욱 깊어지고 중국의 이성과 합리성에 대한 개념도 확실해진다. 그는 또한 중국의 언어와 그것이 사상과 소통에 미치는 고유한 효과를 분석하여 중국의 상징체계가 또 다른 차원에서 중국인들의 과학적 탐구를 가로막았음을 보여 준다.

중국어 문장이 지닌 몇 가지 문제점

언어가 인간의 생각과 사고방식에 미치는 영향력과 언어 분석의 영역에서 어떤 언어가 다른 언어보다 더 유리하고 불리하다고 결론을 내리는 것은 매우 어려운 일이다. 세상 사람들은 모두 자신들의 모국어를 가지고 있으므로 자칫 국수주의나 자기 민족 중심주의로 흐르기 쉽다. 동시에 특히 어떤 언어의 사용이 특정한 사고 행위를 막는다는 것을 증명하는 것은 거의 불가능한 일이다. 최근 들어 이 문제들은 매우 활발한 논쟁을 불러일으켰고 이를 위해서는 단어와 개념, 의미의 차이에 대한 매우 정밀한 철학적 분석이 선행되어야

---

16. Derk Bodde, "Chinese 'Laws of Nature' : A Reconsideration," *Harvard Journal of Asiatic Studies* 39(1979), 139~155쪽.

 사회·법 체계로 본 근대 과학사 강의

하는 것이 분명해졌다. 더욱이 근대 과학이 발생한 이래로 오늘날 전세계에 걸쳐 다양한 자기 문화와 언어를 가진 사람들이 근대 과학을 이용하고 있다는 것은 인간이 자기만의 언어에 오랫동안 구속되지 않는다는 사실을 말해 준다. 그러나 어떤 언어가 과학적 사고와 탐구에서 상대적으로 유리하고 불리한지를 검토하는 것은 그만큼의 중요한 가치가 있다. 우리가 여기서 생각하는 가장 중요한 문제는 전세계의 다양한 언어 가운데 어떤 언어가 사람들에게 공통으로 가장 큰 호응을 얻으며 어느 정도까지 '일반화'할 수 있는가 하는 것이다.

더크 보드는 중국어 문장 체계를 분석하면서 중국어가 분명하고 모호하지 않은 의사소통 수단으로서 갖추지 못한 여러 가지 약점을 지적한다. 중국어는 예로부터 구두법이 없고, 단락 구분을 무시하는 습관이 있으며, 고유명사를 대문자로 쓰거나 다른 표시를 하지 않고, 쪽수 표시를 하지 않으며, 알파벳과 같은 자모음 체계가 없었다.[17] 글자의 자모음 체계는 지식을 체계화하는 데 매우 중요한 요소임이 분명하다. 이러한 상황은 20세기가 될 때까지 중국에 문법을 연구하는 사람이 없었다는 사실과 관련이 있다.[18]

보드 교수는 또한 중국어 문자가 단음절이며 비록 문자 형태의 변화는 상대적으로 거의 없었지만 같은 문자가 매우 다른 뜻을 가질 수 있다는 점을 주목한다. 실제로 같은 문장을 놓고 서로 정반대의 뜻을 나타내는 두 개의 번역(문법은 둘 다 맞다)을 할 수 있다(이 문제는 나중에 자세히 다룬다). 보드는 또 다른 차원에서 중국의 문학가들이 다양한 고어체의 은유와 암시, 판에 박힌 진부한 표현을 많이 사용하며 고대 선인들이 쓴 글을 아무 표시도 하지 않고 그대로 인

---

17. Bodde, *Chinese Thought*, 2장 가운데 특히 90~92쪽.
18. 같은 책, 94f쪽.

용해서 쓴다고 강조한다. 이런 글쓰기 행태는 사람들이 주의해서 읽지 않거나 신중하게 번역하지 않으면 여러 가지 함정에 빠지기 십상이다.[19]

다음에 나오는 예는 이러한 중국어 단어와 그 쓰임새의 불분명함을 잘 보여 준다. 이것은 공자가 한 말로 여덟 개의 글자로 되어 있다. "공호이단 기해야이攻乎異端 斯害也已." 이 말은 서로 반대되는 두 문장으로 번역될 수 있다. "이단을 비난하는 것은 해로울 뿐이다."라고 번역할 수 있고 "이단을 공부하는 것은 해로울 뿐이다." 할 수도 있다.[20] 보드는 이것을 영어로 자연스럽게 번역하면서 네 가지 문장으로 고쳐 쓴다.

1. "이단의 주장을 비난하는 것 : 이것은 해로울 뿐이다!"
2. "이단의 주장을 비난해라, 그 말들은 해로울 뿐(이기 때문)이다!"
3. "이단의 주장을 공부하는 것 : 이것은 해로울 뿐이다!"
4. "이단의 주장을 공부해라, 그 말은 해로울 뿐(이기 때문)이다!"[21]

이 선언은 서로 그 의미나 시사하는 바가 다 다르다. 또한 이것은 불어를 영어로, 독어를 영어로, 아랍어를 영어로 번역할 때와 비교하면 (비록 내가 언어학의 전문가는 아니지만) 그것들보다 훨씬 더 모호해 보인다. 이 가운데 어느 번역을 고르냐는 원저자의 사상을 배경으로 결정해야 한다. 이 경우에 첫 번째와 네 번째 번역은 공자의 태도와 분명히 다르다. 보드는 세 번째 번역인 "이단의 주장들을 공

---

19. 구두점 생략 때문에 발생하는 문장의 불분명함의 사례를 보려면 Bodde, *Chinese Thought*, 55~58쪽 참조.
20. 같은 책, 40쪽.
21. 같은 책, 41쪽.

     사회·법 체계로 본 근대 과학사 강의

부하는 것 : 이것은 해로울 뿐이다!"가 대부분의 번역자와 주석자들이 고른 것이라고 말한다. 그러나 보드 자신은 두 번째 번역인 "이단의 주장들을 비난해라, 그 말들은 해로울 뿐(이기 때문)이다!"를 선택한다. 중국어가 인도-유럽어보다 더 불분명하다고 결론을 내리든 말든 중국어가 과학적 의사소통을 위해 적합한 언어가 아니라는 것은 분명히 말할 수 있다. 중국어가 영어나 다른 유럽의 언어와 달리 예로부터 전해 온 고유의 문자와 관용어구 사용과 밀접하게 연결되어 있는 까닭에 중국인들은 자신들의 선조인 고대 중국인들과 서로 긴밀하게 묶여 있다.

중국어 문장이 의사소통의 수단으로서 약점이 있다는 보드의 주장을 인정할 수밖에 없지만, 그 약점이 그의 평가만큼 그렇게 높은 비중을 차지한다고 보기는 어렵다. 예를 들면 그는 일찍이 기원전 200년에 인도-유럽어에서 쓰이기 시작한 알파벳의 자모음 체계22의 발전과 사용을 비교 분석하면서 오늘날의 전통 (문어체의) 아랍어에도 이 알파벳 체계(또한 구두법과 단락 구분, 대문자 같은 것도)가 없다는 것을 밝힌다.23 더욱이 알파벳 체계, 구두법, 단락 구분, 대문자, 표제어, 쪽수 표시 같은 요소들은 실제로 13세기 유럽의 언어, 특히 라틴어가 지닌 특징이었다고 말하는 것은 매우 적절한 지적이다. 이 사실은 우리가 앞서 12~13세기에 혁명적인 변화를 겪은 유럽의 사상과 사회의 특징에 대해 설명한 것을 다시 한 번 확인해 준다.

우리는 아랍의 과학이 중국의 과학보다 훨씬 더 앞섰다는 것을 알았다. 아랍어가 중국어보다 약간 덜 분명하다는 것은 사실이다. 왜냐하면 아랍어는 말의 형태가 중요한 (어미가 변하는) 굴절어이고 3자음어근 체계(세 개의 근자음에 세 개의 모음을 부가하거나 접사를 부

---

22. 같은 책, 62쪽.
23. 같은 책, 61쪽, 65쪽.

가하여 다양한 단어를 만듦–옮긴이)를 바탕으로 하기 때문이다. 아랍
어는 히브리어처럼 특히 전통 문장의 경우 모음의 발음 구별 부호가
없다. 또한 아랍어는 중국어와 마찬가지로 대문자나 다른 문장부호
로 고유명사를 구분할 방법이 없다.24 동사의 시제도 불분명해서
"나는 가는 중이다." "나는 갈 예정이다." "나는 갔다."를 구분하지
않는다. 더욱이 아랍의 책은 문서의 여백에다 완전히 다른 주제의
책을 인쇄하는 관행이 널리 퍼져 있었다.

그래도 아라비아에는 초기에 아랍어를 단일하고 체계적인 언어로
완성하기 위해 애쓴 많은 문법학자들이 있었다. 실제로 일찍이 문법
중심으로 갈지 논리 중심으로 갈지에 대한 대논쟁이 있었고, 결국
문법 중심이 더 지적으로 강력한 언어 체계라는 견해가 우세했다.25
아랍인들은 고대 그리스 문명에서 엄청난 정보를 물려받았고 또
한 인도 문명에서도 많은 지식을 얻어 왔다. 이슬람 문명은 처음부
터 고대 그리스의 모든 지식과 여러 책을 공들여 번역했지만 중국은
이런 정책을 전혀 고려하지 않았다.26 이것은 물론 중국인들에게는

---

24. 그러나 엘만은 과거를 보는 학생들은 황제를 나타내는 문자는 다른 문자와 다르게
돋움체로 쓰도록 배웠다고 지적한다. Elman, *A Cultural History of Civil
Examinations in Late Imperial China*(Berkeley and Los Angeles : University of
California Press, 2000), 395쪽.

25. D. S. Margoliouth, "The Discussion Between Abû Bishar Mattâ and Abû Sa'id
al-Sîrafî on the Merits of Logic and Grammar," *Journal of the Royal Asiatic
Society*(1905), 79~129쪽 ; M. Mahdi, "Language and Logic in Classical Islam,"
in *Logic in Classical Islam Culture*, ed. G. E. von Grunebaum(Wiesbaden : Otto
Harrassowitz, 1970), 51~83쪽.

26. 아랍어로 번역이 활발히 이루어지던 때에 대해서는 Max Meyerhof, "Von
Alexandria nach Baghdad," *Sitzungsberichte der Prüssischen Akademie der
Wissenschaften*, no. 23(1930), 389~429쪽 ; Meyerhof, "On the Transmission
of Greek and Indian Science to the Arabs," *Islamic Culture* 11(1937), 17~29
쪽 ; F. E. Peters, *Aristotle and the Arabs*(New York : New York University
Press, 1968) ; Richard Walzer, *Greek into Arabic*(Columbia : University of South
Carolina Press, 1962) 참조.

　　　　　　　　　사회·법 체계로 본 근대 과학사 강의

없었던 중요한 사회심리학적 요소들이 아랍인들에게 작용했기 때문이다. 말하자면 7세기에 아라비아–이슬람 문명이 나타났을 때 이 문명은 문자 교육을 받지 못한 유목민을 중심으로 세워진 거의 완벽한 구전 문화(문자 기록 문화에 반대되는 의미에서)였다. 자신들이 정복한 헬레니즘 문화와 히브리, 기독교 문화는 오랜 역사와 문자 기록 전통이 남아 있었고 이런 환경 속에서 아라비아–이슬람 지도자들은 자연히 교육의 격차를 깨닫게 되면서 상황을 개선하기 시작했다. 마침내 이들을 둘러싼 모든 문화와 문명의 보배들을 이슬람 문명으로 동화하는 거대한 작업이 시작되었다.

이와 달리 7세기의 중국은 주변국들에 주의를 기울이면서 천 년의 문자 기록 전통을 가지고 있었다. 이런 까닭에 중국인들은 다른 문화를 도입하는 데 매우 신중했고 조심스러웠다. 이것은 과학 영역에 큰 영향을 끼쳤다. 우리가 앞서 본 것처럼 중국에서도 중요한 과학적 발전과 혁신이 인도인들이나 아랍인들을 통해 전달되었지만 대개는 폐기되거나 아니면 수세기가 지나서야 비로소 채택되는 경우가 많았다. 8세기에 가서야 비로소 인도의 '0'이 도입되고 13세기에 프톨레마이오스의 행성 체계가 마라가 천문대에서 쓰이기 시작한 것은 바로 이런 사례 가운데 일부이다.27

아서 라이트Arthur Wright는 중국어 자체가 바로 수세기 동안 외래 사상을 왜곡한 중요한 매개체이자 커다란 장애물이었다고 강하게 주장한다. 라이트는 수세기 동안 중국을 방문해서 자신들의 지식을 중국어로 번역하여 전하려고 했던 많은 외국인들이 겪은 경험을 다

---

27. 페르시아인과 중국인 사이의 접촉에 대해서는 Needham, *SCC* 3, 372ff쪽 참조. 니덤은 '0'이 인도에서 중국으로 처음 소개된 것은 8세기이며 이때 삼각법과 더 정확한 원의 분할이 함께 들어왔지만, 이 새로운 지식은 특히 '0'의 사용은 4세기가 넘게 잠자고 있었다. *SCC* 3, 202~203쪽.

음과 같이 요약한다.

따라서 중세 인도의 수도사, 유럽 르네상스 시대의 예수회, 버트란트 러셀Bertrand Russell 같은 근대 과학 사상의 사절, 코민테른의 대표들은 모두 다음절의 굴절어로 말했다. …… 중국어는 그 구조가 사람들의 생각을 표현할 때 가장 적합하지 않은 매개체였다. 보통 다른 나라의 생각을 이해하고 소통할 때 필요한 숫자, 시제, 성, 관계의 표시법에 약점이 많았다.

더욱이 개별 상징체계로서 중국 문자는 중국의 풍부한 문학 전통에서 유래한 암시적 의미들이 광범위하게 많이 있었다. …… 더 나아가 중국어는 추상성과 일반 분류 또는 특성을 표현하기 위한 수단들이 상대적으로 빈약했다. "진리"라는 개념은 "진실한 어떤 것"으로 전개되고 "남자"는 "백성"으로, 일반적이지만 추상적이지는 않은 뜻으로 이해되었다. …… 중국어의 이런 특징은 외래 지식을 전달하는 사람들을 절망에 빠뜨렸다. …… 용감하게 불교를 전파하고자 했던 구마라집鳩摩羅什 (344~413년)은 …… 한숨을 쉬며 말했다. "그러나 인도의 불교 책을 중국어로 번역하면 그 안에 들어 있는 문학적 고상함을 잃고 만다. 누군가 그 말에 담긴 생각을 이해할 수 있다고 하더라도 그 독특한 문체를 느끼지는 못한다. 이것은 마치 쌀을 씹어서 다른 사람에게 주는 것과 같은데, 그 쌀은 맛이 없을 뿐만 아니라 그 쌀을 받아먹는 사람은 다시 내뱉을지도 모른다."28

중국어의 일반 특징에 대한 이러한 설명이 좀 귀에 거슬릴지도 모

---

28. Arthur Wright, "The Chinese Language and Foreign Ideas," in *Studies in Chinese Thought*(Chicago : University of Chicago Press, 1953), 287쪽, Bodde, *Chinese Thought*, 30쪽을 요약해서 인용.

 사회·법 체계로 본 근대 과학사 강의

르겠다. 하지만 이것은 언어가 새로운 생각이나 외래 사상을 상호 교환하고 받아들이는 데 장애가 될 수 있다는 여러 방면의 실제 경험을 바탕으로 내린 객관적 평가이다.

중국어는 아랍어보다 그 뜻이 더 불분명하며 지식의 범주를 나눌 때도 추상성이나 일반화가 아랍어보다 많이 떨어진다. 아랍인들은 특별히 지식을 분류하는 능력이 뛰어났다.[29] 이미 앞 장들에서 본 것처럼 실험, 실험자, 실험법 같은 새로운 과학 용어는 11세기에 아랍의 이븐 알하이삼이 처음 소개했는데, 나중에 이 용어들을 라틴어로 번역한 사람들은 그 용어를 제대로 번역했다.[30]

중국어의 경우 서로 다른 두 개의 우주론과 철학적 태도 때문에 발생한 개념 문제를 보여 주는 많은 사례를 인용할 수 있다. 한편 조지프 니덤은 중국어의 특성을 보여 주는 개별 사례들의 한계가 "대개 너무 과장되어 있다."고 생각했다. 그러면서 자신의 책에서 "고대와 중세 시대에 과학과 그 응용에 쓰였던 온갖 사물과 생각을 정의한 거대한 기술 용어집을 작성할 수 있다."고 믿었다.[31] 그렇지만 이 주장은 중국어가 아랍어와 비교해서 니덤이 말한 그 용어집 (표준 문법 안내서는 말할 것도 없이)을 만드는 데 얼마나 더 어려운지 그리고 중국인들은 그것을 만들기 위해 어느 정도 노력했는지에 대한 의문에 답변하지 못한 채 남겨 둔다.

---

29. 예를 들면 아랍인들이 지식의 형태를 분류하는 경향은 Franz Rosenthal, *Knowledge Triumphant*(Leiden : E. J. Brill, 1970)와 *The Classical Heritage in Islam*(Berkeley and Los Angeles : University of California Press, 1975)에 잘 나온다. 이 모든 것이 고대 그리스 개념과 사고 습관의 영향을 얼마나 많이 받았는지는 미지수이다.

30. A. I. Sabra, "The Astronomical Origins of Ibn al-Haytham's Concept of Experiment," *Actes du XIIe Congrès International d/Histoire des Sciences*, Tome IIIa(1971), 133f쪽 ; Sabra, 영문 번역·편집, *The Optics of Ibn al-Haytham*, 2권 (London : The Warburg Institute, University of London, 1989), 2, 10~19쪽.

31. Needham, *GT*, 38쪽.

이와 함께 중국의 지식인들은 더 높은 수준의 증거를 중시하는 학문을 도입하기 시작했는데 이를테면 7~8세기의 고증학考證學 운동을 예로 들 수 있다. 이 운동은 전체로 볼 때 그 방향이 고전으로 복귀했다. 이것은 과거 더럽혀지지 않은 유학의 오경으로 돌아감으로써 중국 사상의 순수성을 회복하고자 하는 복고주의와 근본주의 운동이었다. 이를 위해 극단의 유교 경전 해석 방법을 사용했고 고대 공자의 "정명正名" 사상을 표어로 내걸었다. 이에 따르면 모든 사물의 고유 이름은 실제 사물과 일치해야 한다. 만일 이렇게 된다면 모든 사람은 자기가 맡은 적절한 사회적 구실을 그 이름에 걸맞게 할 것이고 사회 질서는 정상으로 복구될 것이다.[32] 이러한 노력의 산물 가운데 하나가 모든 학문이 범례로 따르는 용어집이었다.[33]

이러한 "고대로 돌아가기" 운동은 "고대 세계의 정신을 부활하고 사회를 부흥하자"는 바람이었다.[34] 이 고증 방법을 수학과 천문학에 적용하면서 (예수회가 중국에 영향을 끼치는 것에 대한 반발로) 중국인들은 "자신들이 고안한 달력 연구의 깊이와 정교함"을 보여 주기 위해 그 동안 묻혀 있던 관련 고전을 발굴했다.[35] 1750년 이 지식인 운동은 철저한 원문 연구로 바뀌었다. "협소하게 정의된 학문 방법론은 그 자체가 목적이 되었고, 해석도 편협하고 일반화의 요구를 거부했다."[36] 한 마디로 말하면 중국의 지식인들은 왕조의 몰락, 외래 사상의 침입과 같은 다양한 위기를 겪으면서 그에 대한 반작용으로 고전으로 돌아가고자 했으며, 그럼으로써 당면한 변화와 발전의

---

32. Benjamin Elman, *From Philosophy to Philosophy : Intellectual and Social Aspects of Change in Late Imperial China*(Cambridge, Mass. : Harvard University Press, 1984), 45쪽.
33. 같은 책, 45f쪽, 62쪽.
34. 같은 책, 61쪽.
35. 같은 책, 63쪽.
36. Sivin, "Wang Hsi – Shan," *DSB* 14, 163쪽.

    사회·법 체계로 본 근대 과학사 강의

기회를 놓치고 말았다. 마침내 언어와 개념 표현의 문제는 결국 모든 외래 개념과 사상에 대한 중국 철학의 혐오만을 초래했을 뿐이다.

언어와 문체가 과학의 발전에 미치는 궁극적인 영향력의 문제는 오늘날 아직도 해결되지 않은 채로 남아 있다. 왜냐하면 아랍어가 중국어보다 과학적 의사소통에서 더 편리한 언어라고 할 수 있지만 그것은 결국 과학의 진보와는 전혀 관련이 없는 문제였기 때문이다. 우리가 앞에서 본 것처럼 아랍인들이 과학 혁명을 위한 기술적 토대를 마련했지만 그들 스스로는 혁명을 이루는 데 실패했다. 보드와 여러 학자들은 중국어와 중국 전통의 외국인 혐오증이 중국의 내부 학문 기준과 함께 상승 작용을 해서 외래 사상을 철저하게 걸러 내는 구실을 했다고 주장했는데 이것은 매우 타당성 있는 주장이라고 할 수 있다.

이제 이런 언어의 경향이 어떻게 문체 형식으로 구체화해서 중국인의 사고방식을 더욱 확대하거나 제한하는지 그 방법을 알아보자.

중국인의 사고방식

더크 보드는 개념적 사고의 영역에서 중국의 문인들이 즐겨 썼던 언어 표현 방식이 서로 연관된 또는 유추적 사고방식을 향상시키고 보존하는 구실을 했다고 주장한다. 더불어 많은 학자들이 이 사고방식을 중국인의 독특한 사고양식이라고 일관되게 말해 왔다. 앞 장에서 본 것처럼 서로 연관된 사고방식은 두 개의 양극성으로 시작하며 거기서 점점 복잡한 형태로 발전하지만 서로 조화와 반명제들이 균형을 이룬다. 중국인들은 글을 쓸 때 서로 뜻이 정반대인 두 개의 말을 병행해서 쓰기를 좋아하는데 이것은 바로 이런 중국어의 용례와 유추적(상호 연관된) 사고방식을 더욱 강화시키는 요인이다. 예를

들면 영어의 "penny wise and pound foolish.(푼돈을 아끼려다 큰
돈을 잃는다)"가 바로 정반대의 두 말을 병행해서 쓴 실례라 할 수
있다. 또 다른 예로 "easy come, easy go.(쉽게 들어온 것은 쉽게 나
간다)"도 같은 경우다.

보드는 또한 중국인들은 언제나 두 개의 성질을 서로 연관해서 한
쌍으로 생각하는 사고방식이 이러한 중국 문체의 특징 때문에 점점
더 강화되었다고 주장한다. 이러한 습성은 마침내 세상을 바라보고
설명하는 방식이 되는데, 이 방식은 인간 경험의 한계를 매우 제한
하고 무시하는 결과를 초래한다. 이러한 중국인의 사고방식은 19세
기 말까지 계속해서 유지되었고 이것은 결국 중국 과학 사상의 발전
을 가로막는 커다란 장벽이 되었다.37 그러나 보드는 이러한 견해가
특별히 중국의 문인 지배층 사이에서 강했고 따라서 중국 철학 사상
이 과학에 미친 영향력이 컸지만, 장인 계층이나 기술인들 사이에서
는 그렇게 강하지 않았다고 주장한다. 니덤은 이 주장에 공감하지
않는다.38

따라서 음양이원론(음양오행설陰陽五行說이라고도 함)은 수세기 동안
중국 사상의 기반이었다. 이것은 세상의 모든 이치는 두 개의 힘 또
는 단위, 요소가 한 쌍으로 균형을 이룬다는 원리를 말한다. 가장
기본이 되는 두 요소는 빛과 어둠, 뜨거움과 차가움, 하늘과 땅 같
은 것이다. 각 쌍마다 그 안에는 추가적인 요소 집단이 있는데, 이
것들은 한 범주에 기본이 되는 특질을 공유하고 있으며 동시에 서로
상대편 범주에 특정한 요소 집단과 정반대의 관계를 공유한다.

예를 들면 양陽이라는 근본이 되는 힘 아래에는 밝음, 뜨거움, 건
조함, 단단함과 같은 특질이 있고, 반면에 음陰은 그와 반대되는 어

---

37. Bodde, *Chinese Thought*, 99쪽 ; Needham, *SCC* 2, 285쪽과 비교.
38. Bodde, *Chinese Thought*, 121~122쪽 참조 ; Needham, *SCC* 4/2, 7쪽과 비교.

　　　　　　　　　　　　사회·법 체계로 본 근대 과학사 강의

두움, 차가움, 축축함, 부드러움과 같은 특질이 있다. 이 조화 형식
을 간단하게 예시하면 다음과 같다.39

패러다임

신

1. 낮　　태　　밤

2. 밝음　　그　　어둠

마

　여기서 수평 영역은 서로 다른 모형 또는 패러다임 관계를 나타내
고, 수직 영역은 근본이 되는 특질과 관련된 부속 특질(신태그마
Syntagm)의 집합체를 나타낸다. 이 형이상의 이원론 양쪽에는 더 많은
관련 요소들이 더해질 수 있다.

　대칭과 중심을 만들고자 하는 중국인들의 열망이 이 모든 범주에
적용된 결과 매우 세련된 의미의 조화와 균형을 나타내는 상형문자
가 만들어졌다. 인간의 몸과 마음을 나타내는 부분들을 천체의 위치
와 움직임과 연결해서 그려 놓은 천궁도天宮圖는 이것을 가장 잘 보
여 주는 실례이다. 또한 다양한 원과 6선형, 마방진魔方陣(가로, 세로,
대각선 위에 있는 수의 합이 모두 같은 숫자 배열표－옮긴이)은 이런 상
호 연관된 특질과 힘의 형태를 나타내기 위해 쓰였다. 물론 이 유추
적 사고방식은 중국인들에게만 고유한 것이 아니라 전세계에 존재
했다. 실제로 일부 학자들은 이 유추적 사고방식이 자꾸 이원론으로

---

39. 이것은 내가 보드의 *Chinese Thought*, 98쪽에서 인용한 것이고 보드는 A. C.
　　Graham, *Yin-Yang and the Nature of Correlative Thinking*(Singapore : Institute
　　of East Asian Philosophies, National University of Singapore, 1986), 16～24쪽
　　과 특히 Graham, *Disputers of the Tao*(La Salle, Ill. : Open Court Press, 1989),
　　319～325쪽에서 도움을 얻었다.

생각하려다 보니 결국 언어도 이원론의 구조를 갖게 되었다고 주장한다. 이것은 레비스트로스Lévi-Strauss의 영향을 받은 언어학자 로만 야콥슨Roman Jakobson에게 영감을 얻은 그라함A. C. Graham의 견해이다.[40] 그러나 중국의 경우 독특한 것은 이들의 유추적 사고방식이 20세기가 될 때까지 물질주의나 인과율에 따른 사고방식으로 바뀌지 않고 그대로 지속되었다는 사실이다.

이렇게 상호 연관해서 사고하는 방식의 가장 중요한 특질 가운데 하나가 그 요소와 관련된 숫자의 비밀이다. 만일 어떤 정해진 단위들의 개수가 대칭과 중심의 원리를 이루려면 그 단위들의 개수는 반드시 집단으로 묶여 분류되어야 하며 또한 그 집단의 개수는 홀수여야 한다. 예를 들면 중국인의 사고에서 중심을 표현하고자 하는 바람은 두 개의 요소를 한 쌍으로 묶은 여러 개의 쌍이 일직선이나 공간에 늘어선 가운데 언제나 한 쌍이 그 중앙에 놓이는 형태로 나타난다. 가장 일반적 의미에서 대칭의 원리는 '세계의 축axis mundi'이라는 중심점과 관련된 의미로 완전무결한 방향성을 암시한다.[41]

그러나 보드는 이들 개념 속에서 중심에 대한 또 다른 더욱 기술적 원리가 작용하고 있음을 볼 수 있다고 주장한다. 예를 들면 두 요소를 한 쌍으로 만드는 것과 별도로 모든 단위의 집합을 쌍으로 만들어서 서로 대칭을 이루거나 또는 중앙에 있는 쌍을 중심으로 균형을 이루게 하고 싶은 심미적 욕구를 생각할 수 있다. 따라서 AB/CD/EF의 쌍들은 가운데 쌍(CD)를 중심으로 양쪽에 한 쌍씩 같은 수의 단위가 놓여진 균형 상태를 보여 준다. 이것을 좀 확대하면 AB/CD/EF/GH/IJ가 된다. 여기서 중심이 되는 쌍(EF)은 양쪽 옆에 두 개의 쌍이 대칭을 이루며 균형을 잡고 있다. 이제 중심의

---

40. Graham, *Disputers of the Tao*, 320쪽 참조.
41. Bodde, *Chinese Thought*, 108쪽, 118~119쪽.

사회·법 체계로 본 근대 과학사 강의

원리가 홀수를 왜 더 중요하게 생각하는지 그 까닭이 명백해졌다. 오직 이렇게 해야만 조화로운 대칭을 성취할 수 있다.

이 원리를 공간에 투사하면 우리는 다음과 같이 균형 상태의 모양을 그릴 수 있다.

D

A   B   C

E

보드는 이런 공간 대칭을 위해 숫자 3, 5, 9 그리고 그 이상의 홀수가 필요하겠지만 7은 아니라는 점을 주목한다. 숫자 7은 서양과 달리 중국에서 별로 중요하지 않았기 때문이다.[42]

요약하면 더크 보드의 분석은 중국어 문체의 특성과 상호 연관의 유추적 사고방식 사이에 중요한 연관성이 있다는 것을 보여 준다. 더욱이 우리는 앞 장에서 정반대의 표현을 원용하는 이러한 문체가 일찍이 1487년 중국 과거 시험 제도의 '팔고문'에 이미 자리 잡고 있었다는 것을 보았다. 이러한 상징체계 표현 기술들은 국가 기구와 함께 수세기 동안 과학 사상의 발전을 가로막는 구실을 했다. 중국인들은 물질주의나 인과율에 따라 자연현상을 있는 그대로 보는 사고방식을 지향하기보다 모든 자연력과 요소들이 인간을 중심으로 우주와 함께 균형을 이루는 조화로운 세계관을 창조하려고 애썼다. 또한 이 조화 속에서 일어나는 변화들은 단순한 겉모양의 변화일 뿐이었다. 전통 중국 사상에 따르면 모든 변화는 주기적으로 순환하는 상호 작용과 힘의 흐름일 뿐이기 때문이다.

---

42. 같은 책, 112쪽.

한편 중국 사상의 또 다른 뚜렷한 특징은 보드와 일부 학자들이 "가위와 풀(로 오려 붙인 짜깁기)" 또는 "편집 작문"이라고 부르는 것이다.43 이것은 고전과 고대 선인들의 은유에 높은 가치를 두는 작문 기술로, 나는 이것이 중국 철학 사상에 진정한 토론의 논리와 이성에 대한 신뢰가 없는것과 연관이 있다고 생각한다. 편집 작문 기술은 다른 사람들의 저작을 베껴서 거기에 아무런 주석도 달지 않은 채 자기의 새로운 저작으로 만드는 결과를 초래했다. 역사 기술의 경우 "앞선 역사가들이 기록한 것이 아무리 방대하다고 할지라도 씌어진 말 그대로 다시 재생산"하는 것이 고작이었다. 그러나 이것을 "표절 행위"라고 보지 않았으며 "오히려 앞서 기록된 사건들의 새로운 역사가 이 방식으로 만들어져야만 하는 자연스럽고 합리적인 과정"이라고 생각했다.44 이러한 작문 기술이 일으키는 문제는 중국의 학자들이 선조의 글을 통째로 인용했다는 것이 아니라, 자신들이 인용한 기록이 서로 맞지 않는 가정과 견해를 포함하고 있으며 또한 문맥에 맞지 않는 은유나 암시가 들어 있을 가능성이 높다는 사실을 알지 못한 채 그냥 인용했다는 것이다. 이것은 모두 독자를 혼란스럽게 만들 것이다.

아랍의 역사 기술 방법이 모두 이런 특질을 지닌 것은 아니지만 이슬람 문명이 쇠퇴하기 시작했을 때 주해서를 다시 주해하는 저술 활동이 심하게 나타났던 적이 있었다. 중국의 학자들은 전면에 나서지 않고 고전 학문에 심취하는 경향이 아라비아–이슬람 문명이나 서양 문명보다 더 컸을 수 있다. 이것은 중국의 '충忠' 개념이 다르

---

43. 같은 책, 82ff쪽.
44. Charles S. Gardner, *Chinese Traditional Historiography*(Cambridge, Mass.: Harvard University Press, 1938), Bodde, *Chinese Thought*, 83쪽에서 인용. 아시아에서 남의 저작, 특히 스승의 것을 제대로 이해하지 않고 그대로 복사하려는 경향은 오늘날에도 여전히 살아 있다.

사회·법 체계로 본 근대 과학사 강의

게 표현된 것일 뿐이다.45 이와 달리 아랍에는 히자hija'라는 전통이 있는데 이것은 자신은 칭찬하고 적을 비난하는 저주의 시가이다.46 또한 아라비아-이슬람 문화에는 솔직하게 터놓고 논쟁하는 오랜 전통이 있었다. 중국의 관료제는 오직 정사正史만 기록할 것을 고집했지만, 아라비아-이슬람 문화는 중국보다 훨씬 더 권력이 분산되어 있었고 넓은 영역을 조정하는 힘이 없었다.

우리는 이 짜깁기 방식의 사고가 중국 사상의 여러 분야에 널리 반영되어 있는 것을 볼 수 있다. 이것은 중국 사상에 논리를 가지고 서로 토론하는 방법이 없었기 때문이다(자세한 내용은 다음에 다룬다). 앞에서 본 것처럼 중국의 역사 기술에서 가장 필수 요소는 과거의 선인들이 기록한 글을 그대로 뽑아 내서 그 글들을 "원 저자의 저작권과 분리된" 객관적 역사 기록으로 편집하는 것이었다.47 이러한 저작 방식은 철학, 의학, 과학에서도 널리 사용되었다.

더크 보드의 연구에 따르면 예를 들면 가장 위대한 성리학자인 주희는 자신의 독창적인 말이나 체계적인 사상보다는 유학의 고전에 나오는 글을 편집해서 성리학을 완성한 사람으로 유명하다. 그는 자기 자신의 체계적이고 독창적인 글을 쓰거나 전집을 내지 않았다. 따라서 "그의 학문 체계를 알려면 온갖 종류의 고전에 기록된 말과 주석들, 친구에게 보낸 편지, 여기저기 분산된 문서들에서 그 사상을 뽑아" 내야 한다.48 물론 "주희가 한 말들을 분류해 놓은"《주자어류朱子語類》라는 전집이 있기는 하다. 그러나 이것은 주희가 제자들

---

45. Needham, *SCC* 2, 61f쪽.

46. *EI²* 3, s.v. "Hija'" 이런 문화 형태가 최근 중동 전쟁 동안에도 그대로 남아 적용되고 있다는 사실은 Ehud Ya'ari and Ina Friedman, "Curses in Verses," *The Atlantic Monthly*, Feb. 1991, 22~26쪽에서 확인할 수 있다.

47. Gardner, *Chinese Traditional Historiography* 70쪽. Bodde, *Chinese Thought*, 83쪽에서 인용.

48. Bodde, *Chinese Thought*, 86쪽.

과 나눈 대화를 토착어로 필사한 것이라 토마스 아퀴나스의 철학과 신학 책처럼 체계적으로 정리되어 있지 않다. 주희는 이런 점에서 동시대에 살았던 이슬람과 서양의 위대한 철학 사상가들과 다르다. 그가 쓴 글에서는 알가잘리, 아베로에스, 아벨라르, 토마스 아퀴나스의 글에서 볼 수 있는 논쟁이나 논리 전개를 찾아볼 수 없다.

중국의 뛰어난 천문학자이며 수학자인 심괄도 마찬가지로 조직적이고 예리한 이론 체계를 갖추지 못한 여러 개의 글을 남겼을 뿐이었다. 나단 시빈은 "최고의 독창성은" 언제나 별로 통찰력이 없는 "진부한 교훈, 왕실의 일화, 잠시 동안의 호기심 같은 것과 늘 붙어서 나온다."고 말한다.[49] 도널드 홀츠만Donald Holzman은 심괄이 "그가 관찰한 것을 일반 이론으로 체계화한 것은 아무것도 없다."고 말한다.[50] 더욱이 내가 앞 장에서 지적한 것처럼 중국의 법을 연구하는 서양의 학자들은 중국에는 그라티아누스의 《교회법 모순조항 해류집》과 나중에 "가이우스, 퀴자, 포티에 또는 기르케" 같은 사람들이 유럽 법을 체계적으로 저술한 책들과 비견할 수 있는 그런 일관된 연구서가 없다는 사실을 주목했다.[51]

더크 보드는 더욱이 중국 고대와 제국 시대 초기의 학자들이 고전을 짜깁기하는 방식으로 자신들의 시집을 편집했는데, 이들은 서로 다른 여러 출전과 작가, 시대의 작품에서 짜깁기한 글과 주석이 서로 뜻이 충돌하며 문맥에 맞지도 않고 해석이 안 된다는 사실을 알지도 못한 것 같았다고 주장한다.[52] 이 때문에 견해들이 서로 부딪친다거나 실제 아는 것과 정반대의 주장이 있다는 것을 깨닫지 못했

---

49. Nathan Sivin, "Shen Kua," *DSB* 12, 374쪽.

50. Donald Holzman, "Shen Kua and His Men-ch'i pi-t'an," *T'oung Pao* 46(1958), 290쪽. Bodde, *Chinese Thought*, 86쪽 주석 99번에서 인용.

51. Jean Escarra, *Chinese Law*, 359쪽, Needham, *SCC* 2, 524~525쪽에서 인용.

52. Bodde, *Chinese Thought*, 82~85쪽.

사회·법 체계로 본 근대 과학사 강의

고 또 그것을 고치도록 압박하는 요구도 별로 없었다. 그러나 12~13세기 유럽에서는 성경, 초대 교회 교부들, 아리스토텔레스, 자연 현상에 대한 해석을 둘러싸고 날카로운 대립이 있었고 이것이 당시 유럽 사상의 특징이었다. 이것은 아벨라르가 쓴 《긍정과 부정》에서 극적으로 잘 나타나는데, 특히 그라티아누스와 주석자들이 완성한 교회 법전을 반대하는 위대한 종합적 견해에서 그 빛을 더욱 발했다. 더욱이 이들 서양의 학자들은 진리를 얻기 위해서는 이성의 힘이 필요하며 그 목적을 적극 추구해야 한다고 생각했다.

우리가 4장에서 본 것처럼 12~13세기 서양에서 변증법적 사고방식의 발전과 사용은 법학과 신학의 발전뿐만 아니라, 토론을 통해 새롭고 엄연한 진리를 발견할 수 있다는 "의사결정의 논리학"을 크게 발전시켰다. 서양의 사상가들은 자신들이 새롭고 보편적인 방법을 발견했다고 생각했다. 이 방법은 법을 비롯해서 성경과 교회법 같은 신성한 분야에서도 사용되었고 또한 자연의 연구에도 적용되었다. 예를 들면 그로스테스트는 자신의 책에서 "탐구의 목적은 실제로 경험해 보지 않은 지식scientia quia이 아니라 사실로 '증명된 지식scientia propter quid'을 제공하는 것이었다. 어떤 사실의 증명된 지식은 그 사실이 다른 사실과 관련이 있고, 그 사실의 근거들을 보여 주는 이론에서 추론되었을 때 비로소 인정받는다."53 그러나 동시대의 중세 중국의 학자들 가운데는 이런 생각을 가진 사람이 한 명도 없었다. 이것은 중국의 학자들이 고전을 가장 중요하게 생각해서 모든 용어의 뜻을 고전의 용례에 나오는 철학적 의미로 표준화하고, 활발한 공개 토론을 피하는 것을 덕으로 생각했던 중국 문화의 특징 때문에 강화된 것이다. 그 결과 중국에서는 대담한 혁신이 일어나지

---

53. A. C. Crombie, *Robert Grosseteste and the Origins of Experimental Science, 1100 ~1700*(Oxford : Clarendon Press, 1953), 290~291쪽.

않았다.

그러나 조지프 니덤은 노장 사상과 관련된 책에서, 특히 《장자莊子》에서 자연에 대한 탐구와 변증법적 사고방식의 기본을 발견한다.[54] 그러나 그가 번역한 구절은 유럽인과 고대 그리스인의 변증법적 방식과 일치하지 않는다. 그것은 오히려 다양한 형태의 신비주의 계몽에 더 가까워 보인다.[55] 실제로 벤저민 슈발츠는 니덤이 《장자》에서 번역한 긴 구절은[56] 실증주의 과학을 말하는 것이 아니라 "《묵자墨子》에서 말하는 특히 논리와 관련된 장에서 중요하게 설명하는 감춰지고 관찰되지 않은 사물의 근거들을 찾는데 역행하는 명확한 금지 명령"이라고 본다.[57]

니덤이 연구한 묵가 사상의 논리 방식 가운데 어느 것도[58] 유럽에서 아벨라르와 그의 제자들이 사용했던 스콜라 철학의 논리 방식과 비교할 수는 없다. 하지만 그라함은 묵가의 논리, 특히 묵자의 윤리학이 "모든 중심 용어가 잘 정의된, 중국 철학에서는 볼 수 없는 고도의 합리적 윤리 체계를 확립했다."고 인정했다.[59] 그러나 이후로 수세기 동안 이 방식을 실행한 어떤 제도적 공간이나 비공식 학파가 있었다고 말하기는 어려울 것이다. 하지메 나카무라元中村는 "철학적 분석 도구로서 묻고 대답하는 기술인 변증법적 토론 방식은 고대 그리스처럼 '중국에서는' 발달하지 않았다."고 주장한다.[60] 이것은 이

---

54. Needham, *SCC* 2, 76~77쪽.

55. Benjamin Schwartz, *The World of Thought in Ancient China*(Cambridge, Mass. : Harvard University Press, 1985), 217쪽.

56. Needham, *SCC* 2, 40쪽.

57. Schwartz, *The World of Thought*, 221쪽.

58. Needham, *SCC* 2, 198~199쪽.

59. Bodde, *Chinese Thought*, 96쪽에서 인용.

60. Hajime Nakamura, ed. *Ways of Thinking of Eastern Peoples*, 개정판(Honolulu : East West Center, 1964), 188쪽 참조.

   사회·법 체계로 본 근대 과학사 강의

러한 변증법적 토론 기술에 대한 문제만을 이야기하는 것이 아니라 이 방식이 지닌 정신의 문제도 함께 말하는 것이다. 서양에서는 새로운 생각과 관계를 발전시키기 위해 이 방식을 의도적으로 고안해 냈다. 이에 반해 중국 철학은 매우 보수적이고 과거 지향이었다.[61] 이것은 7~8세기 새로운 고증학의 발생과도 관련이 있다. 벤저민 엘만이 잘 보여 준 것처럼 "철학에서 문헌학으로" 전환을 주장하는 이 운동은 더럽혀지지 않은 과거, 성리학의 색채를 벗어던진 초기의 유학으로 전면 복귀하자는 선언이었다.[62]

결론을 얘기하면 송나라와 명나라 초기를 이끌었던 지식인으로 알려진 인물들은 동시대 이슬람이나 서양에서 활약했던 알가잘리, 아베로에스, 피터 아벨라르, 그라티아누스, 토마스 아퀴나스 같은 인물들이 했던 것처럼 독창적이고 체계적인 저작을 남기지 않았다. 또한 이 시기 중국에는 아비센나의 《의학 백과사전》, 이븐 알하이삼의 《광학》 또는 그로스테스트의 학문 방법론에 대한 저작과 같이 과학 발전에 영향을 끼친 체계적 자연 철학자들도 나타나지 않았다.[63] 요약하면 중국인의 사고와 형이상학의 전통적 전제들에 이의를 제기하는 활발한 논쟁과 강력한 자연주의 전통이 결여된 이러한 사고 습관은 중국에서 자연 철학이 발전하지 못하고 정체하게 했다. 더크 보드는 가설, 종합, 일반화의 필수 요소들이 빠진 중국 사상은 "관찰과 실험을 바탕으로 하는" 과학적 탐구 방식의 발전을 가로막고 말았으며 결국 "비판 없이 무조건 따라야 하는 전통"에 얽매인 채 남게 되었다.[64]

---

61. 같은 책, 18장.

62. Elman, *From Philosophy to Philosophy*, 2장.

63. 니덤은 성리학자들이 "자연에서 얻은 지식을" 이론화하는 방식은 "13세기 이후 유럽의 학자들이 하는 방식으로 발전하지 않았다."고 주장한다. *SCC* 3, 163쪽.

64. Bodde, *Chinese Thought*, 88쪽.

제도적 장애물과 기회의 유형

우리는 이제 7장에서 일부 검토했던 중세 중국의 사회 조직과 제도 체계를 검토하려고 한다. 중국이 왜 근대 과학을 발전시키지 못했는지를 제도적 관점에서 검토하다 보면 우리는 당시에 중국에서 객관적 지식을 자유롭고 공개적으로 추구하는 것을 가로막았던 매우 강력한 장애물을 볼 수 있다. 좀더 넓은 시각으로 볼 때 중국에서 과학의 발전에 가장 큰 영향을 끼쳤던 것들은 우리가 아라비아의 과학에서 보았던 바로 그것들과 같다고 생각한다. 왜냐하면 더크 보드와 일부 학자들이 열거했던 지적 장애물이 중국에서 근대 과학의 발생을 가로막은 원인으로 작용했다고 하더라도, 특정 사상을 대표하는 양식과 형태를 자세하게 탐구해 들어간다면 언제나 예외 또는 학문적 일탈이 있게 마련이고 이것은 결국 사상의 세계에서 지적 혁신으로 발전한다. 이런 방식으로 지적 혁신이 전개될 수 있다는 것을 인정한다면 이제 그런 혁신은 어떻게 제도적 지원을 받고 공개적인 토론의 세계로 진입할 것인가 하는 기회의 문제가 남는다. 그러나 중국에서는 실제로 이런 기회가 별로 없었다.

우리는 앞 장에서 누구나 자유롭게 공개 토론에 참여하는 것을 막는 첫 번째 장애물이 무엇인지 보았다. 중국에서는 어떤 차원에서든지 자치권의 영역이 없었다. 유교의 관점에서 볼 때 만물의 자연 질서는 하늘이 내려준 권한으로 인간 사회의 질서를 안정시킬 것을 요구하며, 이 권한은 오직 마땅히 받아야 할 최고 지배자만이 가질 수 있었다. 또한 당시 중국에는 진정한 지혜를 얻은 사람은 옛 현인들 뿐이며, 따라서 대망을 품은 학자들은 고대 현인들의 정신 세계를 모방하는 것이 마땅히 자신들이 해야 할 의무라고 생각했다.65 시간이 지나면서 이 독재 방식은 노장 사상과 융합하면서 "유일한 참된

길"이라고 부르게 되었다.66

이런 환경 속에서는 법치 국가, 법으로 다스리는 국가 그리고 인간이 만든 규칙이 (황제를 포함해서) 모든 인간을 지배하는 헌정 질서와 같은 생각은 상상할 수 없는 일이었다. 황제는 자기 백성들의 행동 규범을 지시하기 위해 법과 칙령을 선포할 수 있었지만 그 자신은 법 위에 있었다.67 종교와 국가는 분리될 수 없었고 중세 유럽에서 정교 분리를 야기했던 교황 혁명 같은 법 혁명은 중국에서는 발생하지 않았다. 따라서 국가가 (최고 권력자를 포함해서) 모든 국민을 법으로 다스리는 헌정 질서가 유지될 수 없다면 그것이 일반 자치 단체이든 동업조합이든 또는 서양 법의 기업 합동이나 회사의 전신이든 이 모든 적법한 사회 집단에 법적 자치권을 부여하는 진정한 사법권은 있을 수 없었다. 더욱이 정교 분리가 없는 사회라면 거기에는 공과 사를 나누는 철학도 법도 없다. 공과 사를 구분하는 것은 소유권과 사법권을 구분하는 기반이기 때문이다.

법을 제정하고 갈등을 판결하는 합법적 권리인 사법권을 가진 사람들은 그들이 그 "전체"에 속해 있을 때 그 자치 집단의 자산에 대

---

65. 이 주제에 대한 자세한 내용은 Donald J. Munro, *The Imperial Study of Inquiry in Twentieth-Century China : The Emergence of New Approaches*(Ann Arbor : Center for Chinese Studies, University of Michigan, 1996) 참조. 그는 과학적 탐구가 발전하기 위해서 개인의 자율성이 중요하다고 역설한다.

66. Harry White, "The Fate of Independent Thought in Traditional China," *Journal of Chinese Philosophy* 18(1991), 53~72쪽 참조.

67. 이 필수 전제는 여러 연구에서 나왔는데 Jack Dull, "The Evolution of Government in China," in *Heritage of China*, ed. Paul S. Ropp(Berkeley and Los Angeles : University of California Press, 1990), 55~85쪽 ; Hsiao Kung-ch'uan, *A History of Chinese Political Thought*(Princeton, N. J. : Princeton University Press, 1979) ; *Schwartz, The World of Thought* 참조. 황제가 신성한 칙령을 공포하고 지방에 있는 명망가들에게까지 그 내용이 전달되는 전통은 옛날부터 있었지만 황제의 권력을 더욱 새롭게 확장하는 방법이다. J. Legge, "Imperial Confucianism," *The China Review* 6(1877~1878), 146~158쪽 참조.

한 소유권을 가지지 않는다. 이 논리는 또한 소유권과 함께 자기가 속한 집단의 규칙을 만들고 안팎으로 그 집단을 대변하는 대표권에 대한 생각도 불러일으킨다. "모든 사람과 관계된 일은 모든 사람의 승인을 받아야 한다."는 말은 중세 유럽인들의 새로운 생활을 규정하는 로마법의 좌우명이었다. 중국의 행정 관료들은 물론 자신들이 다스리는 성, 주, 현에서 황제를 대신해서 여러 가지 문제를 처리하는 대표권이 있었지만, 황제의 권한과 대비되는 자신만의 권한이 있었다고 말할 수 없었다. 또한 이들은 법률을 제정할 권한도 없었다. 이들 관료들은 여러 가지 의무와 책임, 그리고 특권(공직 상속권 같은)이 있었지만 이런 것은 서양 법으로 볼 때 법적 권한이 아니다.

중국의 전통 사회에 (종교와 세속 영역 사이의) 정교 분리가 없고 자치권과 자기 규제를 명확하게 규정하는 법 체계가 없다는 사실은 중대한 사회적 결과를 가져왔다. 가장 먼저 중국에는 자치 시민을 가진 법적 단위로서 자치 도시나 자치 마을이 존재하지 않았다. 이 때문에 국민들은 지역마다 자치 재판소를 두고 적법한 대표성을 바탕으로 만들어진 법률을 통해 자치를 경험한다는 생각은 할 수 없었다.68 모든 권력은 중앙 정부가 가지고 있었기 때문에 헌정 질서로 유지되는 대의代議 정부는 꿈도 꿀 수 없었다.

두 번째로 중국에는 이슬람의 전문학교(마드라사)나 서양의 대학 같은 고등 교육기관이 등장하지 않았다. 중국에 있었던 다양한 학교와 학원(서원)은 중앙 정부가 인정하고 때때로 권장했던 지방의 조

---

68. 이것은 물론 막스 베버가 주목한 것이지만 그는 사법권(또는 더 넓게 보면 통치권)의 법 체계와 사회 질서 사이의 관계를 보지 못했다. Weber, *The City*, 영문 번역 · 편집, Don Martindale and Gertrude Neuwirth(New York : Free Press, 1958) ; Weber, *The Religion of China*, Hans Gerth, 영문 번역(New York : Free Press), 13ff쪽 참조. 해롤드 버만은 이 문제를 명백히 파악하고 베버를 비판했다. *Law and Revolution*(Cambridge, Mass. : Harvard University Press, 1983), 12장 가운데 특히 392~399쪽과 399~403쪽.

사회·법 체계로 본 근대 과학사 강의

직 단위였지만 고유의 권한은 전혀 없었다. 민간 학원의 교육이 정통 학문 계열에서 벗어나면 그 학원은 심한 비난을 받았고 때로는 문을 닫아야 했다. "그 잘못을 바로잡기 위해서는 학원 문을 닫거나 국가의 관리를 받는 것이 보통이었다. 사적 자유는 매우 특별하고 위험한 특성이었다."[69] 더욱이 사적인 것은 자기 욕심으로 비쳐졌고 법학자들에게는 불법으로 받아들여졌다.[70] 중국의 서원은 이것과 관련해서 이슬람의 마드라사보다는 법의 보호를 훨씬 덜 받았는데, 마드라사는 종교 재단의 기부로 세워진 학교로 이슬람법 아래서 국가가 빼앗을 수 없는 재단의 재산이었다. 중국에서는 전혀 일어날 수 없는 일이다. 심지어 서원이 세워진 땅도 모두 국가의 것이었고 국가는 이것을 조건을 달아 빌려 주었을 뿐이었다.

그러나 무엇보다 더 중요한 것은 중국의 서원은 "과거 시험 준비 학원"으로 공무원 채용 시험에 나오는 표준 교과서와 그 주해들을 외우고 그것을 다시 기억해 내는 공부를 하기 위해 세워진 학원이었다는 사실이다. 이보다 더 높은 차원에서는 중앙 정부의 교육 기관으로 황실의 학원(때때로 중국의 국립 대학으로 번역하기도 함)이 있었다. 하지만 이것은 중앙 행정 체계의 단순한 하부 관료 조직이었고, 때에 따라 규모가 커지기도 하고 다시 구성되기도 하며 또 금방 없어지기도 했다.[71] 이 기관은 아무 특권도 없었고 법적 근거도 없었

---

69. John Meskill, "Academies and Politics in the Ming Dynasty," in *Chinese Government in Ming Times*, ed. Charles O. Hucker(New York : Columbia University Press, 1969), 150쪽.

70. John Watt, *The District Magistrate in Late Imperial China*(New York : Columbia University Press, 1972), 11장, 162ff쪽 참조.

71. 토머스 리는 중국 제국 시대의 대학의 역사를 연구하면서 1044년에 대학이 독립된 예산과 건물을 배정받았으나 1045년 모든 자치 사상을 포기해야 했고 예산도 빼앗기고 예전에 병영 막사로 쓰던 곳을 학교로 쓰게 되었다는 것을 확인한다. *Government Education and Examinations in Sung China*(Hong Kong : Chinesse University Press, 1985), 63~64쪽.

다. 다만 관례에 따른 영향력이 아주 미약하나마 남아 있었다. 니덤은 "천 년이 넘는 동안 국가 관료주의 체계 안에 있는 고등 교육기관이라는 개념이 중국 문화에 완전히 뿌리내렸다는 점이 중요하다."고 말한다.[72] 이것을 좀더 솔직하게 말한다면 국가 관료제를 벗어나서 학위를 수여하는 고등 교육기관은 없었으며 그런 개념조차도 없었다.[73] 더욱이 (약 1억 2,000만 명 정도가 살았던) 중국 전역에서 대학이라고 (잘못) 부를 정도의 지위를 가진 고등 교육기관은 오직 한 곳밖에 없었다. 이에 비해 12~14세기에 중국 인구의 절반 정도밖에 없었던 유럽에는 중국 어느 곳보다도 훨씬 많은 자치권을 가진 적어도 89개의 대학과 수백 개의 전문학교들이 있었다.[74]

앞에서 본 것처럼 중국에는 서원이라 부르는 민간 학원들이 많이 있었는데, 그곳은 한 명의 유명한 학자가 그의 제자들을 가르치는 교육의 중심지였다. 원래 이 학원의 설립 목적은 유교의 가르침을 전승받아 자기 계발을 하도록 지도하는 것이었다. 그러나 송나라 때 이르러 이 학원들은 성리학을 보급하는 중심이 되었다.[75] 명나라 말

---

72. Joseph Needham, "The Qualifying Examination," in *Clerks and Craftsmen in China and the West*(Cambridge : Cambridge University Press, 1970), 383쪽.

73. 중세 시대 한림원翰林院은 느슨하게 조직된 학자들 모임이었고 황제에게 직접 자문하는 정책 자문 또는 칙령 초안 작성 기구였다. 그러나 학생들을 가르치는 기능은 없었고 이들의 연구 활동은 왕조 역사를 쓰는 일에 한정되었다. Charles O. Hucker, *A Dictionary of Official Titles in Imperial China*(Stanford, Calif. : Stanford University Press, 1985), s.v. "han-lin yüan," no. 2154 ; Adam Yuen-chung Lui, *The Hanlin Academy, 1644~1850*(Hamden, Conn. : Archon Books, 1981) 참조.

74. Hastings Rashdall, *The Universities of Europe in the Middle Ages*, 3권, new ed, ed. F. M. Powicke and A. B. Emden(Oxford : Clarendon Press, 1936), 1권, "Table of Universities," xxxiv쪽.

75. Meskill, "Academies," 149ff쪽 ; Tilemann Grimm, "Academies and Urban Systems in Kwangtung," in *The City in Late Imperial China*, ed. G. William Skinner(Stanford, Calif. : Stanford University Press, 1977), 특히 476ff쪽. "서원"의 일반 의미는 Hucker, *Dictionary*, s.v. "shu-yüan," no. 5471, 437쪽 참조.

에는 국가의 억압을 자주 받았는데 존 메스킬John Meskill은 "어떤 학원이 독립적이라고 말하는 것은 대개 그 학원을 비난하는 것과 같은 뜻이었다."고 말한다.76 시간이 흐르면서 국가가 시험 제도를 점점 확고하게 독점함에 따라 자기 계발과 계몽을 가르치던 학원의 교육 방식은 과거제도를 준비하고 무엇보다도 계층 상승을 위한 교육으로 바뀌어 갔다.77

이러한 문제와는 별도로 학원에서 선생과 제자가 함께 공부하고 종교, 윤리뿐 아니라 과학과 같은 다양한 전문 지식을 전수받는 동인 집단을 형성했을 것이라는 사실은 의심할 까닭이 없다. 이러한 교육 형태는 그 구조로 볼 때 앞서 살펴보았던 중동 아라비아—이슬람 문명의 교육과 크게 다르지 않다. 그러나 아라비아—이슬람교 학자들은 지식을 남에게 전수할 수 있는 권한인 이자자를 제자에게 수여할 수 있는 자격이 있는 유일한 관리들이었다. 다만 아라비아의 학자들은 철학과 자연과학 같은 종교(그리고 국가의 통제)를 벗어난 지식들은 스스로 연마했다는 점을 주목해야 한다.

이러한 까닭으로 "중국의 과학은 직업을 위한 기반이 아니었고 또한 서로 긴밀한 관계를 유지하는 직업 집단으로 발전하지도 않았다."78 요약하면 중국은 12~13세기 서양이 겪었던 법과 사회 혁명을 경험하지 못했다. 그 결과 중국은 정치와 종교의 통제에서 벗어나 자치를 허용하고 자유로운 사상을 보호할 수 있는 제도적 공간—제도화된 중립 지대—을 발전시키지 못했다. 이 사실은 다른 어떤 것보다도 중국의 전통 사회에서 체계적인 과학 사상이 발전하

---

76. Meskill, "Academies," 152쪽.

77. Grimm, "Academies and Urban Systems," 477f쪽.

78. Nathan Sivin, "Science and Medicine in Imperial China—The State of the Field," *Journal of Asia Studies* 47, no. 1(1988), 54쪽, Peter Golas, "Early Ch'ing Guilds," in *The City in Late Imperial China*, 555ff쪽 참조.

지 못한 까닭을 잘 설명해 준다.

집단의 자치권을 규정하는 법 체계가 없어서 생긴 세 번째 결과로 당시 중국에는 전문가 단체 또는 동업조합이 없었다. 나단 시빈이 말한 것처럼 1600년까지도 "중국에는 '직업'이라고 부를 수 있을 정도로 자치적이거나 긴밀한 관계를 지닌 직업인 집단이 없었다."79 중국의 법은 그런 종류의 모든 집단을 금지했다. 그 결과 전문 지식을 지닌 독립 집단은 아예 뿌리를 내릴 수 없었다. "그런 단체는 중국에 존재한 적이 없었다."80 이것은 5장에서 검토한 것처럼 13∼14세기에 유럽에서 내과의사와 외과의사의 자치 조직인 동업조합이 등장한 것과 매우 대조되는 현상이다.

그러나 중국의 학자들은 자연과학을 연구했으며 때때로 국가에서 이러한 활동을 장려하기도 했다. 문제는 중국에서 신분의 등급은 매우 치밀하게 공식적으로 매겨졌으며, 과학자 또는 (정통 개념에서 벗어나지 않은 과학) 지식을 지닌 사람이라는 개념이 학자 관료의 개념에 공식으로 포함되어 있었다는 사실이다. 니덤은 과학자의 사회적 지위를 말하면서 중국 과학자의 지위를 기술자의 지위와 짝지었다. 내가 앞에서 주장한 것처럼 과학과 기술을 이렇게 연결짓는 것은 과학과 기술이 20세기에 가야 비로소 서로 연결된다는 사실 때문에 주제를 크게 잘못 이끌 수 있다. 더욱이 중국에서는 과학자와 기술자의 역할을 아마도 다른 어느 사회보다도 훨씬 더 구분했는데 이는 글을 아는 사람(관리)과 글을 모르는 사람(평민)의 간극이 매우 컸기 때문이다. 이 차이는 과거제도로 더욱 확고해졌다. 지식 노동자의 범주는 고위 관료와 하급 관리, 두 집단으로 분명하게 나뉘었다.81

---

79. Sivin, "Why the Scientific Revolution Did Not Take Place in China," 545쪽. 여기서 상인 동업조합은 법적으로 자치권을 가진 집단이 아니었다.
80. 같은 쪽.

 사회·법 체계로 본 근대 과학사 강의

니덤은 또한 기술과 발명의 역사에 관심이 있었으므로 이 밖에 세 집단을 따로 구분했다. 평민 집단, 준천민 집단, 천민 집단이 그것이다. 비록 "가장 위대한 발명가 집단은 평민 집단으로 숙련공과 장인들(이들은 왕실 관리가 아니었다)이다."[82]고 말할 수 있지만 이들이 실제로 과학에 어떤 공헌을 했다고 시사하는 것은 없다. 이것은 두 가지 이유 때문인데 우선 과학은 세상이 존재하는 방식에 대한 논쟁(또는 주장)이므로 학식이 있는 사람들만이 그러한 지식에 제대로 도달할 수 있다. 둘째로 오직 높은 지식을 가진 사람들만이 세상의 본질에 대해 글로 논쟁을 할 수 있다.[83]

아무리 뛰어난 기술자라고 하더라도 관료제에서 신분이 상승하는 일은 거의 불가능했다. 니덤은 이것이 "(기술과 관련된) 일을 실제로 하는 사람은 언제나 글을 모르는 사람 또는 글을 약간 아는 장인과 기능공들이었으며, 이들은 정부 부처의 고위직에 있는 '사무직' 지식 계층과의 확실한 차이를 뛰어넘어 절대로 위로 상승할 수 없었

---

81. Needham, *GT*, 29ff쪽.

82. 같은 책, 28쪽.

83. 니덤은 《중국의 과학과 문명》의 27절 "Mechanical Engineering"에서 기술을 "응용 과학"이라고 말하면서 기술과 과학을 연결지으려고 한다. 이때 과학이 존재했는가 는 또 다른 문제이다. 따라서 그의 논의는 언제나 "과학적 원리"가 "완전히 공식화" 되지 않는다는 사실을 이해하는 것으로 한정된다. 예를 들면 그는 "과학적 원리(그 것이 완전히 공식화되었건 아니건)를 응용"했을 것이라는 추정 덕분에 "무역과 농 업이 증대되었다는 불명확한 결론"을 낸다. *SCC* 4/2, 10쪽. 결국 니덤은 중국의 기 능공들이 "아무런 과학 지식 없이도 경험으로" 뛰어나게 일을 잘 해낸다고 자주 인 정한다. *SCC* 4/2, 47쪽. 또한 니덤은 레오나르도 다빈치(니덤은 다빈치를 기능공이 아니라 초기 과학자로 본다)의 성과를 말할 때 레오나르도의 과학 지식과 "가설 설 정" 능력을 보면 "우리는…… (현재가) 상대적으로 과학 이론의 발전에서 뒤졌다고 볼 수 있다."는 사실을 깨닫는다. *SCC* 3, 160쪽. 그러나 "적절한 과학 이론이 없어 도 훌륭한 성과를 낼 수 있다." 같은 쪽. 보드는 *Chinese Thought*, 233쪽에서 기능 공들이 글을 배우기가 매우 어려웠고 따라서 이들이 과학 지식을 가지고 토론하는 데 기여할 수 없었다고 말한다. Elman, *A Cultural History*, 372쪽 외는 이것을 더 상세히 설명한다.

기” 때문이라고 말한다.[84] 따라서 당시에 정통 과학을 연구했던 사람들은 주로 왕실의 의사를 포함해서 국가 관료들 사이에 흩어져 있었다.[85]

중국의 공무원 채용 시험은 모두 인문학과 문예, 시 중심이었고 명나라 때 잠시 동안을 빼고는 과학이라고 말할 수 있는 과목은 포함하지 않았다. 한창 때에는 사서오경과 당시唐詩, 공인된 왕조의 역사를 외워야 했는데 이것은 모두 과학 또는 과학 사상과는 아무 관련이 없는 것이었다. 과거에 합격하는 것은 자기를 실현하는 행위가 되었으므로 이 제도는 그 목적에 맞지 않는 공부는 멀리하고 반면에 주로 역사, 윤리, 도덕과 같은 공적이면서 정통의 중국 개념을 강화하는 구실을 했다. 따라서 “중국의 고위 관료를 뽑는 이 과거제도는 2천 년이 넘는 동안 전국에서 가장 우수한 인재를 골라 내는 결과를 가져왔으며” 또한 이 인재들을 과학적 탐구보다는 국가 공무원으로 일하는 쪽으로 인도했다고 말할 수 있다.[86]

국가의 관료제를 자세히 살펴보면 우리는 여기서 과학 지식의 자유로운 탐구를 가로막는 또 다른 장애물을 만날 수 있다. 그것은 바로 천문학과 수학의 연구에 나타나는 비밀주의 요소와 과도한 규제이다. 이 비밀주의는 공동체주의라는 과학 규범을 직접 거스르는 것으로 자유롭고 공개된 지식의 접근을 가로막는 구실을 했다. 니덤이 중국의 천문학을 설명한 것을 보면 이 학문들이 지켜야 할 비밀에 준하는 내용과 보안 방식에 대한 설명이 여기저기에 흩어져 있다.

---

84. Needham, *GT*, 27쪽.

85. 우리는 연금술사들이 실험 기술을 발전시킨 것을 간과해서는 안 된다. 아직도 이들의 사회적 지위가 어떠했는지는 불분명하지만 이들이 과학 사상에 기여한 것은 분명하다. Nathan Sivin, “Chinese Alchemy and the Manipulation of Time,” *Isis* 67(Dec. 1977), 513~526쪽; Needham(and Sivin), *SCC* 5/5, 특히 33절의 (h) 참조.

86. Needham, *GT*, 39쪽.

사회·법 체계로 본 근대 과학사 강의

앞에서 본 것처럼 중국의 천문학 연구는 천문대라는 특별 부처에서 맡아 했는데 이곳은 다른 행정부서와 함께 황제가 있는 수도에 근접한 사무실에 있었다. 이것은 "천문학은 신성한 왕들의 신비스런 과학이고" 천체 관측소는 "황제의 의식을 행하는 장소"라고 생각했던 고대 중국과 비교하면 매우 발전한 것이었다.87 중국인들은 자신들의 고유한 우주론의 영향을 받아 모든 천체 현상은 하늘의 조화로운 상태를 가장 잘 보여 주며 그 전조를 알리는 신호라고 생각했다. 하늘의 질서와 정치의 질서는 서로 긴밀한 상관관계가 있다고 생각했기 때문에 황제와 그 신하들이 우주 영역에서 보내는 특별한 신호를 주목하는 것은 마땅히 해야 할 일이었다. 더욱이 중동의 이슬람교인들이 강한 종교적 동기로, 이를테면 정확한 기도 시간(날마다 5번)과 올바른 기도 방향(메카를 향해서)을 정하기 위해 천체를 연구했던 것처럼 중국인들도 마찬가지로 나름의 종교적 이유(와 정확한 달력을 만들기 위해)를 가지고 천체의 모양을 애써 연구하고 그렸다.

그러나 중국인들은 이 연구를 국가 기밀로 유지했고, 적법하든 아니든 천문학을 연구할 수 있는 학자의 수를 대폭 줄였다. 이러한 제한으로 인해 가장 훌륭하고 최신의 천문 기구들과 관찰 기록을 제대로 사용하지 못하게 되었다. 니덤은 이것을 "천문학은 가장 초기부터 국가의 지원을 받았지만 그 연구에서 나온 비밀에 준하는 내용은 어느 정도 불이익을 받았다."고 돌려 말한다.88 니덤의 상세한 설명이 보여 주는 것처럼 이것은 문제를 너무 조심스럽게 말한 것이다. 당시 중국의 역사가들조차도 이 비밀주의 정책이 강요한 심각한 대가를 알고 있었다. 한 사관은 "천문 기구들은 오래 전부터 사용되었으며 여러 왕조를 거쳐 전해 내려왔고 국가의 천문학자들이 소중히

---

87. Needham, *SCC* 3, 189쪽.
88. 같은 책, 193쪽.

관리했다. 따라서 학자들이 그것을 만져 볼 기회가 거의 없었다."고 기록했다.89 마찬가지로 11세기 중국의 박식가였던 심괄은 이렇게 썼다.

'1049년과 1053년 사이' 예부禮部는 하늘의 지식을 얻기 위해 사용하는 기구에 대해 논하라고 시험 문제를 내었다. 그러나 응시자들은 천구의에 대해 혼란스럽게 쓸 수밖에 없었다. 하지만 시험관들도 마찬가지로 그 문제에 대해 아는 것이 없었기 때문에 그들을 모두 상급반으로 합격시켰다.90

송나라 때와 명나라 때 잠시 그리고 청나라 말기에 천문 기구와 천체 기록에 접근하는 것을 제한한 조치는 심한 편집증에 다름없었다. 천문대에서 일하는 사람들은 천체 관찰을 통해 우주에 나타난 무질서를 밝혀서 황제가 현명한 행동을 하도록 자연의 계시를 제공할 수 있다고 생각했으므로 "천체에 이상 현상이 있을 때마다 황제에게 비밀 보고서를 제출했다."91 이 비밀 정보가 천문대 밖으로 새어나가지 못하도록 하기 위해 "천문대의 관리들은 천문대 이외의 다른 자리로 바꿀 수 없었다. 또한 이들의 자식들도 다른 직업을 가질 수 없었다."92 따라서 단순히 "그런 조건에서 가장 위대한 과학적 업적이 나오느냐 마느냐 하는 것은 또 다른 문제"93라는 견해를 주장하는 것은 논점을 비껴 가는 것이다. 그와 같은 생각을 하려면

89. 같은 책, 2, 193쪽에서 인용.
90. 같은 책, 3, 192쪽.
91. Ho Peng-yoke, "The Astronomical Bureau of Ming China," *Journal of Asian History* 3/4(1969), 137~153쪽 가운데 142쪽.
92. 같은 책, 144쪽.
93. Needham, *SCC* 3, 193쪽.

     사회·법 체계로 본 근대 과학사 강의

아마도 엄청난 상상력을 동원해야 할 것이다. 더욱이 "송나라 때 어쨌든 …… 관료들과 관련된 학자 집안에서도" 천문학을 "연구할 수 있었다."고 주장하는 것은 전혀 사실이 아니다.94

실제로 천문학자들의 모든 행동은 어떤 일을 하기 전에, 특히 기구 사용 또는 전통 기록 방식의 변경을 하기 전에 미리 황제의 승인을 받아야 했다. 따라서 중국의 천문학자들보다 우수한 이슬람의 천문학자들이 (1368년 이래로) 천문대에서 함께 일했음에도 (유클리드와 프톨레마이오스를 기반으로 한) 아라비아의 천문학은 중국의 천문학에 큰 영향을 주지 못했다. 그로부터 300년이 지나 예수회가 중국에 들어왔을 때까지도 중국의 천문학은 유클리드의 기하학과 프톨레마이오스의 《알마게스트》를 전혀 알지 못했다.95 또한 니덤의 주장과 달리 최근의 중국 천문학 연구자들은 중국의 천문학이 아마도 니덤이 주장한 만큼 발전하지 않았을지 모르며 "중국의 천문학자들은 대개 어느 면에서는 뛰어났겠지만 17세기까지도 여전히 지구가 편평하다고 생각하고 있었다."고 주장한다.96

한편 수학의 경우 추상적 사고가 암시하는 형이상을 문외한이 알기에는 분명히 어려울 수 있으며 때문에 학자들이 더 자유롭게 생각할 수 있는 여지가 있었는데 우리는 중국의 수학에서도 과학의 발전을 저해한 것과 같은 제도 체계를 만난다. 우선 앞에서 본 것처럼 당나라와 송나라 때 제국 정권이 만든 제도적 보상 체계는 고전과 문학, 역사 연구를 장려하는 것이었다. 당나라 때 과거 시험에 수학

---

94. 같은 쪽.

95. 아랍이 중국 천문학에 영향을 끼치지 못하고 특히 아랍의 천문학 도구와 중국의 전제조건이 서로 "일치"하지 못한 까닭을 이해하려는 니덤의 노력은 *SCC* 3, 372~382쪽에서 자세히 볼 수 있다.

96. Christopher Cullen, "Joseph Needham on Chinese Astronomy," *Past and Present*, no. 87(1980), 39~53쪽 가운데 42쪽.

을 추가하자 "아무도 그 시험을 보려 하지 않았다. 그것은 관료제 사회에서 높은 자리를 보장하지 않기 때문이었다."[97] 니덤은 송나라 때 "가장 뛰어났던 수학자들은 (심괄을 빼고는) 대부분 떠돌이 평민이거나 하급 관리였다. 더욱이 이들은 달력과 관련된 천체 관찰과 같은 일이 아니라 일반 백성이나 기술자들에게 필요한 실용적인 문제에 더 많은 관심이 있었다."고 한탄했다.[98] 수학적 사고가 만개했던 송나라 때 진구소秦九韶(약 1202~약 1261년), 주세걸朱世傑(약 1280~1303년), 이야李冶(1178~1265년), 양휘揚輝(약 1261~1275년 전성기) 같은 위대한 수학자들이 서로 멀리 떨어져 모르고 지냈다는 것은 특이한 일이다.[99]

이렇게 수학적 사고가 꽃필 수 있었던 것은 아마도 당나라에서 송나라로 왕조가 바뀌면서 사회 질서와 황실의 통제가 붕괴되었기 때문이었을 것이다. 그러나 과거제도가 광범위하게 확산됨으로써 꿈을 품은 학자들이 유학의 고전과 그것에 대한 틀에 박힌 해석에 모든 역량을 집중하는 그런 교육 체계를 구성하게 되었을 것이라는 사실은 금방 짐작할 수 있을 것이다. 모든 보상 체계가 시험의 합격을 전제로 했기 때문에 그 자체 규범과 이상, 학문 기준을 갖춘 공정한 교육 문화는 뿌리내리지 못했다. 모든 교육 과정은 중앙 권력의 통제 아래 있었는데, 이들은 시험 문제를 출제하고 학생들이 공부해야 할 표준 교과와 주해서를 널리 배포하고 시험을 관리하며 시험 본 내용을 채점하여 합격자들을 공직에 임명하는 바로 그 사람들이었다.

청나라 강희제康熙帝(1662~1722년 재위)가 취한 조치를 보면 이 체계가 얼마나 엄격한 중앙 집중의 구조였는지 잘 알 수 있는데 그는

---

97. Needham, *SCC* 3, 192쪽.
98. 같은 책, 42쪽.
99. 같은 책, 41쪽 ; Lǐ Yan and Dù Shíràn, Chinese Mathematics, 109~117쪽 참조.

 사회·법 체계로 본 근대 과학사 강의

"국가의 모든 천문학적 전조와 달력의 연구를 금지했는데 이것은 모두 청 왕조의 정통성에 부속된 것이었기 때문이다." 그런 다음 그는 "앞으로 성과 중앙의 과거 시험을 주관하는 모든 시험관은 천문학적 전조, 음악 화음 또는 계산 방법에 대한 정책 문제는 출제하지 말아야 한다."고 선포했다.100

국가의 교육을 통제하기 위해 이보다 더 잘 만들어진 독재 체제는 없을 것이다. 국가가 이렇게 교육의 인증을 독점할 수 있었던 것은 부와 권력을 보장하는 사회의 고위직을 모두 국가가 통제하고 있었기 때문이었다. 에티엔 발라즈Etienne Balazs는 "자본주의 발생의 문제"와 관련해서 이론상 중국 정부는 자기 나라의 모든 땅과 광물 자원을 소유했다. 따라서 소금, 철, 구리 광산의 운영은 정부 관리들이 독점으로 감독했다.101 또한 신용장, 무역 환전과 같은 모든 금융 혁신도 정부가 독점 지배했다.102 그러나 기업가의 창조적 혁신의 기회는 전혀 없었고 따라서 창조적 활동을 위해 반드시 필요한 공정한 학문 연구는 국가의 지원을 받지 못하고 발전할 수 있는 길을 찾지 못한 채 외면당하고 말았다. 또한 중국의 신분 제도는 여전히 국가 관료제에 기대고 있었으므로 과거 시험에 합격(또는 관직을 돈으로 사는 것)하는 것이 성공하는 길이었다. 상인들은 아무리 돈이 많아도 공무원보다 신분이 낮았으므로 이들은 전통 학자들에게 많은 돈을 지원하고 자기 친족이나 자식들이 과거 시험에 합격할 수 있도록 가르쳐 달라고 부탁했지만 과학 연구에는 전혀 관심이 없었다.103

---

100. Elman, *A Cultural History*, 484쪽.

101. Etienne Balazs, *Chinese Civilization and Bureaucracy*(New Haven, Conn. : Yale University Press, 1964), 4장 가운데 44~47쪽.

102. 같은 책, 42~44쪽.

103. 이와 관련해서 19세기 소금 상인에 대한 내용은 Ho Peng-ti, "The Salt Merchants of Yang-Chou : A Study of Commercial Capitalism in Eighteenth-Century

따라서 이후 수세기 동안 중국에 "'수학을 위한' 수학이 전혀 없었다."는 사실은 그리 놀랄 일이 아니다.104 당시 중국에서 수학을 연구해야 할 아무런 유인 요소가 없었다. 오직 모든 보상은 공무원 시험에 나오는 고전의 인문학과 윤리학에 정통한 사람들에게 돌아갔고 이 점에서 국가의 후원은 없었다. 따라서 수학 이론에 대한 관심이 없었다. 여기서 마지막으로 이 상황에서 나타나는 역설을 볼 수 있는데 중국의 비밀주의 전통이 수학 연구에도 영향을 끼쳤다는 점이다. 니덤의 연구에 따르면 당시 중국에 널리 퍼져 있던 비밀주의 전통은 "마테오 리치Matteo Ricci가 1600년에 중국의 수도에 들어왔을 때 그가 가져온 수학 책이 왜 모두 압수되었는지 그 까닭을 아주 잘 설명한다."105 중국에서 자연과학과 수학의 공정한 탐구를 가로막았던 거대한 장애물은 가는 곳마다 언제나 있었다.

상황이 이랬다고 해서 초기에 중국 과학과 기술의 역사를 연구하는 학자들이 농사, 수력 공학, 시계 장치, 약리학, 약제 분류학, 연금술, 의학 연구, 그리고 혜성, 일식과 월식, 신성, 태양 흑점과 같은 천체 현상의 세밀한 관찰, 심지어 개연성에 대한 초보적 사고까지 매우 넓은 분야에서 발견했던 놀라운 성과를 모두 무시하고자 하는 것은 아니다. 그러나 결국은 많은 경제학자들이 말하는 것처럼 모든 것은 제도의 문제이다.106 제도가 뒷받침되지 않는다면 아무리

China," *Harvard Journal of Asiatic Studies* 17(1954), 130~168쪽 가운데 154ff쪽.

104. Needham, *SCC* 3, 153쪽.

105. 같은 책, 194쪽.

106. 예를 들면 Douglass C. North, *Institutions, Institutional Change and Economic Development*(New York : Cambridge University Press, 1990) ; David A. Paul, "Why Are Institutions the 'Carriers of History'? Path Dependence and the Evolution of Conventions, Organizations and Institutions," *Structural Change and Economic Dynamics* 5, no. 2(1994), 205~230쪽.

뛰어나고 창의력이 풍부한 지식의 씨앗도 단단한 나무로 성장할 수 없다.

중국 과학의 문화 배경과 과거제도에 반영된 장애 요소를 감안할 때 우리는 중국의 과학이 아라비아 과학과 어울릴 수 없으며 결국 중국에서는 과학 혁명이 일어날 수 없다는 것을 추측할 수 있을 것이다. 송나라에서 발생한 과학과 교육의 르네상스는 그 시작과 마찬가지로 그 마지막도 갑자기 다가왔다. 송나라는 이후 300년 동안 경제 성장률(생산된 철의 톤수로 측정)이 50퍼센트나 떨어졌고 1930년대에는 11세기 북송 때보다도 생산량이 떨어졌다.[107] 13세기에 펼쳐진 정통 성리학은 유학자들을 관직으로 돌아가게 했으며 "수학은 다시 관청의 뒷방에 처박히게 되었고" 마침내 중국 수학은 쇠퇴하고 말았다.[108]

니덤은 예수회가 중국 수학의 전성기였던 17세기에 중국에 들어왔을 때 아무도 자신들에게 말을 걸지 않았다고 과장해서 말했다. 그러나 중국 과학과 수학을 연구하는 다른 학자들도 이와 비슷한 말을 한다. 리얀Lî Yan과 두시란Dù Shîràn은 송나라와 원나라 때 발생했던 엄청난 수학의 발전은 멈춘 지 오래되었고, 명나라 때 이룬 위대한 수학의 업적은 사람들이 잘 이해하지 못하거나 사라질 위험에 처했다고 말한다. "15세기 명나라의 일부 수학자들은 실제로 '천원술天元術'(주세걸이 발견한 일원방정식 해법-옮긴이) 또는 '사원술四元術'(주세걸이 발견한 사원방정식 해법-옮긴이)을 이해하지 못했다."[109] 또한 나단 시빈은 "1600년에 중국에서는 아무도 옛날에 나

---

107. Robert Hartwell, "A Revolution in Chinese Iron and Coal Industries in the Northern Sung, 960~1127 A.D.," Journal of Asian Studies 21, no. 2(1962), 153~162쪽 가운데 154쪽.
108. Needham, SCC 3, 153~154쪽.
109. Lî Yan and Dù Shîràn, *Chinese Mathematics*, 175쪽.

온 고차방정식과 초기 삼각법, 차분법差分法의 응용 문제, 여러 정교
한 수학 기법을 완전히 이해하지 못했다.”고 말한다.[110]

니덤이 원래 문제를 제기했던 것은 바로 이 지점이다. “그러면 유
럽에서는 르네상스 때 무슨 일이 일어났고 그 때 수학적 자연과학은
어떻게 탄생했는가? 그리고 중국에서는 그런 일이 왜 일어나지 않
았는가?”[111]

결론

우리는 이제 이 두 질문에 대한 대답의 윤곽을 볼 수 있다. 첫 번
째 “유럽에서는 무슨 일이 일어났나?” 하는 질문은 14~15세기 르
네상스 때 일어난 일을 묻는 것이 아니라, 그보다 앞서 12~13세기
에 중국에서는 일어나지 않았던 어떤 일이 일어났는가를 묻는 것이
다. 서양에서 근대 과학을 태동시켰던 일련의 변화를 볼 때 “우리는
마치 많은 변화들이 서로 연결된 하나의 거대한 유기체 앞에 서 있
는 것 같다.”고 한 니덤의 주장은 맞는 말이다.[112] 유럽에서 발생한
것은 중세 사회의 본질을 급격하게 변환시켜 근대 사회와 문명의 기
반을 만들었던 사회와 법 혁명이었다. 유럽은 완전히 새로운 발판
위에서 사회생활을 영위하게 한 혁명을 경험했다. 이것은 역사에서
처음으로 고대 그리스의 철학과 과학, 로마법, 기독교 신학이 하나
로 합치는 거대한 융합을 의미했다. 이 세 가지 체계는 모두 서양에
만 고유한 것이었는데, 이에 비해 중국 사상에는 아리스토텔레스가
표현했던 고대 그리스 철학에 비견할, 그리고 기독교 신학 또는 《로

---

110. Sivin, “Wang Hsi-Shan,” 161쪽.
111. Needham, *SCC* 3, 154쪽.
112. Needham, *GT*, 40쪽.

   사회·법 체계로 본 근대 과학사 강의

마법대전》에 상응하는 그런 것이 전혀 없었다.

앞에서 본 것처럼 이 혁명의 중심에는 정치, 사회, 경제, 종교, 지성의 모든 영역에서 사회 조직의 본질을 다시 정의한 법의 근본적 변환이 있었다. 이 혁명은 거주 공동체, 도시와 마을, 대학, 동업조합이나 직업인 집단과 같은 다양한 조직에 법적 지위를 부여했다. 서양의 법 전통은 이러한 자치 영역을 새로 만들면서 다양한 열린 토론과 논쟁이 계속되는 중립 지대(대학)와 여러 공적 공간을 함께 창조했다. 이 새로운 공개 토론장에는 법정도 포함되었는데, 여기서는 정당한 법의 절차인 소송 절차를 조정하고 피고의 권리를 방어하기 위해 변호사를 쓸 수 있었다.113 이것은 결국 모든 집단과 개인의 권리와 이익은 반드시 대표권의 위임과 공개 토론을 통해 서로 조정되어야 한다고 가정하는 근대적 정치 제도를 형성하는 데 큰 기여를 했다. 이 혁명은 또한 도덕과 윤리, 종교의 영역을 세속 국가에서 완전히 떼어냈다. 이 변화들은 의사, 변호사, 상인 마침내 과학자까지 직업 전문가 집단의 등장을 위한 법적·제도적 토대를 만들었다. 더 나아가 해롤드 버만과 로버트 로페즈Robert Lopez 같은 학자들은 12~13세기의 유럽 상업 혁명까지 여기에 포함시켰다.114

유럽의 교육계를 살펴볼 때 유럽에서 철학자와 과학자들이 중앙 정부나 종교 권력의 억압에서 벗어나 자신들이 찾고자 하는 지식을 탐구할 수 있게 한 지적 자치권의 중립 지대로 대학을 설립한 것은 12~13세기였다. 대학의 설립자들은 기본적으로 과학의 핵심이 되는 과목들을 읽고 강의하는 것으로 교과과정을 강화했다. 이 교과과

---

113. Berman, *Law and Revolution*, 250~253쪽, 469ff쪽, 423ff쪽 외 참조.
114. Robert Lopez, *The Commercial Revolution of the Middle Ages, 950~1350*(New York : Cambridge University Press, 1977) ; Berman, *Law and Revolution*, 336~339쪽, 540~543쪽.

정은 당시에 새로 알려지기 시작한 아리스토텔레스의 자연과학 책들이었는데 《자연학》, 《우주론》, 《생성과 소멸론》, 《정신론》, 《자연에 관한 단편집》 같은 책들이 있었다.[115] 이 책들은 새로운 자연과학의 틀을 세우는 구실을 했다.

이 새로운 지식 의제는 완전한 자연과학일 뿐만 아니라 진화적 연구 과정의 핵심을 이루었다. 학자들은 그것에 대해 자유롭게 문제를 제기할 뿐만 아니라, 문제를 제기하는 방법도 배웠고 모든 연구 과정에서 토론에 참여할 의무가 있었다. 이 과정에서 학자들은 세상은 본디 시작이 있었는지 또는 언제나 존재하고 있었는지, 이 세상 말고 또 다른 세상들이 있는지, 있다면 이 세상과 똑같은 물질의 법칙이 그들 세상에도 존재하는지를 물었다. 이들은 시간과 공간, 천체의 운동과 관련된 사색 속에서 진공 상태가 존재하는지 그리고 그 특성은 무엇인지를 물었다. 신은 순간적으로 지구의 속력을 빠르게 해서 일직선으로 만들 수 있는가? 만약 그렇게 된다면 그때 진공 상태가 생길 것인가?[116] 이러한 질문은 신학, 의학, 과학의 모든 분야를 다 건드렸다. 이후 유럽 대학에서 400년 동안 과학적 탐구의 의제로 설정된 것은 바로 이 자연과학(천체 연구를 포함한)의 연구였다. 만일 중국의 철학자들과 학자들이 이와 같은 질문을 제기하려고 했다면 그들은 그렇게 할 공개 토론장이 없었을 것이다. 중국에는 그런 문제를 제기할 수 있도록 국가에서 승인한 중립 공간이 없었기 때문이다. 또한 거기에는 법적 자치권을 가진 대학도 없었다. 중국과 마찬가지로 이슬람의 마드라사에서도 이러한 자연과학의 과제를

---

115. 이 책들을 파리 대학의 교과목(과 독서 계획)으로 채택한 규칙은 Edward Grant, ed., *A Source Book of Medieval Science*(Cambridge, Mass. : Harvard University Press, 1974), 43f쪽에 번역되어 있다.

116. Grant, *A Source Book*, 199ff쪽 참조.

 사회·법 체계로 본 근대 과학사 강의

연구할 수 없었다.

니덤이 앞에서 던진 두 번째 질문인 "중국에서는 왜 과학 혁명이 일어나지 않았는가?"에 대해서는 중국의 고등 교육에서 자연과학의 연구가 철저하게 배제되었다는 점과, 12~13세기 유럽 사회의 급격한 재구성을 가져온 법과 정치 제도의 변화가 중국에서는 일어나지 않았다는 사실이 그 답변의 큰 줄기라고 말할 수 있다. 니덤은 "중국 사회 고유의 자연스런 발전 과정에서는 서양의 르네상스와 '과학 혁명'에 비견할 수 있는 근본적인 변화가 전혀 일어나지 않았다."고 말한다.[117]

유럽에서는 자연과학과 관련해서 이중, 삼중의 혁명이 진행되었다. 자연 철학자 가운데 특히 천문학자들(갈릴레오, 케플러, 튀코 브라헤 그리고 그 후계자들)은 우주의 "참 구조"를 탐구하자고 주장했고, 이들은 교회라는 기성 권력에 대항해서 이 연구를 밀고 나갔다. 이들은 종교적 권위보다 진리에 도달하는 방법을 더 잘 알아야 한다고 주장했다. 우리는 많은 사람들이 인체 해부를 인간의 몸을 모욕하는 행위라고 생각했다는 사실을 경험적 연구를 통해 분명하게 알고 있지만 인체 해부는 일찌감치 14세기부터 유럽 전역의 의과대학에서 보편화되었다(5장 참조). 교회의 공식적인 반대는 없었지만 모든 인간들이 인체 해부에 대해 느끼는 일반의 도덕적 혐오감은 확실히 있었다. 그러나 새로운 의사들은 이 일을 의학 교육의 정규 과목으로 편성했다. 더욱이 유럽의 의학 교육은 중국이나 이슬람 세계와는 달리 대학 내부에서 하나의 "학부"로 표준화되었다. 그러나 이런 의학 연구의 제도화는 중국에서 일어나지 않았다. 중국에서는 의사 일을 하는 사람들을 지식 계층으로 인정하지 않았으며 (11세기에 시작된)

---

117. Needham, *GT*, 40쪽.

인체 해부는 도중에 중단되었다(5장의 부록 참조).

한 마디로 말하면 근대 천문학의 발전(그것이 시사하는 것과 함께)과 유럽 의학생들의 해부학 연구(베살리우스와 그 후계자들의 성과)는 근대 과학의 구성 요소이다. 이런 점에서 본다면 과학 혁명은 기존의 종교적, 도덕적 권위를 엄청나게 뒤엎은 사건으로 중국이나 이슬람 세계에서는 발생할 수 없었던(또는 하지 않았던) 일이다. 또한 이것을 제도의 관점에서 볼 때 과학 혁명은 처음부터 법적 자치권을 생각하고 설립한 대학이라는 중립의 공간(자치 도시나 자치읍도 마찬가지)이 있었기 때문에 가능했다. 이들 대학은 정부의 관료가 아니라 학문을 연구하는 사람들이 조직하고 운영했다.

그러나 중국에서는 이런 것을 상상할 수 없었다. 중국의 상업 조직이나 국민의 민주적 참여와 같은 정치 상황도 중국의 법과 행정에 깊게 뿌리내린 장애 요소 때문에 똑같이 길이 가로막혀 있었다. 어떤 행동도 계약도 자유롭게 할 수 없었으며 아무런 자치권도 없었다. 중국 문명이 당면한 지식 과제들을 국가 권력의 간섭 없이 자유롭게 연구할 수 있는 중립 지대 또는 지적 자치를 누릴 수 있는 공간을 만들지 못한 것은 근대 과학으로 가는 길을 가로막는 가장 큰 걸림돌은 아니라고 하더라도 중대한 장애 요소였던 것은 분명했다. 중국의 학자들에게는 유럽이 르네상스와 과학 혁명에서 경험했던 "정통 권위에 대한 반역"을 시도할 수 있는 어떤 제도적 공간도 없었다. 나단 시빈이 말한 것처럼 "중국 역사에서는 정치적 견해의 갈등을 서로 이해하고 해결할 수 있는 제도가 마련된 적이 없었다."118

그 결과 중국에서는 신성과 세속 영역(종교와 국가)을 구분하는 법 체계를 만들지 못하고, 형법 개념을 뛰어넘는 법 개념을 진화 · 발전

---

118. Sivin, "Shen Kua," *DSB* 14, 371쪽.

 사회·법 체계로 본 근대 과학사 강의

시키지 못했다. 중국의 법에는 (사회) 조직과 기술을 합법화하는 법 개념이 없었다. 서로 적법하게 다투고 있는 이익과 권리를 (형벌로 다스리는 것이 아니라) 평화롭게 해결할 수 있는 적절한 소송 절차와 함께 자치와 독립의 공간을 만들어 내는 객관적 조직(구조)이 없었다. 한편 법 체계는 여러 경제사가들이 보여 준 것처럼 특히 상업 활동의 발판이 되는 풍요롭고 새로운 "기회 구조"를 제공한다. 중국에서는 법과 법 체계가 더 큰 분쟁만을 만들어 낸다고 생각했기 때문에 그러한 제도가 서로 다투고 있는 사람들을 비난하거나 벌주지 않고 갈등을 평화롭게 해결할 수 있는 중립적인 공개 토론장을 만들 수 있다는 생각은 전혀 하지 못했다.[119]

명나라의 첫 번째 황제인 홍무제洪武帝〔태조(1368~1398년 재위)〕는 새롭게 다시 문을 연 국자감의 학생들이 너무 제멋대로이고 규율이 없다고 생각하고는 자신의 어린 조카를 그 기관의 수장으로 임명했다. 이것은 중국 황제의 독재가 제도적으로 얼마나 확고했는지를 잘 보여 주는 사례이다.[120] 나중에 태조는 국가에 대한 자신의 지배력이 없어진 것을 두렵게 생각해서 여러 개의 포고령을 공표했다. 이 가운데 세 번째 포고령(약 1386년)에는 "'부정한 행위를 한' 진사進士들의 명단"과 그들이 가르친 일부 학생들의 이름이 함께 나와 있었다. "그는 진사 68명과 학생 2명을 사형에 처하고 또 다른 진사 70명과 학생 12명을 징역에 처하라고 명령했다."《캠브리지 중국의 역사Cambridge History of China》에 이 글을 쓴 사람은 이 명단 탓에 "분명 학

---

119. 전통적인 중국의 사법 당국은 새로운 법 체계를 만들려고 노력해 온 모든 사람에게 오명을 씌우려고 애썼다는 견해는 Derk Bodde and Clarence Morris, *Law in Imperial China*, 재판(Philadelphia : University of Pennsylvania Press, 1973), 542쪽과 Jean Escarra, *Chinese Law*, G. W. Brownet, 영문 번역(Harvard University Asian Research Center, 1961), 102쪽에 나온다.

120. *Cambridge History of China*, ed. Fredrick W. Mote and Denis Twitchett(New York : Cambridge University Press, 1988), 7권, 1편, 122쪽.

자들이 움츠러들었을 것이다."고 덧붙여 말한다.[121] 이 포고령의 뒷부분에는 더 심한 징벌이 있었다. 황제는

아무리 뛰어난 인재라도 국가의 부름을 따르지 않는 사람은 사형에 처했다. 그는 "영토의 구석구석까지 모든 이들은 황제의 백성이다. …… 황제를 섬기지 않는 지식 계층은 (공자의) 가르침에서 벗어난 사람들이다. 그들을 처형하고 그 가문의 재산을 몰수하는 것은 지나친 일이 아니다.[122]

갈릴레오가 받은 심판과 처벌(자신의 집에 연금되어 플로렌스를 바라다보는 것)은 이것과 비교하면 아무것도 아니다.

중국의 과학을 좀더 넓게 보면 진보적인 학문 연구로 나아가기에는 기술의 오류나 부족이 분명하게 있었음을 발견할 수 있다. 그러나 중국 과학의 문제는 그 자체가 근본적으로 흠이 있었다는 것이 아니라 중국 정부가 학자들에게 공정하게 자신들의 연구를 수행할 수 있도록 독립된 고등 교육기관을 만들어 주거나 용인하지 않았다는 것이다. 엄청난 양의 중국 고전을 외우고 중국의 전통 서예를 통달(앞에 나온 일부 경우를 뺀 과학과 관련된 모든 주제는 제외)해야 하는 매우 완고한 과거제도는 1440년에서 1905년까지 그대로 남아 있었다. 이것은 수백 년 동안 중국에서 지식 혁신이 일어나지 못하게 하는 구실을 했다.

아라비아-이슬람 문명이 지적으로 개방된 고등 교육기관을 만들지 못한 것은 사실이지만 그렇다고 중국이 했던 것처럼 지식 발전에 도움이 안 되는 시험 제도를 강요하지는 않았다. 또 "전통적으로 지

---

121. 같은 책, 154쪽.
122. 같은 쪽.

 사회·법 체계로 본 근대 과학사 강의

식이 있는” 모든 학자들을 중앙 관료 조직에 묶어 두지도 않았다. 중동의 교육은 중국보다 훨씬 더 개인주의가 강했고 공공의 기부로 학교가 운영되었다. 이슬람의 부유한 후원자들은 많은 장학금을 지원했고 (자연 철학을 내놓고 연구하는 것은 박해를 받고 사형을 당할 수도 있었지만) 자연과학을 연구하는 사람들에게 은신처를 제공하고 지원했다. 아라비아—이슬람 학자들은 또한 널리 흩어져 있기는 했지만 모든 신자들에게 개방되어 있고 많은 책들이 갖춰진 도서관에서 과학 연구를 훌륭하게 수행할 수 있었다. 모든 이슬람교 사원이 그 안에 부설 도서관을 두는 것은 오랜 전통이었다. 자연과학의 연구는 이 도서관을 통해 이루어졌고 학자들은 마음대로 그 성과를 읽을 수 있었다. 자연과학을 공개적으로 가르치지 못하게 한 까닭에 이 연구는 지하로, 좀더 정확하게 말하면 민간 개인의 집이나 토론실(마즐리스 또는 마잘리스)로 장소를 옮길 수밖에 없었다.

끝으로 중동 지역의 국가는 또한 (정해진 시험 제도를 거쳐 들어가는) 모든 학교와 지식 기술이 필요한 모든 직업을 통제하려고 하지 않았다. 5장에서 본 것처럼 중동 지역의 의사들은 높은 존경을 받았고, 이들의 지식 전통에는 매우 풍부한 철학적 가르침이 들어 있었다. 그 결과 이들은 국가 관료로서 또한 지역 사회의 지도자로서 높은 평가를 받았다. 그러나 중국의 의사들은 그렇지 못했다. 이것은 (여기서 설명하지는 않지만) 중동에서 발달한 것과 같은 병원 체계가 중국에는 없었다는 사실과 무관하지 않다.[123] 중국의 의사들은 의사 자격만으로는 (중동에서는 가능했지만) 지방 정부에서 권력과 권한이 있는 자리에 오를 수 없었다. 지방 정부는 국가의 관료제에 속한 지방 행정관이 철저하게 통제하고 있었기 때문이다.

---

123. Paul Unschuld, *Medicine in China : A History of Ideas*, 149쪽과 Needham, “Medicine in Chinese Culture,” 14장 *Clerks and Craftsmen* 비교.

또한 지식 세계에서 정립과 반정립이 서로 대립하다 새로운 종합을 낳는 변증법적 사고방식이 중국에서 발전하지 못하고, 따라서 중국 사상의 발전과 혁신이 힘을 잃게 된 것은 지식인과 직업인들에게 자치권이 부여되지 않았기 때문이다. 음과 양의 '기氣'가 서로 관계하는 방식과 오행五行의 체계는 20세기에 이르기까지 중국 전통의 과거제도와 함께 세상의 모든 현상을 종합해서 설명하는 체계로 유지되었다. 또 한편 중국의 천문학과 수학은 극도의 비밀주의로 감싸져 있었는데, 이것은 학자들이 정말 필요한 정보에 접근할 수 있는 기회를 제한하는 구실만 했을 뿐이며 황제의 승인 없이는 그 내용을 바꿀 수도 없었다. 수학은 아마도 변화를 직접 막을 수는 없었겠지만, 천문학에서 마침내 변화의 바람이 분 것은 예수회가 중국에 들어온 17세기에 와서였다.

중국에서 공정한 학문 연구는 대개 과거 시험에 합격하고자 하는 열망으로 대체되었다. 목판 인쇄술의 발전과 국가가 지원하는 거대한 인쇄소가 여러 곳 있었지만 공립 도서관을 운영하고 중요한 학술 서적을 모으는 전통은 중국에서 거의 찾아볼 수 없다. 실제로 중국인들은 자신들의 중요한 학문 유산들을 반복해서 없애 버렸다. 소송蘇頌(1020~1101년)이 발명한 중세의 시계 장치에 대한 논문도 그 실제 기술과 함께 소실되고 말았다. 중국인들은 11세기에 벌써 이렇게 위대한 시계 장치를 발명했음에도—처음에 이 시계는 30~40피트 높이로 집채만 했다—17세기에 예수회가 도착했을 때 중국인들은 탈진기(시계의 회전 속도를 고르게 하는 장치–옮긴이)를 갖춘 시간 기록 장치도 만들지 못했다. 최초로 만든 시계는 해체해 버렸고, 소송이 그 장치에 대해 쓴 논문은 오랜 세월이 흐르면서 사라지고 말았다.124

토머스 리Thomas Lee는 위대한 성리학 철학자 주희가 기록한 지방

학교 도서관의 모습을 보여 주었다. 그가 처음 부임한 (푸젠성福建省의) 동안同安에 있는 학교에는 책이 한 상자 있었다. 하지만 그 책들은 정리되어 있지 않았고 누가 보거나 공부한 흔적이 없었으며, 그가 부임하기 전까지 80년 동안 그저 받아서 학교에 쌓아 놓은 것이었다. 많은 책들은 누가 가져가 버렸고 남아 있는 책들은 먼지로 뒤덮여 있거나 벌레가 먹었다.[125] 리는 대개의 도서관에는 "책들이 별로 없었고 항저우杭州에 있는 학교처럼 일부 상급 학교들은 도서관이 없는 곳도 있었다."[126]고 말하는데 이때는 이미 중국에서 목판 인쇄술이 꽃을 피운 시기였다. 중국인들은 아랍인들과 비교할 때 도서관에 별로 관심이 없었다. 반면에 유럽의 도서관에 있었던 책들은 수가 더 적고 필사본이 많았지만 모두 잘 보관되어 있었다.[127] 중국이 목판 인쇄술을 발명한 것은 인류 역사에서 이정표가 되는 위대한 업적임에 틀림없고 목판으로 인쇄한 책은 정말 뛰어난 작품이었다.[128] 그러나 중국의 인쇄술 발명은 지식인들의 지적 욕구를 분출시키거나 나라말의 정체성을 확립하고 촉진시키는 구실을 하지 못했고 따라서 문화와 과학의 영역에서 혁명을 이뤄 내지 못했다.[129]

한편 인쇄술의 성과에 대해서는 중동의 황금기(약 945~1300년) 때 어떤 형태의 기계 인쇄도 금지되었기 때문에 중국이 중동보다 앞섰는지 어떤지는 아직 확실하지 않다. 예를 들면 북경 도서관은 진

---

124. Joseph Needham and Derek J. de Solla Price, *Heavenly Clockwork : The Great Astronomical Clocks of Medieval China*, 2d ed.(New York : Cambridge University Press, 1986).

125. Lee, *Government Education*, 112쪽 주석 33번.

126. 같은 쪽.

127. John F. D'Amico, "Manuscripts," in *The Cambridge History of Renaissance Philosophy*(New York : Cambridge University Press, 1988), 11~24쪽 참조.

128. Joseph Needham and Tsien Tseun-hsuin, SCC 5/1, 159~183쪽.

129. 같은 책, 382쪽.

나라, 송나라, 원나라 때 책들이 보관되어 있었는데 1441년에는 "7,350종의 책이 4만 3,200권 있었고 그 책들 안에는 100만 개의 절節이 있었다."130 반면에 아랍에는 10만 권이 넘는 책을 소장하고 있는 도서관이 여러 곳 있었다. 마라가 천문대는 좀 과장되었는지는 모르지만 약 40만 권의 책을 보유하고 있었다고 전해진다.131 그 유명한 '파티마 왕조의 지혜의 집House of Wisdom of the Fatimids'(10세기)에는 12만 권에서 200만 권까지 소장하고 있었다고 추측되었다.132 이곳에 소장된 책 가운데 자연과학에 관련된 것만 1만 8,000권을 헤아린다고 전해진다.133 이집트의 한 후원자는 알파딜리야al-Fadiliya 마드라사 설립을 위해 10만 권의 책을 보냈고, 또 다른 10만 권은 카이로의 칼라운Qala'un 병원에 보냈다고 한다.134 실제로 소장한 책의 수가 얼마만큼이든 이슬람교 사원이 도서관을 운영하는 것은 매우 오래된 전통이었으며 중동 지역의 큰 도시는 대개 이런 사원을 수십 개씩 가지고 있었다.135

끝으로 중동과 유럽에서 여행은 매우 자유롭고 권장되었다. 그러나 중국에서는 여행에 대한 태도가 매우 상반되었다. 백성은 자기가 태어난 읍이나 마을에 남아 있어야 하며, 학자들이 이리저리 이동하는 것은 되도록 피하거나 바람직하지 않은 일이라고 생각했다. 그리고 국가는 이런 문화적 관점을 유지하기 위해 여행을 제한하는 여러

---

130. 같은 책, 175쪽.
131. Aydin Sayili, The Observatory in Islam(Ankara : Turkish Historical Society Series 7, no. 38, 1960), 194쪽.
132. Johannes Pedersen, The Arabic Book(Princeton, N. J. : Princeton University Press, 1984), 118~119쪽.
133. 같은 책, 116쪽.
134. 같은 책, 119쪽.
135. 중동 지역의 초기 도서관 전통에 대해서는 Ruth S. Mackensen, "Four Great Libraries of Medieval Baghdad," Library Quarterly 2(1932), 279~299쪽 참조.

가지 조치를 취했다.136 명나라와 청나라 때에는 이런 제한 조치가 더 늘어났다. 보갑법保甲法이라는 문화적 장애물이 등장했는데 이것은 모든 가구가 현재 거주자, 방문자, 여행 중에 있는 사람의 명단을 언제나 보관하고 있어야 하며 그렇지 않을 경우 징벌을 받았다. 이 제도는 청나라 때 처음으로 공식 채택(1644년)되었지만 그 연원은 훨씬 더 오래되었다.137

중국에서 과학의 탐구는 지식 활동의 주변부로 물러났다. 위에서 설명한 이런 까닭 때문에 중국의 문화와 문명은 아라비아 과학의 경우와는 또 다르게 근대 과학을 태동시키지 못한 것이다.

---

136. White, "Fate of Independent Thought," 68~69쪽 ; John Chaffee, The Thorny Gates of Learning in Sung China(New York : Cambridge University Press, 1985), 33쪽.

137. Hsiao Kung-ch'uan, *Rural China : Imperial Control in the Nineteenth Century*(Seattle : University of Washington Press, 1960), 26쪽 ; T'ung-tsu Ch'ü, *Local Government in China under the Ch'ing*(Cambridge, Mass. : Harvard University Press, 1962), 2~4쪽 ; J. R. Watt, The District Magistrate, 145~150 쪽.

초기 근대 과학의 발생

근대 과학의 발생은 비교사와 문명사의 관점에서 볼 때 그것을 오직 유럽 안에서만 일어난 움직임으로 볼 때와는 매우 다른 모습으로 나타난다. 우선 혼신의 힘을 다해 자연의 변화 과정을 연구하는 사람들이 이 세상 어느 사회나 어느 문명에도 있었다. 그 동안 학자들은 자연의 모든 영역을 세밀하게 기록하고 설명하기 위해 필요한 기술 도구와 설명 수단을 만드는 데 최선을 다했다. 아마도 가장 놀라운 일은 아라비아 – 이슬람 문화와 문명이 13~14세기 이전까지는 세계에서 가장 발전된 과학을 보유했다는 사실일 것이다. 광학, 천문학, 기하학과 삼각법 같은 수학 그리고 의학 분야에서 아라비아 – 이슬람 문명이 이룩한 성과는 중국은 물론이고 서양보다도 더 뛰어났다. 이슬람 세계에서 과학을 탐구했던 사람들은 (광학, 의학, 천문학에서) 실험 과학에 대한 논문을 썼고 이 기술을 특정한 탐구 영역,

예를 들면 광학 분야에 실제로 적용했다. 무지개 현상을 설명하기 위해 고안된 연구 계획과 실험 방식은 그 목적을 달성했다. 또한 의학과 약리학 분야에서 마찬가지로 실험은 큰 구실을 했다.

그러나 이런 과학 활동은 대개 지리적으로 분산되거나 고립되었고 비밀주의에 둘러싸여 영향력을 제대로 발휘할 수 없었다. 멀리 떨어져 있는 연구자들 사이에서 서로 중요한 서신과 과학 논문을 교환하는 일은 대개 너무 시간이 오래 걸렸고 불완전했으며, 심지어 지역 사정이나 정치적 대변동 때문에 완전히 가로막히기도 했다. 그러나 학자들의 연구는 계속되었고 시간이 흐르면서 과학 연구에 절대 필요한 요소들이 쌓이고 그것은 곧 인간이 땀 흘려 일궈 낸 창조적 유산이 되었다.

코페르니쿠스 혁명

에드워드 로젠Edward Rosen과 허버트 버터필드Herbert Butterfield 같은 과학역사가들의 견해에 따르면 코페르니쿠스 혁명은 서양이 지니고 있던 우주에 대한 개념과 그 안에 있는 인간의 위상을 완전히 바꿔버린 대사건이었다. 이렇게 봤을 때 16~17세기의 과학 혁명은 매우 심대한 형이상의 혁명이었다. 동시에 이 혁명은 서양에서만 일어났으며 이슬람이나 중국에서는 발생하지 않았다. 따라서 우리는 16~17세기 과학 혁명을 이끌었던 유럽의 시대 배경과 12~13세기 이슬람과 중국의 제도가 어떻게 발전했는지 그 근원을 유심히 살펴보아야 한다.

코페르니쿠스의 변화가 근본적으로 형이상의 전환이었다는 사실은 우리가 앞에서 보았던 15세기 이전 아라비아 과학이 이룩한 뛰어난 연구 성과를 생각할 때 이 혁명적 변화를 훨씬 더 극적으로 강조한다. 말하자면 아라비아 과학에는 신학적 정교함, 경험적 관찰의 요구, 실험 기술의 사용, 고도의 수학 기법 사용, 그리고 무엇보다도 13세기 마라가 천문대와 관련된 학자들이 개발한 비프톨레마이오스 행성 모형과 같은 요소들이 있었다. 이러한 요소를 고려할 때 근대 과학, 특히 천문학 분야의 발전은 그것을 새로운 관찰의 산물이라고 부르든 또는 수리 천문학의 좁은 범위 안에서 일어난 기술 혁신이라고 부르든 어떤 것도 아주 정확한 설명이라고 할 수 없다. 코페르니쿠스가 발견한 우주 질서에 대한 위대한 새 개념이 새로운 관찰이나 아랍인들이 몰랐던 새로운 수학 기법을 써서 완성된 것이 아니라는 사실을 이제는 대개 누구나 동의한다. 그것은 오히려 "순수하고 근본적으로 지식이 이동한 것"[1] 또는 오래된 과거의 "기록 뭉치"를 새로운 관계 속으로 전환시킨 일종의 "인간 정신의 이동"[2]인 것이었다. 더 나아가 코페르니쿠스가 프톨레마이오스의 《알마게스트》에서 많은 것을 빌려왔다는 것은 의심의 여지가 없으며, 이것은 인쇄술의 발전으로 과거 어느 때보다 더 쉬워졌다.

그렇다고 코페르니쿠스가 만든 우주론의 혁명적 변화가 "복잡한 수학 기법으로 얻어진 것이 아니며 또한 비교적 단순하다고 볼 수 있는 어떤 새로운 수학 기법과도 전혀 무관했다."[3]고 말하는 것은 이 사건을 너무 부적절하게 강조하는 꼴이 된다. 왜냐하면 코페르니

---

1. Robert S. Westman, "Proof, Poetics, and Patronage : Copernicus's Preface to *De revolutionibus*," in *Reappraisals of the Scientific Revolution*, ed. David C. Lindberg and Robert S. Westman(New York : Cambridge University Press, 1990), 170쪽.
2. Herbert Butterfield, *The Origins of Modern Science, 1300~1800*, 개정판(New York : Free Press, 1957), 13쪽.
3. Derek J. de Solla Price, "Contra-Copernicus : A Critical Re-estimation of the Mathematical Planetary of Ptolemy, Copernicus, and Kepler," in *Critical Problems in the History of Science*, ed. M. Clagett(Madison : University of Wisconsin Press, 1959), 197~218쪽 가운데 198쪽.

 사회·법 체계로 본 근대 과학사 강의

쿠스의 혁신은 당시에 매우 근본적인 변화였기 때문이다. 우주에 대한 코페르니쿠스의 과학적 설명은 여러 가지 이유로 심한 비판을 받았지만, 프톨레마이오스의 지구 중심 체계보다는 진리에 더 가까웠다. 더욱이 케플러, 갈릴레오, 뉴턴처럼 코페르니쿠스의 뒤를 따랐던 사람들은 지구 중심의 우주에서 태양 중심의 우주로 사고의 전환이 없었다면 자신들이 이룬 성과들을 절대로 거둘 수 없었을 것이다.

케플러는 특히 태양이 모든 행성 체계의 중심이라는 코페르니쿠스의 생각에 큰 은혜를 입었다. 이 생각이 없었다면 "태양 중심의 우주가 없다면 그가 쓴 책(《우주 구조의 신비*Mysterium cosmographicum*》, 1596년)의 모든 근거가 무너졌을 것이다."4 달리 말하면 1609년에 케플러가 발견한 화성이 타원으로 회전한다는 사실과 세제곱근 법칙(케플러의 제3법칙에서 행성이 태양을 도는 공전 주기의 제곱은 태양에서 행성까지 평균 거리의 세제곱과 언제나 같음-옮긴이)도 코페르니쿠스의 가설을 기반으로 나온 것이다. 이 밖에 케플러는 (이 새로운 태양 중심 체계가 단순히 가설일 뿐이라고 서문에 쓴) 오시안더*Osiander*가 코페르니쿠스를 대신해서 《천구의 회전에 관하여》의 서문을 거짓으로 꾸몄다는 것을 밝히면서(이것은 코페르니쿠스가 이 책의 내용을 불안하게 생각해서 당시 루터파 신학자였던 오시안더에게 출판을 맡겼는데 그가 당시의 정통 신학과 충돌을 피하기 위해 이렇게 서문을 썼다고 함-옮긴이) 이 체계의 물리적 실체에 대한 코페르니쿠스의 믿음과 자기 자신의 믿음을 분명히 나타내었다.

요약하면 코페르니쿠스는 아라비아의 천문학자들과 공통으로 갖고 있었던 행성 모형과 관측 자료를 기반으로 해서 새로운 실체, 새

---

4. Owen Gingerich, "From Copernicus to Kepler : Heliocentrism as Model and as Reality," *Proceedings of the American Philisophical Society* 117, no. 6(1973), 513 ~522쪽 가운데 520쪽.

로운 물리적 실체를 주장했다. 만일 이들 모형과 관측 자료가 새로운 코페르니쿠스 체계를 지지하는 데 부적절하다고 판단했다면,[5] 코페르니쿠스가 자신의 새로운 천문학 체계를 발표하는 데 무척 망설였을 것이다(코페르니쿠스는 그 정도로 급진적이고 용기 있는 사람이 아니었다). 코페르니쿠스 혁명은 당시에 순수한 형이상의 도약이었다. 그러나 아랍인들은 프톨레마이오스의 행성 모형이 내포한 관측의 문제와 관련해서 유럽인들보다 이미 200년이나 앞선 경험을 가지고 있었음에도 이런 혁신을 만들고 싶어하지도 않았고 만들 수도 없었다.

사회학의 관점에서 볼 때 이것은 코페르니쿠스의 이론이 참이냐 거짓이냐, 또는 그것이 실제의 관찰 자료와 이론으로 강력하게 지지를 받았느냐 그렇지 못하냐의 문제가 아니다. 새로운 체계의 장점을 반대편의 사람들에게 신체적 위협을 받지 않고 서로 자유롭게 토론할 수 있는 문화 제도와 어느 정도의 중립 공간이 존재했느냐 아니냐의 문제인 것이다. 말하자면 이것은 어쩌면 이단이라고 쉽게 선언될 수 있었을 새로운 우주 체계를 사람들이 냉정하게 평가하고 최소한의 공정한 결과를 제공할 수 있는 사회적·제도적 지원이 존재했는가의 문제이다. 코페르니쿠스의 행성 체계는 아리스토텔레스의 자연 철학 원리를 하나도 훼손하지 않았을 뿐만 아니라(예를 들면 행

---

5. 이것은 갈릴레오 시대 때 가톨릭 교회의 공식 입장이었으며 당시 많은 천문학자들의 생각이었다. 이때 상황을 다시 살펴보려면 Olaf Pedersen, "Galileo and the Council of Trent : The Galileo Affair Revisited," *Journal for the History of Astronomy* 14(1984), 1~29쪽 참조. 코페르니쿠스 체계에서 관측이 부정확한 문제에 대해서는 Price, "Contra-Copernicus," 209ff쪽 참조. 또한 Owen Gingerich, "Commentary : Remarks on Copernicus's Observations," in *The Copernican Achievement*, ed. Robert S. Westman(Berkeley and Los Angeles : University of California Press, 1975), 99~107쪽. 오웬은 여기서 "코페르니쿠스는 정확한 관측보다는 우주론에 더 관심이 많았다."고 주장한다.

사회·법 체계로 본 근대 과학사 강의

성체는 한 가지 운동만 하는 게 아니라 일주운동과 직선운동을 함께 할 수 있으며 천문학은 제1의 원리가 되는 학문인 물리학에 종속되었다), 더군다나 기독교 신학의 신학적 가설도 위배하지 않았다. 기독교 신학에서는 지구는 우주의 중심이며 성경은 그것을 선포하는 권위의 근거였다. 코페르니쿠스도 그의 후계자들도 이 사실을 간과하지 않았고, 이들은 언제나 그 권위의 원천을 피해 갈 전략을 고안하느라 애썼다. 실제로 코페르니쿠스의 첫 번째 가장 열성 제자였던 레티쿠스Rheticus(1514~1574년)는 성서와 코페르니쿠스의 새로운 세계 체계를 조화시키려는 논문을 썼다.6 한 마디로 말하면 새로운 세계 체계와 기존의 신학적 견해의 충돌, 말하자면 성서와 정통 아리스토텔레스 사상의 혼합은 코페르니쿠스 체계를 수용하는 데 엄청난 장애물로 나타났다. 그리고 그 갈등은 갈릴레오의 사건에서 볼 수 있었던 것처럼 코페르니쿠스 시대 이후에도 여전히 극도로 악화되었다.

더욱이 1588년부터는 코페르니쿠스 체계에 대항하는 또 다른 경쟁자가 나타났다. 그것은 튀코 브라헤(1546~1601년)의 지구 태양 중심 체계geoheliocentric system로 그는 《천체의 최근 현상에 관하여Concerning Recent Phenomena in the Celestial World》(1587년)에서 이 주장을 발표했다. 브라헤의 우주 모형에 따르면 행성은 태양 둘레를 돌고 태양은 다시 지구 둘레를 돌았다(〈그림 18〉 참조). 그러나 이 체계는 그 자체의 기술적 문제를 가지고 있었는데 태양의 공전 궤도와 화성, 수성, 금성의 공전 궤도가 서로 교차하는 문제였다.7 대부분의 천문학자들은 행성들이 자신들의 궤도를 따라 도는 천구가 실제로 존재

---

6. R. Hooykaas, "Rheticus's Lost Treatise on the Holy Scriptures and the Motion of the Earth," *Journal for the History of Astronomy* 15(1984), 77~80쪽.
7. 튀코 체계와 그 발전에 대한 검토는 Victor E. Thoren, *The Lord of Uraniborg : A Biography of Tycho Brahe*(New York : Cambridge University Press, 1990), 8장에 잘 나와 있다.

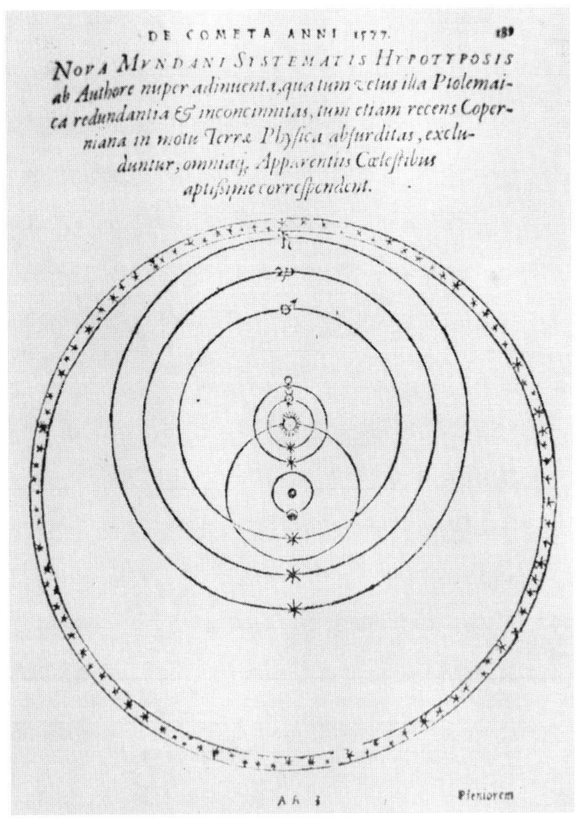

그림 18_ 튀코 브라헤의 지구 태양 중심론 우주

16세기 최고의 천문학자인 튀코 브라헤는 자신의 이론과 관측 자료들을 코페르니쿠스의 태양 중심 체계와 일치시킬 수 없었다. 그는 지구를 우주의 중심에 그대로 보존하기 위해 수성과 금성이 태양 둘레를 돌고 태양은 지구 둘레를 도는 행성 체계를 고안했다. 이와 마찬가지로 화성, 목성, 토성도 태양 둘레를 돌면서 우주의 중심인 지구에 대해서도 커다랗게 원운동을 계속했다(오웬 징거리치와 하버드 대학 도서관의 승낙을 받아 사진을 게재함).

하는 유형의 실체라고 여전히 믿고 있었기 때문에 이 문제는 심각한 약점이었다. 구체적 실체로서 천구는 다른 행성이 지나는 천구를 서로 관통할 수 없었다. 그러나 1577년 튀코는 혜성을 관찰하면서 "튀코와 그 밖의 모든 사람들이 프톨레마이오스 모형에서 수성과 금성의 천구라고 생각했던 것"의 궤도를 혜성이 가로질러 내달렸다는

사회·법 체계로 본 근대 과학사 강의

사실을 밝혔다.8 이것이 암시하는 내용은 분명했다. "혜성의 운동은 바로 행성의 천구가 고형의 물체일 수 없다는 것을 강력하게 말한다."9 이 소식은 폐기될 뻔했던 튀코의 지구 태양 중심 체계를 살려냈다. 이제 화성(또는 수성과 금성)의 공전 궤도가 태양의 공전 궤도와 교차할 수 없다고 주장할 근거가 없어졌다(〈그림 19〉 참조). 더욱이 여러 사람이 보기에 튀코 체계의 장점은 튀코가 지구의 일주운동(지구의 자전으로 생기는 행성의 이동-옮긴이)을 거부하고 다시 지구를 우주의 중심으로 복원시켰다는 사실이었다.

한편 16세기는 우주의 구조를 근본적으로 다르게 바라보는 천문학 혁신의 시대였다. 당시의 수리 천문학자들은 여전히 현재 우주의 실제 모양을 자신들이 밝혔다고 주장할 수 있는 권리를 얻지 못했다. 그러나 코페르니쿠스, 케플러, 튀코, 예수회의 클리스토퍼 클라비우스Christopher Clavius는 우주의 실재론적 해석을 확실히 믿었으며 프톨레마이오스, 코페르니쿠스, 튀고의 체계를 포함해서 모든 우주론 체계가 사실이 아닐 수도 있었다고 생각한 것도 분명하다. 따라서 "코페르니쿠스는 과학 혁명에서 위대한 성과를 남긴 인물들이 담고 있어야 할 가장 기본이 되는 사고방식, 말하자면 우주에 대한 가설 또는 전제의 근본 원리가 과학적으로 진실이어야 하며 그 밖의 다른 것일 수 없다는 자세를 지닌 진정한 선구자이다."라고 말하는 것은 정당한 평가이다.10 그러므로 다음에서 말한 벤저민 넬슨의 두 가지 관점은 마음에 새겨둘 만하다.

---

8. 같은 책, 257쪽.

9. 이것은 독일의 천문학자 크리스토프 로스만Christoph Rothmann이 한 말이다. 같은 책 258~259쪽에서 인용.

10. Edward Grant, "Late Medieval Thought, Copernicus, and the Scientific Revolution," *Journal of the History of Ideas* 23(1962), 197쪽.

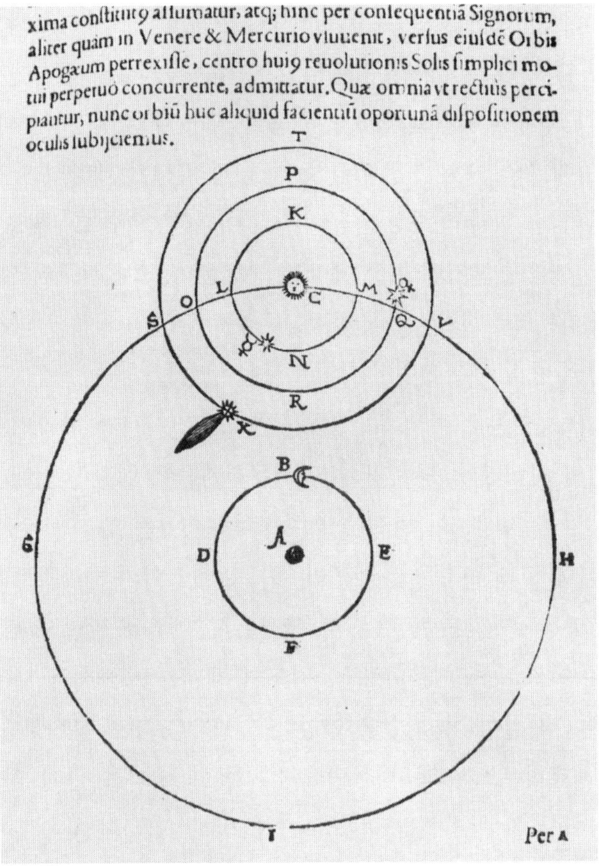

그림 19_ 수성, 금성, 1577년 혜성의 궤도를 보여주는 튀코 브라헤의 우주론

튀코 브라헤의 우주론을 설명하는 이 그림은 수성의 공전 궤도(LKMN)과 금성의 공전 궤도(OPQR)를 보여 준다. 이 그림은 또한 1577년 태양 주위를 지났던 혜성(x점)도 나타낸다. 천문학자들은 하늘을 가르는 혜성의 궤도가 별과 행성이 거기에 붙어 있다고 생각했던 천구를 관통했다는 것을 나중에 가서야 깨닫게 되었다(오웬 징거리치와 하버드 대학 도서관의 승낙을 받아 사진을 게재함).

① (16~17세기 철학과 과학의) 선구자들은 확신과 진실의 이름을 걸고 싸웠다. 이들은 절대로 자신들이 연구한 실험 결과와 신학적 견해를 단순히 "가설"로 인정함으로써 자신의 학문 안에 안주하는 길을 택하지 않았다.

② 당시에 혁신을 주도하는 자연과학자나 철학자가 되는 것은 신학적 권위와 위험한 갈등 관계로 빠져드는, 아마도 사상을 위해 자신의 생명이 위태로워질 수 있다는 것을 뜻했다. 이 선구자들이 허구의 주장과 개연론에 대항해서 모든 위험을 무릅쓰지 않았다면 오늘날의 자연과학자들은 지금 자신들이 허구주의자와 개연론자들의 권리를 옹호할 정도로 자유롭지 못했을 것이다.[11]

당시에 서양에서 혁신에 앞장섰던 과학자들에게 도움을 주었을 사회의 지식 수용 분위기와 제도 장치가 어떠했는지 올바르게 알고 싶다면 (그리고 동시대에 이슬람 세계와 중국에서는 왜 서양과 달랐는지도 알고 싶다면) 우리는 중세 유럽의 법, 사회, 제도 혁명의 현장으로 다시 돌아가야 한다. 이들 혁명은 학문 연구의 본질을 다시 생각하게 하고, 대학이 지금까지도 계속해서 종교와 형이상, 과학을 토론하는 중심 공간이 되도록 날개를 달아 준 추진력이었다. 서양 문명을 대표하는 권위의 중심에 불어닥친 이 거대한 변화 뒤에 놓여진 이론적 문제를 완전히 이해하기 위해 우리는 제도화의 문제, 말하자면 16~17세기 영국에서 일어난 사회와 지성계의 변화와 관련이 있었던 과학의 제도화 문제를 검토할 필요가 있다. 이 검토에 앞서 17세기 영국에서 과학 활동이 눈에 띄게 증가했으며 청교도주의가 이 새로운 움직임을 자극했다고 주장하는 "머튼 명제Merton thesis"에 대한 부가 설명이 필요하다. 이와 함께 과학 연구는 중세 대학에서 그리 중요한 요소가 아니었다고 말하는 조지프 벤-데이비스의 주장에 몇 가지 문제도 제기한다.

---

11. Benjamin Nelson, "The Early Modern Revolution in Science and Philosophy," in Nelson, *On the Roads of Modernity*, ed. Toby E. Huff(Totowa, N. J. : Rowman and Littlefield, 1981), 125~126쪽.

제도화의 문제

이 명제는 아주 단순하게 말해서 청교도주의, 근대 과학의 발생과 밀접하게 연관되어 있다. 이것은 17세기 후반 반세기 동안 영국의 지식인 집단 안에서 과학과 기술을 연구하고 실제로 적용하는 것에 지대한 관심을 나타내기 시작했음을 알리는 뚜렷한 변화가 있었다는 것을 시사한다. 로버트 머튼은 과학과 기술의 개념을 서로 분리했지만 그의 설명에서는 때때로 과학적 발견과 기술적 발명이라는 두 개의 구별된 흐름이 하나의 흐름으로 합쳐졌다. 머튼은 그 당시 성장하고 있던 정치, 경제, 군사, 공리주의의 다양한 사회적 흐름 가운데 '청교도 정신Puritan ethos' 또는 '프로테스탄티즘 윤리Protestant ethics'라고 말하는 여러 가치의 복합체가 이러한 발전을 이끈 원동력이었다고 주장했다. 더욱이 머튼은 그의 책 여러 곳에서 17세기 후반에 눈에 띄게 활발했던 "잘 정의된 사회 운동"으로서 새로운 과학 운동의 발생에 관심이 있다는 사실을 분명하게 밝혔다.[12] 그는 당시에 과학에서 "새로 유행하는" 관심사라고 여겨졌던 것, 심지어 "홍보 담당자의" 판촉 행위로 여겨졌던 것에도 주목했다.[13] 앞에서 말했던 것처럼 이 명제는 실제로 별로 흠잡을 데가 없다. 왜냐하면 머튼은 당시 영국 사회에서 직업의 이동, 지식 교육의 변화를 면밀하게 분석하여 이 명제가 주장하는 요소들을 충분하게 뒷받침했기 때문이다.

그러나 머튼 명제가 밝힌 더 중요한 사실은 지난날과 비교할 때

---

12. Robert K. Merton, *Science, Technology, and Society in Seventeenth-Century England*, 재판〔New York : Harper and Row, (1938) 1970〕, 43쪽, 27~28쪽, 95~96쪽(이후부터 STS로 인용).

13. Merton, *STS*, 28쪽, 96쪽 ; Gary Abraham, "Misunderstanding the Merton Thesis," *Isis* 74(1983), 368~387쪽 가운데 372쪽 비교.

과학을 사회의 가치 있는 활동으로 생각하고 과학 연구에 열광하는 영국인들의 새로운 사회 활동과, 그 활동을 직접 현실의 직업 문제로 연결해 준 사회적·문화적 가치 사이의 상호 관련성에 대한 것이었다. 이 부분은 한편으로 과학이 새롭게 높이 평가를 받게 된 근거를 제공하고, 다른 한편으로 과학이 자율적 연구 활동으로 발전하게 된 제도화 과정을 설명한다. 여기서 머튼의 분석은 약간 어려움에 빠지는데 이 어려움은 역사학자들이 머튼의 분석 논리를 정확하게 이해하지 못한 까닭도 있었고, 또한 머튼 자신이 말한 주장 가운데 좀 모호한 점이 드러났기 때문이다.

근대 과학의 발생을 분석하면서 드러난 이 문제는 분석에 쓰인 개념이 무슨 뜻으로 어떻게 사용되었는지에 따라 드러나기도 하고 사라지기도 하는 어느 정도 순수한 이론적 문제를 함께 가져온다. 이것은 연구자들은 실제로 연구에 들어가기 전에 먼저 이론에 나타나는 문제들이 무엇인지 알아야 한다는 말이다. 머튼은 "다른 학문도 마찬가지지만 나는 (그때) 사회학에서 논의되는 이론적 문제를 미리 정확하게 알아야 했다."고 인정했다.[14] 오늘날 사회학 이론에 따르면 근대 과학의 발생은 제도화의 문제라는 것이 분명하지만 1930년대 말 머튼의 설명은 이런 표현을 전혀 쓰지 않았다. 과학을 제도화한다는 표현은 두 가지 언급을 내포하는데,[15] 하나는 과학 규범을 명확히 하는 문제이고 다른 하나는 크게 보아 과학 규범을 사회 안에서 제도화하는 과정이다. 머튼은 이 문제에 별 이의를 제기하지 않는다. 머튼은 과학의 제도화 또는 과학을 제도화하는 과정이라는

---

14. R. K. Merton, "STS : Foreshadowing of an Evolving Research Program in the Sociology of Science," in *Puritanism and the Rise of Modern Science*, ed. I. B. Cohen 외(New Brunswick, N. J. : Rutgers University Press, 1990), 334~371쪽 가운데 337쪽.

15. Merton, *STS*, 83쪽.

기정사실을 말하기보다는 과학의 "기원과 발전"16에 대해, 말하자면 "과학은 사회 체계에서 높은 관심을 받는 자리로 승격된 것이 분명했고"17 과학과 그것을 연구하는 것은 "(사회의) 신임을 받고 더욱 체계화되었다."18는 사실을 더 자주 말한다.

실제로 머튼이 1936년 〈청교도주의, 경건주의, 과학Puritanism, Pietism, and Science〉이라는 제목의 논문을 전공 논문과 별도로 발표했을 때 그는 미국의 사회이론가 탤컷 파슨스가 사용한 "가치 통합value-integration"이라는 용어를 사용했다. 이 말은 종교와 과학의 두 영역에 있는 가치들을 서로 연결하는 용어로 쓰였다.19 머튼은 《과학, 기술 그리고 17세기 영국의 사회》 1970년판 서문에서 자신은 (이 책에서) 서로 다른 제도(예를 들면 종교, 경제, 과학) 사이의 상호 관련성을 다루고 있을 뿐만 아니라 "청교도주의와 과학의 제도화 사이의 상호 관련성"도 다루고 있음을 분명히 한다.20 사회학 이론에 쓰이는 어휘는 게리 에이브러햄ary Abraham이 지적했던 것처럼 사회학자들 사이에서도 일관되게 쓰이지 못하고 있으며, 심지어 역사학자들은 "인스티튜션institution"이라는 용어를 더 넓고 더 뿌리 깊은 사회 관습의 과정(제도)으로 쓰기보다는 하나의 조직으로 쓰는 경향이 더 많다.21

제도와 제도 발전의 중요성은 최근에 와서야 사회 과학 분야, 특

---

16. 같은 책, xxxi쪽.
17. 같은 책, 28쪽.
18. 같은 책, 55쪽.
19. Robert K. Merton, *Social Theory and Social Structure*, 재판, 확대판(New York : Free Press, 1968), 628~660쪽 가운데 641쪽. 유명한 머튼의 이론서 확대판인 이 책에 "과학 정신"을 포함해서 머튼의 고전적 논문 5편이 실려 있지만 과학의 제도화를 다룬 논문은 빠져 있다.
20. Merton, *STS*, xi쪽.
21. Abraham, "Misunderstanding the Merton Thesis," 374f쪽.

히 사회학과 경제학에서 그 가치를 인정받기 시작했다. 더글러스 노스Douglass C. North가 제도 경제학으로 노벨상을 받은 때가 겨우 1993년이었다. 경제학 관점에서 볼 때 "제도는 사회의 경기 규칙 또는 좀더 공식적으로 말하면 인간의 상호 작용을 구체화하는 인위적으로 고안된 제한 장치이다." 노스는 더 나아가 "제도의 변화는 시간이 흐르면서 사회가 진화하는 길을 만들므로 이것은 역사 변화를 이해하는 열쇠이다."22 이것은 오늘날 연구의 중심 주제가 되었다.

그러나 사회학은 사회 제도를 정의할 때 비록 인간 행위와 그 행위를 불러일으키는 규칙 사이를 서로 번갈아 가며 강조하지만 경제학과는 좀 다르게 강조한다. 또 다른 연구자들은 행동을 유발하는 규칙의 원천이 무엇인가에 강조점을 두는데, 그것은 법률 제정과 같은 공식 규칙에서 나올 수도 있고 또는 자연스런 일상 행동과 같은 비공식 관례에서 나올 수도 있다. 사회학자들은 전자보다는 후자를 더 주목했다.

사회학의 관점에서 제도라는 개념은 다음과 같은 점을 수반한다.

우선 제도("제도화된")가 규정한 행위 유형은 어떤 사회든 그 사회의 계속되는 기본 문제와 관계가 있다. 둘째, 제도는 분명하고 지속적이며 체계화된 사회 양식에 따라 개인의 행동을 규제한다. 끝으로 이 유형은 명확한 규범 질서와 규칙을 지니고 있다. 말하자면 규칙은 이러한 규범이 법으로 승인한 적법한 규범과 제재로 유지된다.23

---

22. Douglass C. North, Institutions, *Institutional Change, and Economic Performance*(New York : Cambridge University Press, 1990), 1쪽.

23. S. N. Eisenstadt, "Social Institutions : The Concept," *International Encyclopedia of the Social Sciences* 14, 409~421쪽 가운데 409a쪽. "제도"에 대한 사회학의 전제와 경제학의 전제를 서로 비교하는 것은 흥미로운 일이다. North, Institutions, *Institutional Change, and Economic Performance* 참조.

이 관점으로 볼 때 제도는 사회학적 의미에서 엄밀하게 말하면 단순히 하나의 조직이 아니라 사회 전체에서 널리 통용되는 유형화된 행위의 제도적 복합체이다. 발전 초기 단계에서 새로운 가치의 조합은 오직 하나의 조직에서 실현될 수 있다. 그러나 이 가치들이 그 조직을 뛰어넘어 사회의 다른 제도로 스며들지 못한다면 그런 행동 유형은 그 사회의 제도 기반을 표현하지 못하는 것들이다. 크게 볼 때 이것은 이슬람과 중국 문명에서 발생하지 않았던 것이다. 다른 한편 대개 사람들의 주목을 받지 못했던 대부분의 사회 제도는 사법권과 소유권, 대표권, 그리고 서로 소통할 권리에 합법성을 부여하는 법의(때때로 종교의) 권한 부여에 절대적으로 기댄다. 그러나 사회학자나 역사학자 누구도 이처럼 더 깊숙한 문제를 들쳐보려고 하지 않았다. 왜냐하면 이 문제는 문명적 배경에서만 가장 분명하게 나타나기 때문인데, 여기서 사람들은 서양의 모든 법적 가설이 지닌 특징을 발견하지는 못한다.

과학사회학에 (사회 제도 안에 언제나 들어 있는) 역할 개념을 강조하며 제도적 접근 방법을 도입한 사람은 조지프 벤-데이비드였다. 어떤 활동 또는 어떤 사회적 기능이 제도화되었다고 말하는 것은 다음과 같은 것을 전제로 하는 것이다.

①한 사회가 특정 활동을 그 사회를 위해 가치 있는 중요한 사회 기능으로 인정함. ②다른 활동과 구별된 자체 목적의 실현과 자치권을 가지고 일관된 방식으로 주어진 활동 분야에서 행동을 규제하는 규범이 존재함. ③다른 활동 분야의 사회 규범을 주어진 활동 분야에 일부 적용함. 사회 제도는 바로 이렇게 제도화된 활동을 말한다.[24]

---

24. Joseph Ben-David, *The Scientist's Role in Society*(Englewood Cliffs, N. J. : Prentice-Hall, 1971), 75쪽.

 사회·법 체계로 본 근대 과학사 강의

1장에서 본 것처럼 벤-데이비드에게 근대 과학의 발생 문제는 새로운 사회적 역할(과학자의 역할)의 문제로 축소되었다. 그는 이 사회적 역할을 "그 자신이 명확한 기능을 가지고 있으며 또한 주어진 상황에 적합한 사회적 상호 작용의 단위로 인식되는 행위, 감성, 동기의 유형"이라고 말했다.25 그러나 머튼이 주장하는 근대 과학의 발생 문제에서도 새로운 사회 가치의 발생과 그것이 사회 질서 속에서 제도화하는 것의 문제는 여전히 벤-데이비드의 공식 안에서 빠져나오지 못한다. "따라서 과학자의 역할이 등장한 것은 문화적 활동과 관련된 규범 유형('제도')이 변화했다는 것과 연결된다."26 그렇다면 이 문제는 벤-데이비드가 과학과 사회문화적 과정에 있는 가치의 역할을 너무 심하게 축소시켰다는 것을 빼고는, 머튼이 훨씬 이전에 공식화한 것과 동일해 보인다. 벤-데이비드는 "과학자의 역할을 말할 때 사회의 가치관이 변화했다는 것은 이제 논리와 실험 활동을 가치 있는 지식 탐구로 인정하고 진리를 찾는 행위로 받아들인다는 것을 뜻했다."27 앞에서 본 것처럼 이런 좁은 공식화는 머튼이 나중에 "과학 정신"이라고 불렀고 토머스 쿤이 "이것이 없다면 감히 아무도 과학자라고 자부하지 못할" 형이상의 전제라고 말했던 그런 거대한 가치를 무시한다.28 이것은 벤-데이비드가 범위를 한정했던 가치보다 훨씬 더 범위가 넓은 요소들이었다.

더군다나 벤-데이비드는 과학 본래의 가치관과 그것을 둘러싼 문화의 가치관 사이를 연결하는 매우 중요한 머튼 명제의 골자를 빼버리기까지 했다. 머튼은 이 둘이 서로 연결되지 않는다면 과학은 계

---

25. 같은 책, 17쪽.
26. 같은 쪽.
27. 같은 쪽.
28. Thomas Kuhn, *The Structure of Scientific Revolution*, 2d 확대판(Chicago : University of Chicago Press, 1970), 42쪽.

속해서 발전하기 어렵다고 주장했다. 머튼은 1938년에 "자연과학은 암묵적 전제와 제도적 제한이 독특하게 어우러진 명확한 질서가 갖추어진 사회에서만 발전한다."고 말했다.29 우리는 "대규모의 과학 활동의 근거가 되는 그런 문화 가치"의 기원과 본질, 기능을 확인할 "약간의 시간도 가지지 못한다."30 이 가치와 그것의 근원을 알지 못한다면 근대 과학의 발생은 물론 그것의 제도화에 대해 설명을 기대하기 힘들 수 있었다. 그러나 무엇보다도 머튼은 "각각의 제도 분야는 오직 일부만 자치적이다." 그리고 "과학 제도를 포함해서 모든 사회 제도가 꽤 높은 수준의 자치권을 갖기 위해서는 오랜 발전의 과정을 겪어야 한다."는 사실을 강조했다.31

　우리는 여기서 과학의 제도화 문제가 두 개의 근본 문제를 조건으로 삼는다는 것을 볼 수 있다. ①제도화되고 있는 "그것"(여기서는 과학)이 무엇인가? ②제도화 사실을 나타내는 적절한 척도가 무엇인가? 로버트 머튼은 그의 생애 동안 여러 학문 분야에서 이 문제를 인정했으며 또 그것을 다루려고 애썼다. 그러나 머튼의 초기 논제에는 자신의 전공 논문에 나타난 것처럼 놀랍게도 과학 정신이라는 개념을 쓰지 않았고, 17세기 영국에서 과학 정신의 제도화 문제를 중점으로 다루지 않았다. 머튼은 과학을 사회적 활동으로 검토하면서 과학의 연속성은 "과학자의 공정성, 신뢰성, 정직성을 전제하며 따라서 도덕 규범을 중요하게 생각한다."32고 강조했는데 우리는 여기서 (과학) 정신의 개념이 지닌 모호함을 예견할 수 있다. 그러나 이들 규범의 발생과 제도화 연구는 1930년대 머튼의 연구 과제에 뚜

---

29. Merton, *STS*, 225쪽.
30. 같은 쪽, xxxi쪽.
31. 같은 책, x쪽.
32. 같은 책, 225쪽.

사회·법 체계로 본 근대 과학사 강의

렷하게 나타나지 않았다. 또한 이로부터 약 33년이 지나서 조지프 벤-데이비드도 자신의 연구에서 이 부분을 고려하지 않았다. 이를 돌이켜보면 머튼은 과학이라는 개념이 암시하는 많은 요소를 정교한 개념으로 만들었지만 정작 자신은 많은 현안 문제를 풀기 위해 이 요소들을 이용해서 좀더 성숙한 연구를 수행하지 않았다. 이는 아마도 그런 시도가 현재처럼 훨씬 더 큰 비교역사적 연구를 수반해야 하기 때문이었을 것이다. 또한 그런 연구가 머튼이 시도했던 중세 지식인들의 가치와 17세기 영국 지식 엘리트 사이의 대비가 자신의 주장만큼 분명하지 않다는 것을 보여 주었기 때문일 수도 있다.

그러나 머튼은 자신의 이론 분석을 점점 더 발전시켜 과학 정신이 과학적 탐구에서 아주 중요한 요소로 확실하게 자리 잡을 수 있게 했다. 이것은 마침내 그가 1942년에 발표한 유명한 논문 〈과학, 기술 그리고 민주 질서Science and Technology and the Democratic Order〉에서 완성되었다.[33] 머튼은 박사학위 논문에서 과학 운동의 사회적·문화적 근원이 무엇인지를 주로 다루었는데, 여기서 그는 공공과 민간 영역에서 모두 과학 사상과 연구에 주목하기 시작했다는 것을 분명하게 밝혔다. 그러나 1942년에 그는 여러 가지 다른 차원에서 과학을 분석했다. 그는 여기서 과학이라는 용어가 다음과 같은 뜻으로 쓰이고 있다는 것을 알았다. "①사회에서 인정된 지식이라는 것을 확인해 주는 수단의 집합 ②이러한 수단을 적용하여 모아진 지식의 축적 ③과학적이라고 부르는 활동을 지배하는 문화적 가치와 사회적 관습의 집합 ④이것의 여러 가지 조합."[34] 사회학의 관점에서 볼

---

33. Robert K. Merton, *The Sociology of Science : Theoretical and Empirical Investigations*, 재판, ed. Norman Storer(Chicago : University of Chicago Press, 1973), 13장 "The Normative Structure of Science".
34. 같은 책, 268쪽.

때 방법론적 규범들이 제외된 사회적 관습, 과학의 문화적 구조에
주목하는 것은 맞는 일이다.

　요약하면 "방법론적 규범은 대개 기술적 수단이면서 도덕적 강제
력이다." 그러나 이 규범은 타당성을 부여하는 더 큰 문화적 배경
속으로 숨거나 제도화된다.[35] 이미 앞에서 나왔지만 과학 정신은
"관습, 금지, 특혜, 허가의 형태로 표현된 감성적 특징을 가진" 규범
이다.[36] 이 규범은 보편성, 공동체주의, 공평성, 철저한 회의론을 말
한다. 만일 이 규범이 과학적 탐구를 설명하는 사회학의 중심 개념
이라고 한다면 이것의 역사적 근원을 추적하고 밝히는 것은 매우 중
요한 일일 것이다(6장 참조). 그러나 머튼은 이 일을 하지 않았다.
이것은 그가 1930년대에 과학의 개념을 사회 제도로 이해하지 못한
때문이었다.

　하지만 머튼이 "청교도 사회의 문화적 가치에서 과학에 새롭게 활
력을 주었던 특정한 원천이 무엇인지 찾으려고" 했던 것은 사실이
다. 그리고 그는 자신의 견해를 가능하면 정확하고 분명하게 만드는
과정에서 17세기 영국의 청교도들이 과학에 열성으로 빠져들게 한
가치와 그것에 반발한 중세의 가치를 강하게 대비하는 방식을 취하
게 되었다. 그 결과 그는 종교 개혁 이전의 주요 지식인들은 대부분
신비주의에 빠져 있고 그들의 과학적 탐구는 현실을 벗어나 있다고
생각했다. 따라서 그는 과학의 발전을 방해하는 "근본 문제"가 무엇
인지 대답하지 못하고 말았다.[37] 실제로 머튼은 자신의 논문에 나온
일부 구절에서 "과학적 발견과 혁신을 향한 열정은 중세 시대에는
생각할 수도 없었을 것이며, 아무리 잘 봐주더라도 아퀴나스가 내놓

---

35. 같은 책, 268~269쪽.
36. 같은 책, 268f쪽.
37. Merton, *STS*, 74쪽.

은 과학과 신학의 지식을 혼합한 정도가 다였을 것이다.”고 말한
다.38 그는 중세의 고위 관리들이 “세상의 모든 과학은 어리석고 멍
청하다.”고 말했다고 인용한다.39

　더 나아가 머튼은 중세의 세계관이 “(사람들이) 성서나 다른 신성
한 권위에 관계없이 경험을 통해 얻은 과학적 발견을 높이 평가하는
것조차도 과학적 발견을 하는 것만큼이나 이단으로 여겼다.”고 주장
했다.40 머튼은 물론 그 시대를 온통 검게 칠하지는 않았다. 그는
“과학적 탐구가 등장하기 위한 확고한 사회 질서가 널리 자리 잡고
있어야 하며, 모든 과학적 발견은 그것의 전제가 되는 발전이 이루
어질 때까지 기다려야 하기” 때문에 과학 내부의 역사도 고려해야
한다는 것을 잘 알고 있었다.41고 한다. 이제 그가 말하고자 하는 것
이 분명해졌다. 종교 개혁 이전의 중세 시대는 과학의 가치와 지식
발전의 축적이 전혀 없었지만, 17세기에 와서는 “청교도 정신에서
흘러나온 사회 가치들이 과학을 승인하게 만들었다. 이것은 청교도
정신의 공리주의가 종교적 권위의 지원을 받아 종교적 언어로 표현
되었기 때문이다.”42 이것이 사실이라면 17세기에 청교도주의와 공
리주의가 서로 혼합됨으로써 과학이 긍정적 평가를 받고 발전할 수
있는 계기를 마련했다고 볼 수 있다.

　머튼은 《과학, 기술 그리고 17세기 영국의 사회》에서 대학의 지식
활동이 침체되어 있었으며 아무리 좋게 말해도 대학이 과학의 발전
과 성장을 지체하는 구실을 했다고 말한다. 여기서 머튼은 이전에
새로운 학문 연구의 본질과 새로운 실험 철학, 새로운 천문학을 과

---

38. 같은 책, 76쪽.
39. 같은 책, 77쪽. 피터 다미아노 종교법 고문관이 교황 그레고리 7세에게 한 말.
40. 같은 책, 76~77쪽.
41. 같은 쪽.
42. 같은 책, 79쪽.

장해서 말했던 영국인 개혁가들의 급진적 주장을 좀더 온건한 형태로 설명한다.43 머튼은 "대학은 이 시기 동안 과학 발전의 본류에서 멀리 떨어져 있었다."고 아주 간단하게 말하고 만다.44 대학에 수학과 천문학 강좌가 개설되면서 내부의 변화가 생겼지만 대학은 기껏해야 근대 과학의 발생하는 상황을 수동적으로 받아들이는 정도였지 별로 달가워하지 않았다.45 이러한 대학의 어정쩡한 정서는 머튼의 말에서 확실히 나타나는데 "약 1630년까지 대학의 공식 규칙은 아리스토텔레스를 성실히 따르지 않는 인문학 학사와 석사들이 《오르가논*Organon*》(아리스토텔레스가 쓴 논리학을 통칭해서 말함―옮긴이)에서 벗어나거나 그것에 반하는 실수를 저지를 때마다 5실링의 벌금을 물릴 수 있었다."46 머튼은 대학이 과학 연구의 중심이라고 생각하지 않았다. 벤-데이비드도 물론 마찬가지였다. 이제 여기서 우리는 중세 시대와 17세기 두 시기 사이에 과학 사상과 제도가 형성되는 과정에서 나타난 연속성과 불연속성을 재평가할 필요가 있다.

과학, 연구, 중세 혁명

앞에서 지적했던 것처럼 중세 서양은 사회와 지식, 법 전반에 걸쳐 사회적 관계의 본질을 극적으로 바꾼 거대한 혁명을 경험했다. (4장과 5장의 "서양의 대학과 학문 연구 시설" 참조) 법 혁명은 집단과 사회 기관 사이의 여러 가지 새로운 형태의 사회적 관련성, 정치와

---

43. John Gascoigne, "A Reappraisal of the Role of the Universities in the Scientific Revolution," in *Reappraisals of the Scientific Revolution*, 207~260쪽 가운데 220f쪽 참조.
44. Merton, *STS*, 28f쪽.
45. 같은 책, 31쪽.
46. 같은 책, 229쪽.

지적 자치권이라는 새로운 영역을 만들어 냈다. 초기 근대 과학의 발생이라는 관점에서 볼 때 가장 중요한 사건은 자치권을 지닌 고등 교육기관, 말하자면 '스터디움 제네랄레studium generale'(중세 대학의 모태-옮긴이)와 대학의 설립을 법이 허용했다는 것이었다.

12~13세기에 대학은 자체 교과과정을 개발하면서 점점 자연과학을 중심으로 읽기와 강의를 늘려 갔다. 대학 교과과정의 중심에 아리스토텔레스가 쓴 자연과학 책들이 있었다는 사실은 이런 과학 중심의 교육을 가장 잘 상징하는 표시이다. 여기에는 아리스토텔레스의 《자연학》, 《우주론》, 《생성과 소멸론》, 《정신론》, 《자연에 관한 단편집》들이 있었다.47 이 책들을 읽거나 이 책들을 중국의 철학 책들과 비교한다면 아리스토텔레스가 만물을 구성하는 근본 요소와 그들 사이의 인과관계를 합리적 탐구함으로써 자연 세계를 얼마나 독특하게 설명하는지 금방 알 수 있다. 대학에서 법학, 신학, 의학 이 세 학부를 공부하는 모든 학생이 배워야 하는 교양과목의 핵심이 바로 이 아리스토텔레스의 책이었다.48 그리고 대학이 이 네 학부(교양학부, 법학부, 신학부, 의학부)로 나누어진 것은 코페르니쿠스, 갈릴레오, 케플러 시대에도 여전히 그대로였다.

5장에서 지적했던 것처럼 중세 유럽인들은 이 모든 개혁을 수행하면서 자치권을 지닌 고등 교육기관을 만들어 냈다. 동시에 이 기관들 속에 전통의 기독교 세계관과 여러 면에서 직접 부딪치고 배치되는 자연주의 우주관을 주입했는데 이 새로운 우주관은 매우 강력

---

47. 이 책들을 파리 대학의 교과목(과 독서 계획)으로 채택한 규칙은 Edward Grant, ed., *A Source Book of Medieval Science*(Cambridge, Mass. : Harvard University Press, 1974), 43f쪽에 번역되어 있다.
48. Pearl Kibre and Nancy Siraisi, "The Institutional Setting : The Universities," in *Science in the Middle Ages*, ed. David C. Lindberg(Chicago : University of Chicago Press, 1978), 126ff쪽 참조.

한 과학적 방법론으로 무장하고 있었다. 중세 유럽의 지식 엘리트들은 이 새로운 아리스토텔레스 사상을 제도화함으로써 모든 사람들에게 공개적으로 인정받고 유용한 객관적 지식 과제를 만들었다. 더욱이 이들은 아리스토텔레스의 형이상학과 자연과학의 탐구를 함께 연결시킴으로써 기독교 세계관을 "과학적" 세계관으로 바꾸는 결과를 초래했다.

이 새로운 책들은 일련의 지적 호기심으로서 대학에 있는 모든 엘리트들의 연구 과제였다. 아리스토텔레스의 《자연학》은 자연과학의 틀을 분명하게 설명하고 지식의 가장 높은 형태가 "원리, 인과율, (자연의) 구성 요소들"을 바탕으로 한다는 것을 명백히 했다. 그리고 지식을 얻고 이해하는 것은 바로 이것들을 익힘으로써 가능하다고 주장한다. 새로운 아리스토텔레스의 형이상을 구성하는 자연과학의 틀은 우리가 어떤 것을 과학적으로 탐구할 때 언제나 "최초 원리"가 무엇인지에 주목해야 하며 그 "근본 원인"이 무엇인지 찾아야 한다는 것을 가정했다.49 이것은 갈릴레오가 400년이 지나 《태양 흑점에 관한 첫 번째 편지*First Letter on Sunspots*》(1612년)에서 자신은 "세상에서 가장 위대하고 멋진 문제를, 말하자면 우주가 진정 어떻게 구성되어 있는지"를 밝히려고 하며 "그 구성은 다른 어떤 것일 수 없는 유일한 참된 방법으로만 존재하기 때문이다."고 쓸 때 그의 마음을 움직였던 바로 그 원칙이었다.50

이렇게 볼 때 우리가 오늘날 사물을 바라보는 근대적 견해와 관련

---

49. *The Complete Works of Aristotle*, 개정판. Oxford 영문 번역, ed. Jonathan Barnes(Princeton, N. J. : Princeton University Press, 1984), 1, 315쪽.
50. A. C. Crombie, "Sources of Galileo's Early Natural Philosophy," in *Reason, Experiment, and Mysticism in the Scientific Revolution*, ed. R. Bonelli and William Shea(New York : Science History Publications, 1975), 157~174쪽 가운데 158쪽.

　　　　　　　　　　　　　사회·법 체계로 본 근대 과학사 강의

이 있는 철저한 회의론은 서양에서 오랜 역사를 가지고 있다. 그리고 이 역사는 학교와 대학에 있던 근대파들이 성경을 문자대로 해석하는 것에 대해 합리적 사고가 더 우월하다고 주장하던 12~13세기의 성서 비평보다도 더 늦지 않게 시작한다. 이러한 사고는 인간이 합리적 피조물이며 이성과 양심을 가지고 있고, 따라서 인간은 성경의 도움 없이도 자연의 비밀을 이해하고 해석할 수 있다는 중세 유럽인들의 믿음에서 그 토대를 발견할 수 있다.[51] 또한 중세 유럽인들은 "자연이라는 책" 또는 "세계는 기계다"라는 은유를 자주 썼는데,[52] 이 두 가지 도구를 이용해 자연과학 연구를 쉽게 이해할 수 있었다. 이 두 가지 생각은 (그로스테스트와 사크로보스코의 책에서처럼) 중세인들의 교육에서 없어서는 안 될 중요한 개념이었고, 이것은 서양의 과학 문화 역사에 형이상과 종교가 얼마나 깊이 뿌리를 내리고 있는지 잘 보여 준다.

13세기 말 이 모든 요소들은 아리스토텔레스 사상의 주요 요소들과 함께 마침내 대학 안에서 토론을 통해 서로 동일화되었으며, 이때 비로소 자연과학의 연구를 위한 지식 체계는 강력하고 정교한 방법론을 가지고 제도화되었다. 이것들은 대학에서 정기적으로 시간을 정해 읽고 토론하는 정규 교과과정이 됨으로써 고등 교육의 표준 양식이 되었다.

---

51. Tina Stiefel, "'Impious Men' : Twelfth-Century Attempts to Apply Dialectic to the World of Nature," in *Science and Technology in Medieval Society*, ed. Pamela Long(New York : New York Academy of Sciences, 1985), 187~188쪽 ; Stiefel, *The Intellectual Revolution in Twelfth-Century Europe*(New York : St. Martin's Press, 1985), 1~3장 참조.

52. Nelson, *On the Roads to Modernity*, 9장 ; Lynn White, Jr., *Machina Ex Deo* (Cambridge, Mass. : MIT Press, 1968), 100~101쪽 ; White, *Medieval Technology and Social Change*(Oxford : Oxford University Press, 1962), 125쪽, 174쪽 주석 5번 참조.

세상을 자연과학으로 연구(플라톤주의든 아리스토텔레스주의든) 해야 하는 철학적 정당성은 성리학이 "사물의 본질은 연구"라고 말했던 13세기 중국보다 훨씬 더 정교하고 강력했다.[53] 왜냐하면 중국인들의 탐구는 주로 인간과 도덕의 영역에만 치우쳤으며, 또한 중국의 철학은 아리스토텔레스나 유클리드의 수학적 증명에서 볼 수 있는 엄밀한 증명의 논리가 없었기 때문이다. 한편 아랍인들은 바로 이런 고대 그리스 철학의 파괴적 영향력을 잘 알고 있었으므로 이것을 학교에서 가르치지 못하게 했고 개인 집이나 서로 잘 아는 토론 집단들끼리만 은밀하게 배울 수 있게 통제했다.

서양은 이 형이상을 모두 받아들여 사람들이 우주의 구성에 대해 온갖 논의를 나눌 수 있는 지식 공간을 창조했다. 유럽인들은 대학 안에다 시험 제도를 만들고 학자들이 교수단을 만들 수 있게 해서 통제함으로써 선생이 오직 자기가 아는 하나의 교재만을 가르치는 아라비아-이슬람의 도제식 교육 전통을 깨뜨렸다. 또한 중국은 분쟁이 생겼을 때 그것을 해결하는 권한이 국가의 관료들에게 있었지만 유럽은 그 권한을 학자들에게 부여하여 그들이 집단의 지혜를 모아 해결하게 했다.

유럽의 대학 체계는 법으로 인정된 교실 토론과 공개 강의를 통해 공개 토론장을 새로 제공함으로써 학문 토론이 대학에서 보편적인 학문 연구 방식으로 자리 잡는 계기를 만들었다. 비록 구술시험은 필기시험만큼 객관적이고 중립적이지 않다고 볼 수도 있지만, 유럽의 학자들은 이 시험을 통해 교수 집단에 새로운 학자들을 뽑을 수 있는 권한을 부여함으로써 대학 안에 객관적 기준을 세우는 중요한 걸음을 내딛었다. 한편 동료 평가 방식처럼 사람들 앞에서 공개 낭

---

53. Needham, *SCC 2*, 455ff쪽 ; Chan Wing-tsit, *Chu Hsi : Life and Thought*(New York : St. Martin's Press, 1987), 136~137쪽, 44쪽 참조.

  사회·법 체계로 본 근대 과학사 강의

독하는 방식은 책과 과학 잡지같이 글로 써서 발표하는 방식만큼 효율이 있거나 공정하지 않다. 과학 제도 체계에 이 방식이 추가된 것은 15세기 중반 인쇄술이 도입된 다음부터였다. 유럽인들은 인쇄술이 도입되자 중동이나 중국과 달리 이 새 기술을 과학 서적 출판에 곧바로 적용했다.54 이러한 시도는 철학과 과학 논의를 객관적으로 평가하는 과정으로 진일보했음을 분명히 나타내는 것이고, 17세기 이전에 이미 과학 지식을 발전시키기 위한 사회 활동이 진행되고 있음을 제시하는 것이다.

더 나아가 공정한 과학 연구는 전통 종교의 기득권과 금방 갈등 관계로 들어갔다. 그리고 이 갈등은 "아리스토텔레스 이후" 학문 연구로 가는 문을 열었다. 1277년 파리의 주교가 219개의 의심스런 생각에 죄목을 달아 내린 유명한 유죄판결은 철학자들에게 기독교 신학과 아리스토텔레스 사상을 조화시켜 생각해 보게 하는 다양한 사상 실험을 상상하도록 이끌었다. 그 결과 아리스토텔레스의 세계관과는 다른 새로운 세계관이 16~17세기에 나타나기 시작했다.55 실제로 대학의 철학자들은 자신들이 진실을 추구하고 있다는 많은

---

54. 과학적 토론의 발전에서 인쇄술의 중요성에 대해서는 Elizabeth Eisenstein, *The Printing Press as an Agent of Change*, 2권(New York : Cambridge University Press, 1979), 2권 6장 "Technical Literature Goes to Press : Some New Trends in Scientific Writing and Research." 현 시점에서 볼 때 인쇄술의 결과는 완전히 각 문명이 처해 있는 문화적 환경에 의존한다. 중국인도 아랍인도 모두 인쇄술을 자유롭게 이용하지 못했고, 중국에서는 가동 활자 인쇄술이 등장했는데도 유럽처럼 문화적 르네상스와 혁신을 이루지 못했다. A. Demeerseman, "Un étape décisive de la culture et de la psychologie sociale islamique : Les données de la controverse autour du problème de l'Imprimerie," *Institut des Belles Lettres Arabes* 16(1953), 347~389쪽 ; 17(1954), 1~48쪽, 113~140쪽 ; "*matbaʿa*"(printing) in *EI²* 6, 779~803쪽 ; Needham and Tsien Tseun-hsuin, *SCC* 5/1 참조.

55. Grant, "Science and Theology," 55~59쪽 ; "The Condemnation of 1277, God's Absolute Power, and Physical Thought in the Late Middle Ages," *Viator* 10(1979), 211~244쪽 참조. 이 주장은 갈릴레오와 근대 과학에 앞서 활동한 선구

근거를 내세우며 계속해서 연구할 권리를 달라고 주장했다. 이들은 아리스토텔레스와 그 주석자들의 사상에 대해서 뿐만 아니라 성경에 대해서도 마찬가지로 자신들이 하는 연구의 정당성을 주장했다.

또한 (갈레노스와 아비센나를 바탕으로 한) 의학 분야의 새로운 경험주의 과학의 탐구는 일찍이 12세기부터 시작되었다. 특히 해부학의 새로운 연구는 인체 해부를 체계적으로 수행하는 결과를 초래했다(5장에서 검토). 12세기에 이미 살레르노Salerno에 있던 의학 종사자들은 돼지를 해부하기 시작했는데 돼지가 사람의 구조와 비슷했기 때문이었다. 그 이후 곧이어 인체 해부도 실시되었는데 13세기 중반에는 종교에서도 인체 해부와 검시를 금지하지 않았다. 14세기 말에는 해부가 대학의 의학 교육에서 정규 과정으로 자리 잡아가고 있었다. 1543년 코페르니쿠스의 새 행성 모형이 발표되고 이와 함께 베살리우스가 그린 최고의 인체 해부도가 세상에 등장하면서 이러한 추세가 점점 굳어져 갔다. 17세기 들어 경험적(논리적, 수학적과 반대되는 뜻에서) 연구 기법의 사용이 점점 더 활발하게 된 극적 변화들이 있었지만, 의학 분야에서 고도의 논쟁 형식을 띤 자연과학의 연구 과제와 여러 영역에 실제 적용한 연구 성과가 나타난 것은 이미 오래전부터였다.

서양에서 일어난 이 모든 발전은 이슬람 세계와 정반대에 서 있다. 이슬람 세계의 마드라사는 교수단이 없었기 때문에 표준 교과과정이 없었다. 학생 교육과 인증 모형은 오직 교수 개인과 그 교수를 선택한 학생에 달려 있었기 때문에 학생들을 가르치는 일관된 교과

자들의 중요성을 역설한 피에르 뒤앙Pierre Duhem의 주장과 일치하지만, 그렇다고 뒤앙이 말한 대로 1277년 유죄판결 사건이 근대 과학의 "탄생일"이라는 데는 동의하지 않는다. 뒤앙의 이런 주장에 대해 더 자세한 것은 Nelson, *On the Roads to Modernity*, 126~128쪽 참조.

 사회·법 체계로 본 근대 과학사 강의

과정이 없었다. 어떤 주제를 연구할 것인가는 우연성과 가르치는 교수의 개인 취향에 따라 달랐다. 5장에서 본 것처럼 이슬람 세계에서는 마드라사에서 의학 교육을 절대로 할 수 없었다. 인체 해부는 금지되었고 따라서 해부학 지식은 전혀 발전할 수 없었다. 이슬람 세계는 이런 요인들 때문에 의학이 오랫동안 쇠퇴의 길을 갈 수밖에 없었다.

천문학의 경우 매우 중요한 이슬람 과학 연구의 중심인 마라가 천문대는 14세기 초기 10년 사이에 우리의 시야에서 완전히 사라졌다. 심지어 천문대 건물도 흔적도 없이 곧바로 사라졌다. 마라가는 1304~1305년 이후부터 더는 활동을 하지 않았는데, 그 활동 기간은 약 45~55년밖에 안 되는 짧은 시간이었다.[56] 따라서 마라가 천문대는 이슬람 문명에서 자연과학의 연구를 제도화하려고 시도했던 몇 안 되는 짧은 시도 가운데 하나였다. 실제로 마라가 말고도 다른 천문대들이 여러 개 세워졌지만 마라가의 성과를 넘어서는 곳은 없었으며 또한 마라가만큼 오랫동안 지속된 곳도 없었다. 불행하게도 이슬람 세계는 20세기가 될 때까지 자연과학 지식을 전념해서 연구할 수 있는 교육 기관을 세우지 못했다.

중국은 국가 교육의 초점을 고대 중국의 고전에 나오는 도덕과 인간에 두었다. 이것들은 과학이라고 부를 수 없는 것들을 담고 있었다. 이 고전들을 바탕으로 치르는 국가 시험의 준비는 마치 성경과 공인된 관련 주해서들을 모두 공부하고 외우는 것과 같았다. 한편 국가에서 필요한 수학자와 천문학자를 뽑기 위해 보는 특별한 시험이 정기적으로 열렸지만 이 시험을 준비하는 응시생들을 가르치기 위해 특별한 교과과정을 가지고 있거나 또는 자율적으로 운영되는

---

56. Aydin Sayili, *The Observatory in Islam*(Ankara : The Turkish Historical Society Series 7, no. 38, 1960), 213쪽.

전문 학원 같은 교육 기관은 없었다. 이런 시험들을 볼 수 있는 자격을 가진 사람들은 국가가 후원하는 과학 연구소에서 교육을 받을 수 있는 특권을 가진 가문 사람들이거나, 황실의 수학자와 천문학자들을 가끔씩 만날 수 있었던 정부의 하급 관리들 가운데서 나왔다.

따라서 사회학자들과 심지어 많은 과학역사가들이 서양의 대학이 근대 과학의 발생에 기여한 중요한 구실을 무시했다는 사실은 역설이라고 아니할 수 없다. 15세기에서 17세기까지 주요 과학자들의 교육 배경을 공정하게 조사해 보면 그들 가운데 대다수가 실제로 대학 교육을 받았다는 것을 알 수 있다. 존 개스코인John Gascoigne은 "과학자 인명사전에 등재될 만하다고 생각되는 1450년과 1650년 사이에 태어난 유럽 과학자들의 87퍼센트 정도가 대학 교육을 받았다."고 말한다.57 더욱이 "이들 대부분은 대학 교육만 받은 게 아니라 직업이 대학 교수였다." 1450~1650년 사이에 태어난 사람들 가운데 45퍼센트가 대학 교수였고 1450~1550년 사이는 51퍼센트였다.58 이 부류에 속하는 특정한 인물들을 말한다면 코페르니쿠스, 갈릴레오, 튀코 브라헤, 케플러, 뉴턴을 곧바로 들 수 있는데, 이들은 모두 스콜라주의 경향이라고 부를 수 있는 유럽의 대학들이 배출한 뛰어난 과학자들이다.59

요약하면 사회학과 역사학은 그 동안 대학이 과학 연구의 중심 기관으로 그리고 과학 사상과 논쟁의 산실로서 중요한 구실을 했다고 설명하기를 극히 꺼렸던 게 사실이다. 대학은 언제나 자신의 불완

---

57. Gascoigne, "A Reappraisal," 208쪽과 표 5.1.
58. 같은 쪽.
59. 더 자세한 것은 Gascoigne, "A Reappraisal." 참조. 케플러가 대학 밖에서 연구했다는 것은 크게 봐서 그의 선택 문제였고, 그가 왕실의 보호를 받으며 훨씬 더 큰 자유를 누렸을 것이라는 것을 말해 준다. 그러나 중세 이후로 과학 교육은 대학이 여전히 중심이었다.

사회·법 체계로 본 근대 과학사 강의

전한 가설들을 포기하는 것을 주저했지만 최근에 대학에서 지식 담론이 발전해 온 과정에서 보는 것처럼 대학은 여러 가지 새로운 과학 사상의 흐름을 널리 보급하는 데 큰 기여를 했다. 무엇보다도 대학은 옛 것이든 새 것이든 모든 사상을 철저하게 비판하고 규명하는 구실을 하는 가장 중요한 곳이었다.[60] 끝으로 과학 혁명이 서양에서만 발생한 까닭 가운데 하나는 바로 서양 고유의 과학과 철학 지식을 가르치고 전파했던 대학의 존재가 한 몫을 단단히 했기 때문이다.

권위의 해체와 천문학 혁명

코페르니쿠스의 새로운 우주 체계가 등장했던 시기를 되돌아보면 그 당시 이 새로운 체계를 둘러싼 갈등은 단순한 과학 논쟁 수준을 넘어섰으며 이 체계—《천구의 회전에 관하여》에 나왔던 최초 형태의 체계이든 또는 그 후 케플러가 정확하게 나타냈던 체계이든—가 당시 사회에 안착하기 위해서는 문명에 대한 중요한 논쟁이 필요했다. 벤저민 넬슨은 "코페르니쿠스 가설을 둘러싼 투쟁과 관련된 근본 문제는 어떤 특정한 과학 이론이 입증되었느냐 아니냐가 아니라, 결국 일반인들이 성서의 권위를 가지고 해석하는 사람들의 간섭을 받지 않고 진실 또는 확신을 공식적으로 말할 수 있느냐 없느냐였다."고 말한다.[61] 이것을 좀더 기술적으로 말하면 코페르니쿠스의 새로운 세계 체계가 제기한 중심 문제는 "수리 천문학자들이 자연 철학으로 자신의 주장을 말할 수 있는" 권리였다.[62] 당시 대학에 널

---

60. Charles Schmitt, "Toward a Reassessment of Renaissance Aristotelianism," *History of Science* 11(1973), 159~193쪽 참조.

61. Nelson, "The Early Modern Revolution," in *On the Roads to Modernity*, 133쪽.

그림 20_ 아스트롤라베

고대 그리스에서 아스트롤라베를 처음 만들었지만 중세 시대 아랍인들이 그 모양과 사용 방식을 완전하게 정비했다. 이것은 천문학 관측을 위해 여러 가지 용도로 사용할 수 있는 도구로 밤과 낮의 시간을 정할 때 가장 중요한 구실을 했다. 서양에서 아스트롤라베를 처음 사용한 때는 1092년 10월이었다. 이 그림에 있는 아스트롤라베는 무함마드 파투흐 알카마이르Muhammad b. Fattuh al-Khamai'r가 1222~1223년에 스페인 세비아에서 만든 것이다. 이것은 나중에 북유럽으로 옮겨져서 거기서 라틴 양식에 맞게 16세기 플랑드르 양식으로 바뀌었다(Time Museum, Rockford, Ill. Catalog no. 3407의 승낙을 받아 사진을 게재함).

리 퍼져 있었던 전통 과학의 구분에 따르면 수리 천문학은 자연학, 말하자면 자연 철학의 일부분이었다. 자연 철학자들은 자연의 실체와 그 운영에 대해 말할 권리를 가졌지만 수리 천문학자는 천체의 위치와 움직임을 예측하고 설명할 계산 도구들을 제공해 줄 수 있을 뿐이었다. 수리 천문학자는 이것을 제외하고는 진정한 우주의 모습을 설명할 방법이 없었다. 고대 그리스의 에우독소스(기원전 약 400~350년) 시대 때부터 사람들은 지구가 우주의 중심이라고 생각했고, 모든 천체는 지구 둘레를 완전한 원운동을 하며 돌지만 천구에 고정되어 있다고 생각했다. 비록 프톨레마이오스의 《알마게스트》가 아주 일관된 체계로 행성 모형을 설명하지는 못했지만, 이 모형은 아리스토텔레스의 가설과 함께 권위를 더해 지구 중심의 우주관으로 자리를 잡았다.

또한 12~13세기에 대학에서는 새로운 아리스토텔레스 학문 연구와 함께 '천문학 전집corpus astronomicus'이라고 불렀던 과학 지식이 등장했다.63 이 전집에는 기본이 되는 천체 지식과 과학 도구 그리고 행성이 서로 가리거나 합치는 천체 현상을 예견하고 지역마다 시간을 정할 수 있게 도와 주는 천체 관측 자료들을 모아 놓은 표들이 들어 있었다. 이 시기에 서양에 소개된 가장 중요한 과학 도구 가운데 밤과 낮의 시간을 정할 때 쓰는 휴대용 관측 도구인 아스트롤라베astrolabe라는 천문 관측의(〈그림 20〉 참조)와 주판, 혼천의가 있었다. 이 밖에 중세 때 유럽인들이 만든 여러 가지 다른 천문학 도구

---

62. Robert S. Westman, "The Astronomer's Role in the Sixteenth Century : A Preliminary Study," *History of Science* 18(1980), 105~147쪽 가운데 126쪽.
63. Olaf Pedersen, "Astronomy," in *Science in the Middle Ages*, 315ff쪽 ; John North, "The Medieval Background to Copernicus," in *Copernicus Yesterday and Today. Vistas in Astronomy*, 17권, ed. Arthur Beer and K. Aa. Strand(New York : Pergamon Press, 1975), 3~16쪽 가운데 8ff쪽.

들도 있었다.64 이 도구들이 나중에 교황 실베스터 2세Sylvester II가
된 오릴락의 제르베르Gerbert of Aurillac(약 945~1003년)에게 천문학을
가르치기 위해 사용되었다는 사실을 볼 때, 중세의 기독교 학자들
가운데 천문학과 자연과학 연구에 깊은 관심을 가진 사람들이 있었
다는 것은 분명하다.65 또한 힌두-아라비아 숫자 체계가 10세기(약
960년)에 유럽(스페인)에서 사용되었지만, 이에 맞춘 새로운 "계산
방식"은 13~14세기가 되어서야 비로소 나타났다.66 더욱이 유럽인
들은 이 새로운 셈과 계산 체계가 너무 생소했던 까닭에 수십 개 조
합의 아라비아 숫자를 새로 만들었고 이것을 표준 명수법命數法(수를
읽는 방법-옮긴이)으로 채택하는 작업에 들어갔다.67 이 체계는 마
침내 1200년에 상업용을 비롯해 여러 가지 용도의 많은 교본에 용
례와 함께 수록되었다.

　　요약하면 11~14세기에 서양에서는 대학에서 천문학을 가르치기
위해 새로운 종류의 표준 수학 부호들과 입문서, 교재, 여러 가지
관련 문서들이 만들어졌다. 여기에는 수학 교재를 비롯해서 기하학,
행성 이론, 달력 제작 기술을 가르치는 교재도 들어 있었다. 원래
우주론은 수리 천문학보다는 자연 철학 분야에 속했으므로 천문학
과 별도로 가르쳤다.68

　　프톨레마이오스의 《알마게스트》는 그 당시 가장 정교한 천문학 관

---

64. North, "The Medieval Background," 9~10쪽 참조.
65. 같은 책, 309쪽 ; David C. Lindberg, "The Transmission of Greek and Arabic
　　Learning to the West," in *Science in the Middle Ages*, 52~90쪽 가운데 60~61
　　쪽 참조. 제르베르의 역할에 대해 더 자세한 내용은 Alexander Murray, *Reason
　　and Society in the Middle Ages*(Oxford : Clarendon Press, 1978), 163ff쪽 참조.
66. Murray, *Reason and Society*, 7장. 더 자세한 연구는 Alfred Crosby, *The
　　Measurement of Reality : Quantification and Western Society, 1250~1600*(New
　　York : Cambridge University Press, 1994) 참조.
67. Murray, 같은 책, 168쪽.
68. Edward Grant, "Cosmology," in *Science in the Middle Ages*, 264~302쪽.

　　　　　　　　　　　　　　사회·법 체계로 본 근대 과학사 강의

련 논문이었고 1160년과 1175년에 라틴어로 번역되면서 비로소 서양에 소개되었기 때문에 그것을 대학에서 가르치기에는 너무 일렀다. 유럽의 학자들은 이 차이를 보완하기 위해 보조 교과서를 개발했는데, 이 교재들은 수리 천문학에서 가장 어려운 문제를 높은 기술 지식이 없이도 쉽게 이해할 수 있도록 도와 주었다. 이들 책 가운데 가장 인기가 많았던 것은 사크로보스코Sacrobosco(약 1256년 사망)가 쓴 세 편의 논문이었는데, 그는 영국인으로 대강 1230~1256년까지 파리 대학에서 학생들을 가르쳤다. 그가 쓴 첫 번째 논문은 산술 입문서로 9세기 아라비아 수학자 알카와리즈미의 성과에서 많은 것을 빌려 왔다.69 두 번째 논문은 《구에 관하여》라는 작품으로 천문학 요소들을 수학을 쓰지 않고 설명했다.70 이 논문은 갈릴레오 시대까지 엄청난 인기를 끌었다. 이것은 또한 에르하르트 라트돌트Erhalt Ratdolt(독일의 인쇄업자-옮긴이)가 (1482년과 1485년에) 새로운 인쇄 기술을 이용해서 레기오몬타누스Regiomontanus(독일의 천문학자, 수학자로 독일 최초의 천문대를 세워 핼리 혜성을 관측함-옮긴이)의 기하학 입문서를 인쇄한 다음 두 번째로 찍은 최초의 과학 서적 가운데 하나로 들어갔다.71 다음으로 사크로보스코가 쓴 세 번째 논문은 시간을 계산하는 방법에 대한 것이었다.72 이것은 나중에 로버트 그로스테스트가 《달력Calendar》이라는 논문에서 내용을 보완했다.73

중세 천문학자들은 이러한 강의 교재 말고도 매우 광범위한 천체 관측 자료들을 표로 만들어 편집했다. 이 표들은 대개 아라비아의

---

69. 이 논문에서 발췌한 것은 Grant, *A Source Book*, 94~101쪽 참조.

70. 같은 책, 442~451쪽.

71. Owen Gingerich, "Copernicus and the Impact of Printing," in *Copernicus Yesterday and Today. Vistas in Astronomy*, 17권, 203쪽.

72. O. Pedersen, "Astronomy," 315쪽.

73. 같은 쪽.

천문학자들이 만든 행성 표를 본딴 것인데, 13세기 마지막 사반세기 동안 스페인의 알폰소 10세Alphonse X의 지배 아래 있으면서 자주 갱신되었다. 이 표들을 보통 알폰소 표Alphonsine Tables라고 부르는데 약 1325년에 작센의 존John of Saxony이 한 번 대폭 수정을 했지만 코페르니쿠스 시대에도 이 표를 여전히 사용했다.

 이 표와 논문들은 학생들에게 천문학 교육에 반드시 필요한 기초를 제공했지만 《알마게스트》나 그보다 뛰어난 책만이 제공할 수 있는 수리 천문학의 이론 바탕은 전달해 주지 못했다. 이것은 코페르니쿠스 시대가 올 때까지 나타나지 않았다. 수리 천문학에서 일상의 기본 교육과 최고 수준의 고등 교육 사이의 중간 과정으로 《행성 이론The Theory of the Planets》이라는 교재가 만들어졌다.74 이 교재는 14세기 초에서 16세기까지 행성 이론의 표준 논문이 되었다. 비록 저자가 누군지는 모르지만 (때때로 크레모나의 제라르드라고 말하기도 함) 이 논문에서 인용한 논의 가운데 많은 것이 프톨레마이오스와 《알마게스트》에서 나온 것들이었다. 이 논문은 그 목적에 딱 맞았으며 《알마게스트》보다도 더 인기가 있었다. 많은 과학역사가들이 보기에도 그럴 만한 가치가 있었다.75 따라서 《알마게스트》가 아니라 이 논문은 코페르니쿠스 시대까지 천문학자들에게 가장 널리 알려졌다. 더욱이 코페르니쿠스가 태양 중심 이론을 처음 발표하는 글을 썼을 때(1514년 이전으로 아마도 1511~1513년 즈음)76 그는 《알마게스트》를 직접 보지 못했다. 다만 게오르그 포이어바흐Georg Peuerbach의 《행성의 새 이론Theoricae novae planetarum》(1454년)과 포이어바흐와 레기오

---

74. Grant, *A Source Book*, 451~465쪽 ; O. Pedersen, "Astronomy," 316ff쪽 참조.

75. O. Pedersen, "Astronomy," 316쪽.

76. 두 번째 시기는 Edward Rosen이 번역·편집한 *Three Copernican Treatises*, 3d ed.(New York, Octagon Book, 1971), 345쪽에서 주장했다.

 사회·법 체계로 본 근대 과학사 강의

몬타누스의 《알마게스트 요약*Epitome of the Almagest*》(1496년) 같이 그것을 요약한 내용만 보았을 것이다.[77]

요약하면 중세 유럽인들은 고대부터 전해 내려온 천문학 지식과 연구 성과를 계속해서 서양의 대학에 소개했다. 이 학문 분야는 특히 고대 그리스와 아라비아에서 전해진 중요한 천문학과 수학 관련 원전이 새로이 라틴어로 번역됨으로써 더욱 발전하기 시작했다. 이 새로운 기술 교육은 아라비아 – 이슬람 세계와 달리 고등 교육, 말하자면 대학의 중심으로 우뚝 섰다. 따라서 13세기 이후부터 학생들은 "구면球面 천문학과 행성 이론을 대학에서 배웠다. 이들은 천체의 위치를 계산하고 일(월)식이나 행성들이 합쳐지는 특별한 천체 현상을 예측하기 위해 달력과 알폰소 표들을 공부했다. 또한 천체를 관측하고 계산하는 도구를 만드는 방법도 배웠다."[78] 마침내 천문학 연구는 유럽의 대학에서 제도화되었다.

이 천문학 연구의 바탕이 되는 철학의 중심에는 우주의 구성을 둘러싼 학문들 사이의 논쟁과 진짜 중요한 과학적 근본 문제들이 남아 있었다. 이 문제는 또한 신학적 문제이기도 했다. 이 문제는 아리스토텔레스의 우주론과 자연학의 가설, 그리고 프톨레마이오스의 수리 천문학의 가설 사이의 현저한 차이 때문에 발생했다. 앞에서 본 것처럼 아리스토텔레스의 우주는 지구를 중심으로 그 위에 물과 공기, 불이 순서대로 있고, 그 위에 달이 있고 다음으로 순서대로 행성들이 있었다(〈그림 21〉 참조). 행성들은 거대한 천구에 붙어 있으며 이 천구는 우주의 중심인 지구를 중심으로 언제나 일정한 방향으

---

77. Noel Swerdlow, "The Derivation and First Draft of Copernicus's Planetary Theory : A Translation of the Commentariolus with Commentary," *Proceedings of the American Philosophical Society* 117(1973), 425f쪽.
78. O. Pedersen, "Astronomy," 320쪽.

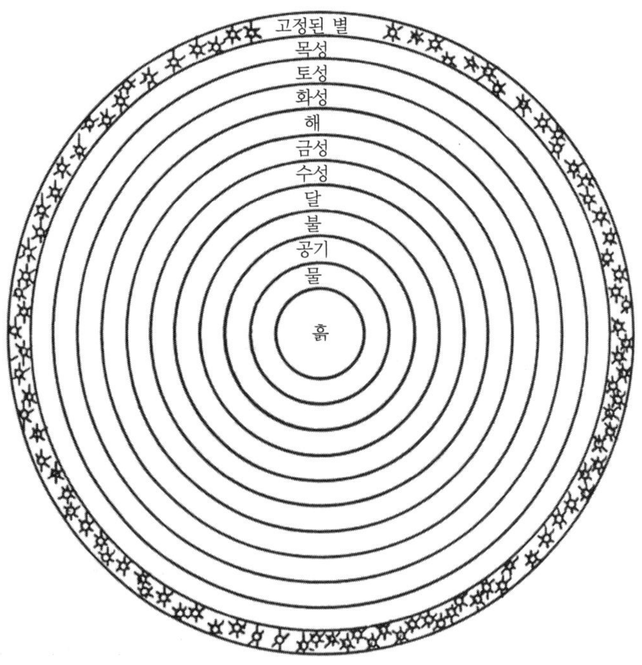

그림 21_ 아리스토텔레스가 생각한 우주 묘사

아리스토텔레스가 생각한 이 우주 묘사는 중세 시대에 아주 일반적이었다. 아리스토텔레스의 우주론에 따르면 달 위에 있는 천체와 달 아래의 영역은 서로 성질이 달랐다. 사람들은 달 아래의 영역에서만 흙, 물, 공기, 불의 요소를 발견할 수 있었다.

로 원운동을 했다.

다른 한편으로 수리 천문학자들은 자신들이 개발한 수학 도구들을 이용해서 천체의 움직임을 예측하는 일에 관심이 많았다. 여기에는 천체가 동심원 형태로 일정하게 회전하지 않는 운동을 설명하는 것도 포함되었는데, 편심원 운동과 원 위를 도는 원(또는 주전원) 운동이 그것들이다. (아라비아의 위대한 천문학자들이 모두 곤혹스러워했던 것처럼) 프톨레마이오스의 천문학은 아리스토텔레스의 자연학이 지닌 중요한 원리를 위반했다. 따라서 그것은 우주의 진정한 모습일 수 없었다. 그러나 자신들이 예측한 천문 현상이 제대로 작동하는 한에서는 아리스토텔레스의 우주론이 되었든 프톨레마이오스의 천문학의 계산 도구가 암시하는 우주론이 무엇이 되었든 별로 관심을 두지 않았다. 달리 말하면 그들이 사용한 수학 도구는 그저 단순한 계산 수단이었을 뿐이었다.[79] 지구 위에 있는 행성과 위성의 관찰에서 설명할 수 없는 것이 있었고 또 달력과 관련된 문제가 있었지만 이것들은 그냥 풀리지 않은 문제였다. 하루의 시간은 아스트롤라베와 알폰소 표로 계산할 수 있었고, 따라서 천문학자들의 수학적 가설과 관측 도구들은 유용한 천문학 도구였다. 아리스토텔레스의 자연학은 여전히 최고의 권위를 유지했고, 천문학자들은 제 일을 했지만 우주의 본 모습이나 구성에 대해서는 어떠한 자기 주장도 할 수 없었다. 그것은 자연학자들(또는 더 정확히 말하면 자연 철학자들)의 몫이었다.

코페르니쿠스의 가설이 커다란 갈등을 야기하며 등장한 것은 바로 이러한 배경에서였다. 여기서 두 가지 해결해야 할 문제가 나타났다. ①기독교 신학의 바깥에 있는 사람은 우주의 구성에 대해 권위를 갖고 말할 수 있는가? ②특히 천문학자들은 우주의 물리적 배치에 대해 자기 주장을 할 수 있는가? 이것들은 한 세기가 넘도록 격렬한 논쟁을 일으켰던 중대한 문제였다.

이것은 바로 코페르니쿠스가 1491년 크라쿠프 대학에 입학했을 때, 그러니까 이븐 알샤티르가 죽은 지 100년이 약간 지난 때 서양의 지식인 사회 모습이었다. 처음에 크라쿠프 대학에 들어가고 곧

---

79. 전문가들은 여기서 뒤앙의 주장을 놓고 철학과 과학의 역사에 대해 벌어진 대논쟁을 알 것이다. 그러나 그것은 우리의 목적이 아니다. 이에 대해서는 Duhem, *To Save the Phenomena*, E. Doland and C. Maschler, 영문 번역(Chicago : University of Chicago Press, 1969) 참조.

이어서 볼로냐 대학과 파두아 대학에서 공부한 코페르니쿠스는 따라서 유럽의 대학 체계가 배출한 학자의 가장 좋은 예이다. 그는 볼로냐 대학에서 법학을 공부했지만 파두아 대학에 들어가서는 의학을 공부하고 1503년 다시 페라라 대학에서 법학 박사학위를 땄다.[80] 그는 또한 볼로냐에서 천문학자 도미니코 마리아 노바라Dominico Maria da Novara의 조수로 일하면서 천체 관측을 했다.[81] 코페르니쿠스는 나중에 자기 혼자 비는 시간을 이용해서 천문학을 공부했지만 그는 크라쿠프에서 교양 과목으로 천문학을 처음 접하면서 이미 천문학에 깊은 관심을 갖고 있었다. 크라쿠프 대학은 비록 누군가 주장하는 것처럼 세계 천문학의 중심지는 아니었지만 15세기 천문학 교육의 중심지들 가운데 하나였던 것은 분명하다.[82]

또한 태양 중심의 수학 체계로서 코페르니쿠스 체계를 가장 신뢰했던 요하네스 케플러는 튀빙겐 대학에서 미하엘 매스틀린Michael Maestlin(1550~1631년)의 지도를 받으며 코페르니쿠스 천문학을 열심히 가르쳤다. 케플러는 《우주 구조의 신비Mysterium cosmographicum》의 서문에서 "매스틀린의 강의와 자신의 견해를 바탕으로 수학의 관점에서 프톨레마이오스를 뛰어넘는 코페르니쿠스 체계를 하나하나 편집했다."고 썼다.[83] 비록 이 책의 기본 명제가 잘못되었지만 천문학

---

80. E. Rosen, "Copernicus," *DSB* 3, 401ff쪽.

81. Rheticus, "Narratio Primus," in E. Rosen, *Three Copernican Treatise*, 111쪽 참조.

82. Paul W. Knoll, "The Arts Faculty at the University of Cracow at the End of the Fifteenth Century," in *The Copernican Achievement*, ed. Robert S. Westman (Berkeley and Los Angeles : University of California Press, 1975), 137~156쪽 참조. 크놀은 크라쿠프가 "중세 말에 천문학 교육의 세계적 중심지로 떠올랐다."(146쪽)는 비르켄마이에르L. Birkenmaier의 주장을 인용하지만 이것은 과학역사가의 관점이 아니다.

83. Eric J. Aiton, introduction to Kepler, *Mysterium cosmographicum : The Secret of the Universe*, 영문 번역, Alistair M. Duncan(New York : Abaris Books, 1981), 17쪽, Edward Rosen, "Kepler's Early Writings," *Journal for the History of Ideas*

자들이 우주의 물리적 실체를 설명(지동설)해야 한다는 생각은 다른 사람들에게 분명한 지상명령이었고 케플러 자신의 세 가지 행성 운동의 법칙을 발견하게 이끈 원동력이었다.

천문학을 중심으로 한 과학 혁명이 서양의 대학과 학문 연구의 독특한 구성에서 나온 산물이라는 사실은 부인할 수 없다. 폴 크놀Paul Knoll이 강조해서 말한 것처럼 초기 "중세 대학들은 특정한 공간이 아니었다. 그것은 명칭만 있는 조직처럼 어떤 물리적 공간이 아니라 특권, 토론, 사람들로 구성되어 있는 상태를 말했다."84 따라서 천문학 혁명과 권위의 해체는 이런 전통에서 교육받은 개인의 부단한 학문 연구와 토론을 통해 당시의 가장 큰 형이상의 문제들이 해결된 결과이었다.

코페르니쿠스 가설이 공식으로 채택되기까지 꽤 오랜 시간이 걸렸지만 코페르니쿠스의 위대한 책은 발간된 지 10년도 안 되어 유럽 전역에서 널리 읽혀지는 연구서가 되었다. 오웬 징거리치Owen Gingerich가 《천구의 회전에 관하여》의 초판과 2판의 발행 부수를 조사한 결과를 보면 손에 연필을 들고 숫자를 세야 할 정도로 많았다.85 더욱이 1570년대 독일의 일부 대학들, 예를 들면 비텐베르크 대학에서 자연과학을 공부하는 학생들은 코페르니쿠스의 체계에 대해 알고 있었고 또한 같은 대학에서 박사과정을 밟고 있던 대학원생들은 "교과서에 나오는 코페르니쿠스 행성 모형뿐만 아니라 《천구의 회전에 관하여》를 직접 읽어 보라는 교수의 권고를 받았다."86

46(1985), 450쪽에서 인용.

84. Knoll, "The Arts Faculty," 140쪽.

85. Owen Gingerich, "The Great Copernicus Chase," *American Scholar* 49(1979), 81~88쪽.

86. Robert Westman, "Three Responses to the Copernican Theory," in *The Copernican Achievement*, 285~345쪽 가운데 286쪽.

코페르니쿠스 체계를 둘러싼 논쟁이 중심 문제로 떠오르자 사람들은 한편으로 과거 성경을 통해 알아왔던 세상의 본질에 대한 신학적 문제들에 주목하기 시작했고, 다른 한편으로 수리 천문학자들이 우주의 구성과 물리적 실체(자연)의 본질에 대한 물질의 문제를 말할 수 있느냐 없느냐가 관심의 대상이 되었다. 천문학자로서 이 중심 문제에 대해 가장 분명하게 말했던 사람은 아마도 종교의 권위에 대항하기는 했지만 신학 지식이 풍부했던 갈릴레오보다는 오히려 과학 철학자로서 글을 썼던 케플러라고 말할 수 있을 것이다. 케플러가 죽은 다음 출판된 《변명*Apologia*》은 니콜라스 우르수스Nicolas Ursus의 주장에 대한 튀코 브라헤의 독창성을 변호한 책인데 여기서 케플러는 우르수스의 주장에 이의를 제기했다. 우르수스(브라헤와 같은 프라하의 수학자로 케플러보다 앞서 있었던 학자)의 주장에 따르면 모든 가설은 행성의 움직임을 예측하기 위해 단순히 꾸며 낸 논리이다. 천문학자의 의무는 오직 천체가 앞으로 어떻게 움직일지를 예측하는 일이다. 그러나 케플러는

'우르수스가' 여기서 말한 것이 반드시 옳다고 볼 수 없다. 비록 그가 말한 것이 천문학자의 기본 의무라고 하더라도 천문학자는 사물의 본질을 탐구하는 철학자들의 무리에서 배제되어서는 안 된다. 별들의 움직임과 위치를 되도록 정확하게 예측하는 일은 확실히 천문학자의 의무를 충실하게 수행하는 것이다. 그러나 우주의 형태에 대해 진실한 견해를 밝히는 것은 그보다 더 중요한 일이며 더 큰 찬사를 받을 만한 일이다. 확실히 전자는 천문학자가 관찰한 것이 진실이라는 결론을 내린다. 후자는 천문학자가 관찰하고 내린 결론이 사실이라고 확인할 뿐만 아니라 내가 위에서 설명한 것처럼 그 결론을 내리기 위해 자연의 가장 내밀한 모습(본질)을 찾아 내야 한다.[87]

 사회·법 체계로 본 근대 과학사 강의

케플러는 그가 《우주 구조의 신비》와 1609년 《신 천문학*New Astronomy*》에서 밝힌 것처럼 천문학자는 "자연의 가장 내밀한 모습"에 대해 의문을 제기할 수 있다고 분명하게 생각했다. 케플러는 천문학자가 단순한 관찰자라는 주장에 대해 "지식을 습득하는 모든 과정은 맨 처음에 감각을 통해 깨닫기 시작하지만 나중에는 정신 작용을 통해 어떤 예리한 감각으로도 잡아 낼 수 없는 더 높은 수준에 도달하는 것이다. 천문학도 이와 똑같다."[88]

이런 맥락에서 우리는 "수많은 수사학적 가능성들*constellation of rhetorical possibilities*"[89]이라고 누군가 불렀던 것을 기억할 필요가 있는데, 이 말은 코페르니쿠스가 1543년 세상에 《천구의 회전에 관하여》를 처음 내놓았을 때 그에게 매우 유용한 말이었다. 이 말에는 코페르니쿠스가 교황의 법정에 섰을 때 증언했던 과학적이면서 동시에 고전적인 청취 내용이 포함된다. 로버트 웨스트먼*Robert S. Westman*이 잘 보여 준 것처럼 코페르니쿠스는 고전주의 전통에 흠뻑 빠져 있었고, 천체의 연구는 박학한 학자가 해야 하는 가장 신성하고 완전하며 완성된 일이라고 극찬하는 수많은 수사학적 미사여구를 사용했다.[90] 다른 한편으로 그는 자신이 수학으로 세상을 확실하게 설명할 수 있는 특별한 힘이 있다고 대담하게 주장할 수 있었고 실제로 그렇게 했다.[91] 이런 맥락에서 그는 "수학은 수학자들을 위해 씌어졌

---

87. N. Jardine, *The Birth of History and Philosophy of Science:Kepler's "A Defense of Tycho Against Ursus" with Essays on Its Provenance and Significance*(New York : Cambridge University Press, 1984), 144f쪽. 케플러의 《변명》에 얽힌 뒷이야기는 Edward Rosen, *Three Imperial Mathematicians : Kepler Between Tycho Brahe and Ursus*(New York : Abaris Books, 1985) 참조.
88. Jardine, *The Birth*, 144쪽.
89. Westman, "Proof, Poetics, and Patronage," 174쪽.
90. Westman, "The Astronomer's Role," 109쪽 ; Westman, "Proof, Poetics, and Patronage," 176ff쪽.

다.”고 썼고 그가 쓴 책은 바로 수학자들을 위한 것이었다.92 코페르니쿠스의 책이 이런 의도로 씌어진 까닭에 학자들의 토론 세계도 자연학(자연 철학)은 점점 힘을 잃고 반면에 수학이 득세하는 방향으로 흘렀다.

드디어 코페르니쿠스는 교회의 청중들 앞에서 그의 연구 성과를 강연하게 되었다. 그는 이것을 두 가지 방식으로 했다. 첫째 그는 《천구의 회전에 관하여》를 출간하면서 그 책에 니콜라스 셴베르크 Nicolas Schönberg 추기경이 1536년 코페르니쿠스의 태양 중심론을 언급하며 그에게 책을 출판하도록 매우 열심히 요청했던 편지글을 첨부했다. 둘째 그는 책 서문에서 교황 폴 3세Paul III에게 이 책을 헌정한다는 것을 밝히고, 쿨름Kulm의 추기경이 전에 이 책을 지지했던 말을 인용하여 교황이 그의 성과를 공명정대하게 청취해 줄 것을 부탁했다. 코페르니쿠스는 또한 “수학을 전혀 모르는 경솔한 사람들이 자신들의 목적을 위해 성경의 일부 구절을 왜곡해서” 혹시 수리 천문학자들이 우주에 대해 판단을 내릴 “권리를 폐기”할 수 있다는 점을 말하며 그들을 내보냈다.93 코페르니쿠스는 이렇게 함으로써 자신의 새로운 우주 체계를 교회법처럼 명백하게 자유로운 환경 속에서 설명할 수 있는 지식 공간을 마련했다고 생각했던 것 같다.94 코페르니쿠스는 여러 부분에서 비판을 받을 소지가 많았지만 반면에 교황청과 같은 곳에서 확실히 자신을 지지하는 것을 알 수 있었다. 따라서 오알프 페더슨Oalf Pedersen이 갈릴레오의 재판을 검토하고 내

91. Westman, “Proof, Poetics, and Patronage,” 181쪽 ; Westman, “The Copernicans and the Churches,” in *God and Nature*, 80쪽.

92. Copernicus, *On the Revolutions of the Heavenly Spheres*, A. M. Duncan, 영문 번역(New York : Barnes and Noble Books, 1976), 27쪽.

93. 같은 책, 26쪽.

94. 물론 코페르니쿠스가 죽은 지 얼마 안 지나 트렌트 공회는 성서 해석에 대한 입장을 바꾸었다. O. Pedersen, “Galileo and the Council of Trent,” 15ff쪽 참조.

린 결론을 여기서도 되풀이할 수 있다. "과학과 기독교 사상이 서로 절대 양립할 수 없다는 가정은 역사의 경험으로 볼 때 받아들일 수 없다. 그리고 …… (따라서) 교회가 과학을 언제나 끊임없이 적대시했다는 관념도 버려져야 한다."[95]

1450년대 인쇄술의 출현과 더불어 사람들 사이에서 지식을 주고받는 방식은 교회 성직자들의 태도에 상관없이 과학과 관련이 깊은 개인들이 주도했다. 근대 초기의 과학적 인쇄술의 역사를 보면 아직까지 출판을 하기 위해서는 국가의 승인이 필요했고 검열도 있었지만 당시의 학자들과 과학자들은 과도한 통제가 있을 경우 도시를 이리저리 옮겨 다니며 자신들의 책을 출판할 수 있었다. 갈릴레오도 마찬가지였는데 그는 논란이 많은 내용의 책은 대개 네덜란드의 출판사를 이용해 출판했다.

갈릴레오 시대에 대학에 있던 천문학자들 다수가 코페르니쿠스의 우주 모형을 완전히 받아들이지는 않았다. 이것은 당시 유럽의 기존 천문학자들의 반발 때문이기도 했지만 이에 못지않게 그 모형을 지탱해 줄 충분한 증거가 부족했기 때문이었다. 그러나 로버트 웨스트먼은 16세기 중반에 실제로 "코페르니쿠스의 태양 중심론의 모든 특징을 철저하게 거부하는 천문학자"를 만나기 힘들었다고 주장한다.[96] 아마도 코페르니쿠스의 이론을 뒷받침하는 가장 설득력 있는 실제 증거는 지구 위에 있는 행성들의 1년 주기가 이 행성들과 태양 사이의 거리와 매우 밀접한 상관관계를 가진다는 사실이었을 것이다. 코페르니쿠스의 초기 제자였던 레티쿠스와 그리고 나중에 케플러가 이 사실을 예를 들며 자세히 설명했다. 그러나 다른 천문학자들은 아직 이 증거를 잘 이해하지 못했다.[97]

---

95. 같은 책, 9쪽.
96. Westman, "The Astronomer's Role," 106쪽.

케플러와 갈릴레오는 자신들이 코페르니쿠스 체계가 진실이라는 "확실한 증거들"을 아직 확보하지 못했다는 것을 잘 알고 있었지만 갈릴레오는 자신이 그 증거들을 가지고 있는 것처럼 행동했다. 실제로 케플러가 갈릴레오에게 그런 증거(1596년 갈릴레오는 케플러가 《우주 구조의 신비》를 출간한 것에 경의를 표하며 케플러에게 자신이 그 확실한 증거를 가지고 있다고 주장하는 편지를 보냈다)가 있으면 자신에게 보내 달라고 요청하자 갈릴레오는 케플러와 소식을 끊었다.[98] 이후로 갈릴레오는 케플러가 이룩한 연구 성과를 사용할 수 없었는데, 특히 케플러가 쓴 《신 천문학》은 갈릴레오의 연구를 뒷받침하는 책이었다.

한편 주요 대학들에서 코페르니쿠스의 이론을 연구하고 가르치고 논증하려는 시도는 그가 죽은 다음부터 1616년까지 약 70여 년 동안 크게 방해받지 않고 계속 확대되었다.[99] 따라서 갈릴레오 사건의 발생은 다양한 개인적 동기와 불화, 자기 과신 그리고 작지 않은 부정행위들이 서로 얽혀서 일어난 이례적인 일이었다. 이 사건은 고귀한 종교적 의지와 정치적 이익을 위반한 사건이라기보다는 개인의 자유와 진리를 찾고 말할 권리에 대한 서양의 개념을 모두 위배한 사건이었기 때문에 매우 중요하다. 갈릴레오 사건은 서양 문명사에서 큰 의미를 지닌 사건으로서 개인의 권리와 무지하고 힘센 권위가 서로 충돌한 것을 상징하는 사건이었다. 더 낮은 차원에서 볼 때 이

---

97. 비텐베르크 해석에 관한 논의에서 특히 프레토리우스Praetorius(1537~1616년)(독일 바로크 음악을 대표하는 프로테스탄트 음악가—옮긴이)의 경우는 Westman, "Three Responses," 296~303쪽 참조.
98. O. Pedersen, "Galileo and the Council of Trent," 5쪽.
99. Westman, "Three Responses"; Westman, "The Melanchthon Circle, Rheticus, and the Wittenberg Interpretation of the Copernican Theory," *Isis* 66(1975) 참조. 《천구의 회전에 관하여》 발행 부수는 Gingerich, "The Great Copernicus Chase" 참조.

   사회·법 체계로 본 근대 과학사 강의

사건은 개인의 행동과 동기, 기득권과 관련해서 아마도 아무 매력도 없고 오히려 자질구레해 보인다. 예를 들면 갈릴레오가 은밀하게 꼼수를 부리기보다는 정면으로 공격하는 것을 더 좋아하는 대담하고 도발적인 지식인이었다는 사실은 의심할 여지가 없다. 제임스 브로드릭James Brodrick 교부가 그를 "논쟁자"100라고 부른 것은 아마도 사실에 가까운 표현일 것이다.

지금 돌이켜보면 이 사건은 어떤 방법을 써서라도 갈릴레오를 공격하고 해하려는 사악한 의도를 가진 사람들(가톨릭제후연맹the "Liga")이 성직자들과 결탁하여 꾸민 짓이라는 것이 분명하다.101 또한 당시에 대강 알고 있던 코페르니쿠스 체계가 교황에게 승인을 받는다면 성서 신앙이 큰 타격을 받을 수 있다고 정말로 두려워했던 사람들도 있었다. 벨라르민Bellarmine 추기경이 바로 이 같은 사람이었는데 그는 성경의 표준과 문자 그대로의 해석을 꼭 붙잡고 있었다. 그는 갈릴레오가 코페르니쿠스의 이론이 우주를 올바르게 설명했다는 주장을 거두게 한 1616년 판결을 총지휘했다. 벨라르민은 천문학 초심자가 전혀 아니었다. 오히려 당시에 그는 볼로냐에서 어린 예수회 학생들에게 천문학을 가르치고 있었다. 벨라르민은 1615년 4월 코페르니쿠스 이론과 성경의 일부 구절이 서로 충돌할 수 있다는 포스카리니Foscarini 추기경의 의혹에 대한 답신에서 "(가정해서 말한다면) 지구가 움직이고 태양이 그대로 서 있다고 가정하는 것이 편심 운동과 주전원을 가정하는 것보다 모양이 더 낫다는 점에서 그럴 위험은 없다. 그리고 그것은 수학자가 충분히 할 수 있는 일이다."고 썼다.102 그러나 "태양이 실제로 우주의 중심이며 그 자체는 스스로

---

100. James Brodrick, *Galileo : The Man and His Work and Misfortunes*(New York : Harper and Row, 1964), 2장.
101. O. Pedersen, "Galileo and the Council Trent," 6~8쪽, 26쪽 주석 17번.

돌기만 할 뿐 동쪽에서 서쪽으로 움직이지 않는다고 주장하는 것" 은 물론 또 다른 문제였고 그것은 분명히 "위험한 생각"이다.103 그 러나 이 문제의 핵심은 그런 과학의 문제가 아니었다.

셋째 만일 태양이 우주의 중심이며 지구는 그 세 번째 행성이고, 태양이 지구 둘레를 도는 것이 아니라 지구가 태양 둘레를 돈다는 것을 실제로 증명해 보일 수 있다면 우리는 이와 반대로 말하는 성경을 설명할 때 매우 신중하게 해야 한다. 그리고 그 증명이 거짓이라고 말하기보다는 우리가 그것을 이해하지 못한다고 말해야 할 것이다. 그러나 나는 내가 직접 그런 증명을 볼 때까지 그런 것이 있다는 것을 믿지 않을 것이다.104

갈릴레오는 그런 증명을 시연할 수 있는 지위에 있지 않았다. 당시에 코페르니쿠스 체계를 지지할 수 있는 명백한 증거가 없었으며 많은 최고의 천문학자들도 그 체계의 자세한 기술적 부분들에 의문을 갖고 있었다는 점을 생각할 때, 종교 권력이 성경과 아리스토텔레스는 과학과 관련해서 이제 아무 힘이 없다고 공개적으로 선동하는 갈릴레오의 대담한 선언에 민감하게 반응했을 것이라는 것은 쉽게 이해할 수 있다. 또한 제임스 브로드릭이 벨라르민 전기의 개정판에서 지적한 것처럼 벨라르민 추기경은 (다른 동료 성직자들과 마찬가지로) 실제로 성경 근본주의자였다.105 벨라르민이 1616년 갈릴레

---

102. Bellarmine, in Maurice Finocchiaro, *The Galileo Affair : A Documentary History*(Berkeley and Los Angeles : University of California Press, 1989), 67쪽.

103. 같은 책, 68쪽.

104. 같은 쪽.

105. James Brodrick, *Robert Bellarmine, Saint and Scholar*(Westminster, Md. : Newman, 1961), 365쪽. Nelson, *On the Roads to Modernity*, 143쪽.

사회·법 체계로 본 근대 과학사 강의

오의 소송을 맡았을 그 당시에 그는 《예배를 통한 정신의 고양*De ascentione mentis in Deum*》이라는 종교 책을 썼다. 여기서 그는 성경에 나온 구절을 상세히 설명하고 태양이 "자신의 궤도를 따라간다."는 성경 속의 말이 자연과학에서 시사하는 것에 경이로움을 표현했다. 만일 지구의 둘레 길이가 2만 마일이라면—당시에 보통 이 정도 된다고 생각했는데 아마도 이 수치는 아라비아 천문학자 알파카니al-Farghani(861년 이후에 사망)가 계산한 것을 근거로 했을 것이다—"태양은 시간마다 수천 마일을 이동해야만 한다는 결론이 나온다."[106] 그는 계속해서 말한다.

나는 한때 태양이 바다에 떨어질 때 시간이 얼마나 걸리는지 알고 싶어서 바다 위에 걸려 있을 때부터 시작해서 성경에 나오는 시편 51편을 낭송했다. 태양이 바닷속으로 완전히 사라지기 전까지 그것을 두 번 겨우 읽었다. 따라서 시편 51편을 두 번 되풀이해서 읽는 짧은 동안에 태양은 7,000마일이 넘게 이동해야 했다는 것이다. 이것을 확실하게 증명해 보이지 않는다면 누가 이 사실을 믿겠는가?[107]

코페르니쿠스 체계는 많은 기성 집단이 인정해 온 신학적 이해에 대한 공격이었다. 그 집단에 속한 어떤 사람이 천문학 지식을 가지고 있다고 하더라도 이 체계는 그의 마음에 깊게 자리 잡은 신앙심과 여전히 충돌했다.

그러나 위에 나온 모든 사실을 고려하더라도 갈릴레오 사건은 초기 근대 과학의 발생 과정에서 과학과 자연 철학의 탐구에 대항한

---

106. Bellarmine in Brodrick, *Robert Bellarmine*, 335쪽. Nelson, *On the Roads to Modernity*, 144쪽에서 인용.
107. 같은 책, 145쪽.

가장 큰 도전은 아니었다. 그 영예는 아마도 1277년 파리 대학에서 219개의 의심되는 가설에 대해 유죄판결을 내린 사건이 받을 만할 것이다. 바로 그때 거기서 기독교의 교리와 새로운 아리스토텔레스의 사상이 가져온 이성과 논리의 힘은 서로 한판 전투를 벌였다. 앞에서 본 것처럼 파리 주교가 자연과학의 가설과 사고방식—토마스 아퀴나스도 유혹에 빠뜨렸던—에 대해 단호하게 유죄판결을 내렸음에도 이 사건은 여러 가지 새로운 사고의 실험을 널리 알리는 것 외에는 다른 효과를 발휘하지 못했으며, 결국에는 끝까지 버텨낼 수 없었던 아리스토텔레스의 사상을 무너뜨리는 구실을 했다. 14세기 초 사반세기 동안 이 금지 조치는 폐기되었고 파리 대학은 다시 원래의 모습으로 돌아갔다.

따라서 이 사건보다 거의 350년이 지난 후 일어난 갈릴레오 사건은 1277년 유죄판결 사건 때문에 대학이 당했던 공격 같은 것은 없었다. 갈릴레오는 비록 가택 연금을 당해 아세티Arceti(플로렌스)에 있는 집에 갇혀 있었지만 과학 혁명은 계속해서 진행되고 있었다. 중세 대학에서 자리 잡고 있었던 과학적 탐구 과제들도 계속해서 이어지고 있었다. 코페르니쿠스의 이론은 대학의 안과 밖에서 가능한 모든 방식으로 연구가 계속되었고, 인쇄 기술은 과학 지식의 흐름을 유럽 전역으로 전달하는 구실을 했다. 교회는 우주의 구성에 대한 가설과 해석을 널리 퍼트리는 구실을 하는 과학 토론을 제한하려고 애썼지만 그 노력은 실용의 문제에서나 신학의 문제에서나 아무 효과가 없었다. 더욱이 서양은 이슬람이나 중국과 달리 실제로 중앙집권 세력이 코페르니쿠스의 이론이 몰고 온 새로운 사상이나 서양 문명에 뿌리를 박고 있는 그 종교적, 법적, 철학적 배경을 억압할 방법이 전혀 없었다. 코페르니쿠스가 죽기 75년 전에 벌써 《천구의 회전에 관하여》는 인쇄에 들어갔고, 곧이어 그 책들은 유럽 전역과 영국에 있는 학자들 손에 들어갔다.[108] 갈릴레오 시대에도 검열자들은 갈릴레오의 《대화*Dialog*》에 했던 것처럼[109] 책에 씌어 있는 의심스런 구절을 고치려고 애썼지만 과학적 탐구를 지원하는 제도들은 이미 널리 확산되었고 너무 많은 분야에서 깊숙이 뿌리를 내리고 있었기 때문에 도저히 통제할 수 없었다.[110]

따라서 코페르니쿠스 혁명의 성공은 공격적이고 혁명적이며 심지어 이단적이기까지 한 사상들을 터놓고 논쟁할 수 있는 중립 공간의 영역을 만들고 보호하며 지켜 낼 수 있게 지지해 준 제도 체계의 효능을 입증한 것이었다. 이것은 결국 중세 혁명과 서양의 역사가 물려준 유산이다. 그러나 당시의 학자들은 오늘날 우리처럼 온갖 종류의 사상을 자유롭게 토론할 수는 없었다. 대학 안이든 밖이든 실제로 학자들이 지켜야 할 학문 연구의 경계들이 있었고 당시의 학자들은 이것을 아무 해를 입지 않고 무사히 통과할 수 없었다. 그러나 이 경계는 과학 분야의 문제에만 한정된 것이 아니었다. 예를 들어 로버트 웨스트먼의 연구에 따르면 16세기에 독일의 교육 개혁가인 필립 멜란히톤Philipp Melanchthon(1497~1560년)의 사위이자 천문학자였던 캐스파 푸서Caspar Peucer가 감옥에 들어갔는데 이것은 그의 과학

---

108. Owen Gingerich, "Copernicus's *De revolutionibus* : An Example of Renaissance Scientific Printing," in *Print in the Renaissance*, ed. Gerald P. Tyson(Newark : University of Delaware Press, 1986), 55~73쪽 ; Gingerich, "Copernicus and the Impact of Printing," 201~218쪽 ; Gingerich, "The Great Copernicus Chase."

109. P. F. Grindler, "Venice, Science, and the Index of Prohibited Books," in *The Nature of Scientific Discovery*, ed. Owen Gingerich(Washington, D. C. : The Smithsonian Institution Press, 1975), 335~347쪽.

110. 오웬 징거리치는 이탈리아 도서관에 보관된 《천구의 회전에 관하여》의 2판 30권을 살펴본 결과 성경에 위배된다고 횡선을 그어 검열한 부분이 전체의 60퍼센트에 이른다는 것을 발견했다. 그러나 이 책의 초판이 검열받은 부분은 14퍼센트밖에 안 되었다("The Great Copernicus Chase," 87쪽).

적 견해 때문이 아니라 그의 종교적 견해 때문이었다. 그는 "비밀 칼 뱅교도"라는 죄목으로 무려 12년 동안 감옥에 갇혀 있었다.[111] 우리 는 유럽에서 중세와 근대 초기에 학자들이 누렸던 상대적 자유의 수 준을 평가할 때 반드시 이슬람과 중국의 상황을 함께 비교해야 한다.

16세기 유럽은 세 개의 혁명을 목격했다. 하나는 우주론의 혁명으 로 이것은 (천문학자들이 우주 구성의 실체를 밝히기 위해 자연과학을 이용하기 시작하면서) 과학적 지식 체계에서 학문들 사이의 균형에 대변혁을 가져왔다. 두 번째 혁명은 교회의 권위를 해체시킨 혁명으 로 종교 개혁이 바로 그것이다. 마지막으로 과학 혁명은 종교 개혁 의 영향을 크게 받았다. 그러나 천문학과 우주론에 관한 한 이 혁명 은 이미 코페르니쿠스가 그 불을 당겼으며 그 뒤를 이어 갈릴레오, 케플러, 그 밖의 여러 후계자들이 이를 실행했다.

1545년 마르틴 루터의 가까운 동료였던 필립 멜란히톤은 후세에 엄청난 영향을 끼친 독일 교육 제도의 개혁을 시작했다. 그 결과 독 일 대학은 비텐베르크Wittenberg 대학을 중심으로 수학과 천문학 연구 가 크게 발전했다.[112] 멜란히톤의 제자들과 학생들이 널리 확산시킨 이 개혁은 독일 대학 안에 코페르니쿠스의 해석이 뿌리를 내리도록 제도화했으며 따라서 유럽에서 가장 준비가 잘 되어 있었던 청중들 에게 코페르니쿠스의 학문을 전해 주었다. 그러나 로버트 웨스트먼 이 자세하게 보여 준 것처럼 이른바 비텐베르크 해석의 옹호자들은 코페르니쿠스의 태양 중심론을 인정하지 않았고, 멜란히톤 자신은 지구가 움직인다는 생각을 받아들이지 않았다.[113] 이들은 새로운 우

---

111. Westman, "The Melanchthon Circle," 178쪽.
112. 같은 쪽 참조 ; Westman, "The Copernicans and the Churches," 82~89쪽 ; 예 수회 학교와 대학에 대해서는 93~95쪽 참조. 예수회 로마 대학Jesuit Collegio Romano 에 대해서는 William Wallace, *Galileo and His Sources*(Princeton, N. J. : Princeton University Press, 1984) 참조.

사회·법 체계로 본 근대 과학사 강의

주론과 태양 중심론을 입증하는 자료로서 행성의 배열을 무시했다. 매스틀린에 이르기까지 많은 독일 학자들이 태양 중심론을 의심했지만 레티쿠스만은 그렇지 않았다. 비텐베르크 해석은 코페르니쿠스 체계에서 불온한 부분을 삭제했다. 이로 인해 대학은 (구교든 신교든) 코페르니쿠스 체계를 더욱 쉽게 받아들일 수 있게 되었고, 마침내 16세기 말에 매스틀린과 그의 제자인 케플러 같은 학자들은 코페르니쿠스 체계를 현실주의 관점에서 해석하는 증거와 주장을 검토하기 시작했다. 끝으로 멜란히톤은 루터와 가까운 동료였고 따라서 루터의 종교 개혁을 옹호했지만, 그의 대학 교육은 명백하게 아리스토텔레스의 과학 정신에 물들어 있는 종교 개혁 이전의 환경 속에 있었고 코페르니쿠스에 대해서는 그저 겉모양만을 만지고 있었다.

새로운 정신 사조의 탄생을 종교 개혁가들이 추구했던 경제, 과학, 사회의 덕분으로 돌리는 베버 학파의 설명은 많은 이야기를 담고 있다. 왜냐하면 종교 개혁 이후 지식 활동과 토론의 바탕이 되는 기본 용어들이 과학과 관련된 것들뿐만 아니라 모두 급격하게 전환되었기 때문이다. 여기에는 인과관계, 경험, 실험과 함께 "이성의 빛", "양심", "세계는 기계", "자연이라는 책"과 같은 용어들에 담겨 있는 새로운 의미와 이것에 대한 강조도 포함되었다. 이것들은 모두 종교 개혁가들의 사상뿐만 아니라 모든 문화 영역을 재구성하는 구실을 했다.[114] 종교 개혁이 과학에 끼친 변화는 17세기 처음 반세기

---

113. Westman, "The Copernicans and the Churches," 83쪽. 예수회에서 수학 연구의 발생에 기여한 크리스토퍼 클라비우스Christopher Clavius에 대해서는 Frederick A. Homann, "Christopher Clavius and the Renaissance of Euclidean Geometry," *Archivum Historicum Societatis Jesu* 52(1983), 233~246쪽 참조.
114. 이것이 새로운 의식 구조에 끼친 영향에 대해서는 Benjamin Nelson, *On the Roads to Modernity*, 3~4장, 12장 참조.

동안 대학의 교재에서 발견할 수 있다. 패트리샤 라이프Patricia Reif는 독일, 프랑스, 네덜란드, 덴마크, 이탈리아, 영국에서 씌어진 20종의 대학 교재들을 골라 분석한 결과 이 책들이 보이는 뚜렷한 특징과 과학에 대한 이미지를 발견할 수 있었다.

우리가 이 책들에서 전혀 찾을 수 없었던 것은 자연력을 통제할 수 있는 지식을 사용하는 베이컨주의자의 전망과 갈릴레오 사상의 실천이다. 이 책들에는 지식을 활용한다는 생각도, 자연물을 조작해서 진정한 실용 과학의 가능성을 발견한다는 생각도 전혀 없다. 실용을 목적으로 하는 것은 아마도 자연 철학의 정신과 완전히 동떨어진 생각이라 보았던 것 같다.[115]

종교 개혁의 정신이 17세기와 그 이후의 과학 사상과 실천에 끼친 영향은 매우 컸다. 로버트 머튼은 중세와 17세기에 이성과 합리주의를 생각하는 개념이 서로 달랐다는 것을 이해하고는 의미론에서 어떤 변화가 일어났다는 사실을 깨달았다. 그는 "청교도들에게 이성은 새로운 의미를 내포하는데 이것은 합리적 자료를 근거로 이해하는 것을 뜻한다. 논리는 부차적인 역할로 물러났다."고 말한다.[116] 머튼은 또한 "종교 개혁에 앞서 또는 그것과 별개로 발전한 과학의 발생은 이 점에서 금욕적 프로테스탄티즘의 중요성을 부정하지 않는다."고 말한다.[117] 토머스 쿤이 말한 것처럼 과학 혁명에 대한 것이 아니라 과학 운동에 대한 머튼 명제의 호소력은 특히 그것이 자기력, 전

---

115. Patricia Reif, "The Textbook Tradition in Natural Philosophy, 1600~1650," *Journal of the History of Ideas* 30(1969), 17~32쪽 가운데 22쪽.
116. Merton, *STS*, 71쪽.
117. 같은 책, 136쪽.

　　　　　　　　사회·법 체계로 본 근대 과학사 강의

기, 화학, 지질학과 같은 "베이컨주의(실용주의) 과학"과 만날 때 훨씬 더 크다.[118] 이들 실험 과학 가운데 많은 것들은 "19세기 마지막 반세기가 시작되기 전까지도 대학에서 가르치지 않았다."[119]

이런 까닭에 우리는 과학자의 역할이라고 부르는 것이 실제로 하나의 역할군을 말하며 그것은 전문학교 또는 대학의 교수라는 역할, 학생들을 가르치는 선생님의 역할, 학부의 구성원이라는 역할, 연구자, 작가와 저자, 그리고 아마도 다른 과학자들이 정립한 지식과 주장들을 심사하는 책임자의 역할처럼 서로 연관된 역할이 하나로 배열된 것이다. 과학자의 정직성과 자치권을 창조하는 것은 바로 이 다양한 역할들의 상호 의존이다. 반면에 이 역할군이 너무 복잡하면 과학은 완전한 자치를 누리지 못한다. 이 모든 것이 12~13세기에도 또는 17세기에도 똑같이 존재했다고 기대하는 것은 너무 지나친 바람이다. 근대 과학의 발생은 분명 오랜 시간이 걸렸고 새로운 직업 단체들과 기관들, 기술 전문학교들의 모든 영역에서 진행된 제도화 과정은 1940년대 두뇌 집단과 그와 비슷한 단체의 출현과 함께 20세기로 계속해서 이어졌다.

요약하면 문화 활동의 영역은 "(각자) 아주 일부만 자율적으로 움직일 뿐이지 서로 완전히 독립되어 있지 않다."[120] 언제 어디서고 과학이 제도화되었다고 따라서 매우 의미 있는 수준의 자치권을 얻었다고 말하는 것은 그것이 공개적이고 공식적으로 승인되었다는 것을 말하는 것이다. 그러나 모든 것에 이의를 제기함으로써 그 공

---

118. Thomas Kuhn, "Mathematical vs. Experimental Traditions in the Development of Physical Science," *Journal of Interdisciplinary History* 7, no. 1(1976), 26쪽.
119. 같은 책, 19쪽. 그리고 E. Mendelsohn, "The Emergence of Science as a Profession in Nineteenth-Century Europe," in *The Management of Science*, ed. Karl Hill (Boston : Beacon Press, 1964), 3~48쪽 참조.
120. Merton, STS, x쪽.

식적 지지를 철회할 수도 있다. 사회 제도의 법적 근거에 대해 말한다면 과학에 대한 지지를 공개적이고 공식적으로 철회하는 것은 정당한 법의 절차 없이 이루어질 수 없다. 서양의 사회 제도(특히 과학)를 뒷받침하는 토대는 보통 생각하는 것보다 훨씬 그 뿌리가 깊다. 이것이 서양의 제도가 만들어지는 특징이며 중세 시대 이래로 언제나 그랬다. 그렇다고 이와 같은 과정이 완벽하다고 말하는 것은 아니다. 다른 한편으로 이런 법적 보호 장치 때문에 갈릴레오 사건에서 쏟아져 나온 잘못 이끌린 종교와 정치 세력은 영원히 사라지지 않는다. 사회 제도를 지지하는 법적 하부구조는 오직 이성의 힘이 공평한 승리의 기회를 가질 수 있도록 공정한 경쟁의 자리를 만들어 줄 뿐이다.

이슬람과 중국, 서양의 문명은 각자의 역사 속에서 이성과 합리성, 지식인에 대한 서로 대비되는 이미지를 만들어 왔다. 이들 이미지와 그에 따르는 세계관은 토론을 통해 무수한 가능성을 한정하는 것처럼 보이면서 현재를 끊임없이 알리고 있다. 신앙심이 깊었던 이슬람교인들은 본디부터 꾸란에 모든 지혜가 담겨 있으며 따라서 진정한 학문은 모두 그 안에서 찾아야 한다고 생각했다. 모든 의학 지식이 예언자 무함마드의 신성한 가르침에서 나온다는 예언 의학의 개념도 바로 여기서 기원했다. 한편 이 전통과 다른 전통이 있었는데 그것은 고대 그리스 철학이었다.

한동안 이슬람의 과학자들과 자연 철학자들 그리고 아라비아 천문학자들은 높은 수준의 방대한 지식에 도달했으며 심지어 서양의 과학 혁명이 싹틀 수 있도록 길을 닦으며 학문 연구에 매진했다. 고대 그리스의 이성과 논리 방식은 의학과 철학, 과학 분야의 교육받은 학자들에게 널리 알려졌지만 여전히 종교의 권위에 눌려 있었다. 따라서 이슬람 세계에서는 장기적으로 자유로운 사고를 보호하고 지지하는 사회 제도가 만들어지지 못했고 오히려 자유사상은 이단을 지칭하는 용어가 되었다. 여러 세기가 흐르면서 이러한 기본 생각과 제도 환경이 근대 과학과 민주 제도의 발전을 가로막는 장애가 되고 말았다.

한편 중국에서 지식인의 이미지는 최고의 교육을 받은 사람으로서 전통의 가치를 충실히 따르는 도덕적인 사람이었다. 학식 있는 사람은 유학의 고전을 섭렵하고 길고 고된 공부를 통해 우주의 조화 속에서 인간의 자리를 찾는 사람이었다. 그는 황제에게 국가 경영과 도덕에 대해 자문할 수 있었고, 그 뜻을 밝혀서 자연의 재난과 사회의 불안정을 막는 길을 따를 수 있는 사람이었다. 학자가 해야 할 일은 인간과 자연의 흥망성쇠, 인간과 자연의 유기적 조화를 이해하는 것이었다. 여기서 중요한 것은 자연과 대우주보다는 인간과 사회의 질서였다. 중국 전통의 지식을 얻는 방식은 과학과 논리에 바탕을 두는 것이 아니라 인간과 자연의 유기적 관계를 이해하는 동시에 육감에 귀를 기울이는 것이었다. 무엇보다도 학문 탐구는 유학의 고전을 섭렵해야 했다. 그렇다고 중국에 실제 과학 기술이나 기술자 또는 과학 탐구가 전혀 없었던 것은 아니며, 다만 이런 것은 높은 도덕 수준에 오른 지식인이 되는 데 초점을 맞춘 고전 학문 탐구에 종속되어 있을 뿐이었다.

17세기 예수회의 등장으로 중국의 우주론 해석에 유입되기 시작한 새로운 지구 중심론과 삼각법은 "중국에서 유일하게 과학 혁명이라고 부를 수 있는 것을 촉진시켰다."[1] 그러나 나단 시빈은 이 전환이 서양이 겪었던 것처럼 "중국의 사상과 사회의 근본 변화를 이끌지 못했고" 오히려 이 운동에 앞장섰던 중국의 지식인들은 "전통 사상을 더 강화하고 고수할 책임을 느꼈다."고 말한다.2 달리 말하면 중국은 진정한 과학 혁명을 겪지 못했고 수리 천문학 분야에 약간의 변화가 있었을 뿐이었다. 중국인들은 옛것과 연관된 사고방식에 단단히 매달렸고 지식인의 권위는 소수의 정부 관료 엘리트들에게 집중되었다. 중국에서는 서양의 것을 닮은 교육 제도가 19세기까지 전혀 나타나지 않았으며, 벤저민 넬슨이 말하는 행동과 의사결정의 논리에서 아무런 발전도 일어나지 않았다.

중국은 지금까지 서양의 과학과 중요하게 만난 기회가 세 번 있었다. 첫 번째는 17세기 예수회와 만난 것이고 두 번째는 19세기 말 영국과 미국의 선교사들이 과학 기술을 가지고 들어왔으며 세 번째는 1911년 중국의 신해 혁명에 따른 문화 운동의 하나로 "미스터 사이언스Mr. Science"를 자발적으로 채택했다.3 중국 과학자들과 정부 관리들은 "남경 10년Nanking decade"(1927~1937년)이라고 부르는 짧은 기간 동안 과학 연구를 위한 제도 지원에 힘썼다. 그러나 이것은 일본의 침략과 2차 세계대전의 발발로 끝나고 말았다.4 2차 세계대

---

1. Nathan Sivin, "Science and Medicine in Chinese History," in *Heritage of China*, ed. Paul S. Ropp(Berkeley and Los Angeles : University of California Press, 1990), 192쪽.

2. 같은 책, 193쪽.

3. James Reardon-Anderson, *The Study of Change : Chemistry in China, 1840~ 1949*(New York : Cambridge University Press, 1991) ; D. W. Y. Kwok, *Scientism in Chinese Thought, 1900~1950*(New Haven, Conn. : Yale University Press, 1965), 137ff쪽 ; Merle Goldman and Denis Fred Simon, "Introduction : The Onset of China's New Technological Revolution," in *Science and Technology in Post-Mao China*, ed. Denis Fred Simon and Merle Goldman (Cambridge, Mass. : Harvard University, The Council of East Asian Studies, 1989), 4~6쪽 ; Richard Baum, "Science and Culture in Contemporary China," *Asian Survey* 22, no, 12(1982), 1166~1186쪽. 그러나 모든 지식 엘리트를 몰락시킨 마오쩌둥의 조치는 중국 역사에서 일어난 독특한 사건이다.

4. Reardon-Anderson, *The Study of Change*, 8~10장.

전은 전쟁으로 폐허가 된 중국에 실용 과학과 응용기술을 다시 한 번 일으킬 수 있는 기회를 가져왔다. 1949년 수립된 공산 정권은 지금까지와 전혀 다른 새로운 정부로 모든 것을 철저하게 국가가 통제했지만, 당시 중국 공산주의 개혁가들은 "과학적 사회주의"에 대해 이해가 낮았던 까닭에 과학에 대한 견해에서 문제가 많았다.

오늘날 중국은 제4기로 접어들어 중국 과학을 근대 과학으로 동화하고 그 경계를 확대하려고 하지만 여전히 그 틀은 "마르크스-레닌주의 방향"에 입각해 있다. 이 틀이 근대 과학의 발전으로 이루어질지는 확실하게 알 수 없다(더 자세한 사항은 다음에서 검토한다).

지금까지의 검토 결과로 볼 때 근대 과학 혁명은 자연에 대한 지식 체계를 재구성하고 인간과 인식 능력에 대한 새로운 개념을 정당화한 제도 혁명이자 지식 혁명이었다. 고대 그리스 철학과 로마법, 기독교 신학이 서로 혼합되어 형성된 이성과 합리성은 인간과 자연을 합리적으로 이해하기 위해 반드시 필요한 토대를 마련했다. 이 새로운 형이상의 조합은 중세 사회의 문화적·법적 체계 가운데 하나인 대학에서 그 제도적 근거를 발견했다. 대학은 지식인들이 여러 가지 의문을 규명하면서 지적 영감을 추구할 수 있는 중립 공간을 왜 제도로 정착시켜야 하는지 그 정당성을 확인해 주는 기반이 되었다. 르네상스 이후 서양 세계의 대부분은 이 기반을 바탕으로 해서 경제, 정치의 발전은 물론 점점 더 과학 운동을 활발하게 전개했다. 그러나 이슬람 세계의 모습은 이와 달랐다.

오스만 제국

16세기부터 유럽인들은 점점 더 넓은 지역으로 세력을 확장하기 시작했고 이에 따라 유럽인들과 이슬람교인들이 서로 만나는 지점

 사회·법 체계로 본 근대 과학사 강의

들이 많아졌다. 실제로 유럽의 군사력이 오스만 제국의 군사력과 비슷한 수준으로 성장하면서 유럽 지역과 오스만 제국의 지배 지역 사이에서는 끊임없는 접전이 벌어졌다. 오스만 제국은 발칸 반도 지역으로 확장할 수 있었고 실제로 1683년에는 빈을 포위 공격할 정도로 강력했지만 근대 학문이나 근대 과학의 발전은 군사력의 발전을 따라가지 못했다.

오스만 제국의 관료들은 15세기 말부터 자국 영토 안에서 인쇄술을 사용하지 못하도록 금지했다. 이것은 오스만 제국이 유럽에서 근대 과학 발전의 중심 구실을 했던 고등 교육기관들을 세우지 못한 가장 큰 까닭이었다. 17세기에 이르러 오스만 제국은 유럽의 천문학과 의학 연구 성과들이 조금씩 번역되면서 유럽이 이끈 과학 혁명의 과실을 점차 받아들이기 시작했다. 오스만 제국에서 인체 해부는 금지되었고 의학을 가르치기 위해서는 인체 모양을 한 나무 모형이나 밀랍 모형을 사용했다.5 천문학은 비록 17세기에 코페르니쿠스 체계를 설명한 유럽 책들이 번역되기는 했지만 이 지역의 학자들이 새로운 코페르니쿠스의 세계관이 암시하는 것을 깨닫기까지는 훨씬 더 시간이 흘러야 했다.6

오스만 제국의 지배자와 개혁가들은 18세기 말부터 유럽 학자들이 가르치는 서양식 고등 교육을 도입하려고 애썼다. 그러나 주로

---

5. Gül Russell, "'The Owl and the Pussy Cat' : The Process of Cultural Transmission in Anatomical Illustration," in *Transfer of Modern Science and Technology to the Muslim World*, ed. Ekmeleddin Ihsanoglu(Istanbul : Research Center for Islamic History, Art and Culture, 1992), 180~212쪽 가운데 195~208쪽.
6. Ekmeleddin Ihsanoglu, "Ottomans and European Science," in *Science and Empires*, ed. P. Petijean 외(Dordrecht : Kluwer, 1992), 37~48쪽 가운데 41쪽 ; 같은 저자, "Ottoman Science," *Encyclopedia of the History of Science, Technology and Medicine in Non-Western Cultures*, ed. Helaine Selin(Boston : Klumer, 1997), 802쪽.

군사 학교에 한정해서 교육이 이루어졌는데 이것은 전통 이슬람교 학자들과 충돌을 피하기 위해서였다. 서양식 교육 모형을 도입하려는 시도는 특히 자연과학을 가르치는 분야에서 강했는데 탄지마트법 개혁이 이루어졌던 19세기까지 계속 이어졌다. 터키는 "대학"(다룰푸눈Darulfünun 또는 "학문을 닦는 집")을 세우기 위해 세 번 시도했지만 모두 실패했다. 터키에 처음으로 "대학"이 세워진 것은 1900년으로 다룰푸누니 사흐네Darulfünun–I Sahne("제국 대학", 나중에 이스탄불 대학으로 부름)가 그것이다.7 이보다 앞서 1863년에 미국의 한 사업가가 로버트 컬리지Robert College를 설립했는데 1971년에 보가지시Bogazici 대학이 되었다가 지금은 보스포루스Bosporus 대학으로 바뀌었다.

터키가 시도한 이 모든 노력은 개혁을 이루는 방향으로 확대되었지만 최근에 터키와 일본의 학자들이 비교 연구했던 일본의 경우와 달리 터키의 개혁은 크게 실패했다.8 20세기에 일본은 화학, 물리학, 의학과 생리학 같은 세 개의 주요한 자연과학 분야에서 노벨상을 받았다. 그러나 터키에서는 이런 발전이 이루어지지 않았다. 터키는 유럽 대학의 모형을 따르는 고등 교육기관을 설립한 후에도 대학의 교수들이 실험 과학과 같은 기초 과학 연구에는 별로 관심을 보이지 않았다.9 셀쿡 이젠벨Selcuk Esenbel은 "상대성 이론과 양자 물

---

7. Ekmeleddin Ihsanoglu, "Changes in Ottoman Educational Life and Efforts Towards Modernization in the 18th and 19th Centuries," in *The Introduction of Modern Science and Technology to Turkey and Japan*, ed. Feza Günergun and Kuriyama Shigehisa(Kyoto : International Research Center for Japanese Studies, 1998), 119~136쪽 ; Niyazi Berkes, *The Development of Secularism in Turkey*(Montreal : University of Montreal Press, 1964).

8. Günergun and Shigehisa, *The Introduction of Modern Science and Technology to Turkey and Japan*과 Keiji Yamahama, "Modern Science and Technology in 18th and 19th Century Japan," 1~13쪽 ; Selcuk Esenbel, "Remarks on the Modernization of Japan and Turkey in 18th and 19th Centuries," 25~57쪽 참조.

9. Ihsanoglu, "Ottoman Science," 804쪽. 지금까지 이슬람 세계에서 노벨상을 받은

   사회·법 체계로 본 근대 과학사 강의

리학 연구는 1942년까지 터키에서 진지하게 논의되지 않았으며 1950년대에 비로소 정규 대학 과목으로 채택되었다.”고 지적한다.10

이집트

19세기 중동의 이슬람교 지역은 이와 비슷한 모습이 여러 곳에서 나타났다. 이집트인들은 1798년 자신들의 영토를 침략한 나폴레옹 군대가 가져온 새로운 과학과 기술, 근대 학문의 세계와 마주하고 나서 큰 충격을 받았다. 그 결과 이집트인들은 유럽이 실제로 자신들이 지금까지 알고 있었던 지식의 흐름과 전혀 다른 근대 과학으로 발전했다는 사실을 깨달았다. 이집트의 역사학자 알자바르티는 새로운 과학은 “우리들이 생각하는 수준을 뛰어넘었다.”고 말한다. 이집트인들은 유럽이 이슬람 세계에 가르쳐야 할 것이 아직도 더 많으며, 이슬람 세계는 이 새로운 지식을 얻기 위해 빨리 준비해야 한다는 사실을 깨달았다.

그러나 알아자르(카이로에 있는 가장 큰 사원이자 마드라사)의 학자들은 20세기에 한참 들어서서도 개혁을 거부하고 전통 교육을 고수했다. 이 개혁의 시기에도 이들은 화학, 물리학, 지질학, 천문학, 전기학 같은 새로운 과학의 도입을 막았다. 19세기 말 마드라사의 개혁을 책임졌던 무함마드 압두흐Mohammad ‘Abduh(1905년 사망)는 모든 방향에서 심한 저항을 받았다. 그는 이븐 칼둔Ibn Khaldun이 쓴 비교

사람은 2명인데 1979년 파키스탄의 물리학자 압두스 살람Abdus Salam(1996년 사망)과 1999년 이집트 화학자 아흐메드 즈웨일Ahmed Zewali였다. 즈웨일은 이집트에서 태어나 펜실베이니아 대학에서 박사학위를 받았다. 중국은 자연과학 분야에서 2명의 노벨상 수상자가 있는 반면에 오늘날 인구 700만 명에 불과한 스위스는 그 분야에서 25명이 노벨상을 받았다. http : //userpage.chemie.fu-berlin.de/diverse/bib/nobelpreise e.html

10. Esenbel, “Remarks on Modernization,” 252쪽.

역사학의 명저 《역사서설The Muqaddima》을 마드라사에서 가르치게 하려고 했지만 알아자르의 학자들은 이를 거부했다.[11] 이러한 알아자르 학자들의 교육 근대화에 대한 반발 때문에 20세기에 무함마드 압두흐의 뒤를 이은 후임자들은 완전히 새로운 종류의 교육 기관인 이집트의 '대학' 설립에 우선권을 두었고, 마침내 1908년 카이로에 기존의 마드라사와 다른 새로운 대학을 설립했다. 전통적인 마드라사는 절대로 개혁된 교육 기관으로 거듭나지 않으려고 했다. 실제로 알아자르를 근대화시키려는 이집트 정부의 노력은 지금까지도 계속되고 있다.[12]

19세기 이집트 지배자이었던 무함마드 알리Muhammad 'Ali(본래 이집트 출신이 아니었음)는 교육 개혁에 대한 반발이 심한 것을 깨닫고 완전히 새로운 근대 학교 체계를 만들어서 교육 개혁을 이슬람교 종교 지도자인 '울라마'의 손에서 떼어 냈다. 19세기(20세기 초)에 널리 퍼져 있었던 오래되고 낡은 전통 교육을 개혁하기 위해서는 근본적인 변화가 필요했다.

새로운 질서는 거기에 맞는 교실과 건물, 책상, 시험 제도, 수업 시간, 입학 요강, 학위 수여, 정규 교과목, 학생복, 학년제, 교수와 학사행정 서열, 학사 처벌을 새로 규정했다. 이 규정들은 공립학교에서 지켜야 하

---

11. John Livingston, "Muhammad 'Abduh on Science," *The Muslim World* 85, no. 3~4(1995), 215~234쪽 가운데 232쪽 ; 같은 저자, "Shaykhs Jabarti and 'Attar : Islamic Reaction and Response to Western Science in Egypt," *Der Islam*, Band 74 Heft 1(1997), 92~106쪽 ; 같은 저자, "Western Science and Educational Reform in the Thought of Shaykh Rifa'a al-Tahtawi," *International Journal of Middle Eastern Studies* 28(1996), 543~564쪽.

12. Geneive Abdo, *No God but God : Egypt and the Triumph of Islam*(New York : Oxford University Press, 2000), 3장은 20세기 말 알아자르를 개혁하려고 했던 시도들을 쉽게 설명해 놓았다.

는 표준이 되었지만 알아자르는 가끔씩 이 규정에 따르라는 정부의 명령에 끈덕지게 저항을 계속했다.[13]

20세기 초 알아자르를 개혁하기 위해 모든 노력을 기울였지만 여전히 많은 점이 부족했다. 그 유명한 알아자르 마드라사의 교육 경험이 얼마나 따분하고 지적 영감을 주지 않았는지는 당시에 가장 유명한(시각 장애의) 학생들 속에 끼었던 타하 후사인Taha Husayn(1889~1973년)이 자신의 자서전에서 한 말에서 잘 드러난다.

내가 (알아자르에서) 보낸 4년은 마치 40년과 같았다. 그 시간은 너무나 길었다. …… 공부는 시작부터 끝까지 새로운 것은 하나도 없이 그저 같은 내용을 단조롭게 되풀이하는 생활이었다. 새벽 기도가 끝나면 신의 유일성을 말하는 타우히드Tawhid를 공부했다. 그런 다음 피끄 또는 이슬람법 체계를 배웠다. 해가 뜬 다음에는 오전 동안에 아랍어 문법을 배우고 활기 없는 식사를 한 다음 정오 기도가 있고 다시 문법 공부를 좀더 했다. 이후에 약간 쉰 다음 다시 지루한 식사를 한 입 먹고 저녁 기도를 했다. 그런 다음 몇몇 선생들이 가르치는 논리 수업을 들었다. 수업의 모든 과정이 그저 똑같이 되풀이하는 말과 전래된 이야기를 듣는 것뿐이었다. 여기서 배우는 것은 내 마음에 심금을 울리는 내용도 없고 내 취향에도 맞지 않았다. 인간의 지식을 살찌우는 양식도 없고 더 배우고 쌓을 새로운 지식도 전혀 없었다.[14]

이 경험담은 21세기까지 이어져 내려온 이슬람 교육의 본질을 확

---

13. Donald Malcolm Reed, *Cairo University and the Making of Modern Egypt* (Cambridge : Cambridge University Press, 1990), 12쪽
14. 같은 책, 13쪽에서 인용.

인할 실마리를 일부 제공한다. 20세기 벽두에 무함마드 압두흐 같은 종교 지도자들은 종교와 과학 사이에 전혀 갈등이 없으며 특히 이집트는 이제 근대 과학과 기술을 완전하게 받아들여야 한다고 주장했다. 그러나 20세기 말에 다시 한 번 옛날 마드라사의 교육 방식과 교육 내용이 부활해서 다시 활기를 띠려는 시도가 나타났다.[15] 그러나 이슬람에서 인과론을 부정하고 우인론을 주장하는 형이상학들 사이의 대립은 19세기 말에 이미 사라졌다고 말할 수 있다.

인도 대륙

사이드 아흐마드 칸Sayyid Ahmad Khan(1817~1898년)은 인도가 서양의 교육 표준을 채택하도록 앞장서 주장하면서 인도의 지식 개혁 운동의 전면에 섰다. 그는 1840년대 초에 코페르니쿠스에 대항하는 프톨레마이오스의 견해를 지지했고 이것이 신앙심 깊은 이슬람교인들의 당연한 의무라고 생각했다. 그러나 이 문제를 더 많이 공부하면서 태양 중심론을 채택하고 그것을 뒷받침하는 형이상학을 꾸란의 전통 해석과 연결해야 할 필요가 있다는 것을 깨달았다.[16] 그가 태양 중심론으로 생각을 바꾸자 곧바로 엄청난 반대가 쏟아져 나왔는데 특히 1880년대 초 자밀 알딘 알아프가니Jamil al-Din al-Afghani의 공격은 매우 심했다. 아흐마드 칸은 일찌감치 다음과 같은 사실을 분명히 알았다.

---

15. 이 사실은 이후의 9·11 사건을 예견하는 중요한 전조였던 것으로 보인다. 오늘날 잘 알려진 것처럼 파키스탄, 이집트, 사우디아라비아의 급진 샤이흐shaykh(이슬람 부족장과 같은 종교적 권위자를 일컬음-옮긴이)들은 서양과 특히 미국에 대해 극단의 나쁜 점만을 수십 년 동안 가르쳐 왔고 근대 과학과 관련된 내용은 가르치지 않았다.

16. Christian Troll, *Sayyid Ahmad Khan : A Reinterpretation of Muslim Theology*(Atlantic Highlands, N. J. : Humanities Press, 1978), 5장.

　　　　　　　　　　사회·법 체계로 본 근대 과학사 강의

오늘날 우리는 전에 그랬던 것처럼(이슬람이 고대 그리스의 사상을 긴밀하게 받아들였던 때) 신학'ilm al-kalam을 근대의 관점에서 바라볼 필요가 있다. 우리는 이것을 통해 근대 과학이 가르치는 것을 반박하고 그것을 떠받치는 토대를 무너뜨리거나 또는 근대 과학이 이슬람 교리를 따르고 있다는 것을 보여 주어야 한다.[17]

그는 더 나아가 신이 하는 일과 자연 세계 사이에는 아무런 차이가 없으며 자연은 꾸란에서 말하고 있는 것과 똑같은 사건이 변함없는 질서를 이루고 있다고 주장했다. 그는 이것을 하나의 격언으로 말한다. "신이 하는 일(자연과 정해진 필연의 법칙)은 신의 말씀(꾸란)과 일치한다."[18] 이것은 급기야 울라마의 격렬한 반발을 불러일으켰는데 그들은 아흐마드 칸을 "자연주의자"(네카리necari)라고 부르며 불신자라고 비난을 퍼부었다.

화려한 문체를 가지고 있지만 일관성이 없었던 알아프가니가 아흐마드 칸과 그의 추종자들을 "유물론자"라고 공격하면서 싸움에 뛰어든 것은 바로 이때였다. 알아프가니는 근대 과학과 기술의 옹호자로 알려졌고 이 문제에 대해서도 아흐마드 칸을 지지하는 것으로 알고 있었지만 그가 내세운 철학적 견해는 일관성이 없었다. 알아프가니는 〈유물론자들의 반박Refutation of Materialists〉이라는 글을 썼는데,[19] 그는 이 글에서 아흐마드 칸과 그 추종자들을 고대 그리스의 유물론자들과 연결시켰다. 그는 당대의 "유물론자들" 또는 "자연주의자들"이 이슬람교인들에게 모든 종교를 버리라고 권하고 있다고

---

17. J. M. S. Baljon, J., "Ahmad Khan," *EI²* 1, 288쪽에서 인용 ; Troll, *Sayyid Ahmad Khan*, 172쪽은 이와 같은 주장이 1862년부터 공식화했음을 보여 준다.
18. Baljon, "Ahmad Khan," *EI²* 1, 288쪽.
19. Nikki R. Keddie, *An Islamic Response to Imperialism*(Berkeley and Los Angeles : University of California Press, 1983), 130～174쪽, 175～180쪽 참조.

우겼는데 그것은 아흐마드 칸이 주장하는 것이 전혀 아니었다. 니키 케디Nikki Keddie는 알아프가니가 이 문제에 접근하는 방식은 종교에 대한 것이 아니라 이슬람 공동체가 외부의 정치적 조작과 내부의 분열에서 어떻게 살아남을 수 있는가 하는 "실용주의" 정책에 대한 것이었다고 말한다. 케디는 여기서 알아프가니가 종교적 신앙의 변경이 가져오는 사회적 결과에 주목했다는 점을 강조한다.[20]

그러나 알아프가니와 그와 반대편에 있던 알아타르, 알타흐타위, 압두흐 같은 개혁가들이 근대 과학에 대해서 벌였던 전반적인 논쟁이 그것을 채택했을 때 자신들의 사회와 정치, 경제에 이익이 된다는 것이었다면, 아흐마드 칸을 "유물론자"라고 한 알아프가니의 공격은 그가 근대 과학의 형이상이 암시하는 내용을 철저하게 감추기 위해 취한 행동이었다는 것을 보여 준다. 아흐마드 칸은 근대 과학과 기술이 이슬람 공동체에 가져다줄 이익 때문에 그것을 이슬람 세계에 동화시키려고 애썼지만, 그는 동시에 이슬람의 형이상과 근대 과학의 형이상이 서로 충돌하며 그 문제를 어떻게든 처리할 필요가 있다는 것을 인정했다. 그러나 알아프가니는 인도에 있는 아흐마드 칸의 추종자들과 직접 접촉을 가졌음에도 이러한 문제의식을 갖기보다는 매우 과장된 논조로 아흐마드 칸을 공격하는 데 열을 올렸다. 결국 아흐마드 칸에 대한 격렬한 공격과 그와 그의 추종자들에 대해 불신자라는 오명을 씌우는 일에 열중한 알아프가니는 전통의 이슬람 신학과 근대 과학이 서로 조화를 이룰 수 있는 기회를 잃게 하는 구실을 했을 뿐이었다.

이것은 (1880~1882년에) 알아프가니가 정통 이슬람교의 수호자인 것처럼 보이도록 하는 새로운 의제에 맞았던 것일 수 있지만 정통성

---

20. 같은 책, 73~75쪽.

 사회·법 체계로 본 근대 과학사 강의

의 수호는 (변화하지 않고) 다만 현재 그대로 있는 것이다.[21] 아흐마드 칸이 자연의 법칙과 신의 말씀을 연결하려고 했던 것에 대한 이슬람 공동체 내부의 반대는 20세기 말까지 계속해서 이어졌다. 크리스천 트롤Christian Troll에 따르면 인도 전역에 걸쳐 주요 도서관의 모든 구역은 아흐마드 칸의 자연과학 사상에 대한 토론과 반박 내용을 따로 제쳐놓았다.[22] 그렇지만 아흐마드 칸은 1875년 알리가르Aligarh에 무함마드 앵글로-오리엔탈 칼리지Muhammadan Anglo-Oriental College를 세우고 거기서 근대 과학을 가르칠 수 있었다. 이 학교는 1920년에 알리가르 무슬림 대학Aligarh Muslim University이 되었다.

20세기 과학을 바라보는 태도

당시에 이슬람교인들이 과학과 기술을 어떤 자세로 대했는가의 문제는 아직 아무도 확인하지 못한 영역이다.[23] 고대 그리스 철학과 자연과학은 전통적 사고의 학자들과 대부분의 이슬람교 신학자들에게 외래의 이질적 학문으로 보였기 때문에 자연과학은 20세기 초가 될 때까지 불신의 벽을 넘어설 수 없었다. 그러나 그 이후로 자연과학을 대하는 태도는 눈에 띄게 급격한 변화를 겪었다. 바로 앞 세기 동안 이슬람교인들은 근대 과학과 기술이 이슬람의 세계관과 반대되는 서양에서 침입해 왔다고 생각하는 것에서 무함마드 압두흐가

---

21. 같은 책, 53쪽.
22. Troll, *Sayyid Ahmad Khan*, 228쪽.
23. 발간된 다양한 자료 말고도 내가 Abdul Karim Soroush, Richard Dekmejian, Tarik Mitri, Zafar Ansari와 나눈 대화와 교신이 큰 도움이 되었다. 그리고 아직 책으로 발간하지는 않았지만 1996년 9월 말레이시아 쿠알라룸푸르에서 "과학과 기술에서 가치와 태도"라는 주제로 열린 국제 학술 대회(VAST '96)에 참석해서 발표한 100명의 이슬람 과학자들과 공학자들로 구성된 집단에 대한 내 연구를 바탕으로 나온 생각도 일부 있다.

주장했던 것처럼 이슬람과 과학 사이에 전혀 갈등이 없다는 생각으로 태도가 바뀌었다. 이러한 생각의 변화는 아마도 현대 교육을 받은 이슬람교인들이 많아지면서 일어난 현상으로 생각되지만 아직도 이들 중립주의자들의 세력은 과학 연구를 독려할 정도의 강한 자극을 제공하지 못한다. 그 결과 오늘날 전세계의 이슬람 국가들은 과학자와 기술자의 수에서 서로 상당한 차이가 있으며, 또한 이들의 국가 회계는 과학과 기술 발전에 투자하는 기금의 수준이 경제협력개발기구OECD 산하 국가들의 평균에도 못 미치는 것으로 나타난다.24 또한 최근 유엔에서 보고한 《2002년 아랍의 인간 개발 보고서 *Arab Human Development Report, 2002*》는 아랍 국가들 사이에 매우 큰 사회와 경제, 기술의 격차가 있다는 것을 잘 보여 준다.

그러나 어떤 과학이 꾸란에서 파생된 것인지를 따지는 또 다른 태도가 있다. 이 태도는 새로운 이슬람교인들 사이에서 발견할 수 있는데 이것은 어떤 면에서 꾸란은 "모든 것을 설명"한다는 초기의 이슬람교의 견해로 돌아간다. 또한 이 견해는 "예언 의학"에서도 볼 수 있는 태도이다. 하지만 어찌 되었든 공학은 오늘날 이슬람 세계의 중요한 부분으로 대학에서 가장 인기 있는 과목이다.25

---

24. World Bank, *World Development Report, 2000/2001*(New York : Oxford University Press, 2000) ; United Nations Human Development Program, *Human Development Report, 2000*(New York : Oxford University Press, 2000), 표 15.
25. 터키의 이슬람 공학자들과 그들이 한 역할에 대한 내용은 Nilüfer Göle, "Engineers : 'Technocratic Democracy'," in *Turkey and the West*, ed. Martin Heper, Ayse Öcü, and Heinz Kramer(London : I. B. Taurus, 1993), 199~218 쪽 ; 같은 저자, "Secularism and Islamism in Turkey," *The Middle East Journal* 51, no. 1(Winter 1997), 46~58쪽 참조.

사회·법 체계로 본 근대 과학사 강의

정치과학자 바쌈 티비Bassam Tibi는 카이로에 있는 다양한 지식인 집단을 개관하면서 이들을 다섯 집단으로 나누고 이들이 과학에 대해 취하는 태도를 잘 분석했다. 그의 평가는 이슬람교인들이 믿고 따르는 구술 자료와 문서들을 기초로 했으며, 이 자료는 과학과 기술에 대한 이들 지식인 집단의 태도를 잘 보여 준다. 티비는 다음과 같이 집단을 나눈다. ①카이로의 알아자르 대학(이슬람 세계에서 가장 오래된 마드라사)에 있는 종교 학자들 집단인 알아자리스al-Azharis ②꾸란 직해주의자 ③완고한 이슬람교 신봉자 ④"계몽 근본주의자" ⑤"무장 근본주의자".26

첫 번째 집단은 알아자르 대학의 종교 학자들로 구성되어 있다. 티비에 따르면 이들은 모든 지식이 신에게서 온다는 전통 견해를 인정하지만 일반인 근본주의자들과 달리 꾸란을 과학적 문서로 보지 않는다. 알아자르의 학자들은 자연과학을 연구하는 것이 불경해지는 첫 단계로 믿었던 중세의 정통 이슬람 학자들과 달리 이제 이슬람과 과학이 함께 공존할 수 있다는 견해를 지지한다.

두 번째 집단은 꾸란이 과학의 근원이라고 믿는 이슬람교인들로 구성되어 있다. 이들은 "꾸란에 나온 모든 문자는 신이 인간에게 가르쳐 준 과학을 깨닫게 하는 도구"라고 믿으며 자연과학과 근대 의학의 근원을 꾸란에서 찾으려고 한다.27 이 견해는 이슬람 역사와 깊은 연관이 있는데 이슬람교 초기에 예언 의학의 효능을 극찬했던

---

26. Bassam Tibi, "The Worldview of Sunni Arab Fundamentalists : Attitudes Toward Modern Science and Technology," in *Fundamentalism and Society*, ed. Martin Marty and F. Scott Appleby(Chicago : University of Chicago Press, 1993), 73~102쪽.
27. 같은 책, 87ff쪽.

복고적 견해와 연결되어 있다. 이는 꾸란이 암시하는 계시와 민속 신화를 바탕으로 하는 천문학을 수반했다. 그러나 이 문제에 대한 실제 토론이나 논쟁은 허용되지 않았다. 한 동료 학자가 쓴 것처럼 "대부분의 이슬람교인들은 과학적인 것은 모두 꾸란 그 자체이거나 꾸란 안에 그 근원이 들어 있다고 말하면서 …… 논쟁을 빨리 끝내고 싶어한다."28 이렇게 과학과 이슬람교 사이의 관계를 토론하고 논쟁하는 것을 꺼리는 태도 때문에 이 목적을 위해 1995년 인터넷에 만들었던 토론 모임의 운영이 실패로 끝나고 말았다.29 그 후 수 년 동안 과학과 이슬람 사이의 토론은 실제로 전혀 일어나지 않았다. 현재 인터넷에서 떠도는 이슬람 관련 내용은(실제로 매우 드물지만) 주로 이슬람 사업가들이 제품 판촉을 위해 보내는 광고물이다.

세 번째 집단은 티비가 보기에 "가장 완고한 집단"으로 "이슬람교의 특성을 과학에 접목시켜 과학을 이슬람화하고자 하는" 사람들이다.30 이들은 현재 "과학의 이슬람화" 계획에 전력을 다하고 있다. 이 계획은 미국 버지니아 주 헌든Herndon에 있는 국제 이슬람 사상 연구소International Institute for Islamic Thought(IIIT)에서 시작했다. 이들은 본디 이스마일 알파루키Isma'il R. al-Faruqi(1987년 사망)가 영감을 받아서 쓴 《지식의 이슬람화Islamization of Knowledge》라는 책을 1982년에 발간했다.31 이 책은 그 후 아랍어로 번역되었다.32 이 집단은 "매우 수가 적다."고 한다. 이 집단이 가장 완고하다고 말하는 티비의 주장은 과장이며 아마도 티비 자신이 이들과 논쟁한 경험을 반영한 것

---

28. Tarek Mitri, personal communication, Dec. 12, 2000.
29. (ISL-SCI@VTVM1.CC.VT.EDU).
30. Tibi, "The Worldview of Sunni Arab Fundamentalists," 88쪽.
31. 이 집단과 IIIT의 중심 주장에 대해서는 Lief Stenberg, *The Islamization of Science:Four Muslim Positions...*(Lund : Novapress, 1996) ; Toby E. Huff, "Can Science be Islamized?" *Social Epistemology* 10, no. 3/4(1996), 305~316쪽 참조.
32. Tibi, "The Worldview of Sunni Arab Fundamentalists," 88f쪽.

 사회·법 체계로 본 근대 과학사 강의

이라고 생각한다. 한편 말레이시아에 있는 국제 이슬람 대학
International Islamic University도 "지식의 이슬람화" 계획을 채택했다. 그러
나 이 대학은 교과과정을 미국의 대학 모형으로 표준화했고 가르칠
때 사용하는 주 언어도 영어이다. 이 대학 교수들은 학생들보다 더
보수적이긴 하지만 내가 그 대학에서 경험한 바로는 이 대학이 폭력
주의, 이슬람주의 또는 과격한 사상의 온상은 아니라고 말할 수 있
다.33

네 번째 집단은 과학과 여러 가지 다른 형태의 지식을 발전시켜
"국민 계몽, 개화와 연계된" 방법론으로 이용하려는 "계몽 근본주의
자"들로 구성되어 있다. 이들은 과학에서 이성의 역할을 인정한다.
이 집단을 대변하는 사람들 가운데 한 사람은 적어도 "과학이 인간
의 이성에서 나온 것은 사실이다."고 주장한다.34 이것은 과학 지식
이 꾸란의 문구에 담겨 있는 것이 아니라 인간의 창조성에서 나온다
는 것을 뜻한다.

끝으로 티비는 "무장 근본주의자" 집단을 드는데 이들은 다양한
급진 세력으로 구성되어 있고 "이슬람 비밀 단체jama'at al-Islami" 출신
으로 1928년 하산 알반나Hasan al-Banna가 이집트에 설립한 정치 결사
조직인 '무슬림 형제단Muslim Brotherhood'에서 시작되었다고 볼 수 있
다. 이 무장 단체는 1970년대와 1980년대 활발하게 활동했으며 "성
전al-Jihad"과 "심판과 이주Takfir wa Hijra"와 같은 이름을 사용했다. 이
집단에 속한 사람들에 따르면 현재의 이슬람 국가들은 '자힐리야 시
대jahiliya(610년 예언자 무함마드가 신의 계시를 받기 이전으로 이슬람교

---

33. Kamal Hassan, *Intellectual Discourse at the End of the Millennium:Concerns of a Muslim-Malay CEO*(Kuala Lumpur : International Islamic University Press, 2001).
34. Tibi, "The Worldview of Sunni Arab Fundamentalists," 90쪽.

가 출현하기 이전 시대를 말함-옮긴이)'의 환경에서 살고 있으며 따라서 "이교도"들이 신의 율법을 무시하고 그것에 도전하는 세상과 직면하고 있다. 이들은 이것을 사실이라고 믿기 때문에 일부는 현재의 사회 정치적 질서를 심판하고 다른 곳으로 이주해야 한다고 주장한다. 이것은 예언자 무함마드가 622년 메디나로 이주하면서 이슬람의 기원을 열었던 사건(헤지라hejira)을 다시 재현하는 것이다. 이 무장 단체는 현재의 질서를 격렬하게 심판하려고 하지만 과학과 기술이 제공하는 근대 도구(팩스, 이메일, 위성방송)를 생활 개선과 전쟁 수단으로 사용한다. 이 도구들이 서양에서 비롯되었다는 사실은 무시하는 것처럼 보인다.

이 집단 가운데 어느 집단이 원래부터 과학적 탐구를 인정하는지 또는 수용하지 않는지 그것은 분명하지 않다. 그러나 새로운 이슬람주의자들에게서 두드러지게 나타나는 생각은 이슬람 세계가 퇴보하는 것이 아니라 진보하고 있으며, 근대 과학이 서양에서 온 것이 아니라는 것을 입증하고자 하는 바람이다. 이슬람주의자들은 무엇보다도 과학이 그저 인간의 생활 조건을 향상시키고 신이 허락한 인간의 목적을 실현하기 위한 수단일 뿐이지, 인간의 회의와 실험을 통해 모든 지식을 생산하는 독립된 사고방식은 아니라는 견해를 가장 편안하게 받아들인다.

21세기의 이슬람 : 인터넷

2001년 9월 11일 뉴욕에 있는 세계무역센터와 워싱턴에 있는 미국방성 건물이 공격을 받은 사건은 오늘날 우리 모두가 이슬람 세계를 너무 모르고 있었다는 사실을 잘 보여 준다. 전세계의 대다수 이슬람 국가들은 그 공격을 비난했지만 많은 이슬람 국가들이 20세기 말에 국가 개발 계획을 시작해서 그것을 마치기까지 가야 할 길이 멀다는 것은 의심의 여지가 없다. 오늘날 많은 이슬람 국가들에서 "근대성의 실패"에 대해 많은 논의가 있는데[35] 그 가운데 전망을 보여 주는 몇몇 사례가 있다. 가장 밝은 전망을 보여 주는 곳이 말레이시아로 이 나라는 약 2,300만 명의 이슬람교인들이 사는 이슬람 국가이다. 말레이시아는 1957년에 영국에서 독립했으며 그 이후로 눈에 띄게 큰 발전을 이룩했다. 이슬람 국가가 근대성과 세계화에 맞서 준비하고 있는 태세를 가늠할 수 있는 가장 의미 있는 척도로 인터넷의 발전 수준을 들 수 있다.[36]

〈표 1〉에서 보는 것처럼 이슬람 국가들은 인터넷 발전에서 전세계의 다른 지역들보다 한참 뒤처져 있다. 중동·북아프리카 지역 MENA은 인터넷 기반 시설이 아프리카의 사하라 사막 이남 지역보다 뒤진다. 더욱이 이 지역 국가들은 국민소득이 중간 이하인 국가들에 속하는데 심지어 이들 국가군의 평균 인터넷 호스트 컴퓨터 대수보다 훨씬 못 미친다. 세계 평균이 1만 명당 120대인 데 비해 이 국가들은 약 218배나 발전 수준이 낮다. 가장 최근의 유엔 개발보고서에 나온 "아랍 국가들"의 수준을 보더라도 1만 명당 1.30대의 인터넷

---

35. Clement Henry and Robert Spingborg, *Globalization and the Politics of Development in the Middle East*(New York : Cambridge University Press, 2001)는 오늘날 중동과 북아프리카 국가들이 세계화에 저항하는 것에 대해 잘 분석해 놓았다. 과거 역사에서 이슬람의 전통 법 체계가 이슬람 국가들의 경제 침체에 어떤 기여를 했는지 경제사학자 관점에서 잘 분석한 것으로는 Timur Kuran, "The Islamic Commercial Crisis : Institutional Roots of Economic Underdevelopment in the Middle East," (http : //papers.ssrn.com/abstract-276377) 20 Nov. 2001 ; 같은 저자, "The Religious Undercurrents of Muslim Economic Grievances." www.ssrc.org/sept11/essays/kuran text only.htm

36. 다음에 나오는 절은 Huff, "Globalization and the Internet : Comparing the Middle Eastern and Malaysian Experiences," *The Middle East Journal* 55, no. 3(Summer), 439~458쪽을 인용.

지역	1만 명당 호스트 수
중동과 북아프리카	0.55
사하라 이남 아프리카	2.73
남아시아	0.22
동아시아와 태평양	2.69
저소득 국가	0.37
중간 소득 국가	9.96
고소득 국가	777.22
중간 소득 이하 국가 평균	5.40
세계	120.02

출처 : 세계은행, 《세계개발보고서 2000/2001》, 표 19, 310~311쪽.

호스트 컴퓨터를 보유한 것으로 나오는데, 이것은 그나마 아랍에미리트연방UAE을 포함했기 때문에 약간 수치가 올라간 것이다.[37]

이 통계는 중동 지역의 인터넷 발전이 정체되었다는 사실을 말하는 것이 아니라 이 지역이 다른 지역에 비해 훨씬 더 느린 속도로 발전하고 있다는 것을 보여 주는 것이다. 예를 들면 1997년과 2000년 사이에 중동·북아프리카 지역 국가들의 성장률을 세계 성장률과 국민소득이 중간 이하인 국가들의 성장률과 비교하면 양쪽 다 중동·북아프리카 지역 국가들의 성장률이 상당히 뒤진다는 것을 알 수 있다. 1997년과 2000년 사이 전세계 인터넷 호스트의 수를 가리키는 지수는 245퍼센트(1만 명당 34.75대에서 120대로) 증가했지만, 반면에 이 지역 국가들은 겨우 140퍼센트(1만 명당 0.23대에서 0.55대로) 증가하는 데 그쳤다.[38] 국민소득이 중간 이하인 국가들의 경

---

37. UNHDR, *Human Development Report 2000*, 표 12, 201쪽. 여기서 말하는 "아랍 국가들"은 아랍에미리트연방을 포함해서 19개 국가를 합친 것을 뜻한다.

38. World Bank, *Knowledge for Development*(New York : Oxford University Press, 1999), 표 19, 227쪽 ; World Bank, *World Development Report 2000/2001*, 표 19, 311쪽. 세계은행은 아랍에미리트연방이 MENA의 정의에 맞지 않는다고 해서

표 2_ 1만 명당 인터넷 호스트 수(2000년 1월)

지역	1만 명당 호스트 수
알제리	0.01
이집트	0.73
이란	0.09
요르단	1.27
쿠웨이트	20.50
레바논	10.93
모로코	0.33
사우디아라비아	1.28
시리아	0
튀니지	0.10
터키	13.92
예멘	0.02
말레이시아	25.43

출처 : 세계은행, 《세계개발보고서 2000/2001》, 표 19.

우도 인터넷 호스트 대수는 3년 동안 253퍼센트(1만 명당 1.53대에서 5.4대로) 증가했지만 중동·북아프리카 지역 국가들은 140퍼센트 증가했을 뿐이다. 이것은 이 국가들이 전세계의 다른 지역과 비교할 때 인터넷 발전이 점점 더 뒤처지고 있다는 것을 보여 준다.

〈표 2〉는 중동·북아프리카 지역 국가들 사이에 인터넷 발전에서 서로 얼마나 차이가 있는지를 보여 준다. 이 지역에서 석유 부국인 쿠웨이트는 이용자 대비 인터넷 호스트의 수가 가장 많으며, 그다음 이 터키인데 이 나라는 주요 석유 자원이 없음에도 인터넷이 발전했

여기에 포함시키지 않는다. 그러나 유엔의 *Human Development Report 2000*은 "아랍 국가들"에 아랍에미리트연방을 포함시키고 1998년 이 나라의 인터넷 호스트 수가 1,000명당 7.61대(또는 1만 명당 76.1대)라고 표시한다(표 12, 198쪽). 이 연구의 목적으로 볼 때 겨우 300만 명의 인구로 엄청난 석유 자원을 가진 아랍에미리트연방은 분석 대상에서 뺀다. 터키도 마찬가지로 공식 MENA 국가에 포함되지 않지만 여기서는 분석에 포함시키는 것이 유용하다.

다. 그러나 중동 지역에서 가장 인터넷 호스트가 많은 두 나라도 2000년 1월 기준으로 1만 명당 25.43대의 인터넷 호스트를 가진 말레이시아에 비하면 한참 뒤떨어진다. 비록 중동·북아프리카 지역 국가들의 인터넷 성장률이 속도를 높이고 있지만 그러나 이 정도의 성장률은 결국 이슬람 세계에 인터넷 발전을 가로막는 거대한 장애 요소가 있다는 것을 보여 주는 것이다. 이 장애 요소들은 경제 요소에 국한된 것은 아니며 기술, 정치 문제 그리고 도덕과 종교적 정서를 모두 포함하고 있다. 이 모든 자료는 앞으로 다가올 미래에 이슬람 세계의 많은 나라들이 세계의 다른 지역에 비해 경제 분야뿐만 아니라 디지털 분야에서도 계속해서 뒤떨어질 수 있다는 것을 보여 준다.

그러나 말레이시아와 이 나라가 추진 중인 "정보화 특별구역 Multimedia Super Corridor(MSC)" 사업을 좀더 자세히 살펴보면 이 나라가 경제 발전과 관련해서 국민의 생활 수준을 높이고 초등, 고등 교육을 확대하며 안정된 중산층을 창조하기 위해 중요한 일을 시작했다는 것을 알 수 있다.39 말레이시아는 양성평등, 교육 수준, 국민 수명과 같은 대부분의 주요한 인간 개발 지표에서도 이슬람 국가들 가운데 가장 수위에 있다.40

어떤 이들은 말레이시아의 전체 국민들 가운데 소수지만 꽤 많은 중국계 말레이시아인들(약 30퍼센트)이 있어 이들이 말레이시아의 성공에 큰 구실을 했다고 말한다. 중국계 말레이시아인들(과 또 일부 인도계 말레이시아인들)이 경제 발전에 큰 기여를 한 것은 사실이지

---

39. 더 자세한 내용은 Huff, "Globalization and the Internet"과 같은 저자, "Malaysia's Multimedia Super Corridor and Its First Crisis of Confidence," *Asian Journal of Social Science* 30(2002) 2, 248~270쪽 참조.
40. *Human Development Report, 2000/2001*, 유엔의 인간 개발 계획이 개발한 인간개발지수와 양성평등지수를 참조.

 사회·법 체계로 본 근대 과학사 강의

만 영국에서 독립한 이후 말레이시아 정부를 이끈 사람들은 이슬람
교인들이었다. 정보화 특별구역 사업의 초기 계획에서 개발 단계까
지 이 모든 것도 이슬람교 출신의 기술 관료들이 이끌었다. 실제로
말레이시아 총리였던 마하티르 모하마드는 이 모든 계획의 공로를
인정받았다.41

말레이시아 정부는 정치력에서도 이슬람 근본주의자들을 감시하
는 데 각별히 신경을 썼다. 비록 지금 이 나라는 "이슬람 국가"가 무
엇을 뜻하는지에 대해 격렬한 논쟁에 휩싸여 있지만 일반 국민들 사
이의 논쟁을 공개하고 있으며 이 논쟁은 특히 인터넷 신문인 말레이
시아키니Malaysiakini에서 활발히 전개되고 있다. 하지만 정부에서 타
임, 뉴스위크, 이코노미스트, 사우스이스트 아시아 저널 오브 이코노
믹스 같은 신문은 개인에게 판매하는 것을 가끔씩 금지하고 있다.

말레이시아는 성차별을 인정한 이슬람법을 개혁했으며 이슬람법
에도 영미법과 같은 기술 체계를 부여한 것은 매우 인상적이다.42
또한 완전하지는 않지만 관용과 다원화 사회를 지향하고 중산 계층
을 안정화시키는 방향으로 사회를 이끄는 모습도 다른 이슬람 국가
들에 비해 매우 다른 점이다.43

말레이시아의 정보화 특별구역 사업은 꽤 많은 비판을 받기도 했
지만 훌륭한 착상이며 지금까지 잘 수행되었다. 이 개발 사업은

---

41. Mahathir Mohamad, *Mahathir Mohamad on the Multimedia Super Corridor*
(Kuala Lumpur : Pelanduk Publications, 1998) 참조.
42. Donald Horowitz, "The Qur'an and the Common Law : Islamic Law Reform
and the Theory of Legal Change," *The American Journal of Comparative Law*
42(1994), 233~293쪽, 545~580쪽.
43. Abdul Rahman Embong, "The Culture and Practice of Pluralism in Post-
Independence Malaysia," Institute of Malaysia and International Studies,
University of Kebangsaan Malaysia, Working Papers no. 18, Aug. 2000, 36쪽.
1998년 전임 부총리 안와르 이브라힘이 바람직하지 못하게 쫓겨났지만 그래도 현재
의 상태에 긍정적 평가를 줄 수 있다.

1996년 시작해서 1999년 여름에 광케이블을 깔면서 콸라룸푸르 서쪽에 있는 페트로나스 타워에서 새로 문을 연 콸라룸푸르 국제공항까지 50킬로미터에 이르는 "회랑"을 연결하여 1초에 2.5기가비트 속도로 정보를 전달할 수 있게 되었다.

또한 말레이시아 마이크로일렉트로닉 시스템 연구소MIMOS는 북쪽에 있는 페낭(말레이시아 마이크로칩을 생산하는 설비시설이 있는 곳)에서 남쪽으로 MSC/콸라룸푸르 회랑을 따라 남쪽 끝에 있는 자호르 바흐루Jahor Bahru까지 이어지는 고속 통신 선로를 임차했는데 자호르 바흐루는 해협을 건너면 바로 싱가포르까지 연결된다. 그 밖에 여러 개의 민간 통신회사들도 정보화 특별구역 사업과 함께 말레이시아 반도의 남북을 잇는 고속 통신 선로를 놓았다. 또한 말레이시아 마이크로일렉트로닉 시스템 연구소는 정보화 특별구역 사업에서 일본, 캐나다, 미국 해안 두 곳(샌프란시스코, 로스앤젤레스)으로 연결하는 네 개의 국제 해저 케이블도 운용한다. 1999년 여름 일본−말레이시아 선로는 중국의 이용자들을 위해 매우 큰 통신량을 제공했다. 말레이시아 국내에는 모든 곳에 인터넷 카페가 생겼으며 이곳의 인터넷 요금은 1시간에 6센트에서 1달러 사이였다[콸라룸푸르 시 외곽은 1999년 9월에 2링깃RM(말레이시아 화폐 단위로 2RM=60센트 정도임−옮긴이)]. 1999년 말에는 광케이블이 거의 6만 3,000킬로미터나 깔렸다.44 요약하면 말레이시아의 발전은 이슬람 국가들도 감각 있는 정치 지도자가 있으면 과학과 기술을 국가 전략으로 채택하여 경제 발전을 위한 길을 놓을 수 있다는 것을 잘 보여 주는 사례이다.

---

44. Malaysia, *Eighth Economic Plan, 2001~2005*(Kuala Lumpur, 2001), 375쪽.

중국의 근대 과학

끝으로 중국을 잠시 돌아보자. 7장(주석 45번)에서 본 것처럼 마오쩌둥 주석의 사망과 함께 중국 역사는 "4대 근대화"로 대표되는 새로운 국면을 맞이했다. 산업, 국방, 농업, 과학과 기술의 근대화가 그것이다. 중국은 선진국 경제와 선진 세계를 따라 잡기 위해서는 반드시 이 네 분야가 개혁되고 근대화되어야 한다고 생각했다. 이 각각의 영역은 거기에 맞는 활동과 사업을 추진할 수 있는 전문 지식인들과 전문 관리자들이 필요했다.

중국은 예로부터 국가 공무원 시험을 통해 인재를 충원했으므로 이들 국가 관료들이 바로 필요한 인재들의 원천이었다. 그러나 1905년 과거제도의 폐지와 함께 문화 엘리트와 정치 권력 사이의 연결은 끊어졌다.45 중국 역사에서 처음으로 법, 의학, 사업, 과학 분야에서 다양한 직업을 가진 전문가들이 생겨났다. 이 밖에 20세기 초 중국에서 처음으로 대학이 등장했다. 더 최근에는 중국 역사 전반을 자세히 훑으며 문제를 제기하는 거대한 논쟁이 벌어졌다. 예컨대 중국은 과거에 그렇게 훌륭한 업적을 남겼으면서 마오쩌둥 치하에서 왜 그렇게 형편없이 근대화에 실패를 했나,46 그리고 중국은 왜 근대 과학을 발전시키지 못했나와 같은 내용이다. 많은 분야의 지식인들은 당시에 새로운 문화 통합체가 필요했는지 아닌지 또는 전통의 가치와 유교주의로 돌아간 것이 올바른 길이었는지를 연구하면서 새

---

45. *China's Intellectuals and the State : In Search of a New Relationship*, ed. Merle Goldman(Cambridge, Mass. : Harvard University, The Council of East Asian Studies, 1987) ; H. Lyman Miller, *Science and Dissent in Post-Mao China* (Seattle : University of Washington Press, 1996), 242쪽.

46. Tu Wei-ming이 편집한 *China in Transition*의 *Daedalus* 특별판에 실린 여러 논문 가운데 Edward Friedman, "A Failed Chinese Modernity," 같은 책, 1∼17쪽 ; 재판(Cambridge, Mass. : Harvard University Press, 1994) 참조.

로운 답을 찾아 나섰다.

이 같은 발전과 더불어 중국의 관료주의(적어도 마오쩌둥 이후 시기)는 이 새로운 전문가들에게 자치권을 부여하는 쪽으로 나아가기 시작했다. 앞서 본 것처럼 20세기 초기 30년 동안 민족주의자들은 근대 과학을 중국에 동화하고 발전시키기 위해 매우 많은 노력을 기울였다. 실제로 1860년대에는 근대 화학을 중국에 도입하기 시작했다. 그러나 공산 혁명 이후 마오쩌둥에서 시작한 새로운 개혁은 오히려 문화 혁명(1966~1976년) 동안 비참한 결과로 끝나고 말았다.[47]

1970년대 마오쩌둥이 죽은 다음 덩샤오핑이 집권하자(1976~1997년) 중국의 과학자들은 리만 밀러Lyman Miller가 "준자치적 연구소"라고 부르는 일터에서 연구할 수 있었다.[48] 많은 사람들은 덩샤오핑 시대의 중국은 "과학 탐구를 안전하게 할 수 있는 민주적 환경"을 만들 수 있었을 것이라고 생각했다. 그러나 중국의 과학자들은 여전히 "학술 논쟁을 공개하고 개방 반대주의자의 정치적 간섭에서 벗어날 수 있게 해달라고" 주장했고 "국가가 하는 일에 개인이 자유롭게 의견을 말할 수 있게 해달라고" 요구했다.[49]

마오쩌둥 이후에 등장한 중국의 과학자들은 더 넓은 범위에서 우리가 머튼의 규범(1장 참조)이라고 불렀던 것에 충실했던 것처럼 보인다. 이들은 "사회와 정치적 삶에서 비판 이성의 가치, …… 정치적 자유를 보호하기 위한 법과 제도의 중요성, 그리고 특히 개인 양심의 존엄성"을 믿었다.[50] 그러나 마오쩌둥 이후의 정부도 여전히

---

47. 이보다 더 앞선 시기에는 일부 화학자들이 실제로 고문을 당하고 나중에 죽는 경우도 일부 있었다. Reardon-Anderson, *The Study of Change*, 373쪽 참조.
48. Miller, *Science and Dissent*, 241쪽.
49. 같은 책, 238쪽, 239쪽.
50. 같은 책, 238쪽.

마르크스-레닌주의 과학의 "지도"를 따랐다. 따라서 국가는 과학의 바탕이 되는 더 큰 형이상의 틀을 결정하고 무엇이 옳고 그른지 그리고 어떤 과제를 연구할지도 모두 국가가 결정해야 했다. 팡리지方勵之가 신랄하게 경멸하며 되풀이했던 "너는 노를 저어라, 방향타는 내가 잡겠다."가 당시 중국 정부의 구호였다.[51] 마침내 이 과학자들과 또 다른 민주화 세력은 중국 역사에서 가장 큰 정치적 탄압을 겪었다. 정부 당국은 천안문 광장의 민주화 시위대에 철퇴를 가했고 당시 세계에 널리 알려진 물리학자이며 북경 대학의 전 학장이었던 팡리지는 중국을 떠나야 했다. 그는 1년 동안 미국 대사관에서 저항하다가 결국 미국으로 탈출했다. 그는 현재 프린스턴 대학의 고등연구소에서 일하고 있다.

기초 연구("자유 탐구")를 하고 있는 일반 과학자들과 권력 상층부의 국가 통제주의자 사이의 긴장관계는 오늘날도 여전히 계속되고 있다. 중국에서 사상, 행동, 자연, 우주를 모두 하나로 묶는 단일한 통일체가 있다는 생각은 수세기 동안 널리 퍼졌던 견해이다. 사람들은 모든 사상은 겉으로 드러나고 마침내 조화를 이루는 방향으로 나아간다고 생각했다. 제임스 레얼돈-앤더슨James Reardon-Anderson이 지적한 것처럼 "유교주의자이건 '과학적 태도를 가진 사람'이건 또는 마르크주의자건 상관없이 통일체를 향한 끊임없는 충동"은 중국 역사에서 오랫동안 널리 퍼져 있었고, 이로 인해 당대의 지배 이념은 "인간과 자연, 우주는 하나로 묶인 통일된 진리라고 하는 근원적 믿음"을 향해 나아갔다.[52] 결국 자치권을 가진 집단은 그들이 직업 전

---

51. Fang Lizhi and Perry Link, "The Hope for China," review of H. Lyman Miller, *Science and Dissent in Post-Mao China*, New York Review of Books(Oct. 17, 1996), 43~47쪽 가운데 43쪽.

52. Reardon-Anderson, *The Study of Change*, 374쪽 ; Donald Munro, *The Imperial Style of Inquiry in Twentieth-Century China*(Ann Arbor : Center for Chinese

문가들이건 조합주의자들이건 또는 정당이건 상관없이 그 어떤 것
도 용인되지 않는다.

더 나아가 정치 엘리트들은 빠른 결과를 얻고 국가 권력을 강화해
야 한다는 강박관념에 쫓기게 되면 비록 자율성이 과학의 창조 정신
과 혁신을 가져오는 원천이라고 하더라도 그 자율과 자치를 모색하
는 과학자들이나 여러 집단을 통제하려고 한다. 덩샤오핑 시대가 되
면서 "과학은 역사에서 점점 더 혁명의 중심이 되어 가고 있다."는
생각이 뚜렷해졌다.53 이 생각과 과학적 사회주의의 약속은 앞으로
중국 발전에 핵심 구실을 할 사람들이 바로 과학자들이라는 사실을
명확하게 해 주었다. 따라서 과학자들은 자신들의 임무를 수행하기
위해 전문가의 직관에 따라 행동해야 했다. 그러나 도처에서 벌어지
는 실망스런 모습과 과학자들이 지켜야 할 규범에 따른 자율적이고
순수한 연구가 억압받고 있는 현실이 마침내 1989년 천안문 광장의
탄압으로 결말을 맞았다.

팡리지의 견해가 (그때나 지금이나) 중국의 과학 공동체 전체를 대
변하지는 않지만, 중국과 같은 나라에서 과학자의 본질과 사명이 무
엇인지 그(와 페리 링크Perry Link)의 설명을 살펴보는 것도 가치 있는
일이다. 팡리지는 자신이 세계에 널리 알려진 물리학자가 되는 과정
에서 택한 길을 자세히 말하면서 16~17세기 과학 혁명의 바탕이
되었던 근본 가치를 거듭 주장했다. 그와 페리 링크는 이것을 다섯
가지로 요약해서 말한다.

Studies, University of Michigan, 1996) 비교.

53. "Resolution of the Central Committee of the Communist Party of China on the
    Guiding Principles for Building a Socialist Society with Advanced Culture and
    Ideology"(1986). Miller, *Science and Dissent in Post-Mao China*, 62쪽에서 인용.

1. "과학은 의심에서 시작한다." : 과학의 진보는 "독창적 모방"이라는 정치 구호가 아니라 기존에 인정받은 지식에 의문을 제기하느냐 마느냐에 달려 있다.

2. 과학적·철학적 의심은 사람들을 독립과 자치로 이끈다. 진리에 도달하는 일은 탐구자들의 손에 달려 있는 것이지 직업 정치가(또는 종교 학자)와는 상관이 없다.

3. 과학은 과학자들의 의견이 하나하나 검토되고 평가받아 마침내 집단의 결정으로 마무리된다는 점에서 평등주의이다.

4. 과학은 정보의 자유로운 흐름과 교환을 필요로 한다.

5. 과학은 보편성을 갖는다. : 과학은 인도인, 유럽인, 아랍인, 중국인과 같은 하나의 인종 집단에 귀속되지 않는다. 팡리지와 페리 링크는 "과학과 민주주의"는 함께 발전한다고 확고하게 생각한다. 이것은 1911년에 일어난 5·4운동 이래로 중국에서 널리 알려진(비록 무시되었지만) 견해이다.54

결국 과학과 국가 사이에 풀리지 않았던 교육, 자유, 자치 제도의 범위와 같은 문제는 20세기 말 중국 정부가 마침내 경제와 정치 발전의 길로 들어서기로 결정하자마자 곧바로 모두 밖으로 터져 나왔다. 리지와 링크는 "오늘날 전세계의 어느 나라도 독재 체제 안에서는 선진 경제가 나오지 않는다. 중국이 이 원칙에서 예외가 될 수 있다는 징후는 어디에서도 찾아볼 수 없다."고 결론짓는다.55

중국의 물리학자들이 정부의 마르크스-레닌주의 이념 때문에 연구에 제한을 받고 있는 동안 줄기세포 연구를 수행하고 있던 생화학자들은 그들 연구에 상당한 자유가 보장되고 자금 지원도 받았던 것

---

54. Lizhi and Link, "Hope for China," 43~45쪽.
55. 같은 책, 47쪽.

으로 보인다.56 중국 정부가 자유를 제한하는 방향으로 움직이든 아
니든 오늘날 중국의 철학과 윤리 문화는 전통 이슬람교인들이나 종
교 편향의 미국인들이 겪었던 종교적 · 윤리적 양심의 가책을 중국
인들이 전혀 느끼지 않게 하는 것은 분명하다.

21세기 초에 중국은 탐구의 자유와 국가의 통제 사이에서 적절한
균형을 이루기 위한 노력을 기울이고 있지만 여전히 걱정되는 신호
가 나타나고 있다. 실제로 현재 미국인 학자와 중국계 미국인 학자
들을 포함해서 중국에 있는 지식인들에 대한 억압은 심각하다. 페리
링크는 최근에 현재 중국 사회의 억압 분위기를 대략이나마 명확하
게 밝히는 작업을 시도했다. 그는 "공산당 최고 지도층이 가장 우선
으로 생각하는 것은 과거처럼 경제 발전이나 정의 사회, 중국의 국
제 위상 또는 국가 전체가 추구하는 여러 가지 목표 같은 것이 아니
라 그런 것을 통제하는 힘이다."라고 주장한다.57

중국 관료주의는 "계속해서 자신들에 반대하는 공개 표현을 금지
하고 있으며 자신들이 통제하지 못하거나 통제하기 어려운 조직은
필요하다면 언제라도 와해시킨다."58 따라서 중국 정부의 방침에
벗어난다고 생각되는 견해를 품을 수 있는 지식인과 언론인 같은 사
람들은 온갖 종류의 협박과 감시를 받는다. 당국의 방침에 위배되는
의견을 표명하는 것은 위험한 행동이다. 언제 집이나 사무실에서 체
포되어 재판을 받을지 모르며, 자신뿐만 아니라 동료나 가족들도 안
전하지 못하기 때문이다. 이에 따라 중국의 지식인들은 "필명, 가공
의 대리인 또는 우화적 표현"을 즐겨 쓴다.59 이런 방식은 우리가

---

56. Karby Leggett and Antonio Regalado, "China Stem-Cell Research Surges as
    Western Nations Ponder Ethics," *Wall Street Journal*, Mar. 2, 2002, 1f쪽.
57. Perry Link, "China : The Anaconda in the Chandelier," *New York Review of
    Books*, Apr. 11, 2002, 67~70쪽 가운데 67쪽.
58. 같은 쪽.

　　　　　　　　　　　　사회 · 법 체계로 본 근대 과학사 강의

앞에서 보았던 것처럼 중세와 근대 초기에 이슬람교와 유대교 철학자들이 썼던 술수와 비슷하다.

이런 압력은 외부인들도 마찬가지로 견뎌야 했다. 중국에 있는 많은 미국인과 중국계 미국인 학자들은 자신들이 보기에 연구를 해도 "안전"하다고 생각한 연구 때문에 감금당하고 재판을 받고 감옥에 갇히기까지 한다. 재판 기간 동안 피고인 연구자들은 자신이 붙잡혀 온 죄목에 대해 자세한 설명을 듣기는커녕 오히려 "네 죄는 네가 알렸다."식의 자기 "고백"과 인정만을 요구받는다.60 이러한 억압 술책은 과학이든 아니든 어떤 학문 분야에서고 자유로운 탐구를 막는 나쁜 징조이다.

1980년대부터 2000년까지 중국 학생들은 미국에 유학 온 외국 학생들 가운데 가장 큰 집단을 형성했다. 2001년에 처음으로 인도 유학생들의 수가 중국 유학생들의 수를 넘어섰다. 지난 10년 동안 중국 학생들은 물리학 분야의 생명과학과 과학 기반 기술에 집중했으며 대학원에도 많이 진학했다.61 이제 이러한 발전이 중국과 세계의 앞날에 암시하는 것이 무엇인지 하는 문제가 남아 있다.62

만일 우리가 이 논의를 개인의 동기와 개인주의의 발생—이것은

---

59. 같은 쪽.

60. 이것은 리샤오밍Li Shaomin이 한 말로 Perry Link, "China : The Anaconda in the Chandelier"에서 인용함. 또 다른 사례는 Kang Zhenguo, "Arrested in China," *New York Review of Books*, Sept. 20, 2001 ; "Sociologist Gao Zhan Speaks Out," *Footnotes*, Mar. 2002, 5쪽 참조.

61. Institute for International Education, *Open Doors : Report on International Educational Exchange, 2001~2002*(New York : Institute for International Education, 2002), *New York Times*, Nov. 18, 2002, A11쪽에 실림.

62. 이것에 대한 가장 뛰어난 고찰 가운데 하나로 Shigeru Nakayama, "The Shifting Center of Science," *Interdisciplinary Science Reviews* 16(1991), 82~88쪽을 들 수 있다. 그러나 Richard P. Suttmeier, "Science, Technology and China's Political Future-A Framework for Analysis," in *Science and Technology in Post-Mao China*, 마지막 장인 375~396쪽도 참조.

이 책에서 검토한 시기보다 훨씬 뒤에 나타난 현상이다—차원에서 본다면 우리는 다시 중국과 서양 사이에서 강한 대조를 발견한다. 윌리엄 베리William de Bary는 이 문제를 돌아보면서 서양의 개인주의에는 없었지만 중국에는 중심 요소로 있는 것을 끊임없이 나열했다. 그것은 다음과 같다.

> 극도로 미약한 중간 계층, 왕성한 자본주의의 발전 결여, 국가에 대항해서 자신의 권리를 찾으려고 싸운 교회의 부재 또는 전제 권력에 대항해서 양심의 자유를 지키려고 맞선 종교의 부재, 학문 자유의 중심지로서 대학의 부재, …… 교육받은 중간 계층이 지지하는 언론 자유에 대한 의지 부족.63

2002년 11월 이른바 제4세대라고 부르는 집단에 지배력이 넘어간 것으로 보이는 최근 중국 권력의 이동 모습은 다시 한 번 중국 지배 엘리트들의 비밀주의에 대한 집착을 잘 보여 준다. 대부분의 중국 국민들은 당시에 중국에서 권력의 이동이 일어나고 있는지 알지 못했다. 대다수는 아니지만 많은 중국인들은 이전에 후진타오에 대해 들어본 적이 전혀 없다. 따라서 그가 전임 주석인 장쩌민의 뒤를 이어 중국 최고의 자리에 오를 것이라고 생각할 수도 없었다. 그러므로 21세기 중국이 풀어야 할 시급한 과제는 권력 분할과 표현의 자유, 행정 기관의 책임 문제라는 것이 분명해 보인다.

중국이 전세계가 참여하는 과학 토론의 장에 완전히 진입하기 위

---

63. William de Bary, "Individualism and Humanitarianism in Late Ming Thought," in *Self and Society in Ming Thought*, ed. William de Bary(New York : Columbia University Press, 1970), 145~247쪽 가운데 220쪽. 중국의 개인주의 문제에 대한 더 많은 동시대의 평가는 Lucian W. Pye, "The State and Individual : An Overview Interpretation," *China Review* 127(1990), 443~466쪽 참조.

　　　사회·법 체계로 본 근대 과학사 강의

해서는 이러한 결점을 고칠 수 있는 중요한 사회적·문화적 변화를 겪어야 한다. 이 과제를 해결하는 데 성공한다면 이는 중국 역사에서 가장 큰 지식과 제도의 혁명을 상징하는 것이 될 것이다. 이것이 터무니없이 보일지 모르지만 객관적으로 볼 때 21세기에 중국이 근대 과학의 발전에 기여할 수 있는 부분이 이슬람 세계가 할 수 있는 것보다는 훨씬 가능성이 있다는 것은 분명하다. 중국의 학자들은 이념이 자유로운 과학의 탐구를 막는다고 보지 않는다. 중국에서 현재 가장 큰 문제는 정치 권력이 과학을 함부로 "지도"하려고 하는 데 있다.

한편 21세기 초 이슬람 세계는 과학과 자유 토론, 사회 비평에 대해 반대되는 두 개의 생각이 함께 공존하고 있다. 이슬람교인들 가운데는 근대 과학이 이슬람의 형이상 속으로 외래의 서양 문명이 침입해 온 것이라고 믿는 사람들이 여전히 많다. 과학과 지식을 "이슬람화"하기 위한 투쟁은 많은 집단에서 지금도 계속되고 있다.

이슬람 혁명의 결과로 미국에 유학을 보낸 학생 수의 국가별 순위에서 이란이 최근 급격하게 떨어졌다는 사실은 앞으로 중동 지역에서 과학과 교육의 운명이 어떻게 진행될지를 분명하게 보여 준다. 이란은 1979년 1위였으나 1990년대 초에 15위로 떨어졌다. 그 동안 계속해서 순위가 하락했다.[64] 중동 지역의 이슬람 혁명이 교육 전반에 미친 효과는 1979년 중동 지역에서 미국으로 유학을 보낸 학생들이 전체 미국 유학생들 가운데 29퍼센트 이상을 차지했는데 1990년에는 8퍼센트로 떨어졌다는 사실로 잘 가늠할 수 있다.[65] 거꾸로 1991~1992년 사이에 전체 미국 유학생 가운데 아시아 출신의 유학

---

64. M. Zikopoulos, ed., *Open Doors, 1990~1991*(New York : Institute of International Education, 1991), 표 2.4, 21쪽 참조.
65. 같은 책, 표 2.1, 16쪽.

생들은 29퍼센트에서 59퍼센트로 증가했다.66

중국처럼 이슬람 세계의 중심 과제는 자유롭게 생각할 수 있느냐와 무엇보다도 모든 분야에서 현 상태에 대해 비판을 할 수 있느냐의 문제이다. 오늘날 21세기의 문턱에서 중국이 앞으로 경제 대국이 될 것이라는 거대한 전망이 있다. 그러나 중국의 권력(또는 정통 이슬람 권력)이 그에 걸맞게 자유로운 토론과 민주주의 절차, 자발성에 기초한 행동의 영역을 확대할 것이라는 전망은 별로 많지 않다. 인터넷의 등장은 새로운 중립 공간 지대를 창조하겠지만 그것이 감시에서 자유로울 수 있을지는 아직 미지수이다.

오늘날 개발도상국들이 직면한 중요한 문제는 자연과학의 성과를 받아들일 것이냐 아니냐가 아니라, 과학자들이 품은 큰 뜻을 학문 연구의 세계에서 자유롭게 탐구할 수 있도록 지배 엘리트들이 자치와 자율을 부여하느냐 마느냐이다. 그다음으로 개발도상국들은 사회과학자든 자연과학자든 모든 과학자들이 객관적으로 사회 현상을 연구해서 그 결과가 정치 권력에 어두운 전망을 제공한다고 하더라도 그것을 일반에게 공개할 수 있도록 해야 한다. 권위에 대한 도전은 언제나 과학적 탐구의 핵심이었다. 이러한 정신적 삶의 추구를 허용하는 문화적 · 제도적 환경을 만드는 일은 그것을 아직 누리지 못한 사람들에게는 무척 중요한 문제이다. 만일 이러한 환경이 만들어지지 않는다면 과학자들이 서양, 특히 미국으로 모여드는 흐름을 막을 수 없을 것이다.

---

66. Institute of International Education, *Open Doors, 1991~1992, The Chronicle of Higher Education*, Nov. 25, 1992, A29쪽에 실림.

   사회·법 체계로 본 근대 과학사 강의

참고문헌

Abel, Armand, 1957. "La place des sciences occultes dans la décadence" In *Classicisme et déclin culturel dans 1'histoire de 1'Islam*, edited by R. Brunschvig and G.E. Von Grunebaum, pp. 291-311. Paris : G.-P. Maisonneuve et Larose.

Abelson, Paul. 1965. *The seven Liberal Arts*. Reprint New York : Russell and Russell.

Abraham, Gary. 1983. "Misunderstanding the Merton Thesis." *Isis* 74 : 368-87.

Alabaster, Ernest. 1899. *Notes and Commentaries on Chinese Criminal Law and Cognate. Topics, with Special Relation to Ruling Cases, Together with a Brief Excursus on the Law of Property*. London : Luzac.

al-Andalusi, Sa'id. 1991. *Science in the Medieval World("Book of the Categories of the Nations")*, edited and translated by Sema'an I. Salem and Alok Kumar. Austin : University of Texas Press.

Anawati, George. 1970. "Science." In *The Cambridge History of Islam*, vol. 2, edited by P.M. Holt, pp. 741-80. New York : Cambridge University Press.

Anderson, J.N.D. 1976. *Law Reform in the Muslim World*. London : Athlone Press.

Ash'ari. 1983. "The Elucidation of Islam's Foundation." In *The Islamic World*, edited by William H.McNeill and Marilyn R. Waldman, pp.152-66. Chicago : University of Chicago Press.

Atiyeh, George N., ed. 1995. *The Book in the Islamic World: The Written Word and Communication in the Middle East.* Albany: State University of New York Press.

Averroes. 1954. *Tahafut al-Tahafut*(The incoherence of the incoherence). Translated wlth introduction by Simon Van den Bergh. 2 vols. London: Luzac.

Baer, Gabriel. 1970. "Guilds in Middle Eastern History." In *Studies in the Economic History of the Middle East,* edited by M.A. Cook, pp. 11-30. London: Oxford University Press.

Balazs, Etienne. 1964. *Chinese Civilization and Bureaucracy.* New Haven, Conn.: Yale University Press.

Bassiouni, M. Cherif, ed. 1982. *The Islamic Criminal Justice System.* New York: Oceana.

Baylor, Michael. 1977. *Action and Person: Conscience in Late Scholasticism and the Young Luther.* Leiden: E.J. Brill.

Beaujouan, Guy. 1982. "The Transformation of the Quadrivium." In *Renaissance and Renewal in the Twelfth Century,* edited by Robert Benson and Giles Constable, pp. 463-87. Cambridge, Mass.: Harvard University Press.

Ben-David, Joseph. 1965. "The Scientific Role: The Conditions of Its Establishment in Europe." *Minerva* 4, no. 1: 15-54.

1971. *The Scientist's Role in Society.* Englewood Cliffs, N.J.: Prentice-Hall.

Ben-David, Joseph, and Abraham Zloczower. 1962. "Universities and Academic Systems in Modern Societies." *European Journal of Sociology* 3: 45-84.

Benson, Robert, and Giles Constable, eds. 1982. *Renaissance and Renewal in the Twelfth Century.* Cambridge, Mass.: Harvard University Press.

Berkey, Jonathan. 1992. *The Transmission of Knowledge in Medieval Cairo: A Social History of Islamic Education.* Princeton, N.J.: Princeton University Press.

Berman, Harold. 1983. *Law and Revolution: The Formation of the Western Legal Tradition.* Cambridge, Mass.: Harvard University Press.

Bodde, Derk. 1957. "Evidence for 'Laws of Nature' in Chinese Thought." *Harvard Journal of Asiatic Studies* 20: 709-27.

1979. "Chinese 'Laws of Nature': A Reconsideration." *Harvard Journal of Asiatic Studies* 39: 139-55.

1981 (1963). "Basic Concepts of Chinese Law: The Genesis and Evolution of Legal Thought in Traditional China." In *Essays on Chinese*

Civilization, 2d ed., pp. 171-94. Princeton, N.J. : Princeton University Press.

1991. *Chinese Thought, Society, and Science : The Intellectual and Social Background of Science and Technology in pre-Modern China.* Honolulu : University of Hawaii Press.

Bodde, Derk, and Clarence Morris. 1973. *Law in Imperial China.* Reprint. Philadelphia : University of Pennsylvania Press.

Bol, Peter. 1989. "Chu Hsi's Redefinition of Literati Learning." In *Neo-Confucian Education : The Formative Period*, edited by William de Bary and John Chaffee, pp. 151-85. Berkeley and Los Angeles : University of California Press.

Browne, Edward, G. 1962. *Arabian Medicine.* New York : Cambridge University Press.

Brunschvig, R., and G.E. von Grunebaum, eds. 1957. *Classicisme et déclin culturel dans l'histoire de l'Islam.* Paris : G.-P. Maisonneuve et Larose.

Bullough, Vern. 1966. *The Development of Medicine as a Profession.* New York : Hafner.

Bürgel, J. Christoph. 1976. "Secular and Religious Features of Medieval Arabic Medicine." In *Asian Medical Systems : A Comparative Study*, edited by Charles Leslie, pp. 44-62. Berkeley and Los Angeles : University of California Press.

Butterfield, Herbert. 1957. *The Origins of Modern Science*, 1300-1800. Rev. ed. New York : Free Press.

Cahen, Claude. 1971. "Kasb." In *Encyclopedia of Islam*, 2d ed., vol. 4, pp. 690-2. Leiden : E. J. Brill.

Cahen, Claude, and M. Talbi. 1971. "Hisba." In *Encyclopedia of Islam*, 2d ed., vol.3, pp. 485-9. Leiden : E.J. Brill.

Carra de Vaux, Baron. 1937. "Astronomy and Mathematics." In *The Legacy of Islam*, 1st ed., edited by T. Arnold and A. Guillaume, pp. 376-97. Oxford : Oxford University Press.

Carter, Thomas F. 1955. *The Invention of Printing in China and Its Spread Westward.* Red. ed. by L.C. Goodrich. New York : Ronald Press.

Castro, Americo. 1971. *The Spaniards.* Berkeley and Los Angeles : University of California Press.

Cartton Henry. 1955. "The Law of Waqf." *In Law in the Middle East*, edited by M. Khadduri and H. Liebesny, pp. 203-22. Washington, D.C. : The Middle East Institute.

Chaffee, John W. 1985. *The Thorny Gates of Learning in Sung China : A Social History of Examinations.* New York : Cambridge University Press.

Chamberlain, Michael. 1994. *Knowledge and Social Practice in Medieval Damascus, 1190-1350*. New York : Cambridge University Press.

Chan Wing-tsit. 1987. *Chu Hsi : Life and Thought*. New York : St. Martin's Press.

Chejne, Anwar. 1974. *Muslim Spain : Its History and Culture*. Minneapolis : University of Minnesota Press.

Chenu, M.-D. 1968. *Nature, Man, and Society in the Twelfth Century*. Selected, edited, and translated by Jerome Taylor and Lester K. Little. Chicago : University of Chicago Press.

1969. *L'éveil de la conscience dans 1a civilisation médiévale*. Paris : J. Vrin.

Ch'ü, T'ung-tsu. 1962. *Local Government in China under the Ch'ing*. Cambridge, Mass. : Harvard University Press.

Clagett, Marshall, Gaines Post, and R. Reynolds, eds. 1966. *Twelfth-Century Europe and the Foundations of Modern Society*. Madison : University of Wisconsin Press.

Cobban, A.B. 1975. *The Medieval Universities : Their Organization and Development*. London : Methuen

Cohen, I.B. 1985. *Revolution in science*. Cambridge, Mass. : Harvard University Press.

Conrad, Lawrence. 1985. "The Social Structure of Medicine in Medieval Islam." *The Society for the Social History of Medicine Bulletin* 37 : 11-15.

Coulson, N.J. 1957. "The State and the Individual in Islamic Law." *International and Comparative Law Quarterly* 6 : 49-60.

1964. *A History of Islamic Law*. Edinburgh : Edinburgh University Press.

1969. *Conflicts and Tensions in Islamic Jurisprudence*. Chicago : University of Chicago Press.

Courtenay, William J. 1974. "Nominalism in Late Medieval Religion." In *The Pursuit of Holiness in Late Medieval and Renaissance Religion*, edited by Charles Trinkaus and Heiko Oberman, pp. 26-59. Leiden : E.J. Brill.

Crombie, A.C. 1952. "Avicenna's Influence on the Medieval Scientific Trandition." In *Avicenna : Scientist and Philosopher*, editid by G. Wickens, PP. 84-107. London : Luzac.

1953. *Robert Grosseteste and the Origins of Experimental Science, 1100-1700*. Oxford : Clarendon Press.

1955. "Grosseteste's Position in the History of Science." In *Robert Grosseteste, Scholar and Bishop*, edited by D.A. Callus, PP. 98-120. Oxford : Oxford University Press.

1959a. *Medieval and Early Modern Science*. Rev. ed. 2 vols. New

York : Doubleday.

1959b. "The Significance of Medieval Discussions of Scientific Method for the Scientific Revolution." In *Critical Problems in the History of Science*, edited by Marshall Clagett, pp. 79-102. Madison : University of Wisconsin Press.

1975. "Sources of Galileo's Early Natural Philosophy." In *Reason, Experiment, and Mysticism in the Scientific Revolution*, edited by R. Bonelli and William Shea, pp. 157-74. New York : Science History Publications.

1988. "Designed in the Mind : Western Visions of Science, Nature, and Humankind." *History of Science* 26 : 1-12.

D'Arcy, Eric. 1961. *Conscience and Its Right to Freedom*. New York : Sheed and Ward.

Dawson, John. 1978. *The Oracles of the Law*. Reprint. Westport, Conn. : Greenwood Press.

de Bary, William Theodore. 1957. "Chinese Despotism and the Confucian Ideal : A Seventeenth-Century View." In *Chinese Thought and Institutions*, edited by John K. Fairbank, pp. 163-203. Chicago : University of Chicago Press.

1970. "Individualism and Humanitarianism in Late Ming Thought." In *Self and Society in Ming Thought*, edited by William de Bary, pp. 145-247. New York : Columbia University Press.

1981. *Neo-Confucian Orthodoxy and the Learning of the Mind-and-Heart*. New York : Columbia University Press.

1983. *The Liberal Tradition in China*. New York : Columbia University Press.

ed. 1975. *The Unfolding of Neo-Confucianism*. New York : Columbia University Press.

de Bary, William Theodore, and John W. Chaffee, eds. 1989. *Neo-Confucian Education : The Formative Period*. Berkeley and Los Angeles : University of California Press.

Demaitre, Luke. 1975. "Theory and Practice in Medical Education a t the University of Montpellier in the Thirteenth and Fourteenth Centuries." *Journal of the History of Medicine* 30 : 103-23.

Demeerseman, A. 1953-4. "Un étape décisive de la culture et de la psychologie sociale islamique : Les données de la controverse autour du probléme de l'Imprimerie." *Institut des Belles Lettres Arabes* 16 : 347-89 ; 17 : 1-48 and 113-40.

Dictionary of Scientific Biography. 14 vols. With Supplements. New

York : Scribners.

Dijksterhuis, E.J. 1961. *The Mechanization of the World Picture*. London : Oxford University Press.

D'Irsay, Stephen. 1933. *Histoire des universitiès, française et etrangère*. 3 vols. Paris : J. Vrin.

Dols, Michael. 1984. "Introduction." In *Medieval Islamic Medicine : Ibn Ridwan's Treatise "On the Prevention of Bodily Ills in Egypt,"* pp. 3-73. Berkeley and Los Angeles : University of California Press.

———. 1987. "The Origins of the Islamic Hospital : Myth and Reality." *Bulletin of the History of Medicine* 61 : 367-90.

Drake, Stillman, ed. and trans. 1957. *Discoveries and Opinions of Galileo*. New York : Doubleday.

———. 1970. "Early Science and the Printed Book : The Spread of Science Beyond the Universities." *Renaissance and Reformation* 6 : 43-52.

Dull, Jack C. 1990. "The Evolution of Government in China." In *Heritage of China*, edited by Paul S. Ropp, pp. 55-85. Berkeley and Los Angeles : University of California Press.

Eisenstein, Elizabeth. 1979. *The Printing Press as an Agent of Change : Communications and Cultural Transformation in Early Modern Europe*. 2 vols. New York : Cambridge University Press.

Elgood, Cyril. 1951. *Medical History of Persia and the Eastern Caliphate*. Cambridge : Cambridge University Press.

Elman, Benjamin. 1984. From *Philosophy to Philology : Intellectual and Social Aspects of Change in Late Imperial China*. Cambridge, Mass. : Harvard University Press.

———. 2000. *A Cultural History of Civil Examinations in Late Imperial China*. Berkeley and Los Angeles : University of California Press.

Elvin, Mark. 1973. *The Pattern of the Chinese Past*. Stanford, Calif. : Stanford University Press.

Encyclopedia of Islam. 2d ed. 1960-. Leiden : E.J. Brill.

Escarra, Jean. 1933. "Chinese Law." In *Encyclopedia of the Social Sciences*, vol. 5, pp. 249-54.

———. 1961. *Chinese Law*. Translated by Gertrude W. Browne. W.P.A. University of Washington ; photo-mechanical reproduction by Harvard University, Harvard University Asian Research Center.

Fairbank, John K., ed. 1957. *Chinese Thought and Institutions*. Chicago : University of Chicago Press.

Fakhry, Majid. 1958. *Islamic Occasionalism and Its Critique by Averroës and Aquinas*. London : Allen and Unwin.

Feuerwerker, Albert. 1990. "chinese Economic History in Comparative Perspective." In *Heritage of China*, edited by Paul S, Ropp, pp. 224-41. Berkeley and Los Angeles : University of California Press.

Fingarette, Herbert. 1972. *Confucius : The Sacred as Secular*. New York : Harper and Row.

Finocchiaro, Maurice. 1989. *The Galileo Affair : A Documentary History*. Berkeley and Los Angeles : University of California Press.

Frank, Richard. 1971. "Some Fundamental Assumptions of the Basra School of Mu'tazila." *Studia Islamica* 33 : 5-18.

French, Roger. 1999. *Dissection and Vivisection in the European Renaissance*. Aldershot : Ashgate.

Fung Yu-lan. 1968. *A History of Chinese Philosophy*. 2 vols. Translated by Derk Bodde. Princeton, N.J. : Princeton University Press.

Gardet, L. 1971. "Kasb." In *Encyclopedia of Islam*, 2d ed., vol. 3, pp. 692-4. Leiden : E.J. Brill.

Gardet, L., and M.M. Anawati. 1970. *Introduction à la Théologie Musulmane*. 2d ed. Paris : J. Vrin.

Gascoigne, John. 1990. "A Reappraisal of the Role of the Universities in the Scientific Revolution." In *Reappraisals of the Scientific Revolution*, edited by David C. Lindberg and Ronald L. Numbers, pp. 207-60. New York : Cambridge University Press.

Gernet, Jacques. 1982. *A history Chinese Civilization*. Cambridge : Cambridge University Press.

al-Ghazali. 1962. *Book of Fear and Hope*. Translated by William McKane. Leiden : E.J. Brill.

Gibb, H.A.R. 1947. *Modern Trends in Islam*. Chicago : University of Chicago Press.

Gibb, H.A.R., and Harold Browen. 1965. *Islamic Society and the West*. Vol 1. Reprint. Oxford : Oxford University Press.

Gingerich, Owen. 1973. "From Copernicus to Kepler : Heliocentrism as Model and as Reality." *Proceedings of the American Philosophical Society* 117, no. 6, 513-22.

1975a. "Commentary : Remarks on Copernicus's Observations." In *The Copernican Achievement*, edited by Robert S. Westman, pp. 99-107. Berkeley and Los Angeles : University of California Press.

1975b. "Copernicus and the Impact of Printing." In *Copernicus Yesterday and Today. Vistas in Astronomy*, vol. 17, edited by Arthur Beer and K. Aa. Strand, pp. 201-18. New York : Pergamon Press.

1979. "The Great Copernicus Chase." *The American Scholar* 49 : 81-8.

Glick, Thomas F. 1979. *Islamic and Christian Spain in the Early Middle Ages*. Princeton, N.J. : Princeton University Press.

Goitein, S.D. 1963. "The Medical Profession in the Light of the Cairo Geniza Documents." *Hebrew Union College Annual* 34 : 177ff.

1968-71. *A Mediterranean Society*. 2 vols. Berkeley and Los Angeles : University of California Press.

Goldstein, Bernard. 1972. "Theory and Observation in Medieval Astronomy." *Isis* 63 : 39-47.

Goldziher, Ignaz. 1981 (1916). "The Attitude of Orthodox Islam Toward the Ancient Sciences." In *Studies in Islam*, edited by Merlin Swartz, pp. 185-215. New York : Oxford University Press.

Goodman, Leonard E. 1978. "Did al-Ghazâli Deny Causality?" *Studia Islamica* 42 : 83-120.

Graham, A.C. 1973. "China, Europe, and the Origines of Modern Science : Needham's *The Grand Titration*." In *Chinese Science : Explorations of an Ancient Tradition*, edited by Shigeru Nakayama and Nathan Sivin, pp. 45-69. Cambridge, Mass. : MIT Press.

1978. *Later Mohist Logic, Ethics, and Science*. Hong Kong : Chinese University Press.

1986. *Yin-Yang and the Nature of Correlative Thinking*. Singapore : Institute of East Asian Philosophies, National University of Singapore.

1989. *Disputers of the Tao*. La Salle, Ill. : Open Court Press.

Grant, Edward. 1962. "Late Medieval Thought, Copernicus, and the Scientific Revolution." *Journal of the History of Ideas* 23 : 197-220.

1978. "Cosmology." In *Science in the Middle Ages*, edited by David C. Lindberg, pp. 265-302. Chicago : University of Chicago Press.

1979. "The Condemnation of 1277, God's Absolute Power, and Physical Thought in the Late Middle Ages." *Viator* 10 : 211-44.

1984. "Science and the Medieval University." In *Rebirth, Reform, and Resilience : Universities in Transition, 1300-1700*, edites by James M. Kittelson and Pamela J. Transue, pp. 68-102. Columbus : Ohio State University Press.

1986. "Science and Theologe in the Middle Ages." In *God and Nature : Historical Essays on the Encounter Between Christianity and Science*, edited by David C. Lindberg and Ronald L. Numbers, pp. 49-75. Berkeley and Los Angeles : University of California Press.

1994. *Planets, Stars, and Orbs : The Medieval Cosmos, 1200-1687*. New York : Cambridge University Press.

1996. *The Foundations of Modern Science in the Middle Ages : Their*

Religious, Institutional, and Intellectual Context. New York : Cambridge University Press.

ed. 1974. *A Source Book of Medieval Science*. Cambridge, Mass. : Harvard University Press.

Grimm, Tilemann. 1968. "Ming Education Intendants." In *Chinese Government in Ming Times*, edited by Charles O. Hucker, pp. 127-47. New York : Columbia University Press.

1977. "Academies and Urban Systems in Kwangtung." In *The City in Late Imperial China*, edited by G. William Skinner, pp. 475-98. Stanford, Calif. : Stanford University Press.

Grindler,Paul F. 1975. "Venice, Science, and the Index of Prohibited Books." In *The Nature of Scientific Discovery*, edited by Owen Gingerich, pp. 335-47. Washington, D.C. : The Smithsonian Institution Press.

Gutas, Dimitri. 1998. *Greek Thought, Arabic Culture : The Graeco-Arabic Translation Movement in Baghdad and Early 'Abbasi society (Second-Fourth/Eighth-Tenth centuries)*. London : Routledge.

Hamarneh, Sami. 1970. "Medical Education and Practice in Medieval Islam." In *The History of Medical Education*, cited by C.D.O'Malley, pp. 39-71. Berkeley and Los Angeles : University of California Press.

1971a. "Arabic Medicine and Its Impact on Teaching and Pracrice of the Healing Arts in the West." *Oriente e Occidente* 13 : 395-426.

1971b. "The Physician and the Health Professions in Medieval Islam." *Bulletin of the New York Academy of Sciences* 47, no. 9, 1088-1110.

Haren, Michael. 1985. *Medieval Thought : The Western Intellectual Tradition from Antiquity to the Thirteenth Century*. Ne York : St. Martin's Press.

Hartner, Willy. 1957. "Quand et comment s'est arrêté l'essor de la culture scientifique dans l'Islam?" In *Classicisme et décline dans l'histoire de l'Islam*, edited by R. Brunschvig and G.E. Von Grunebaum, pp. 319-37. Paris : G.-P. Maisonneuve et Larose.

Hartner, Willy, and Matthias Schramm. 1963. "Al-Biruni and the Theory of the Solar Apogee : An Example of Originality in Arabic Science." In *Scientific Change*, edited by A.C. Crombie, pp. 206-18. New York : Basic Books.

1973. "Copernicus, the Man, the Work, and His Achievement." *Proceedings of the American Philosophical Society* 117, no. 6, 413-22.

Hartwell, Robert M. 1962. "A Revolution in Chinese Iron and Coal Industries in the Northern Sung, 960-1127 A.D." *Journal of Asian Studies*

21, no. 2, 153-62.

1966. "Markets, Technology, and the Structure of Enterprise in the Development of the Eleventh- and Twelfth-Century Chinese Iron and Steel Industry." *Journal of Economic History* 26 : 29-58.

1967. "A Cycle of Economic Change in Imperial China : Coal and Iron in Northeast China, 750-1350." *Journal of the Economic and Social History of the Orient* 10 : 102-59.

1971. "Historical Analogism, Public Policy, and Social Science in Eleventh- and Twelfth-Century China." *American Historical Review* 76 : 670-727.

1982. "Demographic, Political, and Social Transformation in China, 750-1550." *Harvard Journal of Asiatic Studies* 42 : 365-445.

Haskins, Charles. 1928. *Studies in the History of Medieval Science.* Cambridge, Mass. : Harvard University Press.

1957 (1927). *The Renaissance of the Twelfth Century.* New York : Meridian.

Heinen, Anton M. 1982. *Islamic Cosmology : A Study of As-Suyuti's "al-Hay'a as-saniya fi l-hay'a as-sunniya."* With critical edition, translation, and commentary. Beirut : Franz Steiner Verlag.

Henderson, John B. 1984. *The Development and Decline of Chinese Cosmology.* New York : Columbia University Press.

Henry, John. 1997. *The Scientic Revolution and the Origins of Modern Science.* New York : St. Martin's Press.

Ho Peng-yoke. 1969. "The Astronomical Bureau of Ming China." *Journal of Asian History* 3-4 : 137-53.

1977. *Modern Scholarship on the History of Chinese Astronomy.* Canberra : Faculty of Asian Studies, Australian National University.

Ho Ping-ti. 1967. *The Ladder of Success : Aspects of Mobility in China, 1368-1911.* Rev. ed. New York : Columbia University Press.

Hodgson, Marshall G.S. 1974. *The Venture of Islam.* 3 vols. Chicago : University of Chicago Press.

Hoodbhoy, Pervez. 1990. *Islam and Science : Religious Orthodoxy and the Battle for Rationality.* With a foreword by Mohamed Abdus Salam. London : Zed Books.

Hooykaas, R. 1984. "Rheticus's Lost Treatise on the Holy Scriptures and the Motion of the Earth." *Jornal for the History of Astronomy* 15 : 77-80.

Horowitz, Donald. 1994. "The Qur'an and the Common Law : Islamic Law Reform and the Theory of Legal Change." *The American Journal of Comparative Law* 42 : 233-93 and 545-80.

Hourani, Albert. 1962. *Arab Thought in a Liberal Age.* London : Oxford.

Hourani, Albert H., and S.M. Stern, eds. 1970. *The Islamic City*. Philadelphia : University of Pennsylvania Press.

Hourani, George. 1971. *Islamic Rationalism : The Ethics of 'Abd al-Jabbar*. Oxford : The Clarendon Press.

ed. and trans. 1976. *Averroes : On the Harmony of Religion and Philosophy*. Reprint. London : Luzac.

Hucker, Charles O. 1966. *The Censorial System of Ming China*, Stanford, Calif. : Stanford University Press.

1978a. *China to 1850 : A Short History*. Stanford, Calif. : Stanford University Press.

1978b. *The Ming Dynasty : Its Origins and Evolving Institutions*. Ann Arbor : University of Michigan Center for Chinese Studies.

1985. *A Dictionary of Official Titles in Imperial China*. Stanford, Calif. : Stanford University Press.

Huff, Toby E. 1984. *Max Weber and the Methodology of the Social Sciences*. New Brunswick, N.J. : Transaction Books.

1989. "On Weber, Law, and Universalism : Some Preliminary Considerations." *Comparative Civilizations Review*, no. 21, 47-79.

2000. "Science and Metaphysics in the Three Religions of the Book." *Intellectual Discourse* 8, no. 2, 173-98.

2001. "Globalization and the Internet : Comparative Middle Eastern and Malaysian Experiences." *The Middle East Journal* 55, no. 3(Summer) : 439-58.

2002a, "Attitude Towards Dissection in the History of European and Arabic Medicine." In *Science : Locality and Universality*(Publications of the Faculty of Letters and Human Sciences, University Mohammad V, Conforences and Colloquia no. 98), edited by Bennacer el-Bouazzati, pp. 61-88. Rabat, Morocco.

2002b. "The Rice of Early Modern Science : A Reply to George Saliba." *Bulletin of the Royal Institute for Inter-Faith Studies* 4, no. 2 (Autumn/Winter) : 115-28.

Iskandar, A.Z., and R. Arnaldez. 1975. "Ibn Rushd." In *Dictionary of Scientific Biography*, vol. 12, pp. 1-9.

Jurdine, Nicholas, 1984. *The Berth of History and Philosophy of Science : Kepler's "A Defence of Tycho Against Ursus" with Essays on Its Provenance and Significance*. New York : Cambridge University Press.

Johnson, David. 1985. "The City-God Cults of T'ang and Sung China." *Harvard Journal of Asiatic Studies* 45 : 363-457.

Kantorowizc, Hermann. 1939. "The Quaestions Disputatae of the

Glossators." *Tijdschrift voor Rechtgeschiedenis/Solidus Revue d]Histoire du droit* 16 : 1-67.

1966. "Kingship under the Impact of Scientific Jurisprudence." In *Twelfth-Century Europe and the Foundations of Modern Society,* edited by M. Clagett, G. Post, and R. Reynolds, pp. 89-114. Madison : University of Wisconsin Press.

Kennedy, E.S. 1956. "A Survey of Islamic Astronomical Tables." *Transactions of the American Philosophical Society,* n.s., 46, pt. 2, 123-77.

1966. "Late Medieval Planetary Theory." *Isis* 57 : 365-78.

1970. "The Arabic Heritage in the Exact Sciences," *Al-Abhath* 23 : 327-44.

1975. "The Exact Sciences [The Period of the Arab Invasion to the Suljugs]." *The Cambridge History of Iran* 4 : 378-95. Cambridge : Cambridge Cambridge : University Press.

1983. "The History of Trigonometry : An Overview." In *Studies in the Islamic Exact Sciences,* edited by E.S. Kennedy et al., pp. 3-29. Beirut : American University of Beirut Press.

1986. "The Exact Sciences in Timurid Iran." *The Cambridge History of Iran* 6 : 568-80. Cambridge : Cambridge University Press.

Kennedy, E.S., and Victor Roberts. 1959. "The Planetary Theory of Ibn al-Shâtir." *Isis* 50 : 227-35.

Khadduri, Majid 1966. *War and Peace in the Law of Islam.* Reprint. Baltimore : Johns Hopkins University Press.

1979. "The Maslaha (Public Interest) And *'Illa* (Cause) in Islamic Law." *New York University Journal of International Law and Politics* 12 : 213-17.

1984. *The Islamic Conception of Justice.* Baltimore : Johns Hopkins University Press.

ed. 1972. *Major Middle Eastern Programs in International Law.* Washington, D.C. : American Enterprise Institute for Public Policy.

trans. 1966. *The Islamic Law of Nations : Shaybani's Siyar.* Baltimore : Johns Hopkins University Press.

Khadduri, Majid, and Herbert Liebesny, eds. 1955. *Law in the Middle East.* Washington, D.C. : The Middle East Institute.

Kibre, Pearl. 1974. *Scholarly Privileges in the Middle Ages.* Cambridge, Mass. : Medieval Academy of America.

1979. "Arts and Medicine in the Universities of the Later Middle Ages." In *The Universities in the Late Middle Ages.* edited by Jacques Paquet and J. Ijsewign, pp. 213-27. Louvain : Louvain University press.

Kibre, Pearl, and Nancy Siraisi. 1978. "The Institutional Setting : The Universities," In *Science in the Middle Ages,* edited by David C.

Lindberg, pp. 120-44. Chicago : University of Chicago Press.

King, David A. 1975a. "Ibn al-Shatir." In *Dictionary of Scientific Biography*, vol. 12, pp. 357-64.

1975b. "On the Astronomical Tables of the Islamic Middle Ages." *Colloquia Copernicana* 3 : 36-56.

1983. "The Astronomy of the Mamluks." *Isis* 74, no. 274, 531-55.

1985. "The Sacred Direction in Islam : A Study of the Interaction of Religion and Science in the Middle Ages." *Interdisciplinary Science Reviews* 10, no. 4, 315-28.

1996. "On the Role of the *Muezzin* and the *Muwaqqit* in Medieval Islamic Society." In *Tradition, Transmission, Transformation. Proceedings of the Second International Symposium on the History of Arabic Science* (Aleppa), edited by F. Jamil Ragep and Sally P. Ragep, with Steve Livesey, pp. 286-346. New York : E.J. Brill.

Kirk, K.E. 1927. *Conscience and Its Problems : An Introduction to Casuistry*. London : Longmans, Green.

Kittelson, James M., and Pamela J. Transue, eds. 1984. *Rebirth, Reform, and Resilience : Universities in Transition, 1300-1700*. Columbus : Ohio State University Press.

Klibansky, Raymond. 1966. "The School of Chartres." In *Twelfth-Century Europe and the Foundations of Modern Society*, edited by M. Clagett, G. Post, and R. Reynolds, pp. 3-15. Madison : University of Wisconsin Press.

Kneale, William, and Martha Kneale. 1962. *The Development of Logic*. Oxford : Oxford University Press.

Knowles, David. 1962. *The Evolution of Medieval Thought*. New York : Vintage.

Koester, Helmut. 1968. "Nomos and Physeôs : The Concept of Natural Law in Greek Thought." In *Religions in Antiquity : Essays in Memory of E.R. Goodenough*, edited by Jacob Neusner, pp. 521-41. Leiden : E.J. Brill.

Kogan, Barry S. 1985. *Averroes and the Metaphysics of Causation*. Albany : State University of New York Press.

Kuhn. Thomas. 1957. *The Copernican Revolution*. New York : Vintage.

1970. *The Structure of Scientific Revolutions*. 2d enlarged ed. Chicago : University of Chicago Press.

1972. "Scientific Growth : Reflections on BenDavid's 'Scientist's Role.'" *Minerva* 10, no. 1, 166-78.

1976. "Msthematical vs. Experimental Traditions in the Development of

Physical Science." *Journal of Interdisciplinary History* 7, no. 1, 1-31.

Kuttner, Stephen. 1982. "The Revival of Jurisprudence." In *Renaissance and Renewal in the Twelfth Century*, edited by Robert Benson and Giles Constable, PP. 299-323. Cambridge, Mass.: Harvard University Press.

Kwok, D.W.Y. 1965. *Scientism in Chinese Thought, 1900-1950*. New Haven, Conn.: Yale University Press.

Lapidus, Ira. 1967. *Muslim Cities of the Later Middle Ages*. Cambridge, Mass.: Harvard University Press.

1988. *A History of Islamic Societies*. New York: Cambridge University Press.

Lea, Henry. 1968. *A History of Auricular Confession and Indulgences*. 3 vols. Reprint. New York: Greenwood Press.

Leaman, Oliver. 1985. *An Introduction to Islamic Philosophy*. Cambridge: Cambridge University Press.

Lee, Thomas H.C. 1985. *Government Education and Examinations in Sung China*. Hong Kong: Chinese University Press.

1989. "Sung Schools and Education before Chu Hsi." In *Neo-Confucian Education: The Formative Period*, edited by William de Bary and John Chaffee, pp. 105-36. Berkeley and Los Angeles: University of California Press.

Leff, Gordon. 1968. *Paris and Oxford in the Thirteenth and Fourteenth Centuries*. New York: John Wiley.

Legge, James, trans. 1960. *The Chinese Classics*. 5 vols. Reprint. Hong Kong: Hong Kong University Press.

Leirvik, Oddbjørn. 2002. *Knowing by Oneself, Knowing with the Other: al-Damîr, Human Conscience and Christian-Muslim Relations*. Oslo: Unipub forlag.

Leiser, Gary. 1983. "Medical Education in Islamic Lands from the Seventh to the Fourteenth Century." *Journal of the History of Medicine and Allied Sciences* 38: 48-75.

Lemay, Richard. 1962. *Abu Ma'shar and Latin Aristotelianism in the Twelfth Century*. Oriental Series no. 38. Beirut: American University of Beirut Press.

Levey, Martin. 1973. *Early Islamic Pharmacology*. Leiden: E.J. Brill.

Lewis, Bernard. 1953. "Some Observations on the Significance of Heresy in the History of Islam." *Studia Islamica* 1: 43-63.

ed. 1976. *Islam and the Arab World: Faith, People, Culture*. 2 vols. New York: Knopf.

Liebesny, Herbert. 1955. "The Development of Western Judicial

Privileges." In *Law in the Middle East*, edited by M. Khadduri and H. Liebesny, pp. 309-33. Washington, D.C. : The Middle East Institute.

1985/6. "English Common Law and Islamic Law in the Middle East and South Asia : Religious Influences and Secularization." *Cleveland State Law Review* 34 : 19-33.

ed. 1975. *The Law of the Near and Middle East.* Albany : State University of New York Press.

Lindberg, David C. 1971. "Lines of Influence in Thirteenth-Century Optics : Bacon, Witelo, and Pecham." *Speculum* 46 : 66-83.

1978. "The Transmission of Greek and Arabic Learning to the West." In *Science in the Middle Ages*, edited by David C. Lindberg, pp. 52-90. Chicago : University of Chicago Press.

ed. 1978. *Science in the Middle Ages.* Chicago : University of Chicago Press.

Lippman, Matthew, Sean McConvills, and Mordachai Yerushalmi. 1988. *Islamic Criminal Law and Procedure.* New York : Praeger.

Livingston, John W. 1971. "Ibn Qayyim al-Jawziyyah : A Fourteenth-Century Defense Against Astrological Divination and Alchemical Transmutation." *Journal of the Amersican Oriental Society* 91 : 96-103.

1995. "Muhammad 'abduh on Science." *The Muslim World* 85, no. 3-4, 215-34.

1996. "Western Science and Educational Reform in the Thought of Shaykh Rifa'a al-Tahtawi." *International Journal of Middle Eastern Studies* 28 : 543-64.

1997. "Shaykhs Jabarti and 'Attar : Islamic Reaction and Response to Western Science in Egypt." *Der Islam*, Band 74 Heft 1 : 92-106.

Lloyd, G.E.R. 1975. "Greek Cosmologies." In *Ancient Cosmologies*, edited by C. Blacker and M. Loewe, pp. 198-224. London : Allen and Unwin.

1996. *Adversarities and Authorities. Investigations into Greek and Chinese Science.* New York : Cambridge University Press.

Lo, Winston W. 1987. *An Introduction to the Civil Service of Sung China.* Honolulu : University of Hawaii Press.

Lopez, Robert. 1977. *The Commercial Revolution of the Middle Ages, 950-1350.* Reprint. New York : Cambridge University Press.

Luscombe, D.E. 1976. *The School of Peter Abelard.* Oxford : Oxford University Press.

1982. "Natural Morality and Natural Law." In *Cambridge History of Later Medieval Philosophy*, pp. 705-19. New York : Cambridge University

Press.

McCarthy, Richard J., ed. and trans. 1953. *The Theology of Ash'ari*. Beirut : Imprimerie Catholique.

McEvory, James. 1982. *The Philosophy of Robert Grosseteste*. Oxford : The Clarendon Press.

McIlwain, Charles. 1947. *Constitutionalism, Ancient and Modern*. Rev. ed. Ithaca, N.Y. : Cornell University Press.

Mackensen, Ruth S. 1932. "Four Great Libraries of Medieval Baghdad." *Library Quarterly* 2 : 279-99.

1934/5. "Background of the History of Moslem Libraries." *American Journal of Semitic Languages and Literature* 51 : 114-25 ; 52 : 22-33 and 104-10.

1935/6. "Arabic Books and Libraries in the Umaiyad Period." *American Journal of Semitic Languages and Literature* 52 : 245-53 ; 54 : 41-61.

McLaughlin, Mary M. 1977. *Intellectual Freedom and Its Limits in the Twelfth and Thirteenth Centuries*. Reprint. New York : Arno Press.

McNeill, John. 1964. *A History of the Cure of Souls*. New York : Harper.

McNeill, William H., and Marilyn W. Waldman, eds. 1983. *The Islamic World*. Chicago : University of Chicago Press.

Mahdi, Muhsin. 1970. "Language and Logic in Classical Islam." In *Logic in Classical Islamic Culture*, edited by G.E. von Grunebaum, pp. 51-83. Wiesbaden : Otto Harrassowitz.

1974. "Islamic Theology and Pilosophy." In *Encyclopedia Britannica*, vol. 9, pp. 1012-25.

Maimonides, Moses. 1963. *The Guide of the Perplexed*. 2 vols. Edited and translated by Shlomo Pines. Chicago : University of Chicago Press.

Makdisi, George. 1961. "Muslim Institutions of Learning in Eleventh-Century Baghdad." *Bulletin of the School of Oriental and African Studies* 24 : 1-56.

1970. "Madrasah and University in the Middle Ages." *Studia Islamica* 32 : 255-64.

1974. "The Scholastic Method in Medieval Education : An Inquiry into Its Origins in Law and Theology." *Speculum* 49 : 640-61.

1980. "On the Origin and Development of the College in Islam and the West." In *Islam and the Medieval West*, edited by Khalil I. Semaan, pp. 26-49. Albany : State University of New York Press.

1981. *The Rice of Colleges : Institutions of Learning in Islam and the West*. Edinburgh : Edinburgh University Press.

1984. "The Guilds of Law in Medieval Legal History : An Inquiry into the

Origins of the Inns of Court." *Zeitschrift für Geschichte der Arabisch-Islamischen Wissenschaften* 1 : 233-52.

ed. and trans. 1962. *Ibn Qadama's Censure of Speculative Theology.* London : E.J.W. Memorial Series, Luzac.

Mamura, Michael. 1965. "Ghazali and Demonstrative Science." *Journal of the History of Philosophy* 3 : 183-204.

1968. "Causation in Islamic Thought." In *Dictionary of the History of Ideas,* vol. 1, pp. 286-9. New York : Scribner.

1975. "Ghazali's Attitude Toward the Secular Sciences." In *Essays on Islamic Philosophy and Science,* edited by G. Hourani, pp. 100-11. Albany : State University of new York Press.

Margoliouth, D.S. 1905. "The Discussion Between Abû Bishr Mattâ and Abâ Sa'id al-Sîrafî on the Merits of Logic and Grammar." *Journal of the Royal Asiatic Society* 79-129.

Mendelsohn, Everett. 1964. "The Emergence of Science an a Profession in Nineteenth-Century Europe." In *The Management of Science,* edited by Karl Hill, pp. 3-48. Boston : Beacon Press.

Merton, Robert K. 1968. *Social Theory and Social Structure.* Enlarged ed, New York : Free Press.

1970. *Science, Technology, and Society in Seventeenth-Century England.* Reprint. New York : Harper and Row.

1973. "The Normative Structure of Science." In *The Sociology of Science : Theoretical and Empirical Investigations,* edited by Norman Storer, pp. 267-78. Chicago : University of Chicago Press.

1989. "Le molteplici origini e il carattere epiceno del termine inglese *Scientist.* Une episodio dell'interazione tra scienza, linguaggio e soceità." In *Scientia : L'immagine e il mondo, 80th Anniversario della rivista,* pp. 279-93. Commune di Milano.

1990. "STS : Foreshadowings of an Evolving Research Program in the Sociology of Science." In *Puritanism and the Rise of Modern Science : The Merton Thesis,* edited by I.B. Cohen (with the assistance of K.E. Duffin and Stuart Strickland), pp. 334-71. New Brunswick, N.J. : Rutgers University Press.

Meskill, John. 1968. "Academies and Politics in the Ming Dynasty." In *Chinese Government in Ming Times,* edited by Charles O. Hucker, pp. 149-74. New York : Columbia University Press.

Meyerhof, Max. 1931. "Science and Medicine." In *The Legacy of Islam,* 1st ed., edited by T. Arnold and A. Guillaume, pp. 311-56. London : Oxford University Press.

1933. "Thirty-Three Clinical Observations by Rhazes." *Isis* 23 : 321-55.

1935. "Ibn An-Nafis (Thirteenth Century) and His Theory of the Lesser Circulation." *Isis* 22 : 100-20.

1944. "La surveillance des professions médicales et para-médicales chez les Arabs." *Bulletin de l'Institut d'Egypt* 26 : 119-34.

Michaud-Quantin, Pierre, 1970. *Universitas : Expressions du mouvement communautaire dans le moyen-âge Latin.* Paris : J. Vrin.

Miller, H. Lyman. 1996. *Science and Dissent in post-Mao China.* Seattle : University of Washington Press.

Moody, Ernest. 1957. "Galileo and Avempace : Dynamics of the Leaning Tower Experiments." In *Roots of Scientific Thought : A Cultural Perspective*, edited by Philip P. Wiener and A. Noland, pp. 176-206. New York : Basic Books.

1966. "Galileo and His Precursors." In *Galileo Reappraised*, edited by Carlo Golino, pp. 23-43. Berkeley and Los Angeles : University of California Press.

Mottahedeh, Roy. 1980. *Loyalty and Leadership in an Early Islamic Society.* Princeton, N.J. : Princeton University Press.

1985. *The Mantle of the Prophet.* New York : Simon and Schuster.

Munro, Donald J. 1996. *The Imperial Style of Inquiry in Twentieth-Century China : The Emergence of New Approaches.* Ann Arbor : Center for Chinese Studies, University of Michigan.

Murdoch, John. 1971. "Euclid : Transmission of the Elements." In *Dictionary of Scientific Biography*, vol. 4, pp. 443-65.

1975. "From Social to Intellectual Factors : An Aspect of the Unitary Character of Late Medieval Learning." In *The Cultural Context of Medieval Learning*, edited by John Murdoch and Edith Sylla, pp. 271-338. Boston : Reidel.

Murdoch, John Murdoch and Edith Sylla. 1978. "The Science of Motion." In *Science in the Middle Ages*, edited by David C. Lindberg, pp. 206-64. Chicago : University of Chicago Press.

Murray, Alexander. 1978. *Reason and Society in the Middle Ages.* Oxford : At the Clarendon Press.

Nakamura, Hajime. 1964. *Ways of Thinking of Eastern Peoples.* Rev. trans. by Philip P. Wiener. Honolulu : East West Center.

Nakayama, Shigeru, and Nathan Sivin, eds. 1973. *Chinese Science : Explorations of an Ancient Tradition.* Cambridge, Mass. : MIT Press.

Nasr, S.H. 1968. *Science and Civilization in Islam.* New York : New American Library.

1971. "Qutb al-Dîn al-Shîrâzî." In *Dictionary of Scientific Biography*, vol. 11, pp. 247-53.

Needham, Joseph. 1954-. *Science and Civilisation in China*. 7 vols., in progress. New York : Cambridge University Press.

1969. *The Grand Titration*. London : Allen and Unwin.

1970. *Clerks and Craftsmen in China and the West*. Cambridge : Cambridge University Press.

1976. "The Evolution of Oecumenical Science : The Roles of Europe and China." *Interdisciplinary Science Reviews* 1, no. 3, 202-14.

Nelson, Benjamin. 1968. "Casuistry." In *Encyclopedia Britannica*, vol. 5, pp. 51-2.

1969. *The Idea of Usury : From Tribal Brotherhood to Universal Otherhood*. 2d, enlarged, ed. Chicago : University of Chicago Press.

1981. *On the Roads to Modernity : Conscience, Science, and Civilizations. Selected Writings by Benjamin Nelson*, edited by Toby E. Huff. Totowa, N.J. : Rowman and Littlefield.

Oman, G. 1989. "Matba'a [Printing]." In *Encyclopedia of Islam*, 2d ed., vol. 6, pp. 794-9. Leiden : E. J. Brill.

Onar, S. 1955. "The Majalla." In *Law in the Middle East*, edited by Majid Khadduri and Hervert Liebesny, pp. 292-308. Washington, D.C. : The Middle East Institute.

Parsons, Talcott. 1951. *Toward a General Theory of Action*. New York : Harper.

Pedersen, Johannes. 1984. *The Arabic Book*. Translated by Geoffrey French and edited with an introduction by Robert Hillenbrand. Princeton, N.J. : Princeton University Press.

Pedersen, Johannes, and G. Makdisi. 1985. "Madrasa." In *Encyclopedia of Islam*, 2d ed., vol. 5, pp. 1123-34. Leiden : E.J. Brill.

pedersen, Olaf. 1978. "Astronomy." In *Science in the Middle Ages*, edited by David C. Lindberg, pp. 303-37. Chicago : University of Chicago Press.

1984. "Galileo and the Council of Trent : The Galileo Affair Revisited." *Journal for the History of Astronomy* 14 : 1-29.

Peters, F.E. 1968. *Aristotle and the Arabs*. New York : New York University Press.

1973. *Allah's Commonwealth* New York : Simon and Schuster.

Petry, Carl F. 1981. *The Civilian Elite of Cairo in the Later Middle Ages*. Princeton, N.J. : Princeton University Press.

Pierce, C.A. 1955. *Conscience in the New Testament. A Study of Syneidesis in the New Testament*. London : SCM Press.

Pines, Shlomo. 1963a. "Introduction" to Maimonides, *The Guide of the Perplexed*, pp. xi-lvi. Chicago : University of Chicago Press.

1963b. "What Was Original in Arabic Science?" In *Scientific Change*, edited by A.C. Crombie, pp. 181-205. New York : Basic Books.

1970. "Philosophy." In *The Cambridge History of Islam*, vol. 2, edited by P.M. Holt, pp. 780-823. New York : Cambridge University Press.

Pipes, Daniel. 1990. *The Rushdie Affair : The Novel, the Ayatollah, and the West*. New York : Birch Lane Press.

Plessner, Martin. 1974. "Science." In *The Legacy of Islam*, 2d ed., edited by Joseph Schacht and C.E. Bosworth, pp. 425-60. New York : Oxford University Press.

Porkert, Manfred. 1974. *The Theoretical Foundations of Chinese Medicine : Systems of Correspondence*. Cambridge, Mass. : MIT Press.

Post, Gaines, 1964. *Studies in Medieval Legal Thought : Public Law and the State, 1100-1322*. Princeton, N.J. : Princeton University Press.

1973. "Ancient Roman Idea of Laws." *In Dictionary of the History of Ideas*, vol. 2, pp. 685-90. New York : Scribners.

Price, Derek J. de Solla. 1959. "Contra-Copernicus : A Critical Re-estimation of the Mathematical Planetaty Theory of Ptolemy, Copernicus, and Kepler." In *Critical Problems in the History of Science*, edited by Marshall Clagett, pp. 197-218. Madison : University of Wisconsin Press.

Qian, Wen-yan. 1985. *The Great Inertia : Scientific Stagnation in Traditional China*. London : Croom Helm.

Rahman, Fazlur. 1960. "'Aql." In *Encyclopedia of Islam*, 2d ed., vol. 1, pp. 341-2. Leiden : E.J. Brill.

1968. *Islam*. New York : Doubleday.

1979. *Prophecy in Islam*. Reprint. Chicago : Midway Reprints, University of Chicago Press.

Rashdall, Hastings. 1936. *The Universities of Europe in the Middle Ages*. 3 vols. New ed. Edited by F.M. Powicke and A.B. Emden. Oxford : Clarendon Press.

Rashed, Roshdi. 1973. "Kamâl al-Dîn al-Fârisî." In *Dictionary of Scientific Biography*, vol. 7, pp. 212-19.

1994. "The Notion of Western Science : 'Science as a Western Phenomenon,'" in *The Development of Arabic Mathematics : Between Arithmetic and Algebra*. Translated by A.F.W. Armstrong, pp. 332-349, Dordrecht : Kluwer.

Reardon-Anderson, James. 1991. *The Study of Change : Chemistry in*

China, 1840-1949. New York : Cambridge University Press.

Rief, Patricia. 1969. "The Textbook Tradition in Natural Philosophy, 1600-1650." *Journal of the History of Ideas* 30 : 17-32.

Renan, Ernest. 1919. "Islam et La Science." In *Discours et Conferences*, 6th ed., pp. 375-402. Paris : Calmann-Levy.

Restivo, Sal P. 1979. "Joseph Needham and the Comparative Sociology of Chinese and Modern science." In *Research in Sociology of Knowledge, Science, and Art*, vol. 2, edited by Robert A. Jones, pp. 25-51. Greenwich, Conn. : JAI Press.

Ropp, Paul S., ed. 1990. *Heritage of China : Contemporary Perspectives on Chinese Civilization.* Berkeley and Los Angeles : University of California Press.

Rosen, Edward, 1985. *Three Imperial Mathematicians : Kepler Between Tycho Brahe and Ursus.* New York : Abaris Books.

————. ed. and trans. 1971. *Three Copernican Treatises.* 3d ed. New York : Octagon Books.

Rosen, Lawrence. 1980-1. "Equity and Discretion in a Modern Islamic Legal System." *Law and Society Review* 15 : 215-45.

Rosenthal, E.J. 1970. *Knowledge Triumphant.* Leiden : E.J. Brill.

Rosenthal, Franz. 1969. "The Defense of Medicine in the Medieval Islamic World." *Bulletin of the History of Medicine* 43 : 519-32.

————. 1975. *The Classical Heritage in Islam.* Berkery and Los Angeles : University of California Press.

————. 1978. "The Physician in Medieval Muslim Society." *Bulletin of the History of Medicine* 52, no. 4, 475-91.

Ross, Sydney, 1962. "Scientist : The Story of a Word." *Annals of Science* 18, no. 2, 65-85.

Sabra, A.I. 1967. *Theories of Light from Descartes to Newton.* London : Oldbourne.

————. 1971a. "The Astronomical Origins of Ibn al-Haytham's Concept of Experiment." *Actes du XIIe Congrès Internationale d'Historie des Sciences* (Paris), Tome IIIa : 133-36.

————. 1971b. "'Ilm al-Hisab." In *Encyclopedia of Islam*, 2d ed., vol. 3, pp. 1138-41. Leiden : E.J. Brill.

————. 1972. "Ibn al-Haytham." In *Dictionary of Scientific Biography*, vol. 5, pp. 189-210.

————. 1976. "The Scientific Enterprise." In *Islam and the Arab World*, edited by Bernard Lewis, pp. 181-92. New York : Knopf.

————. 1984. "The Andalusian Revolt Against Ptolemaic Astronomy." In

Transformation and Tradition in the Sciences : Essays in Honor of I. Bernard Cohen, edited by Everett Mendalsohn, pp. 133-53. New York : Cambridge University Press.

1994. "Science and Philosophy in Medieval Islamic Theology : The Evidence of the Fourteenth Century." *Zeitchrift für Geschichte der Arabisch-Islamischen Wissenschaften* 9 : 1-42.

1999. "Configuring the Universe : Aporetic, Problem Solving, and Kinematic Modeling as Themes of Arabic Astronomy." *Perspectives on Science* 6, no. 3, 288-330.

2000. "Reply to Saliba." *Perspectives on Science* 8, no. 4, 342-5.

ed. and trans. 1989. *The Optics of Ibn al-Haytham : Books I-III on Direct Vision*. 2 vols. London : The Warburg Institute, University of London.

Saliba, George. 1982. "The Development of Astronomy in Medieval Islamic Society." *Arab Studies Quarterly* 4, no. 3 : 211-25.

1984. "Arabic Astronomy and Copernicus." *Zeitschrift für Geschichte der Arabisch-Islamischen Wissenschaften Band* 1 : 73-87.

1987a. "The Role of Marâgha in the Development of Islamic Astronomy : A Scientific Revolution Before the Renaissance." *Revue de Synthese* 4, no. 34, 361-73.

1987b. "Theory and Observation in Islamic Astronomy : The Work of Ibn al-Shatir." *Journal for the History of Astronomy* 18 : 35-43.

1994. "A Sixteenth-Century Arabic Critique of Ptolemaic Astronomy : The Work of Shams al-Din al-Khafri." *Journal for the History of Astronomy* 25 : 15-38.

2000. "Arabic versus Greek Astronomy : A Debate over the Foundations of Science." *Perspectives on Science* 8, no. 4, 328-41.

Sarton, George. 1927-48. *Introduction to the History of Science*. 3 vols. in 5 parts. Baltimore : Williams and Wilkens.

Saunders, J.J. 1963. "The Problem of Islamic Decadence." *Journal of World History* 7 : 701-20.

Savage-Smith, Emilie. 1988. "Gleanings from an Arabist's Workshop : Current Trends in the Study of Medieval Islamic Science and Medicine." *Isis* 79 : 246-72

1995. "Dissection in Medieval Islam," *Journal of the History of Medicine* 50(1995) : 67-110.

1998. "Tashrih" (Anatomy). In *Encyclopaedia of Islam*, 2d ed., vol. 10, pp. 354-6.

Sayili, Aydin. 1960. *The Observatory in Islam*. Ankara : Turkish Historical Society Series 7, no. 38.

1980. "The Emergence of the Proto-Type of the Modern Hospital in Medieval Islam." *Studies in the History of Medicine* 4 : 112-18.

Schacht, Joseph. 1950. *Origins of Muhammadan Jurisprudence.* Oxford : Oxford University Press.

1964. *Introduction to Islamic Law.* Oxford : Oxford University Press.

1974. "Islamic Religious Law." In *The Legacy of Islam*, 2d ed., edited by Joseph Schacht and C.E. Bosworth, pp. 392-403. New York : Oxford University Press.

Schacht, Joseph, and Max Meyerhof. 1937. *The Medico-Philosophical Controversy Between Ibn Butlan and Ibn Ridwan.* Cairo : Egyptian University Faculty of Arts, Publication no. 13.

Schmitt, Charles. 1972. "The Faculty of the Arts at Pisa at the Time of Galileo." *Physis* 15, no. 3, 243-72.

1973. "Toward a Reassessment of Renaissance Aristotelianism." *History of Science* 11 : 159-93.

1975a. "Philosophy and Science in Sixteenth-Century Universities : Some Preliminary Comments." In *The Cultural Context of Medieval Learning*, edited by John Murdoch and Edith Sylla, pp. 485-537. Boston : Reidel.

1975b. "Science and the Italian Universities in the Sixteenth and Seventeenth Centuries." In *The Emergence of Modern Science*, edited by M. Crosland, pp. 35-56. London : Macmillan.

1983. *Aristotle and the Renaissance.* Cambridge, Mass. : Harvard University Press.

1988. "The Rice of the Philosophical Textbook." In *The Cambridge History of Renaissance Philosophy*, edited by Charles B. Schmitt and Quentin Skinner, pp. 792-804. New York : Cambridge University Press.

Schwartz, Benjamin. 1968. "On Attitudes Toward the Law in China." In *The Criminal Process in the People/s Republic of China : An Introduction*, edited by Jerome A. Cohen, pp. 62-70. Cambridge, Mass. : Harvard University Press.

1985. *The World of Thought in Ancient China.* Cambridge, Mass. : Harvard University Press.

Shapiro, Martin. 1980. "Islam and Appeal." *California Law Review* 68 : 350-81.

Shaw, Stanford. 1976. *History of the Ottoman Empire and Modern Turkey.* Vol. 1. New York : Cambridge University Press.

Siraisi, Nancy. 1973. *Arts and Sciences at Padua.* Toronto : Pontifical Institute.

1987. *Avicenna in Renaissance Italy : The Canon and Medical Training in*

Italian Universities after 1500. Princeton, N.J. : Princeton University Press.

1990. *Medieval and Early Renaissance Medicine : An Introduction to Knowledge and Practice*. Chicago : University of Chicago Press.

2001. *Medicine and the Italian Universities, 1250-1600*. Leiden : E.J. Brill.

Sivin, Nathan. 1973. "Copernicus in China." *Studia Copernicana* 6 : 63-122.

1975. "Shen Kua." In *Dictionary of Scientific Biography*, vol. 12, pp. 369-93.

1976. "Wang Hsi-Shan." In *Dictionary of Scientific Biography*, vol. 14, pp. 159-68.

1984. "Why the Scientific Revolution Did Not Take Place in China - or Didn't It? In *Transformation and Tradition in the Sciences*, edited by Everett Mendelsohn, pp. 531-54. New York : Cambridge University Press.

1985. "Max Weber, Joseph Needham, Benjamin Nelson : The Question of Chinese Science." In *Civilizations East and West : A Memorial Volume for Benjamin Nelson*, edited by E.V. Walters, Uytautas Kavolis, Edmund Leites, and Marie Coleman Nelson, pp. 37-49. Atlantic Highlands, N.J. : Humanities Press.

1988. "Science and Medicine in Imperial China - The State of the Field." *Journal of Asia Studies* 47, no. 1, 41-90.

1990. "Science and Medicine in Chinese History." In *Heritage of China*, edited by Paul S. Ropp, pp. 164-96. Berkeley and Los Angeles : University of California Press.

Skinner, G. William, ed. 1977. *The City in Late Imperial China*. Stanford, Calif. : Stanford University Press.

Sorokin, Pitirim, and R.K. Merton. 1935. "The Course of Arabian Intellectual Development, 700-1300 A.D. : A Study in Method." *Isis* 22 (Feb.) : 516-24.

Spence, Jonathan. 1978. *The Death of Woman Wang*. New York : Viking Press.

1990. *In Search of Modern China*. New York : W.W. Norton.

Sprenkel, Sybille van der. 1966. *Legal Institutions in Manchu China : A Sociological Analysis*. London : Athlone Press.

Staunton, George T., ed. and trans. 1810. *Ta Tsing Lü Li : Being the Fundamental Law of the Penal Code of China*. London : Cadell and Davies.

Stern, S.M. 1970. "The Constitution of the Islamic City." In *the Islamic*

618

City, edited by A.H. Hourani and S.M. Stern, pp. 25-50. Philadelphia : University of Pennsylvania Press.

Stiefel, Tina.1976. "Science, Reason, and Faith in the Twelfth Century : The Cosmologists' Attack on Tradition." *Journal of European Studies* 6 : 1-16.

1977. "The Heresy of Science : A Twelfth-Century Conceptual Revolution." *Isis* 68, no. 243, 347-62.

1985a. "'Impious Men' : Twelfth-Century Attempts to Apply Dialectic to the World of Nature." In *Science and Technology in Medieval Society*, edited by Pamela O. Long, pp. 187-203. New York : New York Academy of Sciences, vol. 441.

1985b. *The Intellectual Revolution in Twelfth-Century Europe*. New York : St. Martin's Press.

Strauss, Leo. 1973. *Persecution and the Art of Writing*. Reprint Westport, Conn. : Greenwood Press.

Strayer, Joseph. 1970. *On the Medieval Origins of the Modern State*. Princeton, N.J. : Princeton University Press.

Swerdlow, Noel. 1973. "The Derivation and First Draft of Copernicus's Planetary Theory : A Translation of the Commentariolus with Commentary." *Proceedings of the American Philosophical Society* 117 : 423-512.

Swerdlow, Noel, and Otto Neugebauer, 1984. *Mathematical Astronomy in Copernicus's "De revolutionibus."* New York : Springer-Verlag.

Talbot, Charles. 1978. "Medicine." In *Science in the Middle Ages*, edited by David C. Lindberg, pp. 391-428. Chicago : University of Chicago Press.

Thoren, Victor. 1990. *The Lord of Uraniborg : A Biography of Tycho Brahe*. New York : Cambridge University Press.

Tierney, Brian, 1982. *Religion, Law, and the Growth of Constitutional Thought, 1150-1650*. New York : Cambridge University Press.

Tillich, Paul. 1957. "The Transmoral Conscience." In *The Protestant Era*, pp. 136-49. Chicago : Phoenix Books.

Tu Wei-ming. 1990. "The Confucian Tradition in Chinese History." In *Heritage of China*, edited by Paul S. Ripp, pp. 112-37. Berkeley and Los Angeles : University of California Press.

Tusi, al-, Nasir al-Din. 1999. *Contemplation and Action : The Spiritual Autobiography of a Muslim Scholar*. Edited and translated by S.J. Badakhchani. London : I.B. Taurus.

Tyan, Emile. 1955. "Judicial Organization." In *Law in the Middle East*, edited by M. Khadduri and H. Liebesny, pp. 236-78. Washington,

D.C. : The Middle East Institute.

Ullmann, Manfred. 1978. *Islamic Medicine*. Edinburgh : Edinburgh University Press.

Unschuld, Paul. 1985. *Medicine in China : A History of Ideas*. Berkeley and Los Angeles : University of California press.

——. 1986. *Medicine in China : A History of Pharmaceutics*. Berkeley and Los Angeles : University of California Press.

Vajda, George. 1971. "Idjaza." In *Encyclopedia of Islam*, 2d ed., vol. 3, p. 1021. Leiden : E.J. Brill.

Wallace, William O. 1981. *Prelude to Galileo : Essays on Medieval and Sixteenth-Century Sources of Galileo's Thought*. Dordrecht : Reidel.

Walzer, Rishard. 1962. *Greek into Arabic*. Columbia : University of South Carolina Press.

Watt, John R. 1972. *The District Magistrate in Late Imperial China*. New York : Columbia University Press.

Watt, W. Montgomery. 1965. *A History of Islamic Spain*. Edinburgh : Edinburgh University Press.

——. 1973. *The Formative Period of Islamic Thought*. Edinburgh : Edinburgh University Press.

——. 1985. *Islamic Philosophy and Theology : An Extended Survey*. Edinburgh : Edinburgh University Press.

——, ed. and trans. 1953. *The Faith and Practice of al-Ghazali*. London : Allen and Unwin.

Weber, Max. 1951. *The Religion of China*. Translated by Hans Gerth. New York : Free Press.

——. 1954. *Max Weber on Law in Economy and Society*. Edited and annotated by Max Rheinstein ; translated by M. Rheinstein and Edward Shils. Cambridge, Mass. : Harvard University Press.

——. 1958a. *The City*. Edited and translated by Don Martindale and Gertrud Neuwirth. New York : Free Press.

——. 1958b. *The Protestant Ethic and the Spirit of Capitalism*. Translated by Talcott Parsons. New York : Scribners.

——. 1969. *The Rational and Social Foundations of Music*. Reprint. Translated and edited by Don Martindale, Johannes Riedel, and Gertrud Neuwirth. Carbondale : Southern Illinois University Press.

——. 1978. *Economy and Society*. 2 vols. Edited by Guenther Roth and Claus Wittich. Berkeley and Los Angeles : University of California Press.

Weisheipl, James. 1964. "The Curriculum of the Faculty of Arts at Oxford in the Early Fourteenth Century." *Medieval Studies* 26 : 143-85.

Westman, Robert, S. 1975a. "The Melanchthon Circle, Rheticus, and the Wittenberg Interpretation of the Copernican Theory." *Isis* 66(June) : 165-93.

1975b. "Three Responses to the Copernican Theory : Johannes Praetorius, Tycho Brahe, and Michael Maestlin." In *The Copernican Achievement,* edited by Robert S. Westman pp. 285-345. Berkeley and Los Angeles : University of California Press.

1980. "The Astronomer's Role in the Sixteenth Century. A Preliminary Study." *History of Science* 18 : 105-47.

1986. "The Copernicans and the Churches." In *God and Nature : Historical Essays on the Encounter Between Christianity and Science,* edited by David C. Lindberg and Ronald L. Numbers, pp. 76-113. Berkeley and Los Angeles : University of California Press.

1990. "Proof, Poetics, and Patronage : Copernicus's Preface to *De revolutionibus.*" In *Reappraisals of the Scientific Revolution,* edited by David C. Lindberg and Robert S. Westman pp. 167-205. New York : Cambridge University Press.

ed. 1975. *The Copernican Achievement.* Berkeley and Los Angeles : University of California Press.

White, Lynn, Jr. 1962. *Medieval Technology and Social Change.* Oxford : Oxford University Press.

1968. *Machina Ex Deo.* Cambridge, Mass. : MIT Press.

Wolfson, Harry. 1964. "The Controversy over Causality in the Kalam." In *Melanges Alexandre Koyré,* vol. 2, pp. 602-18. Paris : Hermann.

1976. *The Philosonphy of Kalam.* Cambridge, Mass. : Harvard University Press.

Yan, Lî, and Dù Shíràn. 1987. *Chinese Mathematics : A Concise History.* Translated by John N. Crossley and Anthony W.-C. Lun. Oxford : The Clarendon Press.

Ziadeh, F. 1968. *Lawyers : The Rule of Law and Liberalism in Egypt.* Stanford, Calif. : The Hoover Institution.

Ziadeh, Nicola. 1964. *Damascus under the Mamluks.* Norman : University of Oklahoma Press.

1970. *Urban Life in Syria under the Early Mamluks.* Westport, Conn. : Greenwood Press.

Zilsel, Edgar. 1942a. "The Genesis of the Concept of Physical Law." *The Philosophical Review* 51 : 245-79.

1942b. "The Sociological Roots of Science." *American Journal of Sociology* 47 : 544-62.

Zuckerman, Harriet. 1988. "The Sociology of Science." In *The Handbook of Sociology*, edited by Neil J. Smelser, pp. 511-74. Beverly Hills, Calif. : Sage Publications.

찾아보기

ㄱ

가동 활자 인쇄술 138

가상 공간 6

가이우스Gaius 432, 474

가잘리 341

가치관 62, 63, 64, 86, 116, 117, 333, 521

가톨릭 교회 78

갈등 22

갈레노스Galenos 92, 125, 142, 266, 268, 277, 295, 315, 347, 453

갈릴레오Galileo 67, 70, 78, 80, 84, 96, 107, 118, 334, 343, 388, 391, 397, 438, 455, 456, 497, 500, 509, 511, 527, 528, 534, 539, 546, 548, 549, 550, 552, 556

감찰 기관 407

감찰관 407

강희제康熙帝 490

개별성 357, 380

개별주의 351, 380

개인 53, 233, 241, 379, 439, 591

개인 의견 158, 160

개인 재량의 판단 158, 184

개인주의 52, 591

객관성 141

거인擧人 442

게니자geniza 192

게르만족 204

게리 라이저Gary Leiser 312

게인스 포스트Gaines Post 224, 266

결의론決疑論 196

결정론자 188

결정주의 192

경제 64

경험주의 46, 47, 66, 67, 371, 532

경험주의 방법론 176

계몽주의 176

고대 과학 124, 131, 135, 138, 138, 250, 253, 254, 264

고대 그리스 37, 86, 91

고등 수학 145

고등비평 173, 176

고시디 라세드Roshdi Rashed 94

고이틴S.D. Goitein 192, 271

고전 441, 466, 472, 473, 474, 475, 500, 533, 562

고전주의 65, 547

고증학考證學 466, 477

골드스타인Goldstein 106

골트치어 124, 373

공개 토론 373, 374

공개 토론장 6, 9, 76, 84, 355, 495, 496, 499, 530

공공 도서관 131, 132, 133

공공 토론 30

공공의 이익 230

공권력 359

공동체universitas 56, 160, 222, 223, 247

공동체주의 52, 54, 143, 333, 350, 366, 375, 524

공리주의 516, 525

공립 도서관 502

공자 422, 460, 466, 500

공정성 356

공평성 52, 54, 259, 333, 350, 370, 374, 376, 377, 378

과거제도 404, 435, 437, 439, 444, 452, 483, 484, 490, 493, 500, 502, 585

과학 7, 78, 378, 383, 395, 396, 401, 434, 438, 445, 461, 465, 468, 483, 484, 485, 486, 492, 493, 496, 506, 515, 516, 521, 522, 523, 525, 552, 560, 562, 567, 570, 573, 574, 577, 584, 585, 591, 593

과학 권력 31

과학 기술 31

과학 운동 117

과학 정신ethos of science 20, 35, 40, 52, 56, 61, 143, 333, 350, 370, 521, 522, 523, 524, 557

과학 지식 30, 31, 51, 366

과학 혁명 51, 56, 65, 78, 79, 98, 102, 108, 117, 199, 381, 382, 393, 467, 493, 497, 498, 507, 513, 535, 545, 554, 558, 561, 562, 563, 565, 588

과학 혁명의 구조The Structure of Scientific Revolutions 40, 56, 57, 60, 63

과학, 기술 그리고 17세기 영국의 사회 Science, Technology, and Society in seventeenth-Century England 40, 50, 85, 518, 525

과학사 57, 60, 61, 64, 65

과학사 서론Introduction to the History of Science 112

과학사회학 40, 42

과학역사가 446

과학의 정신 86

과학자 33, 35, 40, 42, 44, 45, 48, 49, 51, 52, 59, 60, 63, 64, 74, 86, 115, 119, 126, 138, 177, 200, 333, 334, 335, 380, 446, 484, 495, 521, 522, 559, 574, 588, 594

과학자 사회 58, 59, 64, 361

과학자의 사회적 역할The Scientist's Role in Society 40, 112

과학적 견해 32

과학적 발견의 우선권Priorities in Scientific Discovery 55

과학적 방법론 26, 29, 47

과학적 세계관 33

관료제 410, 413, 422, 428, 429, 435, 437, 473, 485, 486, 501

관료주의 35, 72, 73, 75, 586, 590

관습 53, 211, 421

관습법 206, 207, 229, 239, 252

광학Optiks 66, 90, 96, 97, 145, 251, 295, 335, 343, 344, 345, 346, 348, 384, 388, 453, 456, 477, 506, 507

교령집Decretum 203

교수권 255, 302, 304, 310, 313

교수단 530, 532

교육 75

교황 혁명 207, 208, 220, 238, 479

교회 229, 230

교회법 78, 85, 203, 204, 207, 209, 210, 211, 212, 215, 217, 223, 228, 231, 239, 242, 259, 356, 357, 433, 475, 548

교회법 모순조항 해류집 432, 474

구마라집鳩摩羅什 464

구球에 관하여On the Sphere 297, 539

구장산술九章算術 92, 454

국가 229, 230

국가 범주의 책Book of the Categories of the Nations 123

국립 인쇄소 447

국법 211

국자감國子監 447, 450, 499

군郡 404

군벌 406

궁정법 227, 239

권위 188, 213, 260, 280, 594

권위주의 체제 20

규칙 58, 59, 62

그라티아누스Gratianus 203, 205, 210, 211, 212, 432, 438, 474, 475, 477

그라함A.C Graham 470

그랜트 376

그로스테스트 477

그리스 과학 148, 165, 250, 262, 269, 281, 285, 300, 367, 494

그리스 철학 530, 561, 564, 573

그리스법 206

근대성 28, 29, 112

근대파moderni 166, 172

근본주의자 254, 575

긍정과 부정Sic et non 234, 475

기계 171

기계주의 175

기독교 73

기독교 교회 143

기독교 신학 494

기르케 Gierke 432, 474

기브H.A.R. Gibb 175

기상학 296

기수법記數法 92, 93

기술 7, 71, 72, 83, 129, 154, 155, 245, 278, 324, 382, 395, 396, 401, 446, 484, 485, 492, 516, 567, 570, 573, 584

기술자 484, 485, 562, 574

기하학 97, 455, 456, 489, 506

기호 61

꾸란 97, 130, 156, 157, 158, 160, 163, 175, 201, 217, 220, 232, 233, 248, 249, 250, 253, 257, 261, 273, 284, 355, 379, 561, 570, 571, 574, 575, 576, 577

ㄴ

나단 시빈Nathan Sivin 76, 387, 392, 394, 474, 484, 493, 498, 562

나시르 알딘 알투시 200, 282

나폴레옹 567

내면의 빛 188

넬슨 79, 80, 82, 83, 84, 86

노엘 스웨드로Noel Swerdlow 100

논리 37

논리학 124, 138, 150, 177, 192, 234, 236, 237, 251, 253, 257, 261, 263, 265, 285, 291, 304, 374, 475

논어論語 442

논쟁술 257, 259

뉴턴Newton 47, 66, 67, 390, 509, 534

니덤 69, 70, 73, 74, 75, 77, 85, 86, 111, 385, 387, 389, 390, 395, 396, 397, 424, 456, 468, 482, 485, 487, 490, 492, 493, 497

니콜 오렘Nicole Oresme 96, 456

니콜라스 오렘 390

ㄷ

다국적 활동 35

다마스쿠스 342

다수결 304

다수결 투표 240

단일 언어 35

달력 490, 491, 543

담론 81

당나라 385, 434, 489

대가족 제도 140, 141, 144

대수학大數學 92, 93

대의代議 정부 480

대표성 225

대학 85, 86, 97, 132, 141, 166, 205, 221,
234, 240, 247, 262, 270, 271, 279, 292,
294, 295, 299, 301, 303, 304, 308, 309,
310, 318, 338, 359, 361, 363, 371, 372,
374, 376, 377, 401, 409, 413, 433, 436,
442, 447, 480, 482, 495, 496, 498, 515,
525, 527, 528, 529, 530, 531, 532, 534,
535, 537, 538, 539, 541, 545, 549, 554,
555, 559, 564, 566, 568, 577, 585

대학 교수 372

대학 병원 267

대화Dialog 555

더글러스 노스Douglass C. North 519

더크 보드Derk Bodde 425, 431, 439, 451,
457, 458, 459, 467, 471, 474, 477, 478

데이비드 킹David King 107, 290

데카르트Decartes 95, 347

도道 415

도구주의 150, 291

도덕 423, 425, 533

도덕 원리 126

도덕 정치 409

도덕 철학 295, 296, 302

도로시 토머스Dorothy Thomas 244

도서관 501

도시 141, 164, 165, 199, 227, 239, 241,
314, 359, 361, 398, 401, 405, 411, 413,
495

도시법 227, 357

독립성 302, 308

독점권 202

독창성 34, 52, 87, 100

동물의 발생 296

동물의 신체 기관 296

동물의 역사 296

동업조합 270, 281, 331, 359, 361, 371,
398, 409, 479, 484, 495

동중서董仲舒 432

동화naturalization 115, 116, 147, 148, 149,
151, 184, 291, 463

뜨는 물체에 관하여 46

ㄹ

라이 184

라지Razi 269

라크르 알딘 알라지Fakhr al-din al-Razi 193

라틴어 461, 465

라파아 알타흐타위Rifa'ah al-Tahtawi 291

라흐만 193

레비스트로스Lévi-Strauss 470

레알두스 콜룸보Realdus Columbo 277

레티쿠스Rheticus 511, 549

렉스리부아리아 법전The Les Ribuaria 203

로렌스 콘래드Lawrence Conrad 140, 280

로마 문명 165

로마 민법 205, 231, 238, 240

로마 제국 91, 166, 203

로마법 165, 205, 206, 209, 228, 242, 252,
257, 259, 293, 356, 480, 494, 564

로마법대전 494

로만야콥슨Roman Jakobson 470

로버트 그로스테스트Robert Grosseteste 171,
346

로버트 머튼Robert K. Merton 38, 40, 43, 50,
52, 55, 62, 85, 114, 244, 333, 350, 358,
370, 516

로버트 하트웰Robert Hartwell 437

로저 베이컨Roger Bacon 346, 389

로저 프렌치Roger French 317

루터 184, 557
르네상스 154, 165, 174, 176, 199, 202,
    234, 400, 402, 494, 497, 498, 564

ㅁ

마그리브Maghrib 338
마드라사madrasa 25, 131, 132, 133, 134,
    136, 138, 145, 146, 150, 163, 206, 247,
    252, 254, 255, 258, 262, 264, 278, 279,
    290, 293, 336, 339, 352, 362, 364, 378,
    447, 481, 496, 532, 533, 567, 568, 570
마라가 388
마라가 천문대 262, 281, 283, 342, 382,
    388, 456, 463, 504, 508, 533
마라가 학파 100, 105
마르크스주의 73, 74, 77
마르틴 루터 556
마을신 409
마이모니데스 142, 340, 348, 365
마이클 스콧Michael Scot 165
마이클 체임벌린Michael Chamberlain 128
마잘림 법정 230
마잘림mazalim 229
마즐리스majlis 248, 263, 266, 501
마크디시 261
마테로 리치Matteo Ricci 94, 492
막스 베버Max Weber 26, 38, 42, 69, 79, 153,
    242, 436
만수르 이븐 일리아스Mansur Ibn Ilyas 323
만프레드 포커트Manfred Porkert 390
망구Mangu 388
망원경 389
맹자孟子 422, 441
머튼 41, 44, 53, 56, 86, 115, 116, 117, 350,
    366, 517, 518, 521, 523, 524, 525, 526
메리 맥래글린Mary Mclaughlin 305
메이틀런드F.W. Maitland 198
멜란히톤 557
멜빈 아이젠버그Melvin Eisenberg 164

면허증 310, 311
명나라 385, 434, 441, 445, 446, 451, 477,
    482, 486, 488, 493, 499, 505
모순 234, 235, 259, 286
모순의 모순Tahafut al-Tahafut 143
모스크 146, 150
모스크 사원 290, 364
모형 61, 63
목판 인쇄술 368, 440, 502, 503
몬디노 318
몬디노 데루치Mondino de'Luzzi 314
몽고메리 와트Montgomery Watt 189
몽골 337, 342
몽골 제국 95
무와키트muwaqqit 97, 290, 364
무와타Muwatta 321
무타질라파Mu'tazilites 186, 188, 195
무타칼리문 125, 126, 175, 188, 190, 284,
    285, 365, 433
무함마드 54, 97, 121, 156, 217, 218, 229,
    248, 252, 321, 561, 578
무함마드 아부 자이드Mohammad Abu Zaid
    175
무흐타시브 271, 272, 364, 407
묵가墨家 389
묵자墨子 476
문명 사회 35
물리학 96, 97, 343, 384, 390, 456, 511,
    591
물질 169
미차우드-쿠안틴Michaud-Quantin 222
민법 164
민족 국가 240, 241
민족차별 77

ㅂ

바스의 애덜라드Adelard of Bath 165, 171,
    173, 375
바실Basil 181
바티칸 도서관 132

박사博士 447

발명 485

방황하는 자들을 위한 안내서The Guide of the Perplexed 340, 365

백과사전 391

버나드 골드스타인Bernard Goldstein 347

버만 204, 213

번 벌로Vern Bullough 113

번역 37, 91, 92, 294, 459, 460, 465, 541

번역자 250

법 22, 23, 25, 33, 64, 76, 78, 81, 83, 86, 87, 118, 152, 194, 214, 234, 434, 449

법가法家 421, 423

법과 혁명Law and Revoletion 198

법관 433

법률 해석 160

법률가 220

법인法人 223, 294, 359

법정 229

법치 국가Rechtsstaat 209

법학 136, 178, 212, 213, 252, 259, 268, 359, 417, 433, 475, 527, 544

법학부 213, 215, 216, 219, 220, 250, 257, 260, 335, 355, 356, 362, 433

법 혁명 199, 242, 401, 479

베버 27, 39, 40, 68, 85, 154

베살리우스 102, 397, 498, 532

베이컨 학파 65, 66

벤-데이비드 43, 46, 51, 52, 53, 112, 526

벤저민 넬슨Benjamin Nelson 11, 12, 25, 27, 41, 69, 78, 85, 86, 214, 335, 513

벤저민 엘만 Benjamin Elman 445

변명Apologia 546

변증법Dialectica 215, 235, 253, 257, 296, 304, 475, 502

변증법적 476

변증법적 방법론 214, 258

변호사 433

보건 의료 38

보드 467, 468

보상 체계reward system 41, 55, 75, 85, 451, 489, 490

보수적 25

보편 수학mathesis universalis 95

보편성 9, 52, 54, 81, 142, 143, 183, 203, 333, 350, 357

보편화 9, 36, 81

볼로냐 대학 205, 313, 318, 433, 544

봉건제 199

부작위법 195

북경 도서관 503

북송 444

북유럽 37

뷔르겔 279

뷔리당Buridan 96, 390, 391, 438, 456

브래드워딘Bradwardine 96, 390, 456

비교과학사회학 78

비교역사 12

비교역사사회학 25, 40, 42, 50

비밀주의 502, 507

비밀주의 592

비에트Viète 95

비잔틴 문명 201

비텔로Witelo 346, 389

ㅅ

사르트르의 티에리 170

사법권 221, 222, 225, 227, 228, 230, 231, 239, 240, 353, 357, 359, 360, 361, 378, 409, 412, 413, 415, 428, 430, 432, 434, 479, 520

사브라A.I. Sabra 103, 107, 116, 119, 146, 150, 285, 286, 287, 291, 347

사상 46, 166, 167

사서오경四書五經 445, 486

사이드 알 안달루시Sa'id al-Andalusi 123

사이언티스트scientist 48, 49, 51, 67

사크로보스코의 존John of Sacrobosco 297

사탄의 시The Satanic Verses 176
4학quadrivium 296
사회 가치 525
사회 제도 24, 25, 36, 519, 520, 522, 524, 562
사회 질서 22, 53
사회과학 6, 20
사회적 담론 9
사회제도 560
산술 263
살림베네Salimbene 317
살만 루시디Salman Rushdie 176, 335
삼각법 97
삼권 분립 241
3학trivium 296
상대성 212
상상력 5, 19, 34, 88, 151, 166, 213, 259, 343, 349, 489
상업 혁명 495
상인 74
상인법 227
상징체계 82
상형문자 469
생 빅토르의 휴Hugh of St. Victor 169, 170
생명 복제 334
생성과 소멸론 296, 374, 496, 527
생원生員 442
샤르트르의 아보트 티에리Abhot Thierry of Chartres 166
샤르트르의 티에리 172, 375
샤리아Shari'a 122, 157, 158, 164, 188, 192, 193, 195, 201, 206, 217, 230, 231, 271, 359
샤피 158, 160, 162, 219
샤피아 277
서양 7, 8
서양 문명 23
서원 481, 482
선의 356

성 480
성 아우구스타누스 166
성 암브로스St. Ambrose 181
성 제롬 182
성 제롬의 주석Gloss of St. Jerome 181
성리학 402, 438, 473, 477, 482, 493, 502, 530
성문법 211, 212, 229, 260, 357
성서 172, 174
성서 비평 176
성직 임명권 409
성직자 임명권 228
성황신 409
세계 과학ecumenical science 38, 82
세계의 축axis mundi 470
세네카Seneca 182
세속 201, 204, 208, 209, 359, 498
세습제 437
세원집록洗寃集錄 328
소르본 도서관 132
소명의식 129, 333
소송蘇頌 502
소유권 223, 228, 430, 520
소통 22, 87
솔즈베리의 존John of Salisbury 200
송나라 402, 403, 405, 406, 440, 447, 449, 451, 454, 477, 482, 488, 489, 490, 493, 504
수나sunna 156, 157, 160, 163, 195, 201, 217, 219, 220, 261
수니파 122, 123, 184, 287
수리 천문학 298, 455
수피교Sufism 192, 193
수학 83, 90, 97, 111, 150, 251, 291, 335, 384, 395, 402, 436, 439, 446, 449, 453, 466, 486, 489, 492, 493, 502, 506, 526, 541, 548
순환논법 51
숫자 '0' 93

숫자체계 91
스웨드로 107
스콜라 학자 214
스테파노 탕피에르 303
스토아 철학자 182
스티븐 툴민Stephen Toulmin 78
스페인 337, 339, 340, 341, 346, 390
스피노자Spinoza 340
시간 72
시네이데레시스synéidéresis 185
시릴 엘굿Cyril Elgood 314
시신 부검 317
시장 감독관 257, 281, 355
시체 부검 315
시체 해부 280
신 천문학 550
신 천문학New Astronomy 547
신데레시스synderesis 179, 182, 183
신비주의 99, 193, 524
신성 170, 201, 204, 498
신성한 법 217, 231, 357
신앙 공동체 359
신의 명령 184, 229, 233, 258, 273, 364
신정론神正論 190
신테레시스synteresis 181
신학 24, 33, 78, 81, 83, 85, 123, 134, 178,
    185, 187, 193, 194, 214, 236, 251, 259,
    285, 304, 306, 364, 433, 475, 494, 496,
    511, 525, 527, 564, 571
신학자 188, 192
실용성 61, 150
실용주의 150, 572
실정법 416, 421, 431
실험 79, 344, 348, 465, 507
실험 과학 154, 506, 559, 566
실험주의 154, 155
심괄 488, 490
심리학 180
12세기의 르네상스The Renaissance of the

Twelfth Century 198
십진법 92, 454

ㅇ
아라비아 과학 89, 90, 97, 98, 99, 100, 108,
    112, 113
아라비아 수학 92, 94
아라비아 의학 113
아라비아-이슬람 과학 8, 21, 36
아랍 37
아랍어 461, 462, 465, 467
아르키메데스Archimedes 45
아리스토텔레스Aristoteles 79, 92, 168, 177,
    178, 188, 215, 284, 295, 297, 298, 300,
    301, 302, 304, 307, 308, 341, 343, 365,
    373, 374, 376, 377, 391, 439, 453, 475,
    494, 496, 510, 526, 527, 528, 530, 531,
    532, 537, 541, 542, 543, 552, 557
아베로에스Averroes 79, 115, 142, 143, 191,
    340, 341, 348, 365, 438, 474, 477
아벨라르 216, 234, 236, 238, 259, 474,
    475, 476
아불 와파Abul Wafa 125
아비센나Avicenna 113, 200, 348, 477
아샤리Ash'ari 122, 188, 190
아스수유티as-Suyuti 288
아이딘 사일리Aydin Sayili 145
아퀴나스 438, 524
아흐마드 칸Ahmad Khan 291
아흘 아하디스ahl al-hadith 122
아흘 알수나ahl al-Sunna 122
안드레아스 베살리우스Andreas Vesalius 47,
    278
알가잘리 142, 149, 191, 192, 195, 200,
    233, 236, 237, 238, 247, 260, 474, 477
알나피스 277
알라지 347
알마게스트Almagest 46, 93, 103, 104, 111,
    288, 295, 297, 455, 489, 508, 537, 538,

540
알마게스트 요약Epitome of the Almagest 541
알마그리비al-Maghribi 103
알마사왈al-Samaw'al 94
알비루니al-Biruni 103, 125
알비트루지al-Bitruji 104, 106, 348
알샤티르 105, 283
알샤피al Shafi'I 123, 158, 184, 218, 257, 261
알시라지al-Shirazi 103, 255, 284, 348, 388,
    389
알우르디al-'urdi 103, 187, 284, 348, 388
알이지 200, 186, 187
알자바르티al-Jabarti 291
알주바이니al-Juwaini 260
알카라지al-Karaji 94
알카와리즈미al-Khawarizmi 295, 539
알콰리즈미al-Khwarizmi 92, 454
알쿠프 274, 275
알투시al-Tusi 103, 175, 283, 284, 348, 388
알파라비 142, 174, 188
알파리시 389
알파벳 459, 461
알하이삼 103, 104, 105, 346, 456
약리학 507
약속 60, 61
약학 274, 395
양심 80, 178, 179, 181, 182, 183, 196, 213,
    214, 220, 233, 234, 238, 257, 294, 378,
    529, 590
양휘揚輝 490
어니스트 무디Ernest Moody 391
언어 458
에드거 질셀Edgar Zilsel 154
에드워드 그랜트Edward Grant 294, 295, 298,
    306
에드워드 레비Edward Levy 163
에른스트 칸토로비츠Ernst Kantorowicz 202
에미르emir 201
에밀 뒤르켕 Émile Durkheim 85, 358

에스카라 429
에우독소스Eudoxus 387
에이딘 세일리Aydin Sayili 283
에피스테메episteme 383
엘리너 바버Elinor Barber 244
엘리트 374
엘리트 제도 404
엘만 446
역사서설The Muqaddima 568
역설 259
역학 303
역할 44, 45, 46, 50, 51, 52, 86, 114, 118,
    520, 521, 559
역할군役割群 43, 44, 45, 46, 48, 86, 115,
    117, 118, 333, 559
역할 이론 43
연금술 90, 99
열린 사회 22, 87
예禮 415, 420, 422
예수회 94, 387, 388, 454, 455, 464, 489,
    493, 502, 513, 562, 563
예언 의학 251, 268, 561, 574, 575
오경 416
오렘 307
오리겐Origen 181
오스만 제국 565
오컴 438
오컴의 윌리엄William of Ockham 200
오툉의 호노리우스Honorius of Autun 169
와크프 262
와크프법 267, 283, 284, 379
왕실법 357
왕안석王安石 428, 440
외래 과학 119, 122, 124, 125, 131, 135,
    136, 142, 147, 248, 250, 251, 254, 262,
    263, 288, 290, 308
외래 철학 367
요하네스 케플러 544
요하네스 필로포누스Johannes Philoponus 344

우술 알피끄 219

우인론偶因論 126, 192, 193, 297, 399, 570

우인론주의자 188

우주 24, 34, 59, 72, 75, 169, 171, 173, 174,
246, 301, 509, 528, 537, 541, 551, 552,
562

우주 구조의 신비Mysterium cosmographicum
544, 547, 550

우주 모형 511

우주론 26, 249, 296, 297, 300, 301, 303,
307, 308, 334, 348, 370, 374, 399, 465,
487, 496, 508, 527, 538, 541, 543, 556,
562

울라마Ulama 109, 123, 125

움마umma 217

원나라 385, 493, 504

원론 Elements 96, 295, 297, 388, 455

원자론 174, 287, 399

윌리 하트너Willy Hartner 125

윌리엄 오그번Willian F. Ogburn 244

윌리엄 휴얼William Whewell 48, 51

유교 73, 426, 434

유대교 73

유대법 206

유물론 73

유물론자 571, 572

유스티니아누스 법전 201, 202, 205

유용성 150

유전자 공학 334

유추 해석 158, 184, 233, 259

유클리드Euclid 92, 93, 96, 295, 297, 388,
453, 455, 489, 530

유클리드 기하학 95

유하나 이븐 마사와이Yuhana Ibn Masawaih
279

유학儒學 421, 440, 562

윤리 83

윤리학 234, 305

율리우스 카이사르Julius caesar 202

율법 123

음악의 합리적, 사회적 토대The Rational and
Social Foundations of Music 27

음양오행설陰陽五行說 390, 468

음양이원론 468

의사 192

의사 면허증 313

의사 시험 272

의사결정 83

의사소통 56

의학 26, 29, 90, 97, 145, 146, 150, 251,
262, 263, 265, 268, 273, 274, 277, 279,
291, 310, 313, 314, 331, 332, 335, 342,
344, 348, 364, 383, 389, 433, 440, 446,
449, 492, 496, 506, 507, 527, 532, 533,
544, 562, 565, 585

의학 백과 사전Canom 113, 295, 477

의학 혁명 309, 327

의학부 309, 310, 312, 315

의회 225, 227, 240

이그나츠 골트치어Ignaz Goldziher 123, 250

이단 195, 233, 235, 260, 379, 510, 525

이데올로기 84

이르네리우스Irnerius 205, 210

이리스토텔레스 235

이보 Ivo 210

이븐 루시드 200, 373

이븐 리드완Ibn Ridwan 265

이븐 밧자 340, 343, 348, 391

이븐 시나 125, 142, 175, 295, 391

이븐 아킬Ibn 'Aqil 258

이븐 알나피스Ibn al-Nafis 274, 276, 315, 318

이븐 알바타니Ibn al-Battani 103

이븐 알샤티르Ibn al-Shatir 95, 100, 103, 107,
109, 115, 337, 342, 388, 543

이븐 알쿠프Ibn al-Quff 274

이븐 알하이삼Ibn al-Haytham 96, 125, 155,
295, 347, 389, 465, 477

이븐 압드 알자바르 알술라미Ibn 'Abd al-jabbar al-sulami 270

이븐 유누스Ibn Yunus 125

이븐 카다마Ibn Qadama 122, 123

이븐 칼둔 567

이븐 타이미야 193, 200

이븐 투파일 142, 348

이븐 할둔Ibn Khaldun149

이상 세계 417

이성 10, 19, 21, 24, 28, 77, 80, 123, 124,
126, 146, 152, 153, 155, 156, 160, 166,
167, 172, 173, 174, 178, 179, 183, 185,
186, 188, 192, 195, 196, 210, 213, 214,
216, 220, 233, 234, 235, 238, 246, 257,
294, 299, 301, 306, 335, 349, 357, 365,
370, 458, 529, 554, 558, 560, 561, 562,
564, 577

이슬람 7, 8

이슬람 과학 253

이슬람 문명 23

이슬람 율법 125, 128

이슬람 의학 98

이슬람화 116

이야李冶 490

이원론 82, 469

이익집단 231

이자 81

이자의 개념The Idea of Usury 81

이자자ijaza 131, 135, 136, 142, 254, 271,
338, 362, 363, 449, 483

이즈마ijma' 157, 219, 357

이즈티하드ijtihad 158, 159, 195

인간 24, 25, 29, 87, 533

인간 중심 33

인과율 126

인도-유럽어 461

인류학 24, 173

인본주의 문명 33

인쇄기 130, 144, 366, 369

인쇄소 502

인쇄술 87, 368, 370, 531, 549, 565

인식 작용 183, 184, 233

인체 해부 98, 279, 314, 315, 318, 319,
321, 328, 497, 498, 532, 533, 565

인체 해부를 바탕으로 쓴 해부학 Anatomy
Based on Human Dissection 314

인체의 구조에 관하여On the Fabric of the
Human Body 47, 102, 278

인터넷 6, 579, 580, 581, 594

임레 라카토스Imre Lakatos 78

임페리오imperio 231

입법권 227

입헌 국가 225

ㅈ

자기 생명력 117

자말 알딘 알아프가Jamal al-Din al-Afghani 292

자본주의 74, 75, 79, 491

자연 24, 25, 29, 72, 76, 167, 168, 169, 170,
171, 172, 174, 175, 176, 183, 196, 281,
382, 397, 429, 537, 571

자연 세계 5, 19, 28, 48, 47, 72

자연 철학 24, 77, 78, 87, 295, 296, 365

자연과학 6, 20, 132, 134, 136, 137, 145,
200, 248, 250, 252, 262, 263, 265, 283,
291, 294, 296, 302, 306, 308, 336, 372,
373, 453, 492, 528, 573

자연법 79, 87, 117, 211, 212, 217, 220,
238, 239, 241, 257, 294, 357, 417, 418,
421

자연에 관한 단편집Parva Naturalia 296, 496,
527

자연주의 170, 175, 177, 374, 527

자연주의자 292, 571

자연학 296, 298, 303, 307, 374, 496, 527,
541, 542, 543, 548

자유 28, 53, 84

자유사상가 373

자유의지 126

자유재량권 161, 232
자율 6
자율권 162
자율성 53, 199, 221, 302, 308
자치 6
자치 공간 156
자치 단체 161
자치 도시 270
자치 집단corporation 199, 221, 222, 224, 225,
    227, 228, 231, 239, 241, 270, 281, 293,
    357, 358, 359, 360, 361
자치권 114, 115, 144, 147, 196, 206, 208,
    209, 227, 270, 279, 281, 293, 294, 308,
    313, 331, 358, 359, 361, 364, 380, 398,
    411, 413, 415, 432, 435, 447, 457, 478,
    479, 480, 482, 484, 496, 498, 502, 520,
    559, 586, 587
잠시드Jamshid 98
장 에스카라Jean Escarra 426
장원법 357
장원제 199
장인 정신 154
장자莊子 476
재산권 240
재판권 206
저자 머리말 68
저작권 473
전문가 30, 45, 433, 444, 585
전문학교 166, 262, 297, 312, 358, 372,
    447, 480, 482, 559
전통주의 219
전통주의자 178, 254, 380
절대 권위 214
절대 진리 111, 126
점성술 99, 282, 297, 379
정당성 213
정밀과학 297
정보 7, 22, 31, 32
정상 과학normal science 57, 60, 62

정신 169
정신 세계 129
정신론 296, 496, 527
정의 239, 356
정이程頤 438
정주학程朱學 446
정치 64, 114
정치 권력 6, 31, 593, 594
정통 이슬람 전승주의자 122
정통성 248
정통성 261
정통파 193, 277
정호程顥 438
조너선 버키Jonathan Berkey 128
조지 마크디시George Makdisi 128, 250, 255,
    362
조지 사턴George Sarton 112, 200
조지 살리바George Saliba 116
조지 호우라니George Hourani 142
조지프 니덤Joseph Needham 25, 27, 28, 38,
    41, 64, 65, 67, 72, 82, 86, 93, 95, 111,
    154, 381, 427, 455, 458, 476
조지프 벤-데이비드Joseph Ben-David 25, 40,
    42, 86, 362, 515, 520
조지프 샤흐트Joseph Schacht 218, 231, 356,
    359, 360
조지프 스트레이어Joseph Strayer 225
존 도슨John Dawson 215
존 캘빈John Calvin 81
종교 25, 33, 64, 86, 99, 114, 116, 132, 152,
    153, 174, 206, 359, 364, 515, 570, 571
종교 개혁 78, 79, 85, 144, 184, 199, 300,
    524, 525, 556, 557
종교 권력 6, 26, 495
종교 재단 134, 380
종교 재판 339
종교법 279, 281
종교사회학 소론小論 모음집Collected Essays on
    the Sociology of Religion 27, 39, 68

종교와 철학의 조화에 관하여On the Harmony of Religion and Philosophy 143
종교학 136, 142, 248
종이 129
주州 404, 405, 480
주세걸朱世傑 490
주자어류朱子語類 473
주판 92, 93
주해서Commentariolus 100
주희朱熹 402, 438, 474, 502
중국 7, 8
중국 과학 64, 69, 71, 73, 76, 77, 91
중국 국립 천문대 385, 387, 388, 455
중국 법 156
중국 수학 92
중국 천문대 93
중국어 72, 459, 461, 464, 465, 467
중국의 과학과 문명Science and Civilisation in China 41, 67, 77
중국의 사상, 사회, 과학 Chinese Thought, Society, and Science 457
중국의 종교The Religion of China 154, 436
중립 공간 6, 34
중립 지대 21, 34, 349, 398, 483, 495, 498
중용中庸 443
지구 중심 335, 382, 509, 537
지구 중심 모형 147
지구 중심설 284
지구 태양 중심 513
지동설 288
지배자 집단 119
지부知府 412
지성 188, 213
지식 논쟁 118, 158, 160
지식 담론 535
지식 생산 46
지식 엘리트 523, 528
지식 혁명 110, 393
지식인 36, 118, 119, 125, 126, 142, 144,

149, 201, 206, 233, 305, 372, 384, 401, 402, 466, 477, 502, 503, 523, 524, 551, 561, 562, 563, 564, 585, 590
지주知州 405, 410
지현知縣 405, 409, 411, 412, 426, 428, 442
직관 259
직업 의학의 발전The Development of Medicine as a Profession 113
진구소秦九韶 490
진리 258, 356, 370, 377, 379, 497, 503, 521, 587
진보적 25, 39
진사進士 444, 499
집단 책임제 425

ㅊ
찰스 호머 하스킨스Charles Homer Haskins 198
참심제 144
참여 9, 10, 81, 82, 83, 84, 349
창의성 198
창조력 186
창조성 83, 146, 165, 438, 577
창조자 167, 186
천구의 회전에 관하여On the Revolution of the Heavenly Spheres 47, 100, 102, 509, 535, 547, 548, 554
천문대 281, 290, 298, 364
천문학 90, 95, 97, 111, 145, 146, 251, 279, 282, 283, 286, 291, 297, 303, 335, 342, 343, 344, 347, 348, 364, 384, 388, 389, 395, 436, 445, 446, 453, 455, 466, 486, 487, 489, 498, 502, 506, 508, 525, 526, 533, 538, 541, 542, 543, 545, 551, 556, 565
천문학의 원리The Principles of Astronomy 104
천지창조 126
천체 100, 103, 537, 542
천체 모형 342
천체의 최근 현상에 관하여Concerning Recent

Phenomena in the Celestial World 511

철저한 회의론 54, 371, 375, 377, 378, 524, 529

철학 25, 33, 64, 78, 124, 125, 134, 135, 136, 145, 152, 178, 192, 234, 236, 248, 251, 252, 261, 265, 277, 285, 287, 293, 294, 304, 308, 336, 349, 364, 372, 373, 374, 378, 434, 541, 562, 590

철학자 138, 188, 335, 372, 495, 531

철학적 24, 47, 61

청교도주의 515, 516, 518, 525

청나라 436, 446, 488, 505

초기 마르크스주의 154

초자연 168, 171

최초 339

최후의 심판일 201, 273, 359

추론 160, 261

충忠 427

충서忠恕 427

ㅋ

카디 229, 230, 354

카람Kalam 123, 189, 192, 285

카말 알딘 346

카말 알딘 알파리시Kamal al-Din al-Farisi 345

카말 알딘 유누스Kamal al-Din b. Yunus 138

카이로 342

칼 포퍼Karl Popper 39, 78, 383

칼리문 122

칼리프caliph 201

캘시더스Chalcidus 166

케네디E.S. Kennedy 98, 106, 337

케플러Kepler 67, 107, 334, 389, 438, 497, 509, 513, 534, 546, 547, 549, 550, 556

코뮌 223

코울슨N.J. Coulson 157, 230

코페르니쿠스 47, 57, 67, 78, 80, 84, 100, 102, 106, 107, 109, 110, 245, 284, 288, 291, 298, 309, 334, 336, 337, 343, 348,

382, 438, 455, 508, 509, 510, 513, 527, 532, 534, 535, 540, 543, 544, 545, 547, 548, 549, 551, 554, 556, 557, 570

콘스탄티누스 대제 203

콘체스의 윌리엄William of Conches 166 168, 172, 173, 175, 375

쿠트브 알딘Qutb al-din 103

쿤 45, 46, 57, 58, 59, 60, 61, 62, 63, 65, 67, 86

퀴자 Cujas 432, 474

크라티아누스 219

크레모나의 제라르드Gerard of Cremona 165, 297

크롬비A.C. Crombie 348

크리스토퍼 쿨렌Christopher Cullen 387

크리스토프 뷔르겔Christoph Bürgel 272

클리스토퍼 클라비우스Christopher Clavius 513

클리포드 기어츠Clifford Geertz 153

키블라qibla 97

키야스qiyas 157, 158, 159, 220

ㅌ

타이미야 193

탈리카ta'liqa 254

태양 중심 108, 382, 509, 540

태양 중심 체계 245

태양 중심론 570

태양 흑점에 관한 첫 번째 편지First Letter on Sunspots 528

탤컷 파슨스Talcott Parsons 68, 518

테오도릭 346

테크네techne 383

토라Torah 180

토론 9, 10, 37, 76, 82, 83, 84, 85, 87, 349, 472

토마스 아퀴나스Thomas Aquinas 182, 200, 474, 477, 554

토머스 쿤Thomas Kuhn 35, 40, 56, 126, 521, 558

통제권 313

통치권 231

튀고 브라헤Tycho Brahe 107

튀빙겐 대학 544

튀코 512, 513

튀코 브라헤 284, 497, 511, 534

특권 32

특수성 357, 380

티나 스티펠Tina Stiefel 176, 177, 375

티마이오스Timaeus 166, 167, 168, 175, 177,
179, 185, 196, 250, 301

티에리 175

ㅍ

파두아 대학 544

파두아의 마르실리우스Marsilius of Padua 200

파리 대학 132, 226, 302, 304, 308, 539,
554

파리의 존John of Paris 228

파울 운슐트 434

파일라수프faylasuf 125

파즐라 라만Fazlur Rahman 187, 192, 193

파트와 254, 335, 363

파트와가 163

판례 357

판례법 357

팔고문 446, 471

팔사파 285

패러다임Paradigm 40, 46, 56, 57, 58, 59, 61,
62, 63, 64, 65, 81, 86

페라라 대학 544

페캄Pecham 346, 389

평등 239

포스트 225

포티에 Pothier 432, 474

폴 틸리히Paul Tillich 180

푸카하 122, 125, 126

프라이부르크의 테오도릭Theodoric of Freiburg
346, 389

프로테스탄티즘 윤리와 자본주의 정신The
Protestant Ethic and the Spirit of Capitalism 27, 68

프린키피아Principia 66

프톨레마이오스Ptolemaeos 46, 92, 93, 95,
103, 104, 109, 111, 284, 286, 297, 342,
382, 388, 453, 455, 463, 489, 508, 509,
510, 513, 537, 538, 540, 541, 542, 543,
570

플라톤Platon 79, 142, 166, 168, 174, 175,
196, 250, 391

피끄fiqh 97, 122, 261, 338

피터 아벨라르Peter Abelard 166, 170, 190,
196, 200, 214, 215, 233, 255, 304, 438,
477

피터스F.E. Peters 193, 220

필로포누스Philoponus 96, 390, 456

필립 멜란히톤 556

ㅎ

하디스hadith 97, 121, 130, 142, 217, 219,
220, 250, 251, 252, 253, 321, 362

하버트 리에베스니Herbert Liebesny 163

하비Harvey 47

하산 알아타르Hasan al-'Attar 291

한비자韓非子 423

합리성 10, 19, 21, 23, 24, 27, 28, 39, 52,
77, 87, 99, 152, 153, 155, 156, 166, 174,
178, 183, 194, 196, 238, 250, 306, 439,
458, 561, 564

합리적 질서 153, 167, 179, 196

합리주의 39, 174, 175, 177, 188, 558

합리주의 철학 173

합리주의자 21, 166, 186, 195

합의 162, 183, 194, 219, 233, 257

해롤드 버만Harold J. Berman 198, 202, 203,
208, 210, 211

해리 울프슨Herry Wolfson 189

해부학 278, 315, 328, 331, 348, 533

해스팅스 래시달Hastings Rashdall 198, 221

핸슨N.R. Hanson 78

행성 가설 455

행성 모형 95, 105, 106, 109, 147, 284, 382, 388, 509, 510, 532, 537, 545

행성 이론The Theory of the Planets 540

행성 체계 283, 336

행성 표 396

행성의 새 이론Theoricae novae planetarum 540

행정권 227

헨리 서머 메인Henry Summer Maine 85

헬레니즘 148, 181, 203, 300

현縣 404, 411, 480

현미경 389

형성 모형 455

형이상 109, 117, 118, 126, 151, 153, 174, 177, 178, 179, 183, 192, 194, 196, 213, 238, 245, 249, 250, 300, 304, 334, 344, 376, 398, 469, 489, 507, 510, 515, 521, 529, 530, 545, 564, 572, 587, 593

형이상학 78, 287, 293, 295, 296, 298, 306, 308, 349, 376, 477, 528, 570

형이상학적 24, 61

형이상학적 약속 64, 86

형평성 356

화성학和聲學 445

화학 145, 335

황실 천문대 423

황제 404, 406, 409, 412, 413, 422, 429, 431, 440, 443, 480, 487, 488, 489, 500, 502, 562

회사 359

회의론 52, 55, 333, 350

효 427

효도 430

효용성 147

홀라구 388

휴얼 48

히브리어 462

히포크라테스Hippocrates 295

사회 · 법체계로 본
근대 과학사 강의

초판 1쇄 인쇄일 • 2008년 3월 17일
초판 1쇄 발행일 • 2008년 3월 25일

지은이 • 토비 E. 하프
옮긴이 • 김병순
펴낸이 • 양미자
편집 • 추미영 · 정안나
경영 기획 • 하보해
본문 디자인 • 이춘희

펴낸곳 • 도서출판 **모티브북**
등록번호 • 제 313-2004-00084호
주소 • 서울시 마포구 동교동 203-30 2층
전화 • 02-3141-6921, 6924 / 팩스 02-3141-5822
e-mail • motivebook@naver.com

ISBN 978-89-91195-23-3 93900